Karl Hecht

Elena Hecht-Savoley

Dr. med. Dr. med. habil.
Prof. für Neurophysiologie
em. Prof. für experimentelle und
klinische pathologische
Physiologie
der Charité / Humboldt-Universität zu Berlin

Dipl. Päd., Dipl. Phil.

„Wir Ärzte tun nichts anderes, als den Doktor im Inneren
zu unterstützen und anzuspornen.
Heilen ist Selbstheilung."

Dr. Albert Schweitzer (1865-1965), Nobelpreisträger

Karl Hecht

Elena Hecht-Savoley

Kompendium
Naturmineralien Regulation Gesundheit

Urmineral Silizium
Natur-Klinoptilolith-Zeolith
Montmorillonit
und andere Naturwirkstoffe

SiO_2 H_4SiO_4

$(K, Na, 1/2\ Ca)2O \cdot Al_2O_3 \cdot 10SiO_2 \cdot 8H_2O$

$$Me^{2+}_{\left(\frac{x+y}{2}\right)}(H_2O)\left[\left(Mg, Al^{(6-x)4}_{2-3}\right)(OH)_2\left(Si_{4-y}Al_y\right)\right)O_{10}\right]^{(x+y)^-}$$

Antworten auf aktuelle Fragen
zum wissenschaftlichen therapeutischen Handeln

IFOGÖT-Reihe Band 1

Schibri-Verlag Berlin - Milow

© 2005 by Schibri-Verlag
Milow 60, 17337 Uckerland
email: Schibri-Verlag@t-online.de
Hoomepage: www.schibri.de

Das Werk und seine Teile sind urheberrechtlich geschützt. Jede Verwertung in anderen als den gesetzlich zugelassenen Fällen bedarf der vorherigen schriftlichen Einwilligung des Verlags.

Alle Rechte vorbehalten
Printed in Germany

ISBN 3-937895-05-1

Inhalt

Prolog — 15

1 Wann ist man gesund und wann ist man krank? — 23
1.1 Vorbeugende Gesundheit: Antike - Gegenwart - Zukunft — 23
1.2 Was ist Gesundheit eigentlich? — 24
1.3 Warum werden zwei Gesundheiten praktiziert? — 24
1.4 Konflikte bei der Auswahl der „Gesundheiten" für Gutachten und Rechtsstreit — 25
1.5 Wo hört die Gesundheit auf und wo beginnt die Krankheit? — 26
1.6 Gibt es eine Gesundheitsnorm? — 26
1.7 Individualität kontra statistischer Mittelwertsorganismus — 27
1.8 Die große Irreführung mit dem Normwert Cholesterin — 27
1.9 Was kann funktionelle Normalität? — 30
1.10 Regulation, Gesundheit und Krankheit — 31
1.11 Abstufungen zwischen Gesundheit und Krankheit — 31
1.12 Die Sanogenese als Ansatz für Therapie und Prophylaxe — 32
1.13 Resistenz und Resilienz — 33
1.14 Welche Definition der Gesundheit könnte für den Therapeuten orientierend sein? — 34

2 Gesundheit - Megatrend der Wirtschaft des 21. Jahrhunderts — 36
2.1 Der sechste Kondratieff-Zyklus — 36
2.2 Gesundheit im Sinne der WHO – Träger eines langen Wirtschaftsaufschwungs — 37
2.3 Der sechste Kondratieff-Zyklus beginnt sich zu entwickeln — 37
2.4 Mediziner zum Teil noch skeptisch und zögernd; Kaufleute wittern das große Geschäft — 37
2.5 Mineralienapplikationen gehören in die Hand der Heilberufler — 38
2.6 Das Vertrauen in die Naturheilstoffe wächst — 39
2.7 Gesunde Menschen durch Geborgenheit, Liebe und Natur — 41

3 Was man unbedingt von einer wissenschaftlich fundierten Therapie bei der Applikation an den Patienten wissen muss — 42
3.1 Für den Therapeuten ist der Patient eine „Blackbox" — 42
3.2 Die unnatürliche moderne Lebensweise — 44
3.3 Abhängigkeit der Wirkung von psychotropen Pharmaka — 44
3.4 Interaktion mit Lebensmitteln (Nutropharmakologie) — 44

3.5	Altersabhängigkeit	45
3.6	Wie können pharmakinetische Prozesse beeinflusst werden?	47
3.7	Die Persönlichkeit des Therapeuten als „Wirkstoff" für den Patienten	50
4	**Zur Struktur und Funktion des Heilungs- und Wachstumssystems**	**52**
4.1	Selbstheilung möglich?	52
4.2	Was ist gegenwärtig von Heilung und Wachstum bekannt?	52
4.3	Bioelektrische Prozesse auf Ionengrundlage an der Zellmembran (vereinfachte Darstellung)	54
4.4	Verletzungs- und Wachstumspotential	55
4.5	Warum wächst dem Salamander die abgeschnittene Pfote nach?	55
4.6	Extrazellulärer Raum der Nervenzelle – die Neuroglia	56
4.7	Perineurales Gleichstromsteuerungssystem	56
4.8	Heilung, ein Prozess des Zentralnervensystems	59
4.9	Silizium – Urmineral des Wachstums und der Heilung	60
4.10	Das PGSS und biologische Magnetfelder	60
4.11	Magnetfelder und Zellkommunikation in der extrazellulären Matrix	61
4.12	Eigenrhythmen des Menschen – Schwingungen im Geomagnetfelstakt	61
4.13	Schüttelfrost – eine Kompensationsfunktion	62
4.14	10,5- und 21-Jahre-Rhythmen - zur bioaktiven Wirkung von geo- und kosmomagnetischen Feldern	63
4.15	Magnetstürme - Trigger für den Myocardinfarkt	63
4.16	10,5 Jahresrhythmus von Pathologien	64
4.17	Rhythmische Lebensprozesse in Kommunikation mit den Frequenzen des Magnetfelds der Erde?	67
4.18	Geomagnetisches Feld, Epiphyse und perineurales Gleichstromsteuerungssystem	69
4.19	Heilen wollen erfordert ganzheitliches Denken	69
5	**Grundfunktionen der vegetativen Regulation und der extrazellulären Matrix**	**71**
5.1	Die unspezifische Reaktivität – elementare Funktion allen Lebenden	71
5.2	Vegetative Gesamtumschaltung	72
5.3	Unspezifische rhythmische Reaktivität	74
5.4	Ganzheitsbetrachtung und Unspezifität	76
5.5	Zum vegetativen Nervensystem	77
5.6	Individualität des vegetativen Regulationssystems	80
5.7	Der vegetative reaktive Dreitakt des Stresses	80
5.8	Umschaltung des vegetativen Systems in Wach-Schlaf-Rhythmus	82
5.9	Das Bindegewebe	83

5.10	Was ist die extrazelluläre Matrix?	86
5.11	Strukturen und Funktionen der Grundsubstanz der extrazellulären Matrix	89
5.12	Energetische Funktionen der Grundsubstanz	92
5.13	Molekulare Siebfunktion und bioelektrische Vorgänge in der Grundsubstanz	93
5.14	Extrazelluläre Matrix unter dem Aspekt der Neuropsychoimmunologie und Psychosomatik	94
5.15	Zur Bedeutung der kolloidalen Phase in der Grundsubstanz der extrazellulären Matrix	96
5.16	Matrix-Rhythmustherapie	98
5.17	Extrazelluläre Matrix – doppelt gesicherte zentralnervöse Steuerung	100
6	**Zur Pathophysiologie der Regulationsbeziehungen zwischen vegetativer Umschaltung und Grundsubstanz der extrazellulären Matrix**	**101**
6.1	Hohe Reizempfindlichkeit der Grundsubstanz	101
6.2	Extrazelluläre Matrix unter dem Aspekt von Stress	101
6.3	Altersbedingte Veränderungen der extrazellulären Matrix	104
6.4	Alterungsprozess - eine kolloid-physikalische Veränderung des lebenden Gewebes	104
6.5	Das kolloidale Siliziumdioxid im Alterungsprozess des Menschen	106
6.6	Vegetative Umschaltungsprozesse und pathophysiologische Aspekte bei chronischen Erkrankungen	107
6.7	Pathophysiologische Formen des unspezifischen vegetativen Dreiphasenumschaltprinzips	109
7	**Regulation und Rhythmus – elementare Funktionen des Lebens?**	**117**
7.1	Was versteht man unter Regulation?	117
7.2	Was ist Autoregulation?	117
7.3	Was verstehen wir unter Homöostase?	117
7.4	Biologische Rhythmen	118
7.5	Chronobiologie	118
7.6	Andere Klassifizierungen der biologischen Rhythmen	119
7.7	Chronomik und Chronom	119
7.8	Makro- und Mikrokosmos bestehen aus Regelkreisen	120
7.9	Regelkreise schwingen	122
7.10	Zelluläre und subzelluläre Rhythmik und Informationsübertragung	124
7.11	EEG-Wellen	125
7.12	Pathologische Prozesse äußern sich immer in einem gestörten Rhythmus oder in veränderten Wellenstrukturen	126
7.13	Minutenrhythmen (kurzwellige ultradiane Rhythmen)	126

7.14	Langwellige ultradiane Rhythmen	128
7.15	REM-Schlaf-Zyklen des Schlafs	129
7.16	Basis-Ruhe-Aktivitätszyklus (BRAC) - Chronopsychotherapie	130
7.17	Circadiane Rhythmen	132
7.18	Charakteristik des circadianen Rhythmus	133
7.19	Circadiane Rhythmen mit ähnlicher Phasenlage	134
7.20	Empfindlichkeitstageszeitpunkte	136
7.21	Chronobiologie der Haut (Tagesempfindlichkeitszeitpunkte)	138
7.22	Gestörte innere Uhr (circadianer Rhythmus) bedeutet Stress und Risiko für Fehlleistung und chronische Erkrankungen	139
7.23	Fehlhandlungen von Vielfliegern als Folge des Jetlag-Syndroms	140
7.24	Was kann gegen das Jetlag-Syndrom getan werden?	140
7.25	Circaseptane Rhythmen (Wochenrhythmus)	141
7.26	Freilaufende endogene circaseptane Rhythmen	141
7.27	Rhythmus und Therapiequalität: Warum wird eine Applikationszeit von 40 Tagen vorgeschlagen?	143
7.28	Überführung von biologisch-funktionellen Rythmen in biologisch-strukturelle Rhythmen	143
7.29	Übergang von der pulsierenden Eigenschwingung (Welle) des Blutserums in einen festen wellenartigen Zustand	146
8	**Was sind Bioregulatoren?**	**148**
8.1	Bioregulatoren	148
8.2	Molekularbiologie	148
8.3	Biomolekulare Medizin	149
8.4	Biologische Regulation	149
8.5	Metabolische Regulationszyklen	150
8.6	Enzym	150
8.7	Transmitter	151
8.8	Aminosäuren	151
8.9	Peptide als Bioregulatoren	152
8.10	Mineralien	153
8.11	Siliziumhaltiger Zeolith-Mineralkomplex aus Urgestein	153
8.12	Bioverfügbarkeit und Bioäquivalenz	154
8.13	Adsorption	154
8.14	Was sind selektive Ionenaustauscher?	155
8.15	Warum Zufuhr von naturmineralischen Bioregulatoren?	156

9	**Mineralien und die Gesundheit von Mensch und Tier**	**157**
9.1	Gesteinmehlbodendünger – ein Fruchtbarkeitsbringer	157
9.2	Lithophagie bei Mensch und Tier	157
9.3	Ohne Mineralien keine Lebensprozesse	159
9.4	Mengen- und Spurenelemente oder – Makro- und Mikroelemente	160
9.5	Was verstehen wir unter Essentialität?	160
9.6	Elektrolyte	161
9.7	Es gibt keine schädlichen und nützlichen Mineralien – es gibt nur ihre schädlichen und unnützlichen Übermengen im Organismus	161
9.8	Systemisches Prinzip der Mineralienwirkung lange bekannt	164
9.9	Mangel oder Überschuss einer oder mehrerer Mineralien verursacht Regulationsstörungen	164
9.10	Mineralmangel als Ursache von psychischen und neurologischen Störungen	167
9.11	Die Weltbevölkerung im Zustand einer Mineralose?	169
9.12	Gibt es Möglichkeiten die Art Mensch zu erhalten?	170
9.13	Was können die siliziumreichen Naturmineralien Klinoptilolith-Zeolith und Montmorillonit?	171
9.14	Wofür sind Klinoptilolith-Zeolith und Montmorillonit gut?	172
9.15	Anhang	173
10	**Silizium in der Kosmo-, Geo-, Hydro- und Biosphäre**	**175**
10.1	Silizium – das zweithäufigste Element unseres Planeten	175
10.2	Ton – eine siliziumreiche Erde	176
10.3	Alexander von Humboldt - Mitentdecker des SiO_2 in den Pflanzen	176
10.4	SiO_2 in der Hydrosphäre	177
10.5	Silizium-Zyklus in der Geo-Bio-Hydrosphären-Dynamik	178
10.6	Silikatbakterien „verwittern" die Gesteine	181
10.7	Silizium in höheren Pflanzen	182
10.8	Schachtelhalm (Equisetum arvense): Pflanzliche Zubereitungen des SiO_2 für medizinische Zwecke	187
11	**Die Rolle von SiO_2 und von Tonen bei der Entstehung des Lebens auf der Erde**	**188**
11.1	Einleitung	188
11.2	Vorstellung einiger Theorien und Hypothesen	189
11.3	Aspekte der Selbstorganisation des „universellen Entwicklungskriteriums", der Entropie und der fraktalen Organisation	195
11.4	Physikochemische Vorgänge bei der Bildung von SiO_2 (Kieselsäure)	200
11.5	Zur Oberflächenstruktur des SiO_2	203

12	**Silizium - das lebenswichtigste Mineral aller essentiellen Mineralien**	**205**
12.1	Silizium, das zentrale Mineral der extrazellulären Matrix	205
12.2	Andere bekannte Funktionen des SiO_2	207
12.3	Interaktionen zwischen Silizium und anderen Mineralien	209
12.4	Silizium ist nicht gleich Silizium und SiO_2 ist nicht gleich SiO_2	210
12.5	Wie hoch ist der normale Siliziumwert im Körper?	217
12.6	Formen von Siliziumverbindungen, die im Körper vorkommen können	219
12.7	Wie stellt man sich die Aufnahme des SiO_2 in die Zelle vor?	220
12.8	Bemerkungen zur Kieselsäure als Therapeutikum	221
12.9	Bemerkungen zum kolloidalen SiO_2 (kolloidale Kieselsäure)	225
12.10	Wie kann das siliziumhaltige Wasser für Heilzwecke genutzt werden?	229
12.11	Zusammenhänge zwischen Körperbewegung und Wirkung von SiO_2 im menschlichen Organismus	230
12.12	Übersicht über die wichtigsten Wirkungen von SiO_2 im menschlichen Körper	230
12.13	Silikatadsorbenzien als pharmazeutische Hilfsstoffe bei der Anwendung antibakterieller Wirkstoffe (In-vitro-Untersuchungen)	231
13	**Silikose - eine andere Seite der SiO_2-Wirkung**	**236**
13.1	Zur Nichttoxizität und Toxizität von Siliziumdioxid-Modifikationen	236
13.2	Eindringliche Warnung vor nicht kolloidalen SiO_2-Nanopartikelwirkstoffen in Medikamenten, Nahrungsergänzungsmitteln und Kosmetika	237
13.3	Was ist die Silikose?	237
13.4	Klinische Anfangssymptome der Silikose	238
13.5	Stadien der Silikose	239
13.6	Theorien zur Silikoseentstehung, insbesondere zu den fibrogenen Deformationen	240
14	**Ton, Bentonit, Montmorillonit: Deren Bedeutung für die Human- und Veterinärmedizin**	**243**
14.1	Ton – Tonmineralien	243
14.2	Allgemeines zu Montmorillonit und Bentonit	243
14.3	Einige Charakteristika des Montmorillonits (Bentonit)	246
14.4	Mineralische und chemische Struktur des Montmorillonits als Hauptbestandteil des Bentonits	246
14.5	Physikochemische Eigenschaften des Montmorillonits	248
14.6	Pharmazeutische Aspekte des Montmorillonits	249
14.7	Adsorptionsreaktionen von Montmorillonit	250
14.8	Mögliche pharmazeutische Mechanismen des Montmorillonits	251

14.9	Schutz der Schleimhäute des Gastrointestinaltrakts durch Montmorillonit (Verdauungssystem)	254
14.10	Antivirulente Wirkung von Montmorillonit	254
14.11	Antibakterielle Effekte des Montmorillonits	254
14.12	Antimykotische Wirkung des Montmorillonits	255
14.13	Montmorillonit als Spender und Regulator der Spuren- und Mengenelemente (Mineralien)	255
14.14	Montmorillonit als Prophylaktikum und Therapeutikum der Pansenazidose bei Wiederkäuern	255
14.15	Bindung von Schadstoffen durch Montmorillonit	256
14.16	Bindung von radioaktiven Stoffen durch Montmorillonit	257
14.17	Lebendmasseentwicklung von Nutztieren durch Montmorillonit	257
14.18	Datenblatt Naturaktiver Montmorillonit	258
14.19	Eigene Erfahrungen der Autoren	258
15	**Natur-Klinoptilolith-Zeolith: Was ist das?**	**259**
15.1	Kristalline und chemische Struktur des Natur-Klinoptilolith-Zeolith	259
15.2	Grundgerüst des Zeoliths	261
15.3	Ionenaustausch	264
15.4	Selektivitätskoeffizient	266
15.5	Sorptionsreihe	267
15.6	Zermahlene Zeolithteilchen haben Oberfläche mit detoxizierender Wirkung	268
15.7	Siliziumdioxidfreisetzung und Dealuminierung aus der Gitterstruktur des Natur-Klinoptilolith-Zeoliths im Körper von Säugetieren und Mensch	269
15.8	Zeolith – ein wichtiger natürlicher Donator von kolloidalem SiO_2	270
15.9	Wie verläuft der Mechanismus der Adsorption?	272
15.10	SiO_2-Überschuss vermeidet Al-Anreicherung im Gehirn	274
15.11	Eine kontroverse Diskussion zum Problem SiO_2, Al und Morbus Alzheimer	276
15.12	Welche staatlichen Testuntersuchungen sind bei der Verwendung von Klinoptilolith-Zeolith als Nahrungsergänzung erforderlich?	278
16	**Natur-Klinoptilolith-Zeolith : Ein eigenartiger therapieunterstützender und prophylaktischer Wirkstoff**	**280**
16.1	Biogenes Gedächtnis des Natur-Klinoptilolith-Zeoliths	280
16.2	Natur-Klinoptilolith-Zeolith wirkt nur dann im Organismus, wenn seine Hilfe notwendig ist	280
16.3	Natur-Klinoptilolith-Zeolith wird aktiv bei veränderter Mineralhomöostase	282

16.4	Rhythmus und Regelmäßigkeit bei der Applikation von Klinoptilolith-Zeolith - damit die innere Uhr richtig tickt	283
16.5	Die Anwendung von Natur-Klinoptilolith-Zeolith verlangt Disziplin und Vernunft	284
16.6	Verantwortungsvolles, wissenschaftlich fundiertes Handeln bei der Applikation von Natur-Klinoptilolith-Zeolith	284
16.7	Aufbewahrung von Natur-Klinoptilolith-Zeolith- bzw. Na-Montmorillonit-Arzneimittelrezepturen und -Nahrungsergänzungen	287
16.8	Warum diese strengen Regeln bei der Applikation von Zeolith?	287
16.9	Zur Verträglichkeit von Natur-Klinoptilolith-Zeolith bei Gesunden	288
16.10	Natur-Klinoptilolith-Zeolith in der Kinderheilkunde	290
16.11	Natur-Klinoptilolith-Zeolith in der Therapie von Hauterkrankungen	293
16.12	Natur-Klinoptilolith-Zeolith in der Therapie von Verbrennungen schweren Grades	294
16.13	Anwendung von Natur-Klinoptilolith-Zeolith bei Patienten mit komplizierten Knochenfrakturen der unteren Extremitäten	296
16.14	Anwendung von Natur-Klinoptilolith-Zeolith in der Therapie der obliterierenden Arteriosklerose der Blutgefäße der unteren Extremitäten	296
16.15	Anwendung von Natur-Klinoptilolith-Zeolith bei Alkoholintoxikationen	296
16.16	Verbesserung des psychischen Status durch Natur-Klinoptilolith-Zeolith	298
16.17	Litovit (Klinoptilolith-Zeolith) gegen Maladaptation an extreme Lebensbedingungen („Polarkoller")	299
16.18	Natur-Klinoptilolith-Zeolith-Applikationen an Patienten mit asthenoneurotischem Syndrom	300
16.19	Natur-Klinoptilolith-Zeolith fördert das Einschlafen und die Erholsamkeit des Schlafs	300
16.20	Ausleitung von Übermengen an Schadstoffen	302
16.21	Natur-Klinoptilolith-Zeolith bei Anämie-Patienten	303
16.22	Kann Klinoptilolith-Zeolith auch an Kinder verabreicht werden?	304
16.23	Kann Klinoptilolith-Zeolith von Schwangeren eingenommen werden?	305
16.24	Wie kann Klinoptilolith-Zeolith dem älteren Menschen helfen?	305
16.25	Was bewirkt Klinoptilolith-Zeolith als präventives Mittel?	306
16.26	Welche unerwünschten Nebenwirkungen hat Natur-Klinoptilolith-Zeolith?	306
16.27	Klinoptilolith-Zeolith-Therapieeffekte bei Pilzbefall	307
16.28	Abschlußstellungnahme zu diesem Kapitel	310
17	**Zur Ausleitung von Radionukliden mit Hilfe von Natur-Klinoptilolith-Zeolith**	**311**
17.1	Natur-Klinoptilolith-Zeolith bei Tschernobyl-Strahlengeschädigten	311
17.2	Natur-Klinoptilolith-Zeolith wirkt am effektivsten als Prophylaktikum	312

17.3	Warum sind Radionuklide für die Gesundheit gefährlicher, wenn sie mit der Nahrung in den Organismus gelangen?	313
17.4	Vorbeugender Gesundheitsschutz durch Natur-Klinoptilolith-Zeolith im „Atombombenzeitalter"	317
17.5	Nichtionisierende Strahlung	318
17.6	Auch nichtionisierende Strahlung ist als gesundheitsschädigender Faktor ernst zu nehmen	319
17.7	Siliziumhaltige Gesteine sorgen für Regeneration der Funktion der extrazellulären Matrix	320
18	**Onkologische Erkrankungen unter dem Aspekt der organismischen Ganzheit, der extrazellulären Matrix und der siliziumhaltigen Naturgesteine**	**322**
18.1	Hat die Krebsforschung wirklich den richtigen Ansatz?	322
18.2	Denkanstöße seitens der Kritiker	323
18.3	Alternativauffassungen zur Krebspathogenese	324
18.4	Unspezifische Reize und fakultative Präkanzerose	327
18.5	Elektrophysiologische Vorgänge in der Grundsubstanz der extrazellulären Matrix bei Tumorkranken	329
18.6	Mineralien in der Tumorgenese	329
18.7	In-vitro-Untersuchungen zeigen positive Effekte	331
18.8	Eigene Fallsammlung zur komplementären Therapie von Tumorkrankheiten durch Natur-Klinoptilolith-Zeolith	332
18.9	Anämie, KETS und Natur-Klinoptilolith-Zeolith	333
18.10	Ganzheitlichkeit des Menschen und komplexe Therapie bei Tumorkranken beachten	337
18.11	Zur Psychoneuropathogenese von chronischen und Tumorerkrankungen	337
18.12	Einflüsse von belastenden Lebensereignissen, Depression und sozialer Unterstützung auf die Immunaktivität	338
18.13	Prognose zur Lebensdauer von Krebspatienten	340
19	**Natur-Klinoptilolith-Zeolith richtig angewendet – ein unentbehrliches Beifutter für Haustiere und Nutzvieh**	**341**
19.1	Nutzvieh, Haus- und Wildtiere leiden auch an Zivilisationskrankheiten	341
19.2	Sind frei in der Natur lebende Tiere klüger als die Menschen?	342
19.3	Rückkehr zur Vernunft und zur Natur	343
19.4	Bei welchen Tieren wird bisher Klinoptilolith-Zeolith als Beifutter verabreicht?	345
19.5	Wie groß müssen die Natur-Klinoptilolith-Zeolith-Partikel für das Beifutter von Tieren sein?	345

19.6	Wie ist die Dosierung?	346
19.7	Gibt es Erfahrungen über den ökologischen Nutzeffekt der Verabreichung von Klinoptilolith-Zeolith in der landwirtschaftlichen Tierzucht und Tiermedizin?	347
19.8	Wird Klinoptilolith-Zeolith auch bei trächtigen Tieren verabreicht?	347
19.9	Warum wird ein Regulator des Mineralstoffwechsels benötigt?	347
19.10	Projekt Schadstofffreie, mineralreiche, natürliche Tierprodukte der russischen Föderation	348
19.11	Was bewirkt Zeolith im Darm von Nutztieren?	349
19.12	Wissenschaftlich fundiertes, verantwortungsvolles und differenziertes Herangehen bei der Beifuttergabe von Natur-Klinoptilolith-Zeolith an Tiere	351
19.13	Anwendungsbeispiele von Natur-Klinoptilolith-Zeolith im Bereich der Pferdezucht	352
19.14	Was ist Propolis?	354
19.15	Zeolith - wichtig und wertvoll für Tiere, aber nur bei Applikation auf der Basis von wissenschaftlichen Erkenntnissen	355
20	**Natur-Klinoptilolith-Zeolith – ein multivalenter Rohstoff**	**356**
20.1	Eine eigenartige Entdeckung im 20. Jahrhundert	356
20.2	Ein breites Anwendungsspektrum des Naturzeoliths	357
20.3	Zeolithprodukte in verschiedenen Ländern	358
20.4	In Deutschland geht die Jugend voran	365
21	**Zu einigen organismusrelevanten Naturwirkstoffen**	**367**
21.1	Glyzin – ein natürliches sanftes Nootropikum	367
21.2	Spirulina platensis – ein natürlicher Aminosäurenlieferant	379
21.3	Betanin – Beta vulgaris	384
21.4	Laminaria (Nordmeeralge)	387
22	**Epilog**	**388**
23	**Literaturverzeichnis**	**390**

Prolog

Sehr geehrte wissbegierige Leserinnen und Leser, wir danken Ihnen, dass Sie interessiert in dieses Buch hineinschauen. Sie sollen aber gleich von uns gewarnt sein! Wer sich der Mühe unterziehen möchte, unser Buch zu lesen (das sollte er dann auch gründlich tun), dem geben wir aus unserer Sicht Anlass zu einer „kettenreaktiven" neuen Denkweise. Shakespeares Hamlet klärte Horatio auf: *„Es gibt mehr Ding' im Himmel und auf Erden als Eure Schulweisheit sich träumt".*

Neue Denkweise bedeutet, sich täglich kreativ zu erneuern und dabei die Grenzen der Schulweisheit zu überspringen. Das ist eigentlich ein Grundprinzip jeglichen wissenschaftlichen Arbeitens: Neues zu erschließen, bisher Unbekanntem nachzuspüren und auch Altes, Überholtes „über Bord zu werfen". Ganz in unserem Sinne formulierte dies Friedrich Cramer, ehemaliger Direktor des Max-Planck-Instituts für experimentelle Medizin und ursprünglicher Genforscher wie folgt *[Cramer 2001]*:

„Wir sind heute an dem Punkt, an dem wir das Leben als Ganzes studieren müssen, wenn wir ein gültiges Bild von unserer Welt haben wollen. Das können wir mit den gegenwärtigen Methoden nicht leisten. Die Verantwortung vor dem Lebendigen, vor den leidenden Patienten, verbietet die Übertragung des Kausalschemas aus der Physik, der bisherigen Leitwissenschaft, Lebenswissenschaft kann niemals partikular sein. Sie ist immer ganzheitlich. Mag sein, dass sie dann von den so genannten exakten Wissenschaften belächelt und nicht für voll genommen wird. Das müssen wir auf uns nehmen, denn wir haben es mit Lebendigem zu tun, für das wir Verantwortung tragen."

Die Damen und Herren, die aus Berufsgründen ehrlichen Herzens beabsichtigen, für Leben und Gesundheit von Menschen Verantwortung zu übernehmen und sie konsequent zu tragen, die müssen sich bewusst werden, dass der Mensch eine individuelle Persönlichkeit darstellt, die sich in der Zeit als ganzheitliches „funktionelles System" (und nicht als nur strukturelles Wesen) ständig erneuenden Veränderungen unterzieht. Wir alle unterliegen dem natürlichen Zyklus: „**Entstehen → wachsen → reifen → altern → sterben**".

Die funktionelle Ganzheitlichkeit der Menschen (und auch der Tiere und Pflanzen) ist so vielfältig, dass es nicht einfach ist, diese zu erkennen und zu begreifen. Wenn wir uns verantwortlich verpflichten, Leben und Gesundheit von Menschen zu gewährleisten und zu schützen, dann bedeutet dies viele Wechselbeziehungen zu berücksichtigen, z. B.

- Persönlichkeit und Umfeld (einschließlich Natur, Familie und Gesellschaft)
- Geist – Psyche – Organismus
- Struktur – Funktionen
- Hirnfunktion - extrazelluläre Matrix
- innerhalb der extrazellulären Matrix: Nerven – Blutkapillaren – Grundsubstanz - Mesenchymzelle – Parenchymzelle
- molekulare – submolekulare Regulation
- Rhythmus – Regulation
- Mineralien – Elektrolyte – elektrophysiologische Regulation
- systemische Interaktionen der Mineralien im Organismus

Die Mineralien (Elemente) sind die anorganischen Teile unseres Körpers, die als Einziges bei der Verbrennung übrig bleiben. Sie sind die wichtigsten Informations- und Regulationsträger eines lebenden Wesens. **Kein Ferment, kein Enzym, kein Hormon und kein Vitamin würde in unserem Körper wirken können, wenn sie nicht regulativ von den systemischen Funktionen der Mineralien gesteuert werden würden.**

Wer als Therapeut oder Selbstversorger mit Mineralien umgehen möchte, muss unbedingt folgendes wissen und berücksichtigen:

Erstens: Mineralien haben drei Wirkstufen

- Defizit → Krankheit
- regulativ ausgeglichen → Gesundheit, Resistenz, Resilienz, Leistung
- Überschuss → Störungen, Krankheit, Toxizität *[Anke und Szentminalivi 1986]*

Zweitens: Es gibt keine schädlichen und keine nützlichen Mineralien, sondern nur ihre nützlichen Mengen oder schädlichen Unmengen *[Bgatova und Novoselov 2000; Avzyn et al. 1991].*

Drittens: Der Mineral-Elektrolyt-Stoffwechsel des größten Teils der Menschen auf der Erde ist infolge Umweltverschmutzung aus dem Gleichgewicht gebracht worden. Daraus ergeben sich Immunschwäche, chronische Krankheiten und andere Störungen der Lebenstätigkeit. Sie müssen nämlich wissen: Täglich spucken die Weltindustrie und der Weltverkehr 13 Millionen Tonnen Chemikalien aller Art in die Lufthülle unseres blauen Planeten, die wir einatmen müssen *[Hartmann 2000].* Das bedeutet etwa 2 kg pro Erdbewohner. Umweltkonferenzen haben bewiesen, dass die Politiker unfähig sind, dieser langsamen Vergiftung des Menschen Einhalt zu gebieten.

Es gibt genügend wissenschaftliche Erkenntnisse, die belegen, dass dies in zunehmendem Maße zu einer kranken Erdbevölkerung führen wird. Das Ungleichgewicht im Mineralstoffwechsel der Menschen kann bei Krebs und Aids eine Rolle spielen. Dogmatiker auf diesem Gebiet suchen nicht selten nach den falschen Ursachen *[Kremer 2001].* Hinzu kommen negative Kombinationswirkungen zwischen den Mineralungleichgewichten bei Menschen, die z. B. zwischen Hg und Elektrosmog oder zwischen Mg-Defizit und emotionellem Stress.

Viertens: Kluge weitsichtige, kreative und verantwortungsvolle Ärzte und Wissenschaftler haben in den letzten Jahrzehnten natürliche Mittel gesucht und gefunden, die die Gesundheit der Menschen von innen heraus gegen das Zustandekommen des Mineralungleichgewichts infolge chemischer Umwelt-, Elektrosmog-Verschmutzungen, Lärm, Stresseinwirkungen usw. schützen können. Dies sind siliziumreiche Naturgesteine: Klinoptilolith-Zeolith, Bentonit, Montmorillonit, Tonmineralien und das Siliziumdioxid in kolloidaler Form. Diese Naturstoffe entwickeln in den Funktionssystemen von Mensch und Tieren wichtige regulative Eigenschaften wie z. B.
- Adsorption
- Ionenaustausch
- Katalysatorfunktion
- Zufuhr von kolloidalem SiO_2
- Steuerung des Elektrolythaushalts

Auf Grund dieser Funktionen, die der Grundsubstanz der extrazellulären Matrix und dem perineuralen Gleichstromsteuerungssystem *[Becker 1994]* physiologisch adäquat sind, vermögen diese siliziumreichen Gesteinmineralien:
- die Mineralstoffwechselregulation
- die Schadstoffausleitung aus dem Organismus
- die Regulierung der Darmtätigkeit und somit der Resorption von Wirkstoffen
- die Stärkung des unspezifischen Immunsystems in der extrazellulären Matrix
- die Beseitigung von freien Radikalen

und vieles mehr zu bewirken (siehe Kapitel 9-18).

Nachfolgend soll ein Beispiel angeführt werden: Reihenuntersuchungen an Schülern in einer kinderärztlichen Praxis in Tshelyabinsk (Russland) ergaben bei 16 % der Untersuchten hohe und sehr hohe Werte an Cd, Cu, Cr, Ni und Pb. Eine vierwöchige täglich erfolgende Applikation von Natur-Klinoptilolith-Zeolith säuberte den Organismus dieser Kinder von den überschüssigen Schwermetallen. Das wurde durch zwei aufeinander folgende Kontrolluntersuchungen nachgewiesen *[Shakov 1999]*.

Fünftens: Das wichtigste und regulative Steuerungsfunktionen innehabende Mineral ist das Siliziumdioxid. Ohne Silizium gibt es kein Wachstum und keine Heilung *[Carlisle 1986a und c]*. Ohne Silizium können z. B. Kalzium und Magnesium nicht wirken oder sie entwickeln Fehlregulationen *[Voronkov et al. 1975]*. Ohne Silizium sind keine Regulation des Wasserhaushalts *[William 1986]* sowie keine elektrophysiologischen und osmotischen Prozesse *[Kaufmann 1997; Scholl und Letters 1959; Hauser et al. 1951; Iler 1955 u. a.]* möglich (siehe Kapitel 11).

Siliziumdioxid (in Tonmineralien) hat bei der Entstehung des Lebens auf der Erde eine bedeutende Rolle gespielt und ist daher biogen geprägt und in genetischem Material (DNS) enthalten *[Shaparina 1999; Voronkov et al. 1975; Oparin 1968, 1966; Haldane 1954, 1929; Bernal 1952, 1951 u a.]*.

Sechstens: Dem Gros der gegenwärtig tätigen Heilberufler in Deutschland sind das Element Silizium und die siliziumreichen Naturgesteine Klinoptilolith-Zeolith, Montmorillonit und Bentonit kaum bekannt. Daran sind u. a. einschlägige Lehrbücher mit beträchtlicher Schuld beteiligt, denn in ihnen findet man kaum etwas über diese elementaren Wirkstoffe. In unserem Kompendium möchten wir dieses Versäumnis korrigieren.

Siebtens: Siliziumdioxid – das Verjüngungselement.
Wir möchten nicht verschweigen, dass wir, die Autoren, seit Jahren Klinoptilolith-Zeolith und Montmorillonit täglich, quasi zur Ernährung gehörend, einnehmen. Obgleich wir 81 bzw. 71 Jahre alt sind, wird uns ein biologisches Alter von 60 bzw. 50 Jahren bescheinigt.

Wissenschaftler der ehemaligen UdSSR (heute GUS-Staaten), die sich schon seit Jahrzehnten mit den siliziumangereicherten Gesteinen in der Medizin, Veterinärmedizin, Nutztierzucht, Land- und Wasserwirtschaft beschäftigen, haben sich auch mit der gesunden Langlebigkeit der Menschen und deren Ursachen beschäftigt. Aus einem Untersuchungsbericht der Akademie der Wissenschaften der UdSSR und des Rates der Erkenntnis vermittelnden Gesellschaften der USA *[Kozlov und Komorova 1982]* geht hervor, dass die höchste gesunde Langlebigkeit bei den Yakutiern (Nordsibirien) und verschiedenen Kaukasusvölkern festgestellt wurde. Das Gemeinsame dieser beiden langlebigen Bevölkerungsgruppierungen waren nicht Klima, Lebens- und Nahrungsgewohnheiten, sondern das „Gesteinmehl" in ihrer täglichen Nahrungsaufnahme *[Bgatova und Novoselov 2000]*. Die Nordsibirier haben Klinoptilolith-Zeolith und Heilandit, die Kaukasier Montmorillonit und Klinoptilolith-Zeolith auf ihrer täglichen Speisekarte stehen *[Bgatova und Novoselov 2000]*.

Achtens: Eine gefährliche Überschwemmung des Marktes mit Mineralien in Deutschland zeichnet sich ab. Das Angebot an Mineralien auf dem Markt ist unübersichtlich geworden. Durch Verordnung von Therapeuten, durch Selbstmedikation und als Nahrungsergänzung „versorgen" sich viele Menschen mit diesen Mineralienangeboten, ohne dass dabei Rücksicht auf deren systemisches Zusammenwirken genommen wird. Das ist für die Gesundheit der Menschen nicht ungefährlich. Mineralien sind

Wirkstoffe und sollten nur durch Heilberufler kontrolliert eingenommen werden! Warum?
- Der größte Teil der eingenommenen Mineralien wird aus verschiedensten pharmakinetischen Gründen vom Körper nicht aufgenommen und gleich wieder ausgeschieden *[Gröber 2002; Ziskoven 1997a und b]*.
- Jeder Therapeut muss wissen, dass bei Applikationen von Wirkstoffen der Mensch eine „Blackbox" für ihn darstellt. Der Glaube über das vermittelte Standardwissen zur Wirkung reicht nicht aus, um ein optimales Gleichgewicht des gesamten Stoffwechsels zu erreichen. Zugeführte Wirkstoffe können z. B. durch das mineralische Ungleichgewicht im Körper durch Nahrungsmittel (Nutropharmakologie), durch Genussmittel, durch Stress, durch Tages- und Jahreszeiten und viele andere Faktoren eine verändernde Beeinflussung des Effekts erfahren (siehe Kapitel 3).
- Dank einer unphysiologischen Lebensweise und Ernährung ist bei vielen Menschen der Darm nicht zur Resorption von Wirkstoffen fähig. Das gilt vor allem für ältere Menschen *[Köppel 2003 u. a.] (siehe Kapitel 3)*.
- Wenn man Mineralien zuführen möchte, müssen die „Schadstoffe" erst ausgeschieden werden, sonst haben sie keine Wirkung oder werden wieder ausgeschieden.
- Das Übergewicht an Zufuhr eines einzelnen Minerals kann das bestehende Ungleichgewicht im Organismus weiter verstärken oder wenn es wirklich noch intakt war, ins Ungleichgewicht bringen (siehe Kapitel 9).

Neuntens: Autoregulationsfunktion der siliziumreichen Gesteine. Auf Grund der evolutionären biogenen Prägung des Siliziumdioxids und des Zeoliths vermögen diese Naturwirkstoffe autoregulatorische Funktionen im Organismus wahrzunehmen. Mit Bentonit, Klinoptilolith-Zeolith, Montmorillonit u. a stehen uns Wirkstoffe mit selbstregulationsunterstützender Wirkung im Organismus zur Verfügung, wenn man damit richtig umgeht. Diese Gesteinmineralwirkstoffe vermögen wie ein Autopilot zu funktionieren. Sie haben mit adäquater Dosierung bei langjähriger Einnahme keine Nebenwirkungen oder andere unerwünschte Effekte (siehe Kapitel 15-18).

Zehntens: Zeolith, der Rohstoff des 21. Jahrhunderts. Zeolith in verschiedenen Formen findet nicht nur im Bereich der Lebenswissenschaften Anwendung, sondern auch in den verschiedensten Industriezweigen (siehe Kapitel 20).

Die Naturmineralien und ihre Bedeutung für Mensch und Tier stehen zwar im Mittelpunkt unseres Kompendiums, es werden jedoch auch Kenntnisse bedeutsamer physiologischer und pathophysiologischer ganzheitlicher Organismusvorgänge vermittelt, z. B. von jenen der extrazellulären Matrix und der Regulations-Rhythmus-Beziehungen (Kapitel 4-7).

Mit unserem Kompendium beabsichtigen wir Ihnen die Vielfalt der Lebensprozesse vor Augen zu führen und neue Wege aufzuzeigen, wie die

Gesundheit von Mensch und Tier erhalten bzw. gefördert werden kann. Wir provozieren bewusst neues Denken mit dem Ziel, zum effektiven verantwortungsvollen Handeln im Heilberuf anzuregen.

In unseren vielen bisherigen Gesprächen mit Heilberuflern haben wir festgestellt, dass es ihnen nicht leicht fällt, die Wirkungen von den siliziumreichen Naturgesteinen zu begreifen. Zu sehr haftet man an alten Vorstellungen und Dogmen der Medizin. Aus der Religionsgeschichte stammt der Ausspruch: „**Credo ut intelligam**" - ich glaube um zu begreifen. Wir würden uns wünschen, dass Sie, liebe Leserin und lieber Leser, nach dem Studium unseres Kompendiums sagen können: Ich habe nun die Grundlagen an Wissen, um die Ganzheitlichkeit des Menschen, des Patienten und der autoregulatorischen Funktionen der siliziumreichen Naturgesteine zu begreifen (Kapitel 1-8).

Das zu erreichen ist auch deshalb so wichtig, weil wir, wie wirtschaftswissenschaftliche Analysen es zeigen, nach dem Innovationszyklus Informationstechnik (5. Kondratieff) als wirtschaftliche Macht, uns in der Zeit des Übergangs zum 6. Kondratieff, der Megabranche „psychosoziale Gesundheit", befinden *[Nefiodov 1996]*. Demnach wird die Weltwirtschaft im 21. Jahrhundert primär von der Erschließung psychosozialer Potentiale angetrieben. Nefiodov [1996] und andere Wirtschaftswissenschaftler gehen von der Analyse aus, die zeigt, dass nach über zwei Jahrhunderten Industrialisierung gesundheitliche und ökologische Schäden die wirtschaftliche Weiterentwicklung erheblich bremsen. Zunehmend erkranken Menschen vor allem psychisch. Die Erkrankungshäufigkeit an Depression z. B. nimmt hinter den Infektionskrankheiten weltweit den 2. Platz ein. Psychische Erkrankungen schädigen die Volkswirtschaft gewaltig. Nefiodov [1996] vertritt die Auffassung, dass im Megamarkt psychosoziale Gesundheit der Weltwirtschaft eine ungeahnte Chance für ihre Weiterentwicklung geboten wird (siehe Kapitel 2).

Dieses große Ziel lässt sich aber nicht mit den von der Medizin geschaffenen „fragmentierten Patienten" *[Böker 2003]* oder fragmentierten Gesunden erreichen. Folgende Mahnung von Friedrich Cramer [2001] sollte daher ernst genommen werden: „*Denn wenn man Lebendiges zerlegt, tötet man es. Man kann dann zwar am Toten noch Anatomie treiben, aber das Leben kann man nicht mehr studieren*" (siehe auch Kapitel 18).

Die Wirkung von Naturmineralien, die Beziehung Gesundheit-Krankheit und das Naturgesetz Regulation kann nur verstanden werden, wenn man ganzheitlich denkt und handelt.

Danksagungen

Bei der Entstehung dieses Buchs standen uns viele hilfsbereite kluge, kreative und liebevolle Menschen zur Seite, die uns wertvolle Unterstützung gaben. Ihnen möchten wir an dieser Stelle unseren von Herzen kommenden Dank aussprechen. Besonders herzlich danken wir

- Dipl. Biochemiker Udo Heck und der von ihm geleiteten Forschungs- und Produktions-GmbH Heck Bio-Pharma, Winterbach bei Stuttgart
- zahlreichen Wissenschaftlern der Novosibirsken staatlichen medizinischen Akademie (die im Text zitiert sind)
- Prof. Dr. Eltschin Khalilov, Direktor des Forschungszentrums der internationalen Akademie der Wissenschaften, Aserbaidschanische Sektion und Leiter der Forschungs- und Produktions-GmbH Enitech, Baku
- Dr. Tatjana Novoselova, Präsidentin der westsibirischen Abteilung der All-russischen Bewegung „Für gesundes Russland", Präsidentin des Rates der Direktoren der wissenschaftlichen Produktions-GmbH NOV, Novosibirsk, Mitglied der russischen ökologischen Akademie
- Dipl. Ing. Anke Dahmen für die technische Erstellung des Manuskripts

Schließlich dankt der Hauptautor der Co-Autorin bzw. seiner Ehefrau für die „kreative" fachgerechte Übersetzung aus den unzähligen russischen Originalarbeiten in die deutsche Sprache, wodurch es möglich wurde, den Heilberuflern in westlichen Ländern bisher nicht bekannte wissenschaftliche Erkenntnisse zu erschließen.

Nicht zuletzt sei auch dem Schibri-Verlag für die Herausgabe des Buches gedankt, besonders Frau Jordan für die freundliche Unterstützung bei der Gestaltung.

Karl Hecht   *Elena Hecht-Savoley*
Berlin, Juli 2005

„Internationales Forschungszentrum für Gesundheits- und Ökologie-Technologie e.V."
(Auszug aus der Satzung.)

1. Der Verein erstrebt die Förderung der internationalen wissenschaftlichen Zusammenarbeit zur Gesundheit und Ökologie.
   Dazu werden insbesondere
   - die wissenschaftlich fundierte Unterstützung des natürlichen Bedürfnisses des Menschen nach gesunder Langlebigkeit und erhöhter Lebensqualität (die erholsamen Schlaf und Regelmäßigkeit einschließt) im Sinne der WHO, [1986] die *„Gesundheit als befriedigendes Maß an Funkti-*

onsfähigkeit in physischer, psychischer, sozialer und wirtschaftlicher Hinsicht und Selbstbetreuungsfähigkeit bis ins hohe Alter" definiert, zur Aufgabe gestellt.

- neue Methoden zur objektiven Charakterisierung des ganzheitlichen Gesundheitszustands (Sanogenese) des Menschen unter Einbeziehung der Zeitganzheit, insbesondere in Form des circadianen und des Schlaf-Wach-Rhythmus, erschlossen, entwickelt und angewendet.
- Methoden und Verfahren zum objektiven, komplexen Nachweis der Gesundheitsgefährdung und Krankheitsentwicklung durch multifunktionelle Umwelt-Schadstoffeinflüsse (chemische, physikalische, biologische, metrologische), Zeitstörfaktoren und
- entsprechende prophylaktische und präventive Maßnahmen zur Erhöhung der Resistenz gegenüber ökologischen Schadfaktoren entwickelt und entsprechende Studien durchgeführt.
- Mittel entwickelt, erprobt und angewendet, die natürlichen Ressourcen entstammen (Mineralien, Pflanzen, körpereigene Wirkstoffe u. a.), die für Prophylaxe, Therapie und Metaphylaxe (Nachsorge) in einem wissenschaftlich fundierten, breiten Spektrum in Anwendung gebracht werden können.
- Hierbei sind bisherige bewährte Erkenntnisse von naturorientierten Fachrichtungen besonders zu berücksichtigen und mit einzubeziehen, z. B. die Chronobiologie, die Schlafwissenschaften, die orthomolekulare Medizin, die klassische Naturheilkunde und die Phytotherapie.

2. Der Verein IFOGÖT sieht sich als ein wissenschaftliches Forum, welches die unter Ziffer 1 aufgeführten Aufgaben und sich daraus ergebende Resultate diskutiert und auf den verschiedensten „Schienen" verbreitet, z. B. durch
    - Publikationen (Bücher, Artikel, Infomaterial usw.)
    - Vorlesungen
    - Aus- und Weiterbildungsseminare
    - Gesundheitsseminare
    - wissenschaftliche Tagungen
    - wissenschaftliche Interventionsstudien
    - wissenschaftliche Kooperation mit nationalen und internationalen wissenschaftlichen Instituten, Gremien und Institutionen

3. Der Verein IFOGÖT wird sich der Förderung des wissenschaftlichen Nachwuchses zuwenden. Hierzu kann ein Forschungspreis ausgelobt werden.

Dieses Buch erscheint als erstes in einer zukünftig geplanten „IFOGÖT-Reihe.

Unterschrift
Der Präsident: Prof. em. Prof. Dr. med. Karl Hecht

1 Wann ist man gesund und wann ist man krank?

1.1 Vorbeugende Gesundheit: Antike - Gegenwart - Zukunft

*„Die Menschen erbitten sich Gesundheit von den Göttern;
dass sie selbst Gewalt über ihre Gesundheit haben, wissen sie nicht"*
[Demokrit 460-370 v. Christus, griechischer Philosoph]

Diese Forderung von Demokrit, zur Bereitschaft Verantwortung für ihre Gesundheit zu tragen, ist heute ein aktuelles Problem. Diesbezüglich kann uns die Antike Vorbild sein.

Im alten Griechenland spielten gesundheitsvorbeugende Lebensgewohnheiten eine bedeutende Rolle. Die Medizin der Antike bestand aus den Säulen:
- Chirurgie
- Pharmazie und
- Diätetik.

Diätetik ist ein Katalog gesundheitsvorbeugender Lebensgewohnheiten, die u. a. mit ausgewogener Ernährung, ausreichender Bewegung, Bädern und Massagen, gutem Schlaf und Liebe ausgewiesen waren.

Naturmineralien werden heute als Diätetika bezeichnet, z. B. das kolloidale Silizium und der Natur-Klinoptilolith-Zeolith.

Sebastian Kneipp (1821-1897), Pfarrer und Naturheilkundler, ermahnte ebenfalls seine Zeitgenossen zur vorbeugenden Gesundheit mit folgenden Worten:

*„Wer nicht jeden Tag etwas Zeit für die Gesundheit aufbringt,
muss eines Tages mehr Zeit für die Krankheit opfern."*

Die Forderung von Demokrit und die Mahnung von Kneipp sind heute aktueller denn je. Die gegenwärtige Sparsituation auf dem Gebiet des Gesundheitswesens zwingt förmlich dazu, die Verantwortung für die Gesundheit persönlich voll zu übernehmen.

Gesundheit ist ein Grundbedürfnis aller Menschen. Ohne eigene Leistung ist es unerfüllbar.

1.2 Was ist Gesundheit eigentlich?

Sie werden nun vielleicht antworten oder denken, jeder weiß doch was Gesundheit ist. Warum diese profane Frage in einer Kapitelüberschrift? Und Sie werden uns vielleicht sogar belehren: Zu Festtagen, z. B. Geburtstagen, Namenstagen, Hochzeiten, Neujahr und Weihnachten stehen doch an der ersten Stelle die Glückwünsche für Gesundheit. In der russischen Sprache ist sogar als allgemeiner Tagesgruß „Seien Sie gesund" (sdrastvuyte) üblich.

Mit Gesundheit wird gewöhnlich Wohlbefinden, Leistungsfähigkeit, Zufriedenheit und Glücklichsein assoziiert und jeder Mensch strebt nach einem solchen Zustand. Besonders groß ist die Sehnsucht gesund zu sein, wenn man einmal krank ist.

1.3 Warum werden zwei Gesundheiten praktiziert?

Über den Begriff Gesundheit bestehen leider verschiedene Ansichten.

Die Schulmedizin definiert Gesundheit als Freisein von organisch nachweisbaren Krankheiten.

Eine derartige Definition entspricht nicht den Realitäten. Das so genannte „Funktionelle Syndrom" bzw. somatoforme Störungen (ICD 10F) werden nicht dabei berücksichtigt.

In der Gründungspräambel der WHO [1948] wird Gesundheit wie folgt definiert: „*Gesundheit ist der Zustand des vollständigen körperlichen, geistigen und sozialen Wohlbefindens und nicht das Freisein von Krankheiten und Gebrechen*". In der Ottava-Charta 1986 wurde diese Definition wie folgt erweitert:

Gesundheit ist „als ein befriedigendes Maß an Funktionsfähigkeit in physischer, psychischer, sozialer und wirtschaftlicher Hinsicht und von Selbstbetreuungsfähigkeit bis ins hohe Alter" aufzufassen [WHO, 1987].

Auch diese Begriffsbestimmung ist noch nicht vollständig. Sie berücksichtigt z. B. nicht die Integration des Menschen in die Natur unseres Planeten. So müsste seine rhythmische Lebensweise, seine natürliche Körperbewegung, seine natürliche Körperschönheit wie im alten Griechenland und nicht zuletzt eine seiner Natur entsprechende Versorgung mit Vitalstoffen und Bioregulatoren berücksichtigt werden.

1.4 Konflikte bei der Auswahl der „Gesundheiten" für Gutachten und Rechtsstreit

Auf den Konflikt, in welchem sich ein Arzt, Heilberufler, Therapeut oder medizinischer Gutachter bezüglich zweier Gesundheitsdefinitionen befindet, verweisen schon 1974 Klosterkötter et al. [1974] im Zusammenhang mit der Erstellung von lärmmedizinischen Gutachten.

Es „werden immer wieder Fragen nach der medizinischen (gesundheitlichen) Relevanz der Richtwerte laut. Dabei finden sich, je nach Betroffenheit, Interessenlage und verwendeter Gesundheitsdefinition unterschiedliche Meinungsbilder."

„Geht man davon aus, dass solcher Lärm vermieden werden muss, der nachweislich oder sehr wahrscheinlich Krankheiten verursacht bzw. mit verursacht, dann wird man nach der derzeitigen Erkenntnislage dazu neigen, höhere Geräuschimmissionen als tolerabel zu betrachten."

„Stützt man sich jedoch auf die Gesundheitsdefinition der WHO (physisches, psychisches und soziales Wohlbefinden und nicht Abwesenheit von Krankheit und Schwäche), dann wird man die Toleranzgrenzen so niedrig ansetzen wollen, dass das Wohlbefinden nicht unausweichlich beeinträchtigt ist."

Derartige Gutachten müssen sich leider nach der ersten Variante ausrichten. Warum?

Das Grundgesetz der Bundesrepublik Deutschland schützt bisher nur die körperliche Unversehrtheit und nicht die psychosoziale Unversehrtheit.

Dieses Manko brachten u. a. Gerichtsprozesse von Soldaten in Auslandseinsätzen in die Öffentlichkeit. Bei erlittenen körperlichen Schäden werden entsprechende Renten gewährt. Erlittene psychische Schäden fanden bisher keine diesbezügliche Anerkennung.

Der Mensch stellt ein biopsychosoziales Lebewesen dar. Folglich müsste der Gesetzgeber die physiopsychosoziale Unversehrtheit der Bürger schützen.

1.5 Wo hört die Gesundheit auf und wo beginnt die Krankheit?

Bezüglich einer Krankheitsdefinition gibt es noch mehr Unklarheiten als bei der schon verwirrenden, Konflikte schaffenden Definition der Gesundheit.

Man wird in den einschlägigen Lehrbüchern kaum eine allgemeingültige brauchbare Krankheitsdefinition finden. Die Zersplitterung der Medizin in viele Fachdisziplinen führte zu einer Inflation von Krankheitsdefinitionen. Weiner [1990] bemerkt dazu kritisch:

> „Krankheiten sind von Menschen entworfene Begriffskategorien, welche den Menschen aufgestülpt werden. Sie können in manchen Fällen angemessen sein, in anderen aber nicht".

Dazu gibt er folgende kritische Einschätzung *[Weiner 1990]*: *„Die Grenzen zwischen Gesundheit, Störungen und Leiden sind also verwischt. Sie sind es auch aus anderen Gründen: Symptome (besonders, wenn sie mit Bedeutungen, Glaubensvorstellungen über Leiden und Absichten durchtränkt sind) und Verhalten können nicht von Gepflogenheiten losgelöst betrachtet werden, die ihrerseits vielfältig sind und unter dem Einfluss religiöser, politischer, ökonomischer und sozialer Normen stehen. Normen, seien es physiologische, immunologische, biochemische oder verhaltensmäßige, sind schwer zu fassen. Sogar die „harten wissenschaftlichen" Merkmale wechseln je nach Geschlecht, ethnischer Zugehörigkeit, Alter, Tages- und Jahreszeit."*

1.6 Gibt es eine Gesundheitsnorm?

Gegenwärtig versucht man Gesundheitszustände in Normwerten auszudrücken und Abweichungen davon als krank zu bewerten. Diese Normwerte gelten als „harte Daten". Sie werden in Kliniken und Arztpraxen als „absolute Wahrheit" medizinischer Diagnostik zur Bestimmung von Gesundsein und Kranksein gewertet. Der Computer gibt dann bei geringsten Abweichungen, z. B. des Blutzuckers nach oben, „Diabetes mellitus" an. Dabei hatte der Untersuchte zuvor eine Tasse Kaffee mit Zucker getrunken, durch welchen der Blutzucker gering über den Normwert anstieg. Schon ist er aber im Krankenregister gespeichert.

> Diese medizinischen Diagnostikwerte sind statistische Größen. Sie beschreiben einen nicht existenten Mittelwertsorganismus des Menschen. Individuelle Abweichungen davon als „abnorm" oder „krankhaft" zu bezeichnen ist daher absurd.

Jeder weiß, dass sich Daten einer Gruppe nach einer Gauß'schen Normalverteilung einordnen. Der individuelle Wert kann näher oder weiter vom Mittelwert entfernt liegen. Diese Unsinnigkeit des Mittelwerts, von der die Schulmedizin lebt, wird an folgendem Beispiel gezeigt.

1.7 Individualität kontra statistischer Mittelwertsorganismus

So ist weit die Meinung verbreitet, der Mensch benötige acht Stunden Schlaf pro Nacht. Deshalb sind häufig Patienten zu mir gekommen und haben gefordert: Herr Doktor, ich schlafe nur sieben Stunden, der Normwert ist acht Stunden. Geben Sie mir ein Mittel, damit ich den Normwert erreiche. Wenn ich dies getan hätte, wäre der Patient Schlafmittelabhängiger und Hypnotika-Insomniker geworden und ich hätte ihn um seinen echten normalen Schlaf gebracht.

Die acht Schlafstunden sind nämlich ein Mittelwert, in welchen die Schlafdauer vom Neugeborenen bis zum Senioren eingeht. Sie sind aber nicht als individueller Normwert aufzufassen. Die Schlafmediziner gruppieren daher in drei gesunde normale „Schlafdauertypen"

Kurzschläfer	<	6 h/Nacht
Mittellangschläfer	=	6-8 h/Nacht
Langschläfer	>	8 h/Nacht

Aber das sind auch wieder nur Mittelwerte und somit Orientierungswerte. Der Schlaf gesunder Menschen unterliegt nämlich auch noch einem Wochenrhythmus. Er ist bei Einschichtarbeitern und vergleichbaren Personen durch die schlechteste Schlafqualität in der Nacht von Sonntag zu Montag und die beste in der Nacht von Freitag zum Samstag charakteristisch. Vorausgesetzt, es wirken keine Störfaktoren (z. B. Lärm, Alkohol).

Man wird erkennen: Der Mittelwert „acht Stunden Schlaf" als Norm ist eine pseudowissenschaftliche Größe für das Individuum, die durch die praktischen Erfahrungen nicht belegt werden kann und für die ärztliche Praxis nicht gerechtfertigt ist.

1.8 Die große Irreführung mit dem Normwert Cholesterin

Der Normwertkult mit dem Cholesterin ist der größte Unfug, den es in der Medizin gibt. Hartenbach [2002] bezeichnet den derzeitigen Umgang mit den Cholesterinwerten als „die weltgrößte Irreführung im medizinischen Bereich". Führende Wissenschaftler auf dem Gebiet der Herzkreislauferkrankungen betrachten die „Cholesterin-Hypothese" als Begründung für die Entwicklung einer Arteriosklerose und eines Herzinfarkt, nicht nur als unwissenschaftlich sondern als einen „Unsinn" *[Hartenbach 2002].* Kritisch zum Cholesterin äußerte sich auch Ornisch [1999, 1992].

Im praktischen medizinischen Alltag wird der Normwert (oberster Grenzwert) bis 200 mg/dl angegeben. Wenn der Wert darüber liegt, werden so genannte Cholesterinsenker verordnet. Dabei werden verschiedene Faktoren außer Acht gelasssen, vor allem Geschlecht und Alter. Wie wichtig dies ist, sollen nachfolgende Tabellen von Nachtnebel [1997] und Hartenbach 2002 zeigen.

Tabelle 1-1:
Cholesterinnormwerte in Abhängigkeit von Alter und Geschlecht nach Nachtnebel [1997]

Alter	Männer	Frauen
bis 30 Jahre	150-200 mg/dl	150-240 mg/dl
31-46 Jahre	160-240 mg/dl	160-240 mg/dl
41-50 Jahre	170-240 mg/dl	170-260 mg/dl
51-60 Jahre	175-240 mg/dl	195-275 mg/dl

Tabelle 1-2:
Hartenbach [2002] gibt folgende Tabelle mit oberen Grenzwerten und Werten zur Behandlungsindikation an

Alter	oberer Grenzwert	Werte der Behandlungsindikation
10-19 Jahre	230 mg/dl	ca. ab 300 mg/dl
25-29 Jahre	270 mg/dl	ca. ab 350 mg/dl
40-59 Jahre	350 mg/dl	ca. ab 400 mg/dl
65-85 Jahre	330 mg/dl	ca. ab 400 mg/dl

Gewöhnlich werden Cholesterinsenker im medizinischen Alltag gegeben und damit, wie wir gleich sehen werden, gesundheitliche Schäden verursacht. In seinem Buch [2002] „Die Cholesterinlüge" bezieht sich Hartenbach auf folgende großen Studien, die den Unfug im Umgang mit dem Cholesterinwertekult belegen.

- Simvastatin (4 – 5) Studie
- Finnische multifaktorielle Studie
- Helsinki-Herz-Studie I
- Helsinki-Herz-Studie II
- Framingham-Studie
- Clofibrat-Studie (musste abgebrochen werden)

Die Analyse dieser Studien führte zu folgendem Fazit:
1. „Cholesterin hat keinen Einfluss auf die Entwicklung einer Arteriosklerose oder eines Herzinfarkts. Bekannt ist aber, dass Mangel an Silizium im Stoffwechsel zur Arteriosklerose führt *[Carlisle 1986a und b]*.
2. Hohe Cholesterinwerte sind verbunden mit hoher Lebenserwartung und geringer Krebshäufigkeit.
3. Eine Senkung des Cholesterinspiegels ist verbunden mit zahlreichen Todesfällen und vermehrten Krebsentwicklungen".
[Hartenbach 2002]

In diesem Zusammenhang wird auf tödliche Folgen des Cholesterinsenkers Lipobay der Bayerpharma im August 2002 verwiesen. Hartenbach vertritt die Auffassung, dass der „Normalwert" für Cholesterin in den Statistiken (Studien) zu niedrig angegeben werde, so dass 80 % der erwachsenen Bevölkerung für krank und behandlungsbedürftig erklärt wird!

In diesem Zusammenhang ist noch erwähnenswert, dass der Cholesterinwert großen Schwankungen unterliegen kann. Beim Sport kann der Cholesterinwert physiologisch bis über 400 mg/dl ansteigen, ohne dass Krankheit vorliegt. Cholesterin gilt als ein Bioregulator
- für das Steroidhormon Cortisol
- für die weiblichen und männlichen Sexualhormone
- für das Aldosteron, welches enge Beziehungen zum Elektrolyt (Mineralhaushalt) hat, vor allem zum K^+ und Na^+
- für Vitamin D und zeichnet somit für den mineralischen Knochen- und Gelenkaufbau verantwortlich für die Mitochondrien und Zellmembranen

Eine Senkung des Cholesterins führt folglich zu vielen Störungen im Organismus, wozu die Verminderung der Vitalfunktion von Mann und Frau, die Osteoporose, ein eingeschränkter Aufbau des Binde- und Muskelgewebes und Störungen im Elektrolythaushalt zählen.

Abschließend sei noch die Frage gestellt, wem nützen eigentlich die Cholesterinsenker? Eine Karikatur im Deutschen Ärzteblatt 101/16 vom 16. April 2004, S. C854, die nachfolgend angeführt wird, gibt darauf eine treffende Antwort:

Abbildung 1-1:
Statine: So erreichen wir unsere Ziele
[Deutsches Ärzteblatt]

1.9 Was kann funktionelle Normalität?

Jordan [1984], der sich, wie viele andere auch, vergeblich mit der „funktionellen Normalität des Menschen" befasste, forderte von den Medizinern die Beantwortung folgender Fragen:

Erstens: Wie sicher kann der Arzt „Normales" (Gesundes) und „Nichtnormales" (Krankhaftes) unterscheiden?

Zweitens: Inwieweit kann die „Normalität" von dem „Krankhaften" sicher abgegrenzt werden?

Drittens: Inwieweit kann das Krankhafte zur Norm und die Norm zum Krankhaften zugeordnet werden?

Unter dem Aspekt dieser drei Fragen stellte ich (K. Hecht) einer meiner Doktorandinnen *[Anske 2003]* die Aufgabe, durch entsprechende Untersuchungen zu versuchen, diese Fragen zu beantworten. Mittels einer chronopsychobiologischen Regulationsdiagnostik *[Hecht 2001]* wurden drei Gruppen von Probanden untersucht.

Erstens: Gesunde, die nach den Kriterien der WHO-Definition ausgewählt worden sind.

Zweitens: Klinisch Gesunde nach den Kriterien der Schulmedizin. Diese Gruppe diente gleichzeitig als eine Kontrollgruppe im Rahmen einer Pharmastudie und erfüllte als „klinisch Gesunde" alle vom Gesetzgeber vorgeschriebenen Kriterien.

Drittens: Patienten mit einer nichtorganischen Insomnie (ohne klinischen Befund) (ICD 10 F51).

Die mit der chronpsychophysiologischen Regulationsdiagnostik gewonnenen Daten wiesen aus, dass zwischen den klinisch Gesunden und den nicht organischen Insomnikern weitestgehende Übereinstimmung bestand: Die Daten dieser beiden Gruppen zeigten aber gegenüber den Daten der Gesunden nach der WHO-Definition, bei welcher die biopsychosoziale Einheit des Menschen berücksichtigt worden ist, hochsignifikante Unterschiede. Bezug nehmend auf die Fragen von Jordan [1984] kann auf Grund der erzielten Ergebnisse konstatiert werden:

Erstens: Mittels der chronopsychophysiologischen Regulationsdiagnostik *[Hecht 2001]* lassen sich Gesunde nach der WHO-Definition und der Definition der Schulmedizin relativ sicher abgrenzen.

Zweitens: Dagegen ist eine Abgrenzung zwischen Gesunden nach Definition der Schulmedizin und nicht organischen Schlafstörungen (ICD 10 F51) nicht möglich.

Drittens: Die Gruppe der nichtorganischen Schlafgestörten (ICD 10 F51) ist sicher gegen die Gruppe der Gesunden nach der WHO abzugrenzen.

Viertens: Die Patienten mit der nichtorganischen Insomnie waren folglich genauso krankhaft oder genauso gesund wie die offiziell anerkannte Normalität der klinisch Gesunden.

Wie diese Untersuchungsergebnisse es zeigen, sind Jordans [1984] Fragen nicht zu beantworten, wenn man punktuelle Normwertediagnostik betreibt. Sie sind in einem bestimmten Umfang zu beantworten, wenn eine chronopsychobiologische Regulationsdiagnostik eingesetzt wird.

1.10 Regulation, Gesundheit und Krankheit

Diese von uns als Gesundheitsdiagnostik charakterisierte Methode berücksichtigt
- die biopsychosoziale Einheit des Menschen
- das Regulationsprinzip als Grundlage aller Natur- und aller Lebensprozesse
- den Zeitfaktor als funktionelles Prinzip der Schwingung (Periode, Rhythmus)

Auf das Regulationsprinzip in der Gesundheits-Krankheitsbeziehung verwies schon 1869 Rudolf Virchow, als er auf der Naturforscher-Versammlung in Innsbruck postulierte:

„Die bekannte wunderbare Akkomodationsfähigkeit der Körper, sie gibt zugleich den Maßstab an, wo die Grenze der Krankheit ist. Die Krankheit beginnt in dem Augenblick, wo die regulatorische Einrichtung des Körpers nicht ausreicht, die Störung zu beseitigen. Nicht das Leben unter abnormen Bedingungen als solches erzeugt Krankheit, sondern die Krankheit beginnt mit der Insuffizienz des regulatorischen Apparats".
[Virchow 1868]

1.11 Abstufungen zwischen Gesundheit und Krankheit

Wie bereits erwähnt, sehen Weiner [1990], Hecht und Baumann [1974], Pawlow [1885], Virchow [1868] die Grenze zwischen Gesundheit nicht als abrupte Übergangsfunktion, sondern als einen fließenden Übergang mit vielen „Grauzonen". Darauf verwies auch bereits Ibn Sina, auch unter dem Namen Avicenna bekannt (980-1037). Er klassifizierte sechs Abstufungen zwischen Gesundheit und Krankheit.

Man muss auf jeden Fall gesund, prämorbide Phase, Frühstadium und Krankheit unterscheiden [Hecht und Baumann 1974]. In Anlehnung an das Modell von Avicenna klassifizierten wir [Hecht 2001, Anske 2003] mit objektiven Messungen mittels der Chronopsychobiologischen Regulationsdiagnostik *[Übersicht: Hecht 2001; Hecht et al. 2001]* sechs verschiedene Abstufungen: sehr gesund, gesund, noch gesund (prämorbide Phase), nicht mehr gesund (Frühstadium), krank und sehr krank.

Mit einer derartigen diagnostisch relevanten Abstufung zwischen Gesundheit und Krankheit sind differenzierte therapeutische und prophylaktische Wirkungsstrategien im Sinne der primären und sekundären Prävention möglich.

Noch eine Bemerkung: Baevski [2002] klassifiziert auf der Grundlage der Herzfrequenzvariabilität in 10 Abstufungen.

Tabelle 1-3:
Modell der Gesundheits-Krankheits-Beziehung [nach Hecht 1984]

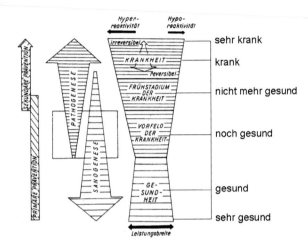

1.12 Die Sanogenese als Ansatz für Therapie und Prophylaxe

Die Pathogenese ist ein in der Medizin geläufiger Begriff, der sich einseitig auf die Krankheitsentstehung und -entwicklung orientiert. Die Sanogenese ist weniger bekannt.

Die Sanogenese ist der Gesamtprozess im Rahmen der Selbstregulation des Gesundwerdens (Sanos = Gesundheit).

Der Begriff Sanogenese wurde erstmals von Pawlenko [1973] geprägt. Hecht und Baumann [1974] beschrieben Sanogenese als einen komplexen autoregulatorischen Prozess, mit welchem Adaptations-, Schutz- und Selbstheilungsfunktionen stimuliert werden. Die Sanogenese ist als ein ganzheitlicher Prozess anzusehen, in welchen vorwiegend das Nerven-, Hormon-, Immun- und Stoffwechselsystem, die Regulation der extrazellulären Matrix sowie das Heil- und Wachstumssystem in den Selbstregulationsvorgang einbezogen sind.

In diesem Zusammenhang erhebt sich die Frage: Hat die Medizin überhaupt den richtigen Ansatz für Therapie und Prophylaxe?

> Warum orientiert sich die Medizin darauf, die pathogenen Prozesse zu beeinflussen und zurück in den „normalen Zustand" zu führen, anstatt den sanogenetischen Prozess zu stimulieren und zur Dominanz zu verhelfen?

Die Therapie ist auf die Beseitigung bzw. Reduzierung der pathologischen Prozesse gerichtet, die Prophylaxe gegen Entstehung von Krankheiten. Wäre es nicht besser, die sanogenetischen Prozesse durch Therapie und Prophylaxe zu stimulieren, damit sie die Dominanz im Regulationsgeschehen einnehmen und Krankheiten nicht aufkommen lassen bzw. pathologische Prozesse in sanogenetische umzustimmen? Unspezifische Basistherapien (unabhängig vom Krankheitsbild), z. B. mit Vitaminen und Mineralien, stellen einen solchen Ansatz dar. Bezüglich der Mineralien müsste aber Sorge dafür getragen werden, dass alle essenziellen Elemente zugeführt werden, aber auch dafür, dass sie im Organismus aufgenommen werden, um ihre Zielfunktion in den Zellen erfüllen zu können.

> Präventive, prophylaktische und therapeutische Wirkungen, also auch die von Naturmineralien, haben das Ziel, den sanogenetischen Prozessen im Sinne von I. P. Pawlow das regulatorische Übergewicht zu verschaffen.

Nur mit einem derartigen Denken und Handeln kann vorbeugende Gesundheit realisiert werden.

1.13 Resistenz und Resilienz

Auf der Konferenz der Militärärztlichen Akademie in Sankt Petersburg im Jahre 1885 formulierte Pawlow, dass *„die außergewöhnlichen Stimuli, die sich in Form der krankheitserregenden Ursachen melden, gleichzeitig auch Reize für Schutzmechanismen des Organismus sind, die den Kampf mit den entsprechend pathologischen Erregern aufnehmen."*

Daraus geht hervor, dass die Möglichkeit besteht, dass bei Einwirkungen, z. B. von Viren und Bakterien, durchaus die Schutzfunktionen des Körpers Erkrankungen abzuwehren vermögen. Folglich sind z. B. für die Entstehung von Infektionskrankheiten mehrere Faktoren verantwortlich und zwar mindestens zwei.
1. Der Krankheitserreger
2. Die geschwächten Abwehrmechanismen eines Organismus.

Ein resistenter Mensch kann trotz Vorhandenseins von Krankheitserregern gesund sein.

> Unter Resistenz wird der unspezifische Schutz des Organismus gegenüber Infektionen, Toxinen und anderen gesundheitsschädigenden Stoffen verstanden.

Aber ein Faktor wird gewöhnlich dabei vergessen, nämlich die typischen menschlichen Charakteristika, die geistigen und emotionellen (seelischen) Prozesse und Reaktionen. Wie wichtig diese für die Menschen bei der Erhaltung und Wiederherstellung der Gesundheit ist, zeigt folgendes Beispiel aus der Medizinhistorik.

Max Pettenkofer (1818-1901), Hygieniker und Umweltmediziner (unter heutigem Aspekt), war ein harter Widersacher von Robert Koch (1843-1910), der bekanntlich Bakterien als Krankheitsverursacher nachwies. Um das Gegenteil zu beweisen, trank er 1892 vor dem Auditorium im Hörsaal des Hygienischen Instituts der Berliner Universität in der Wilhelmstraße ein Glas Flüssigkeit aus, in dem sich Millionen von Cholerabakterien befanden. Seine physische und psychische Kraft waren so stark in der Auseinandersetzung mit den Bakterien, dass er sie besiegen konnte. Er blieb gesund und zeigte nicht das geringste Zeichen dieser gefürchteten Krankheit.

Er besaß körperliche Resistenz und geistig-emotionelle Resilienz im Widerstand gegen die gefährlichen Bakterien.

Resilienz ist die Fähigkeit zur physischen und psychischen Widerstandsfähigkeit, zur Kraft und Stärke, Lebenskrisen, Konflikte, hohe Anforderungen, schlechte Lebensbedingungen (z. B. Armut), Schicksalsschläge, Trennungen, extreme Einwirkungen u. a. ohne längere Beeinträchtigung der Gesundheit und Persönlichkeitsstruktur zu erleiden [Seligman 1999; Flach 1997; Wright 1997].

In ihr ist die willentliche Beeinflussung der Selbstheilungs- und Selbstregulationsvorgänge, d. h. der Wille zur Gesundheit, eingeschlossen.

1.14 Welche Definition der Gesundheit könnte für den Therapeuten orientierend sein?

Vielleicht sollte man die abstrakten, vielfach auslegbaren Begriffe vermeiden und den gesunden Zustand auf den konkreten Menschen beziehen. Wir möchten dazu folgende Formulierung anbieten, wobei wir die WHO-Definition mit einbeziehen.

„Ein Mensch ist gesund, wenn er über ein solches Maß an Regulationsfähigkeit seiner physischen und psychischen Prozesse sowie seiner sozialen Beziehungen verfügt, so dass Lebensenergie, Wohlbefinden, Adaptationsvermögen (Resistenz und Resilienz) gegenüber verschiedensten Umwelteinflüssen, Einklang mit der Natur und deren Rhythmen und Selbstbetreuungsfähigkeit bis ins

hohe Alter bzw. Lebensende gewährleistet werden können." Um diesen Zustand zu erreichen, kann er willentlich Selbstregulations- und Selbstheilungsprozesse beeinflussen.

„Er ist nicht mehr gesund, wenn dieses komplexe Lebenssystem Mensch Regulationseinschränkungen der biopsychosozialen Prozesse und der Umweltbeziehungen zeitweilig oder dauerhaft erfährt."

Unter therapeutischem und prophylaktischem Aspekt ist es zweckmäßig, Abstufungen der Regulationseinschränkungen mit entsprechenden komplexen (ganzheits-) regulationsdiagnostischen Verfahren zu verifizieren und zu klassifizieren.

Das ist unsere Auffassung zur Gesundheit und Krankheit, wobei wir den so genannten unspezifischen Funktionen, Reaktionen und Therapien besonders unsere Aufmerksamkeit widmen.

2 Gesundheit - Megatrend der Wirtschaft des 21. Jahrhunderts

2.1 Der sechste Kondratieff-Zyklus

1996 erschien ein Buch von Leo A. Nefiodov mit dem Titel: „Der sechste Kondratieff". Nefiodov belegt mit vielen Ergebnissen, dass die Gesundheit der Megatrend der zukünftigen Wirtschaft sein wird, d. h. dass eine Gesundheitsbranche entsteht. Er geht davon aus, dass Basis-Innovationen Konjunkturzyklen von 40-60 Jahren auslösen. Ein solcher Zyklus wird nach dem russischen Ökonomiewissenschaftler Kondratieff benannt, der diese Theorie von den Zyklen aufgestellt hat.

In der nachfolgenden Abbildung sind die Kondratieff-Zyklen (lange Wellen) über 200 Jahre mit ihren Bedarfsfeldern dargestellt.

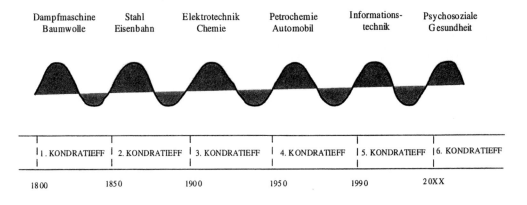

Abbildung 2-1:
Die langen Wellen und ihre wichtigsten Bedarfsfelder [Quelle: Nefiodov 1996]

Nefiodov geht davon aus, dass nach 200 Jahren Industrialisierung Gesundheits- und Ökologieschäden die Wirtschaft hemmen und dass Destruktivität, welche die Industrieländer beherrscht, vor allem der psychosozialen Gesundheit schadet.

2.2 Gesundheit im Sinne der WHO – Träger eines langen Wirtschaftsaufschwungs

Dieser negative, unheilvolle Trend wird bereits durch offizielle Studien und Berichte bestätigt. Nach WHO-Einschätzungen steht in den Häufigkeiten der Erkrankungen weltweit die Depression nach den Infektionskrankheiten an zweiter Stelle *[Huber 1999]*. Eine Kienbaumstudie *[Wolf 1996]* ergab, dass in 116 Chefetagen deutscher Unternehmen 60 % der Topmanager an Neurosen leiden.

Nefiodov [2000]: *„Die Suche nach Produktionsreserven in unserer Zeit führt zum Gesundheitssektor - im Sinne der Weltgesundheitsorganisation (WHO) ganzheitlich verstanden - körperlich, seelisch, geistig, sozial, ökologisch. Hier werden Mittel vergeudet, hier lagern derzeit die größten Reserven, die zur Lösung der übergreifenden Probleme dringend benötigt werden."* Nefiodov [2000] postuliert, dass Gesundheit im ganzheitlichen Sinn in diesem Jahrhundert Träger eines langen Wirtschaftsaufschwungs - des sechsten Kondratieff-Zyklus - sein wird.

Das erfordert Basisinnovationen für vorbeugende Gesundheit.

2.3 Der sechste Kondratieff-Zyklus beginnt sich zu entwickeln

Wenn wir aufmerksam bestimmte Entwicklungen der Wirtschaft in Industrieländern betrachten, dann zeichnet sich ab, dass der sechste Kondratieff bereits begonnen hat. Die Gesundheitsbranche befindet sich mit gewissen Basis-Innovationen in der Entwicklung. Der Wellnessmarkt, der Markt der Nahrungsergänzungen, insbesondere der mit Vitaminen und Mineralien sowie die Fitnessbranche und Hotels mit Angeboten von Gesundheitstraining, nehmen schon heute einen beachtlichen Platz in der Wirtschaft der Industrieländer ein.

Die einschlägige Wissenschaft ist aber noch weit entfernt davon, die entsprechenden Basisinnovationen dafür zu schaffen.

2.4 Mediziner zum Teil noch skeptisch und zögernd; Kaufleute wittern das große Geschäft

Während ein großer Teil der Mediziner, die mehr auf Therapie als auf vorbeugende Gesundheit ausgerichtet sind, das Wesen des 6. Kondratieff nicht kennt oder nicht versteht, wächst dagegen bei der breiten Bevölkerung das Bedürfnis zum gesund sein und damit ihr Gesundheitsbewusstsein.

> Das Festhalten an Althergekommenem und die Skepsis allem Neuen gegenüber kann zum Hemmschuh für die gesetzmäßige Entwicklung der vorbeugenden Gesundheit werden. Wissenschaftlich fundierte Innovationen auf dem Gesundheitssektor sind erforderlich.

Anders als die Heilberufler handeln die Kaufleute. Leider muss festgestellt werden, dass besonders bezüglich der Nahrungsergänzungsmittel, z. B. der Mineralien und Vitamine, Geschäftemacher und Beutelabschneider gegenwärtig das Ruder in der Hand haben. Weit entfernt von Wissenschaftlichkeit werden z. B. neue Mineralien, Multimineralien und sonstige Wirkstoffe mit pseudowissenschaftlichem Werbematerial in dubioser Weise angeboten. Auf den Etiketten werden Wirkstoffe aufgeführt, die nicht enthalten sind, Wirkmechanismen behauptet, die wissenschaftlich überhaupt nicht existent sein können.

Mineralien, die im menschlichen Körper als Elektrolyte wirken und faktisch die gesamte Homöostase des Organismus aufrechterhalten, können nicht von Supermärkten und Kaufleuten ohne medizinische Beratung vertrieben werden.

> Gesundheit und Leben der Menschen müssen von derartigen geschäftlichen Fehlentwicklungen geschützt werden.

2.5 Mineralienapplikationen gehören in die Hand der Heilberufler

Mineralien sind lebenswichtig und lebensnotwendig für jedes Tier und für jeden Menschen. Die gegenwärtige moderne Ernährung und das Angebot von bearbeiteten Lebensmitteln und halbreifen Früchten sind keine Naturprodukte und somit den Menschen nicht adäquat. Häufig sind sie durch große Defizite an Mineralien ausgewiesen. Mineralienzufuhr ist deshalb wichtiger als jemals zuvor.

> **Mineralien sind der Ursprung und die Basis des Lebens.**

Wenn man einen lebenden Körper verbrennt, bleibt von ihm nur die Mineralienasche. Das hatte der Naturheiler Schüssler schon vor über 100 Jahren erkannt.

> Das Anbieten von Mineralien können wir nicht dem Supermarkt und den Kaufleuten überlassen, weil die Applikationen von Mineralien medizinisch-wissenschaftlich begründet sein müssen.

In der bioaktiven Wirkung sind nämlich drei Wirkstufen der Mineralien zu berücksichtigen:
- Defizit
- Optimum
- Toxizität *[Anke und Szentmihalvi 1986]*

> Wer Multimineralien verordnet, muss sich in der Heilkunst und in den Eigenschaften der Mineralienwirkstoffe auskennen. Mineralien haben nicht nur chemische, sondern auch physikalische und chemophysikalische Wirkeigenschaften. Dies zu begreifen ist auch für manche Mediziner oder Heilpraktiker, Biochemiker und Pharmazeuten nicht einfach.

2.6 Das Vertrauen in die Naturheilstoffe wächst

Eine im Jahr 2002 vom Institut für Demoskopie Allenbach im Auftrag des Bundesverbands der Arzneimittelhersteller (BAH) durchgeführte Trendstudie untermauert das zunehmende Vertrauen der Bevölkerung zu Naturheilmitteln. Diese Studie weist folgenden Trend bezüglich der Einnahme von Naturheilmitteln aus *[Flintrop 2002]*:
(Angaben in %Anteil der Gesamtbevölkerung)

1970	52 %
1997	65 %
2002	73 %

Der Hauptgrund dieser Trendentwicklung ist die Angst vor schädlichen Nebenwirkungen bei der Einnahme von chemischen Pharmaka. Auf einer Skala von 0-10 geben die vom Allenbach-Institut Befragten (n = 2172) folgende Einschätzung:

	Mittelwert der Skala
Nebenwirkungen bei chemisch synthetisierten Arzneimitteln	6,7
Nebenwirkungen bei Naturheilmitteln	2,3

> Die Bereitschaft die Naturheilmittel selbst zu bezahlen wurde
>
> 1997 von 56 %
>
> 2002 von 60 %
>
> der Befragten befürwortet, wenn es vom Arzt verordnet wurde.

Tabelle 2-1:
Angaben, bei welchen Erkrankungen Naturheilmittel geholfen haben, in Prozent

Erkrankung	1970	2002
Erkältung	41	69
Grippe	31	34
Schlaflosigkeit	13	27
Magenbeschwerden	24	26
Verdauungsbeschwerden	24	24
Kopfschmerzen	13	24
Nervosität	12	21
Kreislaufstörungen	15	19
Bronchitis	12	18
Erschöpfung, Ermüdung	8	15
Hautkrankheiten	8	14

Die Zahlen sprechen für sich. Es zeigt sich, dass besonders bei Erkrankungen mit einer neuropsychischen Komponente (Schlaflosigkeit, Kopfschmerzen, Nervosität, Erschöpfung und Ermüdung) ein steiler Trendanstieg zu Naturheilmitteln zu verzeichnen ist. Das ist verständlich, wenn man um die gesundheitsschädigende Wirkung der psychotropen Pharmaka weiß *[Zehntbauer 2000]*.

Interessant ist noch aus der „Allenbach-Studie Naturheilmittel 2002" folgendes zu entnehmen:

38 % der Befragten verwenden ausschließlich Naturheilstoffe für prophylaktische Zwecke und weitere

41 % gebrauchen neben anderen auch Naturheilmittel.

Das heißt 79 % der Befragten setzen Naturheilmittel für prophylaktische Zwecke ein.

In einem redaktionellen Artikel des Deutschen Ärzteblatts 99/17, 2002, S. C881 zitiert Jens Flintrop zwei Experten-Standpunkte in dieser Studie.

Prof. Dr. phil. Elisabeth Noll-Neumann, Direktorin des Allenbach Instituts, die kritisierte, dass es in der Bundesrepublik nur einen Lehrstuhl für Naturheilkunde in Berlin gebe:

„Es müsste aber mindestens zehn (Lehrstühle für Naturheilkunde) geben, um die zukünftigen Ärzte angemessen informieren zu können."

Geschäftsführer des BAH, Dr. rer. nat. Bernd Eberwein, sagte, „dass es sich bei der Zuwendung der Bevölkerung zu Naturheilmitteln nicht um einen Modetrend handele, sondern um ein langfristig angelegtes tief verwurzeltes Vertrauen".

Um diesem Vertrauen gerecht zu werden, müssen Ärzte und Heilpraktiker diesen neuen Trend nicht nur erkennen, sondern sehr schnell zum Handeln übergehen.

Diese Studie zeigt auch, dass die Weichen durch das Bedürfnis der Bevölkerung zum 6. Kondratieff bereits gestellt sind. Die entsprechenden Fachleute sollten schnellstens auf den anfahrenden Zug aufspringen.

2.7 Gesunde Menschen durch Geborgenheit, Liebe und Natur

„Das kindliche Gehirn kann sich nur in Geborgenheit entwickeln" schrieb der deutsche Neurowissenschaftler Hüther [1999]. Dem kann hinzugefügt werden, dass ein gesunder Mensch sich nur in harmonischen zwischenmenschlichen Kommunikationen und in seiner Beziehung zur Natur, vor allem in Beziehung zu den natürlichen Rhythmen, entwickeln kann. Dafür gibt es nicht nur wissenschaftliche Belege, sondern auch praktische Beispiele in Massen.

Zur Natur der Menschen gehören auch Multimineralien. Diese haben größtenteils eine biogene Entwicklung durchlaufen. So z. B. das Silizium, das Kalzium, das Natriumchlorid, die Sulfate und das Magnesium. Die siliziumhaltigen Naturgesteine, vor allem Zeolith und Montmorillonit (Bentonit), sind biogen geprägt. Zum Gesundsein benötigt der Mensch diese Stoffe in der heutigen Situation sehr dringend, da es kaum noch ein Nahrungsmittel gibt, welches real die „Natur" darstellt. Das SiO_2 - Siliziumdioxid spielt hierbei eine dominierende Rolle *[Carliste 1986 a, b, c, d]*.

Er benötigt aber auch den Einsatz seines Bewusstseins, seines Willens, seiner Emotionen, seines Optimismus und seines Glaubens. Damit können sogar schwerst Tumorkranke wieder zum Leben und zur Leistung finden, wie es der Radrennfahrer Lance Armstrong zeigte, der nach einem schweren Krebsleiden sechsmal hintereinander die „Tour de France" gewann.

„Seien Sie gesund" begrüßen sich am Tage die russischen Menschen. Diesen Gruß sollte man in allen Völkern einführen, gleichsam als Erinnerung daran, immer so zu leben, zu denken und zu handeln, dass man gesund bleibt, bis zum Ende des Lebens.

3 Was man unbedingt von einer wissenschaftlich fundierten Therapie bei der Applikation an den Patienten wissen muss

3.1 Für den Therapeuten ist der Patient eine „Blackbox"

In letzter Zeit mehren sich die Arbeiten, die sich kritisch mit der Applikation von Wirkstoffen beschäftigen und auf deren zahlreiche Einflussfaktoren hinweisen *[u. a. Basler 2003; Hesselbarth 2003; Hiemke 2003; Köppel 2003; Sohn et al. 2003; Wiedmann 2003]*. Dabei werden Fragen nach der Resorption der Wirkstoffe, nach ihrer Bioverfügbarkeit und Bioäquivalenz gestellt. Es steht auch die Frage nach dem „Wo" des Nachweises der Bioverfügbarkeit. So wird der Nachweis im Blut z. T. als irreal angesehen und für den Nachweis im Gewebe plädiert.

Einflussfaktoren verschiedener Art können die einem Wirkstoff offiziell in Studien zugeschriebene Wirkung verändern und ganz andere Effekte auslösen. Damit wird deutlich, dass der Therapeut eigentlich mit dem Patienten eine Blackbox vor sich hat.

Die Eingabe in diese Blackbox, nämlich den Wirkstoff, glaubt er zu kennen, was aber damit im menschlichen Körper geschieht, kann er vielleicht nur erahnen, aber wissen tut er es nicht.

Infolgedessen kommt es zu falschen Medikationen. Das brachte die Berliner Altersstudie *[Köppel 2003]* überzeugend hervor, wie aus folgender Tabelle hervorgeht.

Tabelle 3-1: Medikation bei alten Patienten [modifiziert nach Köppel 2003]

Medikation	70-84-jährige		85 Jahre und älter	
	Männer	Frauen	Männer	Frauen
Untermedikation	9,3 %	10,9 %	17,8 %	17,1 %
Übermedikation	15,5 %	12,4 %	20,9 %	15,5 %
Fehlmedikation	19,4 %	17,8 %	10,9 %	20,9 %
Richtige Medikation	55,8 %	58,9 %	50,4 %	46,5 %
Mindestens 5 Befunde unerwünschte Nebenwirkungen bei einem Patienten	15,5 %	22,5 %	31,0 %	30,2 %
Multimedikation > 5 Medikamente	34,1 %	39,5 %	42,6 %	35,7 %

Diese Tabelle weist aus, dass faktisch nur die Hälfte, in diesem Fall Alterspatienten, richtig therapiert wurde.

Dieses Ergebnis ist ernüchternd und unterstreicht eigentlich die schwache Position eines Therapeuten, der Wirkstoffe verordnet.

Nachfolgend möchten wir einige Faktoren aufzeigen, durch welche Eigenschaften von Wirkstoffen im menschlichen Körper verändert werden können.

3.2 Die unnatürliche moderne Lebensweise

- Bewegungsarmut führt zur Mangeldurchblutung und somit zur Verminderung der Resorptionsfähigkeit, Resorptionsgeschwindigkeit und Transportfähigkeit der Wirkstoffe.
- Veränderungen im Verdauungstrakt durch falsche Ernährung, durch Genuss- und Arzneimittelgebrauch führen zur Veränderung des pH-Werts, zur Verkleinerung der Resorptionsfläche und zu verschiedensten Interaktionen.

Untersuchungen von Hecht [1963] sowie Hecht et al. [1968] über den Einfluss der Umgebungshelligkeit auf die Wirkung von psychotropen Pharmaka auf die Reaktionszeiten von Ratten, die diese bei der Ausführung eines avoidance conditioning reflex erreichten, zeigten eine Abgängigkeit von definierten Umweltsituationen. Diese Tiere wurden in wöchentlichem Abstand unter der Beleuchtungsintensität 0,3, 25 und 1.000 Lux am gleichen Wochentag und zur gleichen Tageszeit (vormittags) untersucht. Eine Stunde vor jeder Untersuchung erhielten sie einen der Wirkstoffe: physiologisches NaCl, Koffein, Barbiturat und Reserpin. In jeder Untersuchung wurde 20x der conditions stimulus gegeben und die Reaktionszeit automatisch gemessen. Die verwendeten Dosierungen der Wirkstoffe lagen im Bereich mitteleigner Effekte für Laborratten und ließen weder unterschwellige noch toxische Wirkungen zu.

Aus diesen Untersuchungen ist zu entnehmen, dass Koffein in nahezu dunkler Umgebung eine stimulierende Wirkung auswies, wie sie von diesem Mittel bekannt ist. In der Umgebungshelligkeit von 1.000 Lux zeigen die beiden höheren Dosierungen einen Kippschwung zu verlängerten Reaktionszeiten und somit zu einer sedierenden Wirkung. Das Barbiturat hat die erwartete sedierende Wirkung in der nahezu dunklen Umgebung. Die Helligkeit von 1.000 Lux verkürzt die Reaktionszeiten erheblich. Das ist ein Effekt eines Stimulans. Reserpin zeigt diesen Effekt nur in der Tendenz.

Analoge Ergebnisse wurden mit unterschiedlichen Lärmpegeln erzielt. Ein hoher Lärmpegel führt ebenfalls in Beziehung zur Dosierung zu einem Kippschwung der Wirkung ins Umgekehrte *[Hecht et al. 1968]*.

Diese im Experiment nachgewiesene Abhängigkeit von Umwelteinflüssen erleben manche Menschen mit Alkohol oder mit Bohnenkaffee: Unter bestimmten Umständen ist der Mensch stimuliert und euphorisch, unter anderen Unständen ist er depressiv nach Einnahme des betreffenden Getränks.

3.3 Abhängigkeit der Wirkung von psychotropen Pharmaka

Zahlreiche Untersuchungsergebnisse weisen darauf hin, dass psychotrope Pharmaka in ihrer Wirkung von zahlreichen Einflussfaktoren stark verändert werden können.

- Individualität
- Alter
- Komorbidität
- Geschlecht
- Multimedikation (Interaktionen)
- Nutropharmakologische Effekte (Interaktionen)
- Tageszeitpunkte (circadianer Rhythmus)
- Umweltfaktoren, z. B. Licht, Lärm, Schadstoffe

[Brune 2004; Basler 2003; Hesselbarth 2003; Hiemke 2003; Sohn et al. 2003; Wiedmann 2003; Mallmann 2003; Hecht et al. 1968; Hecht 1964, 1963].

Hecht et al. 1968 stellten die Forderung auf, psychotrope Pharmaka nur in der stationären Behandlung anzuwenden.

3.4 Interaktion mit Lebensmitteln (Nutropharmakologie)

Unter Nutropharmakologie verstehen wir den Wissenschaftszweig, der Wechselwirkungen von Arzneimitteln und Lebensmitteln untersucht. Der Bundesverband der deutschen Apotheker hat bei 300 Arzneiwirkstoffen, die in 5.000 zugelassenen Arzneimitteln enthalten sind, festgestellt, dass diese von verschiedenen Lebensmitteln beeinflusst werden können. Nachfolgend sollen einige Beispiele angeführt werden:

- Antibiotika: Tetracycline verlieren ihre Wirksamkeit durch das Kalzium von Milchprodukten (Joghurt, Quark, Milch, Käse) infolge Hemmung der Resorption.
- Antidepressiva mit MAO-Hemmer-Wirkstoffen zeigen Unverträglichkeit mit Fisch, Käse, Bohnen, Sauerkraut und Rotwein. Es kommt zum Anstieg des Tyramins im Blut. Infolge dessen steigt der Blutdruck an und es kommt zu Verwirrtheitszuständen.
- Das Antihistaminikum Terfendin zeigt Unverträglichkeit mit Grapefruitsaft und verursacht Herzrhythmusstörungen.

- Die amerikanische Pharmakologin Barbara Ameer fand bei 13 verschiedenen Arzneimittelgruppen, dass Grapefruitsaft deren Wirkung um das mehrfache im Sinne einer Überdosierung verstärkt. Verantwortlich dafür sollen Pflanzenhormone der Grapefruit sein.
  Zu den betroffenen Wirkstoffen zählen:
  - Antihistaminika
  - Antihypertonika
  - Hypnotika
  - Immunsuppressoren gegen Organabstoßung
- Antikoagulanzien zeigen Unverträglichkeiten mit Vitamin-K-haltigen Lebensmitteln. Diese führen zur Verstärkung der Blutung durch Ausschaltung der Blutgerinnungshemmung. Zu den Vitamin-K-haltigen Lebensmitteln gehören z. B. Blumenkohl, Rosenkohl, Brokkoli, Hülsenfrüchte, Sauerkraut, Leber.
- Kaffee, Tee, Fisch- und Fleischeiweiß verhindern die Resorption von Eisenpräparaten gegen Anämie.

3.5 Altersabhängigkeit

Für den Heilberufler ergibt sich bezüglich des älteren Menschen gegenwärtig folgende Problemlage:
- Über die Hälfte der über 65-jährigen, die jemals gelebt haben, leben gegenwärtig.
- Der Anteil der über 60-jährigen an der Gesamtbevölkerung beträgt zurzeit 21 %.
- Für das Jahr 2030 wird eine Zunahme der älteren Menschen auf 30-40 % an der Gesamtbevölkerung prognostiziert.
- Der Anteil der Hochbetagten (über 100 Jahre) wird von derzeitig 3,8 % auf 12 % der Gesamtbevölkerung ansteigen *[Bundestag 1998, Public health 7/Nr. 25/1/99 S. 2]*.

Der Wunsch, dieses hohe Lebensalter in guter Gesundheit und selbständiger Betreuungsfähigkeit, so wie es die neue Gesundheitsdefinition [WHO, Ottawa-Charta] WHO 1948, WHO 1987 zum Ausdruck bringt, zu erleben und zu leben, ist das Anliegen vieler älter werdenden Menschen.

Kenntnisse der Gerontopharmakologie sind daher gefragt, wenn durch richtige Therapie der Wunsch der älteren Menschen nach gesunder Langlebigkeit Rechnung getragen werden soll.
Besonders wichtig ist es, die Altersabhängigkeit von Wirkstoffen zu kennen und auch zu beachten.

Nachfolgend sind Probleme und Folgen der Pharmakotherapie durch den Alterungsprozess nach Köppel [2003] angeführt.

Altersproblem	Folgen für die Pharmakotherapie
Abnahme der physiologischen Kapazität	Chronische Multimorbidität Instabilität bei akuten Erkrankungen
Kognitive Defizite	Unzuverlässigkeit bei der Einnahme verordneter Pharmaka
Vereinsamung Psychosoziale Isolation ↓ Depression, Schlafstörungen	Einschränkung der Nierenfunktion Austrocknung des Gewebes Zerstörung der Zellstruktur Beschleunigung des Alterungsprozesses
Mangel- und Fehlernährung	Erschwerte Therapie bei Stoffwechselkrankheiten, z. B. Diabetes mellitus
Durch Medikamente Vigilanzverlust und orthostatische Dysregulation	Verwirrtheitszustände, Schwindel Stürze, Knochenfrakturen

Tabelle 3-2: Altersprobleme und Pharmakotherapie

Defizite in der Resorptionsfähigkeit können zur verminderten Resorption, Dysmetabolisierung zur verminderten oder erhöhten Bioverfügbarkeit führen. Verminderte Stoffwechselprozesse können auch beschleunigte Kumulationen zur Folge haben. Nachfolgend werden einige Beispiele angeführt *[nach Köppel 2003]*.

Verminderte Bioverfügbarkeit bei älteren Patienten für

| Kobalamin | Eisen | Folsäure |
| Fluarazepam | Levodopa | Thiamin |

Gesteigerte Bioverfügbarkeit für

Amitriptylin	Ciprofloxazin	Desipramin
Imipramin	Lidocain	Metronidazol
Nicardipin	Nifedipin	Omeprazol
Ondansetron	Propanolol	Trazedon

Auch die **verminderte oder gesteigerte Zell- und Eiweißbindung** durch Veränderung der Affinität der Rezeptoren bei älteren Patienten kann die Wirkung z. B. von folgenden Stoffen beeinflussen *[nach Köppel 2003]*:

Verminderte Eiweißbindung für

Acetazolamid	Carbenoxolon	Ceftriaxon
Clomethiazol	Diazepam	Phenytoin
Salizylsäure	Theophyllin	Thiopental
Tolbutamid	Valproinsäure	Warfarin
Zimeldin		

Erhöhte Eiweißbindung (Plasmaprotein-) für

Chlorpromazin Lidocain
Maprotilin Propranolol

Der zunehmende hohe Anteil der Älteren an der Gesamtbevölkerung ist eine Herausforderung für den Therapeuten, verantwortungsvoll unter Beachtung aller pharmakokinetischen Besonderheiten die älteren Patienten zu behandeln.

3.6 Wie können pharmakinetische Prozesse beeinflusst werden?

Die **Pharmakokinetik** untersucht den Einfluss des Organismus auf Arzneimittel und Wirkstoffe. Sie befasst sich mit der Kinetik der Resorption, Verteilung in Blut und Gewebe, mit der Metabolisierung und Ausscheidung von Wirkstoffen. Ziel der Pharmakokinetik ist es, Beziehungen zur Pharmakodynamik herzustellen, um optimale Dosierungsschemata zu erarbeiten.

Die **Pharmakodynamik** untersucht den Einfluss von Arzneimitteln auf den Organismus, z. B. die Dosiswirkungsbeziehungen, Wirkungsmechanismen, Nebenwirkungen, toxische Effekte usw. Das Modell der Pharmakodynamik fußt auf vier Grundpfeilern. Es wird wie folgt schematisch dargestellt:

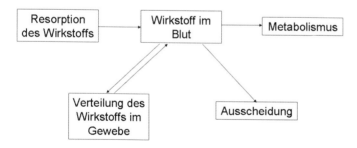

Abbildung 3-1: Komponenten der Pharmakogenetik

Frage nach	Antwort
• Resorption	nicht bekannt
• Blutkonzentration des applizierten Wirkstoffs	schwer nachzuweisen wegen • Verteilungsdynamik • Metabolisierung • Ausscheidung
• Verteilung im Gewebe	ist gegenwärtig als der sicherste Nachweismethode für das Ankommen des Wirkstoffs am Wirkungsort. Sehr aufwendig, aber informativ
• Metabolismus	schwer nachzuweisen
• Ausscheiden im Urin	als Kontrolle möglich, jedoch wegen Metabolisierung unsicher

Tabelle 3-3: Die Komponenten der Pharmakokinetik aus der Sicht des Therapeuten

Die größten Unbekannten für den Therapeuten sind also:
- Die Resorption des Wirkstoffs (Darmentzündungen, pH-Veränderungen usw.)
- Die Verteilung im Gewebe bzw. die Bioverfügbarkeit und Bioäquivalenz in den Zellen.
- Die Metabolisierung, die von vielen Interaktionen beeinflusst werden kann. Nichtverwendung des Wirkstoffs, Fehlregulationen (unerwünschte Nebenwirkungen, keine Effekt) können die Folge sein (siehe nachfolgende schematische Darstellung).

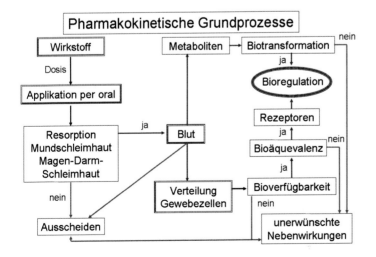

Abbildung 3-2:
Schematische Darstellung der funktionellen Beziehungen der pharmakokinetischen Grundprozesse

Nachfolgend stellen wir die gegenwärtige Situation schematisch dar. In der Abbildung 3-2 ist die Situation angegeben, wie sie sich allgemein dem Therapeuten bietet.

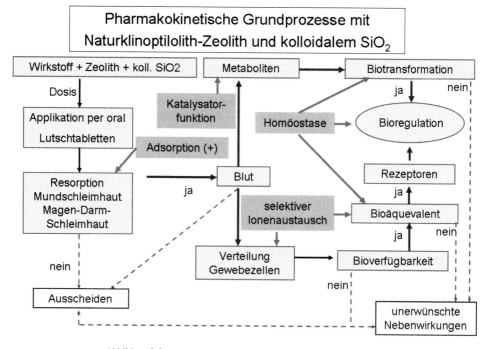

Abbildung 3-3:
Schematische Darstellung der funktionellen Beziehungen der pharmakokinetischen Grundprozesse mir dem Natur-Klinoptilolith-Zeolith und SiO_2

Wie wir aus dem Schema der Abbildung 3-3 ersehen können unterstützen die so genannten pharmakologischen Hilfsstoffe nicht nur die pharmakinetischen Grundprozesse, sondern sichern durch ihre besonderen Eigenschaften eine Optimierung der Bioregulation.

Bioregulatoren, wie z. B. Zeolith, Siliziumdioxid (Kieselsäure), Bentonit u. a., haben eine „Autopilot-Funktion" und vermögen mit ihrer spezifischen Eigenschaft die „üblichen" großen Unbekannten der Effekte von Wirkstoffen im bestimmten Rahmen auszugleichen.

In der Abbildung 3-3 ist die mögliche Beeinflussung der unbekannten Größe mittels pharmazeutischer Hilfsstoffe, vor allem des SiO_2, des Bentonits und des Natur-Klinoptilolith-Zeoliths, ausgewiesen (siehe Kapitel 10-18).

3.7 Die Persönlichkeit des Therapeuten als „Wirkstoff" für den Patienten

Ein wesentlicher Faktor dafür, ob ein Wirkstoff hilft oder nicht hilft, ist die Persönlichkeit des Arztes. Die Tragfähigkeit eines Arzt-Patienten-Verhältnisses entscheidet sich gewöhnlich in den ersten Minuten der Begegnung beider.

> Der Arzt-Patienten-Beziehung wohnt ein Potential inne, welches, richtig genutzt, wesentlich zur Gesundung des Patienten beiträgt. Ein Therapeut (Therapeutin) muss Charisma haben, welches das Vertrauen des Patienten erweckt.

Es gibt nämlich den Placeboeffekt, der von vielen Schulmedizinern zwar bestritten wird, aber real existent ist. Viele Placeboforscher haben das bewiesen.

Man kann davon ausgehen, dass jede ärztliche Handlung oder Maßnahme, wenn der Patient das Vertrauen zu ihm hat, Träger einer Placeboreaktion ist. Bei jeder Wirkstoffanwendung ist ein Placeboeffekt unterschiedlichen Ausmaßes beteiligt, der sich pharmakodynamisch kaum oder gar nicht von dem eines Wirkstoffs unterscheiden lässt.

Nachfolgend wird eine Zusammenstellung von Placeboeffekten aus wissenschaftlichen Arbeiten der internationalen Placeboforschung angeführt, welche den positiven Placeboeffekt zum Ausdruck bringt.

Als Placebo auslösende Faktoren können dabei Scheinoperationen, Scheinmittel, Scheinbestrahlungen und andere Einwirkungen in Frage kommen. Jeder Therapeut muss davon ausgehen, dass er nicht nur schlechthin ein Mittel dem Patienten übergibt, sondern dass bei der Wirkung des Mittels eine Reihe von Faktoren mitspielen, z. B.

- **Charisma des Arztes**
- **Zuwendung zu dem Patienten**
- **Stimmung des Arztes**
- **Vertrauen**
- **Gesprächsführung des Arztes**
- **Wissen des Arztes**
- **Glauben an die „Macht des Arztes" seitens des Patienten**

> Placeboeffekte sind keine Einbildung, sondern psycho-physiologische und soziale Funktionen, die im Gehirn entstehen und in den ganzen Körper ausstrahlen.

Es gibt auch Nozeboeffekte, der gegenteilige Effekt zum Placebo, in dem sich unerwünschte Nebenwirkungen, wie z. B.
- Benommenheit
- Müdigkeit
- Verstopfungen
- depressive Reaktionen
- Hautausschläge

einstellen. Hierzu wurde vor einiger Zeit eine Untersuchung durchgeführt. Einer Gruppe von Patienten wurde eine Scheintablette gegen Schmerzen von einem freundlich ausstrahlenden Arzt bzw. einer Krankenschwester verabreicht. Bei 60 % verschwanden die Schmerzen. Es zeigte sich, dass sich bei diesen Patienten der Endorphinspiegel erhöht hatte. Bei den nicht Placeboreaktionen waren die Endorphinspiegel nicht angestiegen. Die zweite Gruppe von Patienten erhielt die gleiche Scheintablette von einem mürrischen, unhöflichen Arzt bzw. einer Schwester. Es gab keine einzige Placeboreaktion, dafür aber Verstärkung der Schmerzen und andere Nebenwirkungen, sogar Hautreaktionen. Bei diesen Patienten war die Histamin-Konzentration im Blut angestiegen.

Den Placeboeffekt und die Wirkungen des vertrauensvollen Arzt-Patienten-Verhältnisses kannten schon unsere Vorfahren.

So der griechische Arzt Hippokrates (460-370 v. Ch.), von dem folgende Postulate stammen, die sich jeder Therapeut von heute verinnerlichen sollte, wenn er effektiv in seinen Behandlungen sein möchte.

„Ein Verlauf einer Krankheit wird weitgehend davon bestimmt, wie der Patient psychisch auf die Krankheit reagiert."

„Ein Patient, der schon vom Tode gezeichnet ist, kann dennoch durch den Glauben an die Kunst des Arztes genesen."

4 Zur Struktur und Funktion des Heilungs- und Wachstumssystems

4.1 Selbstheilung möglich?

Der Begriff Heilen ist weit verbreitet und ist eine Zielfunktion der Ärzte und anderer Heilberufler. Kaum bekannt ist, dass es ein Heilungs- und Wachstumssystem gibt.

Aber die Selbstheilung kennen Sie und haben diese schon oft erlebt. Wenn Sie sich leicht verletzt haben, tun Sie gewöhnlich nichts und in zwei Tagen ist die Wunde häufig ohne Narben geheilt. Bei Kindern geht das schneller als bei Erwachsenen oder älteren Menschen. Warum ist das so? Kinder erhalten in ihrem Gewebe mehr Silizium als ältere Menschen, welches die Wundheilung beschleunigen kann *[Carlisle 1986a und b]*. Und wie steht es mit den „Spontanheilungen" verschiedener Krankheiten, z. B. auch Tumorkrankheiten? Wer nach einem Heilungssystem oder gar Selbstheilungssystemen im Menschen fragt, gelangt sehr schnell in den Verruf „Esoteriker" zu sein.

Unzureichendes Wissen oder einseitiges Wissen des Heilberuflers über den ganzen Menschen und Festhalten an Dogmen kann den Tod des Patienten bedeuten.

Neue Erkenntnisse und Theorien, auch wenn sie der gegenwärtigen Schulmeinung entgegenstehen, sollten stets ernsthaft geprüft und nicht kritiklos abgelehnt werden. Wer sich als Vertreter eines Heilberufs ausgibt und sich die „Heilung" von Erkrankten als Aufgabe gestellt hat, sollte auf jeden Fall die realen Funktionen von Heilung und Wachstum kennen und zwar unter Berücksichtigung der Tatsache, dass der Mensch eine biopsychosoziale Einheit darstellt.

4.2 Was ist gegenwärtig von Heilung und Wachstum bekannt?

Die den Heilberuflern und Laien am häufigsten begegnende Heilungsform ist die Wundheilung oder die Wundselbstheilung. Die klassische Medizin erklärt diesen Vorgang in der Weise, dass sie dessen Einzelheiten etwa folgendermaßen beschreibt:

- Das aus der Wunde austretende Blut bildet eine Kruste
- Die Thrombozyten in der Blutkruste setzen einen Wachstumsfaktor frei
- Dieser aktiviert die DNS innerhalb der Fiberoplastenzellen, wodurch die Produktion von Kollagenfasern beginnt

4. Zur Struktur und Funktion des Heilungs- und Wachstumssystems

- Wenn diese Kollagenfasern in die Wunde eindringen, kontrahieren sie sich und beginnen die Wunde zu schließen
- Gleichzeitig erfolgt eine vermehrte Teilung der Hautzellen und somit schließt sich die Wunde

Folglich ist die Wundheilung ein lokaler Prozess, der sich auch im Reagenzglas abspielen könnte. Hierbei entstehen die Fragen: Wer löst den Prozess aus? Wer gibt den Zellen das Signal, sich zu teilen? Wer beendet diesen Prozess? Wie gesagt, diese Wundheilung ist die einfachste Form. Wie heilen aber Knochenbrüche oder chronische Krankheiten oder Tumorkrankheiten?

Das Wachstum eines Embryos wird als selbstverständlich betrachtet. Die klassische medizinische Wissenschaft erklärt uns diesen Prozess wie folgt: Die befruchtete Eizelle hat in ihrer DNS alle Informationen enthalten, um verschiedene Arten von Zellen auszubilden. Z. B. kann die Muskel-DNS bestimmte Zellen hervorbringen. Dieser Vorgang wird Differenzierung genannt. Ein Lebewesen ist aber nicht ein Klumpen von Zellen, sondern ein ganzheitlicher Organismus, in dem alle Funktionen präzise aufeinander abgestimmt sind und dies vom ersten Tag seiner Entwicklung an. Wie Gehirn und Nervensystem und deren Funktionen sich daraus entwickeln, ist schon weniger präzise angegeben. Die Differenzierung wird in ihrer Grundform wie folgt beschrieben.

Was aber bei der Beschreibung der Vorgänge von einfacher Heilung und embryonalem Wachstum fehlt, ist ein Einblick in das Steuerungssystem.

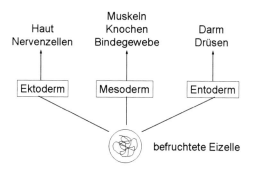

Abbildung 4-1: Schema der Embyonalentwicklung

Besonders wenn es sich um Selbstheilung handelt. Es besteht z. B. die Frage nach einem möglichen Verletzungssignal, welches einem Steuerungssystem mit Rückkopplung die Information vermittelt und wie das Steuerungssystem entscheidet, welcher Prozess nun abzulaufen hat.

Wir wissen, dass in unserem gesamten Organismus elektrische Ströme fließen, die sich als Aktionspotentiale ausweisen und in Form von Elektroenzephalographie, Elektrokardiographie, Elektromyographie, Elektrodermographie u. a. registrieren lassen. Elektrische Aktivitäten eines lebenden Organismus lassen sich viel einfacher und über lange Dauer messen als biochemische Prozesse, wie Stoffwechsel, Hormonausschüttungen usw.

Die Grundlage der elektrischen Aktivität der lebenden Materie sind die Elektrolyte, d. h. Ionenformen der Mineralien.

4.3 Bioelektrische Prozesse auf Ionengrundlage an der Zellmembran (vereinfachte Darstellung)

Das Ruhemembranpotential ist dadurch gekennzeichnet, dass extra- und intrazellulär die Zahl der negativen und positiven Ionen gleich groß ist. Für jeweils eine Ionenart haben wir das Gleichgewichtspotential. Es ist für eine bestimmte Ionenart durch das Gleichgewicht zwischen elektrischem Feld und Konzentrationsgradienten der Ionenart bestimmt.

Ein Beispiel für die Ionenverteilung im extra- und intrazellulären Raum einer Nervenzelle zeigt folgende Aufstellung:

Membran	
intrazellulär	**extrazellulär**
K+ 120 mmol/l	K+ 2 mmol/l
Na+ 10 mmol/l	Na+ 122 mmol/l
Ca++ 10-7 mmol/l	Ca++ 3 mmol/l
Cl- 4 mmol/l	Cl- 120 mmol/l
(A-) 126 mmol/l	(A-) 10 mmol/l
Ladung an der Membran = 10^{-22} mol Ionen/cm² Membran	

<u>Beispiele für Gleichgewichtspotentiale von einigen Ionen:</u>

Kalium (K⁺)

Membran
intrazellulär	extrazellulär
K_i = 120 mM	K_o = 2 mM

Diffusion
Elektrisches Potential
(-)   (+)
= - 108 mV

Natrium (Na⁺)

Membran
intrazellulär	extrazellulär
Na_i = 10 mM	Na_o = 122 mM

Diffusion
Elektrisches Potential
(-)   (+)
= + 66 mV

4.4 Verletzungs- und Wachstumspotential

Von dem italienischen Anatom und Physiologen Luigi Galvani (1737-1798) wurde bereits der „Verletzungsstrom" beschrieben, der sich immer als positives elektrisches Potential zeigte. Das Verletzungspotential kommt durch die Zerstörung der Zellmembran zustande, wodurch eine Ungleichverteilung der extra- und intrazellulären Ionen entsteht. Alle schnell wachsenden Gewebe haben dagegen negative Ladung, auch das Tumorgewebe *[Becker 1994]*.

Becker [1994] konnte nachweisen, dass menschliches und tierisches Tumorwachstum immer die höchste Negativität auswies, die er mit seinen Gleichstrommessungen erfassen konnte.

Diesbezüglich ergibt sich ein Ansatz für die Frühdiagnostik von Tumoren, die man auf diese Weise schon erkennen könnte, bevor ein Tumor entstanden ist.

4.5 Warum wächst dem Salamander die abgeschnittene Pfote nach?

Nachfolgendes Experiment von R. Becker [1994] soll die Beziehungen zwischen Gleichstrompotential, Verletzung, Heilung und Regeneration (Wachstum) demonstrieren.

Becker [1994] amputierte bei einem Frosch und einem Salamander die linke Vorderpfote und maß das Gleichstrompotential während des nun folgenden Heilungs- bzw. Regenerationsprozesses. Elektrizität in biologischen Prozessen benötigt leitfähiges Gewebe und dieses fand Becker [1994], in diesem Fall in der Neuroglia, d. h. in der extrazellulären Matrix des Nervengewebes. Bei beiden Tieren zeigte sich nach der Amputation der Pfote das positiv ausschlagende Verletzungspotential. Beim Salamander, bei dem mit dem Heilungsprozess gleichzeitig die Regeneration der gesamten Pfote erfolgte, sehen wir nach einiger Zeit den Umschlag in ein negatives Gleichstrompotential, welches Ausdruck vermehrten Wachstums ist. Beim Frosch verlief nur der Heilungsprozess nach der Amputation. Das positive Verletzungspotential nähert sich wieder dem Ruhepotential.

Abbildung 4-2:
Gleichstrompotentiale nach Verletzung sowie im Heilungsprozess (Frosch) und Regenerationsprozess (Salamander) [nach Becker 1994]

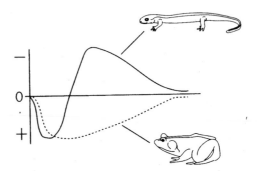

Dieses Ergebnis zeigt, dass die Bioelektrizität zu den Grundelementen eines Steuerungssystems gehört, welches Regeneration und Heilung (Vernarbung) reguliert.

4.6 Extrazellulärer Raum der Nervenzelle – die Neuroglia

Die Nervenzellen des Gehirns sind in die Neuroglia eingebettet. Sie bestehen aus verschiedenen Zellformen und dem Interstitium (Zwischengewebe) mit der kolloidalen Flüssigkeit. Die Neuroglia stellt die extrazelluläre Matrix des Gehirns dar. Man schreibt der Neuroglia Funktionen wie Ernährung, Schutz, Isolation, Ionenaustausch u. a. zu. Seit den Untersuchungen von R. O. Becker [1994] wissen wir, dass die Neuroglia Erregungsleitfähigkeit auf der Basis von Gleichstrompotentialen besitzt. Die Neuroglia des peripheren Nervensystems ist die Schwann'sche Zelle, die Nervenfasern (Axone) umfasst. Auch diese besitzen Leitfähigkeit und stellen Informationsträger (in Form eines Ladungsträgers) dar.

Folglich existiert ein zweites Nervensystem, welches nach Beobachtungen von Becker nach dem Prinzip eines Analogcomputers arbeitet.

4.7 Perineurales Gleichstromsteuerungssystem

Becker [1994] bezeichnete dieses leitfähige System, welches auf der Grundlage der Neuroglia arbeitet, als **„Perineurales Gleichstromsteuerungssystem" (PGSS)**. Das PGSS vermag die Informationen

- nach Stromstärke,
- nach Flussrichtung und
- nach Änderungen der Stromstärke

in Form von langsamen Wellen (langsamen Perioden) zu transformieren.

4. Zur Struktur und Funktion des Heilungs- und Wachstumssystems

Das sind Eigenschaften, die elektrische Halbleiter besitzen.

In diesem Zusammenhang entdeckte Becker [1994] die biologische **Halbleitungsfähigkeit der Neuroglia**.

Die Ströme von Halbleitern sind bekanntlich sehr schwach. Sie benötigen nur geringe Spannungen, um den Strom fließen zu lassen.

Die Halbleiterfähigkeit ist bekanntlich die Eigenschaft von Materialien, die eine kristallähnliche Struktur haben. In diesem Fall sind die Atome in regelmäßiger gitterartiger Form angeordnet, so dass ein überzähliges Elektron frei durch das Gitter von Atom zu Atom springen kann. SiO_2, z. B. Quarz, hat diese Halbleitereigenschaft.

Da die Körperflüssigkeiten durch ihre kolloidale Eigenschaft auf der Grundlage von Mineralien (Elektrolyten) als kristalline Flüssigkeit vorhanden sind, die sich in der Neuroglia bzw. intrazellulären Matrix befinden, ist es nicht verwunderlich, dass sie die biologische Halbleiterfähigkeit besitzen [Shabalin und Shatokhina 2001; Becker 1994; Heine 1991, 1989; Schlitter 1995, 1985 a, b; Pischinger 1989].

Auf Grund seiner umfangreichen Untersuchungen an Menschen und Tieren kamen Becker und Marino *[Becker 1994; Becker und Marino 1962, Marino 1988]* zu der Auffassung, dass der Wirbel- bzw. Säugetierorganismus (einschließlich des menschlichen Organismus) über ein primitives hochleistungsfähiges analoges Informationsübertragungs- und Steuerungssystem verfügt, welches, aus der Evolution stammend, noch heute erhalten geblieben und in der Neuroglia, dem „Bindegewebe" bzw. der extrazellulären Matrix des Nervensystems, lokalisiert ist.

Dieses perineurale Gleichstromsteuerungssystem verfügt nach Becker und Marino *[Becker 1994; Becker und Marino 1962]* über folgende Eigenschaften und Fähigkeiten:
- Das PGSS besitzt die Fähigkeit, mittels des Flusses von bioelektrischen Signalen, auf der Grundlage des biologischen Halbleiterprinzips, Informationen zu übertragen.
- Das PGSS arbeitet nach dem Prinzip eines Analogcomputers, langsamer als das sensomotorische Nervensystem, welches vergleichsweise wie ein Digitalprinzip arbeitet. Beide Systeme funktionieren faktisch zusammenwirkend nach dem Prinzip eines „Hybridrechners".
- Das PGSS vermag Verletzungen, morphologische und funktionelle Schäden „wahrzunehmen", zur Zentrale zu signalisieren, Steuerungsmechanismen und Regulationsprozesse in Gang zu setzen, um Defekte im Organismus durch „Reparaturen" bzw. Regenerationen zu beseitigen.
- Das PGSS steuert und reguliert Wachstum und „Heilung", indem es mit negativen und positiven Gleichstrompotentialen reagiert. Somit sind sowohl Verletzungen als auch schnelles Wachstum zu erfassen.

- Das PGSS vermag die morphogenetischen Grundprozesse in der Embryonalentwicklung zu steuern.
- Das PGSS veranlasst in der extrazellulären Matrix, d. h. in der Nähe von Körperzellen, mittels biologischen Gleichstroms die Aktivierung und Kommunikation von Körperzellen.
- Das PGSS kann daher die Heilung von Verletzungen und anderen Schäden bewirken, z. B. die Heilung von komplizierten Knochenbrüchen. Becker [1994] konnte dies sowohl in der Humanmedizin als auch in der Veterinärmedizin praktizieren und nachweisen. Besonders dann, wenn die Heilungsprozesse langsam vonstatten gingen, erzielte er damit gute Effekte.
- Die Steuerzentrale des PGSS befindet sich offensichtlich im Gehirn, wobei Neuroglia und Neuron synchron abgestimmt die Erzeugung und den Empfang von Erregungsimpulsen regulieren. Auf der nachfolgenden Abbildung ist dieser Prozess im Falle der Verletzung vereinfacht schematisch dargestellt.

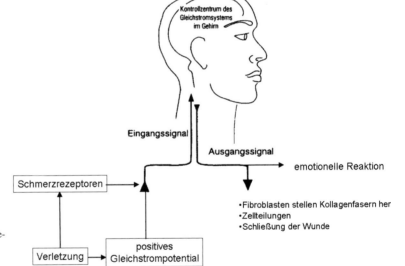

Abbildung 4-3:
Schema der Funktion des PGSS im Falle einer peripheren Verletzung [modifiziert nach Becker 1994]

- Das PGSS wirkt im Gehirn mittels eines Bereitschaftspotentials steuernd auf Entscheidungsprozesse. Das Bereitschaftspotential geht gewöhnlich den Impulsen der Neuronen (Nervennetze) voraus, d. h. das PGSS reagiert bereits früher als das „digitale" Nervensystem: Dieses Bereitschaftspotential des PGSS erklärt die Funktion des Systems, welches dem Vorwärtsspielprinzip des menschlichen Gehirns zu Grunde liegt, d. h. im Gehirn können Entscheidungen getroffen werden, bevor der Erregungsstimulus den Effektor bzw. „Handlungsakzeptor" *[Anochin 1967, 1935]* erreicht. Anochin nannte dieses Funktionssystem „Prinzip der Voraussage".

4.8 Heilung, ein Prozess des Zentralnervensystems

Die Erkenntnisse über das PGSS erklären auch die Akupunktur, den Placeboeffekt, die Intuition, Magnetfeldreaktionen, die Visualisierungstherapie und die bewusst geistig-emotionelle Beeinflussung von Körperprozessen im Sinne der Gesunderhaltung bzw. der Beseitigung von Erkrankungen *[Becker 1994; Marino 1988; Becker und Marino 1962]*. Bisher tat sich die Medizin schwer, die geistig-emotionelle Einflussnahme auf die Heilung von Krankheiten zu erfassen bzw. zu begreifen.

Die Neuropsychoimmunologie, das Prinzip der perineuralen Gleichstromsteuerung und die freie Endigung von Nervenfasern des vegetativen Systems in der extrazellulären Matrix [Heine 1991, 1989] können heute erklären, wie die Heilung von Krankheiten durch kognitiv-emotionale Prozesse vonstatten geht, woran kein Zweifel mehr besteht.

Nachfolgend werden schematisch die Funktionen eines dualen Nervensystems dargestellt.

Dualzentralnervöse Steuerung der extrazellularen Matrix
vereinfachtes Schema

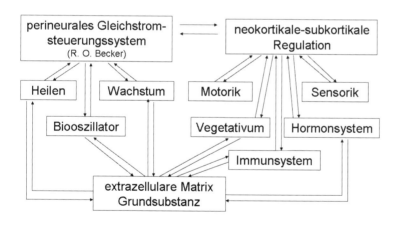

Abbildung 4-4:
Schematische Darstellung des dualen Nervensystems

4.9 Silizium – Urmineral des Wachstums und der Heilung

Nach dem heutigen Erkenntnisstand hat Silizium, das zweithäufigste Element auf unserem Planten, bei der Entstehung des Lebens eine wichtige Rolle gespielt. Es bieten sich daher im Zusammenhang mit diesem funktionellen Heilungs-Wachstumssystem Assoziationen zu den Ergebnissen von Carlisle [1986a und b] an, die postulierten, dass ohne Silizium in unserem Körper kein Wachstum möglich ist. Die Rolle der Mineralien und speziell des Siliziums im epineuralen Gleichstromsteuerungssystem müsste durch Forschungen aufgeklärt werden.

Die wachstumsfördernde Wirkung und die Halbleitereigenschaft des SiO_2 lässt in diesem Zusammenhang darauf schließen, dass dieses Mineral eine entscheidende Funktion im perineuralen Gleichstromsteuerungssystem ausübt und somit bei der Heilung und beim Wachstum eine dominierende Rolle spielen muss.

Seit Urzeiten ist aber bereits bekannt, dass der Schachtelhalm (Equisetum arvense) eine kieselsäurehaltige Pflanze darstellt, die bei der Heilung von Wunden eine bedeutende Rolle gespielt hat. Z. B. wird berichtet, dass im alten Griechenland die verwundeten Krieger mit Schachtelhalm behandelt wurden. Schachtelhalm enthält aber noch andere Mineralien neben der starken Anreicherung von SiO_2, nämlich Kalium, Magnesium und Kalzium. Das Heilungs- und Wachstumssystem, welches konkret als perineurales Gleichstromsteuerungssystem vorliegt, wird von uns zu den funktionellen Systemen der Sanogenese gezählt.

4.10 Das PGSS und biologische Magnetfelder

Von der Physik ist bekannt, dass jeder im Raum fließende Strom um sich ein Magnetfeld erzeugt. Analog geschieht dies im menschlichen und tierischen Körper, denn durch Elektrolyte haben wir in der extrazellulären Matrix und im Inneren der Zellen eine Bioelektrizität auszuweisen.

Was man bisher nur den Tieren zugeschrieben hat, nämlich ein Navigationsorgan, welches von dem elektromagnetischen Feld der Erde gesteuert wird (Vögel, Fische, Wale, Delphine), trifft auch für den Menschen zu. Baker [1988] beschrieb die Magnetorezeption des Menschen und Kirschvink [1991] wies Magnelite im Gehirn des Menschen nach. Wever und Persinger *[1974; Wever 1971]* deckten Beziehungen zwischen circadianen Rhythmen des Menschen und Frequenzen des Magnetfeldes der Geo- und Kosmosphäre auf.

Becker [1994] hat bereits in den sechziger Jahren des 20. Jahrhunderts eine Wechselwirkung zwischen physikalischen elektromagnetischen Feldern und dem im Organismus fließenden Gleichstrom als Hypothese postuliert.

Das Magnetfeld der Erde hat eine durchschnittliche Stärke von 0,5 Gauß mit Schwankungen um weniger als 0,1 Gauß. (Das Magnetfeld der Magneten einer Kühlschranktür beträgt ca. 200 Gauß.)

4. Zur Struktur und Funktion des Heilungs- und Wachstumssystems

Nach Presman [1970] und Vernadskii [1926] haben sich in der Evolution Wechselwirkungen zwischen dem Magnetfeld der Erde sowie des Kosmos und den Lebewesen herausgebildet.

Auch die Zellen des menschlichen Körpers sind mit einem Magnetfeld umgeben, denn dort wo elektrische Ströme fließen, müssen sich Magnetfelder bilden. Derartige Magnetfelder sind seit der Entwicklung der SQUID-Magnometer (Superconductioning Quantum Interference Detector = superleitendes quantenmechanisches Interferrometer) messbar. Dieses Gerätesystem vermag Magnetfelder zu messen, die ca. eine Millionen Mal schwächer sind als das schon schwache Magnetfeld der Erde. Vom Gehirn lässt sich z. B. ein Magnetoenzephalogramm anfertigen.

4.11 Magnetfelder und Zellkommunikation in der extrazellulären Matrix

Es gilt als bewiesen *[Wever und Persinger 1974; Wever 1971; Aschoff und Wever 1962; Aschoff 1960, 1959, 1955, 1954]*, dass der circadiane Rhythmus seine Endogenität in der Evolution durch den Einfluss des Licht-Dunkelwechsels, d. h. durch Erdumdrehung, geprägt wurde und dass, wie wir noch sehen werden, auch das Magnetfeld der Erde, welches ebenfalls einen circadianen Rhythmus ausweist, über die Epiphyse (Zirbeldrüse) an dieser Prägung beteiligt ist *[Baker 1988; Marino 1988; Becker und Marino 1962]*.

4.12 Eigenrhythmen des Menschen – Schwingungen im Geomagnetfelstakt

In gleicher Weise liegen Ergebnisse vor *[Baker 1988; Manino 1988; Becker 1994]*, die belegen, dass die Frequenzen des Magnetfelds der Erde (Spitze 8-12 Hz; Breite 1-30 Hz) endogenisiert sind und sich in Eigenrhythmen von Zellverbänden äußern.

Unser Leben ist ohne magnetische Felder nicht denkbar. Das ist eine, man kann sagen allgemeingültige Feststellung, die belegbar ist. Ein Forscherteam: Ullrich Randoll von der Universität Erlangen, Kurt S. Zänker von der Universität Witten Herdecke und Kurt Olbricht vom Institut für Interdisziplinäre Grundlagenforschung in Mukau wiesen Anfang der 90er Jahre nach *[Randoll et al. 1992]*, dass Zellen des Organismus miteinander kommunizieren und hierbei körpereigene elektromagnetische Felder lebenswichtige Funktionen ausüben. Das Forscherteam ging davon aus, dass komplexe Zellverbände, die komplizierte Organe, wie z. B. das Gehirn, bilden, einen ständigen Stoff- und Informationsaustausch betreiben müssen, um funktionsfähig zu bleiben. Mit einer speziellen Methodik wiesen sie nach, dass unter bestimmten physikalischen Bedingungen

Zellen untereinander mittels Magnetfeldern richtungweisende Beziehungen aufnehmen. Dazu wurde folgende Modellvorstellung entwickelt: Membranen benachbarter Zellen erleichtern durch elektromagnetische Felder bestimmter Spannung, Stärke und Frequenz den Austausch von Molekülen, z. B. auch von Transmittern (Botenstoffen). Die rhythmischen Schwingungen der körpereigenen Magnetfelder sind offensichtlich die entscheidenden Faktoren der extrazellulären Matrix. Die Zellen nehmen innerhalb der extrazellulären Matrix mit Hilfe dieser Schwingungen Synchronisationen auf bzw. treten miteinander in Resonanz (siehe Kapitel 5). Die rhythmische Kommunikation zwischen den Zellen ist ein Kriterium für die Gesundheit des Zellgewebes. Wenn diese Kommunikationsschwingungen nicht vorhanden sind, ist dies ein Zeichen der funktionellen oder strukturellen Veränderung des Gewebes *[Randoll und Henning 1995; Randoll et al. 1994a und b, 1992; Randoll 1993]*.

4.13 Schüttelfrost – eine Kompensationsfunktion

Im täglichen Leben erlebt fast jeder Mensch solche Rhythmen im Zusammenhang mit Zittern. Muskel-, Bindegewebs- und Nervenzellverbände weisen einen Eigenrhythmus von 8-12 Hz aus. Wenn dieser droht verloren zu gehen, werden Kompensationsmechanismen eingeschaltet, deren Erscheinungen wir alltäglich beobachten können, um die Eigenfrequenz aufrecht zu erhalten. Jeder kennt das „Zittern vor Kälte" oder den „Schüttelfrost". Mit diesen Reaktionen wird mit Erhaltung des Eigenrhythmus die Homöokinese der Körpertemperatur reguliert und im „Normbereich" aufrechterhalten. Ein Zittern im 8-12 Hz Frequenzbereich kann man auch bei wütenden Menschen (besonders bei Kindern) beobachten. Das ist eine „Antistressreaktion" unseres Organismus, mit deren Hilfe eine Übererregung oder Krämpfe verhindert werden. Auch Affektzustände gehen mit diesem Zittern einher. Wenn die Funktionen des Organismus durch diese Kompensationsmechanismen nicht reguliert werden können, kommt es zu Affekthandlungen infolge starker Übererregung.

Zittern in den Frequenzen 8-12 Hz kann auch Ausdruck übermäßiger muskulärer Leistung sein (z. B. beim Gewichtheben). Auch in diesem Fall sollen Verkrampfungen der Muskulatur, das heißt von Muskelverbänden, verhindert werden.

4.14 10,5- und 21-Jahre-Rhythmen - zur bioaktiven Wirkung von geo- und kosmomagnetischen Feldern

Ein mehr als 20 Wissenschaftler umfassendes internationales Forscherteam unter Leitung des bekannten Chronobiologen Franz Halberg (Minnesota/USA) hat im Jahre 2000 und 2001 Ergebnisse, die mittels retrospektiver Studien in verschiedensten Ländern erbracht worden sind, vorgestellt, die einen ca. 10,5- und 21-Jahres-Rhythmus nachwiesen. Diese Periodizitäten wurden an Hand von anthropologischen Parametern von Menschen (z. B. Geburtsgewicht, Geburtslänge (Größe) und Kopfumfang bei der Geburt) in Beziehung zu dem Rhythmus verstärkt auftretender Magnetstürme der Sonne (Sonneneruptionen) verifiziert *[Halberg et al. 2001a und b, 2000]*.

4.15 Magnetstürme - Trigger für den Myocardinfarkt

Diesen Arbeiten von Halberg et al. ist des Weiteren zu entnehmen, dass die periodisch verstärkt auftretenden Magnetstürme der Sonne einen „Trigger" für den Myocardinfarkt mit Beziehungen zur Herzfrequenzvariabilität darstellen und dass der menschliche Organismus Beziehungen zu geophysikalischen und kosmophysikalischen Einflüssen, insbesondere zum Magnetfeld der Erde (Magnetosphäre) hat.

> Bisher wurden derartige Wirkungen auf den Menschen angezweifelt, weil geglaubt wurde, dass die relativ „schwachen" Magnetfelder auf den Menschen nicht wirken. Wobei man davon ausging, dass die Reiz-Reaktionsbeziehungen des Menschen linear von der Reizstärke abhängen. Das ist ein großer Irrtum, weil es in der Physiologie eines Menschen derartige Reiz-Reaktionen nicht gibt [Wiener 1948, Anochin 1967].

> In diesem Zusammenhang soll auch auf die Arbeit von Warnke [2003] verwiesen werden, in der er unter quantenphysikalischen Aspekten nachweist, wie kleinste Leistungsflussdichten elektromagnetischer Energie große Effekte im Menschen auslösen können.

Seine Ausführungen basieren auf dem Selbstorganisationsprinzip der Materie, welche auch für die lebende Materie, also auch für den Menschen, zutrifft, in welcher elektrische Potentiale eine wichtige Rolle spielen. Warnke vertritt die Auffassung, dass Ladungen und Ladungsverteilungen mit ihren dazugehörigen Feldern und Potentialen die Triebkraft der so genannten chemischen Prozesse im menschlichen Organismus sind. Folglich sind Energiequellen der Selbstorganisation der Materie, die sich als „selbstregulierte Energie- und Zeitoperationen darstellen, beim

Menschen als bewusstseinsregulierte Energie- und Zeitoperationen reflektiert, in den bioelektrisch-biomagnetischen Feldern und in den Biopotentialen zu suchen, welche zudem wichtige Informationsträger und – speicher sind *[Warnke 2003]*. Des Weiteren verdient in diesem Zusammenhang auch die Arbeit von Plattner und Werner [2004] Erwähnung, die unter energiemedizinischen Aspekten die elektromagnetische Energie in ihrer Bedeutung für die Heilungs-, Regenerations- und Regulationsprozesse beschreiben. Es ist daher nicht zu bestreiten, dass die geomagnetischen Felder und die Funktion im menschlichen Organismus eine Einheit bilden, deren Störung z. B. durch elektromagnetische Felder (EMF) oder Magnetstürme pathologische Prozesse zur Folge haben können. Andererseits können EMF, wenn sie dem menschlichen Organismus adäquat sind, Heilwirkungen ausüben *[Becker 1994; Plattner und Werner 2004]*.

4.16 10,5 Jahresrhythmus von Pathologien

Verfolgt man die einschlägige Literatur über die Magnetstürme der letzten 70 Jahre, so findet man nicht wenige Ergebnisse von ernstzunehmenden Autoren wissenschaftlicher Arbeiten, die einen Zusammenhang zwischen den zyklisch alle 10-11 Jahre verstärkt auftretenden Magnetstürmen und pathologischen Erscheinungen von Menschen nachgewiesen haben. Düll und Düll [1935, 1934] berichteten über Zusammenhänge zwischen Gesundheitszustand und *„plötzlichen Eruptionen der Sonne"*. Hierbei konnten sie feststellen, dass *„Krankheiten, die Beziehungen zum Gehirn"* haben, gehäuft zu diesen Zeiten der *„aktiven Sonne"* auftreten. Des Weiteren beobachteten Düll und Düll [1935, 1934], dass in dieser Zeit der vermehrten Magnetstürme der Sonne die Häufigkeit an Todesfällen zunahm. Auch wurden Häufigkeitsspitzen zu Zeiten der verstärkten Magnetstürme der Sonne bei **Suiziden** *[Stoupel et al. 1999; Düll und Düll 1934]*, bei **epileptischen Anfällen** *[Halberg et al. 1991]*, bei **Herzkreislaufbeschwerden** insbesondere bei **Myocardinfarkten** *[Mendoza 2000; Stoupel 1999; Strestik und Sitar 1996; Breus et al. 1995; Villaresi et al. 1994a und b; Novikova et al. 1989; Halberg et al. 1991; Lipa et al. 1976; Feinleib et al. 1975]*, bei **Schlaganfällen** *[Feigin et al. 1997]*, bei **Cholera** *[Chizhevsky 1940]*, bei der **Aufnahme von Patienten in psychiatrischen Kliniken** *[Friedman et al. 1963]* und des **veränderten Verhaltens von psychisch Kranken** *[Friedman et a. 1965, 1963]* nachgewiesen.

Über verschiedene pathologische Erscheinungen, wie veränderte Befunde von biologischen und psychischen Parametern zu Zeiten verstärkter Magnetstürme liegen weitere Forschungsbefunde vor: Halberg et al. [2001a und b, 2000], Breus et al. [1989], Mikulecky [1997], Roederer [1995], Vladimirski et al. [1995], Strestik und Prigancova [1986],

Dubrow [1978], Feinleib et al. [1975], Gnevyshev und Novikova [1972], Barnwell [1960], Brown [1960], Brown et al. [1958, 1955].

Ein Autor dieser Arbeit (K. Hecht) beobachtete im Herbst 1989 in Korrelation mit der in Berlin selten auftretenden Erscheinung eines Nordlichts bei 36 Schlafgestörten erhebliche Verstärkungen ihres Leidens. Die Patienten berichteten, dass sie von der Nacht des Nordlichts an, welches sie gar nicht wahrgenommen hatten, 2-4 schlaflose Nächte verbracht hätten. Diese Patienten, die in ständiger medizinischer Betreuung des unter K. Hechts Leitung stehenden Schlaflabors der Berliner Charité waren, hatten in ihrer Anamnese einen sehr niedrigen Blutdruck, Wetterfühligkeit, zeitweise auftretende Erschöpfungs- und depressive Zustände sowie Antriebs- und Motivationsmangel zu verzeichnen.

Als Beispiele für die angeführten Beziehungen zwischen verstärktem Auftreten von Magnetstürmen der Sonne und Anstiegen der Häufigkeit von pathologischen Erscheinungen verschiedenster Art sollen folgende zwei angeführt werden.

In Abbildung 4-5 sind die von Düll und Düll [1934] erhobenen Befunde zur Mortalität von Kranken mit Hirnleiden und in Abbildung 4-6 die von Chizhevsky [1940] erhobenen Befunde zur Häufigkeit der Fälle von Cholera in den Jahren 1823-1923 in Moskau in Abhängigkeit von Magnetstürmen der Sonne dargestellt. Die Daten wurden von Halberg et al. [2001b] mit der Kreuzkorrelation bearbeitet und in Diagrammen dargestellt.

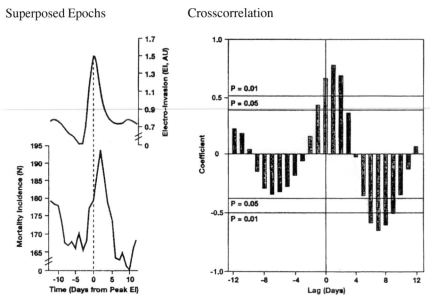

Abbildung 4-5:
Kreuzkorrelationen zwischen Magnetstürmen der Sonne und der Mortalitätshäufigkeit der Daten von Düll und Düll, die von Halberg et al. mit modernen Analyseverfahren bearbeitet worden sind [Halberg et al. 2001b; Düll, Düll 1934]

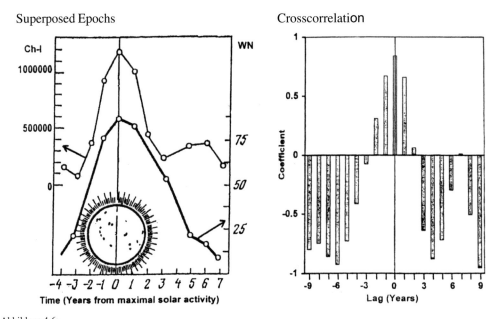

Abbildung 4-6:
Kreuzkorrelation zwischen Magnetstürmen der Sonne und Häufigkeit des Auftretens von Cholera in Moskau von 1823-1923. Die Daten von Chizhevsky wurden mit modernen Analyseverfahren bearbeitet [Halberg et al. 2001b; Chizhevsky 1940]

Bisher wurde eine Beziehung zwischen Auftreten von Pathologien des Menschen und Magnetstürmen der Sonne bestritten. Zugestanden wurde lediglich, dass Elektrostationen, Elektrizitätswerke usw. durch die Sonneneruptionen beeinflusst und sogar außer Funktion gesetzt werden können [Becker 1994].

Die vorgestellten Arbeiten und weitere, z. B. Cornélissen et al. 2002, Cornélissen und Halberg 1994, belegen eindeutig, dass die kosmo- und geophysikalischen Erscheinungen auf den Menschen wirken können und solche Wirkungen auch nachweisbar sind.

4.17 Rhythmische Lebensprozesse in Kommunikation mit den Frequenzen des Magnetfelds der Erde?

Das „normale" Magnetfeld der Erde verfügt über folgende Komponenten in Impulsationen (Frequenzen). Erstens über das stationäre Feld, welches Tagesschwankungen unterliegt und einem circadianen Rhythmus folgt und zweitens die Mikropulsationen, bei denen es um Schwingungen geht, die im „extrem-low-frequency"-Bereich liegen und drittens um die Pulsationen des sichtbaren Lichts, welches im Milliarden-Hz-Bereich liegt [Becker 1994]. Das geomagnetische Feld und das Licht sind quasistationär ständig vorhanden und unterliegen entsprechenden Tagesschwankungen. Die „extrem-low-frequency", also die Mikropulsationen, haben eine Frequenzbreite von ca. 1-30 Hz. Die größte Stärke dieser Pulsation liegt zwischen 7 und 12 Hz. Das ist aber der Frequenzbereich des Eigenrhythmus von Zellverbänden.

Es ist bekannt, dass vom Bakterium bis zum Säuger, vor allem aber bei Vögeln und Fischen, Magnetsensoren (Kristalle) lebenswichtige Informationen der geomagnetischen Felder entnehmen können. Die Lebewesen haben sich im Laufe von mehreren Milliarden von Jahren auf das geomagnetische Feld eingestellt. Nach Wever [1968] ist besonders bei den 8-12 Hz Frequenzen des Magnetfelds der Erde ein ähnlicher Prozess der Endogenisierung im Laufe der Evolution vor sich gegangen wie beim circadianen Rhythmus [Halberg et al. 2001a und b, Halberg 1962, 1960; Zulley, Knab 2000; Hildebrandt et al. 1998; Zulley 1994; Wever 1979, 1966; Hildebrandt und Lowes 1972; Hildebrandt 1962a, b und c; Aschoff 1959, 1955].

Unter diesem Aspekt wäre auch die Endogenisierung der Frequenzen der geomagnetischen Felder in menschlichen und tierischen Organismen durch den Eigenrhythmus vieler Funktionssysteme, z. B. der Zellmatrix, des Alpharhythmus von 8-12 Hz, zu erklären. Wenn man Vergleiche mit den Taktgebern des circadianen Rhythmus anstellt, könnte man annehmen, dass die Magnetosphäre eine gewisse Taktgeberfunktion für die biologischen Rhythmen darstellt bzw. dass unter normalen Bedingungen die Frequenzen des geomagnetischen Felds und die Eigenrhythmen im Frequenzbereich 8-12 Hz synchronisieren *[Wever 1968]*. Wenn stärkere Abweichungen bzw. Störungen durch Sonnenmagnetstürme wirksam werden, wird auch die Synchronisation (Resonanz) gestört und es ergeben sich Befindensstörungen, Verstärkung von pathologischen Prozessen usw. Man kann heute davon ausgehen *[Presman 1970, Wever 1968, Becker 1994], dass* auch die elektromagnetischen Felder, analog zu den Magnetstürmen der Sonne, als Störfaktor der Synchronisation des Menschen mit seinem Schutzschild, dem geomagnetischen Feld, betrachtet werden (Abbildung 4-7).

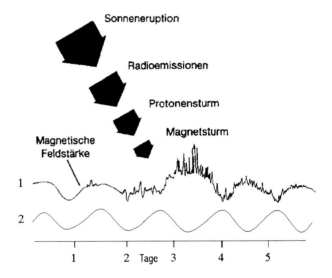

Abbildung 4-7:
1: Die Anatomie eines typischen Magnetsturms. Je nach Art und Dauer der solaren Störung unterscheiden sich Magnetstürme vielfältig voneinander. Sie stören auch den Tagesrhythmus der magnetischen Feldstärke erheblich
2: Die Tagesschwankungen in der Stärke des Magnetfelds an einem bestimmten Punkt der Erde während einer Periode ruhiger Sonnenaktivität [nach Becker 1994]

4.18 Geomagnetisches Feld, Epiphyse und perineurales Gleichstromsteuerungssystem

Noch vor 50 Jahren wurde die Epiphyse des Menschen als rudimentäre Drüse beschreiben. Heute wissen wir, dass sie eine Drüse mit vielen Funktionen ist, welche vor allem bei der Formierung bzw. Einhaltung der circadianen Rhythmen neben der Melatoninregulation im Zusammenhang mit den Hell-Dunkelzyklen als auch mit dem circadianen Rhythmus des geomagnetischen Felds in Verbindung steht *[Becker 1994]*.

Becker [1994] und Marino [1988] sind der Auffassung, dass die Epiphyse eine wichtige Schaltstation zwischen geomagnetischem Feld und perineuralem Gleichstromsteuerungssystem darstellt und somit zur Regulierung und Rhythmisierung der Lebensprozesse beiträgt. In diesem Prozess spielt das von der Epiphyse regulierte Hormon Melatonin eine Rolle. Melatonin hat eine wichtige steuernde Funktion im Hormonsystem. Es reguliert zum Beispiel jene Hormone, die unsere Motivation und unsere Lebensqualität bestimmen, z. B. Serotonin, Dopamin, Noradrenalin, Prolaktin u. a. Melatonin ist auch ein wichtiger Faktor für den Schlaf-Wach-Rhythmus und für einen erholsamen Schlaf. Mangel bzw. Fehlen von Melatonin im menschlichen Körper führen z. B.

- zur Störung des circadianen und Schlaf-Wach-Rhythmus *[Warnke 1997]*
- zu depressiven Zuständen *[Ferrier et al. 1982]*
- zum dauerhaften Zustand des Jetlag-Syndroms *[Arendt 1988]*
- zur Suppression des Immunsystems *[Maestroni et al. 1986]*
- zur Erhöhung des Risikos an Krebs zu erkranken *[Reiter 1988; Blask 1984]*

Warnke [1997] verweist auf die Beziehung zwischen der hemmenden Wirkung von schwachen elektromagnetischen Feldern auf die Melatoninausschüttung und der Stressinduktion, der Elektrosensibilität und der Erhöhung des Krebsrisikos.

4.19 Heilen wollen erfordert ganzheitliches Denken

Mit diesen kurzen Ausführungen zum perineuralen Gleichstromsteuerungssystem als strukturelle und funktionelle Grundlage für Heilung, Wachstum und Taktung biologisch-rhythmischer Prozesse sollten die großen Zusammenhänge aufgezeigt werden, die der hoch spezialisierten Medizin nicht selten nicht gegenwärtig sind.

Dieses extrazelluläre Regulationssystem, welches sich, wie wir nachfolgend sehen werden, nicht nur auf das Nervensystemgewebe, sondern auf das ganze Bindegewebe erstreckt, sichert die elementaren Lebensvorgänge und spielt in der Lebenserhaltung eine zentrale Rolle. Wie wir sehen konnten, hat das PGSS Beziehungen zu vielen anderen Regulations- und Wirksystemen des menschlichen Inneren und der Umwelt.

Als Beispiele sollen nachfolgend genannt werden:
- zur Bioelektrizität und somit zum Biomagnetismus des Körpers
- zum Elektrolyt-Gleichgewicht im Bindegewebe
- zur Informationsverarbeitung
- zur Epiphyse und deren Melatonin, welches ein hormonelles Steuerungssystem darstellt
- zur Regulation des Schlaf-Wach- und circadianen Rhythmus
- zum biopsychosozialen Wohlbefinden und
- zur Kommunikation mit dem geomagnetischen Feld der Erde.

5 Grundfunktionen der vegetativen Regulation und der extrazellulären Matrix

5.1 Die unspezifische Reaktivität – elementare Funktion allen Lebenden

Schon 1914 beschrieb Cannon, dass bei Katzen eine Adrenalinkonzentration im Blut nachzuweisen war, nachdem diese einem bellenden Hund ausgesetzt waren. Cannon interpretierte dies als Notfallsreaktion im Sinne einer Anpassungsleistung eines Lebewesens, welche je nach Situation zur Flucht oder zum Angriff befähigen soll.

Selye *[Selye 1936]* entdeckte ebenfalls im Tierexperiment, dass bei Laborratten auf die Einwirkung verschiedener schädigender Einflüsse, z. B. Gabe von Hormonpräparaten, toxisch wirkende Stoffe, Kälte, chirurgische Eingriffe, übermäßige Muskelarbeit, stets wiederholbar ein gesetzmäßiger Reaktionsverlauf nachzuweisen war: Freisetzung von Katecholaminen (Nebennierenmark) und Kortikosteroiden (Nebennierenrinde), Atrophie der lymphatischen Organe und als Folge davon das Auftreten von blutenden Magen- und Zwölffingerdarmgeschwüren. Auf der Basis dieser Ergebnisse postulierte er das Allgemeine Adaptationssyndrom *[Selye 1953]* mit seinem zyklischen Ablauf: **Alarm, Resistenz- und Erschöpfungsreaktion.**

Selye beschäftigte sich vor allem mit dem unspezifischen Charakter der Reaktion „Stress" und brachte diese mit dem **„Syndrom des einfachen Krankseins"** (uncharakteristische Schmerzen, Fieber, depressive Stimmungen usw.) in Verbindung *[Selye 1936, 1953]*. Es ist heute bekannt, dass neben den so genannten Stresshormonen, Katecholaminen und Kortikosteroiden, eine Anzahl anderer Hormone und Neurotransmitter mit in die unspezifische Stressreaktion einbezogen werden *[Oehme 1996, Oehme 1981, 1980 a und b, Hecht 1979]*: z. B. Prolaktin, Thyroxin, Oxytozin, Dopamin, Zytokinin, Serotonin, GABA, Benzodiazepin, Betaendorphin, Enkephalin, Neuropeptid Y, Substanz P, Neurotensin, Vasopressin, Somatostatin, Vasoaktives Intestinales Polypeptid (VIP), Kortikoliberin (RH) und Thyreoliberin (TRH). Das Wesentliche bei diesen Neuropeptiden ist ihr Konzentrationsverhältnis zueinander sowie ihr funktionelles Zusammenspiel *[Zehntbauer 2000]* (Tabelle 5-1).

Tabelle 5-1: Neuropeptide der Nebenniere (Auswahl) [Oehme 1996]

Substanz	Konzentration in pmol/g
Substanz P	1-20
Somatostatin	5-70
Enkephaline	300-2.000
Beta-Endorphin	100-300
Neuropeptid Y	200-1.200
Vasoaktives intestinales Polypeptid (VIP)	5-20
Neurotensin	1-400
Vasopressin	10
Oxytocin	10
Corticotropin-releasing-hormon (Corticoliberin, CRH)	10-15
Thyrcotropin-releasing-hormon (Thyrcoliberin, TRH)	100-200

5.2 Vegetative Gesamtumschaltung

Hoff [1957, 1952] beschrieb, ebenfalls als eine unspezifische Reaktion, die vegetative Gesamtumschaltung als Prinzip unspezifischer Abwehrvorgänge, wobei er das Fieber für einen solchen Abwehrvorgang als charakteristisch bezeichnete. Die unspezifische Abwehrreaktion des Organismus, z. B. in Form von Fieber, Entzündungen u. a. stellt nach Hoff [1957, 1952] eine zyklische Reaktivität des vegetativen Nervensystems dar, in welcher sich eine vegetative Gesamtumschaltung zunächst mit einer Dominanz der sympathischen Funktionen (Phase 1) zeigt und der danach, wenn die Abwehr erfolgreich war, eine überwiegend parasympathische Reaktionslage (Phase 2) folgt. Die vegetative Umschaltung kann durch verschiedene Parameter charakterisiert werden. (Tabelle 5-2)

Tabelle 5-2: Parameter der vegetativen Gesamtumschaltung [nach Hoff 1957]

1. Phase: Sympathikus	2. Phase: Parasympathikus
Fieberanstieg, Fieberhöhe	Fieberabfall
Leukozytenanstieg	Leukozytenabfall
Myeloische Tendenz	Lymphatische Tendenz
Anstieg des Stoffwechsels und der Aktivität der einzelnen neutrophilen Zellen	Abfall des Stoffwechsels und der Aktivität der einzelnen neutrophilen Zellen
Abfall der Eosinophilen	Anstieg der Eosinophilen
Retikulozytenanstieg	Retikulozytenabfall
Abfall der Alkalireserve (Azidose)	Anstieg der Alkalireserve
Anstieg des Gesamtstoffwechsels	Abfall des Gesamtstoffwechsels
Anstieg des Serumeiweißes	Abfall des Serumeiweißes
Abfall des Albumin/Globulin-Quotienten	Anstieg des Albumin/Globulin-Quotienten
Anstieg des Blutzuckers	Abfall des Blutzuckers
Abfall des Blutfetts	Anstieg des Blutfetts
Abfall des Blutcholesterins	Anstieg des Blutcholesterins
Anstieg der Blutketonkörper	Abfall der Blutketonkörper
Anstieg des Blutkreatins	Abfall des Blutkreatins
Abfall des K/CA-Quotienten	Anstieg des K/Ca-Quotienten

Es handelt sich bei der vegetativen Umschaltung um einen typischen Einschwingvorgang im biokybernetischen Sinne, der auftritt, wenn ein Störfaktor ein System aus seinem Gleichgewicht bringt.

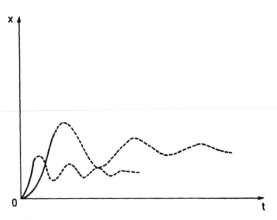

Abbildung 5-1:
Einschwingungsvorgang von Regelkreisen. Modelle Ordinate: Regelgröße x; Abszisse: Zeit t

In diesem Zusammenhang soll an die von Anochin [1967] formulierte „goldene Regel der Norm" erinnert werden, die besagt, dass der im Organismus befindliche Schutzmechanismus stets stärker ist als die maximale Abweichung, so dass auch dann die Wiederherstellung der individuellen Homöostase des Gleichgewichts zur Umwelt erfolgt, wenn die Adaptationskapazität eines Organismus bis zur Grenze beansprucht wird.

Der Organismus setzt bei jeder Veränderung Mechanismen in Gang, die das Wiederherstellen der Homöostase des Organismus und somit das Gleichgewicht zur Umwelt erst einmal sichern.

5.3 Unspezifische rhythmische Reaktivität

Von Hildebrandt [1992, 1990] und von Derer [1960, 1956] wurde der reaktive circaseptane Rhythmus verschiedenster vegetativer Funktionen ausführlich beschrieben. Dieser tritt immer dann auf, wenn Reizeinflüsse wie Fieber, Kurbeginn, Reiztherapie, Stress, Fasten, Heilung, Schock usw. im menschlichen Organismus vor sich gehen. Der 7-Tage-Rhythmus scheint im Krankheitsgeschehen eine wichtige Rolle zu spielen, wie es Ärzte des Altertums beschrieben haben *[Hippokrates 460-370; Galenus 129-199; Ibn Sina-Avicenna 980-1037].*

Hildebrandt postuliert, dass für adaptive, kompensatorische und Selbstheilungsreaktionen eine periodische Gliederung von etwa sieben Tagen charakteristisch sei.

> Dabei gibt es die Vorstellung, dass bei einer Reizbelastung, die Adaptation, Kompensation oder Heilung nach sich zieht, eine möglicherweise aus der circaseptanen Eigenrhythmik hervorgehende hochamplitudige Schwingung entsteht, die sich im Wechsel einer sympathischen ergotropen Alarmreaktion und einer übermäßigen trophotropen Erholungsphase befindet.

Die alten Ärzten bekannte „Krise des 3. Tages" im Krankheitsverlauf ist als Ausdruck einer circasemiseptanen Reaktionsperiodik zu interpretieren *[Hildebrandt 1990, 1985a und b; Halberg 1986a, b und c]*.

Die Periodik des Fiebers wurde in älteren Arbeiten immer für eine Dauer von sieben Tagen beschrieben *[Plonsker 1939; ASK-Upmark 1938; Finkelstein 1936]*. Jugendliche zeigten gewöhnlich das 7-Tage-Periodenmaximum, während es bei älteren Menschen am 21. Tage zu verzeichnen war *[Hildebrandt 1990]*.

> Heute wird diese 7-Tagesperiodik durch Antibiotika beseitigt, d. h. der natürliche regulatorische Einschwingvorgang wird unterdrückt.

> Diese circaseptane Reaktionsperiodik stellt folglich einen Heilungs- bzw. Selbstheilungsprozess dar. Ihr Einschwingvorgang kann ein objektives Maß für den Therapieverlauf und die Therapieeffektivität sein.

Rhythmische (periodische) Verläufe, die sich als Folge von Reizbelastungen (Krankheiten, Reiztherapien usw.) entwickeln, können in allen Frequenzbereichen vorkommen. Das charakteristische an diesen reaktiven Perioden ist, dass sie gewöhnlich als gedämpfte Schwingungen abklingen, nachdem sie zuvor mit erhöhter Amplitude begonnen haben.

Nach Hildebrandt *[Hildebrandt 1982, 1962]* sind die reaktiven Perioden ein wichtiges Funktionsprinzip in den adaptiven Lebensprozessen. Da die reaktiven Perioden in ganzzahligen harmonischen Verhältnissen Beziehungen zu den Eigenrhythmen pflegen, wird die Rückkehr der durch Reize ausgelenkten Funktionen in die Periodik der Eigenrhythmen erleichtert.

Wesentliche Charakteristika der reaktiven Perioden sind folgende:
Erstens: Ihre Periodenlängen sind nicht mit denen der Eigenrhythmen identisch, haben aber Beziehungen zu diesen über ganzzahlig-harmonische Periodenverhältnisse.
Zweitens: In der Initialphase, d. h. nach der Reizwirkung, sind ihre Amplituden größer als die Spontanrhythmen. Mit zunehmenden Kompensationseffekten werden die Amplituden kleiner und klingen gedämpft aus.

Drittens: Die Phasen der reaktiven Perioden beginnen immer mit dem Reizpunkt der Reizeinwirkung.

Viertens: Die reaktiven Perioden sind quasi die „Organismusreserve für Notzeiten" (Notsituationen). Sie stellen nämlich ihrer Natur und Aufgabe nach eine in der *„zeitlichen Gesamtorganisation bereitliegende und verankerte endogene Zeitstruktur dar"* *[Hildebrandt et al. 1998]*.

Fünftens: Reaktive Perioden vermögen als „gebündelte" multiple und submultiple Perioden zu irradieren bzw. in andere Systeme induzieren und können somit Perioden verschiedenster Funktionssysteme integrieren.

Sechstens: Reaktive Perioden können schnell eine Frequenzmultiplikation bewirken, wodurch die Funktionskapazität erhöht werden kann.

Siebtens: Reaktive Perioden präsentieren eine Periodenmultiplikation, infolgedessen eine Amplitudenerhöhung möglich ist, woraus sich ein intensiver Wechsel von Erholungsprozessen (z. B. Vagotonus) und Kapazitätssteigerung (z. B. Sympathikotonus) ergeben kann *[Hildebrandt et al. 1998]*.

Die reaktive Periodik könnte als ein wichtiges Kriterium für die Regulation eines Gesunden oder zur Beurteilung eines „Heilungsvorgangs" oder des Therapieeffekts oder der Therapiequalität Verwendung finden. Hier sind Konzeptionen aber auch entsprechende Messmethoden gefragt.

5.4 Ganzheitsbetrachtung und Unspezifität

Die Medizin ist in vielen Disziplinen spezifiziert. Subdisziplinen entwickeln sich explosiv entropieartig. Das ist wider die Natur des Menschen.

> **Die Krankheit ist keine organspezifische Veränderung, sondern eine Störung des psychophysiologischen funktionellen Gleichgewichts des ganzen Menschen.**
>
> **Ergo hat sich der Arzt nicht mit einem biologischen Individuum zu befassen, sondern mit der Persönlichkeit Mensch in der Komplexität seiner Humanitas.**

Dieser Grundgedanke, der der heute häufig postulierten Ganzheitsmedizin eigen sein sollte, ist unter den verschiedensten Aspekten zu betrachten, z. B. in Form der **biopsychosozialen Einheit des Menschen** oder auf der zellulären Ebene, in Form der **Einheit von parachymalen und mesenchymalen Zellen bzw. Gewebe**, welches auch unter dem Aspekt der **Einheit von Organgewebe und Bindegewebe** zu betrachten ist.

Das mesenchymale Gewebe und seine Funktionen sind leider nur wenig bekannt, obgleich es die Grundsubstanz der wesentlichen Regulati-

onsvorgänge eines hoch entwickelten Organismus ist und das realisiert, was als „unspezifische Reaktivität" bezeichnet und kaum beachtet wird. Als wesentliche so genannte unspezifische Funktionen, die als Regulationsgrundprozesse zu betrachten sind, können folgende angeführt werden:
- Wachstum
- Heilung
- biologische Rhythmik
- Homöostase (gesamter Organismus)
- Stress
- Fieber
- Schmerz
- Säure-Basen-Gleichgewicht
- pH-Wert
- osmotischer Druck
- Wasserhaushalt
- Mineralstoffhaushalt
- Elektrolythaushalt
- Bioelektrizität
- Ionenaustausch
- Adsorption, Absorption, Resorption
- biologischer Alterungsprozess

5.5 Zum vegetativen Nervensystem

Das vegetative System wird vom vegetativen Nervensystem mit seinen Hauptkomponenten Nervus Sympathikus und Nervus Vagus (auch Nervus Parasympathikus genannt) kontrolliert. Die vegetative Regulation, die gemeinsam mit der hormonellen Regulation das Gleichgewicht des gesamten inneren Milieus eines Körpers (Homöostase) aufrecht erhält, ist faktisch das Ergebnis der „antagonistisch-synergistischen Funktionen" von Sympathikus und Vagus. Diese regulative „Gegenspielerfunktion" beider Nerven besteht darin, dass der Sympathikus größtenteils aktiviert und der Vagus deaktiviert. Beispielsweise bewirkt der Sympathikus eine Erhöhung des Blutdrucks, der Vagus hingegen eine Senkung. (Tabelle 5-3)

Das vegetative Nervensystem steht über dem Hypothalamus und über dem limbischen System mit neurokortikalen Funktionen in Wechselbeziehung. Dieser Komplex von Zentralnervensystem und vegetativem Nervensystem bis hin zur extrazellulären Matrix wird als „Neurovegetativum" bezeichnet. (Abbildung 5-2)

Tabelle 5-3:
Beispiele zur Regulation der Homöostase durch das vegetative Nervensystem. Wirkung der beiden „Gegenspieler" Nervus Sympathikus und Nervus Vagus (Parasympathikus) auf verschiedene Organe.

Sympathikus	Organ	Parasympathikus
Aktivierung, Erhöhung der Herzschlagfrequenz	→ Herz ←	Beruhigung, Herabsetzung der Herzschlagfrequenz
Verengung der Blutgefäße, Blutdruckanstieg	→ Blutgefäße ←	Erweiterung der Blutgefäße (Erschlaffung), Blutdruckabfall
Erschlaffung der Blasenmuskulatur, Entleerung	→ Blase ←	Aktivierung, der Blasenmuskulatur, Verschluß der Blase
Erweiterung der Pupillen	→ Augen ←	Verengung der Pupillen
Verengung der Bronchien	→ Bronchien ←	Erweiterung der Bronchien
Erschlaffung, Entspannung der Darmmuskulatur	→ Darm ←	Aktivierung, der Darmmuskulatur, Verdauung
Aktivierung der Schweißdrüsen	→ Schweißdrüsen ←	eher hemmend
Aktivierung und Produktion von „Streßhormonen", die den Körper in Alarmbereitschaft versetzen	→ Nebennieren ←	eher hemmend

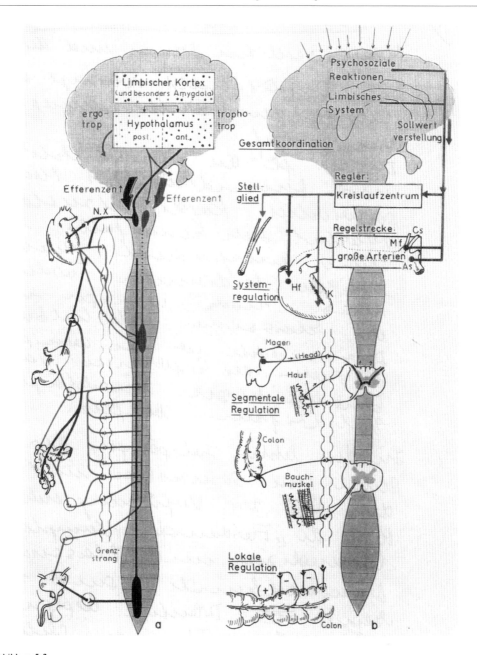

Abbildung 5-2:
Die funktionelle Struktur des Neurovegetativums [nach Zwiener und Langhorst 1993]
a: Vertikal betonte Funktionsstruktur: rot = ergotrope bzw. sympathische Anteile, schwarz = trophotrope bzw. parasympathische Anteile
b: horizontal betonte Funktionsstruktur

Das vegetative Nervensystem ist im Organismus ubiquitär verteilt. Es unterliegt der Kontrolle des Zentralnervensystems – seine Nervenfasern (Axome) enden auch frei in der extrazellulären Matrix, wo sie als „Synapse auf Distanz" funktionieren. In Folge dessen finden sich in der extrazellulären Matrix auch alle wesentlichen Transmitter (siehe Tabelle 5-1). Das vegetative Nervensystem unterliegt einer rhythmischen Hierarchie und folgt insbesondere auch dem circadianen Rhythmus.

5.6 Individualität des vegetativen Regulationssystems

Nicht immer befinden sich bei allen Menschen die beiden Komponenten des vegetativen Regulationssystems Sympathikus und Parasympathikus im vollständigen Gleichgewicht. Es gibt Menschen, bei denen konstitutionell der Sympathikus – bei anderen der Parasympathikus- (Vagus-)tonus überwiegt, ohne dass Krankhaftigkeit vorliegt. So werden Normotoniker, Vagotoniker und Sympathikotoniker unterschieden.

Der Vagotoniker hat den Vorteil, dass er bei Anforderungen und Belastungen einen größeren Regulationsbereich als der Sympathikotoniker besitzt und unter Stresseinfluss adaptationsfähiger ist. Manchmal benötigt er sogar Stress, um sein Aktivierungsniveau auf ein „normales Niveau" zu bringen. Der Sympathikotoniker wird gewöhnlich als stressempfindlich eingeschätzt [von Eiff 1978].

5.7 Der vegetative reaktive Dreitakt des Stresses

Am Beispiel der Stressreaktion soll die Reaktivität des vegetativen Systems in Abhängigkeit von der vegetativen Individualität aufgezeigt werden.

Siedeck [1955] beschrieb den vegetativen Dreitakt beim Stress und unterschied in drei verschiedene Phasen. Die Alarmphase als Hauptphase des Stressgeschehens geht mit einem steilen Anstieg der Aktivität der Sympathikusfunktion einher, d. h. es treten gesteigerte Kreislauf- und Stoffwechselfunktionen auf. Danach folgt eine Erholungsphase. Sie geht einher mit dem Abklingen der Erregung der Sympathikusfunktion. Durch Einfluss des Parasympathikus kommt es zur Ruhestellung und zum Übergang in die Ausgangslage. Dieser Dreitakt des Vegetativums unter Stressoreneinfluss garantiert nach Siedeck eine ökonomische Arbeitsweise des Organismus und bewerkstelligt auf diese Weise die Adaptation. Dieser Vorgang kann pathologisch entgleisen, wenn es bei verstärkten und gehäuften Reizen zur Aufhebung der Erholungsphase kommt. Im Zusammenhang mit diesen Untersuchungen wurde noch deutlich, dass bei Sympathikotonikern und Vagotonikern der vegetative Dreitakt unter Stressoreneinfluss mit beträchtlichen Unterschieden verläuft *[Vester 1976]*. Beim Sympathikotoniker fehlt in diesem vegetativen Dreitakt die parasympathische Vorphase und die Erholungsphase verringert sich. Sie wird bei häufigeren Stressreizungen sehr schnell eliminiert. Der Vagotoniker dagegen hat unter Stress eine übersteigerte Vorphase. Die Alarmphase nach Siedeck tritt verspätet auf oder fehlt völlig.

Aus den Gesetzmäßigkeiten des Siedeck'schen vegetativen Dreitakts lässt sich erklären, dass bei der chronischen Verlaufsform des Stresses beim Vagotoniker andere pathophysiologische Prozesse verursacht werden als beim Sympathikotoniker.

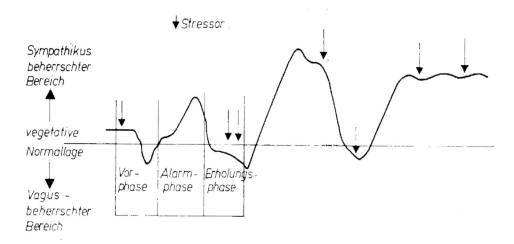

Abbildung 5-3:
Der vegetative Dreitakt des Stresses nach Siedeck: Bei gehäuftem und verstärktem Stressoreneinfluss kann die Erholungsphase aufgeschoben werden

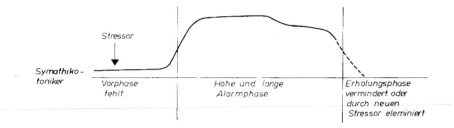

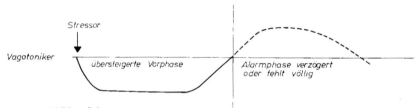

Abbildung 5-4:
Veränderung des vegetativen Dreitaks des Stresses in Abhängigkeit von den extrem vegetativen Reaktionslagen (Sympathikotonus und Vagotonus)

5.8 Umschaltung des vegetativen Systems in Wach-Schlaf-Rhythmus

Während eines 24-Stunden Tages erfolgt zweimal eine natürliche Umschaltung des vegetativen Systems. Morgens wird vom Vagotonus in den Sympathikotonus umgeschaltet. Abends erfolgt die Umschaltung vom Sympathikotonus in den Vagotonus. Das ist gewöhnlich kein abrupter Vorgang, sondern ein kontinuierlich sich vollziehender Prozess. Die Umschaltperioden des vegetativen Systems werden auch als Schulterstunden bezeichnet. In dieser Zeit ist die Empfindlichkeit gegenüber Umweltfaktoren beträchtlich erhöht. Am Tage dominiert die Sympathikus-Reaktivität, im Schlaf (mit Ausnahme der REM-Phasen) die vagotone.

> Von Laborit et al. [1961] wurde z. B. ein synchroner Zusammenhang zwischen dem Schlaf-Wach-Rhythmus, den circadianen Verläufen neurovegetativer Funktionen sowie dem circadianen Rhythmus der Elektrolyte und der Sauerstoffutilisation im Gewebe nachgewiesen.

Bei diesen Untersuchungen wurde gefunden, dass die vagotone Tagesphase sich im Zellstoffwechsel mit einer Hemmung oxydativer Stoffwechselfunktionen sowie mit einer Anreicherung von K^+-Ionen wie beim Ruhepotential zeigt.

Daraus kann abgeleitet werden, dass der Elektrolythaushalt und der Mineralienstoffwechsel auf jeden Fall dem circadianen Rhythmus unterliegen, was bei Diagnostik und Therapie beachtet werden muss.

5.9 Das Bindegewebe

Aus dem Mesenchym, einem ubiquitär verbreiteten embryonalen Gewebe, welches ein Stamm- bzw. Muttergewebe mit multipotenten Eigenschaften darstellt, geht das Bindegewebe hervor. In Abhängigkeit von der Lokalisation verfügen hoch entwickelte Organismen über verschiedene Formen von Bindegewebe, z. B. Knochen, Sehnen, Muskeln, Faszien, Bänder, glattmuskuläre Organsysteme, Unterhautbindegewebe. Von Wichtigkeit ist aber das so genannte weiche bzw. flüssige Bindegewebe mit verschiedenen Zellarten, Fasern und kolloidaler Flüssigkeit, welche die Grundsubstanz der extrazellulären Matrix bildet *[Schlitter 1995, 1993, 1977; Heine 1991, 1990, 1989; A. Hecht et al. 1973; Schober 1955, 1951/52]*. In der Grundsubstanz der extrazellulären Matrix sind faktisch alle Bioregulatoren (siehe Kapitel 8) zu finden, welche lebenswichtige Funktionen ausüben.

Das Bindegewebe besteht aus verschiedenen Bestandteilen.

Tabelle 5-4: Wesentliche Bestandteile des Bindegewebes (nach A. Hecht et al. 1973)

Fasern

kollagene Fasern	
Tropokollagen	intrazelluläre Bildung
Protofibrillen	extrazelluläre Bildung
Elementarfibrillen	
charakteristischer Kollagenbaustein	Hydroxyprolin
elastische Fasern	
charekteristische Elastinbausteine	Isodesmosin Desmosin
Retikulumfasern (enthalten 10 % Lipide)	
charakteristische Eigenschaften	Agyrophilie Anisotropie
Bindegewebezellen	
Fibrozyten	Aufrechterhaltung und Regulation des Stoffwechsels in der extrazellulären Matrix
Fibroblasten	Bildung von Faservorstufen und von MPS = Mukopolysacchariden
Histozyten Makrophagen	resorptive Funktion
Lymphozyten Plasmazellen	Antikörperproduktion
Mastzellen	Bildung von Heparin Histamin Serotonin
Grundstubstanz	saure Glykosaminoglykane Proteinpolysacharidkomplex Hyaluronsäure Chondroitinsulfat Dematonsulfat Heparinsulfat
Funktionen der Mukopolysaccharide	Permeabilitätskontrolle der Zellwand durch Molekülsiebeffekt Wasserbindung Kationenaustausch

Das Bindegewebe ist für

- die Entwicklung
- die Differenzierung
- den Zusammenhalt
- die Regulation

der Parenchymzellen verantwortlich.

- Im Bindegewebe laufen alle wesentlichen, lebenswichtigen Stoffwechselprozesse ab.
- Durch Elektrolyte wird die Bioelektrizität im Bindegewebe erzeugt.
- Das zellreiche so genannte institionelle Organbindegewebe, die so genannte extrazelluläre Matrix, ist an der Korrektur von Fehlsteuerungen beteiligt, z. B. bei
- Gewebsdefekten
- entzündlichen Prozessen
- Kollagenkrankheiten, z. B. Rheumatismus
- Tumorbildungen
- Autoimmunkrankheiten

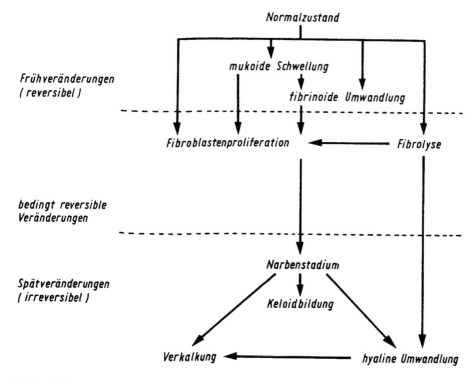

Abbildung 5-5:
Ablauf der Bindegewebsveränderungen in pathogenen Prozessen [nach A. Hecht et al. 1973]

Biologische Altersveränderungen des Bindegewebes zeigen sich z. B. durch
- Abnahme der Zellzahl, Zell- und Zellkerngröße
- Zunahme von DNS-Gehalt in den Parenchym- und Bindegewebszellkernen
- verzögerte Fibroblastenproliferation
- verminderte SiO_2-Funktion

5.10 Was ist die extrazelluläre Matrix?

Die extrazelluläre Matrix ist ein strukturiertes, rhythmisches reguliertes Molekularsieb. Sie ist wesentlicher Bestandteil des weichen, flüssigen Bindegewebes und durchzieht ubiquitär den gesamten Extrazellulärraum eines vielzelligen, organisch gegliederten Organismus *[Schlitter 1993; Heine 1991, 1990, 1989]*. Der wesentliche Bestandteil der extrazellulären Matrix ist die Grundsubstanz, die in Form eines flüssigen (kolloidalen, solphasenartigen) Milieus die Grundregulation *[Heine 1991, 1990, 1989]* gewährleistet, die u. a. folgende Lebensprozesse umfasst:
- Wasser- und Mineralstoffwechsel
- Elektrolyt- und bioelektrische Funktion
- Regulieren des pH-Werts, des Basen-Säuregleichgewichts
- Gewährleistung des osmotischen und onkomotischen Drucks
- Regulierung der gesamten unspezifischen immunologischen Prozesse
- Sicherung der unspezifischen Reaktivität
- Regulierung der Transmitter

Mit Eigenschaften versehen wie
- Molekularsiebfunktion
- Ionenaustauschfunktion
- Wasserbindung
- Adsorptionsfunktion
- Bildung von Struktur- und Vernetzungsproteinen
- elektrostatische Bindung
- kolloidale Phase
- Reparatur und Regeneration an der Zellmembran

ist die Grundsubstanz der extrazellulären Matrix den spezifischen Parachymzellen vorgeschaltet und steuert mittels eines nerval-humoralen Informationsprinzips die Versorgung und Entsorgung dieser Zellverbände.

Die Grundsubstanz, welche unter der Kontrolle des zentralisierten vegetativen Nervensystems, des perineuralen Gleichstromsteuerungssystems *[Becker 1994]* und des hormonellen Systems (endokrin und exokrin) steht, reguliert die Homöostase eines vielzelligen Organismus *[Schlitter 1995, 1993, 1977; Heine 1991, 1990, 1989]*.

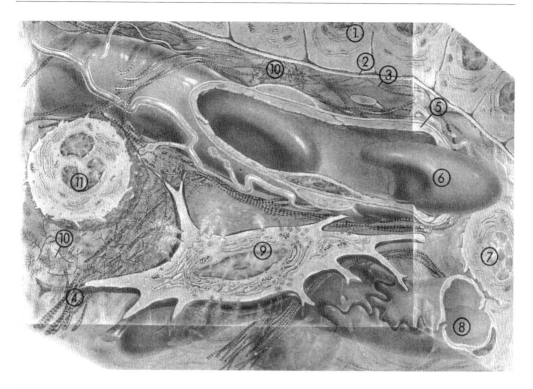

Abbildung 5-6:
Darstellung der Struktur der Grundsubstanz der extrazellulären Matrix [nach Heine 1991, 1989]
1 Zellsystem
2 Basalmembran
3 Bindegewebe
4 Kollagenes Fasergerüst
5 Endothel mit vegetativer Innervation
6 Erythrozyt
7 Mastzelle als Wächter der Grundsubstanz
8 Lymphgefäß
9 aktivierter Fibroblast synthetisiert Proteoglykane und Kollagen
10 Proteoglykane bilden das Molekularsieb
11 Granulozyt

Der Fibrozyt, quasi als Regulationszentrum der Grundsubstanz, vermag in Rückkopplung mit allen nervalen und zellulären Komponenten situationsgerecht zu synthetisieren, zu reagieren, um die Homöostase zu regulieren. Als Informationsvermittler in diesem Regulationsprozess dienen Proteoglykane, Strukturglykoproteine und der Glykokalyx (Zellzuckeroberflächenfilm). Die Pfeile deuten die Wechselbeziehungen der strukturellen Elemente innerhalb der Grundsubstanz an. Kapillaren und Nervenendigungen des vegetativen Systems enden frei in der extrazellulären Matrix. Im letzten Fall wird von der Synapse auf Distanz gesprochen, indem die Transmittersubstanzen, welche sich in der Grundsubstanz der extrazellulären Matrix befinden, Erregungstransfer bewirken.

Die Steuerung der extrazellulären Matrix erfolgt über das vegetative Nervensystem.

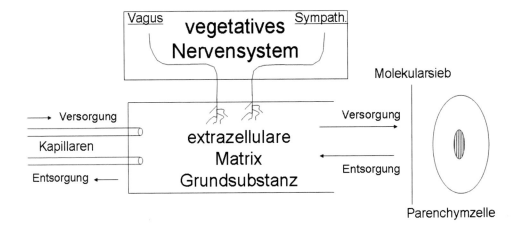

Abbildung 5-7:
Schematische Darstellung der untrennbaren zentral-peripheren, ubiquitären, unspezifischen Regulationseinheit

5.11 Strukturen und Funktionen der Grundsubstanz der extrazellulären Matrix

5.11.1 Fibrozyten, die wichtigste Zelle des Bindegewebes

Sie sind spindelförmige Zellen mit ovalen Kernen und langen Fortsätzen. Der Fibrozyt stellt faktisch das Regulationszentrum der Grundsubstanz dar. Der Fibrozyt vermag mittels Rückkopplungsprinzipien zu allen zellulären und nervalen Funktionssystemen eine situations- und milieugerechte Grundsubstanz zu synthetisieren und somit die Homöostase zu gewährleisten. Die dabei in Aktion tretenden Informationsvermittler- und Informationsfilterfunktionen werden durch
- Protoeoglykane
- Strukturproteine
- Glykokalyx und
- Fibronektine

übernommen und selektiv ausgeführt.

5.11.2 Fibroblasten

In Bezug auf die Fibrillogenese kann der Fibroblast als der aktive „Wachstumsfibrozyt" bezeichnet werden. Im Fibroblasten, an die Fibronektine gebunden, befinden sich Wachstumsfaktoren (fibroblast growth factor = FGF) mit verschiedenen funktionellen Aufgaben (FGF1 – FGF9), die auch als Zytokine bezeichnet werden.

Das Zytokin tritt vor allem in der Ontogenese in Aktion, z. B. bei der Entwicklung von embryonalem Gewebe, jedoch auch bei Wundheilung, Hämopoese und der Tumorentstehung. In den Bindegewebszellen, d. h. in Fibroblasten, Muskelzellen, Endothelzellen, T-Lymphozyten, Makrophagen werden unterschiedliche molekulare Formen des FGF gebildet.

Durch die Fibroblasten werden die Hauptstrukturelemente der Grundsubstanz der extrazellulären Matrix gebildet. Dazu gehören
- Proteoglykane (PG)
- Glykosaminglykane (GAG)
- Strukturproteine
- Vernetzungsproteine
  - Kollagen
  - Elastin
  - Fibronektin
  - Laminin
  - Chondronektin

[Heine 1991, 1990]

Nachfolgend werden einige Hauptstrukturelemente der Grundsubstanz etwas ausführlicher beschrieben.

5.11.3 Fibronektine

Als Glykoproteine in der extrazellulären Matrix und an den Zelloberflächen vorkommend, spielen sie in der Zellkommunikation und Zellinteraktion eine Rolle, z. B. durch Bindung an Makromoleküle wie Kollagen, GAG, Fibrinogen, Fibrin, Aktin u. a. Die durch den „Faktor XIII" vermittelte kovalente Anbindung von Fibronektin bewirkt bei Verletzungen die Anlagerung von Blutgerinnseln an die Fibroblasten und begünstigt deren reparative Funktionen.

In diesem Zusammenhang soll noch erwähnt werden, dass die Grundsubstanz der extrazellulären Matrix mittels eines Fibroblasten-Makrophagen-Systems, die durch Reizung angehäufter Abbauprodukte zu beseitigen vermag.

5.11.4 Proteoglykane (PG)

PG sind spezielle Formen der Glykoproteine. Gemeinsam mit der Hyaluronsäure bilden die PG das intensiv hydratisierte molekulare maschenartige System des Interstitiums. In der bürstenartigen Struktur des Interstitiums befinden sich in vernetzter Form Wassermoleküle, die bei normaler Körpertemperatur zu ca. 50 % Flüssigkeitskristalle darstellen. Diese können Informationen speichern.

Wenn Fieber auftritt, d. h. wenn sich die Körpertemperatur erhöht, verflüssigen sich diese Molekülkristalle und löschen somit Fehlinformationen aus *[Schlitter 1993]*. Aus dieser Funktion der Grundsubstanz wird ersichtlich, dass Fieber ein physiologischer Prozess ist, der nicht durch künstliche Eingriffe, z. B. durch Antibiotika, gestört werden sollte. Jedoch wäre eine regulationstherapeutische Behandlung des Fiebers angezeigt *[Hoff 1957; Höring 1953]*.

5.11.5 Glykokalyx

Jede in der Matrix befindliche gesunde Zelle ist mittels eines membranbeständigen Zuckeroberflächenfilms matrixverankert. Dieser wird als Glykokalyx bezeichnet und übt sehr wichtige Funktionen aus. Dazu gehört auch der Informationstransfer. Infolge dieses Zellverankerungsprinzips muss jede Zellinformation die Matrix und den Glykokalyx durchlaufen *[Heine 1991, 1989]*.

Der Glykokalyx ist ein Glykoprotein und verfügt über Verbindungsstellen für die GAG = Glykoaminoglykane (u. a. für Hyaluronsäure, Heparinsulfat, Chondronitsulfat). Die Kopplung zwischen Glykokalyx und GAG wird durch das Ca^{++}-Ion bewirkt. Unter diesen Bedingungen sind Glykokalyx und GAG wesentlich an der **Wachstumskontrolle**, an der **Mitoseaktivität** und and der **aktiven Bewegung der Zelle** beteiligt.

Der bereits erwähnte Informationstransfer zwischen extrazellulärer Matrix und Zellen im Wechselbeziehungsbetrieb wird durch die Kopplung von Proteoglykanen und Strukturglykoproteinen an die Zelloberflächen-GAG durch Glykokalyx als funktioneller Vermittler zwischen extrazellulärer Matrix und Zellinnerem ermöglicht. Der Glykokalyx ist als ein zellindividueller und organspezifischer Rezeptormantel aufzufassen.

Die Negativladung des Glykokalyx verleiht ihm ein eigenständiges, von der Grundsubstanz zu unterscheidendes, Potential.

Wenn die Grundsubstanz ihr elektrisches Potential ändert, dann reagiert der Glykokalyx ab einem bestimmten Zustand mit einer eigenständigen Potentialänderung. Infolge dessen wird bei allen Bindegewebs-, Abwehr- und Epithelzellen das System membranbeständiger Boten aktiviert, vor allem die Adenyllatcyclase-, cAMP- und cGMP-Systeme *[Schlitter 1993]*.

Der Glykokalyx ist offensichtlich auch am funktionellen Aufbau von Regelkreisen beteiligt und somit auch an der Rhythmustaktung der extrazellulären Matrix, der Zellen und subzellulären Prozesse sowie auch bei der Koordination von Kommunikationen zwischen Zellen und Zellverbänden innerhalb der extrazellulären Matrix.

Bekanntlich werden biologische Membranen wie die der Zelle, des Zellkerns und der Mitochondrien durch die funktionellen Kopplungen von elektrischem Potential, Proteininformation und Ionenpermeabilität in schwingungsfähige Systeme versetzt. In diesem regelkreisaufbauenden und -erhaltenden Rhythmustaktungsprozess scheint das SiO_2 eine steuernde Funktion zu erfüllen, wobei dessen elektrische Oberflächenfunktion *[Kroll 1958]* und dessen elektrische Halbleitereigenschaft maßgeblich regulativ bestimmend sein können.

In diesem Zusammenhang ist die weit verbreitete Auffassung zu erwähnen, dass durch evolutionäre Prozesse das SiO_2 in den Genen, und zwar in der DNS, eingeprägt ist und auf Grund dessen ein biogenes Gedächtnis ausweist *[Shaparina 1999; Yamikov 1998; Yakovlev 1990; Volcani 1986; Smith 1989; Voronkov et al. 1979; Becket und Anderson 1960; Haldeman und Emmert 1955]*. Von anderen Autoren wird berichtet

- dass Mineralpartikel durch Signalisierung die Gentransaktion verändern können *[Oshilevski et al. 1985]*
- dass Silikatpartikel die Zellen zur Bereitstellung von mitogen-aktivierter Proteinkinase, Proteinkinase C und stressinduzierter Proteinkinase veran-

lassen sowie die Freisetzung von Entzündungszytokininen, z. B. von IL-1, IL6 und TNE bewirken *[Marishita et al. 1997]*
- dass Silizium in Form einer Superantigenfunktion polyclonale T-Zellen-Aktivierung auslösen kann *[Ueki et al. 1994]*.

Mit letzteren Untersuchungsergebnissen ließe sich auf zellulärer Regulationsebene die Adjuvansfunktion von siliziumhaltigen Gesteinen (Bentonit, Montmorillonit) von Tonmaterialien (Kaolin) und von SiO_2 selbst erklären.

Die Annahme, dass sich SiO_2 in der DNS evolutionär bedingt befindet *[Shaparina 1999; Yamikov 1998; Jakovlev 1990; Volcani 1986; Voronkov et al. 1975; Becket und Anderson 1960; Haldeman und Emmert 1955]* und die Untersuchungsergebnisse von Oshilevski et al. [1985], Marishita et al. [1997] und Ueki et al. [1994] ergänzen sich nicht nur, sondern belegen indirekt die Wechselbeziehungen zwischen SiO_2 und dem Glykokalyx.

5.12 Energetische Funktionen der Grundsubstanz

Nach Heine [1991] sind elektrostatische Bindungen, die zwischen zwei Wasserstoffatomen liegen, für die energetischen Funktionen der Grundsubstanz von großer Bedeutung.

Heine [1990] vertritt die Ansicht, dass „die bei der enzymatischen Sauerstoffmetabolisierung auftretenden Elektronen- und Protonenverschiebungen zu vielfältigen Radikalbildungen" führen können, „deren Energie über die Grundsubstanz in das physiologische Redoxpotential des Organismus eingespeist" wird.

Bei der Störung der für den Elektronen- und Protonentransfer verantwortlich ablaufenden Stufenprozesse wird ein „Anstau von Radikalen" bewirkt *[Schlitter 1993]*.

Die Folge davon sind pathophysiologische Veränderungen des Redoxpotentials der Grundsubstanz. Bei längerer Dauer derartiger Veränderungen können sich chronisch entzündliche Erkrankungen und sogar Tumorzellen entwickeln.

Die Grundsubstanz erweist sich auch als Regulator des Energieverbrauchs in der extrazellulären Matrix [Heine 1990]. Dabei wird das Prinzip eingehalten, dass der Energieverbrauch der Grundsubstanz der extrazellulären Matrix niemals höher sein darf als der Energieverbrauch in parachymalen Zellen bzw. Zellverbänden.

Die Grundsubstanz ist im menschlichen Organismus ubiquitär mit großen Ausmaßen verteilt. Z. B. hat **die Grundsubstanz der Haut eine Ausdeh-**

nung von 2-3 m², in den respiratorischen Schleimhäuten von 80 m² und in den Schleimhäuten des Verdauungstrakts von 200-300 m² *[Schlitter 1995; A. Hecht et al. 1973].*

5.13 Molekulare Siebfunktion und bioelektrische Vorgänge in der Grundsubstanz

Der Grundsubstanz der extrazellulären Matrix wird eine Molekularsiebfunktion zugeschrieben *[Heine und Pischinger 1990].* Das Molekularsieb wird durch die Proteoglykane und Glykoproteine gebildet.

> Der gesamte Stoffwechsel, der sich in der extrazellulären Matrix abspielt, muss dieses Molekularsieb von der Kapillare bis zur Zelle und zurück durchlaufen. Das ist ein mächtiger und sicherer „Schutzschild" für die Zelle.

Moleküle ab einer bestimmten Größe und/oder ab einer bestimmten elektrischen Ladung gelangen nicht in die Zelle. Diese werden abgebaut (z. B. durch Phagozytose) oder auf dem Blutweg ausgeschieden. Die Porengröße dieses Molekularsiebfilters wird bestimmt
- durch die Konzentration der Proteoglykane
- durch das Molekulargewicht der Stoffwechselmoleküle
- durch den pH-Wert
- durch den Ablauf der Elektrolytfunktion
- durch die elektrischen Potentialveränderungen

In dem Siebfunktionsablauf ist die negative Ladung der Proteoglykane von entscheidender Bedeutung, da sie zum Ionenaustausch einwertiger Kationen (z. B. K⁺) gegen zweiwertige Kationen (z. B. Ca⁺⁺) veranlasst werden. Die negativen Ladungen der Proteoglykane gewährleisten nach Hauss et al. [1968] und Heine [1991] die **Isoionie**, die **Isoosmie** und die **Isotonie** der Grundsubstanz, wodurch der bioelektrische Grundzustand der Grundsubstanz reguliert wird, der auf jede Veränderung mit Potentialschwankungen reagiert *[Schlitter 1995].* Mittels derartiger Potentialschwankungen werden Informationen codiert. So können, wie schon erwähnt, die Potentialschwankungen des Glykokalyx mittels eines Zell- oder organtypischen negativ geladenen Zuckeroberflächenfilms der Zellmembran eine Information übermitteln und durch deren Depolarisation eine Zellreaktion veranlassen.

Da das hydratisierte SiO_2, welches zum Aufbau von Peptiden und Proteinen aus Aminosäuren fähig ist *[Davis et al. 2002; Scholl und Letters 1959; Fischer 1951]* und ebenfalls mit einer negativen Ladung ausgerüstet ist, kann davon ausgegangen werden, dass es an der Molekularsiebfunktion der Grundsubstanz entscheidend beteiligt ist.

Wegen ihrer vielfältigen Funktionen und ihrer unspezifischen Regulation bezeichnete Heine [1991, 1990, 1989] die Grundsubstanz als das System der Grundregulation eines hoch entwickelten Organismus. Sie ist entscheidend an allen wichtigen Lebensfunktionen beteiligt.

5.14 Extrazelluläre Matrix unter dem Aspekt der Neuropsychoimmunologie und Psychosomatik

Ausgehend von der Tatsache, dass die Grundsubstanz der extrazellulären Matrix so strukturiert ist, dass Nervenendigungen in Form von Axonen (Synapsen auf Distanz) und auch Kapillaren frei in ihr enden, ist auf eine direkte Beziehung zum neurovegetativen und neurohormonellen System zu schließen, welches steuernd in die periphere extrazelluläre Matrix einzugreifen vermag, wenn die Selbstregulation der extrazellulären Matrix Unterstützung benötigt. Denn die Grundsubstanz der extrazellulären Matrix erfordert zur Erfüllung ihrer Aufgaben eine schnelle ordnende und geordnete Informationsleitung und gleichzeitig eine selektive Informationsverteilung. Hierbei spielt, wie wir sehen konnten, der Glykokalyx eine bedeutende Rolle. Dieser Prozess scheint sich in gleicher Weise zu vollziehen wie in dem von Becker [1994] beschriebenen perineuralen Gleichstromsteuerungssystem (siehe Kapitel 4). Da im Rahmen dieses Prozesses der Informationsleitung der Glykokalyx an der Wachstumskontrolle beteiligt ist, zeichnen sich Parallelen zwischen beiden Systemen ab, d. h. zwischen extrazellulärer Matrix und dem perineuralen Gleichstromsteuerungssystem. Letzteres ist durch die Neuroglia und die Schwan'sche Zelle strukturell präsentiert, also auch als eine Form (oder sogar die gleiche Form) der extrazellulären Matrix.

Die Axonverbindung zu den Bindegewebszellen, z. B. wenn es um Wachstum bzw. Wundheilung geht, dürfte in beiden Systemen ähnlich oder gleich sein, wie aus der Beschreibung von Becker [1994], Marino 1988, Becker und Marino 1962 einerseits und von Heine [1991, 1990, 1989] und Schlitter [1993, 1985] andererseits hervorgeht.

Die freie Endigung des Axons und der Kapillaren in die Grundsubstanz der extrazellulären Matrix ermöglicht auch eine Direktverbindung zwischen den zentralnervalen und neurohormonellen Zentren mit dem unspezifischen Immunsystem der extrazellulären Matrix. Daraus ergibt sich das strukturelle funktionelle Gerüst des psychoneuroimmunologischen Systems *[Schedlovski 1996]*. Es kann auf Grund der Arbeit von Heine [1991, 1990, 1989] davon ausgegangen werden, dass ein Stimulus, ganz gleich welcher Art, der die Grundsubstanz der extrazellulären Matrix erreicht, eine unspezifische Reaktion auslöst, die auch das unspezifische Abwehrsystem mit einbezieht. Hierbei dürften Neurotransmitter, die eine direkte Verbindung zum unspezifischen Immunsystem haben, eine Rolle spielen.

Tabelle 5-5:
Übersicht über neuroendokrine Faktoren mit immunologischer Kompetenz. Die Wirkungen beziehen sich auf in vivo Forschungsbefunde. Beobachtungen, die in vitro beschrieben wurden, sind vermerkt (? = vermutlich). *[Schedlowski 1996]*

Hormone	Rezeptoren im Immunsystem	Wirkung
Glukokorticoide	alle immunkompetenten Zellen	- hemmt Zytokin-Produktion - inhibiert T-, B-Lymphozytenreaktivität und NK-Aktivität
Prolaktin	T- und B-Lymphozyten, NK-Zellen (?)	- stimuliert T-, B-Lymphozytenreaktivität
Wachstumshormon (GH)	Thymozyten, mononukleare Leukozyten	- stimuliert T-Lymphozytenreaktivität und NK-Aktivität, steigert die Thymusgröße
Katecholamine (Adrenalin/ Noradrenalin)	β_2-Adrenozeptoren auf allen Lymphozytensubpopulationen, α-Adrenozeptoren (?)	- hemmt T-Lymphozytenreaktivität - stimuliert NK-Aktivität - stimuliert Lymphozytenmikration (insbesondere NK-Zellen)
β-Endorphin	Leukozyten und Lymphozyten	- stimuliert T-Lymphozytenreaktivität und NK-Aktivität (aber auch suppressive Effekte beschrieben)
Substanz-P	T- und B-Lymphozyten	- stimuliert Antikörper-Sekretionsrate und Lymphozytenproliferation
Vasoaktives Intestinales Peptid (VIP)	Monozyten, T- und B-Lymphozyten	- stimuliert Lymphozytenmigration
Kortikotropin-Releasing-Hormon (CRH)	Milzmakrophagen	- indirekte Hemmung der NK-Aktivität (über das sympathische Nervensystem)
Adrenokortikotropes Hormon (ACTH)	mononukleare Leukozyten, T- und B-Lymphozyten	- stimuliert/inhibiert Antikörperproduktion (in vitro) - hemmt γ-IFN-Produktion (in vitro)
Enkephaline	Leukozyten und Lymphozyten	- stimuliert NK-Aktivität - hemmt Antikörperantwort, T-Lymphozytenreaktivität und NK-Aktivität (in vitro)
Neuropeptid-Y	(?)	- hemmt NK-Aktivität (in vitro)
Thyreotropin (TSH)	Phagozyten, B-Lymphozyten	- stimuliert Antikörperantwort (in vivo und in vitro)
Follikel-stimuliertendes Hormon (FSH)	(?)	- stimuliert T-Lymphozyten (in vitro)
Luteinisierendes Hormon (LH)	(?)	- stimuliert T-, B-Lymphozytenreaktivität und IL-1- und IL-2-Prouktion (in vitro)

5.15 Zur Bedeutung der kolloidalen Phase in der Grundsubstanz der extrazellulären Matrix

Der kolloidalen Phase in der Grundsubstanz der extrazellulären Matrix und im Alterungsprozess wurde bisher wenig Aufmerksamkeit geschenkt, z. B. in dem Lehrbuch „Biochemie" von Berg et al. (2003) findet man **keine** Angaben zur Kolloidchemie. Deshalb sollen nachfolgend einige kurze Ausführungen unter kolloid-chemischem Aspekt in Bezug auf den Menschen erfolgen. Das Wort Kolloid wird vom griechischen Wort kolla = Leim abgeleitet. Kolloide sind Stoffe in einem Verteilungszustand, bei denen die dispersen Teilchen nur ultramikroskopisch nachzuweisen sind. Der kolloidale Zustand, gewöhnlich als kolloidale Phase bezeichnet, ist eine besondere Verteilungs- oder Zustandsform der Materie. Diese kann durch entsprechende Bearbeitung im Prinzip jeder Stoff annehmen.

- Begründer der Kolloidchemie ist der britische Chemiker Thomas Graham (1805-1869).
- Die dispersen Teilchen (Partikel) können lichtmikroskopisch nicht sichtbar gemacht werden.
- Licht wird durch die Kolloidphase gestreut (Tyndall-Effekt).
- Die Dispersionsmittel in Kolloiden können fest, flüssig und gasförmig sein.
- Sol liegt vor, wenn die Partikel der dispersen Phase relativ frei voneinander existieren.
- Gel liegt vor, wenn die Teilchen der dispersen Phase netzartig miteinander verbunden und schwer gegeneinander verschiebbar sind.
- Folgende Wechselbeziehungen zwischen Sol und Gel sind möglich:
  Sol ↔ Gel   reversibel
  Gel → Sol   irreversibel
- Nachweis von Kolloiden
  - ultra- und elektronenmikroskopisch
  - indirekte Analyse
  - Streulichtmessung
  - Sedimentationsmessung
  - osmotische Messung

Kolloide zeichnen sich durch ausgeprägtes Adsorptionsvermögen aus, welches durch die physikalischen Oberflächenspannungskräfte der Teilchen gewährleistet wird. Dient Wasser als Dispersionsmittel, wird von hydrophilen und hydrophoben Kolloiden gesprochen.

Der menschliche Körper besteht bekanntlich zu einem großen Teil aus Körperflüssigkeit (Blutserum, Urin, Lymphe, Verdauungssäfte, Liquor, Galle, Tränenflüssigkeit, Grundsubstanz der extrazellulären Matrix). Alle diese Flüssigkeiten haben kolloidalen Charakter und alle Lebensvorgänge spielen sich in der kolloidalen Phase ab.

Flüssige Kolloide werden Sole genannt, Kolloidgele sind relativ formbeständig und elastisch, z. B. Elastin und Kollagen. Fibrilläre Eiweiße, wie Myosin und Fibrin, liegen im Körper in Gelform vor, Körperflüssigkeiten dagegen in Solform. Hydrophile Kolloide, z. B. die Eiweiße, verfügen über die Fähigkeit, Ausflockungen hydrophober Kolloide zu verhindern. Das ist eine biologische, kolloidale Schutzfunktion. Z. B. können dadurch wasserunlösliche Stoffe (z. B. Harnsäure, Cholesterin) im Plasma, in der Galle und im Harn in feindispersem Zustand aufrechterhalten werden *[Rappoport 2002]*.

Die vielfältigen Eigenschaften des Kolloids, z. B. kolloidosmotischer Druck, Wechselwirkungen zu den Mineralien bzw. Elektrolyten und das Verhalten der Kolloide in elektrischen Feldern (das elektrische Potential der Kolloidoberfläche, ein negativ geladenes Potential, wird als „Zetapotential" bezeichnet) bedingen ihren oszillierenden Charakter. Es werden Frequenzen zwischen 1-30 Hz angegeben.

Den körpereigenen Kolloiden sehr adäquat sind kolloidale Mineralverbindungen, z. B. das hydrophobe Siliziumdioxid und das solförmige Natriumchlorid. Das kolloidale Silizium bewirkt z. B. eine erhöhte Wasserverbindungsfähigkeit der Proteine, reguliert die Säure-Basen-Protein-Homöostase und verhindert die Dehydratisierung des alternden Gewebes *[Fischer 1951]*.

Aus diesen kurzen Ausführungen wird ersichtlich, dass die kolloidale Phase einen wesentlichen strukturellen und funktionellen Bestandteil der Grundsubstanz der extrazellulären Matrix darstellt. Zum besseren Verständnis der kolloidalen Phasen sollen noch aufklärende Fakten angeführt werden.

Unter dem Aspekt der Dispersion werden nach der Größe der in einem Dispersionsmittel verteilten Teilchen drei Formen unterschieden.

Grobdisperse Phase = Suspension, also eine grobe Aufschwemmung. Sie besteht aus Teilchen größer als 100 nm (z. B. Tierkohleteilchen nach Schütteln im Wasser).

Kolloiddisperse Verteilung = kolloidale Lösung. Sie besteht aus Teilchengrößen 1-100 nm. Die Teilchen stehen untereinander in einem Spannungsverhältnis und entziehen sich daher der Gravitation. Beispiel: Kolloidales Siliziumdioxid.

Molekulare oder Ionendispersive Verteilung mit Teilchengrößen unter 1 nm. Beispiel: Alle Lösungen von niedermolekularen Substanzen in molekularer oder ionisierter Form, z. B. Kochsalzlösung.

Die kolloidale Verteilung nimmt also eine Mittelstellung zwischen Suspensionen und echten Lösungen ein *[Rappoport 2000]*.

5.16 Matrix-Rhythmustherapie

Auf Grund entsprechender Untersuchungen *[Randoll et al. 1995, 1994a und b, 1992; Randoll 1993]* wurde an der Universität Erlangen die Matrix-Rhythmustherapie *[Randoll und Hennig 2001a und b]* eingeführt. Diese geht davon aus, dass die extrazelluläre Matrix ein eigenständiges Organ des menschlichen Körpers ist, das die Grundlage aller unspezifischen Reaktionen und Regulationen darstellt und einer rhythmischen Ordnung unterliegt. Randoll und Hennig [2001a und b] sehen die Matrix-Rhythmustherapie auf drei Grundelemente fundiert,

- feste Elemente, z. B. Knochen, Muskeln, Sehnen, Nerven, Knorpel,
- flüssige Elemente deren Grundlage die Kolloidbiochemie darstellt,
- energetische Elemente,

die in Form von bioelektromagnetischen Feldern und biologischen Rhythmushierarchien wirksam werden, die als Sol-Gel-Kristalle Frequenzen in verschiedenen Regulationsebenen modulieren. Hierbei zeigen Randoll und Hennig [2001a und b] eine Frequenzstruktur von hoch- zu niederfrequent in folgender Reihenfolge:
Photonen → Elektronen → Atome → Moleküle → Kolloide → Flüssigkeitskristalle → Organellen→ Zellen → Zellverbände → Gewebe → Organe → Organismen.

Randoll et al. konnten auch nachweisen, dass in der extrazellulären Matrix eine rhythmische Taktung stattfindet, die sich als Eigenrhythmus im Bereich 8-12 Hz abspielt Randoll und Henning [2001a und b] vertreten folgendes Gesundheits-Krankheits-Therapie-Schema.

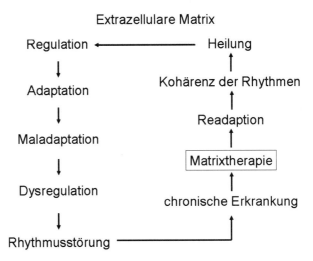

Abbildung 5-8: Schema der sanogenetischen-pathogenetischen Adaptationsprozesse der extrazellulären Matrix bei Einbeziehung der Matrix-Therapie

Der entscheidende Faktor der Matrix-Rhythmustherapie ist die Herstellung des Eigenrhythmus der extrazellulären Matrix, mittels spezieller apparativer Taktung. Die Matrix-Rhythmustherapie geht von der Tatsache aus, dass für viele chronisch am Nerven-, Stütz- und Bewegungsapparat erkrankte Menschen die üblichen diagnostischen sowie therapeutischen Konzepte klassischer Medizin unzureichend sind.
Neueste zellbiologische Forschungen an der Universität Erlangen führten zu folgender Erkenntnis:
- Körperrhythmen sind videomikroskopisch bis zu denen der Zellen darstellbar!
- Bestimmte rhythmisch-ordnende Taktgeberfrequenzen zeichnen gesundes Gewebe aus!
- Eine sich entwickelnde chronische Erkrankung ist Ausdruck einer nachlassenden Prozessqualität (Funktion). Ihr folgt als Endresultat ein Verlust an Strukturqualität (Form), der klinisch mehr oder weniger ausgeprägt in Erscheinung tritt.

Mittels der Matrix-Rhythmustherapie greifen kohärenzbildende Rhythmen als ordnende, informationsgebende Taktgeber in biologische Systeme ein. Mittels spezieller Resonatoren werden die Schwingungsspektren der Skelettmuskulatur durch Spektral-Resonanz-Abstimmung und in der Folge die gesamte Mikrozirkulation normalisiert.

Die Matrix-Rhythmustherapie ist vor allem geeignet, Störungen des Bewegungsapparats, die infolge der Störung des Eigenrhythmus der extrazellulären Matrix entstanden sind, zu beseitigen *[Randoll und Hennig 2001a und b]*. Eine Kombination von Matrix-Rhythmustherapie und Applikation von siliziumhaltigen Naturgesteinen kann den therapeutischen Effekt erhöhen.

5.17 Extrazelluläre Matrix – doppelt gesicherte zentralnervöse Steuerung

Wenn wir das perineurale Gleichstromsteuerungssystem [Becker 1994, 1962] in seiner Struktur und Funktion mit dem der extrazellulären Matrix *[Schlitter 1995, 1993, 1977; Heine 1991, 1990, 1988; A. Hecht et al. 1973]* vergleichen, dann gibt es grundsätzlich Übereinstimmungen, die in folgendem bestehen:

Beide Systeme haben die extrazelluläre Matrix zur Grundstruktur.

Beide Systeme üben ihre Funktion elektrolytisch-elektrophysiologisch aus.

Beide Systeme sind Informationsvermittler und Informationsträger.

Beide Systeme sind in den Heilungs- und Wachstumsprozess einbezogen.

Beide Systeme zählen entwicklungsgeschichtlich zu den ältesten Informationsträgern und -vermittlern.

Beide Systeme üben Taktungsfunktionen in den biologisch-rhythmischen Prozessen aus.

Beide Systeme werden zentralnerval gesteuert, woraus eine doppelte Sicherung der Funktionen gewährleistet ist.

In Abbildung 5-9 werden unsere Vorstellungen zur doppelten zentralnervösen Steuerung der extrazellulären Matrix vereinfacht schematisch dargestellt.

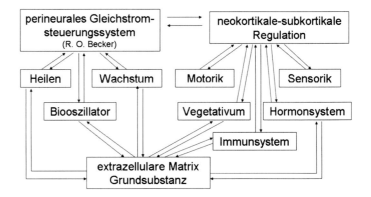

Abbildung 5-9: Vereinfachtes Schema der dual-zentralnervösen Steuerung der extrazellulären Matrix

6 Zur Pathophysiologie der Regulationsbeziehungen zwischen vegetativer Umschaltung und Grundsubstanz der extrazellulären Matrix

6.1 Hohe Reizempfindlichkeit der Grundsubstanz

Der Grundsubstanz der extrazellulären Matrix, dem entwicklungsgeschichtlich ältesten Vielzellerinformationssystem, wurde in den letzten Jahrzehnten, auch unter pathophysiologischen Aspekten, im Zusammenhang mit den Funktionen der vegetativen Umschaltung bei dem Verlauf von chronischen Krankheiten Aufmerksamkeit geschenkt *[Schlitter 1995, 1994a und b, 1993, 1992, 1982; Heine 1991, 1990, 1987; Perger 1990a und b, 1988, 1987, 1981, 1979, 1978; Heine 1991, 1990, 1989; Pischinger 1990, 1976; Rimpler 1987; Trepel 1968; Schober 1953, 1952/1951].*

> In den pathophysiologischen Vorgängen wird vor allem die Empfindlichkeit der Grundsubstanz gegenüber Reizen, die mit unspezifischen Reaktionen beantwortet werden, einschließlich der speziellen Reizkanzerogenese, in den Mittelpunkt gestellt.

Wie bereits in Kapitel 5 erwähnt sind die Grundsubstanz und die Fibroblasten gegenüber jeglichem Reiz, der unspezifische Reaktionen auslöst, hochempfindlich. Dysstress und Schock führen zur Beschleunigung der Synthese des Strukturproteins **Kollagen**. Es bilden sich in dem Fall gewöhnlich sklerotische Bindegewebsveränderungen, die bei stark gestressten jungen Leuten (Kriegsangst der Soldaten) und Aidskranken nachgewiesen worden sind. Das Bindegewebe ist dabei dehydratisiert. Gleiche Veränderungen können auch Strahlen verschiedener Art verursachen.

6.2 Extrazelluläre Matrix unter dem Aspekt von Stress

> Permanenter oder häufig kurzzeitig auftretender Dysstress führt zu einem Überangebot an Stresshormonen, so dass es Fehlsteuerung in der Grundsubstanz in der Weise gibt, dass die Fibroblasten unphysiologische Strukturen synthetisieren.

Adrenalin führt zu einer Hemmung der Hyaluronidase, Kortisol zur Hemmung der Matrixsynthese und der unspezifischen immunologischen Prozesse.

Infolge dessen kann es bei Schock oder starkem Dysstress zu einem unspezifischen Voraltern in Form einer Sklerotisierung des gesamten Bindegewebes kommen.

Diese pathophysiologischen stressinduzierten Veränderungen in den Strukturen der Grundsubstanz würden eine Erklärung für die verbreitete Arteriosklerose bei einem großen Teil der im Koreakrieg gefallenen jungen USA-Soldaten abgeben. Bei mehr als 60 % dieser 20-25-jährigen jungen Männer wurden während der Obduktion starke Veränderungen des arteriellen Gefäßsystems, besonders der Aorta, festgestellt.

Derartige Reaktionen sind offensichtlich auf die nerval gesteuerte außerordentliche Empfindlichkeit der Fibroblasten auf endogene und exogene Reize zurückzuführen.

Das bestätigen Untersuchungen von Hauss et al. [1968], die nach einer Lärmbelastung innerhalb von wenigen Minuten danach einen Sklerosierungsschub infolge vermehrter Kollagensynthese der Fibroblasten in Tierexperiment nachweisen konnten.

Über ähnliche Befunde berichten auch Heine und Heinrich [1980], die in der Grundsubstanz der pulmonalen Alveolarsysteme nach einem Polytrauma innerhalb von 30 Minuten eine schockinduzierte Kollagenzunahme beobachteten. Nach Wochen entwickelte sich daraus eine histologisch nachweisbare fibrosierte „Schocklunge" *[Schlitter 1995]*. Einen analogen, histologisch nachweisbaren Befund einer funktionslosen Lungenfibrose fand Schlitter [1994b] nach Durchstrahlung der Lunge mit hoch energetischen ionisierenden Strahlen.

Anderson [1965] wies bei Opfern des Atombombenabwurfs in der japanischen Stadt Hiroshima eine biochemische Veränderung im Verhältnis Mucopolysaccharide der Grundsubstanz zur Kollagenvermehrung nach. Er interpretierte dies als ein biochemisches Voraltern.

Schlitter [1995] berichtete, dass junge Menschen, die in utero aus diagnostischen Gründen einer Ganzkörperbestrahlung ausgesetzt waren, im frühen Lebensalter an Leukämie und Krebs erkrankten. Nach Schlitter [1995] wurden ähnliche Befunde nach der Reaktorkatastrophe in Tschernobyl 1986 erhoben, nach der sehr viele Menschen an Strahlenkrankheiten starben (siehe Kapitel 17).

Veretenina et al. [2003] vertreten die Auffassung, dass Schadstoffe der Umwelt, aber auch Arzneimittel, durch die Verursachung von ungleichen Mengenverhältnissen in der systemischen Mineralregulierung in den extrazellulären Räumen „chemischen Stress" auslösen.

Er besteht ihrer Meinung nach darin, dass durch die auf diese Weise verschmutzte extrazelluläre Matrix die „Zellen ersticken" und ihre Funktion nicht ausfüllen können.

Unter dem Aspekt der unspezifischen Reizung der Grundsubstanz durch psychosoziale, chemische und Strahleneinwirkungen kann folgende stressinduzierte pathophysiologische Reaktionskette ablaufen.

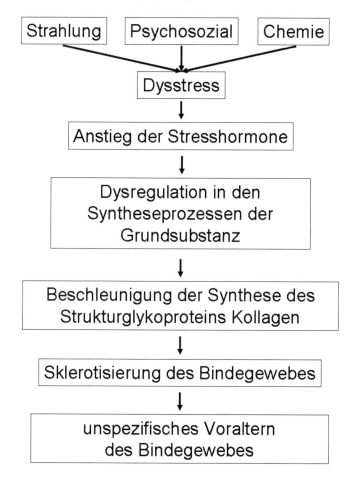

Abbildung 6-1:
Vereinfachtes Schema der Dysstresswirkung in der Grundsubstanz der extrazellulären Matrix

Offensichtlich verändern Dysstresswirkung, Schock, chemische Schadstoffe, ionisierende und nicht ionisierende Strahlung das Molekularsieb der Grundsubstanz der extrazellulären Matrix.

Dadurch wird der vorzeitige biologische Alterungsprozess ausgelöst. Ähnlich geht der natürliche Alterungsprozess vor sich, jedoch mit geringerem Tempo.

6.3 Altersbedingte Veränderungen der extrazellulären Matrix

Der russische Bakteriologe, Entdecker der Phagozyten und der Phagozytose, Nobelpreisträger (1908) Iljin I. Metschnikov (1845-1916), prägte den Satz: „Man ist so alt wie sein Bindegewebe". In der Tat, mit zunehmendem biologischem Alter nimmt die Straffheit des Bindegewebes ab, es bilden sich Falten und Runzeln auf der Haut. Es entwickeln sich sklerotisierende Veränderungen im Bindegewebe. Dies ist darauf zurückzuführen, dass es im biologischen Alterungsprozess zu folgenden Veränderungen in der extrazellulären Matrix und der Grundsubstanz kommt:
- Vermehrung des Strukturproteins Kollagen
- Reduzierung der Proteoglykane
- Dysfunktion des Glykokalyx und somit Störungen in der rhythmisc Kommunikation
- Dysregulation im FGF-Zytokinsystem
- Unordnung in der intra- und intermolekularen Quervernetzung (Störungen der Vernetzungsproteinsynthese)
- Dehydratation der Körperflüssigkeit
- Veränderungen in der kolloidalen Phase der Grundsubstanz
- Verminderung des Quellvermögens
- Abnahme des Hyaluronsäuregehalts
- Zunahme von Chondroitinsulfat in den Blutgefäßwänden, weil sulfierte MPS (Mukopolysaccharide) eine hohe Affinität zu Ca^{++}-Ionen haben
- Zur Verminderung des SiO_2-Gehalts und infolge dessen
  - Dehydration des Gewebes entsteht
  - Verlust der Quellfähigkeit nachlässt
  - die Proteinsynthese vermindert oder gestört abläuft
  - es zur Unordnung in der kolloidalen Phase der Grundsubstanz kommt
  - Störungen in den Ca^{++}-Funktionen auftreten und die Arteriosklerosebildung gefördert wird

[Garnik et al. 1998; Kaufmann 1997; Schlitter 1995; Vakil und Sparberg 1990; Carlisle 1986a und b; Voronkov et al. 1975; A. Hecht et al. 1973; Scholl und Letters 1959; Fischer 1951].

6.4 Alterungsprozess - eine kolloid-physikalische Veränderung des lebenden Gewebes

Ausführlich hat sich Kober [1955] mit dem SiO_2 im Kolloidsystem des menschlichen Körpers beschäftigt.

> Er wies nach, dass jedes Kolloid die Eigenschaft besitzt, mit fortschreitendem Alter seine Teilchen zu vergrößern, Wasser abzugeben (Synäresis) und somit seine Oberfläche zu verkleinern.

Kober [1955] vertritt die Auffassung, dass sich das exogene kolloidale SiO$_2$ genauso wie das endogene Kolloidsystem im menschlichen Körper verhält. Untersuchungen zeigten folgendes: Wenn man SiO$_2$ luftdicht in ein Glas einschließt, „dann bildet sich wasserärmeres Gel und gleichzeitig das Synäresiswasser". Wird das kolloidale SiO$_2$-Gel mit Fett verrieben, entsteht eine Emulsion, die kein Wasser mehr abspalten und in bestimmten Grenzen beständig bleiben kann.

Kolloidteilchen	→	Vergrößerung
Hydratation	→	Verminderung
Adsorptionsfläche	→	Verkleinerung
Ionenaustausch	→	Verminderung
Proteinsynthese	→	Verminderung
Kollagenproduktion	→	Steigerung
Molekularsiebfunktion	→	Einschränkung

Tabelle 6-1: Veränderungen der kolloidalen Solphase der Grundsubstanz der extrazellulären Matrix im biologischen Alterungsprozess

Ausgehend von der Tatsache, dass der kindliche und jugendliche Organismus mehr SiO$_2$ besitzt, dieses aber in aktiver, fein verteilter Form der kolloidalen Phase und der Organismus eines alten Menschen weniger SiO$_2$ ausweist und dieses nur in einer inaktiven, groben, abgelagerten Form, ist das Altern als eine kolloidphysikalische Veränderung durch Verkleinerung der „inneren Oberfläche" aufzufassen, die ihrerseits eine Teilchenvergrößerung verursacht und somit auch ein Verminderung des Wassergehalts des Organismus. Infolge dessen verliert das Gewebe seine Straffheit und Elastizität.

Kolloidales Siliziumdioxyd vermag in seiner fein verteilten aktiven Form derartige Altersvorgänge aufzuhalten und unter Umständen auch reversibel zu machen. Die jugendliche Aktivität des Gewebes wird durch die verbesserten Stoffwechselvorgänge und eine aktivere Zellteilungsfähigkeit bewirkt *[Voronkov et al. 1975; Bürger 1958]*. Das in sehr geringen Mengen im Organismus vorkommende kolloidale Siliziumdioxyd vermag nach Kober [1955] einerseits die Dehydratation des Gewebes, aber ebenfalls eine übermäßige Quellung des Gewebes zu verhindern, eine optimale Durchlässigkeit für Nährstoffe und Stoffwechselendprodukte zu sichern und durch die adsorptive Konzentrationserhöhung wichtige biochemische Umsetzungen im Zellbereich zu realisieren. Folglich können biochemische Vorgänge der Zelle nur durch kolloid-physikalische Prozesse des SiO$_2$ in der extrazellulären Matrix gewährleistet werden.

Die Wirkung der Kieselsäure (Siliziumdioxid) ist weniger ein chemischer als vielmehr ein kolloidphysikalischer Prozess.

6.5 Das kolloidale Siliziumdioxid im Alterungsprozess des Menschen

Der bekannte deutsche Internist Max Bürger [1958] postulierte, dass mit fortschreitendem Alter (Biomorphose, Biorheuse) das Gewebe des Menschen durch langsamen Wasserverlust einen Verdichtungsprozess erfährt. Er erkannte, dass hierbei kolloidale physikalische Vorgänge eine Rolle spielen und eine Dehydratation des Eiweißes stattfindet.

Die wichtigste Voraussetzung für die sich im Plasma vollziehenden Regulationsprozesse ist die optimale Wasserbindung und Quellung des Eiweißstoffs, die durch das „Verhältnis Base zu Säure im Proteinat" beeinflusst wurde. Die optimale Wasserbindung wird dann erreicht, wenn faktisch der Zustand physiologischer Kochsalzlösung (0,9 %) gegenwärtig ist. Hierbei ist von Bedeutung, dass durch kolloidales SiO_2 40 % und mehr Wasser gebunden werden können.

Es handelt sich dabei um gebundenes Hydratwasser und nicht um Wasser im freien Zustand. Alle elementaren Lebensvorgänge, z. B. der Stoffwechselauf- und -abbau, Fermentreaktionen, können nur im hochhydratisierten Eiweiß ablaufen. Sind Störungen der Hydratation im Eiweißstoffwechselprozess vorhanden, wie es im Alterungsprozess bzw. bei Verhärtungen des Gewebes, bei Gerinnungen und Blutdruckerhöhungen (Gefäßwandverkalkung) der Fall ist, so ist die Anregung des Hydratationsprozesses angezeigt, welche z. B. durch das kolloidale SiO_2 erreicht werden kann. In diesem Zusammenhang ist ein weiteres Mal zu erwähnen, dass kolloides SiO_2 in der Lage sein kann, aus Aminosäuren hochmolekulare Eiweißkörper im menschlichen Körper zu „synthetisieren" *[Birkhofer und Ritter 1958; Scholl und Letters 1959]*. In jüngster Zeit wurden diese älteren Befunde erneut bestätigt. So berichteten Davis et al. [2002] über die synthetisierende Funktion von Siliziumdioxid bei dem Aufbau von bioaktiven Peptiden, insbesondere des RGD-Peptids (Arg-Gly-Asp).

Die an dieser Stelle vorgezogene Einbeziehung des kolloidalen SiO_2 in Besprechung der Kolloidalphase der Grundsubstanz der extrazellulären Matrix gibt Anlass eines Vergleichs der wesentlichen Eigenschaften der Grundsubstanz der extrazellulären Matrix und des kolloidalen SiO_2.

Die nahezu identischen Eigenschaften der Grundsubstanz der extrazellulären Matrix und des kolloidalen SiO_2 lässt auf ein einheitliches System Grundsubstanz ÷ SiO_2-Funktionen schließen.

Grundsubstanz der extrazellulären Matrix	kolloidales SiO$_2$
Molekularsiebfunktion	Molekularsiebfunktion
Ionenaustauschfunktion	Ionenaustauschfunktion
Katalysatorfunktion	Katalysatorfunktion
Hydratation	Hydratation
Adsorption	Adsorption
Bildung von Proteinen (Struktur und Vernetzung)	Proteinaufbau
elektrostatische Bindung	elektrostatische Bindung
kolloidale Phase	kolloidale Phase
Basen-Säure-Homöostase	Basen-Säure-Homöostase
Zellreparatur	Zellreparatur
Gewebereparatur	Gewebereparatur
Mineralhomöostase	Mineralhomöostase
Rhythmus	Rhythmus
?	vorgenetisches Gedächtnis
Halbleiterfunktion	Halbleiterfunktion

Tabelle 6-2:
Eigenschaftenvergleich der Grundsubstanz der extrazellulären Matrix und des kolloidalen SiO$_2$

6.6 Vegetative Umschaltungsprozesse und pathophysiologische Aspekte bei chronischen Erkrankungen

Unter Einbeziehung der zyklischen vegetativen Umschaltungsprozesse sollen nachfolgend die pathophysiologischen Abläufe in der Grundsubstanz der extrazellulären Matrix bei chronischen Krankheiten unter dem Elektrolytaspekt beschrieben werden.

Die Physiologie des vegetativen Nervensystems ist so beschaffen, dass es im rhythmischen Wechsel zwischen sympathischer und parasympathischer Reaktionslage umschaltet. Das ist bekanntlich im Wach-Schlaf-Zyklus der Fall. In diesem Zusammenhang ist zu erwähnen, dass nahezu alle Funktionssysteme, die der Steuerung des vegetativen Funktionssystems unterliegen, circadian rhythmisch geprägt sind *[Hildebrandt et al. 1998]*. Auch an ultradianen Rhythmen, z. B. am Basis-Ruhe-Aktivitätszyklus (BRAC) sind Funktionen des vegetativen Systems bei der Umschaltung von Ruhe und Aktivität und umgekehrt *[Rossi 1993]* beteiligt (siehe Kapitel 7).

Darüber hinaus werden reaktive Rhythmen mit Bezug auf einen circaseptanen Rhythmus beschrieben *[Hildebrandt et al. 1992; Hildebrandt 1990; Derer 1960, 1956]*, die im Zusammenhang mit Selbstheilungs-, adaptativen und kompensatorischen Reaktionen beobachtet wurden.

Von Hildebrandt et al. [1992] wurde dies als Wechsel einer sympathischen ergotropen „Alarmreaktion" und einer folgenden übermäßigen trophotropen Erholungsphase interpretiert.

Diese Umstimmungsreaktion verhält sich wie ein Einschwingungsvorgang eines Regelkreises.

- Von Hoff [1957] wird im Zusammenhang mit Fieber und Reiztherapien die unspezifische vegetative Gesamtumschaltung beschreiben.
- Selye [1953, 1936] entdeckte gesetzmäßige unspezifische rhythmische Reaktionsgrundmuster, unabhängig von der Qualität und Quantität des applizierten Reizes.
- Pischinger [1976] fand ähnliche Reaktionen nach Venenpunktionen, die er als „Stichphänomen" bezeichnete.
- Von Siedeck [1955] wurde der vegetative Dreitakt als Stressreaktion beschrieben.

Somit wurde faktisch der gleiche Regulationsvorgang des vegetativen Systems, nämlich ein regelnder Einschwingvorgang, unter verschiedenen Aspekten von verschiedenen Forschern erkannt.

Nach Perger kann man im Zusammenhang mit chronischen Krankheitsverläufen drei Phasen unterscheiden *[Perger 1981, 1979, 1978]*.

I: Sympathische Schockphase mit Immunsuppression
II: Immunologisch reaktivierende Antischockphase (in Form des so genannten Krankheitsbildes)
III: Parasympathische Rekonvaleszensphase als Einschwingvorgang

Diese Phasen reflektieren sich sowohl morphologisch als auch funktionell.

Ein solcher typischer unspezifischer Reaktionsablauf endet gewöhnlich nach Beendigung des Einschwingvorgangs mit einer spontanen Selbstheilung und zeugt von einem intakten Abwehrsystem des Patienten.

Somit ist ein vegetativer Dreiphasenablauf ein Kriterium für den Gesundheitszustand des Menschen bzw. für den Abschluss eines Krankheitszustands oder für den Therapieeffekt. Diese Erkenntnisse fanden bisher in der medizinischen Diagnostik noch keine Beachtung.

Nachfolgend sollen drei verschiedene pathophysiologische Formen des Dreiphasenprinzips des vegetativen Grundsubstanz-Regulationssystems demonstriert werden *[Perger 1981, 1979, 1978]*.

6.7 Pathophysiologische Formen des unspezifischen vegetativen Dreiphasenumschaltprinzips

Perger [1981, 1978] sowie Perger und Pischinger [1990] untersuchten an mehr als 7.000 Patienten auf der Grundlage hämatologischer Längsschnittstudien den Verlauf der Elektrolyte Ca^{++} und K^+ in verschiedenen Stadien von chronischen Krankheitsverläufen.

Pathophysiologische Form A: Virusgrippe

Am Beispiel einer medikamentös unbehandelten (außer Bettruhe) Virusgrippe wurde an Zeitreihen des Serumkalziums und Serumkaliums die Phase I als Prodromalsyndrom in Form der „Schockphase" charakterisiert. Danach tritt die Gegenschockphase II in Erscheinung, der die Ausregulierung als Ausdruck einer Spontanheilung folgt (Phase III). Wir sehen hier einen typischen Einschwingvorgang eines Regelkreissystems, wie er von Hildebrandt [1998, 1992, 1990] und Derer [1960, 1956] in Zusammenhang mit den „reaktiven Perioden" am Beispiel des circaseptanen Rhythmus sowie von Plonsker [1939], Finkelstein [1936] beim „7-Tage-Fieber" beschrieben worden ist (siehe Kapitel 4).

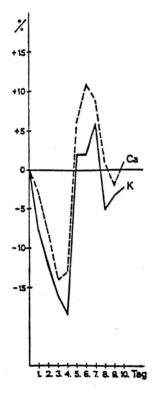

Abbildung 6-2:
Dreiphasenablauf von Serum-Kalzium und Serum-Kalium während einer medikamentös unbehandelten spontanheilenden Grippeinfektion als typischer Einschwingvorgang eines Regelsystems [nach Perger 1990]

Diese unspezifische Ausregulation nach Einwirkung einer Noxe bzw. sog. kanzerogenen Reizung soll sich nach Schober [1955, 1951/52] auch strukturell in der extrazellulären Matrix abspielen. Dabei werden nach Perger [1981, 1979, 1979] und Heine [1991] die sehr reizempfindlichen Fibroblasten regulatorisch beeinflusst. Der Fibrozyt als Regelzentrum der Grundsubstanz mit seinen Rückkopplungsmöglichkeiten zu allen zellulären und nervalen Komponenten trägt Sorge dafür, dass die Ausregelung erfolgt. Schober [1953, 1951/52] fand nach Benzpyrenpinselung der Mäusehaut eine akute Entzündung mit erhöhtem Zellenergieumsatz, aber erhaltener Basalmembran und folgender Spontanheilung. Die Nebenniere zeigt parallel dazu strukturelle Veränderungen als Zeichen erhöhter Aktivität.

Histoautoradiographisch fand Büchner [1964, 1962] in der Phase I nach Noxenreizeinwirkung eine gesteigerte Synthese von Proteinen und von RNS. Bei der DNS-Synthese wurde ein vermehrter Einbau von Tritium-Thymidin festgestellt.

Pathophysiologische Form B: Oligoarthritis

Am Beispiel eines unbehandelten Schubes der Oligoarthritis (Rezidivschub) zeigte Perger [1981, 1978] eine bis zu mehreren Wochen dauernde Schockphase, d. h. die gesetzmäßige Antischockphase blieb genauso aus, wie die spätere Ausregulierung in Form eines Einschwingvorgangs bei einer vollständigen Spontanheilung.

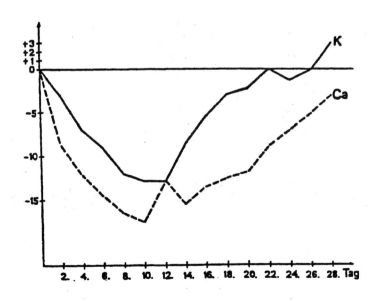

Abbildung 6-3: Verzögerte Gegenschockphase am Beispiel des Serumkalzium-Serumkalium-Verlaufs bei einem entzündlichen Schub seronegativer Oligoarthritis ohne medikamentöse Behandlung [Perger 1990]

Trotz Beschwerdefreiheit bleibt in der Grundsubstanz eine Sensibilisierung für nachfolgende Noxen erhalten.

Bauer [1963] konnte die gleiche Erscheinung bei einer rezidivierenden kanzerogenen Reizung beobachten. Während der verzögerten Schockphase fand Perger [1990a und b]
- eine Verlängerung der Eosinophilen Depression
- eine Verzögerung des Anstiegs der Gammaglobuline und
- ein Absinken der Reizschwelle (erhöhte Sensibilisierung) gegenüber Vaccinae.

In mesenchymalem Gewebe (extrazelluläre Matrix) wurden als Zeichen einer Abwehrreaktion Umstellungen im gesamten Metabolismus gefunden. An dieser Deformierung der Bindegewebestruktur waren auch hämo- und lymphopoetische Zellen beteiligt. Schober [1953, 1951/52] fand in der verzögerten Schockphase eine rezidivierende Entzündung mit hyperplasiogner Herausbildung von Fibroepitheliomen. Da Hyperplasie von Mesenchym (Grundsubstanz) und Epithel noch ausgeglichen waren und auch eine noch intakte Basalmembran nachzuweisen war, sah Schober die Möglichkeit einer Spontanheilung noch erhalten. Es musste aber konstatiert werden, dass die Nebennieren morphologisch bereits so starke Veränderungen zeigten, wie Selye [1953, 1936] sie im Erschöpfungsstadium des allgemeinen Adaptationssyndroms beobachtet hatte.

Büchner [1964, 1962] fand in der verzögerten Schockphase histoantroradiographisch einen gesteigerten Einbau von Tritium-Thymidin in die Zellkerne der Indifferenzzone mit Beschränkung auf den Bindegewebebereich.

Pathophysiologische Form C: Polyarthritis

Regulationsstörung in Form einer vegetativen Regulationsstarre am Beispiel einer progressiven chronischen Polyarthritis. Perger [1990] bezeichnete diese Phase als Lähmung der unspezifischen Abwehrleistung der extrazellulären Matrix. Es zeigt sich weder eine Schock- noch Antischockphase.

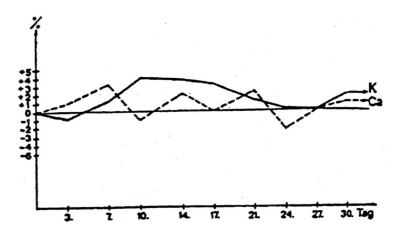

Abbildung 6-4: Regulationsstarre des vegetativen Systems mit funktioneller Lähmung der extrazellulären Matrix am Beispiel des Plasma Ca^{++}- und K$^+$-Verlaufs bei einer unbehandelten **chronischen progredienten Polyarthritis** [nach Perger 1990]

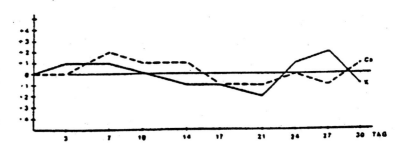

Abbildung 6-5: Regulationsstarre des vegetativen Systems und funktioneller Lähmung der extrazellulären Matrix am Beispiel des Ca^{++}- und K$^+$-Verlaufs (Zeitreihe) bei einem **Malingnom** [nach Perger 1990]

Es fehlt nach Perger die Energie zu einer Ausregulierung vollständig. Somit liegt eine vegetative Fehlregulation vor, die dem Selye'schen Erschöpfungssyndrom gleicht, die Perger [1990] bei allen rezidivierenden Entzündungen im Endzustand fand, z. B. bei einer Organtuberkulose, bei Multipler Sklerose, bei Autoaggression sowie bei jeder Krebserkrankung.

> Perger [1990a] konnte bei 25 % seiner Patienten, die eine vegetative Regulationsstarre auswiesen, ca. zwei Jahre später eine entwickelte Tumorerkrankung feststellen.

In der Phase der Regulationsstarre stellte Kellner [1977] während des Ablaufs einer extrazellulären Matrixreaktion ein Stagnieren der Makrophagen- und Lymphozytenphase fest. Dieses führte er auf mangelnde oder fehlende Produktion von unspezifisch humoralen Abwehrstoffen zurück. Solche Erscheinungen konnte er sowohl bei chronischen Erkrankungen als auch bei Tumorkranken feststellen.

Schober [1953, 1951/52] fand in der Phase der vegetativen Regulationsstarre
- Veränderungen in der Struktur und Permeabilität der Kapillarwandzellen
- Störungen des Substrattransports in die Grundsubstanz und
- teilweise nekrotische Gewebeerscheinungen.

Der völlige Verlust der spontanen Ausregulierung infolge der vegetativen Regulationsstarre führt nach Schober [1955, 1951/52] und Büchner [1964, 1962] zu einer DNS-Verdopplung und zum Durchbruch der „Basalmembran" durch nunmehr chronisch teilungspotente und zu Krebszellen transformierten Regenerationszellen „ohne Differenzierungspotenz" *[Schlitter 1995]*.

Von Büchner [1964, 1962] wurde daher
- das Krebswachstum als chronische Fehlregeneration
- der Tumor als Fehlregenerat
- der chronische unspezifisch erregte Stoffwechsel als eine chronische, unspezifische Störung des Gleichgewichts zwischen anoxibiotischen und glykolytischen Proliferationsstoffwechsel und oxydativer Zellatmung zugunsten der Glykolyse charakterisiert.

Die Nebennieren waren in diesem Stadium III nach Schober [1955, 1951/52] als „Zeichen einer Katabiose" nekrotisiert. Diese Erschöpfung des chromaffinen Systems der Nebennieren, die Fryda [1984] bei Tumorpatienten als Ausdruck von Adrenalinmangel beschrieb, hat Schlitter [1995, 1965] als eine „Allgemeinschädigung Krebskranker durch neurohumorale Dysregulation" postuliert.

Unter dem Aspekt der dreiphasischen unspezifischen pathophysiologischen Reaktion der extrazellulären Matrix kann man chronische Krankheiten als einen chronischen Dysstressprozess im Sinne von Selye [1953, 1936] auffassen. Das gleiche würde auch für die Entwicklung von Tumorkrankheiten gelten, wofür die bei chronischen und Tumorkranken analog nachweisbare vegetative Regulationsstarre spricht.

Von den drei dargestellten pathophysiologischen Formen der vegetativen Umschaltung bei verschiedenen chronischen Krankheiten kann folgende zeitliche Reaktionskette vom physiologischen bis zum pathophysiologischen Endzustand als Modell abgeleitet werden:

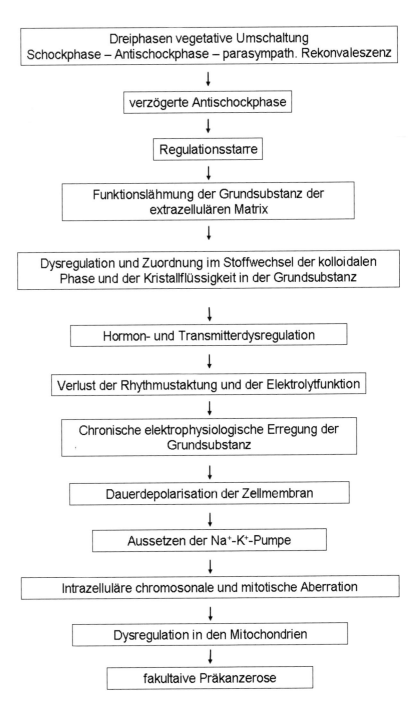

Abbildung 6-6: Modellschema zum Ablauf der Pathophysiologie bei chronischen Erkrankungen in der Beziehung Vegetativum – extrazelluläre Matrix.

Aus diesem Schema wird ersichtlich, dass aus therapeutischer Sicht
- generell der Mineralhaushalt der Grundsubstanz der extrazellulären Matrix in die Homöostase zurückgeführt werden muss
- die Dysregulation der extrazellulären Matrix verursachende Faktoren aus dem Körper ausgeleitet werden müssen, z. B. durch Ionenaustausch
- auf den verschiedenen Stufen der pathophysiologischen Regulation des Vegetativums unterschiedliche Therapieansätze notwendig sind, um die physiologischen Funktionen wieder herstellen zu können
- der Zustand der Regulationsstarre möglichst schnell zu beseitigen ist, um eine weitere Chronifizierung zu verhindern.

Die extrazelluläre Matrix bildet den geregelten Lebensraum der Zelle (inneres Milieu) so wie der geregelte Lebensraum des Menschen seine Umwelt (äußeres Milieu) darstellt. Zelle und ganzheitlicher Organismus sind als offene Regulationssysteme zu betrachten, die ohne ihre Lebensräume nicht existieren können.

Aber die Verschmutzung des äußeren Milieus kann auch zur Verschmutzung des inneren Milieus führen. Das ist für den ganzheitlichen Organismus genau so existenzbedrohlich wie für die Zellen.

Die Zellfunktion ist immer im Zusammenhang mit der Funktion der Grundsubstanz der extrazellulären Matrix zu betrachten.

7 Regulation und Rhythmus – elementare Funktionen des Lebens?

7.1 Was versteht man unter Regulation?

Die Regulation (Regelung) wird von regula (lat.) abgeleitet und bedeutet soviel wie Norm, Normeinhaltung, Richtmaß, Richtschnur. Im biologisch-medizinischen Bereich wird die Regulation als ein universelles Grundprinzip aller Lebensfunktionen aufgefasst, welches die Gesunderhaltung eines Individuums und die Adaption an seine Umwelt gewährleistet.

Die Regulation wird durch Wirkkreise = Regelkreise gewährleitstet, welche immer rückgekoppelt sind, d. h. dass dieser Regelkreis bei Veränderung der Zielfunktion eines Organismus sich neu einzustellen vermag und diese Neueinstellung innerhalb der Hierarchie der Regulationsebenen auch signalisiert.

Der biologische, insbesondere menschliche Organismus verfügt über eine unzählige Menge von vermaschten Regelkreisen, die ineinander und miteinander abgestimmt zusammenspielen und mit unterschiedlichen Geschwindigkeiten ablaufen. In den Prozessen in der zellulären Matrix und in der Zelle sind metabolische Regulation-Regelkreis-Zyklen mit Geschwindigkeiten von ca. einer Milliardstel Sekunde bis 100 Sekunden möglich. (Siehe auch Kapitel 8, Bioregulatoren.)

7.2 Was ist Autoregulation?

Autoregulation, Selbstregulation = Eigenschaft der Natur einschließlich aller lebenden, mit selbstorganisatorischen Fähigkeiten ausgestatteten Organismen. Sie dient der Aufrechterhaltung der Homöostase, z. B. des Kreislaufsystems, der Gehirndurchblutung, der Herzleistung des Stoffwechsels. Autoregulation liegt dem Selbstheilungsprozess zugrunde. Mineralien und Spurenelemente sind wichtige Energiestoffe für die Autoregulation (Selbstregulation). (Siehe auch Kapitel 3, 4 und 9)

7.3 Was verstehen wir unter Homöostase?

Dieser Begriff wurde von dem amerikanischen Physiologen Walter Bradford Cannon (1871-1945) geprägt: Kennzeichnung der Eigenschaft lebender Organismen bzw. organismischer Regelsysteme, bestimmte physiologische Parameter konstant bzw. in Grenzen zu halten („relative Konstanz" des inneren Milieus, z. B. Blut-pH, Blutdruck, Blutglukosekonzentration, Körpertemperatur, Mineralien und Spurenelemente). Gewöhnlich oszillieren diese Prozesse um ein relativ konstantes Niveau.

Aus diesem Grund sind die Begriffe Homöokinese oder Homöodynamik eigentlich zutreffender.

7.4 Biologische Rhythmen

Die relativ stabile Struktur und Form des Menschen wird durch unzählige, sich immer wieder erneuernde, vernetzte Regelkreise aufrechterhalten. Die räumliche Gestalt des Menschen ist zeitlich-funktionell aus den verschiedensten komplexen dynamischen und flexiblen Regelkreisläufen system, die Körperbewegung und der Stoffwechsel. Die gesamten funktionellen Prozesse des Menschen verlaufen schwingend, also periodisch. Diese periodischen Funktionen, die im gesamten Organismus zu finden sind, werden als biologische Rhythmen bezeichnet. Es wurden bisher biologische Rhythmen mit Periodenlängen von 10^{-12} bis 10^8 Sekunden nachgewiesen.

7.5 Chronobiologie

Die Chronobiologie ist die Lehre von den zeitlichen, d. h. periodischen Abläufen der verschiedensten Körperfunktionen. Von der Chronobiologie wurden Subdisziplinen, wie Chronomedizin, Chronopsychophysiologie, Chronopharmakologie, Chronotherapie, Chronodiagnostik, Chronoprävention u. a. abgeleitet, womit Anwendungsbereiche der Chronobiologie beschrieben werden. Auch psychische Prozesse wie z. B. Konzentrationsfähigkeit, Gedächtnis und Denken *[Diedrich et al. 1989a, Sinz 1980]* laufen periodisch ab.

Zur Beschreibung der Periodenlängen der verschiedenen Körperfunktionen wurde von Halberg *[Halberg 1965, Aschoff et al. 1965]* eine circametrische Nomenklatur aufgestellt.

Tabelle 7-1:
Circametrische Nomenklatur
[nach Halberg und Aschoff]

Ultradian	1	bis	20	Stunden
Circadian	20	bis	28	Stunden
Infradian	1,66	bis	5	Tage
Circaseptan	6	bis	6	Tage
Circavigniton	17	bis	23	Tage
Circatrigniton			30	Tage
Circaanual			1	Jahr

7.6 Andere Klassifizierungen der biologischen Rhythmen

Da früher die Periodenlängen unter einer Stunde nicht berücksichtigt worden sind, wurde von anderen eine Einteilung in
- Mikrorhythmen (< 1 h) und
- Makrorhythmen (> 1 h) Periodenlänge vorgenommen.

Manche Chronobiologen vernachlässigen unverständlicher Weise die Mikrorhythmen. Des Weiteren wird auch noch in exogene und endogene Rhythmen unterschieden.

Exo-Rhythmen = Rhythmische Abläufe von Lebensprozessen, welche vor allem durch Schwingungen geophysikalischer Einflüsse ausgelöst werden (Veränderungen der Belichtungsverhältnisse während der Erdrotation, lunare und solare Wirkungen).

Exo-Endo-Rhythmen = Endogene rhythmische Funktionen, die in der Evolution eingraviert worden sind und die mittels eines exogenen Zeitgebers synchronisiert werden bzw. werden müssen, z. B. circadiane, circalunare, circaannuale, circatidale Rhythmen (Gezeitenrhythmen). Derartige Rhythmen haben eine hohe Anpassungsfähigkeit. Durch die Möglichkeit sich auf zu erwartende Umweltveränderungen einstellen zu können, erhöht sich die Autonomie dieser Rhythmen, aber auch ihre Störanfälligkeit, wenn das Zeitgeberprinzip stark verändert oder sogar destruktiv wirkt.

Endo-Rhythmen = Eigenrhythmen eines Organismus, die von Zeitgebern unabhängig sind und die einen hohen Grad an Autonomie besitzen. Sie sind vor allem im kurzwelligen Bereich zu finden und durch starke Frequenzvariabilität und –modulität gekennzeichnet. Endo-Rhythmen eignen sich für Zustandsbestimmungen und sind nützlich für die Diagnostik, z. B. in der Schlafpolygraphie anhand der EEG-Wellen.

7.7 Chronomik und Chronom

Halberg et al. [2003] führten jüngstens die Begriffe Chronom und Chronomik ein. *„Das zeitliche Schwingungs- und Schwankungsmuster einer Variablen in der Biosphäre wie auch in der physikalischen Umwelt"* wird von Halberg et al. [2003] als Chronom bezeichnet. Die Chronomik (abgeleitet von chronos = Zeit und nomos = Regel) ist nach Halberg et al. [2003] eine quantitative Beschreibung, eine Kartographie von den objektiv fassbaren Zeitgestalten, den Chronomen. Sie vertreten des Weiteren die Auffassung, dass „Wechselwirkungen von rhythmischer und chaotischer Dynamik um uns und in uns" durch Chronome messbar gemacht werden. Sie vergleichen und stellen die Chronomik, die Kartographie von Chronomen, als das Gegenstück zur Genomik dar, die die Kartographie der Erbträger, der Gene ist.

7.8 Makro- und Mikrokosmos bestehen aus Regelkreisen

Nicht nur biologische Systeme verlaufen als schwingende Regelkreise, sondern auch der gesamte Makro- und Mikrokosmos bewegt sich in dieser Form. Es gilt heute als bewiesen, dass die Kosmospähre, die Biosphäre und die Geosphäre Regelkreischarakter haben und ihre Prozesse rhythmisch ablaufen *[Rhythmus und Naturwissenschaften, 2004]*.

Der deutsche Astronom Johannes Kepler postulierte im „Mysterium Cosmographicum" (1596).

„Gott habe Körper den Kreisen und Kreise den Körpern so lange eingeschrieben, bis kein Körper mehr da war, der nicht innerhalb und außerhalb mit beweglichen Kreisen ausgestattet war."

Diese Erkenntnis von Kepler vor über 400 Jahren, die besagt, dass alle Natur aus Regelkreisen besteht, ist genial, real und aktueller als jemals zuvor.

Es gilt heute als bewiesen, dass alle in der Natur vorkommenden Systeme mit relativ stabilen Strukturen und Formen sich durch Netze von Regelkreisen mit Rückkopplungs-, Informations- und Energiemechanismen auszeichnen, wodurch ihre Selbstregulation gewährleistet wird.

Einige Beispiele sollen den Regelkreischarakter der Natur belegen:
Als Beispiel für makrokosmische Regelkreise zeigen wir das Schema des Planetoidgürtels zwischen Mars und Jupiter.

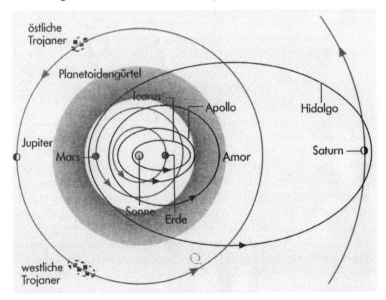

Abbildung 7-1: Planetoidgürtel zwischen Mars und Jupiter [„Der Brockhaus" 1997]

7. Regulation und Rhythmus - elementare Funktionen des Lebens?

Als Beispiele für mikrokosmische Regelkreise werden erstens das Bohr'sche Atommodell des Wasserstoffatoms (links im Bild)
p = Proton; e = Elektron; n1 = die Quantenbahn des Grundzustands
n2, n3 = die Quantenbahnen der angeregelten Zustände

und zweitens das vereinfachte Schalenmodell des Sauerstoffs dargestellt.

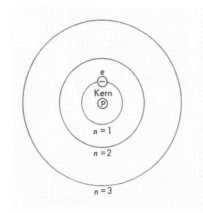

H   Wasserstoffatom   O   Sauerstoffatom

Abbildung 7-2:
Schema des Schalenmodells des Wasserstoffatoms und des Sauerstoffatoms [„Der Brockhaus" 1997]

Ein Sauerstoffatom und zwei Wasserstoffatome bilden bekanntlich das Wassermolekül.

Man kann sich auf der Basis der Tetrahydrolstruktur des Wassermoleküls die vernetzten Regelkreise der Ozeane unseres Planeten vorstellen oder den menschlichen Körper, der zu 60-75 % aus Wasser in Form von kolloidalen Körperflüssigkeiten (Plasma, Lymphe, Galle, Tränen, Magensaft usw.) besteht.

Dieses Beispiel zeigt, wie durch Regelkreise und Schwingungen der Energieaustausch von Systemen erfolgt; so auch in biologischen Systemen.

Als Beispiel für biologische Regelkreise demonstrieren wir Ihnen den Zellteilungszyklus.

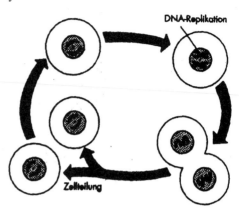

Abbildung 7-3:
Zellteilungszyklus (vereinfachtes Schema)

7.9 Regelkreise schwingen

Eine wichtige Eigenschaft eines Regelkreises ist sein Zeitverhalten, welches sich als Schwingung, d. h. als Periode ausdrückt und damit messbar wird.

Die Schwingungseigenschaften der Regelkreise lassen Rückschlüsse auf Stabilität und/oder Instabilität eines Systems zu.

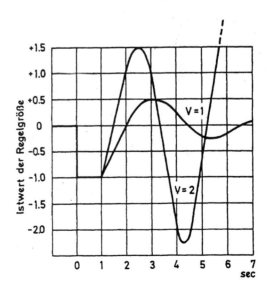

Abbildung 7-4:
Beispiel von Regelkreisschwingungen [nach Rensing 1973]

In den lebenden Prozessen laufen die Schwingungen etwa in der Weise ab, wie das an der rhythmischen Aktivität eines Neuron-Herzmuskelzelle-Modells einer Zellkultur demonstriert wird. Die Stimulierung des cholinergischen Neurons bewirkt die Freisetzung von Acetylcholin, wodurch eine kurzzeitige Blockade der periodischen Herzmuskelaktivität ausgelöst wird. Die Stimulierung des adrenergen Neurons setzt Noradrenalin frei. Infolge dessen wird die Herzmuskelaktivität bescheunigt, d. h. es wird eine Frequenzerhöhung bewirkt. Da die Periodenvariabilität des ganzen Menschen, d. h. in allen Zellen, koordiniert abläuft, wenn äußere und innere Stimuli einwirken, so kann man sich die Flexibilität dieser Regulation eines Individuums im Adaptationsprozess vorstellen.

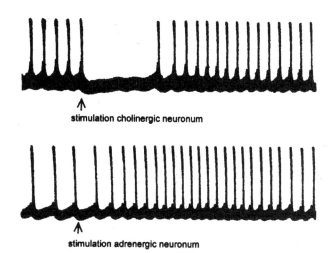

Abbildung 7-5:
Stimulierung des cholinergischen und des adrenergen Neurons

Die relativ stabile Struktur und Form des Menschen wird durch unzählige, sich immer wieder erneuernde, vernetzte Regelkreise aufrechterhalten. Die räumliche Gestalt des Menschen ist zeitlich-funktionell aus den verschiedensten komplexen dynamischen und flexiblen Regelkreisläufen zusammengefügt. Z. B. Herzkreislauf, Neuronennetze des Gehirns, Hormon- und Fortpflanzungssystem, die Körperbewegung und der Stoffwechsel. Die gesamten funktionellen Prozesse des Menschen verlaufen schwingend, also periodisch.

> Der partielle Ausfall eines des schwingenden, vernetzten Regelkreissystems Mensch bedeutet nachprüfbar Energie-, Informations-, Gesundheits- und Langlebigkeitsverlust. Der totale Ausfall der Schwingungen, z. B. der EEG-Wellen ist das Kriterium für den Tod. Der klinische Tod eines Menschen wird bekanntlich durch den Verlust der EEG-Wellen bestimmt.

7.10 Zelluläre und subzelluläre Rhythmik und Informationsübertragung

Die Regulation biologischer Systeme vollzieht sich auf der Grundlage von Regelkreisen zyklisch (Synonyme: rhythmisch, periodisch, schwingend, wellenartig).

Je höher ein biologisches System entwickelt ist, desto mehr vermaschte Regelkreise besitzt es. Der Mammaliaorganismus, einschließlich der menschliche, verfügt über ein Frequenzspektrum von $10^{-12} - 10^{-8}$ Sekunden, die auf allen Regulationsebenen, subzellularer bis organismischer, nachzuweisen sind.

Auf subzellulärer, zellulärer und extrazellulärer Regulationsebene sind rhythmische Prozesse der Membranpermeabilität für verschiedene Ionen des Membranpotentials in Abhängigkeit vom Depolarisationsausmaß, des osmotischen und onkotischen Drucks, der ATP-ADP-Aktivität in den Mitochondrien, der Stoffwechselvorgänge, z. B. im Citratzyklus, Harnsäurezyklus usw., nachzuweisen.

Besondere Bedeutung kommt den Potentialänderungen und deren Weiterleitungen an den Membranen von Sinnes-, Nerven- und Muskelzellen, die als Grundelemente erregbarer Systeme funktionieren, zu. Die Zellen der erregbaren Systeme können selbsterregte Rhythmen (Eigenrhythmen) erzeugen. Deren Parameter sind durch Licht, Temperatur, Bioelektrizität, ionales Milieu, pH-Wert, elektromagnetische Felder sowie durch endogene und exogene Wirkstoffe zu beeinflussen.

Je nach Eigenschaften der Zelle und des Zellrhythmus kann mehr oder minder rasch die Adaption an veränderte Bedingungen erfolgen *[Rensing 1973]*.

Die rhythmischen Funktionseigenschaften erregbarer Systeme dienen der Übermittlung von Informationen. Das Zusammenwirken der Rhythmen mehrerer Zellen erregbarer Systeme vermag z. B. die räumliche Position eines Stimulus auf den Rezeptor zu reflektieren. Die Kodierung einer Information geschieht mit Veränderungen der Rhythmuseigenschaften Frequenz, Intervalldauer oder Phasenbeziehung zwischen mehreren Rhythmen erregbarer Systeme. Interaktionen von Zellen erregbarer Systeme können z. B. durch Amplitudenmodulation der resultierenden Rhythmen, z. B. die des EEGs, sowie durch gegenseitige oder einseitige Mitzieheffekte der Frequenz (Kopplung, Synchronisation) erfolgen. Hierbei spielen bioelektrische und biochemische Mechanismen eine Rolle *[Rensing 1973]*.

Die Synchronisation zwischen zwei Rhythmen unterschiedlicher Eigenfrequenzen kann vollständig (absolute Koordination) oder unvollständig (relative Koordination) sein *[von Holst 1939]*.

Durch die Kopplung zwischen elektrischem Potential, Proteinkonformation und Ionenpermeabilität sind biologische Membranen, wie die der Zellen, der Mitochondrien und des Zellkerns, grundsätzlich als schwingungsfähige Systeme zu charakterisieren *[Lehninger 1970]*.

7.11 EEG-Wellen

Die Vielfältigkeit der periodischen Funktionsformen in Frequenz und Amplitude soll an dem Alpha- und Beta-Wellenband des EEG verdeutlicht werden. Die Ausschnitte aus einer EEG-Registrierung von vier verschiedenen gesunden Versuchspersonen (von oben nach unten) legen dies eindeutig dar. Alpha-Wellen haben Frequenzen von 8-13 Hz, Beta-Wellen haben mehr als 13 Hz, Theta-Wellen von 4-8 Hz und Delta-Wellen unter 4 Hz.

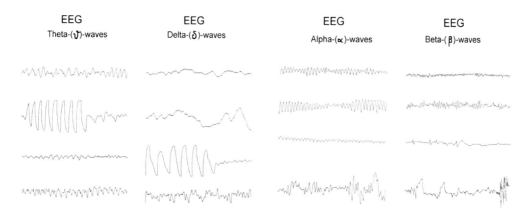

Abbildung 7-6: EEG-Wellen

Beta-Wellen charakterisieren gesteigerte Aufmerksamkeit, Stress, Erregung. Alpha-Wellen reflektieren relaxierte Wachzustände. Theta-Wellen widerspiegeln Übergangszustände von Wach zu Schlaf, z. B. Meditation, Hypnose. Delta-Wellen sind charakteristisch für den Tiefschlaf. Das gilt für Gesunde.

7.12 Pathologische Prozesse äußern sich immer in einem gestörten Rhythmus oder in veränderten Wellenstrukturen

In der Medizin wurde der Begriff Dysrhythmie eingeführt. Beispiele von einfachen Dysrhythmien werden auf dieser Abbildung am Beispiel eines tachykardialen Anfalls (Herzanfall) im EKG und an einem epileptischen Anfall im EEG angeführt. Der Begriff Dyszyklizität oder Dysrhythmie würde nach unserem Erachten „pathophysiologische" Prozesse besser charakterisieren und beschreiben als der Begriff Krankheit.

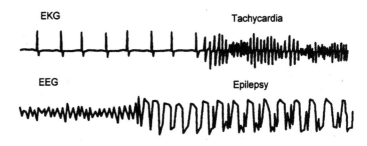

Abbildung 7-7:
Tachykardie und Epilepsie
[modifiziert nach Coveney und Highfield 1994]

7.13 Minutenrhythmen kurzwellige ultradiane Rhythmen

Vom heutigen Erkenntnisstand kann davon ausgegangen werden, dass die Regulation metabolischer und epigenetischer Prozesse, einschließlich der Proteinsynthese, im Minutenrhythmus ablaufen *[Rensing 1973, Sinz und Isenberg 1972]*.

Die Periodizitäten im Minutenbereich werden vorwiegend zentralnerval gesteuert. Als Minutenrhythmen werden solche bezeichnet, die Periodenlängen von 0,5 bis 60 Minuten ausweisen. Größtenteils sind es aber Wellenlängen von 0,5 bis 30 Minuten. Der Grundrhythmus dieser Funktionen beträgt ca. zwei Minuten *[Hecht 2001; Coveney und Highfield 1999; Balzer und Hecht 1989a und b; Hecht et al. 1976; Golenhofen 1962]*. Gleichzeitig vermögen diese funktionellen Systeme Arbeitsrhythmen zu entwickeln, deren Periodenlänge in einfachen ganzzahligen Proportionen zum Zwei-Minuten-Grundrhythmus stehen. Minutenrhythmen werden zu den kurzen ultradianen Rhythmen gezählt.

Die außerordentliche Frequenzvariabilität, insbesondere der sprunghafte oder gleitende Übergang zu multiplikativen bzw. demultiplikativen Wellenlängen auf der Grundlage ganzzahliger Beziehungen dieses biorhythmischen Frequenzbereichs dürfte das Interesse der Forscher für den regulatorischen Aspekt geweckt haben *[Sinz et al. 1975, Hecht et al. 1972, Hecht, Peschel 1965, 1964]*, wodurch auch Zustandsbestimmungen verschiedener Funktionen analog zum EEG vorgenommen werden können *[Hecht 2001]*.

Phasenentgegengesetzte und phasengleiche Beziehungen von Minutenrhythmen zweier Funktionsprinzipien sind eine wichtige Eigenschaft der Selbstregulation. Auf diesem Prinzip beruht die „Energiewirtschaft" unseres Organismus, wobei das ATP eine wichtige Rolle spielt. Die Schwingungen des ATP hängen davon ab, wie viel Glukose und ADP in den Mitochondrien vorhanden ist. Wenn nur wenig ATP vorhanden ist, schaltet sich die Glykolyse ein und erzeugt das benötigte ATP, ist dagegen reichlich ATP vorhanden, wird die Glykolyse abgeschaltet [Bablo-Yantz 1986].

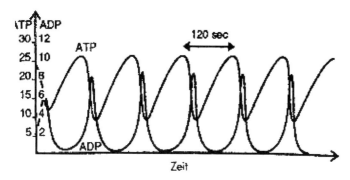

Abbildung 7-8:
Zwei-Minuten Rhythmus
[nach Coveney und Highfield 1994]

Diese Abbildung zeigt den Zweiminutenrhythmus der Konzentrationsänderungen von ATP und ADP *[nach Coveney und Highfield 1999]*. Die Durchblutung der Haut und der Muskulatur verlaufen ebenfalls mit phasenentgegengesetzten Zweiminutenschwingungen, d. h. die verstärkte Durchblutung eines Systems wechselt sich im Zweiminutenrhythmus mit der stärkeren Durchblutung des anderen Systems ab *[Golenhofen 1962]*. Hecht et al. *[1972; Hecht und Chananaschwili 1984]* beschreiben die Phasengleichheit der Minutenrhythmen verschiedener zentralnervaler Funktionen in ihrer Bedeutung für den Adaptationsprozess.

Auf der Basis des Minutenrhythmus wurde von Hecht *[Übersicht Hecht 2001]* eine chronopsychobiologische Regulationsdiagnostik entwickelt.

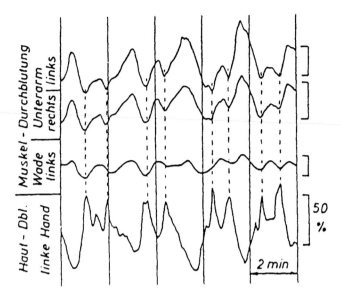

Abbildung 7-9:
Eigenrhythmische Schwankungen der Muskeldurchblutung und Hautdurchblutung mit Zwei-Minuten Periodendauer [nach Golenhofen 1962]

7.14 Langwellige ultradiane Rhythmen

Als langwellige ultradiane Rhythmen werden solche bezeichnet, die Periodenlängen von weniger als des Tagesrhythmus (24 Stunden) ausweisen. Gewöhnlich zeigen sie sich in einem demultiplikativen Verhältnis zum 24-Stunden-Rhythmus als 12-, 8-, 6-, 4-, 2- und 1-Stunden-Perioden. Es werden lang- und kurzwellige ultradiane Rhythmen unterschieden. Langwellige gehen bis zur Periodenlängen von einer Stunde, kurzwellige darunter. Nachfolgend werden die langwelligen beschrieben.

Diese Rhythmen unterliegen einer autonomen Frequenz- und Phasenordnung und synchronisieren das Stoffwechsel-, Transport- und Verteilungssystem sowie das Nervensystem.

Ultradiane Rhythmen sind in folgenden Funktionssystemen nachgewiesen:
- Seitigkeitswechsel der Nasenatmung im Tagesverlauf *[Jäger 1970]*
- Rhythmik selbst verlangter Mahlzeiten bei Säuglingen *[Morath 1974]*
- Veränderung der Schlafbereitschaft am Tage *[Zulley 1995a und b]*
- Tonus und Bewegung der glatten Muskulatur aller Hohlorgane, der Haut und der Schleimhäute *[Hildebrand et al. 1998]*
- Magen-Darm-Peristaltik
- Herz-Atemrhythmus *[Hildebrandt 1967]*
- Blutdruckrhythmus *[Golenhofen und Hildebrandt 1958]*

Ist die Synchronisation der Rhythmen gestört, dann werden die vom vegetativen System gesteuerten Kompensationsvorgänge (vegetative Gesamtumschaltungen) gehemmt und dann findet der rhythmische Wechsel zwischen ergotroper Leistungseinstellung und trophotroper Erholungseinstellung nicht mehr statt.

Die wichtigsten für die medizinische Praxis bedeutsamen ultradianen Rhythmen sind folgende.

7.15 REM-Schlaf-Zyklen des Schlafs

1953 entdeckten Aserinski und Kleitman bei schlafpolygraphischen Untersuchungen, dass während des Schlafs Phasen schneller Augenbewegungen auftraten [Aserinski, Kleitman 1953]. Sie nannten diese REM-Phasen (Rapid Eye Movement) = schnelle Augenbewegungen. Heute wird diese Schlafphase, die zyklisch 4- bis 6-mal in einer Schlafnacht auftreten kann, als REM-Schlafphase bezeichnet. Der Zeitraum von Beginn einer REM-Schlafphase bis zum Beginn der nächsten wird als REM-Zyklus definiert. Die REM-Zyklen werden bei ihrer Regelmäßigkeit als ein Maß der Schlafgüte und bei ihrem gestörten bzw. reduzierten Auftreten als Kriterium für Schlafstörungen bewertet.

Der zweite Anteil des Schlafs wird als NONREM-Schlaf (NREM) bezeichnet und auf grund von EEG-, EMG- und anderen Parametern in 4 NREM-Schlafphasen unterteilt:
I Übergangsstadium (Wach-Schlaf)
II Oberflächlicher Schlaf
III Mitteltiefer Schlaf
IV Tiefschlaf (Deltaschlaf)

Häufig werden Stadium III und IV als Delta-Rhythmus-Anteil des Schlafs zusammengefasst. Der REM-Schlaf ist ergotrop, der NONREM-Schlaf trophotrop eingestellt. Die Physiologie des Schlafs ist heute nur als chronobiologische Größe zu verstehen. Die Regelmäßigkeit der NREM-REM-Zyklen ist das wesentliche Kriterium zur Beurteilung der Schlafqualität. Die Schlafdauer spielt eine sekundäre Rolle. Sie muss jedoch ausreichend vorhanden sein. Das Schlafprofil wurde bisher in Schlaflaboren mittels Polysomnographie bestimmt.

Neuerdings gibt es den ambulanten automatischen Schalfanalysator QUISI, mit dem im gewohnten Schlafzimmer elektrophysiologische Schlafprofile wie im Schlaflabor, jedoch ohne Belastung und mit wenig Aufwand gemessen werden können. Ein solches Schlafprofil ist in Abbildung 7-10 dargestellt.

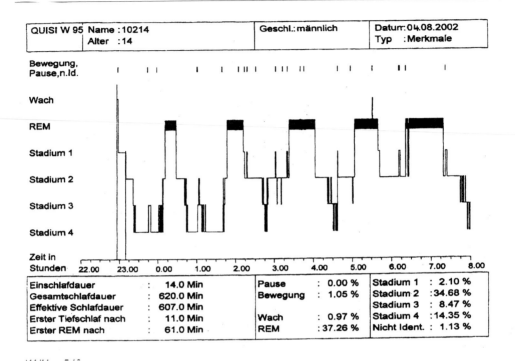

Abbildung 7-10:
Hypnogramm eines Gesunden registriert mit dem ambulanten automatischen Schlafanalysator QUISI

7.16 Basis-Ruhe-Aktivitätszyklus (BRAC) - Chronopsychotherapie

Nachdem Aserinski und Kleitman den REM-Schlaf und die REM-Zyklen entdeckt hatten *[Aserinski, Kleitman 1953]*, fand Kleitman 1970 das Tagesäquivalent dazu, das als Basis-Ruhe-Aktivitätszyklus (BRAC) bezeichnet wurde *[Kleitman 1970]*. Der BRAC ist ein Circa-Zwei-Stundenrhythmus, der im Mittel ca. 80-100 Minuten Aktivierung = ergotrophe Phase (Aktivität) und ca. 10-30 Minuten Deaktivierung = trophotrope Phase (Trance, Träumen, Müdigkeit) zum Inhalt hat. Während der Aktivierungsphase sind die Funktionen der linken Hirnhemisphäre, während der Deaktivierung die der rechten Hemisphäre dominant *[Rossi 1990a-d, Kandel 1989, Rossi 1987]*.

Der BRAC verfügt über eine flexible Zeitstruktur. Es bestehen ganzzahlige Frequenzbeziehungen zum circadianen Rhythmus. Zwischenzeitlich sind zahlreiche Arbeiten speziell zum BRAC erschienen. Erwähnenswert sind die Übersichtsarbeiten von Schulz und Lavie, Rossi, Mejan et al. und Lloyd und Rossi *[Rossi 1993, Lloyd und Rossi 1992, Mejan et al. 1988, Schulz und Lavie 1985]*.

Eine noch durch weitere Untersuchungen zu untermauernde Auffassung zur Deaktivierungsphase des BRAC besteht darin, dass in diesem Zeitabschnitt der Alltagstrance über Transmitter, Neuropeptide, Botenstoffe ein Informationsaustausch zwischen körperlichen und seelischen Prozessen erfolgen soll *[Rossi 1993, Rossi 1990, Iranmanesh et al. 1989, Kandel 1989]*. Nachfolgend wird eine Charakteristik beider Phasen des BRAC gegeben.

Die Aktivierungsphase des BRAC ist elektrophysiologisch durch den Betarhythmus charakterisiert. Im Zustand der Beta-Wellen-Aktivierung wird der körperliche Zustand für ein hohes Leistungsniveau angezeigt. Situationen, die hohe Wachsamkeit, Konzentration und Außenorientierung verlangen, werden in diesem Zustand bewältigt. Durch die Ausschüttung der körpereigenen Drogen Adrenalin, Noradrenalin, Dopamin und der männlichen Sexualhormone kann in der Aktivierungsphase auf der emotionalen Ebene gute Stimmung, Kraft und Stärkegefühl, Entscheidungsfreudigkeit, Kreativität, Energiegeladensein, Selbstbewusstsein und Kommunikationsfreudigkeit, Mut und Risikofreudigkeit erlebt werden *[Zehentbauer 1996]*. Die Aktivierungsphase dauert ca. 70-90 Minuten. Dann folgt die Deaktivierungs- bzwl. Regenerationsphase.

In dieser Phase bietet sich durch die verstärkte Hormonausschüttung von Melatonin, Endovalium, Morphinen und weiblichen Sexualhormonen während der Theta-Wellen-Aktivität die Möglichkeit, für 20 Minuten, trotz hoher Leistungsanforderungen und hoher Arbeitskomplexität, in ein entsprechendes körperlich-seelisches Gleichgewicht zu gelangen. In dieser Phase hat der Mensch die Chance, sich psychisch-körperlich zu regenerieren, sich linkshemisphärisch zu erholen und rechtshemisphärische Prozesse für den Aufbau der Persönlichkeitsstruktur und Konfliktlösungen zu nutzen.

Die Theta-Wellen-Aktivität (4-8 Hertz) charakterisiert den Zustand der Deaktivierungsphase. Dieser Zustand wird als Alltagstrance bezeichnet Die Alltagstrance wurde 1850 von dem französischen Neurologen Jean Martin Charcot erstmals beschrieben. Sein Schüler Pierre Janet stellte bereits das periodische Auftreten „der geistigen Energie" fest und nannte diese Fluktuationen „abaissement du niveau mental" (Absinken der geistigen Energie). Janet ging davon aus, dass man über den Tag verteilte Pausen genauso benötigt, wie man im Laufe des Monats Ruhetage einlegt und einen Jahresurlaub.

Ein Fehlen dieser Deaktivierungsphase führt zu ultradianem Stress. Die Charakteristik des BRAC, der einen sehr wichtigen, natürlichen biologischen Rhythmus darstellt und für Erholung und Antistressmaßnahmen von außerordentlicher Bedeutung ist, wird für eine neue effektive Chronopsychotherapie genutzt *[Janofske et al. 2001, 2000, Rossi 1993]*.

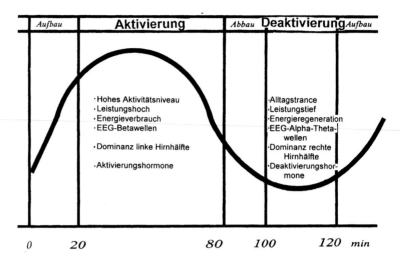

Abbildung 7-11: Schematische Darstellung des Basis-Ruhe-Aktivitäts-Cyklus (BRAC) mit wichtigen Charakteristika seiner beiden Phasen am Beispiel der Leistung und Befindlichkeit (Kleitman 1970, modifiziert durch Hecht 2001)

7.17 Circadiane Rhythmen

In seinem Buch „Makrobiotik oder die Kunst das Leben zu verlängern" [Hufeland 1817] beschrieb Christoph Wilhelm Hufeland (1762-1838) die 24-Stundenrhythmik von Körperfunktion und die medizinische Bedeutung der jeweiligen Phasenlage dieses Zyklus wie folgt: *„Die 24-stündige Periode, welche durch die regelmäßige Umdrehung unseres Erdkörpers auch allen seinen Bewohnern mitgeteilt wird, zeichnet sich besonders in der physischen Dekonomie des Menschen aus. ... und alle anderen so wunderbar pünktlichen Termine in unserer physischen Geschichte werden im Grunde durch die einzelne 24-stündige Periode bestimmt. ... Nun bemerken wir, je mehr sich diese Periode mit dem Schluss des Tages ihrem Ende nähert, desto mehr beschleunigt sich der Pulsschlag und es entsteht ein wirklich fieberhafter Zustand, das so genannte Abendfieber, welches jeder Mensch hat."*

Mit dieser genialen Beobachtung erkannte Hufeland bereits den Phasengang der verschiedensten Körperfunktionen, die morgens andere Zustände präsentieren als abends. Er nimmt die Morgentemperatur nach dem erholsamen Schlaf am Morgen als Referenzwert und stellt ihr folglich eine Erhöhung der Körpertemperatur am Abend als Abendfieber gegenüber. Dies ist aus unserer heutigen Sichtweise eine plausible Interpretation. Diese Erkenntnis war auch Anlass, das Pulsen und das Temperaturmessen morgens und abends in den Kliniken einzuführen, um die Morgen-Abend-Funktions- und Zustandsänderungen in die medizinische Diagnostik einzubeziehen.

7.18 Charakteristik des circadianen Rhythmus

Der circadiane Rhythmus spielt im Leben eines Menschen eine dominierende Rolle und wird daher als die Grundlage der inneren Uhr bezeichnet.

Die circadianen Rhythmen, die eigentlich in allen Körperfunktionen von der molekularen Regulationsebene bis zur ganzheitlichen Regulation vorkommen, stehen in Verbindung mit der Erdumdrehung von 24 Stunden. Früher gab es andere Bedingungen!

Das konnte J. Aschoff *[Aschoff 1973, 1971a und b, 1966, 1963]* in seinen Bunkeruntersuchungen in Andechs bei München zeigen. Sobald sich die Menschen im Bunker ohne Zeitbeziehung, d. h. ohne Sonnenlicht, ohne Uhr, ohne irgendwelche Taktgeber von außen befanden, konnte mit objektiven Messungen, z. B. der Körpertemperatur, und auch subjektiv (Protokollierungen) ein 25-Stundenrhythmus nachgewiesen werden. Wenn diese Menschen wieder den natürlichen Bedingungen außerhalb des Bunkers ausgesetzt waren, stellte sich wieder ein 24-Stundenrhythmus ein. Dieses Phänomen wurde zwischenzeitlich an ca. 1.000 Menschen nachgewiesen *[Zulley, Knab 2000]*.

Es wird dazu folgendes Erklärungsmodell gegeben. Vor ca. 350 Millionen Jahren, als das Leben auf der Erde entstand, hatte das Jahr 400 Tage und der Tag 25 Stunden. In dieser Zeit wurde der Rhythmus der Erdumdrehung in die Funktion des entstehenden Lebens „eingraviert", also eingeprägt. Seit dieser Zeit hat sich die Erdumdrehung und somit das Jahr und der Tag zeitlich verändert, d. h. verkürzt. Deshalb tragen wir in uns noch das Engramm des 25-Stundenrhythmus, der immerzu auf den 24-Stundenrhythmus der heutigen Erdumdrehung neu justiert werden muss. Dies geschieht durch die Zeitgeber
- Sonnenlicht bzw. Hell-Dunkel-Wechsel
- Uhrzeit
- soziale rhythmische Tagesabläufe.

Diese Zeitgeber-Justierungsfunktion ist ein Vorteil für alle Lebewesen, ein Geschenk der Natur, weil wir flexibler in der Adaptation an Veränderungen der Umwelt geworden sind.

Der circadiane (24-Stunden) Rhythmus ist immer an die Ortszeit gebunden, in welcher der Mensch sein Leben verbringt.

Bei der endogenen Regulation der circadianen Rhythmik sind steuernd zentral- und peripher-nervöse, endokrine, humorale und immunologische Funktionen beteiligt. Die endogenen circadianen Rhythmen werden vor allem durch den Parasympathikus-Sympathikus in Konvergenz mit den endokrinen Funktionen geregelt. Chronischer Stress, der permanent das sympathische Nervensystem stimuliert und den Kortisolspiegel im Blut erhöht, führt zu Deformation der circadianen Rhythmik,

z. B. durch Phasenverschiebung oder Periodenverkürzung *[Waterhouse et al. 1992]*. Viele circadiane Rhythmen sind sehr stabil, vor allem die der Körpertemperatur.

Die circadianen Rhythmen verschiedener Körperfunktionen sind untereinander entweder phasengleich oder phasenverschoben oder phasenkonträr gekoppelt, um die Regulation zum Zwecke der Adaptation zu entsprechenden Zeiten und für entsprechende Aktivitäten zu gewährleisten.

Viele Funktionen des menschlichen Organismus haben eine ähnliche Phasenlage des 24-Stundenrhythmus, der mit einem Anstieg am Morgen beginnt, gewöhnlich ein zweistufiges Gipfelniveau hat (Vormittags- und Nachmittagsplateau) und dann wieder abfällt, um am Abend und in der Nacht ein kontroverses Plateau zum Tage hin einzunehmen.

7.19 Circadiane Rhythmen mit ähnlicher Phasenlage

Einige Parameter an Körperfunktionen, die dieser Phasenlage Folge leisten, werden nachfolgend als Beispiel angeführt:

- Hormone *[Haus et al. 1998, Halberg 1960, 1959]*
- Testosteron *[Nieschlag 1974]*
- Pulsfrequenz *[Vauti et al. 1985]*
- Blutdruckamplitude *[Vauti et al. 1985, Weckmann 1973]*
- systolischer Blutdruck *[Halberg et al. 2002, Vauti et al. 1985]*
- diastolischer Blutdruck *[Halberg et al. 2002, Vauti et al. 1985]*
- Atemfrequenz *[Buck 1984]*
- Vitalkapazität *[Knoerchen 1974]*
- Gallenblasenvolumen *[Gutenbrunner und Hildebrandt 1994]*
- elektrische Hautleitfähigkeit *[Atwood et al. 1991]*
- Aktivierung *[Wever und Persinger 1974]*
- Vigilanz *[Jovanovič 1978]*
- Aldosteron *[Ehlenz et al. 1993]*
- Kortisol und Wachstumshormon *[Born und Fehm 2000]*
- Glukose *[Halberg, Watanabe 1992]*
- Insulin und Glukosetoleranz *[Jarrett 1974]*

Maschke et al. [1996] und Hecht [1999] unterteilten den circadianen Verlauf unter dem Aspekt der Aktivierung und Lärmsensibilität in sieben verschiedene Zeitbereiche.

7. Regulation und Rhythmus - elementare Funktionen des Lebens?

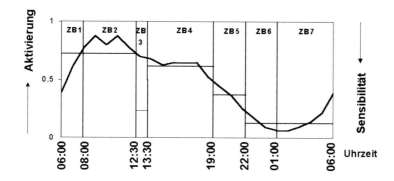

Abbildung 7-12:
Tagesrhythmischer Verlauf der Aktivierung und Lärmsensibilität mit Unterteilung in Zeitbereiche (schematisch) [nach Hecht et al. 1999 bzw. Maschke und Hecht 1996]

Zeitbereich 1:	ansteigende Aktivierung
Zeitbereich 2:	hohes Aktivierungs- bzw. niedriges Sensibilitätsniveau
Zeitbereich 3:	Ruhe, natürliche Mittagsschlafzeit (Siesta)
Zeitbereich 4:	hohes Aktivierungs- bzw. niedriges Sensibilitätsniveau
Zeitbereich 5:	labile Phase mit herabgesetztem Aktivierungsniveau
Zeitbereich 6:	Schlaf; Einschlafzeit; Dominanz des Non-REM-Schlafs, d. h. physische Erholung
Zeitbereich 7:	Schlaf; Dominanz des REM-Schlafs, d. h. geistig-emotionelle Erholung

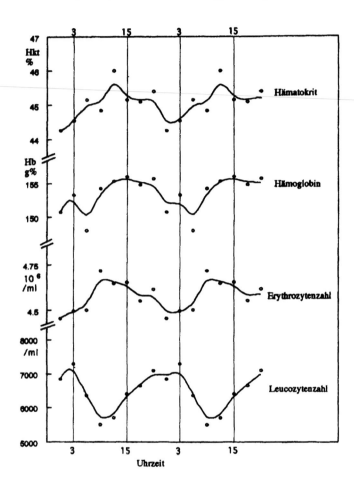

Abbildung 7-13:
Tagesgang einzelner Parameter des Blutbilds

Davon lassen sich bestimmte Empfindlichkeitstageszeitpunkte für Einwirkungen (Pharmaka, Toxine, Therapien), pathologische Erscheinungen usw. nachweisen.

Während eines 24-Stundenrhythmus verändert sich die Empfindlichkeit gegen bestimmte Einwirkungen bzw. Reaktivität von Stunde zu Stunde, weil die circadiane Rhythmik in ihrem Verlauf zu jeder Zeit einen neuen psychophysiologischen Zustand hervorbringt. Auf dieser Grundlage existieren so genannte Empfindlichkeitstageszeitpunkte bzw. Tagesmaxima und -minima. Darunter werden Zeitpunkte erhöhter und herabgesetzter Reaktivität oder Empfindlichkeit gegenüber exogenen und endogenen Einflüssen verstanden *[Haus 1964, Halberg 1962, 1960]*.

Die Empfindlichkeit bezieht sich auf Wahrnehmungen (z. B. Schmerz), auf Leistungen, auf Wirkungen, Medikamente, toxische Stoffe, physikalische Faktoren (Strahlen, Elektromagnetismus, Geräusche). Beispielsweise zeigen die Reaktionszeiten auf akustische Reize einen circadianen Verlauf. Die längsten Reaktionszeiten liegen zwischen 23:00 bis 09:00 Uhr, die kürzesten zwischen 09:00 bis 22:00 Uhr vor. Nachfolgend werden diesbezüglich Beispiele angeführt.

Tabelle 7-2:
Tagesmaxima und Tagesminima von Harn- und Blutwerten (Mittelwerte) [nach Hildebrandt et al. 1998]

Parameter	Maximum	Minimum
Harnmenge	16:00 Uhr	02-04 00 Uhr
Harn-pH	12-14:00 Uhr	02-04:00 Uhr
Kalziumkonzentration	04:00 Uhr 11:00 Uhr	16:00 Uhr
Harnsäurekonzentration	02:00 Uhr	12:00 Uhr
Phosphatkonzentration	02-04:00 Uhr	12-14:00 Uhr
Leukozytenzahl	23-03:00 Uhr	11-13:00 Uhr
Erythrozytenzahl	11-15:00 Uhr	01-05:00 Uhr
Hämoglobin	13-17:00 Uhr	06:00 Uhr

Tabelle 7-3:
Tagesmaxima und Tagesminima von pathophysiologischen Prozessen (Mittelwerte) (Auswahl aus der einschlägigen Literatur)

Pathosphysiologischer Prozess	Maximum	Minimum
Häufigkeit von Todesfällen	02-05:00 Uhr	20-24:00 Uhr
Zahnschmerzen kariesbedingt	03-06:00 Uhr	15-17:00 Uhr
Herzkreislauflabilität	03-05:00 Uhr	23-24:00 Uhr
Tachykardieanfälle	06-10:00 Uhr	
Herzinfarkt	06-10:00 Uhr	
Stressempfindlichkeit Herz-Kreislaufsystem	06-10:00 Uhr	
Stressempfindlichkeit des Magens	12-14:00 Uhr	
Allergieempfindlichkeit	21-22:00 Uhr	
Asthmaanfälle	00-02:00 Uhr	

Tabelle 7-4:
Tagesmaxima und Tagesminima der Wirkung von Pharmaka/Therapeutika (Mittelwerte) (Auswahl aus der einschlägigen Literatur)

Wirkstoff	Maximum	Minimum
Blutdrucksenker bei Hypertonikern	07-10:00 Uhr	
Insulin bei Diabetikern	05-06:00 Uhr	
Lokalanästhetika bei Zahnbehandlungen	15-16:00 Uhr	
Schlafmittel (Babiturate)	20-22:00 Uhr	06-08:00 Uhr
Amphetamin	04:00 Uhr	08:00 Uhr
Salizylate (Aspirin) bei Kopfschmerzen	07-08:00 Uhr	19-20:00 Uhr
Betablocker	10-14:00 Uhr	20-24:00 Uhr
Kalziumantagonisten	08-10:00 Uhr	15-16:00 Uhr
Alkohol (Äthyl-)	08-10:00 Uhr	20-22:00 Uhr

7.21 Chronobiologie der Haut (Tagesempfindlichkeitszeitpunkte)

Verschiedene Untersuchungen zeigten, dass Hautreaktionen ausgeprägte Abhängigkeiten vom Tageszeitpunkt haben. Nachfolgend werden dazu einige Beispiele aufgeführt:

Physiotherapeutische Anwendungen für die Haut sollen am wirkungsvollsten zu folgenden Tageszeiten sein.
- Fußsohlenmassage   Mitternacht
- Fango   abends
- Sauna mit Gewichtsabnahme   abends

Dagegen ist der Einfluss auf die Durchblutung der Haut bei
- Fußsohlenmassage   mittags
- Fango   morgens
- Sauna ohne Gewichtsabnahme   morgens

unwesentlicher *[Engel 1986]*.

Hautwirkstoffe: Hohe Effektivität von Wirkstoffen und ihr optimales Eindringen in die Haut ist zu zwei Tageszeitpunkten günstig [Reinberg 1990, 1989]:

~ 05:00-07:00 Uhr   Umstellung Vago-Sympathikotonus

~ 17:00-19:00 Uhr   Umstellung Sympathiko-Vagotonus

Hautpflege, -schutz und -heilmittel sollten möglichst zu diesen Zeitpunkten verabreicht werden.

7.22 Gestörte innere Uhr (circadianer Rhythmus) bedeutet Stress und Risiko für Fehlleistung und chronische Erkrankungen

Durch das „Geschenk der Natur" sind wir aber auch sehr „naturverbunden", vor allem mit dem natürlichen Hell-Dunkel-Rhythmus, in dem das Sonnenlicht der dominierende Faktor ist. Wir sind aber auch gegen künstliche Störungen sehr empfindlich. Wenn wir wider dieser Naturzeitgeberfunktion leben, kommt es zu Störungen in der gesamten Regulation. Das spürt schon jeder, der einige Zeitzonen überfliegt und am Jetlag-Syndrom mit folgenden Symptomen leidet:
- Schlafstörungen
- Befindensstörungen
- Müdigkeit am Tage
- Leistungseinbußen
- Appetitlosigkeit oder Heißhunger
- Muskelschmerzen u. a.

Wenn die Anpassung an die Ortszeit erfolgt ist, dann verschwinden diese Symptome wieder.

Des Weiteren ist bekannt, dass unregelmäßige Lebensweise z. B. bezüglich
- der Nahrungsaufnahme
- des Schlaf-Wach-Zyklus
- des Arbeitsrhythmus
- des Lebensrhythmus
- des Pausensystems

sowie Schichtarbeit Risikofaktoren für verschiedene Krankheiten (Herz-Kreislauf, Burn-out, Stress-Syndrom, Erschöpfung usw.) darstellen *[Moore-Ede 1993].*

Die modernen technischen Kommunikationsmittel (Mobiltelefon, Internet), durch die jeder zu jeder Zeit an jedem Ort erreichbar ist, sind heute ernste Störfaktoren für unser natürliches rhythmisches Funktionsgeschehen, welches nicht zu Unrecht als „innere Uhr" bezeichnet wird.

Moore-Ede beschrieb in diesem Zusammenhang das Schichtfehlanpassungssyndrom [Moore-Ede 1993], welches nicht nur für die regulären Schichtarbeiter zutrifft, sondern vielmehr auch für die Menschen, die nicht in Resonanz mit dem natürlichen circadianen Rhythmus stehen.

7.23 Fehlhandlungen von Vielfliegern als Folge des Jetlag-Syndroms

Bei häufiger Reisetätigkeit über Zeitzonen besteht ein Risiko für Leistungsabfall und für die Gesundheit. Für Politiker, Diplomaten und Wirtschaftsexperten kann dies erhebliche Folgen haben *[Scheppach 1996]*.

- Test bei amerikanischen Geschäftsleuten. Vor dem Start wurde ein Test durchgeführt. Es mussten zweistellige Zahlen voneinander subtrahiert bzw. miteinander multipliziert werden. Nach dem Flug von New York über Rom nach Manila (Philippinen) wurde erneut getestet. Keiner der sonst cleveren Manager war fähig, zweistellige Zahlen im Kopf zusammenzuzählen. Sie hatten aber den Auftrag, unmittelbar nach der Ankunft schwerwiegende Finanzverhandlungen zu führen.
- 1982 musste der Außenminister der USA Alexander Haig Vermittlungen in der Falklandkrise realisieren. Nicht weniger als 22-mal überflog er die Zeitzonen. Schließlich musste er noch in einem 18-stündigen Flug von Argentinien nach England fliegen, um dort elf Stunden zu verhandeln, wozu er nicht mehr fähig war. Er war erschöpft.
- Ein anderer Außenminister der USA, John Foster Dulles, war ebenfalls sehr empfindlich gegenüber dem Jetlag-Syndrom. Er war nach derartigen Flugreisen ebenfalls erschöpft, müde, gereizt und litt an einem Mangel an Konzentrationsfähigkeit. In den fünfziger Jahren wurde von den USA und der Sowjetunion um das Assuanstaudammprojekt in Ägypten rivalisiert, welches finanziell lukrativ und politisch wichtig war. Müdigkeit und Unkonzentriertheit des USA-Außenministers führte dazu, dass die Ägypter der Sowjetunion den Zuschlag gaben *[Scheppach 1996]*.

Diese wenigen Beispiele zeigen, dass Eingriffe der Technik in die innere Uhr des Menschen gravierende Folgen haben. Dauerstress und das Burnout-Stresssyndrom können sich einstellen.

7.24 Was kann gegen das Jetlag-Syndrom getan werden?

- Nicht viel fliegen, wenn man Jetlag-sensibel ist.
- Bei der Ankunft am Zielort sofort in den dortigen Tagesrhythmus wie gewohnt einsteigen. Ausschlafen wollen bewirkt eine Verstärkung des Syndroms.
- Einstellen auf die neuen Ortszeitverhältnisse, indem man beim Ost-West-Flug abends an den Tagen vor dem Flug später schlafen geht und bei einem West-Ost-Flug dagegen früher.
- Wenn wichtige und schwerwiegende Verhandlungen zu führen sind, sollten zwischen der Ankunft und der Verhandlung Adaptationszeiten eingeplant werden.

- Melatonin, das Tagesrhythmusregulationshormon, kann, bei richtigen Applikationszeitpunkten, die Adaptationszeit erheblich verkürzen.

Untersuchungen von Veretenina et al. [2003] zufolge kann Natur-Klinoptilolith-Zeolith das Jetlag-Syndrom und das Schichtfehlanpassungssyndrom abschwächen. „Rhythmosan" der Heck Bio-Pharma kann hierbei sehr hilfreich sein.

7.25 Circaseptane Rhythmen (Wochenrhythmus)

Der 7-Tage- (Wochen-) Rhythmus nimmt in zunehmendem Maße vor allem aus praktischen Gründen eine Schlüsselfunktion ein *(Halberg et al. 1990, 1985; Cornélissen et al. 1993; Hecht et al. 2002; Haus et al. 1998; Nicolai et al. 1991; Hildebrandt 1990).*

Eigentlich ist der 7-Tage-Rhythmus keine Entdeckung der modernen Chronobiologie. Die Ärzte des Altertums maßen ihm in der Genesungsprognose große Bedeutung bei, indem sie diesbezüglich als kritische Tage der Krankheit dem 7., 14. und 21. Tag große Aufmerksamkeit schenkten *(Hippokrates, 460-370 v.Chr.; Galenus 129-199 und Ibn Sina-Avicenna 980-1037).*

Heute werden zwei Formen des circaseptanen Rhythmus unterschieden.
Erstens: Der freilaufende spontane endogene circaseptane Rhythmus *[Halberg 1965]*, der mit dem sozialen Kalenderwochenrhythmus gekoppelt sein kann.
Zweitens: Der reaktive circaseptane Rhythmus, den, wie erwähnt, die Ärzte des Altertums schon kannten und der in der Neuzeit von Derer und von Hildebrandt ausführlich untersucht worden ist *[Hildebrandt 1992, 1990; Derer 1960, 1956].* Er wird durch Reizeinflüsse ausgelöst, z. B. durch Fieber, Kurbeginn, Reiztherapie, Stress, Fasten usw. Seine Phasenlage beginnt stets mit dem Zeitpunkt des Beginns der Reizeinwirkung. Gewöhnlich vollzieht er sich als ein Einschwingvorgang mit großer Amplitude beginnend und mit niedriger endend (siehe auch Kapitel 4-6).

7.26 Freilaufende endogene circaseptane Rhythmen

Freilaufende endogene bzw. an den sozialen Wochenrhythmus gekoppelte circaseptane Rhythmen wurden bisher vielfach unter den verschiedensten Aspekten beschrieben, z. B. für Herzkreislaufparameter, insbesondere für den Blutdruck. Aber auch die Hormon-, vegetativen, sensomotorischen u. a. Funktionen. Diese verlaufen in einem 7-Tage-Rhythmus *[Hildebrandt et al. 1998; Cornélissen et al. 1993; Halberg et al. 1990, 1986, 1985, 1965; Halberg 1980].* Undt beschrieb Häufigkeitsverteilungen über die Woche von

Suiziden und Suizidversuchen, für Herzinfarkte, Arbeitsunfälle, Maschinenunfälle in Wien *[Undt 1976]*. Daraus wird ersichtlich, dass es bezüglich der Unfälle zwischen Männern und Frauen nahezu übereinstimmende Wochenverteilungen gibt. Bei Suiziden und Herzinfarkten sind Phasenverschiebungen zu beobachten. Bei den Männern ist in allen Fällen der Montag ein kritischer Tag, womit offensichtlich der volkstümliche „blaue Montag" eine wissenschaftliche Bestätigung findet.

Wir haben den circaseptanen Rhythmus des Schlafverhaltens untersucht und zwar sowohl mittels Schlafpolygraphie *[Diedrich et al. 1993, 1989; Diedrich 1991]* als auch mittels Schlafprotokoll, welches von Patienten selbst täglich bis zu einer Dauer von 10 Wochen nach vorheriger Instruktion geführt worden ist *[Hecht et al. 2002; Balzer und Hecht 1993; Hecht 1993; Walter et al. 1989; von Broen 1988; Balzer et al. 1987]*.

Erstmals stießen wir auf diese Erscheinung des Wochenrhythmus, als wir uns bei der Vorbereitung klinisch-pharmakologischer Untersuchungen bemühten, von Tag zu Tag reproduzierbare Daten der polygraphischen Schlafparameter zu erhalten. Dieses gelang uns nicht. Nachdem wir länger als die übliche Zeit von „zwei Tagen Schlaflabor" untersuchten, fanden wir einen circaseptanen Rhythmus nahezu in allen Parametern des Schlafpolygramms.

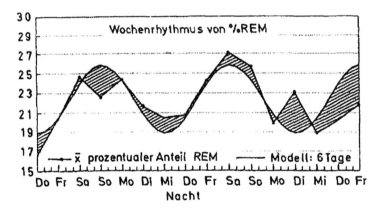

Abbildung 7-14: Beispiele für die Siebentagesperiodik von Schlafparametern während 16 Nächten Schlafpolygraphie (x quer Mittelwert) n=7

7.27 Rhythmus und Therapiequalität: Warum wird eine Applikationszeit von 40 Tagen vorgeschlagen?

Der circa 40-Tagerhythmus ist ein natürlicher Rhythmus, der sich sogar im Schlafverhalten äußert *[Wagner 1998; Gazda und Tammer 1997]*. Harald Alke [1989] berichtet, dass man Entspannungsübungen ca. 40 Tage lang trainieren muss, um sie gut zu beherrschen. Selbst wenn zwischenzeitlich am Erfolg der Übung Zweifel entstehen und deshalb nicht selten das Weiterüben aufgegeben wird, empfiehlt Alke, diese Übungen unbedingt bis zum 40. Tag fortzusetzen. Gewöhnlich tritt eine derartige Schwäche des Zweifels nach 28-30 Tagen Übungen auf.

In Religionen, Mythen und Ideologien spielt seit alten Zeiten die 40-Tageperiode eine wichtige Rolle. So war es in alten Priesterschulen üblich, ein neues Lied oder ein neues Gebet täglich alle vier Stunden 40 Tage lang zu üben, bis der Text vollständig verinnerlicht war. Aus der buddhistischen Religion sind ähnliche Riten bekannt und aus der christlichen Religion ist Jesus' 40-Tage-Aufenthalt in der Wüste bekannt. Auch Fastenzeiten sind in manchen Religionen für 40 Tage vorgesehen. Im Gilgameschepos steht, dass Gilgamesch 40 Tage auf Wanderschaft war.

Welche Ursachen hat dieser 40-Tagerhythmus? Dieser biologische Rhythmus ist bei Meeresmuscheln und auch beim Menschen nachgewiesen worden. Wir wissen heute, dass das vegetative und hormonelle System bei Mann und Frau einem Lunarhythmus (ca. 28 Tage) unterliegt *[Hildebrandt et al. 1998]*. Da es auch biologische Viertellunarhythmen (circaseptane Rhythmen) gibt, wird der psychobiologische 40-Tagerhythmus als ein 1 1/2 Monatsrhythmus diskutiert *[Alke 1989]*.

Dieser 40-Tagerhythmus tritt offensichtlich als ein reaktiver Rhythmus in Erscheinung.

7.28 Überführung von biologisch-funktionellen Rhythmen in biologisch-strukturelle Rhythmen – Zur Morphologie von Körperflüssigkeiten nach Shabalin und Shatokina [2001]

Obgleich uns aus der chronobiologischen Literatur bekannt war, dass funktionelle biologische Rhythmen sich auch strukturell reflektieren können, z. B. als Tagesringe während der Nierensteinbildung (ähnlich wie Jahresringe der Bäume *[Gutenbrunner und Hildebrandt 1994; Schneider 1985]*), überraschten uns die Untersuchungsergebnisse von Vladimir Shabalin und Swetlana Shatokhina über die „Morphologie von Körperflüssigkeiten" und deren Methode der „keilförmigen Dehydratation".

In mehr als 30 russischen Krankenhäusern und Kliniken zählt diese Methode bereits zur Standarddiagnostik.

Nachfolgend möchten wir diese Methode der keilförmigen Dehydratation vorstellen, die es ermöglicht, biologisch-funktionelle Rhythmen in biologisch-strukturelle rhyth-misch umzuwandeln.

7.28.1 Theoretische Grundlagen der diagnostischen Methode der keilförmigen Dehydratation

- Alle Körperflüssigkeiten liegen in kolloidaler Solform vor und können unter gegebenen Bedingungen auch in Gelform überführt werden *[Iter 1955;Zaigmondey 1925]*.
  Sie enthalten als wesentlichen Grundstoff Eiweiße (Proteine, Peptide, Amino-säuren), Polysaccharide und Mineralien. Diese Stoffe besitzen die Fähigkeit, biogene Kristallformen zu bilden, z. B. im Aufbauprozess des Knochens *[Sha-balin und Shatokhina 2001]*.
  Als Körperflüssigkeiten sind Blut, Urin, Lymphe, Tränen, Schweiß, Speichel und weitere Verdauungssäfte zu bezeichnen.
- Die meisten metabolischen Grundprozesse (bis zur molekularbiologischen Ebene) des menschlichen Organismus laufen zyklisch (rhythmisch) ab. Allge-mein bekannt sind z. B. der Zitratzyklus und der Harnstoffzyklus. Aber auch viele andere biochemische Prozesse in unserem Körper haben zyklischen (Synonyme: rhythmischen, oszillatorischen, wellenförmigen) Funktionscharakter, z. B. die ATP-Aktivitäten und die DNS-Synthese *[Cramer 1998; Hess 1977, 1973; Chance et al. 1973; Rensing 1973; Babloyantz 1986; Pauling 1948]*.
- Eigenschwingungen sind die Grundlage der Regulation aller Lebensprozesse, die sich auch in der Selbstregulation repräsentieren *[Cramer 1998; Coveney und Highfield 1994; Becker 1990; Prigogine 1979, 1947]*.
  Auf den allgemeinen Lehrsatz der Quantenmechanik *[Coveney und Highfield 1994; Rae 1986; Davies 1981; De Witt und Graham 1973]* stützend, vertreten Shabalin und Shatokhina [2001] die Auffassung, dass die Funktionen und Strukturen als Wellen ablaufen, die von den schwingenden Molekülen als Au-toschwingungen (Eigenschwingungen) erzeugt werden. Im Rahmen der Rhythmushierarchie eines Organismus gehen diese Schwingungen kooperati-ve Wechselwirkungen in Form kalibrierter Synchronisationen ein *[Cramer 1998; Coveney und Highfield 1994]*.
- Jede Körperflüssigkeit des Menschen hat eine Morphologie. Durch Dehydrata-tion ist es möglich, die flüssige Phase der Körperflüssigkeiten in eine feste Phase überzuführen *[Shabalin und Shatokhina 2001]*.
- Die in der Körperflüssigkeit ablaufenden zyklischen (wellenartigen, oszillierenden, rhythmischen) Funktionsprozesse repräsentieren sich bei der Überführung von der flüssigen in die feste Phase auch in dem festen Zustand *[Shabalin und Shatokhina 2001]*.
  Shabalin und Shatokhina konnten nachweisen, dass „die primäre Feldstruktur Wellen von verschiedenen Frequenzen, Amplituden, Formen und Vekto-

ren „darstellt". Die sekundäre Feldstruktur wird durch den Gradienten der Dichte seiner Wellen bestimmt. Das Zunehmen der Dichte der energetischen Ladung des Rhythmusfelds eines Bioobjekts über das kritische Niveau hinaus überführt die „Materie" Wellen aus dem „Feldzustand" in den Zustand eines „Stoffs" *[Shabalin und Shatokhina 2001]*, d. h. in ein morphoformes Substrat. Die Stabilität der Autowellen (Eigenschwingungen) wird als Integralwert des Zustands der Homöostase zum Ausdruck gebracht.

- Während des Übergangs der Körperflüssigkeiten vom flüssigen in den festen Zustand reflektiert sich die Selbstorganisation eines Systems mit ihren wellen-funktionellen Eigenschaften, die sich strukturell nachweisen lassen und sich somit für subtile diagnostische Zwecke eignen.

7.28.2 Tropfen als grundlegendes Modell der Methode

Als grundlegendes Modell dieser Methode wird der Tropfen gewählt. Der Tropfen ist faktisch die kleinste Einheit des Ganzen einer beliebigen Flüssigkeit *[Heisenberg 1993]*. Das trifft auch für die verschiedensten Körperflüssigkeiten wie Blut (Serum), Lymphe, Liquor, Tränen, Urin, Säfte des Verdauungssystems u. a. zu. Der Tropfen einer beliebigen Körperflüssigkeit kann die Selbstorganisation des Systems, welchem er zugehört, reflektieren.

Die Außenschicht der Flüssigkeit wird durch die Kräfte der Oberflächenspannung zusammengehalten. Durch die Dehydratation separierten sich die strukturellen Ele-mente, vor allem die Eiweisse und die Mineralien, infolge des Entzugs des Wassers. Bei der Betrachtung des Sagittalschnitts eines Tropfens, der sich auf einer glatten Ebene befindet, ist eine Keilform erkennbar.

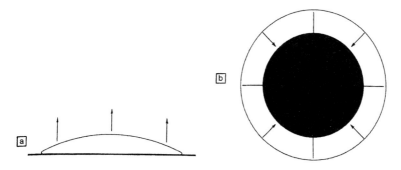

Abbildung 7-15:
Tropfen der biologischen Flüssigkeit auf der flachen Ebene (Schema) [nach Shabalin und Shatokhina 2001] a: sagittaler Schnitt; b: Draufsicht

Durch die Keilform wird die Bedingung eines ungleichmäßigen Ablaufs der Dehydratation in der radialen Richtung geschaffen. Das hat zur Folge, dass eine osmotisch-onkotische Verschiebung der im Volumen des hydratierenden Tropfens aufgelösten Stoffe vollzogen wird. Dabei bilden sich getrennt Wellen aus organischen Stoffen, vor allem aus Eiweißen, und aus Mineralien, die sogenannten organischen bzw. Salzwellen.

7.29 Übergang von der pulsierenden Eigenschwingung (Welle) des Blutserums in einen festen wellenartigen Zustand

Beim Verdunsten des Tropfens des Blutserums erreicht sein Wasseranteil in der Übergangszone einen kritischen Punkt. In diesem Augenblick ist der Phasenübergang gegeben. Visuell stellt sich dieser Prozess durch eine pulsierende Bewegung (Zusammenziehung und Ausdehnung) des Rings mit einer Amplitude von 10-20 Mikrometer für die Dauer von 1-2 Sekunden dar.

Als Ergebnis dieses Vorgangs formiert sich die feste Phase des Rings, der als fixierte Konzentrationswelle bezeichnet wird. Gleichzeitig bildet sich eine neue Zwischenzone, die einen Konzentrationsbereich molekularer Komplexe mit ähnlichen physiko-chemischen Parametern darstellt.

Unter Berücksichtigung der Tatsache, dass im Blutserum die überwiegende Mehrheit der Moleküle in Form submolekularer Komplexe verschiedener Zusammensetzung und Konzentration befinden, gibt das Blut mit seiner Systemorganisation ein vielfältiges Bild konzentrischer Ringe von verschiedener Breite, Tiefe und Dichte.

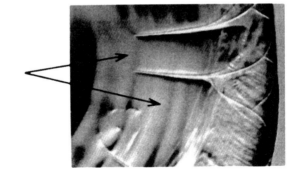

Abbildung 7-16: Fragment des Blutserumstropfens im Prozess der Dehydratation. Konzentrationswellen von verschiedenen Größen (Pfeile). Vergrößerung x50 [nach Shabalin und Shatokhina 2001]

Nachfolgend werden einige Beispiele der rhythmischen Blutserumstrukturen von verschiedenen physiologischen und pathologischen Zuständen der Homöostase demonstriert.

Normale stabile rhythmische Struktur
der Homöostase

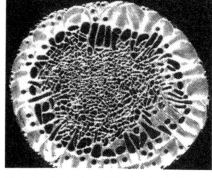

Pathologische instabile rhythmische
Struktur der Homöostase

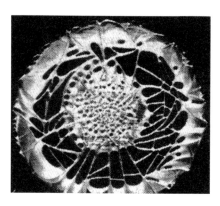

Normale instabile rhythmische Struktur
der Homöostase

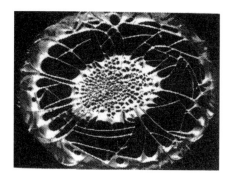

Pathologische stabile rhythmische
Struktur der Homöostase

Abbildung 7-17:
Blutserumstrukturen bei verschiedenen physiologischen und pathologischen Zustän-den der
Homöostase [Shabalin und Shatokina 2001]

8 Was sind Bioregulatoren?

8.1 Bioregulatoren

Bioregulatoren sind Wirkstoffe verschiedenster Art, die auf den verschiedensten Regulationsebenen eines Organismus (subzelluläre, zelluläre, organsystemische, organismussystemische) im Rahmen einer Funktionshierarchie die Aufrechterhaltung der Homöostase (inneres Regulationsgleichgewicht) und der Wechselbeziehung mit der Umwelt gewährleisten. Die Arten der Bioregulatoren sind sehr vielfältig. Zu ihnen zählen:
- Enzyme
- Transmitter
- Peptide (Regulatorpeptide)
- Neuropeptide
- Aminosäuren
- biogene Amine
- Vitamine
- Mineralien (Elektrolyte)
- Zeolithe; Bentonit, Montmorillonit (mit Ionenaustausch-, Molekularsieb-, Adsorptions- und Katalysatorfunktion)

Bioregulatoren sichern die Abläufe der verschiedensten, größtenteils vernetzten, Regelkreise der Körperfunktionen, die stets zyklisch ablaufen, wie z B. der Citratzyklus, der Harnsäurezyklus, der ATP-ADP- und ATP-AMP-Zyklus. Bioregulatoren sind endogener und essentieller Natur und müssen bei Mangel substituiert werden. Sie regulieren molekulare und supramolekulare Prozesse.

8.2 Molekularbiologie

Die Molekularbiologie ist eine Teildisziplin der Biologie, welche den Aufbau, die Regulation und das Wachstum der Zellen auf subzellulären und molekularen Ebenen untersucht sowie den Differenzierungs- und Wechselmechanismus von Zellen dominierende Aufmerksamkeit schenkt.

Die Molekularbiologie ist eine interdisziplinäre Fachrichtung, die methodisch und inhaltlich Beziehungen zur Biochemie und Biophysik pflegt sowie die funktionellen Zusammenhänge zwischen molekularen und supramolekularen Prozessen in ihre Betrachtung einbezieht *[Oehme et al. 1996]*.

8.3 Biomolekulare Medizin

Die biomolekulare Medizin stellt die angewandte Molekularbiologie dar oder anders ausgedrückt: sie setzt die molekularbiologischen Erkenntnisse in der Medizin zur Aufrechterhaltung und Wiederherstellung der Gesundheit der Menschen in die Praxis um.

Biomolekulare Medizin basiert in Anlehnung an die Molekularbiologie auf streng wissenschaftlichen, logisch nachvollziehbaren medizinischen und biochemischen Grundlagen. Sie sucht nach Wirkstoffen (Bioregulatoren), die an der Ursache einer Erkrankung angreifen. Stets stellen körpereigene (orthomolekulare) Substanzen in der richtigen Dosierung einen wichtigen Teil der Behandlung dar.

Biomolekulare Medizin befasst sich mit Substanzen (Molekülen), die in natürlichen Nährstoffen und in der Natur vorkommen und gleichzeitig natürlicherweise im menschlichen Organismus vorhanden sind. Der menschliche Körper ist auf deren ausreichende Zufuhr angewiesen. Biomolekulare Medizin ist weder ein Gegner noch Ersatz der Schulmedizin, sondern ihr natürlicher Partner als eigenständige Fachdisziplin.

8.4 Biologische Regulation

Die Regulation (Regelung) wird von regula (lat.) abgeleitet und bedeutet soviel wie Norm, Normeinhaltung, Richtmaß, Richtschnur. Im biologisch-medizinischen Bereich wird die Regulation als ein universelles Grundprinzip aller Lebensfunktionen aufgefasst, welches die Gesunderhaltung eines Individuums und die Adaption an seine Umwelt gewährleistet. Die Regulation in einem Organismus vollzieht sich auf der Grundlage vernetzter Regelkreise in allen funktionellen Ebenen, von der molekularen, subzellulären, zellulären, organsystemischen, organismussystemischen bis zur interorganismischen Regulationsebene. Die Regulation eines Organismus dient der Aufrechterhaltung der Homöostase. Dieser Begriff wurde von dem amerikanischen Physiologen Cannon [1929] zur Kennzeichnung der Eigenschaft eines lebenden Organismus, physiologische Parameter konstant bzw. in bestimmten Grenzen oszillierend aufrecht zu erhalten, geprägt. (Die Begriffe Homöokinese bzw. Homöodynamik wären zutreffender.)

> Diese Konstanterhaltung erfolgt durch ein funktionelles System rückgekoppelter vernetzter Regelkreise, welche einerseits das Gleichgewicht zwischen allen Regulationsebenen (Homöostase) aufrechterhalten und andererseits jenes zwischen dem gesamten Organismus mit seinen sich ständig in Veränderung befindlichen Umweltbedingungen.

Unter bestimmten Umständen kann eine Heterostase *[Selye 1971]* vorliegen, nämlich dann, wenn vorübergehend ein homöostatischer Gleichgewichtszustand nicht mehr aufrechterhalten werden kann. In diesem Fall wird das bisher bestehende Regulationsniveau auf eine andere Funktionsstufe umgeschaltet bis die ursprüngliche Homöostase wieder hergestellt wird (Beispiele: Ruhe – Stress; Parasympathikotonus - Sympathikotonus).

8.5 Metabolische Regulationszyklen

Die Regulation wird, wie bereits erwähnt, durch Wirkkreise = Regelkreise gewährleistet, welche immer rückgekoppelt sind, d. h. dass dieser Regelkreis bei Veränderung der Zielfunktion eines Organismus sich neu einzustellen vermag und diese Neueinstellung innerhalb der Hierarchie der Regulationsebenen auch signalisiert. Das bedeutet, dass in einem Organismus keine lineare Kausalkette abläuft, wie das fälschlicher Weise bei Arzneimittelwirkung angenommen wird.

Der biologische, insbesondere menschliche Organismus verfügt über eine unzählige Menge von vernetzten Regelkreisen, die ineinander und miteinander abgestimmt zusammenspielen und mit unterschiedlichen Geschwindigkeiten ablaufen. In den Prozessen der Zelle sind nur metabolische Regulation-Regelkreis-Zyklen mit Geschwindigkeiten von ca. einer Milliardstel Sekunde bis zu 100 Sekunden möglich. Bekannte derartige subzelluläre (molekulare) Regelkreise sind z. B.
- die Atmungskette
- der Citratzyklus
- der Harnsäurezyklus
- die Proteinsynthese und
- der funktionelle energieliefernde Funktionszyklus ATP-ADP bzw. ATP-AMP in den Mitochondrien
  (ADP = Adenosin-5-Diphosphat; ATP = Adenosin-5-Triphosphat, AMP = Adenosin-5-Monophosphat)

8.6 Enzyme

Enzyme sind Biokatalysatoren, die Reaktionen in biologischen Systemen durch die Beschleunigung der Abläufe biologischer Reaktionen mindestens um das 10fache gewährleisten. Enzyme stellen Makromoleküle dar (Proteine, Ribonukleinsäuren).

Eines der bekanntesten Enzyme ist die ATPase (Adenotriphosphatase), auch als "Synthase" bezeichnet, welches mit Mg^{++} als Co-faktor ATP in ADP und anorganisches Phosphat spaltet und die energieliefernde Reaktion in den Mitochondrien bewirkt bzw. aus ADP und anorganischem Phosphat mittels der protonenmotorischen Kraft ATP zwecks Energiebereitstellung wieder synthetisiert. Die internationale Nomenklatur unterscheidet folgende Hauptklassen der Enzyme, die in zahlreiche Unterklassen unterteilt sind:

- Oxidoreduktasen
- Hydrolasen
- Isomerasen
- Transferasen
- Lyasen
- Ligasen (Synthasen)

8.7 Transmitter

(lat. transmittere = übertragen, hinüberschicken)

Neurotransmitter sind Stoffe aus kleinen diffundierbaren Molekülen, die in Vesikeln der präsynaptischen Nervenenden gespeichert sind und die durch ein Aktionspotential freigesetzt werden. Sie bewirken die Erregungsleitung im zentralen und peripheren Nervensystem. Die Transmitter haben verschiedene chemische Strukturen:
- Amine (z. B. Acetylcholin, Adrenalin, Noradrenalin, Dopamin, Serotonin, Histamin)
- Aminosäuren (Aspartat, Glutamat, Glycin, GABA)
- Nucleotide (ATP)
- Peptide, Neuropeptide
  Peptide haben Neurotransmitter-, Zellhormon- und Regulatorfunktionen. Sie können in Zellen des ZNS und in allen anderen Organsystemen vorkommen. Zu nennen sind u. a. Endorphine, Cholecystokinine, Bradykinin, TRH (Thyreotropes Releasing-Hormon), Somatostatin, VIP und Substanz P. Im Hypothalamus sind viele Neuropeptide zu finden.

8.8 Aminosäuren

Aminosäuren haben vielfältige bioregulatorische Eigenschaften und bilden die Primärstruktur der Peptide und Proteine. Es sind Carbonsäuren mit Aminogruppen. Außer dem Glycin liegen alle Aminosäuren in isometrischer L-Form vor. Die 20 proteinogenen Aminosäuren sind:

- Glycin, Gly
- L-Alanin, Ala
- L-Serin, Ser
- L-Threonin, Thr
- L-Valin, Val
- L-Leucin, Leu
- L-Isoleucin, Ile
- L-Asparaginsäure, Asp
- L-Asparagin, Asn

- L-Glutamin, Gln
- L-Arginin, Arg
- L-Lysin, Lys
- L-Cystein, Cys
- L-Tyrosin, Tyr
- L-Phenylalanin, Phe
- L-Tryptophan, Trp
- L-Histidin, His
- L-Prolin, Pro

Dem Phenylalanin z. B. wird durch seine Einwirkung auf die Regulation von Hirnzentren eine physiologische, sanfte, nebenwirkungsfreie Appetitzügelung zugesprochen *[Hansen 1982]*.

Peptide setzen sich aus Aminosäuren zusammen, wodurch spezifische Bioregulatorfunktionen entstehen. Die Substanz P besteht aus folgenden 11 Aminosäuren:
Arg-Pro-Lys-Pro-Gln-Gln-Phe-Phe-Gly-Leu-Met NH_2 *[Oehme et al. 1981, 1980a und b]*.

8.9 Peptide als Bioregulatoren

Peptide (Neuropeptide) sind aus Aminosäuren zusammengesetzte, sehr bedeutungsvolle Bioregulatoren. Das soll an Beispielen gezeigt werden.

Die Substanz P, ein Peptid aus 11 Aminosäuren (Undekapeptid), erwies sich als ein Regulatorpeptid mit zahlreichen Funktionen, vor allem bezüglich der Aufrechterhaltung bzw. Wiederherstellung der Ganzheitshomöostase z. B. im Schlaf-, Schmerz-, Stress- und Blutdruckgeschehen. Bei Applikation von Substanz P zeigt die Dosis-Wirkungskurve (wie auch bei anderen Peptiden) eine Hyperbelform (Glockenform), wodurch eine Überdosierung nicht möglich ist. Die Hyperbelform als Dosis-Wirkungskurve ist charakteristisch für physiologische Wirkungsweise. Die lineare Dosis-Wirkungskurve ist etwas Künstliches für unseren Organismus. Die Substanz P übt zahlreiche steuernde (control-) Funktionen im Organismus aus *[Oehme et al. 1981, 1980a und c]*.

Glutathion, ein Tripeptid (aus 3 Aminosäuren bestehend) spielt als Bioregulator im Redoxsystem als Antioxidans eine hervorragende Rolle sowie als Regulator in anderen Funktionen.

8.10 Mineralien

Die Mineralien (Elektrolyte) haben ebenfalls Regulatorfunktion (siehe Kapitel 9):
Wir haben bereits das Mg^{++} als Co-faktor der ATPase kennen gelernt. Silizium vermag Ca^{++} und Mg^{++}-Funktionen zu regulieren. Wenn Silizium im Körper fehlt, neigt Kalzium zur Arteriosklerose-Bildung. Wachstum und Entwicklung des Bindegewebes ist ohne Silizium im Körper nicht möglich *[Carlisle 1986a-d]*.

SiO_2 gilt als die Ursubstanz des Lebens, hat biogene Eigenschaften und vermag aus Aminosäuren Peptide und Proteine aufzubauen *[Davis et al. 2002]*.

8.11 Siliziumhaltiger Zeolith-Mineralkomplex aus Urgestein

Als hochfunktionsfähiger Bioregulator in der Mineralhomöostase erweist sich der Zeolith, für medizinische Zwecke besonders der Klinoptilolith-Zeolith. Er vermag folgende Funktionen auszuführen:

- *Molekularsiebfunktion*
  Als Molekularsiebe werden Feststoffe mit Poren- und Hohlraumsystemen bezeichnet, wobei die Porenweite von 4 Ångström (0,4 nm) des Zeoliths Moleküle nach ihrer Größe oder Form zu ordnen oder zu trennen vermag.
- *Selektiver Ionenaustausch*
  Die mineralstoffspezifische Kristallstruktur von Zeolith hat im lebendigen Organismus die vorzügliche Eigenschaft, toxische Stoffe, z. B. Ammoniak, Schwermetalle, freie Radikale, Toxine, Radionuklide u. a. an sich zu binden (adsorbieren) und über den Verdauungstrakt auszuscheiden. Die freiwerdenden Valenzen im Körper werden mit den im Kristallgitter befindlichen Kationen oder dem Siliziumdioxid besetzt.
- *Adsorbenzienfunktion*
  Adsorbenzien sind Stoffe mit einer großen Oberflächenvergrößerungswirkung. Durch die Adsorption wird die Aktivierung von Enzymen und damit eine Katalysatorfunktion bewirkt. Bioaktive Stoffe, also zugeführte Bioregulatoren, können durch die Adsorption in ihrer Wirkung erheblich vergrößert werden, weil ein Adsorbens diese in die Nähe des Wirkungsfeldes bringt. Adsorbenzien vermögen den positiven Effekt und die Bioverfügbarkeit von zugeführten Mineralien zu erhöhen, wodurch die Bioäquivalenz gewährleistet wird.

8.12 Bioverfügbarkeit und Bioäquivalenz

Bioaktive Stoffe, also zugeführte Bioregulatoren, können durch die Adsorption in ihrer Wirkung erheblich vergrößert werden, weil ein Adsorbens diese in die Nähe des Wirkungsfelds bringt. Adsorbenzien vermögen den positiven Effekt und die **Bioverfügbarkeit** von zugeführten Mineralien zu erhöhen, wodurch die **Bioäquivalenz** gewährleistet wird.

Als **Bioverfügbarkeit** werden Ausmaß und Geschwindigkeit, mit denen der therapeutische effektive Anteil eines Wirkstoffs nach der Applikation resorbiert wird, ins Blut und in die extrazelluläre Matrix gelangt und in der vorgesehenen Art der Wirkung zugeführt wird, bezeichnet. Die Bioverfügbarkeit kann durch Messung der Konzentration des Wirkstoffs im Gewebe oder in der Körperflüssigkeit bestimmt werden.

Bioäquivalenz = therapeutische Identität von Wirkstoffen, Bioregulatoren und Arzneimitteln.

8.13 Adsorption

Adsorption (lat. adsorbere = an sich binden)
Adsorption = Konzentrationsverschiebung einer Substanz im Bereich der Grenzschicht zweier benachbarter Phasen.
Positive Adsorption → Anreicherung
Negative Adsorption → Verdrängung

Die Adsorption von gelösten oder dispersen Stoffen in Flüssigkeiten ist von deren Konzentration und von der Temperatur abhängig. Biochemisch wird unter Adsorption die Aktivierung, z. B. von Enzymen, oder die Aufnahme von bioaktiven Stoffen durch Oberflächen vergrößernde aktive Stoffe verstanden. Die Adsorbenzien bringen die entsprechenden Stoffe in die Nähe des Wirkungsfelds und erhöhen den positiven Effekt.

Adsorbenzien sind Stoffe, die gelöste, disperse oder gasförmige Substanzen (Stoffe) zu binden vermögen. Adsorbenzien sind Stoffe mit einer großen Oberflächenvergrößerungswirkung, z. B. Aktivkohle, Tonerde, **monomeres und kolloidales SiO_2,** Kieselgur, Kaolin, **Klinoptilolith-Zeolith, Montmorillonit.**

Es wird in diesem Zusammenhang auch der Begriff **Resorption** verwendet. Resorption - Aufsaugung, d. h. Aufnahme von Stoffen durch die Haut oder Schleimhaut in die Blut- und Lymphbahn.

Auch der Begriff **Absorption** = Aufsaugen, in sich aufnehmen, wird verwendet.

Chemisch bedeutet **Absorption**: Aufnahme oder/und Verteilung eines Stoffs mittels Diffusion durch eine Phasengrenzfläche, z. B. Eindringung von Gasen in eine Flüssigkeit.

Physiologisch wird unter **Absorption** die Aufnahme von Substanzen (Nährstoffen, Medikamenten) über Haut oder Schleimhäute bzw. aus dem Gewebe in die Blut- und Lymphbahnen verstanden.

SiO_2 und siliziumhaltiger Natur-Klinoptilolith-Zeolith vermögen die Adsorptionsoberfläche im Körper um das 300fache zu vergrößern und somit die Absorption zu steigern.

8.14 Was sind selektive Ionenaustauscher?

Ionenaustauscher sind gewöhnlich hochpolymere, wasserunlösliche Substanzen, z. B. als Resine bezeichnete Kunstharze, mit bestimmten funktionellen Gruppen saurer (Kationenaustauscher bzw. Katresine) oder basischer Natur (Anionenaustauscher).

Diese Ionenaustauscher werden ansonsten seit Jahrzehnten in der Technik, zum Reinigen von Abwässern und zur Kultivierung von Böden in der Landwirtschaft verwendet. Seit ca. 50 Jahren finden Naturzeolithe verschiedener Art in diesen Bereichen Anwendung *[Gorokhov et al. 1982; Onagi 1966; Barrer und Makki 1964].* Seit ca. 25 Jahren wird der Natur-Klinoptilolith-Zeolith auch beim landwirtschaftlichen Nutzvieh und in der Tierzucht effektiv angewendet *[Gunther 1990; Yakimov 1998; Bagiashvili et al. 1984; Hemken et al. 1984 u. a.].* Über zwei Jahrzehnte befasst man sich auch mit der Anwendung des Natur-Klinoptilolith-Zeolith beim Menschen *[Romanov 2000; Mironova 1999a und b].*

Die mineralstoffspezifische Kristallstruktur (so genannte Käfigstruktur) von Zeolith hat in lebenden Organismen die vorzügliche Eigenschaft, toxische Stoffe, wie z. B. Ammoniak und andere Stickstoffverbindungen, aber auch Schwermetalle, freie Radikale, Toxine und sogar Radionuklide an sich zu binden (adsorbieren) und über den Darm auszuscheiden. Die entzogenen toxischen Stoffe werden gegen Mineralien (Ionen) ausgetauscht, die der Körper dringend benötigt. Auf diese Weise wird die Homöostase des Organismus, insbesondere die des Mineralstoffwechsels, aufrechterhalten bzw. wiederhergestellt.

Somit werden empfindliche Organsysteme, z. B. Gehirn, Nervensystem, extrazelluläre Matrix, Hormonsystem, Immunsystem, Leber, Nieren u. a. nicht nur vor toxischen Schäden geschützt, sondern auch ihre Widerstandsfähigkeit gegenüber schädlichen pathogenen Einflüssen sowie die Leistungsfähigkeit erhöht.

8.15 Warum Zufuhr von naturmineralischen Bioregulatoren?

Viele Mineralien, die mit der Nahrung zugeführt werden, werden wieder ausgeschieden. Es sind häufig nur wenige Prozent, die davon im Körper bleiben *[Gröber 2002; Ziskoven 1997a und b]*.

In der Tat, es ist wirklich eine offene Frage, warum die zugeführten Mineralien vom Körper nicht aufgenommen und in den Stoffwechselprozess einbezogen werden. Die Zufuhr (Applikation), auch mittels vieler Nahrungsergänzungsmittel, ist ein Faktor mit einer großen **Wirkungsunbekannten**. Denn das Wichtigste ist die Einbeziehung dieser Elemente in den Stoffwechselprozess der extrazellulären Matrix, durch welche die Lebensqualität erhöht und Krankheiten verhindert werden können.

Wir wissen heute, dass z. B. Magnesium schon bei den geringsten Störungen im Verdauungstrakt, z. B. bei leichten Entzündungen, nach dem Rauchen und nach Alkoholgenuss, nicht durch die Darmwand in das Blut gelangt und wieder ausgeschieden wird *[Ziskoven 1997a und b]*. Ähnlich ist es auch beim Kalzium *[Gröber 2002]*. Natürliche mineralische Bioregulatoren, z. B. der Natur-Klinoptilolith-Zeolith, vermögen diese Lücke auszugleichen.

Adsorbenzien und Ionenaustauscher wirken quasi wie ein „Autopilot" im Organismus von Mensch und Tier.

9 Mineralien und die Gesundheit von Mensch und Tier

9.1 Gesteinmehlbodendünger – ein Fruchtbarkeitsbringer

Circa 80 der im periodischen System angeführten Elemente sollen im menschlichen Körper und in tierischen Organismen nachgewiesen worden sein *[Veretenina et al. 2003; Avzyn et al. 1991]*. Beim Verbrennen dieser Organismen bleiben diese anorganischen Elemente als Asche erhalten, während sich alle organischen Substanzen verflüchtigt haben.

> Einen großen Teil des Bedarfs an Elementen deckte der Mensch seit jeher durch pflanzliche und tierische Nahrung, aber bei manchen Völkern wurde auch „Gesteinmehl" verwendet.

Häufig werden jedenfalls die Böden mit „Gesteinmehlausbringung" bedacht, um ihre Fruchtbarkeit zu gewährleisten und die Pflanzen mit Mineralien ausreichend zu versorgen. Im Alten Ägypten, Babylonien und Assyrien wurde der Boden mit Gesteinmehl und Tonmaterialien versorgt, wobei man die Ausbringung des Gesteinmehls vor der Regenzeit besorgte. Auch die Inkas sollen eine Kombination von Steinmehlausbringung und Bewässerung vorgenommen haben. Beim Gesteinmehl soll es sich um Tuffgesteine, also Zeolith, Bentonit aber auch um Kreide, Kieselerde u. a. gehandelt haben *[Bgatova und Novoselov 2000]*. Im Bezirk Walis in der Schweiz werden vom 14. Jahrhundert bis heute Äcker und Wiesen mit „Gesteinmilch" gedüngt *[Feichtinger et al. 2002]*. Es handelt sich hierbei offensichtlich um Tonmineralien.

9.2 Lithophagie bei Mensch und Tier

Schon 1927 berichtete Vernardski über die Wichtigkeit der Mineralien für den Menschen. Er ging auf Grund von geobiologischen Untersuchungsergebnissen davon aus, dass in allen lebendigen Organismen die in den Gesteinen der Erdkruste befindlichen Mineralien zu finden sind. Das stimmt mit der heute vertretenen Auffassung überein, dass lithophile Elemente, insbesondere Siliziummineralien, z. B. Ton, Kieselsäure, Zeolith, bei der Entstehung des Lebens auf der Erde maßgeblich beteiligt waren *[Voronkov et al. 1975; Sedlak 1967; Oparin 1966; Akabori 1959; Butenand 1958; Haldane 1954; Bernal 1952 u. a.]*.

> Nach Bgatova und Novoselov [2001, 2000] gibt es gegenwärtig keine Gebiete auf der Erde, die Pflanzen hervorbringen, welche den für Menschen und Tiere erforderlichen Mineralbedarf decken könnten.

Durch Konsumieren von Steinmaterialien decken Gras- und Allesfresser ihren Bedarf an Mineralien in der artgemäßen Zusammensetzung und mit den entsprechenden physikalischen Eigenschaften *[Bgatova und Novoselov 2000]*. Bei Tieren Sibiriens und des fernen Ostens Russlands wurde beobachtet, dass die Tiere vor allem siliziumhaltige Mineralien der Zeolith-Gruppe, z. B. Klinoptilolith, Heilandit, Montmorillonit u. a. sowie tonartige Stoffe und kolloidales Silizium enthaltende Wasser mit milchartigem Aussehen, die sich in Flussbetten oder Bächen und Seen befinden, bevorzugen *[Bgatova und Novoselov 2000]*. Diese Lithophagie wurde bei Wildtieren und bei sich im Freien befindlichen Haustieren (Kühe, Schafe, Ziegen, Vögel, Hühner, Gänse, Enten) beobachtet. Die am Boden von Gewässern befindliche Gesteinmilch wird von den Tieren mit den Pfoten aufgerührt, damit im Wasser eine gute Mischung entsteht und dann getrunken. Besonders intensiv wird die Lithophagie in der Brunstzeit von Tieren beider Geschlechter und während der Trächtigkeit und Laktationsperiode von den weiblichen Tieren betrieben.

Alle von den Tieren instinktiv aufgenommenen Gesteine bzw. Gesteinmilch wiesen Ionenaustausch- und Sorptionseigenschaften aus. Neben den Silikaten und dem kolloidalen Silizium enthielten sie alkalische (Na, K) und erdalkalische Elemente (Mg, Ca, Ba) sowie verschiedene Spurenelemente.

Auch die dem Zeolith eigenen aktiven hydroxylen Gruppen, die sich in den Kristallgittern befinden, spielten in den Stoffwechselprozessen der lithophagen Tiere eine Rolle *[Bgatova und Novoselov 2000]*.
 Da der Mensch ein Allesesser ist, ist ihm auch die Lithophagie eigen. Er hat sie in seiner Entwicklung immer betrieben.

Dieser instinktive Trieb Steinmaterialien zu essen, ist vor allem in den „zivilisierten und hoch industrialisierten" Ländern der Menschen verloren gegangen.

Die Lithophagie wurde durch die chemischen Arzneimittel vertrieben. Dennoch gibt es Völker, die die Lithophagie heute noch betreiben, z. B. in Afrika, auch unter der farbigen Bevölkerung in den USA und bei Kaukasusvölkern ist sie zu finden. In Russland sind es die Tshukshien und Jakutier im hohen Norden sowie die Ureinwohner der fernöstlichen Gebiete.

Wie Untersuchungen zeigten, sind den Menschen dieser lithophagierenden Völkerstämme die weit verbreiteten chronischen Krankheiten einschließlich der Tumorkrankheiten nahezu unbekannt. Unter ihnen gibt es sehr viele Langlebige [Veretenina et al. 2003; Bgatova und Novoselov 2000].

9.3 Ohne Mineralien keine Lebensprozesse

Die Mineralien sind in alle Lebensprozesse der Pflanzen, Tiere und des Menschen integriert. Sie bilden einerseits die Grundsubstanz der Struktur, also des Skeletts von Mensch, und Tier und sind andererseits an jedem regulatorischen Prozess im Organismus beteiligt. Es gibt keinen biochemischen oder biophysikalischen Vorgang im Organismus, bei dem Mineralien nicht beteiligt sind. Sie bilden faktisch das anorganische Substrat des Lebendigen.

Die Mineralien kommen im menschlichen Körper in gelöster und fester Form vor und üben viele Funktionen aus, z. B. in der Regulation der extrazellulären Matrix, im Säure-Basenhaushalt, in der Osmolarität, in der Voluminarität der Körperflüssigkeiten. Sie sind an dem Aufbau der Stütz- und Hartsubstanzen und Bindegewebe beteiligt sowie in viele Funktionen eingeschaltet, z. B. im hormonellen, Lymph-, Enzym- und Blutsystem. Sie halten auch die elektrische Aktivität der Zelle, der extrazellulären Matrix und des Gewebes aufrecht und sind im Energiestoffwechsel unerlässlich.

Ohne Mineralien ist kein Lebensvorgang möglich.

Abbildung 9-1:
Schema der Funktionen der Mineralien im menschlichen Organismus

9.4 Mengen- und Spurenelemente oder – Makro- und Mikroelemente

Der aus ca. 60 % Wasser bestehende menschliche Körper enthält ca. 6 % Mineralien zu einem großen Teil in gelöster Form. Dabei wird herkömmlich in Mengenmineralien, die in größerem Umfang und in Spurenmineralien, die in geringen Mengen nachweisbar sind, unterschieden. Zu den Mengenmineralien zählen Kalzium, Kalium, Magnesium, Phosphor, Chlor, Schwefel, Natrium. Den Spurenmineralien werden zugeordnet Eisen, Jod, Mangan, Kupfer, Chrom, Zink, Zinn, Vanadium, Kobalt, Silizium, Selen, Nickel und Molybdän. In der russischen Fachliteratur werden die Begriffe Makroelemente für Mengenmineralien und Mikroelemente für Spurenmineralien verwendet.

Es wird heute die Auffassung vertreten, dass im lebenden Organismus die meisten Elemente des Mayer-Mendeljew'schen Periodischen Systems vorhanden sind *[Shalmina und Novoselov 2002]*. Manche sind entweder so gering vorhanden, dass sie nicht nachweisbar sind oder es fehlt an geeigneten Methoden für ihre Bestimmung. Letzteres soll z. B. die Seltenerdmetalle, die Lanthanoide, betreffen. Als Lanthanoide werden die nach Lanthan (Ordnungszahl 57) folgenden 14 chemischen Elemente mit den Ordnungszahlen 58-71 bezeichnet. Sie werden zu den lithophilen Mineralien gezählt *[Avzyn et al. 1991]*.

9.5 Was verstehen wir unter Essentialität?

Essentialität
- eines Elements (Mineralien, Spurenelemente)
- eines Vitamins
- einer Aminosäure u. a.

bedeutet, dass es beim Fehlen dieser Stoffe im Körper des Menschen zu Störungen des Regulationsgleichgewichts kommt, die sich in so genannten Mangelkrankheiten oder -erscheinungen äußern und diese Stoffe unbedingt zugeführt werden müssen, z. B. mit Nahrung oder Nahrungsergänzungsmitteln. Das heißt, bei optimaler Zufuhr werden die sanogenetischen Regulationsprozesse stimuliert und das Regulationsgleichgewicht wird optimiert. Daraus ergeben sich

- Krankheitsverhinderung
- Gesundheitssteigerung
- Gesundheitserhaltung
- Erhöhung der Lebensqualität

9.6 Elektrolyte

Elektrolyte sind Mineralien, die auf Grund von Dissoziationen in Anionen und Kationen elektrische Leitfähigkeit besitzen. Elektrolyte sind faktisch Mineralien in Ionenform. Die Kationen sind positiv geladen, die Anionen negativ. Als Elektrolythaushalt wird die Gesamtheit des Stoffwechsels der in den Körperflüssigkeiten gelösten Ionen verstanden. Kationen sind z. B. Na^+, Ca^{++}, Mg^{++}. Anionen sind z. B. Cl^-, HCO_3^-.

Die Ionen sind vor allem in der extra- und intrazellulären Flüssigkeit zu finden, wo sie Potentialdifferenzen erzeugen können. In dieser Elektrolyt-Ionenform erfüllen die Minerale die Funktionen der elektrophysiologischen Regulation des gesamten menschlichen Organismus.

Der Mangel an Mineralien kann sich daher nicht nur in der Mineralhomöostase äußern, sondern in den gesamten elektrophysiologischen Prozessen und somit in der Ganzkörperhomöostase, weil sie eben in vielen Funktionen eingeschaltet sind.

Eine besondere Rolle spielt in der elektrophysiologischen Regulation die Halbleitereigenschaft des SiO_2, welche auch die extrazelluläre Matrix (Grundsubstanz) besitzt.

9.7 Es gibt keine schädlichen und nützlichen Mineralien – es gibt nur ihre schädlichen und unnützlichen Übermengen im Organismus

Diese Auffassung wird heute von allen, die sich mit dem Gebiet des Mineralstoffwechsels und der Spurenelemente beschäftigen, geteilt.

- Arsen z. B. ist ein gefürchtetes Gift, denn es wirkt in einer Dosis von 0,1 g tödlich. Fehlt aber Arsen in unserem Körper als Spurenelement (der tägliche Bedarf liegt etwa bei 0,0000015 g), dann kann es zu Störungen im Eiweißstoffwechsel kommen *[Schaenzler und Burkhardt 1996]*.
- Natriumchlorid als 0,9 %ige physiologische Kochsalzlösung ist lebensnotwendig und in bestimmten ernsten Situationen lebensrettend. Ein Überschuss an Natrium kann die Na-K-Pumpe der Zellmembran stören und zu erheblichen Funktionsstörungen führen. Sportler und Hochofenarbeiter, die viel schwitzen, haben wiederum einen erhöhten Bedarf an Na. Ihnen wird geraten, NaCl-haltiges Mineralwasser zu trinken.
- In sehr hohen Dosen und bei Siliziummangel soll Aluminium in der Pathogenese der Alzheimerkrankheit eine Rolle spielen. Als Aluminium-Magnesium-Silikat oder als Aluminiumhydroxid spielt es im Verdauungstrakt als Antazidum eine wichtige Rolle bei der Regulierung des pH-Werts und bei der Verhinderung einer Azidose.

- Das Fehlen von Silizium kann bei Überschuss von Magnesium zur Zellvergiftung und bei Überschuss von Kalzium zur Arteriosklerose führen.
- Ohne Silizium ist keine Wachstum möglich. SiO_2Staub, z. B. Quarzstaub, führt aber bei der Einatmung zur gefürchteten Silikose.

Derartige Beispiele könnten beliebig fortgesetzt werden. Es kommt wirklich auf die Überdosis an, wenn gesundheitliche Schäden auftreten. Zugegeben, kein Mensch hat es in der heutigen Zeit in der Hand, bei der unverantwortlichen Luft-, Boden- und Wasserverschmutzung Überdosierungen zu vermeiden. So sind heute die meisten Menschen durch Überdosierung von Blei, Quecksilber (z. B. in Form von Amalgam), Kadmium, Wismut, Nitriten u. a. gesundheitlich negativ beeinflusst, weil diese Elemente im Körper, z. B. in der extrazellulären Matrix und der Zelle, Funktionspositionen einnehmen, die eigentlich von anderen Elementen besetzt sein sollten, um die optimale Regulation zu gewährleisten.

Der Umgang mit Mineralien in Therapie und Prophylaxe erfordert Wissenschaftlichkeit und Verantwortung.

Bei der Applikation von Mineralien an Mensch und Tier ist daher folgendes unbedingt zu beachten:
- Der Therapeut muss nicht nur deren Biochemismus kennen, sondern auch deren physikalische, chemophysikalische und geobiologische Charakteristika und Wirkungsmechanismen in Therapie und Prophylaxe mit einschließen. Das gilt vor allem für das SiO_2.
- In der bioaktiven Wirkung bei Applikation von Mineralien sind drei Stufen zu berücksichtigen
  - Defizit
  - Optimum
  - Toxizität

  [Anke und Szentmihalyi 1986].
- Schon 1920 machte Bertrand darauf aufmerksam, dass man bei der Betrachtung der Mikro- und Makroelemente folgendes beachten müsste:
  - Beim absoluten Defizit tritt der Tod ein,
  - bei eingeschränkter Versorgung des Organismus mit Mineralien kann der Organismus unter Umständen leben, jedoch mit einem „Grenzdefizitzustand",
  - bei Überschuss eines oder mehrerer Elemente entsteht der Zustand der „marginalen Toxizität", der schließlich in eine „letale Toxizität" übergehen kann.
- Systemisches Regulationsprinzip bei der Verarbeitung applizierter Mineralien im Organismus
- Wie bereits erwähnt, und es soll noch einmal nachdrücklich wiederholt werden, kommt es nicht darauf an, das eine oder andere Mengen- oder Spurenelement in großen Dosen einzunehmen. Diese Art der Einnahme kann durch Verschiebungen im Gleichgewicht des Mineralstoffwechsels sogar zu gesundheitlichen Schäden führen.

Es ist wichtig, die richtigen Verhältnisse dieser Stoffe im Organismus zu gewährleisten. Deshalb ist systemisches Denken und Handeln beim Umgang mit Mineralien angebracht.

Außerdem sind entsprechende Kenntnisse von den bioregulatorischen Mechanismen erforderlich.

Nach Shalmina und Novoselov [2002] vollziehen sich die systemischen Wechselbeziehungen der verschiedenen Mengen und Spurenelemente im Organismus auf verschiedenen Ebenen der Regulation und in flexiblen antagonistischen und synergistischen Wechselwirkungen.

Es wurde nachgewiesen [Shalmina und Novoselov 2002], dass die Cofermentfunktionen, die vielen Mineralien eigen ist, zwischensystemischen und interaktionssystemischen Gesetzmäßigkeiten unterliegen.

Bei der Beurteilung metabolischer Störungen sollte vor allem den systemischen Reaktionen der Mineralien Aufmerksamkeit geschenkt werden [Laptev 2000].

Die Resorption zugeführter Mineralien kann z. B. von der schon im Organismus vorhandenen systemischen Konzentration der Mengen- und Spurenelemente beeinflusst werden [Avzyn et al. 1991]. Untersuchungen nur einzelner Mikro- oder Makroelemente sind wegen des sehr komplizierten Charakters der funktionellen synergistischen und antogonistischen Beziehungen innerhalb des Mineralmetabolismus eigentlich inadäquat und widersprechen den regulatorischen Prozessen im Organismus [Mayanskaya und Novoselov 2000].

Auf Grund der bisherigen Erkenntnisse wurde von Shalmina und Novoselov [2002] mit Bezugnahme auf Enslinger [1986] folgendes Beziehungsschema verschiedener Elemente im Mineralmetabolismus eines Organismus als Modell dargestellt:

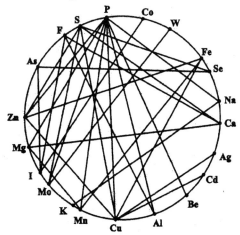

Abbildung 9-2: Vereinfachtes Schema der funktionellen Wechselbeziehungen einiger Mineralien im Organismus [nach Enslinger 1986 und Shalmina und Novoselov 2002]

Die Linien charakterisieren die Wechselbeziehung eines Elements zu dem Metabolismus eines anderen. Aus diesem keinesfalls vollständigen Schema geht hervor, dass bestimmte Elemente sehr viele Beziehungen zu den anderen ausweisen, andere Elemente dagegen sehr wenige.

9.8 Systemisches Prinzip der Mineralienwirkung lange bekannt

Justus Liebig (1893-1873) formulierte das agrochemische Minimungesetz. Dieses besagt: „Wenn ein Ackerboden alle zum Wachstum erforderlichen Mineralstoffe mit einer Ausnahme enthält, so wird sich das Wachstum der Pflanze doch immer nach jenem Mineralstoff richten müssen, an welchem der größte Mangel besteht. Wird der Boden mit diesen Mineralstoff angefüllt, dann kann die Pflanze ihr volles Wachstum entfalten." Um diesem Gesetz gerecht zu werden, verwendet man heute in manchen Gebieten unserer Erde Naturzeolith mit seiner Adsorptions- und Ionenaustauschfunktion *[Khlalilav und Bagirov 2002]*.

Da Pflanzen, Tiere und Menschen die gleichen Mineralien unseres Planeten im Stoffwechsel verarbeiten, gilt dieses Gesetz von Justus Liebig wie wir noch sehen werden *[Shalmina und Novoselov 2002]* auch für den Menschen. Bei Pflanzen hat man zur Regulierung ihres Mineralstoffwechsels bereits Ionenaustauscher eingesetzt.

Es geht eigentlich auch beim Menschen und bei Tieren nicht darum, das eine oder andere Mineral und vielleicht noch in großen Massen zuzuführen und auf eines oder einige zu verzichten, sondern es geht darum, dass alle essenziellen Mineralien und Spurenelemente in den entsprechenden Verhältnissen zueinander in den Stoffwechsel eines Körpers gelangen müssen.

Es gilt heute als gesicherte wissenschaftliche Erkenntnis, dass jeder Stoffwechselvorgang im Organismus nur bei Gegenwart und mit unmittelbarer Aktion aller essenziellen Mineralstoffe möglich ist und optimal ablaufen kann. *[Anke und Szentmihalyi 1986; Carlisle 1986a und b; Yershov 1981; Voronkov et al. 1975 u. a.]*. Eigentlich ist diese Erkenntnis nicht neu.

9.9 Mangel oder Überschuss einer oder mehrerer Mineralien verursacht Regulationsstörungen

Diese Erkenntnis soll nachfolgend an einigen Beispielen demonstriert werden.

- Ein Übermaß an Mg, Al und Ca im Organismus stört die Aufnahme von Phosphor. Phosphormangel führt zu Wachstumsstörungen, zum Knochenabbau, zum Zahnverfall und zu Arthritis

- Kaffee und Tee führen übermäßig Ca ab
- Stress und Alkoholgenuss verbrauchen sehr viel Magnesium
- Wenn Al im Gewebe angereichert ist, kann kein Eisen im Organismus aufgenommen werden. Eisen ist für die Hämoglobinbildung und für die Zellatmung wichtig
- Beim Mangel an Blei ist die Hämatopoese nicht möglich, ebenso aber auch nicht bei Bleiüberschuss
- Zink regulativ dosiert fördert die Stärkung des Immunsystems und das Wachstum, auch die Insulinsynthese. Eine Überdosierung an Zink erhöht aber das Risiko für die Entwicklung von onkologischen Erkrankungen *[Filov 1985]*
- Ein Defizit an Zink führt zum veränderten Stoffwechsel des Vitamins A mit toxischen Erscheinungen
- Magnesiummangel stört die Funktionsfähigkeit der Vitamin B-Gruppe *[Avzyn et al. 1991]* und verhindert die Aufnahme von Kationen
- Wenn Kalium appliziert werden soll ist es notwendig, eine halbe Stunde vorher Magnesium zu applizieren, damit das Kalium im Darm resorbiert wird
- Ein Überschuss an Bor bedingt ein Defizit an Kalzium mit möglicher Osteoporosewirkung
- Kupferüberschuss geht einher mit einem Defizit von Zink, Magnesium und Kalzium
- Kupferdefizit verursacht eine Blockade der phagozytoren Aktivität von Leukozyten, wobei gleichzeitig ein Anstieg der Katecholamine und der Milchsäure erfolgt *[Bildujeva 2001]*
- Mangel an SiO_2 führt zur Dysfunktion von Kalzium (Arteriosklerosebildung), Magnesium (Vergiftung der Zelle) und anderen Störungen im Mineralhaushalt, im Vitaminstoffwechsel und in der Proteinsynthese
- Beim Defizit an Mangan verläuft der Stoffwechsel mit dem Vitamin B_1 zur Bildung toxischer Stoffe. Bei ausreichender Versorgung des Organismus mit Mangan wird die Toxizität von Äthanol und Acidose verhindert.

Mit dem Verweis auf die Abbildung 9-2 möchten wir noch einmal auf den Charakter der systemischen Regulation der Mineralien in unserem Organismus verweisen und vor einseitigen Überlastungen durch übermäßige Zufuhr des einen oder anderen Minerals eindringlich warnen.

- **Selen** galt im 19. Jahrhundert als toxisches Element. In hohen Konzentrationen in Ackerböden vorkommend hat es zu Intoxikationen bei Menschen und Tieren geführt. Erst als man 1975 in China die Selenmangelkrankheit „Ke'shan" und Kashin-Beck entdeckte, wurde dem Selen bezüglich seiner Essentialität für den menschlichen Organismus gebührende Aufmerksamkeit geschenkt. Heute wird dem Selen eine Rolle im Enzymstoffwechsel zugeschrieben. Man kennt über 20 selenabhängige Proteine, die am Schutz vor Zellschäden durch oxidative Prozesse beteiligt sind *[Bürgerstein 2002; Gröber 2002]*.
- **Kalium** ist ein wichtiger Regulator des osmotischen Drucks, des pH-Gleichgewichts und der Elektrolytfunktion in den extra-intrazellulären Wechselbeziehungen. Kalium ist der regulatorische Antagonist des Natriums. Über-

schuss des einen Elements bedingt den Mangel des anderen. Kaliumüberschuss hemmt den Magnesiumstoffwechsel und vermindert die Funktionen des Herzmuskels. Mangel an Kalium verlangsamt das Wachstum *[Račikov 1999]*.
- **Chrom** ist ebenfalls ein essentielles Mikroelement. Chrom beteiligt sich an dem Nucleinsäuren-, Ferment-, Fett- und Kohlenhydratstoffwechsel. Chrommangel führt zur Wachstumshemmung und auch zur Störung des Glukosestoffwechsels. Wegen hoher Ausscheidungsquote von Glukose im Urin bei Chrommangel vermutet man einen Chrommechanismus in der Diabetes-mellitus-Pathogenese. Im Alter sinkt die Chromkonzentration im Gewebe.
- Bleiüberschuss führt zur Verdrängung des Eisens in der extrazellulären Matrix. Einer Eisentherapie, z. B. bei Anämie, sollte stets eine Ausleitung des Bleis vorausgehen.
- Eiweißmangelnahrung führt zur Senkung des Magnesiums im Gewebe. Bleibt der Magnesiummangel bei einer Erhöhung des Eiweißes bestehen, wurden Wachstumsstörungen beobachtet *[Račikov 1999]*.
- Nickel trägt zur Stabilisierung der zytoplasmatischen Membran bei und spielt eine Rolle bei der Formierung der Spiralstruktur der Nukleinsäuren. Nickelmangel kann zur Chlorosen und Nekrosen führen. Ein Überschuss von Nickel kann zu Hauterkrankungen und zu bösartigen Neubildungen führen *[Račikov 1999]*.
- Strontium bildet im Körper mit Eiweißen Verbindungen (indem es Zink verdrängt), wodurch elementarer Stickstoff und Harnstoff ausgeschieden wird; aber auch Phosphor- und Schwefelausscheidungen werden durch Strontium bewirkt. Strontium verdängt das Kalzium und kann Strontiumrachitis auslösen. Überschuss an Strontium vermag auch zu einer Störung des Kupfer-Kobalt-Verhältnisses zu führen *[Račikov 1999]*.
- Kadmium soll in feinsten Spuren an Wachstumsprozessen und an der Fermentregulation beteiligt sein. Aber schon die geringste Erhöhung von Kadmium im Gewebe oder im Blut führt zur Störung der Fermentaktivität und des Stoffwechsels von Kalzium, Phosphor, Eisen, Kupfer und Zink *[Račikov 1999]*.
- Schwermetalle im Überschuss gelten für den menschlichen Organismus als besonders toxisch, weil sie die Fähigkeit besitzen, mit Eiweißen und Cofermenten Verbindungen einzugehen. Nach Račikov [1999] hängt aber die Toxizität von Quecksilber, Plumbum, Kadmium, Nickel, Arsen und Zink von folgenden Faktoren ab:
  - von der Speicherung in den Geweben. Gespeicherte Metalle bzw. Schwermetalle wirken in Abhängigkeit von der Menge toxischer als nicht gespeicherte.
  - von den Wechselwirkungen der Metalle und Schwermetalle untereinander bzw. zu anderen Elementen.
  - von der Absorption im Gewebe, wobei auch die Wechselbeziehungen zu anderen Elementen eine Rolle spielen können.
  - von der Härte des Wassers, in welchem die Ionen der Metalle gelöst sind. Je härter das Wasser, umso geringer ist die Re- und Absorption der Schwermetalle im Organismus.

- von der Fähigkeit des Körpermagnesiums und Körperkalziums, Metalle zu binden.
- Bei Mangel an Kalzium und an Magnesium ist eine Gewebeabsorption und -speicherung der Schwermetalle begünstigt *[Račikov 1999]*.
- Das Zusammenwirken von Zink, Mangan, Kupfer, Ferrum, Kobalt und Jod aktiviert die Antikörperbildung *[Bildujeva 2001]*.
- Chlor verdrängt Fluor im Gewebe und Wasser *[Bgatova und Noselov 2000]*.

9.10 Mineralmangel als Ursache von psychischen und neurologischen Störungen

Bisher wurde verkannt, dass Mineralmangel nicht selten die Ursache für psychische Störungen sein kann. So stellte Fehlinger 1978 fest, dass Magnesiummangel die Ursache der bis dahin als Atemneurose bezeichneten Krankheit ist.

Neuropsychische Störungen bei Mineralmangel sind häufig zu beobachten. Das sollen folgende Beispiele zeigen.

<u>Jodmangel:</u>
- Müdigkeit
- mentale Trägheit
- allgemeine Leistungsschwäche
- Antriebsarmut
- nervöse Unruhe
- erhöhte Stress-Sensibilität

<u>Magnesiummangel:</u>
- Nervosität
- Angst- und Verwirrungszustände
- Kribbeln in Armen und Beinen
- depressive Verstimmung
- Muskelverkrampfungen
- neuroseartige Zustände

Derartige Auflistungen könnten von den meisten Mineralien aufgestellt werden.

Die weltweit gestresste und somit psychisch belastete Menschheit hat einen sehr hohen Verlust an wichtigen Mineralien, der unbedingt durch erhöhte Zufuhr abgedeckt werden muss, um bei Patienten mit psychischen Störungen die Psychotherapie effektiv zu gestalten.

Ein typisches Beispiel für einen Mineral- und Vitaminmangel, nämlich der an Zink und Vitamin B_6, ist die Kryptopyrrolurie (KPU). Diese wurde bereits vor 110 Jahren entdeckt, ist aber bei vielen Ärzten unbekannt. Damals wurde bereits festgestellt, dass bei bestimmten Patienten vermehrt Pyrrole im Urin vorkommen. Irvine und O'Reilly haben 1960 mit einer verbesserten Methode Pyrrole, den so genannten Malve-Faktor, nachgewiesen. Bei Gesunden fanden sie ihn in 11 % der Fälle, bei geistig behinderten Kindern in 24 % und bei Schizophrenen in 52 % eine vermehrte Ausscheidung von Pyrrolen im Urin.

Pyrrole sind Bausteine des Häms. Normalerweise werden Pyrrole nicht in freier Form im Urin ausgeschieden. Sie werden an Gallensäuren gebunden mit dem Stuhl eliminiert.

Pyrrole haben eine chemische Affinität zu Pyridoxal-5-phosphat, der aktiven Form des Vitamin B_6. Im Falle eines Enzymdefekts bilden Pyrrole einen Zink-chelierenden Komplex, der mit dem Urin ausgeschieden wird.

Chelate sind organische Verbindungen, die mit Metallen stabile ringförmige Komplexe bilden. Dies führt zur kombinierten Defizienz von Vitamin B_6 und Zink.

Die Pyrrolurie ist weit verbreitet und führt auf Grund des kombinierten Mangels zu vielen spezifischen, oft nicht leicht zu behandelnden Störungen. Die vermehrte Ausscheidung von Pyrrolen im Urin signalisiert einen Enzymdefekt mit vermehrtem Anfall der Häm-Metaboliten, ist aber nicht spezifisch für ein Krankheitsbild.

Kryptopyrrolurie kann sich bei verschiedenen Symptomen zeigen wie
- Depressionen bis hin zu psychotischen Symptomen (schizophrenartig)
- Selbstmordgedanken
- zerebralen Abauprozessen und
- Aufmerksamkeitsdefizit-Hyperaktivität-Syndrom (ADHS)

Ob es sich hierbei um einen kausalen Zusammenhang oder eine Assoziation handelt, ist umstritten und bislang nicht definitiv geklärt. Etwa 10 % der Bevölkerung weisen eine anzymatische Störung im Häm-Metabolismus auf. Diese ist unter normalen Lebensbedingungen weitgehend kompensiert.

Klinische Verdachtsmomente für eine Kryptopyrrolurie sind
- unklare neurologische Symptome
- Hirnfunktionsstörungen
- Gedächtnisstörungen unklare Genese
- psychotische Störungen
- häufig eine Verschlechterung des Kurzzeit- und Namensgedächtnisses oder der Handschrift
- besondere Begabung – Genie und Wahnsinn/Borderline-Typen
- in Stresssituationen angstneurotische Zustände
- Depressionen
- Schlafstörungen
- Wahrnehmungsstörungen
- starke emotionale Schwankungen
  nervöse Erschöpfung
- Traumerinnerungslücken

Körperlicher und psychischer Stress wirken sich dekompensierend und manifestationsfördernd aus. Im manifesten Stadium beobachtet man neben neuropsychiatrischen Symptomen
- rheumatologische Beschwerden
- unspezifische Autoimmunphänomene, deren Genese ungeklärt ist

Ein auffälliger Zusammenhang besteht zwischen der Kryptopyrrolurie und dem „attention-deficit-hyperactivity-syndrom" bei Kindern und Jugendlichen. ADHS
Behandlung: Die Behandlung der Kryptopyrrolurie ist effizient durch
- simultane Substitution von Zink und Vitamin B_6 (Pyridoxal-posphat, -Hydrochlorid)
- adjuvante Ergänzung von Mangan, Magnesium, B-Vitaminen, Vitamin E, Chrom und anderen synergistisch wirkenden Inhaltsstoffen ist sinnvoll

9.11 Die Weltbevölkerung im Zustand einer Mineralose?

„Der Druck der Tatsachen ist so groß, dass wir uns verändern oder von der Erde verschwinden müssen."
[Club of Rom: Zur Lage der Menschheit, 1992]

Aktuelle wissenschaftliche Einschätzungen zeugen von alarmierender Verstärkung des negativen ökologischen Drucks auf die Menschheit. Die natürlichen Stoffwechselkreisläufe der Umwelt und der menschlichen und tierischen Organismen werden zunehmend beängstigend durch den unvernünftigen „Homo Sapiens" gestört, z. B.:
- durch Schadstoffbelastung infolge Umweltverschmutzung
- durch manipulierte, vor allem genmanipulierte Nahrung
- durch Störung der natürlichen Rhythmen und der inneren Uhr
- durch zunehmenden Dysstress infolge Angst, Gewalt, Existenzbefürchtungen
- durch Arzneimittel- und Genussmittelmissbrauch
- durch Elektrosmog und Lärm u. a.

Die Folge davon: Gesundheitsverlust: Immunschwäche, Autoimmun-, Tumor- und andere chronische Erkrankungen, Depressionen und Schlafstörungen u. a. steigen an.

Ganz besonders stark ist hierbei das elementare Regulationsprinzip des Mineralstoffwechsels und somit die extrazelluläre Matrix betroffen.

> Novoselov [2001] verweist darauf, dass durch die Schadstoffbelastungen, denen heute fast alle tierischen und menschlichen Organismen unterliegen, die systemischen Beziehungen innerhalb der Mineralhomöostase nicht nur komplizierter geworden sind, sondern auch Ungleichgewichte bzw. systemische Dysregulationen (oft chronischer Natur) entstehen.

Diese werden häufig nicht erkannt, weil der systemische Regulationscharakter des Mineralmetabolismus nicht berücksichtigt wird.

> Mit Bezugnahme auf die WHO wird von Veretenina et al. [2003] das 21. Jahrhundert als das der totalen Störung des Mineralstoffwechsels der menschlichen und tierischen Organismen bezeichnet. Sie prognostizieren eine weltweite „Mikroelementose".

Dabei gehen sie von Forschungsergebnissen der Novosibirischen Staatlichen Medizinischen Akademie aus und vertreten die Auffassung, dass der „chemische Stress", durch Umweltstoffe verursacht, die Stoffwechselprozesse des menschlichen Körpers durch die ungleichen Mengenverhältnisse in der systemischen Mineralregulation überlädt.

> Die Autoren sind der Auffassung, dass die Zellen in der „verschmutzten" extrazellulären Matrix „ersticken" und ihre Funktion nicht erfüllen können. Vor allem ist die unspezifische Immunfunktion durch „unphysiologische" Arzneimittelstoffe „verseucht".

> Onishenkov [2002] befürchtet, dass der Mensch sich zu einer „vakzino-arzneimittelabhängigen biologischen Abart" entwickeln kann, wenn nicht Abhilfe geschaffen wird.

Derartige Befürchtungen werden auch von Kaussner [2001] geäußert, der diese u. a. mit folgenden Fakten auf der Grundlage von Literaturquellen belegt (Beispiele):
- Durch Hochzüchtung nimmt der Mineralgehalt von Früchten und Gemüse alle 25 Jahre um die Hälfte ab
- In Früchten und Gemüse werden häufig Pestizidrückstände gefunden
- Das Fleisch der Tiere enthält neunmal mehr Pestizide als Früchte und Gemüse
- Das Trinkwasser ist weltweit mit Nitriten, Chlor, Herbiziden, Insektiziden, Fungiziden, Antibiotika, Hormonen aus der Mastviehzucht, Schwermetallen usw. belastet, weil es häufig aus Abwassern neu zubereitet wird. In den USA soll dies zu 70 % der Fall sein.

Diese wenigen Beispiele von Fakten lassen die besorgniserregende Formulierung des Clubs of Rom (1992) zu einer sehr ernsten Warnung werden.

9.12 Gibt es Möglichkeiten die Art Mensch zu erhalten?

Wie kann ein solcher Weg gegangen werden?
1. Die Evolutionsgeschichte lehrt uns, dass das Leben auf unserem Planeten trotz großer Naturkatastrophen erhalten blieb. Es überlebten die Arten und Individuen, die innerlich über starke Abwehrkräfte verfügten. Diese Abwehrkräfte sind heute dem Gros der Menschheit verloren gegangen. Die Abwehrkräfte müssen dringend gestärkt werden.
2. Hierbei sollten wir uns auf die Evolution besinnen und zwar auf die Mineralstoffe, die bei der Entstehung des Lebens auf der Erde eine Rolle gespielt haben.

Die Spur in die Vergangenheit führt uns zu den siliziumreichen Mineralien und Gesteinen. Sie sind hollographisch biogen geprägt.
- SiO_2 (Kieselsäure)
- H_4SiO_4 (kolloidales Silizium)
- Natur-Klinoptilolith-Zeolith
- Montmorillonit u. a.

Ihre **bio-geo-physiko-chemischen Wirkeigenschaften** sind denen der **extrazellulären Matrix** von Mensch und Tier ähnlich, weil sie ein Stück **derer eigenen Evolution** sind *[Voronkov et al. 1975 ; Blagitko und Yanina 2000]*.

Nutzen wir diese Naturstoffe für eine organismuseigene biogene ökologische Rehabilitation.

9.13 Was können die siliziumreichen Naturmineralien Klinoptilolith-Zeolith und Montmorillonit?

- **Ionenaustausch:** Ausführung von Schadstoffionen aller Art, einschließlich Radionuklide und Zufuhr von lebensnotwendigen Mineralien
- **Adsorption:** In Einheit mit dem Ionenaustausch Aufsaugen von Schadstoffen, Bakterien und Viren, „Entgiftung des Körpers" und Erhöhung der Zufuhr und Bioverfügbarkeit von Mineralien, Vitaminen, Aminosäuren u. a. Bioregulatoren um das 300fache
- **Molekularsiebfunktion:** Stabilisierung des Molekularsiebs als Schutzschild für die Zellen in der extrazellulären Matrix und somit Regulierung des Stoffwechsels
- **Hydratation:** Durch Wasserbindung Erhöhung der Funktionen und Spannkraft der Gewebe, vor allem des Bindegewebes um das 400fache, z. B. Verhinderung von Faltenbildung der Haut
- **Proteinsynthese** zum Eiweißaufbau
- **Regulierung des Basen-Säure-Gleichgewichts** (Entsäuerung des Organismus)
- **Wachstum, Heilung:** Zell- und Gewebeaufbau und Zell- und Gewebereparatur
- Rhythmustaktung
- Sicherung der elektrolytischen und elektrophysiologischen Prozesse mit der Halbleitereigenschaft des Siliziumdioxyds (z. B. EKG, EEG)
- Katalysatorfunktion für biomolekulare Lebensprozesse

9.14 Wofür sind Klinoptilolith-Zeolith und Montmorillonit gut?

- Entgiftung des Körpers, Befreiung von Schadstoffen, Fangen von freien Radikalen
- Erhöhung der Stabilität des Immunsystems und der Widerstandsfähigkeit gegen Erkrankungen
- Regulierung des Mineralstoffwechsels
- Regulierung der Funktionen des Kreislaufs, des Nervensystems und der Verdauung
- Erhöhung geistiger und körperlicher Leistungsfähigkeit
- Entzündungshemmung und Beschleunigung der Heilung
- Hautpflege
- Hemmung des Alterungsprozesses
- Antibakterielle und antiviruelle Wirkungen
- Stressreduzierende Wirkung
- Sanfte positive Wirkung auf den Schlaf
- Optimierung der Verarbeitung von wichtigen Lebensstoffen
- Anti-Pilz-Wirkung im Körper und auf der Haut
- Abschwächung von Nebenwirkungen von Pharmaka u. a.
- Abschwächung der Wirkung von Genussmitteln, z. B. Alkohol, Koffein

9.15 Anhang

9.15.1 Physiologische pH-Werte

pH = Maß für Wasserstoff-Ionen Konzentration einer Flüssigkeit
pH = negativer Logarithmus der Wasserstoff-Ionen Konzentration einer Flüssigkeit (=log(H^+))

pH = 7 neutrale Reaktion einer Flüssigkeit
pH < 7 saure Reaktion einer Flüssigkeit
pH > 7 alkalische Reaktion einer Flüssigkeit

Blutserum	7,37-7,45
Pankreassaft	7,5-8,8
Galle	6,5-8,2
Harn	4,5-7,9
Magensaft	1-4
Milch	6,5-6,9
Speichel	5,5-7,8

9.15.2 Periodensystem der Elemente

10 Silizium in der Kosmo-, Geo-, Hydro- und Biosphäre

10.1 Silizium – das zweithäufigste Element unseres Planeten

Nach dem Sauerstoff ist das Silizium (als Silikat und Siliziumdioxid vorkommend) das zweithäufigste Element unseres Planeten. Auch im Universum nimmt es eine vorrangige Stellung ein. Nach den Elementen H, He, O, Ne, N, C steht Si an siebter Stelle vor Mg, Fe, S, Ar und Al. Die Gesteine des Monds, die mit der Station Luna 16 sowie mit Raumschiffen Apollo 11 und 12 zur Erde gebracht worden sind, enthalten 41 Gewichtsprozent SiO_2 *[Voronkov et al. 1975; Mason und Nelson 1970]*.

Die Erdkruste soll zu 75 % aus Silikaten und zu 12 % aus Kieselsäure (SiO_2) bestehen *[Rösler 1991]*. Insgesamt sind 800 verschiedene Siliziumverbindungen gefunden worden. Zu den Kieselsäureverbindungen SiO_2 zählen Quarz, Bergkristall, Amethyst, Rauchquarz, Morion, Citrin, Rosenquarz, Kieselgur, Basalt, Glimmer, Feldspat, Opal, Olivin u. a. *[Rösler 1991]*. Der Übergang zwischen Lithosphäre und Biosphäre ist bekanntlich der Erdboden. Er ist die fruchtbarste Oberflächenschicht des Festlands unseres Planeten und wird als verwittertes Gestein bezeichnet. Der Boden ist die oberste belebte Verwitterungsschicht der Geosphäre. Es gibt verschiedene Böden (Schwarzerde, Braunerde, Salzböden). Die so genannten schweren Böden mit feinkörnigem Ton und Lehm und somit SiO_2 gelten als die fruchtbarsten. Die leichten Böden sind Sandböden. Sie enthalten ebenfalls Ton, Quarz bzw. Kieselsäure (SiO_2), aber grobkörnig.

Ein vereinfachtes Schema soll die Klassifikation der Böden darstellen.

Tabelle 10-1: Klassifikation von Böden

Bezeichnung	Korngrößen Ø in mm	körnige Bestandteile	Bodennutzung in Mitteleuropa
Schutt	> 20	Gerölle	Ödland
Grus	22-2	Feinkies	Weideland
Sand	2-0,063	Quarzkörner	Nadelwald, Roggen, Kartoffeln
Schluff (Lehm)	0,063-0,002	Tonmaterialien, Quarzkörner	Laubwald, Wiesen, Weizen
Ton	< 0,002	Tonmaterialien	Buchenwald, Zuckerrüben, Weizen, Hopfen, Wiesen

10.2 Ton – eine siliziumreiche Erde

Daraus wird ersichtlich, dass sich in allen genannten Böden SiO_2-Verbindungen oder Silikate befinden und dass Böden mit den feinsten Anteilen von Ton (SiO_2) die höchste Fruchtbarkeit für Pflanzen ausweisen. Der Ton besteht, wie bereits erwähnt, aus sehr feinkörnigem Quarz, Feldspat, Glimmer, also SiO_2-Gesteinen sowie aus biogenen Anteilen. Die Tonmineralien sind gewöhnlich wasserhaltige Aluminiumsilikate, die Wasser und Ionen anlagern können. Durch Wasseraufnahme vermag der Ton sein Volumen durch Quellung zu vergrößern. Wenn Ton mit Wasser gesättigt ist, wird er wasser- und luftundurchlässig.

Tonschichtenlager in der Natur sind daher wichtige Grundwasserträger. Ton wird daher auch für unterirdische Dichtungsschleier, z. B. für Talsperren und Deichdämme, verwendet. Wasser, welches mit Tonschichten in Verbindung steht, enthält gewöhnlich (in unterschiedlichen Mengen) Monokieselsäure und kolloidale Kieselsäure in Solform. Die Menge der kolloidalen Anteile hängt vom pH-Wert und von der Temperatur ab.

In den letzten Jahren wurde berichtet, dass auf Friedhöfen, die stark tonhaltige Erde besitzen, die Leichen nicht verwesen und selbst nach 60-80 Jahren noch vollständig erhalten sein können. Offensichtlich spielen dabei die antibakterielle Wirkung des Siliziums im Ton und die Abdichtung gegenüber Luft eine Rolle.

Weißer Ton (Kaolin) wird als Puder oder Paste bei Hauterkrankungen und zur Hautpflege, innerlich zur Regulierung der Darmfunktion, z. B. bei Durchfällen, verwendet. Von Tonerde ist auch eine adstringierende Wirkung, z. B. bei Prellungen, Insektenstichen usw. bekannt.

10.3 Alexander von Humboldt - Mitentdecker des SiO_2 in den Pflanzen

In tonhaltigen Erdböden sollen sich, von Region zu Region unterschiedlich, 33-85 Gewichtsprozent SiO_2 befinden *[Voronkov et al. 1975; Lukashev 1964; Vinogradov 1959, 1957]*. Von Ende des 18. Jahrhunderts an wurde SiO_2 in lebenden Organismen beschrieben. So berichtete Abildgaard 1789 über die Anwesenheit von SiO_2 in Schwämmen, Russel 1790 in Bambus. Alexander von Humboldt hat die Ergebnisse seiner Untersuchung über das Vorkommen von Silizium in Pflanzen 1793 in lateinischer Sprache und 1794 in deutscher Sprache beschrieben. Justus Liebig *[1803-1873]* beschrieb die große Bedeutung des Siliziums für die Agrikultur. Obwohl aus dem alten Griechenland bekannt war, dass der siliziumhaltige Schachtelhalm (Zinnkraut) zur Wundheilung gute Dienste leistete und Louis Pasteur *[1822-1895]* schon 1878 die Bedeutung für die Gesundheit des

Menschen prognostizierte, wurde das Problem der Biochemie des Siliziums (SiO_2) erst mit Beginn des 20. Jahrhunderts aufgegriffen. Trotz vieler wissenschaftlicher Arbeiten, dem Buch von Voronkov et al. 1975: „Silizium und Leben" sind mehr als 5.000 Quellenangaben zu entnehmen, befasst sich die gegenwärtige medizinische Praxis und Forschung nicht sonderlich mit dem Silizium als Mineral im Organismus des Menschen. In vielen einschlägigen Lehrbüchern und Monografien wird es noch nicht einmal erwähnt.

10.4 SiO_2 in der Hydrosphäre

In der Hydrosphäre kommt das SiO_2 weniger häufig vor als in der Lithosphäre. Es wird ein Durchschnittswert von 5 mg/l Meeres- oder Ozeanwasser angegeben *[Voronkov et al. 1975; Vinogradov 1967; Saukov 1966]*. Gewöhnlich kommt es als gelöste Kieselsäure (SiO_2) und als SiO_2-haltiger Schlamm auf den Böden der Gewässer (z. B. Meeresboden) vor. Etwa 4-5 % davon ist kolloidales SiO_2. Das SiO_2 nimmt in den Ozeanen mit der Tiefe und in der Oberflächenschicht der Ozeane vom Äquator zu den höheren Breiten zu *[Voronkov et al. 1975; Gusarova et al. 1966]*. Die Flüsse sind die Hauptlieferanten des SiO_2 für die Ozeane und weisen im Durchschnitt einen Gehalt an SiO_2 von 13 mg/l aus *[Voronkov et al. 1975; Livingstone 1963]*. In kalten unterirdischen Gewässern bzw. Quellen werden 20-40 mg/l SiO_2 nachgewiesen. In Thermalquellen können bis 300 mg/l SiO_2 vorkommen. Auch in diesen Gewässern besteht der Hauptteil des SiO_2-Anteils aus monomerer Kieselsäure und ein geringer Teil aus kolloidalem SiO_2 in Solform *[Voronkov et al. 1975; Bogomolov et al. 1967]*.

Siliziumhaltige Mineralquellen gibt es besonders in den Kaukasusländern. Aus Borshomi (Georgien) kommt das in der ehemaligen UdSSR sehr beliebte Mineralwasser gleichen Namens. Es enthält 46 mg SiO_2/l Wasser. Weitere berühmte Kurorte dieser Region mit siliziumhaltigen Quellen sind Avadchara (Abchasien) mit 58 mg/l und Dsan-Suar (Südossetien). In den angeführten Kurorten werden funktionelle Magenstörungen, chronische Gastritis, Ulcusleiden verschiedener Art und Colititen therapiert. Im Kurort Dzhermuk (Armenien) mit einem Mineralwasser von 112 mg SiO_2/l Wasser werden Stoffwechselerkrankungen, besonders Diabetes mellitus und Adipositas, behandelt [Voronkov et al. 1975]. In dem westdeutschen Ort Daun, in welchem die Mineralquelle und das daraus entnommene Trinkwasser einen Gehalt von 80 mg SiO_2/l Wasser haben soll, wurde beobachtet, dass in diesem Bezirk eine sehr niedrige Erkrankungs- und Sterbequote an Krebs gegenüber anderen Bezirken Deutschlands vorhanden ist *[Goldstein 1932]*. In der Thermalquelle von Natur Med in Duvaltar (Türkei) wurden 84,2 mg/l Wasser SiO_2 nachgewiesen.

Siliziumreiche Quellen sollen aber überall auf der Erde vorkommen. Thermalquellen in Neuseeland und im Yellowstone Park in den USA sowie die Geysire in Island sollen einen Gehalt an SiO_2 von 100-400 mg/l Wasser zeigen. Die Marienbader Waldquelle in Tschechien soll ebenfalls 400 mg SiO_2/l Wasser, die Baden-Badener Quelle 155 mg SiO_2/l und die Kronthalquelle bei Frankfurt am Main 100 mg SiO_2/l Wasser ausweisen [Kaufmann 1997]. Vielfach ist der Siliziumdioxidgehalt der Quellen nicht bekannt, weil dieses Mineral sehr wenig von der Medizin beachtet wird.

10.5 Silizium-Zyklus in der Geo-Bio-Hydrosphären-Dynamik

Silizium ist ein Element, das in der Natur einem ständigen Kreislauf unterliegt. Dieser vollzieht sich an der Grenze zwischen Geosphäre (Erdkrustengesteine) und Biosphäre (Erdboden). Hierbei spielen so genannte Siliziumorganismen eine Rolle. Es handelt sich dabei um niedere Organismen, die erdgeschichtlich zu den sehr alten Klassen der Natur zählen und größtenteils im Meerwasser zu finden sind.

Dazu zählen die
- Diatomeen (Bacillario phyceae)
- Silikoflagelaten (Silicoflagells neal)
- Sonnentierchen (Heeliozoa)
- Foraminiferen (Foraminiferae)
- Kieselschwämme (Poriferae)

Diese Lebewesen können Silizium aus dem Meerwasser und Meeresschlamm aufnehmen. Sie funktionieren als Siliziumakkumulatoren.

Über die Biochemie des Siliziums in den Diatomeen liegen zahlreiche wissenschaftliche Arbeiten vor *[Sullivan 1986, 1976; Li und Volcani 1985; Schmid 1980; Sadave und Volcani 1977; Lewin 1955a und b]*. Auch über die Geochemie und Biochemie des Siliziums generell und speziell zu dem Siliziumstoffwechsel in den Pflanzen, wurden viele wissenschaftliche Arbeiten durchgeführt *[Mann und Perry 1986; Perry 1985; Peggs und Bowen 1984; Aston 1983; Mann et al. 1983a und b; Farmer und Fraser 1982; van der Vorm 1980; Iler 1979; Weiss und Herzog 1978; Dixon und Weed 1977; Wilding et al. 1977; Jones und Handreck 1967; Engel 1953]*.

Bakterien spielen aber vor allem bei der Zersetzung von silikathaltigen Gesteinen und Aluminiumsilikaten eine bedeutende Rolle [Vernadski 1965, 1938, 1922].

An der so genannten Biogeochemie des Siliziums sind neben Bakterien, Pilze, Algen und Flechten beim Zerlegen der Siliziumgesteine beteiligt. Neben den oben genannten Organismen hat man bei folgenden Bakterien eindeutig SiO_2 nachweisen können, z. B. bei Micrococcus roseus, Eschericha coli, Bazillus cereus, Bakt. subtilis, Bakt. pyocyanes, Sarcina citra, Serratia marcescens, Azotomonas insolita, Acetobacter spec. In den Sporen von Bakt. cereus wurde 1,0 % SiO_2-Gehalt und in der Asche von Acetobakter wurden sogar 7,8 % SiO_2 nachgewiesen. Die meisten der genannten Bakterien haben 0,1 % in ihrer Trockenmasse *[Voronkov et al. 1975; Rouf 1964; Czapek 1925; Fulmer et al. 1921]*.

Früher glaubte man, dass die Verwitterung von Siliziumgestein nur auf physikalisch-meteorologische Faktoren zurückzuführen sei. Heute weiß man, dass sich dabei vorwiegend biogene Prozesse abspielen, d. h. dass Bakterien, Algen, Flechten und Pilze das Silikatgestein in SiO_2-Stoffe umwandeln. Damit ist ein nahtloser Übergang von der Geosphäre zur Biosphäre gewährleistet [Voronkov et al. 1975].

> Der biochemische Zyklus des Siliziums beginnt mit der Zersetzung der kristallinen Gesteine, woraus sich der Boden bildet. Die biologischen Mikroorganismen spalten die Silikate der Gesteine und setzen SiO_2, Kalium, Kalzium, Natrium, Magnesium, Aluminium usw. frei. Durch diesen geobiochemischen Prozess konnten sich die Bakterien als erste Lebewesen außerhalb des Wassers auf dem Festland entwickeln.

Gleichzeitig schufen sie die Voraussetzung für die Entwicklung von Pflanzen. Diese nahmen das SiO_2 auf. Durch eine Reihe von Stoffwechselprozessen der niederen Organismen wird SiO_2 in Form von sekundären Mineralien zurückgebracht.

Derartige sekundäre Bodenmineralien **biogener** Prägung sind der Ton und die Tonbestandteile Montmorillonit, Beidellit, Glimmer, Muskovit, Hydroglimmer, wasserhaltiger Quarz und auch manche Zeolithe. Die amorphe Kieselsäure, die sich beim Zerfall abgestorbener Mikroorganismen bildet, wird von höheren Pflanzen aufgenommen. Von den höheren Pflanzen gelangt SiO_2 in die tierischen Organismen und in den menschlichen Körper.

Ein anderer Teil des SiO_2 wird ausgewaschen und gelangt als gelöste biogene Kieselsäure oder als kolloidales Siliziumdioxid-Sol in das Grundwasser in oberflächliche und unterirdische Flüsse und Seen, Meere und Ozeane. Gemeinsam mit unlöslichen Silikaten und Aluminium-Silikaten lagern sich die Siliziumverbindungen in den Schlamm (Tonschlamm) der verschiedenen Gewässer, vor allem als monomere, polymere und kolloidale Kieselsäure, ab.

> Diese siliziumhaltige sahneartige zarte Masse an den Böden von Gewässern ist bei Tieren, besonders in der Brunstzeit, aber auch in der Trächtigkeits- und Laktationsperiode sehr beliebt. Es wurde beobachtet, dass Tiere aller Art mit den Pfoten dies Wasser an seichten Stellen umrühren und dann trinken.

Das in Meeren und Ozeanen abgelagerte biogene SiO_2 wird von Diatomeen, Radiolarien, Silikoflagelaten und Kieselschwämmen aufgenommen, die ihre Skelette daraus bauen. Die Skelette der abgestorbenen Siliziumorganismen werden kontinuierlich mineralisiert und setzen sich ebenfalls in dem Schlamm am Boden der Gewässer ab. Ein Teil der im Meeresschlamm befindlichen Kieselsäureskelette wird mit den anderen Kieselsäureverbindungen von höheren Meerestieren, z. B. Fischen und Krebsen, aufgenommen.

Der größte Teil der Skelette scheidet aus dem biogenen Kreislauf aus. Das führt auf dem Meeresgrund zu mächtigen Ablagerungen, die sich als Diatonit, Glukovit, Radiolarienschlamm usw. anbieten *[Voronkov et al. 1975; Gonzales und Guerrero 1964]; Buchanan und Fulmer 1928-1930; Vernadski 1923]*. Die Zuwachsrate an biogenem SiO_2 soll in den pelagischen Ozeanablagerungen 1,9 x 10^{14} g/Jahr betragen und ihr Volumen soll hunderttausende von km³ erreichen *[Vernadski 1926]*.

SiO_2-Ablagerungen bedecken nach Svedrup et al. [1942] 6,7 % der Fläche des Atlantischen, 14,7 % der Fläche des Stillen und 20,4 % der Fläche des Indischen Ozeans.

In kälteren Gewässern in Richtung Polgebiete sind vorwiegend Diatomeen-Ablagerungen, in tropischen und subtropischen Gewässern vorwiegend Radiolarienskelette zu finden *[Vernadski 1922]*. Es wurde beobachtet, dass bei einem Anstieg der Temperatur in den Ozeanen, z. B. nach Vulkantätigkeiten, eine sprunghafte Steigerung der Siliziumorganismen zu verzeichnen ist *[Harris 1966]*.

Nachfolgend stellen wir den Siliziumzyklus der Geo-Bio-Hydrosphären-Dynamik schematisch dar. Daraus ist zu entnehmen, dass die in Gewässern und Pflanzen zu findenden Kieselsäuren (monomere, kolloidale) bereits biogen vorbereitet und somit unserem Organismus adäquat sind.

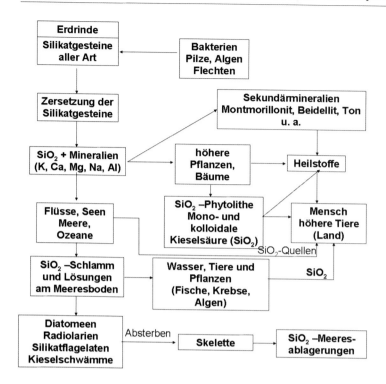

Abbildung 10-1:
Schematische Darstellung
des Siliziumzyklus in der
Geo-Bio-Hydro-Dynamik

10.6 Silikatbakterien „verwittern" die Gesteine

Wie bereits erwähnt, vermögen Mikroorganismen, insbesondere Bakterien, die Oberflächenschicht von Gesteinen zu zerstören, d. h. Silikate in Kieselsäure umzuwandeln *[Vernadski 1965, 1938, 1922]*. Diese Ausführungen sollen nachfolgend noch ergänzt werden.

Erstmals beobachtete Egunov [1897] die Bildung von SiO_2 als Folge einer Bakterientätigkeit. Beim Studium der Veränderungen von Seeschlamm unter Einwirkung von Bakterien beobachtete er, dass sich an den Wänden der Reagenzgläser ein dünner, ringförmiger SiO_2-Film bildete. Einige Jahre später beobachtete auch Nadson [1903] ähnliche Erscheinungen bei Versuchen mit einer Kultur von Proteus vulgaris. Im Jahre 1912 fand Bassalik im Darm von Regenwürmern Bakterien, die in der Lage waren, Aluminosilikate abzubauen.

Systematische Studien an Organismen, die Silikate abbauen, wurden von Alexandrov und anderen sowjetischen Wissenschaftlern durchgeführt [1968, 1962, 1950, 1949]. Alexandrov nannte die von ihm untersuchten Mikroorganismen Bacillus mucilaginosus subsp. nova siliceus. Diese Bakterien, die im Boden auf Granit und anderen Silikatgesteinen oder

-mineralien leben, bauen die Silikate und Aluminosilikate wahrscheinlich unter Einbeziehung des von ihnen aufgenommenen Siliziums in metabolische Prozesse ab *[Alexandrov 1968, 1962]*. Man vermutet dabei, dass das Kalium in Aluminosilikaten unter Bildung siliziumorganischer Verbindungen durch ein organisches Radikal ersetzt werden kann.

Die Silikatbakterien vermögen beim Abbau von Apatiten, Phosphoriten und sogar Graniten in einem gewissen Grad auch Phosphorsäure freizusetzen *[Alexandrov 1953]*. Dieser Prozess wird offensichtlich durch die Anwesenheit von Aluminosilikaten in diesen Gesteinen und Mineralien begünstigt.

Die silikatabbauenden Bakterien können in geringem Maße auch Stickstoff aufnehmen *[Voronkov et al. 1975]*.

10.7 Silizium in höheren Pflanzen

Silizium befindet sich in vielen Pflanzen und somit in menschlichen Nahrungsmitteln. Hierbei spielt das Silizium in der Stabilisierung, z. B. von Gras, Getreidestengeln, Rohr, Bambus und in vielen anderen Pflanzen eine Rolle. Gleichzeitig ist wichtig zu wissen, wie das pflanzliche Silizium in dem menschlichen und tierischen Körper verarbeitet wird. Hierzu liegen viele Arbeiten vor, von denen nur einige genannt werden sollen *[Sangster und Hodson 1986; Perry 1985; Hodson et al. 1985; Lanning und Elenterius 1983; Raven 1983; Jones und Handreck 1967; Frey-Wyssling 1930]*.

Tabelle 10-2:
Siliziumgehalt in verschiedenen Pflanzen (Beispiele), Angaben von natürlichen Böden (früher)

Pflanze	SiO_2-Gehalt
Schachtelhalm	2.200-5.400 mg/100 g
Geleopsiskraut (Hanf)	2.680 mg/100 g
Knotengras (Polygonumkraut)	210-840 mg/1 Kg
Hafer	600 mg/100 g
Hirse	500 mg/100 g
Gerste	230 mg/100 g
Weizen	160 mg/100 g
Kartoffeln	200 mg/100 g
Rote Bete (Rüben)	21 mg/100 g

In Ergänzung dieser Tabelle möchten wir nachfolgend noch einige Daten von Pflanzen mit hohem SiO_2-Gehalt anführen. In diesem Fall wird der prozentuale Gehalt bezogen auf die Asche, die sich nach Verbrennung dieser Pflanzen ergab, angegeben.

Schachtelhalm	50-96 %
Tannennadeln	84 %
Farne und Gräser	ca. 50 %
Samenschalen des Reis	93 %

[Voronkov et al. 1975]

Bezogen auf die Trockenmasse werden folgende Daten angegeben. Baum Moquila ca. 50 % SiO_2. Bäume, die über 0,05 % SiO_2 enthalten, werden als Kieselbäume bezeichnet *[Amos und Dadwell 1949]*. Es soll ca. 400 derartige Bäume geben. Die Grasnarbe unter Erlen und Birken soll 15-16 % (bezogen auf die Trockenmasse) SiO_2 führen. In alten Blättern von Dattelpalmen (Phoenix) sind bis zu 20 % SiO_2 (bezogen auf die Trockenmasse) festgestellt worden. Der häufig in Bambusmark enthaltene „Tabaschir" (ca. 15 g) soll fast vollständig aus SiO_2 bestehen *[Voronkov et al. 1975]* (Abbildung 10-3 und Abbildung 10-4).

10.7.1 Zur Löslichkeit der in Pflanzen enthaltenen Kieselsäure (SiO_2) im Verdauungsprozess

Zur Klärung des Mechanismus der Bioverfügbarkeit der pflanzlichen Kieselsäure (SiO_2) im Verdauungstrakt von Mensch und Tier sind zahlreiche Modelluntersuchungen durchgeführt worden *[Randhawa 1994; Hollemann, Wieberg 1985; Mohn 1971, 1968]*. Die Pflanze bezieht ihren Kieselsäurebedarf zum Wachstum aus dem Boden. Im Laufe der Vegetation verändert sich der Gehalt an SiO_2 in den Pflanzen und ist daher sehr variabel. Ältere Pflanzen sind reicher an SiO_2, jüngere können weniger SiO_2 ausweisen. Große Unterschiede gibt es zwischen den einzelnen Pflanzenarten.

In der Pflanze werden drei Formen von SiO_2 unterschieden: Phytolithe innerhalb der Zellen und an der Zellwand abgelagerte Kieselsäure oder nicht abgelagerte freie Kieselsäure *[Balley 1970]*. Die freie Kieselsäure ist gewöhnlich der lösliche Anteil, da sie im Gegensatz zu den anderen, die polymer sind, oligomeren Charakter hat *[Balley 1970]*. Im menschlichen und tierischen Organismus können der Transport und die Resorption von SiO_2 im Gastrointestinaltrakt bzw. im Blut nur in gelöster, oder wie wir noch später sehen werden, auch in kolloidaler Form erfolgen. Es muss also für die Aufnahme in den Organismus Monokieselsäure vorliegen. Diese wird, auch wenn sie nicht verwertet wird, mit dem Harn ausgeschieden. Die Ausscheidung der polymeren SiO_2 erfolgt über den Kot.

Da, wie wir später zeigen werden, das SiO_2 (Kieselsäure) für den Organismus essentiell ist und sehr wichtige Funktionen ausüben muss, ist natürlich der Löslichkeitsprozess der pflanzlichen freien Kieselsäure im

Verdauungstrakt von Bedeutung. In Untersuchungen von Mohn [1971, 1968] und Randhawa [1994], in welchen die Löslichkeit der pflanzlichen Kieselsäure geprüft wurde, konnte festgestellt werden, dass die in Lösung gegangene SiO_2 (Monokieselsäure) das normale Löslichkeitsprodukt der Kieselsäure ($2 \cdot 10^3$ mol/l Monokieselsäure, L = < 120 mg/l) übersteigt.

Diese Erscheinung wird damit erklärt, dass zusätzlich auch eine gewisse Menge von kolloidalem SiO_2 gelöst worden ist, das aus den pflanzlichen Phytolithen entstammt. Das ist für die Verwertung und Aufnahme in den menschlichen Körper ein beachtenswerter Vorteil.

Die Löslichkeit des pflanzlichen SiO_2 hängt von einer Reihe von Faktoren ab: pH-Wert und Temperatur. Im sauren Milieu ist die Löslichkeit sehr niedrig, im neutralen Bereich steigt die Löslichkeit stark an. Auch die Temperatur spielt bei der Löslichkeit des SiO_2 eine Rolle. Eine relativ hohe Löslichkeit wurde bei einem pH-Wert von 7 und 40°C gefunden *[Randhawa 1994]*. In der nachstehenden Abbildung wird der Lösungsvorgang der Kieselsäure der Pflanze und die Verwertung zur Bioverfügbarkeit schematisch dargestellt.

10. Silizium in der Kosmo-, Geo-, Hydro- und Biosphäre

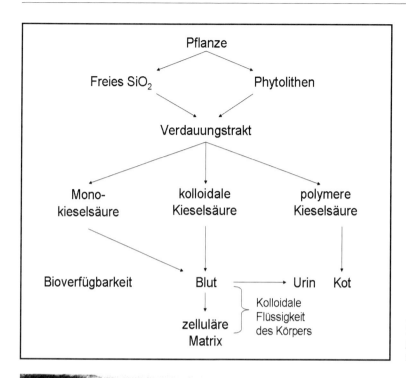

Abbildung 10-2:
Modell des Lösungsvorgangs der Kieselsäure (SiO$_2$) im Verdauungstrakt

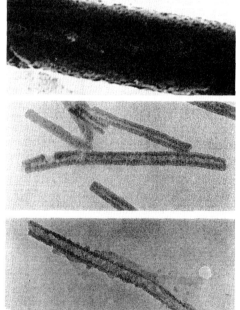

Abbildung 10-3:
SiO$_2$-Kristalle in Einzellern (Flagellaten): Die gekrümmten Stäbchenzellen der Choanoflagellaten zeigen das ausgehöhlte Innere, von dem aus sich das SiO$_2$ auflöst (Oben x 620 000; Mitte und Unten x 145 000) [William 1986]

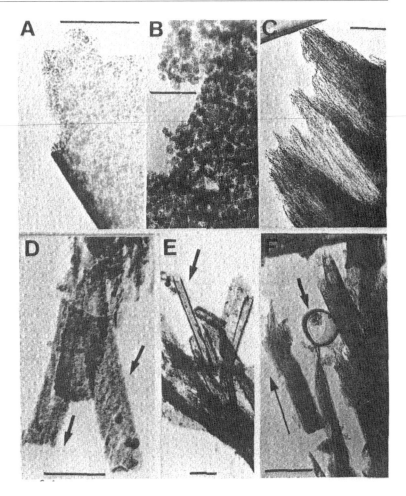

Abbildung 10-4:
SiO_2 in Pflanzen: Strukturelle Modelle von biogenetischem Silizium. Pflanzenförmiges Silizium: (A) blattähnlich, (B) globular, (C) fibrillar (der Balken entspricht 500 nm in allen drei Bildern). Haftsilizium: (D) die Fasern zeigen spiralförmige Anteile, (E) tubische Struktur, (F) gefaltete Blätter mit einem Tubus am Ende (der Balken entspricht 100 nm in allen drei Bildern) [Sangster und Hodson 1986]

10.8 Schachtelhalm (Equisetum arvense): Pflanzliche Zubereitungen des SiO_2 für medizinische Zwecke

Die bekannteste und älteste pflanzliche medizinische Zubereitung mit SiO_2 ist die des Schachtelhalms. Diese möchten wir als Beispiel anführen.

Der in unseren Regionen als Unkraut betrachtete Ackerschachtelhalm (Zinnkraut) gilt als siliziumreichste Pflanze mit 5-8 % Kieselsäure. Der Schachtelhalm ist eigentlich ein botanisches prähistorisches Relikt. Er soll mit Bäumen verwandt sein, die vor 270 Mio. Jahren die Erde bedeckten. Neben der Kieselsäure soll Schachtelhalm Alkaloide, Saponine, Flavonoide, Mineralstoffe (Kalium, Magnesium, Mangan), Phytosterine und Gerbsäuren enthalten. Diese natürliche „systemische" Zusammensetzung scheint mit der Dominanz der Kieselsäure den heilenden Effekt zu bewirken. Schon im alten Griechenland wurde Schachtelhalm zur Wundheilung verwendet und als ein effektives Mittel gepriesen.

Die Ernte von Schachtelhalm kann während der ganzen Wachstumsperiode erfolgen. Es wird eine adstringierende, blutstillende, harntreibende, entzündungshemmende und gewebeheilende Wirkung beschrieben. Die Anwendung kann als Tee, Absud und Trockenpulver erfolgen. Zur Herstellung des Absuds lässt man die Sprossteile des Schachtelhalms drei Stunden kochen, damit die wichtigsten Wirkstoffe freigesetzt werden und auch lösliche Monokieselsäure und sogar Kieselsäuregel entsteht. Traditionelle Anwendung erfolgt als blutstillendes Mittel, z. B. bei Nasenbluten und starken Menstruationsblutungen, als Adjuvans bei tuberkulösen Erkrankungen, bei rissigen Fingernägeln, Haarausfall, rheumatischen Beschwerden, Gicht, Geschwüren, Schwellungen, Frakturen und Frostschäden des Gewebes.

In den deutschen Apotheken wird Schachtelhalmkraut- (Zinnkraut-) Tee zur innerlichen und äußerlich Anwendung angeboten, jedoch ohne Angabe, dass dieser Tee Siliziumdioxid enthält. Es wird nach Verletzungen zur Unterstützung schlecht heilender Wunden und zur Durchspülung der ableitenden Harnwege bei Nierengries empfohlen. Zur Anwendung werden zwei Teelöffel dieses Tees, welche mit siedendem Wasser übergossen und nach 10-15 Minuten durch ein Teesieb gegossen werden sollen, empfohlen. Schachtelhalmkrauttee in Beutelform mit der gleichen Zubereitungsempfehlung ist ebenfalls in der Apotheke erhältlich. Sonderbar ist bei den Schachtelhalmtees, dass keine Angabe über SiO_2 von den Herstellern gemacht werden.

11 Die Rolle von SiO$_2$ und von Ton bei der Entstehung des Lebens auf der Erde

11.1 Einleitung

„Da nahm Gott, der Herr, Ton* von der Erde, formte daraus den Menschen und blies ihm den Lebensatem in die Nase. So wurde der Mensch ein lebendes Wesen." [1. Mose Genesis 2,7 Altes Testament]

*: in manchen Bibeln steht Lehm oder Staub

> Die Beteiligung von siliziumhaltigen Tonmaterialien bei der Entstehung des Lebens auf der Erde wird von zahlreichen Autoren vertreten und auch experimentell belegt [Sedlak 1967, 1965, 1961; Panda 1962; Samoulov 1957; Pirie 1956; Herrera 1928; Cayeux 1894,].

Die aus den verschiedenen Ländern der Erde stammenden Autoren (Russland, Frankreich, Südamerika, Indien, England und Polen) vertreten einheitlich die Meinung, dass die biophysikochemische Protoorganisation des Lebens auf der Erde mit siliziumhaltigen Tonmaterialien in Verbindung steht, da der Charakter des Urmilieus im Wesentlichen seine Prägung durch Silizium erhielt. Der Kohlenstoff wurde im Ergebnis sekundärer Prozesse in die chemischen Strukturen der Protoorganismen einbezogen. Dabei wurde das Silizium verdrängt. Diese Entwicklung lässt sich an einer Reihe von Protozoen nachweisen. Aus SiO$_2$ bestehende Skelette sind besonders für Fossilien (z. B. den Schachtelhalm) charakteristisch. Bei dem Übergang zu höheren Organismen nimmt die Rolle von Kohlenstoff bei der Organismusorganisation und die des Kalziums bei der Skelettbildung zu und die des SiO$_2$ ab.

Man muss in diesem Zusammenhang wissen, dass Silizium und Kohlenstoff in der Tafel des periodischen Systems unmittelbar untereinander stehen. Silizium hat die atomare Zahl 14 (3. Periode) Kohlenstoff die atomare Zahl 6 (2. Periode). Beide Elemente sind tetravalent ausgelegt, wenn sie in organischen Verbindungen eingeschlossen sind. Somit ist es keine große Überraschung, dass Silizium in der Evolution durch Kohlenstoff ersetzt werden konnte. Es wird angenommen, dass sich dies mit der „Abkühlung" der Erde ereignet hat. Diese Hypothese ist auch dadurch gestützt, dass Kieselorganismen im Meer nach aktueller Vulkanaktivität sich explosivartig vermehren. Heute wird deshalb spekuliert, dass bei Erhöhung der Temperatur durch den Treibhauseffekt ein umgekehrter

Prozess wie in der Evolution eintreten könnte, nämlich, dass wir wieder Siliziumwesen werden. So einfach lässt sich aber der evolutionäre Prozess nicht umkehren, wie es sich manche vorstellen.

11.2 Vorstellung einiger Theorien und Hypothesen

Nachfolgend möchten wir einige der Theorien vorstellen, die den Siliziummaterialien in der Biogenese auf unserem Planeten den Vorrang geben.

Diese Theorien könnten für das Verständnis zur Wirkung des SiO_2 in unserem Körper für die heutige Zeit von Bedeutung sein.

11.2.1 Urozean „Ursuppe" – Biogenesetheorie

Diese wurde vor allem von Oparin [1966, 1957, 1936] und Haldane [1954, 1929] vertreten. Diese Autoren gehen davon aus, dass die lebende Materie biotisch aus der anorganischen Natur in dem Urozean entstanden ist. Hierbei sollen Siliziumverbindungen eine entscheidende Rolle gespielt haben *[Verworn 1922]*. Es wurde davon ausgegangen, dass die erforderliche Konzentration der Reaktanten an der Oberfläche von Mineralteilchen in erster Linie aus der Oberfläche von SiO_2 und Silikaten erzielt wurde. Dabei vermochte SiO_2 nicht nur die organischen Verbindungen aus den verdünnten wässrigen Lösungen zu adsorbieren, sondern gleichzeitig auch deren weitere Umwandlung zu katalysieren. Nach Bernal [1952, 1951] eignen sich Tonmaterialien, die auf der Erde sehr verbreitet waren und noch heute sind, für derartige Katalysatorfunktionen gut, wie dies auch mit chromatographischen Trennprozessen der Moleküle nachgewiesen werden konnte. Mit den im Ton enthaltenen SiO_2-Molekülen war die Voraussetzung für die Entwicklung von Protoorganismen gegeben, weil Tonmaterialien organische Verbindungen gut zu adsorbieren vermögen.

11.2.2 Festlandgewässertheorie

Vertreter dieser Theorie sind Berg [1949], Wilyams [1950], Polynov [1948] und Kholodny [1945, 1940]. Diese Autoren vertreten die Auffassung, dass das Leben nicht in den Urozeanen entstanden ist, sondern im Bodenschlamm von Festlandgewässern und an der Oberfläche von verwitterten Primärgesteinen. Den Autoren zufolge war dieses Festlandmilieu nicht nur ein Katalysator, sondern auch Bedingung, die neu entstandenen Strukturen vor der Zerstörung durch starke ultraviolette Strahlung zu schützen. Diesen Schutz gewährte der Tag-Nacht-Zyklus besonders gut.

11.2.3 Theorie der polytropen Biopoese in Festlandgewässern

P. Berg [1959] postulierte, dass sich das Leben in Form mannigfaltiger Keime der Oberfläche des Festlands in den oberen Schichten der Verwitterungskruste in seichten Kontinentalgewässern und in den Lagunen der Meere herausbildete. Hierbei dominiert die Vorstellung, dass siliziumreiche Tonmaterialien die abiotische Synthese komplizierter organischer Stoffe vollzogen haben. Diese Theorie basiert auf der bekannten Fähigkeit der Tonmineralien, organische Stoffe zu adsorbieren (im Sinne einer Chemosorption) und die umgewandelten neu entstandenen Stoffe zu katalysieren und zu regulieren [Hauser 1965]. Diese Theorie wurde mit Experimenten bestätigt, in denen es gelang, mit den katalytischen Eigenschaften von SiO_2 aus einer Mischung von NH_2, CH_4, H_2O und Co unter der Einwirkung von kurzwelliger UV-Strahlung Alanin und andere Aminosäuren herzustellen. Pavlovskaya et al. [1960] bewiesen die steuernde Wirkung von optisch aktivem Quarz, Bentonit und Kaolinit bei der Bildung von Aminosäuren aus Formaldehyd und Ammoniumnitrat und dem Einfluss von UV-Strahlung.

Untersuchungen von Akabori [1959, 1955] zeigten, dass es möglich ist, aus der Tonoberfläche Protoeiweiße aus Formaldehyd, Ammoniak und Zyanwasserstoff zu bilden.

Durch Polymerisierung entstand an der Tonoberfläche Polyglyzin.

11.2.4 Theorie der stereoselektiven katalytischen Wirkung

Bernal [1951] postulierte, dass sich die optische Aktivität organischer Verbindungen des lebenden Organismus im Verlauf der Syntheseprozesse an der Oberfläche asymmetrischer Quarzkristalle herausbildete. Des Weiteren wurde in diesem Zusammenhang festgestellt, dass Quarz ein deutliches Selektionsvermögen gegenüber Verbindungen besitzt, welche eine Molekül- oder Kristallasymmetrie besitzen. Untersuchungen mit der Frage, ob Kieselsäure als asymmetrisches Agens wirksam werden kann, zeigten jedoch ein negatives Ergebnis. Kieselsäuren, die aus Feldschachtelhalm (Equisetum arvense), aus dem japanischen Tiefseeschwamm (Hyalonema sieboldi) und dem Süßwasserschwamm Euspongia extrahiert wurden, waren nicht optisch aktiv [Balley 1970]. Auch Kieselsäuren an Diatomeen zeigen keine optische Aktivität.

11.2.5 Theorie der Siliziumadsorption

Organische Verbindungen lassen sich sehr leicht aus Silikaten bzw. anderen Siliziummineralien adsorbieren *[Voronkov et al. 1975]*. Leicht adsorbieren lassen sich Aminosäuren, Alkohole, Zucker, Eiweißstoffe aus dem Hühnerei, Proteine, Fermente und Vitamine. Als Siliziummaterial werden Tone, Silikagel, Bentonit und Kieselsäure genannt. Für die Adsorption der organischen Stoffe an Siliziummineralien werden elektrostatische Kräfte, van-der-Waals-Kräfte und Wasserstoffbindungen verantwortlich gemacht *[Hendricks 1994; Barshad 1952]* (siehe auch Kapitel 11.4 und 14.7).

11.2.6 Theorie der Adsorptionsfähigkeit des Kieselsäuregels mit Gedächtnisentwicklung

Die besondere Fähigkeit der Kieselsäure (SiO_2) und der Silikate, Aminosäuren, Kohlenwasserstoffe und Naturstoffe zu adsorbieren, führte zu der Vorstellung, dass Siliziumverbindungen nicht nur bei der Entstehung des Lebens, sondern auch bei der Weiterentwicklung der Protoorganismen eine hervorragende Rolle gespielt haben.

Im Zusammenhang mit dieser Vorstellung wurde experimentell nachgewiesen, dass ein auf Kaolinit oder Bentonit adsorbiertes Protein besonders leicht von Bakterien aufgenommen wird *[Estermann und McLaren 1959]*. Des Weiteren konnte experimentell festgestellt werden, dass die Adsorption von Nahrungsstoffen an Tonoberflächen Wachstum und Entwicklung von Bakterien bescheunigt *[Estermann und Peterson 1959]*.

In zahlreichen weiteren Arbeiten konnte nachgewiesen werden, dass Kieselsäure, die sich in der Anwesenheit einer bestimmten organischen Verbindung bildet, nach der Entfernung dieser organischen Verbindung ein spezifisches, für die jeweilige organische Verbindung geltendes Adsorptionsvermögen besitzt.

Dies bedeutet, dass sich im Gegensatz zu anderen in der Natur vorhandenen anorganischen Stoffen bei der Kieselsäure (SiO_2) ein Gedächtnis herausgebildet hat [Voronkov et al. 1975; Agronomov et al. 1958; Patrikeev 1958].

Diese Gedächtniseigenschaft soll sich durch „Abdrücke" oder „Matrizen", die an der Oberfläche der Kieselsäure (SiO_2) durch die Moleküle des organischen „Musters" in Form deren geometrischer Molekülform hinterlassen werden, reflektieren [Becket und Anderson 1960; Patrikeev 1958; Haldeman und Emmett 1955].

Es wird daher angenommen, dass die Fähigkeit der Kieselsäure zur „Gedächtnisbildung" eine wesentliche Rolle bei der Entstehung und Entwicklung der lebenden Materie gespielt haben kann. Ein auf diese Weise „geprägtes" Kieselsäuremolekül kann die Polykondensation von Aminosäureestern zu linearen Polypeptiden katalysieren [Voronkov et al. 1975; Patrikeev 1958].

Zwischenzeitlich wurde nachgewiesen, dass selektiv adsorbierende Kieselsäure das Wachstum des Bac. mycoides und von Hefen der Gattung Candida beschleunigt *[Patrikeev 1958]*. Mit diesen Ergebnissen ließe sich auch das von Carlisle [1986a und c] aufgestellte Postulat erklären, wonach in hoch entwickelten Lebewesen ein Wachstum ohne Silizium nicht möglich ist *[siehe auch Carlisle 1982, 1981, 1980a und b, 1979, 1974, 1970]*.

11.2.7 Zeolith-Theorie

Shaparina [1999] nimmt auf eine Anzahl von Modellen und Modellexperimenten zur Entstehung des Lebens Bezug und leitet davon ab, dass organophile Mineralien mit einem hohen Gehalt an SiO_2, wie sie die Zeolithe darstellen, unter Nutzung von deren Ionenaustauschfunktion und Adsorptionseigenschaften durch eine stereokatalytische Reaktion Protobiopolymere, aus denen die DNS hervorgegangen ist, herausgebildet haben. Dieser Prozess soll sich in einem hydrothermalen System, einer seichten „Ursuppe" am Übergang von Ozean und Festland, abgespielt haben. In dieser Ursuppe haben sich CH_4, NH_3 und Phosphate befunden, die mit Hilfe der Zeolith-Kationen und des SiO_2 sowie der katalytischen Funktion zu RNS-Molekül-Konstrukten zusammengefügt worden sind.

Shaparina postuliert mit Bezug auf E. J. Nisbeth, dass die Porenstruktur des Zeoliths als unmittelbarer Katalysator an der Konstruktion der RNS-Moleküle mittels der Nanometer großen Kristallgitter Al-Si-O beteiligt sein müssten. Dafür sprechen auch kristallochemische Untersuchungen mittels Computermodellierungen, mit denen es möglich war, eine Analyse der strukturellen und energetischen optimalen räumlichen Verteilungen der Aminosäuren in den Zeolithkanälchen aus zehn Gliedringen durchzuführen. Die Computermodellierungen brachten eine katalytische Reaktion von Polymeren in einem organophilen siliziumreichen Gitter mit einem Verhältnis von $(AlO_4/2H):(SiO_4/2H)$ wie 1:25 zum Ausdruck.

Die Mikrohöhlen, die sich an den Kreuzungen der Zeolithkanäle bilden (siehe Kapitel 15), sowie die Oberflächenspannungen haben offensichtlich die erforderlichen Bedingungen für die Bildung von organischen „Biopolymeren" geschaffen. Die Migration der sich bildenden Biopolymere in den Nanometerkanälen und Höhlungen des uralten Zeoliths und verwitterten Feldspats unter Einbeziehung von Fe, Cu, Zn sowie Apatit und Sulfit wurden zur Grundlage der Entstehung der primitiven Zellorganismen. Diese biomolekularen Polymere erlangten durch die Selbstregulation der Natur die Fähigkeit, sich zu reproduzieren.

Shaparina [1999] äußerte des Weiteren die Vorstellung, dass die Membranen dieser Urzellorganismen innere mineralische (siliziumreiche) Oberflächen besaßen, die als Schutzhülle gegen „nicht der Entwicklung dienende" Umweltfaktoren schützt, jedoch den „Stoffwechselaustausch" mit der Urbrühe (Wasser und Gase) gewährleistete. Noch heute existierende Kieselbakterien, Diatomeen und fossile Pflanzen wie z. B. die Schachtelhalme (Zinnkraut) bestätigen diese Vorstellungen.

11.2.8 Glyzin + Zeolith = Protoorganismus?

Bezüglich der an der Entstehung des Lebens auf der Erde beteiligten Aminosäuren misst Shaparina [1999] mit Bezug auf Arbeiten von Zamarayev, Salganik und Romanikov dem Glyzin Bedeutung bei. Glyzin hat anderen Aminosäuren gegenüber eine Reihe von besonderen Charakteristika und bietet auch die Grundlage für den Aufbau anderer Aminosäuren (siehe Kapitel 8). Auf Grund dessen ist es vorstellbar, dass Glyzin die Uraminosäure gewesen sein könnte (siehe Kapitel 22). Die genannten russischen Wissenschaftler haben die hydrothermale präbiotische Synthese von Olegopeptiden unter Einbeziehung von Zeolith und Kaolin (Ton) modelliert. Dabei verwandelten sie Glyzin in Glyzil-Glyzin und in noch längere Oligomere in Wasserlösung mit Zeolith und Naturton.

11.2.9 Silizium in den Genen?

Die Auffassung, dass Silizium in die Genexpression involviert und an der DNS-Synthese wesentlich beteiligt ist, wird von zahlreichen Wissenschaftlern vertreten *[Yakimov 1998; Jakovlev 1990; Volcani 1986; Cairns-Smith 1985]*. Volcani [1986] vertritt die Auffassung, dass es siliziumabhängige Gene gibt und dass Silizium essentiell für das AMP-Zyklensystem ist und die Replikation der AMP-Zyklen gewährleistet. In diesem Zusammenhang ist die Arbeit von Oschilewski et al. [1985] zu erwähnen, die feststellt, dass Siliziumpartikel mittels Signalen die Gentransaktionen zu stimulieren vermögen.

11.2.10 Ton-Gen-Hpothese

Cairns-Smith [1985] vertritt eine Auffassung, die als Ton-Gen-Hypothese aufzufassen wäre. Er geht von zwei Grundkreisläufen aus:

Erstens: vom geologischen Kreislauf, der die Energie aus der „radioaktiven Aufheizung" des Erdinneren bezieht, wodurch in einer Prozessfolge Tonminerale, besser Schichtsilikate, verschiedener Art entstehen.

Zweitens: vom Wasserversorgungskreislauf; darunter versteht er den heute allgemein bekannten Zyklus: Wasserdampf → Regen → Verdunsten.

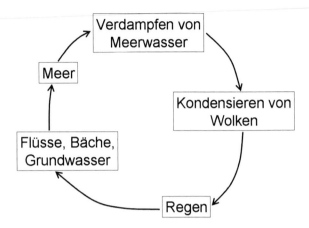

Abbildung 11-1:
Vereinfachtes Schema des
Verdunstungs-Regen-Zyklus

Damit setzt er einen wichtigen Faktor für die Entstehung des Lebens auf der Erde voraus: die Selbstregulation.

Der nächste Faktor ist nach Cairns-Smith [1985] die Evolution von Ton-Genen. Diese könnten seiner Meinung nach aus Tonkristalliten entstehen, die in der Formvielfalt der Tonminerale zu finden sind. Er meint, dass Poren von Sandstein dabei eine Rolle gespielt haben. Das Tuffgestein Zeolith (siehe Kapitel 15) mit seinen Kristallgitterporen scheint der Autor nicht zu kennen, obgleich dieses seinen Vorstellungen entspricht.

Der nächste Faktor nach Auffassung von Cairns-Smith [1985] ist die Entstehung von Strukturen, die zu Mutation und Replikation fähig sind, die durch die jeweiligen Bedingungen entsprechend optimiert werden. Das heißt, dieses kristalline Ton-Gen besitzt informationsabhängige physikalische Eigenschaften, die eine erfolgreiche Weiterentwicklung beeinflussen.

Der nun folgende Zustand ist durch Epitaxie (d. h. von der Fehlordnung) gelenkte Abscheidungen sekundärer Tone auf den Oberflächen genetischer Tone (damit ist die Adsorption gemeint) begleitet. Parallel dazu entwickeln sich einfache organische Moleküle (Aminosäuren, Di- und Tricarbonsäure), die die Löslichkeit von Metallionen erhöhen. Diese und andere Stoffklassen, wie z. B. zyklische Phosphate, haften sich an die Tonoberflächen, wobei Eigenschaften des Tonüberzugs verändert werden können. Die entstandenen organischen Moleküle können das anorganische Wachstum der Kristallgene am Ton beeinflussen. Auf diese Weise entstehen Polymere, die in den höher entwickelten Tonorganismen organische Strukturelemente entstehen lassen, welche als Vorläufer der DNS aufzufassen sind.

Da die Tonmaterialien positiv geladen sind, konnten negativ geladene Zuckerphosphatmoleküle sich anlagern. Wie der weitere Sprung zur Proteinsynthese und die Entstehung von Protoorganismen vor sich gehen, lässt Cairns-Smith offen. Die Verbindung Tonkristalle und organische Moleküle als ein Zwischenausgangsstadium für die Entstehung des Lebens auf der Erde ist durchaus plausibel. Aus von Cairns-Smiths 1985 angegebenen Arbeiten der Autoren D. White und Sh. Chang geht hervor, dass Tone, die abwechselnd durchfeuchtet und ausgetrocknet werden, Moleküle von Glyzin miteinander verbinden können. Bei dem Anfeuchtungs-Austrocknungsprozess wird Energie aus der Umgebung auf die organischen Moleküle übertragen. In diesem Zusammenhang wird die Photosynthese diskutiert. Untersuchungen mit der Viking-Landekapsel auf Gesteinen der Marsoberfläche (auch aus Tonmineralien bestehend) zeigten, dass mit ultravioletter Strahlung in Gegenwart von CO und CO_2 organische Moleküle hergestellt werden konnten.

11.3 Aspekte der Selbstorganisation des „universellen Entwicklungskriteriums", der Entropie und der fraktalen Organisation

Wenn man die Entwicklung des Lebens auf der Erde verstehen will, z. B. warum Si durch C im Laufe der Entwicklung verdrängt wurde, muss man zur Erklärung auch einige physikalische und mathematische Gesetzmäßigkeiten mit in Betracht zeihen. Dazu gehören unseres Erachtens u. a.
- der zweite Thermodynamische Hauptsatz *(Clausius 1850 und Thompson 1853)*
- die Entropie *(Clausius 1865)*
- das universelle Entwicklungskriterium *(Glansdorff und Prigogine 1971)*
- die fraktale Geometrie *(Mandelbrot 1991)*
- die Gravitation und die Gravitationswellen *(Khalilov 2004)*
- die Selbstorganisation und der Zeitpfeil *(Prigogine 1992)*

Diesen Komplex abzuhandeln würde schon allein ein Buch abgeben *(siehe Conveney und Highfield 1992)*. Wir möchten deshalb nur eine kurze Darstellung geben.

Selbstorganisationsprozesse sind die spezifische Eigenart bestimmter Klassen dynamischer Systeme *[Nobelpreisträger Prigogine 1992, 1977]*. Alle lebenden Organismen auf unserer Erde unterliegen ganzheitlich dem Prinzip der Selbstorganisation. Die Selbstorganisation setzt das Vorhandensein eines offenen Systems voraus.

> Physikalisch gesehen wird ein offenes System als solches betrachtet, wenn mit der Umgebung eine Verbindung über Energie- und Materienaustausch erfolgt. Im Rahmen dieser Terminologie sind alle Lebewesen als offene Systeme zu charakterisieren.

Die Selbstorganisation von Systemen folgt dem zweiten thermodynamischen Hauptsatz und dessen weiterentwickelten Inhalten.

Der **erste Hauptsatz** der Thermodynamik bringt das Äquivalent von Wärme und Arbeit zum Ausdruck, denn er besagt, dass in jedem Prozess die Gesamtmenge an Energie erhalten bleibt, auch wenn sie von einer Form in eine andere übergeht. Dieser wurde von dem französischen Ingenieur Sadi Carnot (1795-1832) formuliert.

Der erste Hauptsatz reichte nicht aus, um alle Vorgänge des Energie- und Materienaustausches zu erklären. Also war ein zweiter notwendig. Der eigentliche Urheber des zweiten thermodynamischen Hauptsatzes ist der deutsche Physiker Rudolf Clausius (1822-1888), der 1850 erkannte, dass Wärmeverlust unumkehrbar ist. Formuliert wurde dieser 1853 von dem englischen Physiker William Thomson (1824-1907) (später zum Lord Kelvin of Larges geadelt).

Den **zweiten Hauptsatz** der Thermodynamik zufolge ist jegliche Energieumwandlung irreversibel. Dazu führte 1865 Clausius die „**Entropie**" ein, die eine Zustandsumwandlung beschreibende Größe darstellt (trope = Wendung; en = innen, enthalten; frei übersetzt Wandlungspotential oder Veränderungspotential).

> Die Entropie ist also eine Größe, die mit jedem dissipativen Prozess wächst und ihr Maximum erreicht, wenn ein System energetisch so instabil ist, dass es keine Arbeit mehr ausführen kann, d. h. wenn eine Energieumwandlung ausgeschlossen wird.

Für lebende Systeme bedeutet dies den Tod.

Das **universelle Entwicklungskriterium** kann aber eine Aussage darüber treffen, was geschieht, wenn sich ein System entropisch immer weiter vom Gleichgewicht entfernt und immer mehr einer Instabilität zustrebt. Es steht die Frage: Geht es zugrunde oder kann es sich neu bilden bzw. neu formieren? Es kann sich neu formieren: Das universelle Entwicklungskriterium sagt nämlich aus, dass sich ein System zeitlich so weit vom Gleichgewichtszustand in Richtung Instabilität entfernen kann, bis ein kritischer Punkt, der mathematischer **Bifurkationspunkt** genannt wird, erreicht ist. Am Bifurkationspunkt kann das System den bisherigen stationären Ausgangsgleichgewichtszustand verlassen und in einen neuen Zustand übergehen; welcher ein hochorganisiertes und hochstrukturiertes Verhalten in Raum und Zeit ausweisen und weiterentwickeln kann *[Glansdorff und Prigogine 1970]*.

Diese kritischen Bifurkationspunkte folgen der fraktalen Geometrie (Mandelbrot), d. h. es entwickeln sich Verzweigungsrhythmen in Raum und Zeit.

Ein Fraktal ist ein rhythmisches Muster, welches sich unendlich durch Selbstorganisation selbstständig und selbstähnlich im Kleinen und im Großen, in Raum und Zeit zu wiederholen vermag (Abbildung 11-2).

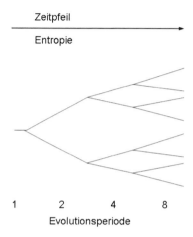

Abbildung 11-2: Vereinfachte Darstellung des Mandelbrotschen fraktalen Verzweigungs baums

Die fraktale Geometrie behandelt, im Gegensatz zur euklidschen Geometrie (Kreis, Gerade), komplexe Gebilde und Erscheinungen, wie sie ähnlich in der Natur vorkommen, z. B. biologische Strukturen (Wurzeln von Bäumen, Polymere, Kapillarsysteme). Jedes fraktale Gebilde weist in seiner Weiterentwicklung eine gebrochene, fraktale Dimension auf *[Mandelbrot 1991]*. Nach Mandelbrot [1991] regelt die fraktale Organisation die Strukturen mit Funktionen auch im menschlichen Organismus.

Die Verbindungen der extrazellulären Matrix mit Nervenfasern und Kapillaren erfolgen nach dem Prinzip der fraktalen Geometrie.

Auch Polymere, die z. B. bei der Eiweißsynthese eine Rolle spielen und bei der Bildung von ersten Protoorganismen eine Rolle gespielt haben sollen *[Shaparina 1999]*, folgen dem fraktalen Selbstorganisationsprinzip. Wie schon erwähnt, können die am Bifurkationspunkt entstehenden neuen Systemzustände und damit die Systeme selbst über ein hohes Maß an Ordnung und Organisation verfügen. Das System ist dann fähig, Billiarden von Molekülen in Raum und Zeit zu koordinieren. Viele chemische Prozesse in unserem Körper verlaufen nach diesem Prinzip des universellen Entwicklungskriteriums, des Bifurkationspunkts und der fraktalen

Geometrie *[Mandelbrot 1991; Glansdorff und Prigogine 1979]*. Auf Grund dessen ist anzunehmen, dass diese Faktoren bei der Entstehung und Entwicklung des Lebens mitgewirkt haben und dort, wo das Entwicklungskriterium nicht wirksam wurde, das System infolge seiner Instabilität zu Grunde ging.

Das Leben auf der Erde ist an die Gravitation gebunden und auch mit dem geomagnetischen Feld der Erde verbunden. Ohne Gravitation ist auf Dauer ein stabiles System Mensch nicht lebensfähig. Das zeigten die längeren Aufenthalte im Zustand der Hypogravitation in der sowjetisch-russischen Raumstation MIR. Wenn in diesem Zustand nicht mit Mineralien und Gravitationstraining entgegengewirkt wurde, trat eine Beschleunigung des biologischen Alterungsprozesses auf, der nach der Rückkehr zur Erde mit entsprechenden Maßnahmen rückgängig gemacht oder aufgehalten wurde. Wachteln, die in der MIR-Station ausschlüpften, waren unter dem Hypogravitationszustand nicht fähig zu fliegen und starben.

In diesem Zusammenhang sind die von Khalilov [2004] beschriebenen Gravitationswellen von Bedeutung. Möglicherweise waren auch sie an der Entwicklung von Protoorganismen beteiligt. In Abbildung 11-3 haben wir unsere Vorstellungen zum Ablauf der Entstehung und Entwicklung auf der Erde als Arbeitshypothese kurz skizziert.

11. Die Rolle von SiO$_2$ und von Ton bei der Entstehung des Lebens...

Mögliche Einflussfaktoren	Möglicher Ablauf
• Selbstorganisation • Entropie / Zeitpfeil • offenes System • universelles Entwicklungskriterium • fraktale Organisation • Gravitation • Magnetfeld der Erde • der Wechsel von flüssigem und trockenem Milieu • der Wechsel von Hell-Dunkel verbunden mit einem Wechsel von höherer und niedriger Temperatur am Tage • ultraviolette Strahlung, Photosynthese	Geophysikalischer Verwitterungsprozess von Primärgestein in sekundäre siliziumreiche Tone (Bentonit, Koalin, Montmorillonit) ↓ Energie durch radioaktiven Zerfall und durch Sonnenenergie ↓ Wasser-Verdunstungs-Regen-Kreislauf ↓ Erdumdrehung: Hell-Dunkel-Zyklus ↓ Sonnenlicht – geomagnetisches Feld der Erde ↓ Gase der Atmosphäre der Erde ↓ Herausbildung von Genkistallen aus SiO$_2$, welches in Tonen (Bentonit, Montmorillonit) und Zeolith enthalten ist ↓ Wachstum der Kristallgene durch Adsorptionsfähigkeit des SiO$_2$, der Tone und des Zeoliths. Es ist physikalische und chemische Adsorption möglich ↓ Herausbildung von Vorläufern der bioelektrischen Aktivität durch Ladungen der Kristalle und durch die elektrische Halbleitereigenschaft des SiO$_2$ ↓ Bildung von Aminosäuren (Glycin) aus den Gasen der Erdatmosphäre ↓ Adsorption der Aminosäure an die Silizium-(Ton-)-Kristallgene ↓ Bildung von Oligomeren ↓ Bildung von Kristallproteinen, so genannte Kristalline ↓ Bildung von Peptiden und Proteinen durch die Adsorptions-, Katalysator- und selektiven Ionenaustauscheigenschaft des SiO$_2$ der Tonmaterialien und des Zeoliths ↓ Herausbildung eines Protoorganismus mit Informations-, Mutations-, Replikations-, Gedächtnis-, bioelektrischen und selektiven Ionenaustauscheigenschaften.

Abbildung 11-3:
Als Arbeitshypothese aufgestellter möglicher Ablauf der Entstehung des Lebens auf der Erde (kein Anspruch auf Vollständigkeit)

Bezugnehmend auf die primäre Rolle der Kristallgene, die offensichtlich nicht nur bei der Entstehung der Protoorganismen eine Rolle gespielt haben, sondern auch heute noch in unserem Organismus mit größter Wahrscheinlichkeit vorhanden und wirksam sind, möchten wir noch folgend einige Erläuterungen bzw. Definitionen geben:

- Kristalle sind von ebenen Flächen begrenzte Körper anorganischer oder organischer Natur. Sie besitzen die Fähigkeit zum „Wachstum" (Kristallisieren). Durch Anlagerung von Ionen, Atomen und Molekülen können Kristallraumgitterstrukturen entstehen. Kristalle haben die Fähigkeit zur Adsorption.
- Kristalline sind sehr stabile lösliche Kristallinproteine. Sie sind heute beim Menschen und allen Vertebraten zu 90 % Bestandteil des Augenlinsenproteins
- Kristalline Flüssigkeit ist Bestandteil der extrazellulären Matrix und besteht aus Protein-, Peptid- und Elektrolytgemischen (siehe Kapitel 4).
- Kristallines Hydroxyapatit = Bestandteil der interzellulären Substanz des Knochen.
- Kristalloid: Intrazelluläre Eiweißkristalle, z. B. Reinke-Kristalloid in den Zwischenzellen des Hodens.

11.4 Physikochemische Vorgänge bei der Bildung von SiO_2 (Kieselsäure)

Zum besseren Verständnis der vorausgegangenen evolutionären Darlegung und zur Wirkung von SiO_2 im menschlichen Körper möchten wir nachfolgend einige Ausführungen zu den physikochemischen Vorgängen bei der Bildung von SiO_2 machen. Zunächst möchten wir feststellen, dass wir SiO_2 häufig in hydratisiertem Zustand vorfinden und wir es mit der Verbindung $SiO_2 \cdot H_2O$, also in gebundener Form des Wassers, zu tun haben. Diese Verbindung stellt aber kein stabiles System dar. Hydrate des SiO_2 besitzen einen hohen Energiegehalt und damit auch Unbeständigkeit, so dass der Nachweis des SiO_2 wegen der Energieflexibilität sehr schwierig ist.

Nachfolgend soll der Versuch unternommen werden, die physikalisch-chemischen Vorgänge bei der Bildung von SiO_2 (Kieselsäure) und deren Reaktionsfähigkeit darzustellen. Dabei lehnen wir uns an die Darstellung von Kroll [1958] an. Grundlagen zum Verständnis der vielfältigen Silikatverbindungen bieten die speziellen Eigenschaften des Siliziums bezüglich seiner Stellung im Periodensystem. In Verbindung mit röntgengraphischen Studien und mit der Aufklärung der entsprechenden Polarisationsphänomene *[Fajans 1931; Weyl und Hauser 1951]* sind für die chemische Bindung der Kieselsäure (SiO_2) folgende Prozesse verantwortlich:

1. Elektronenübertragung zur Erreichung der Edelgaskonfiguration und damit Bildung geladener Teilchen (Ionen)
2. Neutralisierung ihres Landungsüberschusses durch Verbindung der Kationen und Anionen in einem Verhältnis, welches die Ladungssumme auf Null bringt
3. Abschirmung des elektrischen Felds der Kationen, indem sich das SiO_2 mit Anionen umgibt

Die Elektronenübertragung ist bedingt durch die negativen und positiven Aufladungen von Atomen, mit welchen das Auftreten von elektrischen Feldern verbunden ist. Bekanntlich sind elektrische Felder Raumfelder, von denen das Ion nach allen Seiten umgeben ist. Es ist daher notwendig, die Abschirmung des elektrischen Felds nach außen zu gewährleisten, weil ein solches Ion allseitig von Gegenionen umgeben wird. „Ein Gegenion gleicher Ladungszahl kompensiert zwar theoretisch die elektrische Ladung des Ions, doch wäre es nicht soweit deformierbar, dass es das Ion allseitig umgeben könnte.

Die Anzahl der Gegenionen, die notwendig ist, um das elektrische Feld des Ions abzuschirmen, bedingt nun die räumliche Konfiguration der Verbindung. Diese Anzahl entspricht gleichzeitig der „Koordinationszahl" des betreffenden Ions. Bei der Kieselsäure handelt es sich nach Emelins und Anderson [1954] um so genannte „kristallographische Koordination", denn die Kieselsäurestruktur beruht auf der Bildung von Koordinationsgittern" [Kroll 1958].

In Bezug auf Sauerstoff wird die Koordinationszahl für Silizium mit vier angegeben. Infolgedessen ist das SiO_2-Molekül nicht sehr beständig. Von den stark polarisierbaren O-Ionen reichen aber vier aus, um das elektrische Feld des Si^{4+}-Ions abzuschirmen. Hydratisiert man also z. B. $SiCl_4$ oder versetzt man ein Alkalisilikat mit Säure, dann entsteht zunächst $Si(OH)_4$. Damit ist nach den vorangegangenen Ausführungen der Fall gegeben, dass die Feldkräfte des Si^{4+}-Ions nicht abgeschirmt sind, denn die OH^--Ionen sind ungenügend polarisierbar. Die einzige Möglichkeit, ihre Felder abzuschirmen, liegt für die Si^{4+}-Ionen in der Polymerisation.

Über den Vorgang der Polymerisation gibt Iler [1955] ein anschauliches Bild. Danach bilden sich aus den Monomeren $Si(OH)_4$ mit der Koordinationszahl 4 Polymere mit der Koordinationszahl 6 je Si^{4+}-Ion, wobei 2 OH-Ionen jeweils 2 Si^{4+}-Ionen gemeinsam sind. Das bedeutet, dass das Si^{4+}-Ion oktaedrisch von 6 OH^--Ionen umgeben ist. Diese Bedingung wird jedoch nur von solchen Si^{4+}-Ionen erfüllt, die zweiseitig von anderen Si-Ionen umgeben werden. Das lässt sich auch aus dem zweidimensionalen Strukturbild des Dimers und des Trimers usw. ohne weiteres erkennen:

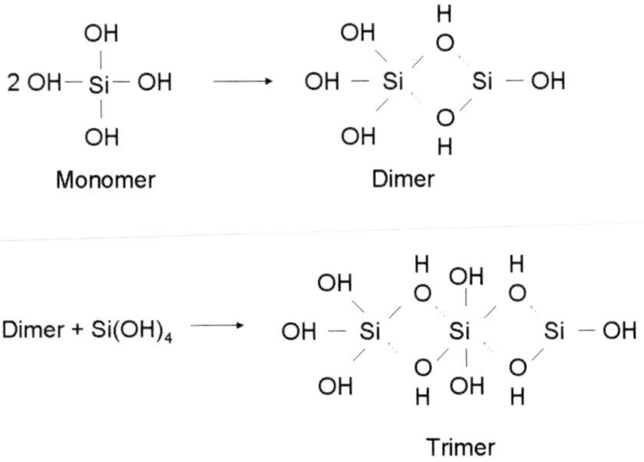

$$2\ OH-\underset{OH}{\overset{OH}{Si}}-OH \longrightarrow OH-\underset{OH}{Si}\underset{O-H}{\overset{O-H}{\diagdown\diagup}}\underset{}{Si}-OH$$

Monomer　　　　　　　Dimer

Abbildung 11-4:
Polymerisationsvorgang
nach dem Prinzip der
fraktalen Geometrie [nach
Kroll 1958]

$$Dimer + Si(OH)_4 \longrightarrow OH-Si \cdots Si \cdots Si-OH$$

Trimer

Weil die Feldstärke der Endglieder der sich bildenden Kette stets ungedeckt ist, verläuft die Polymerisation sehr rasch und führt zu mehrgliedrigen SiO_2-Verbindungen. Ein solches sich bildendes Makromolekül strebt nach einem Gleichgewicht. Dieser Prozess hängt von verschiedenen Einflussfaktoren ab, z. B. von der Temperatur, dem pH-Wert, von der Gegenwart anderer Ionen *[Stöber 1957, 1956a und b]*.

Die Polymerisationsvorgänge bedingen eine Anhäufung von OH-Gruppen, welche dann zu einer zweiten Stufe der Kondensation Anlass geben *[Weyl 1950a und b, Hauser 1955]*. Dieses Polymerisationsgebilde, welches sehr energiereich ist, lässt sich in ein energieärmeres führen und zwar

1. durch die bei der Bildung von H_2O entstehende Bindungswärme des Wassers (2. Hauptsatz der Thermodynamik) und
2. durch die Verkürzung des Abstands „Si-Si" über eine O-Brücke, welche die höhere Polarisierbarkeit des bei der H_2O-Ausscheidung verbleibenden O-Ions ermöglicht.

Infolge dessen kommt es zur Tetraederbildung mit der Koordinationszahl 4 des Siliziums in Bezug auf den Sauerstoff. Zwei der Tetraeder können jeweils nur über eine Ecke verbunden sein, denn eine gemeinsame Fläche oder Kante würde den Energiegehalt einer solchen Einheit so stark steigern, dass die Stabilität nicht mehr gewährleistet wäre, da die abstoßenden Kräfte zwischen zwei Si^{4+}-Ionen dann stark zunehmen würden. Bei gemeinsamer Kante würde der Abstand zwischen zwei Si-Atomen nur 58 % des Abstands bei gemeinsamer Ecke und bei gemeinsamer Fläche nur noch ein Drittel davon ausmachen *[Weyl 1950a und b]*.

Aus dem Dargelegten kann folgendes Fazit gezogen werden: Die Feinstruktur der Kieselsäure wird durch **drei Prinzipien bestimmt:**
1. Silizium ist in allen festen Verbindungen mit Sauerstoff vierwertig.
2. Die Koordinationszahl 4 des Siliziumatoms bedingt, dass es von 4 Sauerstoffatomen umgeben ist, die mit ihm zusammen das charakteristische SiO_4-Tetraeder bilden.

3. Die SiO$_4$-Tetraeder, die universellen Bausteine aller Silikate, können zwar in großer Mannigfaltigkeit deren Strukturen aufbauen, jedoch lassen die starken positiven Feldkräfte und die geringe Polarisierbarkeit der Si-Ionen für zwei benachbarte Tetraeder eine gemeinsame Fläche nicht zu, d. h. zwei Si-Tetraeder können höchstens ein O-Atom gemeinsam haben.

11.5 Zur Oberflächenstruktur des SiO$_2$

Wenn Verbunde von SiO$_4$-Tetraedern durch mechanische Beanspruchungen, z. B. durch Mahlen zerstört werden, dann verliert faktisch das 2. Prinzip der angeführten drei seine Gültigkeit. Bei derartigen Einwirkungen entstehen Oberflächen, bei denen die Hälfte der Si^{4+}-Ionen noch die Koordinationszahl 4 beibehält, während die andere Hälfte die Koordinationszahl 3 ausweist. Folglich fehlt ein O-Atom, somit liegt amorphe Kieselsäure vor. Nach Stöber [1956a und b] entstehen an solchen Bruchflächen Struktureinheiten, denen die stöchiometrische Zusammensetzung

$$\left\{ Si\left(\frac{O}{2}\right)_3 O \right\}^{-} \quad \text{und} \quad \left\{ Si\left(\frac{O}{2}\right)_3 \right\}^{+}$$

zukommt. Beide Gruppen treten mit großer Wahrscheinlichkeit gleich häufig auf. Die amorphe Kieselsäure ist auch die Voraussetzung zur Bildung von Silikagel (nicht zu verwechseln mit dem kolloidalen Siliziumdioxidgel (Kieselsäuregel)).

Nach der Theorie von Weyl [1950a und b], Weyl und Hauser [1951] werden die Oberflächenstrukturen in folgender Formel ausgedrückt:

$$\left\{ Si^{4+}\left(\frac{O^{2-}}{2}\right)_3 OH^{-} \right\}(H_2O)_x$$

Die OH-Gruppe ist verantwortlich für den Wassergehalt des Gels, weil sie fähig ist, neutrale H$_2$O-Moleküle durch H-Brücken festzuhalten. Setzt man das Silikagel erhöhter Temperatur aus, so wird zunächst das adsorbierte H$_2$O fortgehen (bis 150°C) und bei höherer Temperatur werden die chemisch gebundenen OH-Gruppen instabil und schließlich wird entwässertes SiO$_2$ gebildet nach folgender Formel:

$$2\left\{ Si^{4+}\left(\frac{O^{2-}}{2}\right)_3 OH^{-} \right\}(H_2O)_x \xrightarrow{\Delta} 2\left\{ Si^{4+}\left(\frac{O^{2-}}{2}\right)_4 \right\} + H_2O$$

Da auf Grund solcher Formulierung an der Oberfläche zwei Si-Atome durch zwei Sauerstoffatome verknüpft sein müssten, was auf Grund des oben genannten dritten Prinzips nicht möglich ist, schlägt Weyl [1950a] eine andere Formulierung vor:

$$\left\{ Si^{4+}\left(\frac{O^{2-}}{2}\right)_3 OH^{-} \right\}(H_2O)_x \xrightarrow{\Delta} \left\{ Si^{4+}\left(\frac{O^{2-}}{2}\right)_3 O^{2-} \right\}^{-} + H_3O^4 + (x-1)H_2O$$

Damit wird bei starker Erhitzung nicht die Entfernung der OH-Gruppen, sondern nur die der H-Ionen unter Bildung von Hydronium angenommen. Folglich musste der Wasserdampf saure Reaktion zeigen und elektrisch positiv geladen sein, während das Si-Atom eine negative Ladung trüge. Außerdem besäße das Gel mit einer solchen Reaktion stöchiometrisch überschüssigen Sauerstoff:

$$SiO_2 \cdot \frac{1}{2}O$$

Zusammengefasst sähen also die Verhältnisse bei der Kieselsäure folgendermaßen aus.

Innerer Zustand   **Äußerer Zustand**

$$Si^{4+}\left(\frac{O^{2-}}{2}\right)_4 \qquad Si^{4+}\left(\frac{O^{3-}}{2}\right)_3 OH^-$$

$$SiO_2 \qquad\qquad\qquad SiO_2 \cdot \frac{1}{2}H_2O$$

Nach der Entwässerung

$$SiO_2 \qquad\qquad\qquad SiO_2 \cdot \frac{1}{2}O$$

Ein solches Strukturelement mit überschüssigem Sauerstoff ist sehr labil. Dieser labile Zustand kann aufgehoben werden
1. durch Adsorption von positiven Ionen oder polaren Molekülen.
2. durch Elektronenübertragung, die zu zweiwertigem Si^{2+} Sauerstoff führt. Unter dem Einfluss des positiven Feldes von Si^{4+} werden die zweiwertigen O^{2-}-Ionen in einen Elektronenaustausch treten, wodurch $Si^{4+2-} \rightarrow Si^{2+}$ reduziert wird und atomarer Sauerstoff entsteht.

Die beim Brechen des Quarzes entstehenden Oberflächendefekte reagieren mit Wasser in folgender Weise:

$$\left\{Si^{4+}\left(2\frac{O^{2-}}{2}\right)_3\right\}^+ + \left\{Si^{4+}\left(\frac{O^{2-}}{2}\right)_3 O^{2-}\right\}^- + H_2O \rightarrow 2\left\{Si^{4+}\left(\frac{O^{2-}}{2}\right)_3 OH^-\right\}$$

d. h. alle Bruchstellen, seien sie Si^+ oder SiO^-, tragen nach der Reaktion OH^--Gruppen *[Stöber 1956a; Schwarz und Baronetzky 1956; Weyl 1950a und b]*.

> Aus diesen Darlegungen geht hervor, dass die Eigenschaften der Kieselsäure vorwiegend von der Oberflächenkonfiguration abhängen und nicht von der Kristallstruktur. Folglich ist nicht nur die chemische Zusammensetzung, sondern auch die Oberflächenkonfiguration für die Reaktionsfähigkeit von Kieselsäure verantwortlich.

12 Silizium - das lebenswichtigste Mineral aller essentiellen Mineralien

12.1 Silizium, das zentrale Mineral der extrazellulären Matrix

Tausende von wissenschaftlichen Arbeiten über die Bedeutung des Siliziums für alle Lebensprozesse *[Voronkov et al. 1975]*, die im letzten Jahrhundert erschienen sind, belegen, dass dieses Spurenelement für den menschlichen und tierischen Organismus essentiell ist und viele Funktionen und regulatorische Interaktionen mit anderen Mineralien und Bioregulatoren aufrecht erhält.

> Die Einordnung des Siliziums in die Gruppe der Spurenelemente ist bei den vielen Aufgaben, die Silizium in einem lebenden Organismus zu erfüllen hat, eigentlich nicht gerechtfertigt. Sie beruht offensichtlich darauf, dass es sich mit der derzeitigen Methodik der klinischen Chemie schwer nachweisen lässt.

Silizium wird als das Mineral des Bindegewebes, besser gesagt der extrazellulären Matrix *[Carlisle 1986a und c, 1976; Schwarz 1978, 1973; Voronkov et al. 1975]* bezeichnet. Dieses „Spurenelement" reguliert den Aufbau und die Erhaltung des Bindegewebes inklusive des Knochen- und Knorpelgewebes *[Carlisle 1986a und c]*. Die Zugabe von SiO_2 in Zellkulturen erhöhte die Chondrozytenbildung um 243 % *[Carlisle 1986a-c, 1982]*.

- Silizium spielt in der Regulation des Eiweiß-, Fett- und Kohlenhydratstoffwechsels eine dominierende Rolle *[Fedin 1994; Fedin et al. 1993; Carlisle 1986a und c, 1976; Voronkov und Kuznezov 1984; Voronkov et al. 1975]*
- Im Bindegewebe werden dem Silizium viele Aufgaben zugeschrieben, z. B.
  - die Kalzifizierung des Knochengewebes *[Carlisle 1986c; Voronkov et al. 1975]*
  - Unterstützung und Regulation der Fibroblastenfunktion bei der Bildung der Hauptstrukturelemente der Grundsubstanz der extrazellulären Matrix, z. B.
    - der Proteoglykane (PG)
    - der Glykosaminoglykane (GAG)
    - der Strukturproteine
    - der Vernetzungsproteine
      - Kollagen
      - Elastin
      - Fibrinektion
      - Laminin
      - Chondropektin

[Carlisle 1986a und c; Schwarz 1973]

- Carlisle [1986c, 1970] und Carlisle und Alpenfels [1978] konnten zeigen, dass SiO_2-Zugabe zu Futter von Küken deren Kollagenproduktion innerhalb von 12 Tagen um 100 % zu steigern vermochte. Im regulativen Zusammenwirken von SiO_2 und der Glykoaminoglykane (GAG) stieg die Bildung von Hexosamin während des Knochenwachstums innerhalb von 8-12 Tagen um 200 %. Ebenfalls wurden während des Knochenwachstums von Küken nach Fütterung von SiO_2 Anstiege von Chondrontinsulfat, von Knochenkollagen und **von Kollagenproteinen um 50-100 % beobachtet.**
- Carlisle [1986c, 1976] und Schwarz [1978, 1973] verweisen darauf, dass Silizium eine dominierende Rolle im Wachstumsmetabolismus in der extrazellulären Matrix spielt und zwar in Beziehung zu den GAG's: Hyaluronsäure, Chondroitinsulfat und Keratansulfat. Beide Autoren unterstreichen in ihren Arbeiten die Bindung von Silizium in den Glykosaminoglykanen.
- Eine mitochondriale Funktion des Siliziums, z. B. bei der Synthese von Prolinpräkursoren, stellten Carlisle und Alpenfels [1980] fest.
- Silizium ist auch in die Funktionen des Glykokalyx, des membranbeständigen, informationstransferbewirkenden, matrixverankerten Zuckerfilms mit spezifischen elektrophysiologischen Eigenschaften eingeschaltet. In diesem Funktionsprinzip soll Silizium auch die Herstellung der Verbindung zwischen dem Glykokalyx und den Glykoaminoglykanen (GAG) bewirken, besonders die zur Hyaluronsäure *[Carlisle 1986c; Schwarz 1973]*.
- Dank der elektrophysiologischen Halbleitereigenschaften scheint SiO_2 nicht nur in der extrazellulären Matrix das elektrophysiologische Halbleiterfunktionsprinzip zu gewährleisten *[Becker 1994]*, sondern auch im Zusammenhang mit den Informationstransferfunktionen der Glykokalyx aktiv zu sein. Damit verbunden ist auch die Rhythmustaktung durch das SiO_2 zu vermuten (siehe Kapitel 5). Es wurde auch beobachtet, dass Siliziumpartikel durch intensivierte Signale die Gentransaktion stimuliert haben. *[Oschilewski et al. 1985]*
- Silizium verfügt nach William [1986] über eine eigene spezielle Wasserchemie, die durch die Hydratationsfunktion des SiO_2 gegeben ist. Durch die Bindung von Wassermolekülen vermag SiO_2 sich und die extrazelluläre Matrix in einen hydratisierten Zustand zu versetzen, wodurch die Regulation des Bindegewebes gewährleistet wird. Ein Einblick in die „Wasserchemie des Siliziums" soll mit nachfolgender Formel von William [1986] gegeben werden.

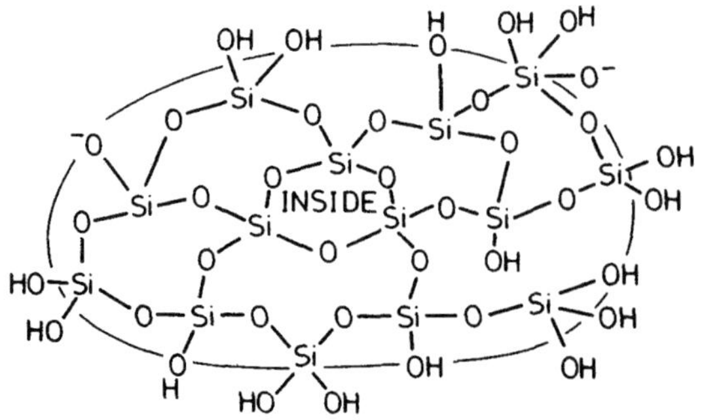

Abbildung 12-1: Schematische Darstellung des amorphen hydratisierten SiO_2. Zu beachten ist die unterschiedliche Anzahl an OH-Gruppen in den verschiedenen Si-Gruppen, die fehlende strukturelle Wiederholung und die wenigen Änderungen in der Oberfläche [William 1986]

Hierbei soll das SiO_2 bis zum 40fachen seines eigenen Molgewichts H_2O an sich binden können. Silizium vermag aber auch Sorge dafür zu tragen, dass das Bindegewebe nicht überwässert wird.

Das hydratisierte SiO_2 vermag in diesem Zustand mit vielen anderen Ionen Interaktionen, Wechselbeziehungen und Beeinflussungen einzugehen, z. B. mit Mg, Ca, Fe, P, N, C, Cl. *[William 1986; Iler 1979]*

12.2 Andere bekannte Funktionen des SiO_2

12.2.1 Antiagingeffekt

Silizium vermag das biologische Altern zu verzögern und die Arteriosklerose, die Faltenbildung der Haut und die Kalzifizierung, z. B. der Aorta, zu verhindern. Silizium wird deshalb auch als das „Verjüngungssalz" bezeichnet.

Die physiologischen Grundlagen der jung erhaltenden Eigenschaften des Siliziums werden, vereinfacht dargestellt, wie folgt erklärt. Silizium übt hydrophile Funktionen aus, die die Anschwellung und Straffheit des Gewebes, besonders der Haut, bewirken. Die Hydrophilie ist aber eine wichtige Voraussetzung für das biologische Funktionieren der Proteinstrukturen (z. B. Albumin, Peptide). Die günstigste physiologische Kombination für die Albuminwasserverbindung wird in Gegenwart von 0,9 % NaCl erreicht.

Spitzenkapazität des Zellmetabolismus (Abbau, Aufbau, Enzymreaktionen) ist zu erreichen, wenn Proteine (z. B. Albumin) hochgradig hydrathaltig sind, d. h. wenn eine optimale Hydrophilie vorliegt, wodurch die Säure-Basen-Albumin-Homöostase gewährleistet wird. Einnahme von SiO_2 verbunden mit viel Flüssigkeitszufuhr kann dem biologischen Alterungsprozess entgegenwirken *[Voronkov et al. 1975; Scholl und Letters 1959]*.

12.2.2 Adsorption und selektiver Ionenaustausch

Adsorbenzien sind Stoffe, die gelöste, disperse oder gasförmige Substanzen (Stoffe) zu binden vermögen. Adsorbenzien sind Stoffe mit einer großen Oberflächenvergrößerungswirkung, z. B. Aktivkohle, Tonerde, **disperses Silizium**, Kieselgur, Kaolin, **Klinoptilolith-Zeolith** *[Veretenina et al. 2003; Gorokhov et al. 1982]*. 1 g kolloidales SiO_2 vermag im Organismus eine Adsorptionsfläche von 300 m^2 zu schaffen! Durch die Adsorption wird die Aktivierung von Enzymen und damit eine Katalysatorfunktion bewirkt. Bioaktive Stoffe, also zugeführte Bioregulatoren, können durch die Adsorption in ihrer Wirkung erheblich vergrößert werden, weil ein

Adsorbens diese in die Nähe des Wirkungsfelds bringt. Adsorbenzien vermögen den positiven Effekt und die Bioverfügbarkeit von zugeführten Mineralien zu erhöhen, wodurch die Bioäquivalenz gewährleistet wird. (Adsorption = lat. adsorbere = an sich binden)

Adsorption =   Konzentrationsverschiebung einer Substanz im Bereich der Grenzschicht zweier benachbarter Phasen

Positive Adsorption → Anreicherung
Negative Adsorption → Verdrängung

Es ist in diesem Zusammenhang auch der Begriff **Resorption** zu erwähnen. Resorption - Aufsaugung, d. h. Aufnehmen von Stoffen durch die Haut oder Schleimhaut in die Blut- und Lymphbahn.

Der Begriff **Absorption** = Aufsaugen, in sich aufnehmen, ist nicht mit dem Begriff Adsorption zu verwechseln.

Chemisch bedeutet **Absorption**: Aufnahme oder/und Verteilung eines Stoffs mittels Diffusion durch eine Phasengrenzfläche, z. B. Eindringung von Gasen in eine Flüssigkeit.

Physiologisch wird unter **Absorption** die Aufnahme von Substanzen (Nährstoffen, Medikamenten) über Haut oder Schleimhäute bzw. aus dem Gewebe in die Blut- und Lymphbahnen verstanden.

12.2.3 Hämolytische Funktion von kolloidalem SiO_2

Es wurden auch Untersuchungen zur hämolytischen Wirkung von kolloidalem SiO_2 durchgeführt *[Waschkuhn 1964]*. Dabei wurde mit In-Vitro-Experimenten an Suspensionen mehrfach gewaschener menschlicher Erythrozyten die Beeinflussung anorganischer Sole auf ihre hämolytische Wirkung getestet. Verwendet wurden bei diesen Untersuchungen kolloidale Lösungen von SiO_2, Aluminiumoxid, Zinndioxid und metallisches Gold. Als Ergebnis wurde festgestellt, dass nur die Lösung des kolloidalen SiO_2 hämolytisch wirkte, die übrigen kolloidalen anorganischen Sole führten zur Agglutination der menschlichen Erythrozyten.

Die Ergebnisse gaben zu der Vermutung Anlass, dass die in der Erythrozytenmembran befindlichen Blutproteine, z. B. Gamma-Globulin, starke Adsorptionsbeziehungen zu SiO_2 entwickeln können.

12.2.4 SiO_2-Mittel gegen aggressive Makrophagen der Pankreasinseln

Zahlreiche Modelluntersuchungen an Labortieren zeigten, dass SiO_2 ein wichtiger Wirkstoff in der Prävention gegenüber Diabetes mellitus sein kann *[Baek und Yvon 1990; Wright and Lacy 1989; Lee et al. 1988; Kannehiro et al. 1987;*

Oshilevski et al. 1985]. Diese Autoren gehen davon aus, dass in der Pathogenese des Diabetes mellitus aggressive Makrophagen die Pankreasinseln zerstören können. Nach den Ergebnissen der angeführten Autoren soll SiO_2 eine hohe spezifische Wirkung gegen diese Makrophagen haben. Andererseits ist aber zu erwähnen, dass siliziumreicher Zeolith die Phagozytose zu stimulieren vermag *[Bgatova und Novoselov 2000].*

12.2.5 Antibakterielle Wirkung des SiO_2

Tan [1984] berichtet, dass zur Verhütung von postoperativen Komplikationen in der Gynäkologie, vor allem nach Kaiserschnitten, eine kombinierte Applikation von SiO_2 und Magnesium sehr effektiv war. Die antibakterielle Wirkung von SiO_2 ist in vielfacher Weise beschrieben worden *[Voronkov et al. 1975; Kober 1955].*

12.3 Interaktionen zwischen Silizium und anderen Mineralien

Das Silizium geht im Organismus mit anderen Elementen, Ionen und Elektrolyten verschiedene Interaktionen ein, die der Gewährleistung der gesamten Regulation dienen. Dabei gibt es Wechselbeziehungen, Substitutionsbeziehungen, Steuerungsbeziehungen u. a. Nachfolgend möchten wir einige Beispiele von derartigen Interaktionen anführen. Dabei spielt nicht zuletzt sowohl die Adsorptions- und Ionenaustauscheigenschaft des SiO_2 als auch die Fähigkeit des Siliziums, im hydratisierten Zustand bioaktiv-regulativ zu sein, eine Rolle. Die folgenden Beispiele stellen eine zufällige Auswahl dar.
- Kalium–Silizium-Beziehungen
  Die Aufnahme von SiO_2 von Cycletellazellen ist abhängig von der Kaliumkonzentration des Nährmediums. Sowohl in Helligkeit als auch in Dunkelheit wird die SiO_2-Aufnahme bei Kaliummangel reduziert. Gegenläufig ist die Kaliumaufnahme durch Cycletellazellen von dem Vorhandensein von Kieselsäure abhängig. Auch der pH-Wert spielt dabei eine Rolle. Günstig 6,5-8,0. In diesem Bereich werden die Hydroxydionen von hydratisiertem SiO_2 frei *[Roth 1980].*
- Kalium-Natrium-Silizium
  Mittels Ionenaustauschfunktion vermag Silizium das Gleichgewicht zwischen K^+- und Na^+-Ionen zu regulieren und somit auf die Funktion der Kalium-Natrium-Pumpe in der Zellmembran Einfluss zu nehmen *[Kahlilov und Bagirov 2000].*
- Phosphor-Silizium
  Silizium vermag Phosphor aus seinen Verbindungen zu verdrängen und sich selbst an diese Stelle zu setzen *[Carlisle 1986c; Voronkov et al. 1975; Schwarz 1973].*

- Interaktionen beim Knochenaufbau
  Im Wachstumsprozess vermag Silizium die Aufnahme in den Knochenaufbau für Kalzium, Magnesium, Mangan, Molybdän u. a. zu regulieren *[Carlisle 1986c]*.
- Interaktionen in der Mineralienregulation des Organismus
  Es bestehen zwischen dem hydratisierten SiO_2 und Magnesium, Kalzium, Eisen, Phosphor, Stickstoff, Schwefel, Kohlenstoff, Chlor und Fluor verschiedenste Beziehungen *[Bgatova und Novoselov 2000; Carlisle 1986c; William 1986; Iler 1979; Voronkov et al. 1975]*.
- Ionenaustausch mit anderen Mineralien
  Adsorptions- und Ionenaustauscheigenschaften des SiO_2 führen zu Interaktionen mit den verschiedensten Elementen *[Veretenina et al. 2003; Shalmina und Novoselov 2002; Bgatova und Novoselov 2000; Avzyn et al. 1991; Voronkov und Kuznezov 1984; Voronkov et al. 1975; Wolfseder 1963]*, z. B. für Kupfer, Chrom, Zinn, Zink, Kadmium Aluminium, Germanium, Fluor, Argentum, Chrom, Blei und die Lanthanelemente.
- Silizium-Aluminium
  Zwischen beiden Elementen besteht ein Regulationsprinzip welches bewirkt, dass in einem gesunden Organismus nur so viel Al aufgenommen wird, wie er es benötigt (siehe Kapitel 15).

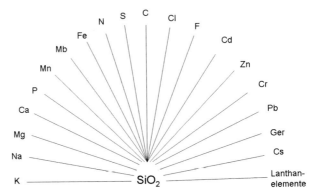

Abbildung 12-2: Mögliche Interaktionen zwischen Silizium und anderen Elementen im Organismus; Übersicht auf Grundlage einer Literaturzusammenstellung

12.4 Silizium ist nicht gleich Silizium und SiO_2 ist nicht gleich SiO_2

In neuen medizinischen, biochemischen und orthomolekularen Lehrbüchern und Monografien ist Silizium als Mineral gar nicht oder nur mit wenigen Worten, meistens im Zusammenhang mit Silikose, erwähnt. Es kann konstatiert werden, dass die gegenwärtigen Heilberufler gewöhnlich den Umgang mit Silizium scheuen. In der Schweiz sind Siliziumpräparate sogar verboten. Dem kolloidalen SiO_2, das adäquat für den Menschen ist, wird selbst in Standardwerken der Biochemie kein Wort gewidmet. Wegen dieser lehrbuchbedingten Kenntnislücken besteht bei der gegenwärtigen Medizinergeneration bezügliche einer therapeutischen Anwendung von SiO_2 Zurückhaltung.

Derartige Auffassungen, Haltungen und Anordnungen sind nicht zuletzt auf die Forschungsergebnisse zur Silikoseerkrankung und zu den unzähligen chemischen Produkten, die als anorganische und chemisch-organische Siliziumverbindungen vorliegen, aber auch auf Unkenntnis der Materie, d. h. vielfältigen Funktionen von Silizium, zurückzuführen.

Die Entdeckung silizium-organischer Verbindungen, die so genannten Silikone, sowie die siliziumgestützte Halbleitertechnik, die heute aus der Industrie und dem täglichen Leben nicht mehr wegzudenken sind und teilweise auch nicht bioaktiv sind, haben weitere Unsicherheiten und Ängste hervorgerufen.

Nachfolgend möchten wir einige Erläuterungen zur Si-Nomenklatur geben.

Erstens: Zur verwirrenden Begriffbildung. Es gibt unterschiedliche und verwirrende Begriffe beim Vergleich der deutschen und englischen Sprachbereiche

deutsch: Silizium   englisch: silicon
                Silikon   silicone
                (als technisches
                Siliziummaterial)

Schon das Silikon mit und ohne „e" am Ende des Worts führte oft zu Missverständnissen.

Zweitens: Zur Besonderheit des Siliziums. Da es biochemische, biogene, geobiologische, biophysikalische und chemophysikalische Eigenschaften ausweist, bestehen auch Unklarheiten zu den Siliziumstrukturen, besonders was das SiO_2 anbetrifft. Dazu nachfolgend einige Erläuterungen.

- Silikate = Salze des Si
  Si hat in diesen Salzen gewöhnlich Vierwertigkeit und somit Tetraederform, die in der Regel mit vier O-Atomen mit je einer freien Valenz gebunden sein kann (siehe Kapitel 11).
- Amorphe Kieselsäure SiO_2
  Durch Bearbeitung kann amorphe Kieselsäure (SiO_2) entstehen. Diese hat eine starke Tendenz zur Hydratation (Wasserchemie des Siliziums *[William 1986]* siehe Kapitel 11).
- Schichtsilikate (Al-Silikate), Tonmaterialien u. a. haben auch amorphes SiO_2 in sich verborgen, das durch so genannte Verwitterungsprozesse in sekundären geologischen Prozess entstanden ist (siehe Kapitel 10).
- Kolloidales SiO_2 kann aus amorphem Silizium im Zusammenhang mit einem hoch dispersen Hydratationsprozess gewonnen werden. Wir finden kolloidales SiO_2 auch in Gewässern, Quellen, Pflanzen und in Zeolithen. Wenn

diese in tierische oder menschliche Organismen gelangen, wird vor Ort kolloidales SiO_2 produziert (siehe auch Kapitel 10 und 15).
- In Pflanzen finden wir monomere und kolloidale Kieselsäure (siehe Kapitel 11).
- Aus monomerem SiO_2 kann polymeres entstehen (siehe Kapitel 10), welches auch in Pflanzen und Gewässern zu finden ist. Die Polymerisation ist eine zu beachtende Eigenschaft des SiO_2.
- Kristallines SiO_2 finden wir z. B. im Quarz, Bergkristall, Feldspat, Glimmer usw.
- Staub von kristallinen (aber auch amorphen) SiO_2 kann nach Einatmen feinster Teilchen zur Silikose (Pneumokoniose) führen (siehe Kapitel 13).
- Hoch konzentrierte Kieselsäure kann zur Gewebe-Silikose an den betroffenen Stellen, z. B. an den Beinen, führen.
- Es gibt des Weiteren chemisch-organische Kieselsäureverbindungen. Bei ihnen sind z. B. Methylgruppen bzw. andere chemische Verbindungen eingebaut. Auch hier muss man wieder solche unterscheiden, die in der Technik eine Rolle spielen und auch toxisch sein können und jene, die im Metabolismus des Körpers des Menschen gebildet werden und gewöhnlich physiologisch wirksam sind. Das sind biochemisch-organische Kieselsäureverbindungen, die unter Umständen auch pathogen sein können, wie z. B. bei der Silikose. Technische organisch-chemische Verbindungen werden in der Industrie zu den verschiedensten Zwecken hergestellt, z. B. auch für medizinisch-technische Zwecke, z. B. Schläuche für Infusionen, Abdruckmaterialien des Zahnarztes usw. Diese sind für die innere Einnahme nicht zu gebrauchen.

Wichtigste SiO_2-Donatoren sind Zeolith, Bentonit, Montmorillonit u. a. (siehe Kapitel 14 und 15). Sie geben gewöhnlich SiO_2^- in kolloidaler Form, die im Darm freigesetzt werden, ab. Für den menschlichen und tierischen Organismus relevant sind monomeres SiO_2 in schwacher Konzentration und leicht saurem pH-Wert sowie kolloidales SiO_2 in Sol- bzw. Gelform.

12.4.1 Siliziumdepots für den Menschen sowie für Haus-, Nutz- und Wildnistiere

- Pflanzen (siehe Kapitel 10)
- Gewässer, Mineral- und Thermalquellen (siehe Kapitel 10)
- Naturzeolithe, Montmorillonit, Bentonit, Tone (siehe Kapitel 15ff)

12.4.2 Welches Siliziumdioxid wird im Darm resorbiert?

Aus nachfolgendem Schema wird ersichtlich, dass durch die Darmwand nur Monokieselsäure (Monosiliziumdioxid) oder kolloidales Siliziumdioxyd (Kieselsäure) eindringen und genutzt werden können. Für das polymere SiO_2 dagegen gibt es Schwierigkeiten.

12. Silizium - das lebenswichtigste Mineral aller essentiellen Mineralien

Polymere Kieselsäure

Monokieselsäure (Monomeres Siliziumdioxid) kolloidales Siliziumdioxidgel

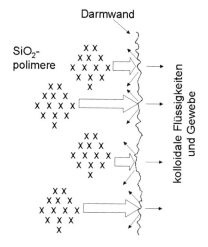
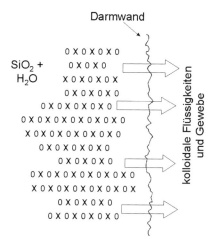

Das polymere SiO_2 hat eine herabgesetzte Resorptions- und Adsorptionsmöglichkeit. Die Durchdringung der Darmwand ist nur bedingt möglich.

Die gleichverteilten SiO_2- und H_2O-Moleküle in der kolloidalen Phase haben eine große Adsorptionsfähigkeit und durchdringen die Darmwand als Nanopartikel.

Abbildung 12-3:
Schema der Resorption verschiedener Formen der Kieselsäure an der Darmwand

Siliziummangelerscheinungen

Silizium, als das Mineral des Bindegewebes, speziell der extrazellulären Matrix und somit eigentlich auch das Mineral des Wachstums und der Heilung, ist für Mensch und Tier essentiell. Chronische Defizite an Si im Körper führen zu schweren Mangelerscheinungen und Krankheiten. Es liegen zahlreiche Untersuchungen über Siliziummangelerscheinungen vor, von denen wir nachfolgend einige bedeutsame darlegen möchten. Es wurden In-vitro- und In-vivo-Untersuchungen angestellt.

12.4.3 In-vitro-Untersuchungen

Werner [1968] stellte in siliziumfreier Nährlösung von Zellkulturen folgende Veränderungen fest:
- Stopp der Synthese von Leucosin nach 12-14 Std.
- Stopp der Synthese von Larotenoid nach 9 Std.
- Stopp der RNS-Synthese nach 6-8 Std.

- Stopp der Synthese des Chlorophylls nach 6-8 Std.
- Stopp der Proteinsynthese nach 6-8 Std.
- Verminderung der Stabilität der Zellwände.
- Erhöhung der Synthese von Fettsäuren um 100 % nach 6-8 Std.

Diese Untersuchung zeigt, dass der Siliziummangel auf der molekularen Regulationsebene gravierende Spuren hinterlässt und die Lebensprozesse zum Stillstand bringen kann.

12.4.4 In-vivo-Untersuchungen an Tieren

Carlisle et al. *[Carlisle 1986a, b und c, 1982, 1981a und b, 1980a und b, 1979, 1974, 1972; Carlisle und Suchichue 1983; Carlisle und Garvey 1982; Carlisle et al. 1981; Carlisle und Alpenfels 1980, 1978]* stellten umfangreiche Tierexperimente zu Siliziummangelerscheinungen sowie zur Bedeutung des Siliziums im Mineralstoffwechsel, im Knochenaufbau und vor allem in Wachstumsprozessen an.

Carlisle postulierte [1986a]

Ohne Silizium ist kein Wachstum von Pflanze, Tier und Mensch möglich.

Als Beispiel dafür möchten wir aus Arbeiten von Carlisle *[1982, 1981, 1972; Carlisle und Alpenfels 1980, 1978]* Ergebnisse von Untersuchungen zum Wachstum speziell zum Knochenwachstum anführen. Sie konnte zeigen, dass vier Wochen alte Küken mit siliziumreichem Futter wuchsen, mit siliziumarmer Kost dagegen eine kümmerliche Entwicklung nahmen. Diese Wachstumshemmung infolge Siliziummangels konnte auch mit histologischen Untersuchungen an Knochen dieser Tiere bestätigt werden.

12. Silizium - das lebenswichtigste Mineral aller essentiellen Mineralien

Abbildung 12-4:
Vier Wochen alte Küken.
Links: mit einer durch Silizium ergänzten Kost gefüttert.
Rechts: Kost mit geringem Siliziumanteil [Carlisle 1972]

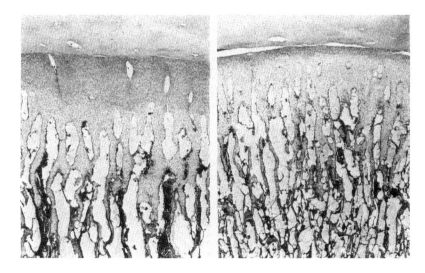

Abbildung 12-5:
Längsschnitt durch das innere Ende des Schienbeins von vier Wochen alten Hühnern. Links: mit einer durch Silizium ergänzten Kost gefüttert. Rechts: Kost mit geringem Siliziumanteil. Bei der siliziumarmen Kost fällt die geringe Breite des epiphysären Knorpels unter der knorpeligen Epiphyse auf, besonders da sie an den schmalen Bereich der wuchernden Knorpelzellen heranragen. Die wuchernde Zone der mit Siliziummangel ernährten Hühner ist sieben- bis achtmal schmaler als die der Hühner mit siliziumreicher Kost [Carlisle 1980c].

12.4.5 Siliziummangelkrankheiten und -störungen

Auf Grund tierexperimenteller Untersuchungen und klinischer Beobachtungen verursacht Siliziummangel gesamtorganismische Störungen. Nach der uns zur Verfügung stehenden Literatur kann jedes Funktionssystem des Menschen davon betroffen werden. Nachfolgend möchten wir ausgewählte Beispiele auflisten, um eine Vorstellung von diesen Mangelerscheinungen zu vermitteln. Abnutzungserscheinungen durch Siliziummangel sind seit Jahren vielfach beschrieben:

- Über Beschleunigung des biologischen Alterungsprozesses durch Mangel an Silizium wird von nicht wenigen Autoren berichtet, z. B. von Kudryaschowa [2000a und b], Kaufmann [1997], Carlisle [1986], Voronkov et al. [1983, 1975], Fischer [1981], Scholl und Letters [1959], Kober [1955].
- Das Fehlen von Silizium im Körper führt auch zu beschleunigten Abnutzungserscheinungen der Gelenkknorpel. Siliziummangel kann auch Arteriosklerose verursachen.
- Die Chondrozyten, die das kollagene Bindegewebe der Gelenkknorpel immer wieder erneuern, um eine Abnutzung zu verhindern, zeigen eine höhere Aktivität, wenn das Gewebe mit Silizium angereichert ist, als bei Mangel an diesem Mineral.
- Bei brüchigen Fingernägeln und Haarausfall hat auch der gestörte Siliziumstoffwechsel seinen Anteil.

Siliziummangel verursacht des Weiteren
- Störung des Kalzium- und Magnesiumstoffwechsels im Knochen (Osteoporose) *[Voronkov et al. 1975; Charnot 1959, 1953; Pirie 1956]*. Ohne Gegenwart von Silizium kann den Autoren zufolge kein regulärer Kalzium- und Magnesiumstoffwechsel ablaufen.
- Arteriosklerose *[Kudryaschowa 2000; Carlisle 1986; Voronkov et al. 1975, 1971, 1984 u. a.]*
Es werden Fälle beschrieben, bei denen nachgewiesen wurde, dass Patienten mit Arteriosklerose eine sehr niedrige Konzentration an Silizium ausweisen. Die Ursache für die Arteriosklerose wird in dem durch Siliziummangel gestörten Kalziumstoffwechsel gesehen.
- Krebskrankheiten: Voronkov [1984, 1975, 1971a und b], Kober [1955], Charnot [1959, 1953], Seeger [1937] berichten über Zusammenhänge zwischen Siliziummangel und Krebskrankheiten, wobei sowohl Ergebnisse von Tierexperimenten als auch Fallbeobachtungen angeführt werden.

Des Weiteren beschreiben Voronkov et al. [1975] die Abkapselung von Krebsgeschwülsten mit Kalkanlagerungen bei Gegenwart von erhöhter Konzentration von Silizium im Tumorgebiet (Tierexperimente) sowie keine erhöhte Menge von Silizium im Urin.

- Haarausfall bei Siliziummangel haben Voronkov et al. [1975] im Tierexperiment nachgewiesen.
- Dermatosen, Akne und andere Hautkrankheiten wurden bei Siliziummangel vielerorts beobachtet [Kudryaschowa 2000; Kaufmann 1997; Voronkov et al. 1975, 1971; Delva 1963, Kober 1955].
- Siliziummangel als Ursache von Diabetes mellitus beschreiben die russischen Autoren Kudryaschowa [2000], Voronkov [1983].

12.5 Wie hoch ist der normale Siliziumwert im Körper?

Der Nachweis von Siliziumdioxidverbindungen im Körper ist nicht einfach, denn weniger als 10 % des Körpersiliziums befindet sich in den Körperflüssigkeiten (40-50 ug/100 ml bei jungen Erwachsenen), 60 % des Körpersiliziums ist an Eiweiß gebunden und 30 % an Fette. Die Haaranalyse wird heute vielfach praktiziert. Die Ausscheidungsmenge beim erwachsenen gesunden Menschen kann bis 45 mg/Tag betragen. Diese Menge soll täglich mindestens zugeführt werden. Es wurden auch geringere Werte festgestellt. Bei der Siliziumbestimmung im Körper ist die Altersabhängigkeit zu beachten. Ein bindender Referenzwert kann für den SiO_2-Gehalt im Körper nicht angegeben werden.

Voronkov et al. [1975] bezeichneten das Silizium als „Feuerwehrmineral", das immer dort zu finden ist, wo es „brennt" (also gebraucht wird). Diese Autoren stellten z. B. im Tierexperiment fest, dass bei der Einkapselung eines Tumors mittels Kalzifizierung hohe Mengen von Silizium in der Nähe des Tumors waren und im Urin keine Ausscheidung von Silizium erfolgte. Die ubiquitäre Verteilung der extrazellulären Matrix ermöglicht offensichtlich dem Silizium eine große funktionelle Flexibilität zu bieten.

Der einschlägigen Literatur sind folgende qualitative Angaben zum altersabhängigen Vorhandensein von Si im Körper zu entnehmen.

Baby: Die höchste Silizium-Konzentration ist in der Nabelschnur nachzuweisen. Die Haut, das Bindegewebe und alle Organe des Babys haben hohe Siliziumkonzentrationen, was die straffe Vernetzung des Bindegewebes bewirkt.

Erwachsener: Im Erwachsenenalter findet man hohe Siliziumkonzentrationen im Bindegewebe, in den Nägeln, in den Lymphdrüsen, in den Augenlinsen, in den Haaren, im Zahnschmelz, in der Lunge, in der Haut, im Knochen und im Knorpel. Die glatte Muskulatur hat mehr Silizium als die quer gestreifte.

Alter Mensch: Bei alten Menschen tritt in Abhängigkeit vom biologischen Alter Siliziummangel auf. Er zeigt sich u. a. in der Faltenbildung der Haut, im Sinken der Elastizität des Bindegewebes, durch stumpfes, lebloses Haar, durch brüchige Fingernägel. Diese Erscheinungen sind auf eine Austrocknung von Zellproteinen zurückzuführen, wodurch der Zelldruck sinkt *[Kaufmann 1997; Voronkov et al. 1975; Scholl und Letters 1959; Kober 1955 u. a.]*.

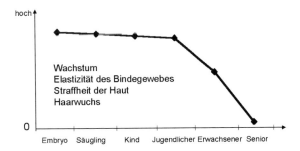

Abbildung 12-6: Altersabhängigkeit des Siliziumgehalts im menschlichen Körper (semiquantitative, schematische Darstellung) auf der Grundlage einer Literaturrecherche

In den meisten klinischen-chemischen Laboranalysen der Gegenwart ist die Bestimmung von Silizium nicht mit einbezogen.

Die vorstehenden Angaben sollen noch durch tierexperimentelle Ergebnisse von Carlisle [1974] ergänzt werden (Abbildung 12-7). Sie stellte an Ratten fest, dass die höchsten Konzentrationen von Silizium in der Aortenwand, in den Sehnen und in der Trachea zu finden sind, d. h. dort, wo wir Bindegewebe (extrazelluläre Matrix) vorliegen haben. Im Blut sind die niedrigsten Werte nachgewiesen worden.

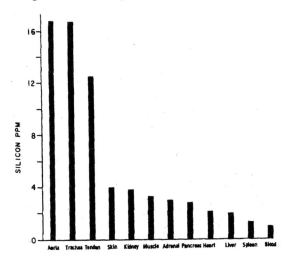

Abbildung 12-7: Normale Siliziumkonzentrationen in Geweben erwachsener männlicher Ratten. Angegeben sind die mittleren Werte von 20 Tieren (4 Monate alt) ausgedrückt in Promill Nassgewicht des Gewebes [Carlisle 1974]

Randhawa [1994] gab auf Grund einer Literaturrecherche folgende Blutwerte des SiO_2 für den Menschen und verschiedene Tiere an:

Mensch	1,0-1,14 mg/l SiO_2
Hammel	10,7-13,7 mg/l SiO_2
Pferd	10,0-30,0 mg/l SiO_2
Rind	10,0-30,0 mg/l SiO_2
Hund	5,5-6,3 mg/l SiO_2
Kaninchen	12,6-13,3 mg/l SiO_2

Der gleiche Autor führte auch einige 24-Std.-Urin-SiO_2-Konzentrationswerte von Mensch und einigen Tieren an, die sehr große Streuungen ausweisen und von Tag zu Tag, in Abhängigkeit von der Nahrungszufuhr, Belastung usw., großen Schwankungen unterliegen.

Mensch	7-13 mg/l Harn SiO_2
Hund	9-15 mg/l Harn SiO_2
Kuh	450-530 mg/l Harn SiO_2
Kaninchen	70-90 mg/l Harn SiO_2
Schaf	120-280 mg/l Harn SiO_2

Wie allgemein bekannt ist, lassen sich Normalwerte über das SiO_2 im Körper sehr schwierig mit den heute zur Verfügung stehenden Methoden bestimmen. Vielleicht sollte man sich auf non-invasive Methoden orientieren, z. B. durch Messung der elektrischen Halbleiterfunktion.

12.6 Formen von Siliziumverbindungen, die im Körper vorkommen können

Im Zusammenhang mit der Frage nach Normalwerten von SiO_2 ergibt sich auch die Frage: In welcher Form kommt es in Körperflüssigkeiten vor? Mit dieser Frage haben sich Voronkov et al. [1975] auseinandergesetzt. Sie führen folgende Formen an.

Erstens: „Wasserlösliche" bzw. hydratisierte Form. Dank der Eigenschaft des SiO_2 sich in den hydratisierten Zustand zu versetzen kann es in der gesamten Grundsubstanz, im Blut, in der Lymphe wirksam werden Diese Auffassung wird auch von Carlisle [1986a und c], von Schwarz [1978; 1973] und Schwarz und Milne [1972] vertreten.

Zweitens: Esterformen des SiO_2. Die Esterbildung erfolgt mit Kohlenhydraten, Proteinen, Cholesterin und anderen Sterinen, Cholin, Lipiden und Phospholipiden.

Drittens: Unlösliche Siliziumdioxidpolymere: Zu ihnen gehören Polykieselsäuren, amorphe Kieselsäuren, unlösliche Silikate und Quarz. Die Oberfläche dieser Polymere ist im Organismus von einer chemisorbierten

Schicht organischer Verbindungen bedeckt, die Hydroxyl- oder Aminogruppen enthalten. Hieraus können sich Plaquen in Bindegeweben bilden. Infolge der Dynamik der funktionellen extrazellulären Matrix ist es schwer, aus der funktionellen Wechselwirkung zwischen hydratisiertem SiO_2 und den gebildeten bzw. wieder aufgelösten Esterbildungen exakte Bestimmungen von so genannten Normwerten zu erhalten.

12.7 Wie stellt man sich die Aufnahme des SiO_2 in die Zelle vor?

Die Beantwortung dieser Frage kann nur unter dem Aspekt der Multifunktionalität des SiO_2 erfolgen. Dabei müssen folgende Funktionsbereiche des SiO_2 beachtet werden.

Erstens: Die extrazelluläre Matrix als Hauptfunktionsbereich des SiO_2 (siehe Kapitel 12.1).

Zweitens: Die Erstellung, die Gewährleistung und das Schützen der Zellmembran.

Drittens: Die intrazelluläre Flüssigkeit unter Nutzung der Atmungskette.

Viertens: Das Eindringen in die Mitochondrienmatrix über die Atmungskette.

Fünftens: Die Genregulation.

Sechstens: Die Immunregulation.

Bei den peri- und intrazellulären Vorgängen ist wichtig zu wissen, dass SiO_2 zu jeder Zeit und an jedem Ort in der Lage ist, Phosphorverbindungen zu verdrängen.

Folgender Ablauf wäre bei peri- und intrazellulären Vorgängen denkbar *[Voronkov et al. 1975; Schwarz 1973, 1978]*.

„Das Silizium gelangt in Form von SiO_2-Ionen oder in Form einer Verbindung mit Phosphoglyzerinaldehyd in die Zellwände. Dort wird es teilweise in Mineralform eingebaut, zum größten Teil jedoch über Stickstoffatome (d. h. über SiO_2-N-Verbindungen) an Proteine, Aminosäuren oder Glykoproteine gebunden. Gleichzeitig gelangt ein Teil des Siliziums in Form von SiO_2-Ionen in die intrazelluläre Flüssigkeit. Im Weiteren verbindet sich ein Teil des von den Zellwänden adsorbierten Siliziums mit Kohlenhydraten (über Si-O-C-Verbindungen), der Rest mit anderen Bestandteilen der Zellen. Dabei kann Phosphor durch Silizium ersetzt werden, wobei die bei der Spaltung der energiereichen Phosphate freiwerdende Energie unmittelbar zur Bindung des Siliziums genutzt wird. Wenn die Konzentration der Silizium-Zucker-Ester eine bestimmte Höhe erreicht, gelangen sie in die intrazellulären Flüssigkeiten, wobei auch der zuvor direkt aufgenommene Anteil anorganischer Siliziumverbindungen an Zucker gebunden wird."

„Wie Versuche zeigten, beruht der Prozess der Aufnahme des Siliziums (das als SiO_2-Anion adsorbiert wird) auf den gleichen allgemeinen Prinzipien wie die Aufnahme von Ca^{2+}, Sr^{2+}, Mg^{2+} oder PO_4^{3-}-Ionen."

Die Aufnahme des Siliziums erfolgt über die Atmungskette zur Mitochondrienmatrix.

Dieser Prozess verläuft in zwei Stufen: In der ersten Stufe wird das Substrat oxydiert, in der zweiten erfolgt eine Anreicherung des Substrats, wodurch der Austausch von Phosphor gegen Silizium begünstigt wird. SiO_2 kann Phosphor aus einer Reihe von Verbindungen, z. B. aus der Ribonukleinsäure und möglicherweise auch aus dem ATP-ADP-Zyklus, verdrängen *[Schwarz et al. 1973, 1978]*.

Über die Genregulationen des Siliziums wird u. a. von Oschilewski et al. [1985] und von Charlton et al. [1985] berichtet. Aus diesen Arbeiten ist zu entnehmen, dass SiO_2 mit bestimmten Signalisierungen die Gentransaktivation stimulieren und die Regulierung bestimmter Proteinkinasen mittels Deaktivierung und Aktivierung vorzunehmen vermag. Von einer japanischen Gruppe *[Ueki et al. 1994]* wurde in entsprechenden immunologischen Untersuchungen eine polyclonale Aktivierung der T-Zellen durch Silikate beobachtet.

12.8 Bemerkungen zur Kieselsäure als Therapeutikum

12.8.1 Die Lebensprozesse verarbeiten niedrigmolekulare Kieselsäure in schwachen Lösungskonzentrationen

Nobelpreisträger R. Willstätter [1931] beschäftigte sich mit dem Vorkommen und den Funktionen der Kieselsäure auf unserem Planeten. Er kam zu der Auffassung, dass die Kieselsäure in vielen irdischen Formen in Erscheinung treten kann. In großen Mengen ist sie in kristalliner Form in mehr als der Hälfte der Erdrinde vorhanden. Gleichzeitig präsentiert sie sich in der Bio- und Hydrosphäre in Lösungen.

Willstätter et al. *[Willstätter 1931; Willstätter et al. 1925]* machten die Feststellung, dass nur niedrig molekulare Kieselsäure in schwachen Lösungskonzentrationen in die Zelle von Pflanzen, Tieren und Menschen eindringen kann. Willstätter [1931] entdeckte des Weiteren, dass Kieselsäure in konzentrierten Lösungen bioaktiv neutral wirkt und wenig beständig ist, weil sie in diesem Zustand schnell polymerisiert.

Die beste Haltbarkeit und Beständigkeit der Monokieselsäure ist in 1%igen Lösungen im schwach sauren Milieu gegeben.

Das saure Milieu verschafft bereits die Kohlensäure der Luft. Infolgedessen ist die in Naturquellen vorkommende Kieselsäure, die gewöhnlich mit 50-400 mg/Liter angegeben wird, relativ beständig.

12.8.2 Auf den pH-Wert kommt es bei der Wirkung der Monokieselsäure an

Scholl und Letters [1959] führen die Überlegungen von Willstätter fort, die wir nachfolgend als Zitat anführen möchten, weil sie von so großer Wichtigkeit für die Therapie mittels Monokieselsäure, vor allem pflanzlicher und hydrosphärischer Herkunft, sind. Daraus wird deutlich, dass für die bioaktive bzw. therapeutische Wirkung zahlreiche Abhängigkeiten bestehen, wobei einerseits vor allem der pH-Wert und die Lösungskonzentration und andererseits auch die Konzentration der molekulardispersen Monokieselsäuren, die im menschlichen Gewebe bereits vorhanden sind, sowie der Zeitfaktor eine Rolle spielen.

Scholl und Letters formulierten: „Während bei einem pH-Wert von 3,2 die Kondensation zu höher molekularen Kieselsäuren bzw. die Gelierung der Lösungen am meisten verzögert wird, findet beim Neutralpunkt mit dem pH-Wert von 7 die größte Beschleunigung statt, was bedeutet, dass die Kondensation der Monosäure über die Oligosäuren zu den Polysäuren, die eine Konzentration von mindestens 10 mg% voraussetzt, eine in ausgesprochenem Maße pH-abhängige umkehrbare Reaktion darstellt, besonders in verdünnten Lösungen."

12.8.3 Abhängigkeit der Wirkung der Kieselsäure vom Alter des Gewebes

Gohr und Scholl [1949] untersuchten die Resorbierbarkeit von löslicher Kieselsäure (Sterosil) im Zusammenhang mit der Therapie. Sie fanden im Blut bei Ausgangswerten von 0,7 bis 1,1 mg nach mehrwöchiger Behandlung eine Steigerung der Konzentration. Im Urin wurden 5,2-13,8 % der verabreichten Kieselsäure wiedergefunden. Scholl und Letters [1959] stellten des Weiteren fest, dass verabreichte lösliche Kieselsäure sich gut in den Geweben der Lunge, in der Niere und im Dünndarm resorbieren lässt. Therapeutisch hatten Scholl und Letters [1959] mit der löslichen Monokieselsäure Erfolge bei Arteriosklerose und Hautentzündungen, zum Teil auch bei der Tuberkulose. Besonders günstig war die Resorption der löslichen Monokieselsäure bei älteren Menschen, bei denen geringe Blutdrucksenkungen und eine erhebliche Verbesserung des Algemeinbefindens nachgewiesen werden konnten *[Scholl und Letters 1959].* H. Schulz [1903] verweist bereits 1903 auf günstige Resorption und die Wirkung der löslichen Monokieselsäure in „gealtertem Gewebe", weil damit ein Mangel ausgeglichen wird. Schulz [1903] berichtet auch, dass die Zufuhr von löslicher Kieselsäure in gesundem jugendlichem Gewebe, in dem diese ausreichend vorhanden ist, unter bestimmten Umständen zu Störungen der Funktionen des peripheren und zentralen Nervensystems, z. B. zu gesteigerter nervöser Reizbarkeit, Schwindel und verminderte Leistungsfähigkeit führen kann. Bei dem heutigen manipulierten, deformierten und destrukturierten, siliziumarmen Nahrungsmittelangebot ist dies kaum zu erwarten.

12.8.4 Monosiliziumdioxid (Monokieselsäure) immer nur frisch applizieren

Frisch zubereitete Monokieselsäure in geringer Konzentration und Feinverteilung der Teilchen, möglichst bei einem schwach sauren pH-Wert und in schwacher Konzentration, birgt nicht die Gefahr einer toxischen Wirkung in sich *[Voronkov et al. 1975; Scholl und Letters 1959; Klosterkötter 1955]* Die beste Haltbarkeit und Beständigkeit der Monokieselsäure ist in ca. 1%igen Lösungen in schwach saurem Milieu gegeben. Dieses Milieu verschafft das CO_2 der Luft *[Scholl und Letters 1959].*

> „Die vorliegenden Untersuchungen und Betrachtungen über das Verhalten der Kieselsäure im menschlichen Körper und deren klinische Wirkungen lassen es als äußerst wahrscheinlich erscheinen, dass gewisse geringe Mengen von Kieselsäure in sehr feiner Verteilung die kolloidphysikalische Struktur des Gewebes regulieren und beeinflussen."
> [Kober 1955]

12.8.5 Kieselsäuretherapie bei Haut- und Schleimhauterkrankungen

Eine ausführliche retrospektive Betrachtung der Anwendung der Kieselsäure in der Heilkunde wurde von Bruno Kober in der Münchener medizinischen Woche gegeben *[Kober 1955].* Diese Betrachtung von Kober soll etwas ausführlicher behandelt werden, weil er doch schon über beträchtliche Erkenntnisse verfügt, die uns heute längst nicht mehr geläufig sind. Er gibt als therapeutisches Mittel den Pflanzen [Schachtelhalm, Gramineen und Knöterichgewächse) sowie dem Mineralwasser den Vorzug. Bezüglich der pflanzlichen Zubereitung empfiehlt er, stets eine stark verdünnte, frisch zubereitete Lösung zur Applikation zu verwenden, um ein Gemisch von molekularer gelöster und kolloidaler Kieselsäure zu ereichen. Er betont, dass pH-Wert, Konzentration der Lösung und Teilchengröße wesentliche Faktoren sind, von denen die „Heilwirkung" der Kieselsäurezubereitung abhängt.

Kober [1955] stützt sich bei Berichten über Erfolge der Kieselsäureanwendungen bei verschiedenen Krankheiten, bei Tbc, Dekubitus, Altersjucken, Ekzem, Lichen, Psoriasis, Skerodermie, Arteriosklerose, Karzinom und Sarkom, auf Arbeiten von Hesse [1937], Paras [1929], Villanova und Canalis [1935] u. a. Über die Anwendung von Kieselsäuresalbenzubereitungen, die Kober selbst hergestellt hat, beschreibt er Therapieergebnisse bei Hautkrankheiten sowie Mundschleimhaut- und Zahnfleischentzündungen. Er berichtet über eine Studie der Anwendung der Kieselsäuresalbe in der Hautklinik der Universität Frankfurt/Main. Gute Therapieerfolge sollen bei Akne, bei Lupus vulgaris, Ulcus cruris und Kraurosis erzielt worden sein.

Über ein transdermales therapeutisches System zum hochdispersen SiO_2 berichten jüngstens auch Kokkers et al. [2002]. Pharmakologische und kosmetische siliziumdioxidhaltige Hautzubereitungen werden von Seguin et al. [1996] und Nkiliza und Demande [2000] vorgeschlagen.

12.8.6 Kieselsäurepräparate bei Stomatitis

In der Universitätszahnklinik Carolinum zu Frankfurt/Main wurde kieselsäurehaltige Parodontosesalbe in einer Studie geprüft und Zahnfleischentzündungen und Stomatitis ulzera mit guter Effektivität behandelt. Nach Kobers [1955] eigenen Untersuchungen zur Anwendung von Kieselsäurepräparaten bei entzündlichen Munderkrankungen wurde über den Heilerfolg hinaus auch noch eine Straffung des Zahnfleisches, Festigung gelockerter Zahngruppen und Strukturauflockerungen des Zahnsteins beobachtet. Bei Anwendung der Kieselsäure bei Verletzungen, die nicht chirurgisch versorgt werden mussten, heilten die Wunden per primam.

Neuere Studien von Garnick et al. [1998] bestätigen diese Befunde aus früherer Zeit. Die Autoren beschreiben, dass sie besonders gute Effekte bei der Therapie von verschiedenen Formen der Stomatitis hatten, wenn sie SiO_2 mit Aloe und Allantoin kombinierten.

Schließlich ist aus der Arbeit von Kober noch ein außergewöhnlicher Fall zu erwähnen. „Ein Chemiker, der sich durch unvorsichtiges Hantieren mit „Lost" (Gelbkreuz-Kampfstoff) ein größeres Geschwür am Unterarm zugezogen hatte, das als „unheilbar" galt und 12 Jahre erfolglos behandelt worden war, konnte durch ca. 3-wöchige Behandlung mit der Kieselsäure-, Haut- und Wundsalbe nach Dr. Kober vollständig geheilt werden."

Aus den klinischen Erfahrungen zieht Kober [1955] folgende Schlussfolgerungen: „Die dabei erzielten Erfolge erweisen einwandfrei die Wichtigkeit der Kieselsäuretherapie und lassen die Auffindung weiterer und durchgreifender Formen der Kieselsäuretherapie erhoffen. Leider ist dieses Problem durch rein empirische und wenig wissenschaftliche Bemühungen belastet, was um so schwerer ins Gewicht fällt, als die Kieselsäure in vielen, in ihrer Wirkung ganz verschiedenen Formen auftreten kann".

„Die Kieselsäuretherapie erfordert eine sehr genaue und feinfühlige Indikationsstellung und viel Verständnis für ihre biologische Wirkungen."

12.9 Bemerkungen zum kolloidalen SiO_2 (kolloidale Kieselsäure)

12.9.1 Kolloidales Siliziumdioxid

Kolloid = griechisch Kolla = Leim. Kolloide sind Stoffe in einem Verteilungszustand, bei denen die dispersen Teilchen nur ultramikroskopisch nachzuweisen sind. Der kolloidale Zustand ist eine besondere Verteilungs- oder Zustandsform der Materie. Diese kann durch entsprechende Bearbeitung im Prinzip jeder Stoff annehmen.

Kolloiddisperse Verteilung = kolloidale „Lösung".
Sie besteht aus Teilchen größer 1-100 nm. Die Teilchen stehen untereinander in einem Spannungsverhältnis und entziehen sich daher der Gravitation. Beispiel: Disperses kolloidales Siliziumdioxid.

Kolloide zeichnen sich durch ein ausgeprägtes Adsorptionsvermögen aus, welches durch die physikalischen Oberflächenspannungskräfte der Teilchen gewährleistet wird. Dient Wasser als Dispersionsmittel, wird von hydrophilen und hydrophoben Kolloiden gesprochen.

Der menschliche Körper besteht bekanntlich zu einem großen Teil aus Körperflüssigkeit (Blutserum, Urin, Lymphe, Verdauungssäfte, Liquor, Galle, Tränenflüssigkeit). Alle diese Flüssigkeiten haben kolloidalen Charakter und alle Lebensvorgänge spielen sich in der **kolloidalen Phase** ab.

Den körpereigenen Kolloiden sehr adäquat sind kolloidale Mineralverbindungen, z. B. das hydrophobe Siliziumdioxid und das solförmige Natriumchlorid. Das kolloidale Silizium bewirkt z. B. eine erhöhte Wasserverbindungsfähigkeit der Proteine, reguliert die Säure-Basen-Protein-Homöostase und verhindert die Dehydratation des alternden Gewebes.

Dabei verlaufen nachfolgend angeführte Wechselwirkungen *[Kaufmann 1997; Fischer 1951; Scholl und Letters 1959]*.
In dieser Zubereitung befindet sich Kieselsäure in feinstverteilter bioaktiver Form. Dieses kolloidale Siliziumdioxid ist ähnlich der Albuminoidanordnung von rohem Eiweiß (ohne klebrig zu sein). Es hat Ähnlichkeit mit Blutplasma.

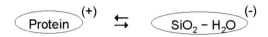

Die lockere aber sichere kolloidale Verbindung hat eine große Adsorptionsfläche zur Folge (1 g zugeführtes kolloidales Silizium = 300 m² Adsorptionsfläche) und befähigt zur Einbindung des bioaktiven Siliziums in das kolloidale Blut- und Bindegewebe des Menschen.

Die kolloidale Verteilung des Siliziums erleichtert wegen der großen adsorbierenden Oberfläche erheblich das Eindringen in die extrazelluläre Matrix und in die Zelle und somit zur bioaktiven Wechselwirkung zwischen dem Stoffwechsel und den einzelnen Siliziumteilchen. Durch diese Eigenschaft vermag Silizium im Körper solchen Mineralien, die schwer die Darmwand durchdringen wie z. B. Kalzium, Magnesium, eine gesteigerte Bioverfügbarkeit zu verschaffen.

Die tägliche Zufuhr von kolloidalem Siliziumdioxid (kolloidale Kieselsäure) hat auch nach längerer Applikationszeit keine unerwünschten Wirkungen. Dies ist in zahlreichen Untersuchungen bestätigt worden [Garnick et al. 1998; Kaufmann 1997; Voronkov et al. 1975; Bürger 1958; Scholl und Letters 1959; Kober 1955].

12.9.2 Einige Charakteristika des kolloidalen Siliziumdioxids

Hauser [1995] charakterisierte das kolloidale Siliziumdioxid (Kieselsäure) als ein hydratisiertes Molekül. Die Summenformel gab er als H_4SiO_4 an Die Strukturformel des an das SiO_2 gebundenen Wassers wird in zwei Formen angegeben:

$$\begin{matrix} H_2O \\ \diagdown \\ Si \\ \diagup \\ H_2O \end{matrix} \begin{matrix} O \\ \diagup \\ \\ \diagdown \\ O \end{matrix} \quad \text{oder} \quad \begin{matrix} OH \\ | \\ OH - Si - OH \\ | \\ OH \end{matrix}$$

Die Größe der Teilchen (Moleküle größeren Ausmaßes oder Aggregate kleinerer Moleküle, Ionen oder Atome), die in der Flüssigkeit verteilt sind, entscheidet, ob ein kolloidales Medium vorliegt. Kolloidale Flüssigkeit liegt vor, wenn die Teilchen zwischen 10 und 10.000 Ångström messen. Ein Ångström = 10^{-8} cm. Ein kolloidales Sol ist durchsichtig, wenn die Teilchen kleiner 300 Ångström sind. Es ist opalisierend, wenn die Teilchen ein Außenmaß zwischen 300 und 5.000 Ångström haben. Zum Vergleich: Die Wellenlänge des Lichts liegt zwischen 3.500 und 7.000 Ångström.

Je kleiner die kolloidalen Teilchen dieser Form des hydratisierten SiO_2, umso weniger besteht die Gefahr einer unerwünschten Nebenwirkung. Der erstrebenswerte ideale Phasenzustand des Siliziumdioxidkolloids soll < 100 nm betragen. Bei der Lösung von SiO_2 aus den Kristallgittern des Natur-Klinoptilolith-Zeoliths während des Ionenaustausch- und Sorptionsvorgangs wird diese Bedingung erfüllt *[Gorokhov et al. 1982]*.

Das große Bindungsvermögen von Silizium sowie seine große Oberflächenspannung, die nach außen und nach innen wirksam ist, ermöglicht entschlackende Funktionen (Ausscheidung von toxischen, bakteriellen, viruellen Schadfaktoren), regulierende Funktion (Aufrechterhaltung des inneren Milieus), aufbauende Funktion (z. B. bei Strukturverlust), aktivierende, stimulierende Funktion und eine schützende Funktion *[Kudryashova 2000a und b; Bergner 1998; Kaufmann 1997; Carlisle 1986a und c; Voronkov und Kusnezov 1984, Voronkov et al. 1975, ; Yershov 1981]*.

12.9.3 Anwendung des kolloidalen Siliziumdioxids; Synonym: Kolloidale Kieselsäure

Wie bereits erwähnt, kann in Thermalquellen der Anteil von SiO_2 bis zu 10 % in kolloidaler Solform enthalten sein. Das ist eigentlich die günstigste Applikationsform des SiO_2 für den menschlichen Körper. Alle unsere Körperflüssigkeiten befinden sich in kolloidalem Solzustand (Blut, Lymphe, Tränen, Urin, Galle usw.).

Kolloidales Silizium wird in Reformhäusern und in Apotheken rezeptfrei angeboten. Der Wirkstoff Kieselsäure wird mit gefälltem disperskolloidalem Siliziumdioxid angegeben.

Unseren Erfahrungen nach ist der natürliche Donator von kolloidalem Silizium ein besserer Wirkstoff als das künstlich hergestellte kolloidale SiO_2-Gel.

Kolloidales Silizium wird zur äußeren und inneren Anwendung empfohlen.

12.9.3.1 Zur inneren Anwendung des kolloidalen SiO_2

Zur inneren Anwendung, z. B. bei Bindegewebsschwäche, Bänderschwäche, Haarausfall, welker Heut und brüchigen Nägeln, wird für die Dauer von drei bis sechs Monaten täglich ein Esslöffel Kieselsäuregel empfohlen. Diese Dosis soll in einem halben Glas Wasser, Mineralwasser oder Fruchtsaft (Grapefruitsaft sollte vermieden werden; die Autoren) ca. eine Stunde vor der Mahlzeit oder zwischen den Mahlzeiten, ebenfalls mit einer Stunde Abstand eingenommen werden *[Kaufmann 1997]*.

12.9.3.2 Zur äußerlichen Anwendung des kolloidalen SiO_2

Entzündungen und Verschleimungen im **Rachen**. Gurgeln: ein Esslöffel Kieselsäuregel auf ein halbes Glas Wasser. Mundentzündungen aller Art, z. B. Druckstellen, Bläschen, Zahnfleischentzündungen. Spülen oder Betupfen: ein Esslöffel Kieselsäuregel auf ein halbes Glas Wasser.

Kleine Wunden: Kieselsäuregel unverdünnt direkt auf die Wunde auftragen oder ein Esslöffel Kieselsäure + vier Esslöffel abgekochtes Wasser mischen und auf eine auf die Wunde aufgelegte Mullkompresse aufgießen. Wiederholung, wenn Mullkompresse getrocknet ist.

Akne: Kieselsäuregel-Maske. Kieselsäuregel unverdünnt auftragen, 10 Minuten einwirken lassen und danach mit Wasser abwaschen.

Sonnenbrand: Kieselsäuregel mit Wasser 1:4 verdünnt auf die Haut auftragen und nach dem Eintrocknen wiederholen. Es können auch Mullkompressen mit dieser Verdünnungslösung getränkt auf die betroffenen Stellen aufgelegt werden. Bei Eintrocknen wiederholen.

Hautpflege und Rasur: Kieselsäuregel dünn auf die Haut auftragen, ca. 5-10 Minuten einwirken lassen und danach abwaschen *[Kaufmann 1997]*.

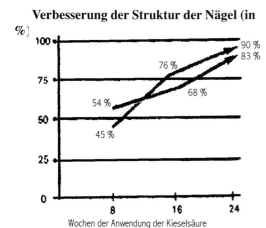 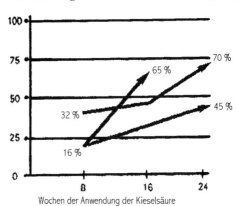

Abbildung 12-8:
Verbesserung der Struktur von Nägeln und Haaren durch die Anwendung von kolloidaler Kieselsäure [Studie Clinical Research Laboratories Inc., New Jersey, USA 2000/2001]

12.10 Wie kann das siliziumhaltige Wasser für Heilzwecke genutzt werden?

Um den Siliziumgehalt eines Erwachsenen zu decken, der unter 50 Jahre alt ist (ca. 100 mg/Tag) wären bei 80 mg/l SiO_2-Gehalt in dem Thermalwasser 1,3–1,5 l täglich, über den ganzen Tag verteilt einzunehmen. Menschen über 50 Jahre wären mindestens 2 l pro Tag über den ganzen Tag verteilt zu empfehlen. Jede Portion, die getrunken wird, sollte frisch aus der Quelle entnommen werden. Dazu sollten Tongefäße, Gläser oder Keramiktassen verwendet werden. Plastikgefäße sind unbedingt zu vermeiden.

Zur **Mundpflege** kann das Thermalwasser zur Mundspülung morgens, nach jeder Mahlzeit und vor dem Schlafengehen genutzt werden.

Zur **Hautpflege** (Ganzkörper) sollten Bäder von 1–3 Stunden täglich (mit entsprechenden Pausen in Abhängigkeit vom Zustand des Kreislaufs) genommen werden.

Zur Behandlung von **Hautkrankheiten** kann das Thermalwasser auch als Bad genutzt werden, z. B. bei Neurodermitis, Psoriasis, Pilzerkrankungen der Haut und Ekzemen. Gleichzeitig sollte dabei die Trinkkur verlaufen.

Es soll noch erwähnt werden, dass SiO_2 in monomerer und kolloidaler Form gut gegen Faltenbildung der Haut, gegen Krampfadern und Cellulite, wie sie z. B. in der Schwangerschaft auftreten, wirkt. Je früher ein Mensch seine Haut mit SiO_2 zu pflegen beginnt, desto schöner wird seine Haut bleiben.

12.11 Zusammenhänge zwischen Körperbewegung und Wirkung von SiO_2 im menschlichen Organismus

Kudryashova [2000a und b] berichtet, dass die Aufnahme und Verarbeitung von Silizium bei regelmäßiger Körperbewegung günstiger vollzogen wird als bei Bewegungsarmut.

Es wird daher empfohlen, bei Einnahme von SiO_2 stets auch für eine individuell angemessene Körperbewegung zu sorgen.

In diesem Zusammenhang sind auch die Ergebnisse von Nasolodin et al. [1987] erwähnenswert. Diese Autoren untersuchten hoch trainierte Spitzensportler auf den Verbrauch von Silizium und Zink im Gewebe unter harten Trainingsbedingungen. Sie stellten dabei fest, dass der Verbrauch von Silizium um 30-35 mg/Tag und von Zink um 20-25 mg/Tag höher ist als bei normal Sporttreibenden.

Sporttreibende sollten zur Aufrechterhaltung ihres Leistungsniveaus ausreichend SiO_2 in Form von siliziumhaltiger Nahrung bzw. in Form von kolloidalen Zubereitungen, noch besser in Form von Natur-Klinoptilolith-Zeolith, zuführen.

12.12 Übersicht über die wichtigsten Wirkungen von SiO_2 im menschlichen Körper

Zu den wichtigsten Funktionen von Siliziumverbindungen werden u. a. folgende gezählt:
- Aktivierung des Zellaufbaus und des Zellstoffwechsels
- Es gibt Anhaltspunkte, dass die Siliziumverbindungen im Organismus die Stabilität der Zellmembranen aufbauen und bei Schädigung durch Reperaturen erhöhen können, Lysome beeinflussen und in den Mitochondrien gespeichert werden können.
- Aufbau des Eiweißstoffwechsels, vor allem in der extrazellulären Matrix
- Regulationsfunktionen in der extrazellulären Matrix
- Aufbau und Festigung des Bindegewebes, der Haut, des Respirations- und Verdauungstrakts, der Blutgefäßwände sowie der Erhaltung der Elastizität dieser Gewebe
- Verzögerung und Hemmung des biologischen Alterungsprozesses
- Stimulierung des Immunsystems
- Antierreger-Wirkung (Viren, Bakterien, Pilze): kolloidales SiO_2 bindet die Mikroben an sich und scheidet sie aus
- Biosynthese des Eiweißes
- Regulierung der diuretischen Funktion
- Hautelastizität (Elastizität der Haut soll direkt proportional abhängig vom Siliziumgehalt sein)

- Verbesserung der Struktur der Nägel und der Haare
- Baustein des Knochens und der Knorpelgewebe
- Steuerung des Magnesium- und Kalziumstoffwechsels: ohne Anwesenheit von Silizium können Magnesium und Kalzium nicht adäquat verarbeitet werden. Wenn Silizium nicht gegenwärtig ist, dann verkalken die Gefäßwände.
- Regulierung der Funktionen im Verdauungstrakt
- Freie Radikalenfänger
- Gewährleistung der elektrischen Leitfähigkeit des Gewebes
- Adsorptionsfunktion
- Ionenaustausch
- Wachstum allgemein
- Heilung von Wunden
- Genregulation
- Immunregulation

12.13 Silikatadsorbenzien als pharmazeutische Hilfsstoffe bei der Anwendung antibakterieller Wirkstoffe (In-vitro-Untersuchungen)

Von Wolfseder [1963] wurde mittels Agardiffussionstests der Einfluss von kolloidalem SiO_2 (Aerosil), Kaolin (weißer Ton) und Talk (im Silikattyp der Schichtstruktur ähnlich dem Bentonit) auf verschiedene antibakterielle Wirkstoffe geprüft. Als pharmazeutische antibakterielle Wirkstoffe wurden verwendet:
- Cetylpyridiniumchlorid (1%-Lösung)
- Dodecyl-dimethyl,3,4-dichlorbenzylamoniumchlorid (0,1%-Lösung)
- 8-Hydroxychinolinsulfat (0,1%-Lösung)
- p-Chlor-m-Kresol (0,2%-Lösung)
- Dinatrium-2,7-dibrom-4-hydroxymercurifluorescein (1%-Lösung)

Die Silikatadsorbenzien wurden als Suspensionen und als Hydrogele in die bakterielle Agarsubstanz in verschiedenen Konzentrationen eingegeben. Zur Kontrolle wurde das Adsorbens Aktivkohle angewendet. Nachfolgend werden die Wirkungsbeziehungen zwischen den Silikatsorbentien und den antibakteriellen Wirkstoffen auf Mikroorganismen einer Agarplatte als Beispiel angeführt. Dabei können die einzelnen Silikatsorbentien unterschiedlich wirken, wie z. B. bei grenzflächenaktiven (quartären) Ammonium- und Pyridinium-Verbindungen.

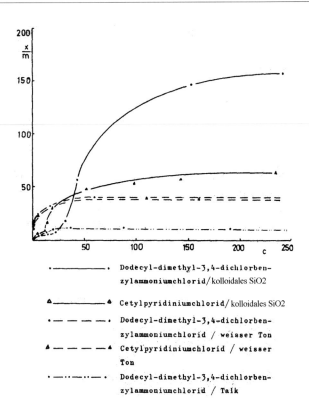

Abbildung 12-9:
Adsorptionsisothermen von grenzflächenaktiven quartären Ammonium- und Pyridiniumverbindungen an kolloidalem SiO_2, weißem Ton und Talk [nach Wolfseder 1963]

„Bakteriologische und analytisch-chemische Untersuchungen ergeben, dass kolloidales SiO_2 in wässriger Suspension grenzflächenaktive quartäre Ammonium- und Pyridiniumverbindungen in erheblichem Ausmaß adsorbiert. Dabei ist die Arzneistoffabgabe aus Aerosilsuspensionen derjenigen aus Suspensionen des weißen Tones vergleichbar; Talk adsorbiert dagegen viel weniger.

Die Überprüfung der Adsorptionsfähigkeit der Adsorbenzien durch Erstellung der Adsorptionsisothermen zeigt ein unterschiedliches Adsorptionsverhalten auf: Wie aus Abbildung 12-9 hervorgeht, ist die Adsorptionskapazität von kolloidalem SiO_2 gegenüber den Desinfektions- und Konservierungsmitteln Dodecyl-dimethyl-3,4-dichlorbenzylammoniumchlorid und Cetylpyridiniumchlorid außerordentlich abhängig von der Konzentration des Adsorbendums." *[Wolfseder 1963]*

12. Silizium - das lebenswichtigste Mineral aller essentiellen Mineralien

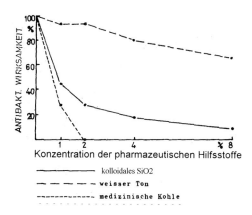

Abbildung 12-10:
Der Einfluss steigender Konzentrationen von kolloidalem SiO_2, weißem Ton und medizinischer Kohle auf die antibakterielle Wirksamkeit von Cetylpyridiniumchlorid (1%) [nach Wolfseder 1963]

„Trotz des hohen Adsorptionsvermögens von kolloidalem SiO_2 gegenüber grenzflächenaktiven quartären Ammoniumverbindungen geht selbst bei gelartigen kolloidalen SiO_2-Konzentrationen die antibakterielle Wirksamkeit der Invertseifen nicht vollständig verloren (Abbildung 12-10). Im Gegensatz dazu führt die Anwesenheit sehr hoher Konzentrationen an weißem Ton (>12 %) zum vollständigen Wirkungsverlust. Dieses Ergebnis steht zu der bei den Adsorptionsisothermen nachgewiesenen Erscheinung in Beziehung, wonach weißer Ton im Gegensatz zu kolloidalem SiO_2 geringe Konzentrationen an Invertseife vollständig zu adsorbieren vermag." *[Wolfseder 1963]*

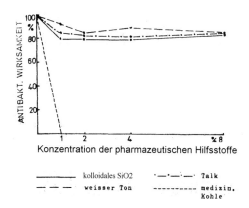

Abbildung 12-11:
Der Einfluss steigender Konzentrationen von kolloidalem SiO_2, weißem Ton, Talk und medizinischer Kohle auf die antibakterielle Wirksamkeit von p-Chlor-m-Kresol (0,2 %) [nach Wolfseder 1963]

Abbildung 12-12:
Der Einfluss steigender Konzentrationen von kolloidalem SiO$_2$, weißem Ton, Talk und medizinischer Kohle auf die antibakterielle Wirksamkeit von Dodexyldimethyl-3,4-dichlorbenzylammoniumchlorid (0,1 %) [nach Wolfseder 1963]

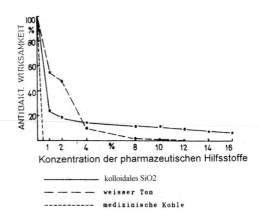

Das Dodecyl-dimethyl-3,4-dichlorbenzylammoniumchlorid wird durch kolloidales SiO$_2$ und Kaolin (weißer Ton) intensiv beeinflusst, wobei das kolloidale SiO$_2$ das antibakterielle Mittel stärker bindet als Kaolin.

Diese mit wenigen Beispielen dargestellten Ergebnisse zur Sorptionsfunktion des SiO$_2$ verdeutlichen folgendes:

1. Die Silikatadsorbenzien wirken selektiv als pharmazeutische Hilfsstoffe im Gegensatz zur Aktivkohle. Somit lässt sich eine Voraussage über die Wirkung von Wirkstoffen sicherer treffen als zu der Wirkung des Arzneimittels allein.
2. Allgemein gültige Prognosen über die Wirkung von Wirkstoffen in Gegenwart von Silikatsorbentien sind „nicht ausschließlich durch mikrobiologische oder chemische Analysen möglich, sondern lassen sich erst nach Einbeziehung aller physikalischen physikalisch-chemischen Möglichkeiten der Wechselwirkungen mit Adsorbenzien ableiten. Beim weißen Ton (Kaolin) erfolgte eine Adsorption der Arzneimittelkonzentrationen über Ionenaustausch an den negativen Kontaktpunkten der Silikatsorbentien." *[Wolfseder 1963]*

Dies ist bei der Aufstellung von Adsorptionsisothermen zu beachten.

13 Silikose - eine andere Seite der SiO$_2$-Wirkung

13.1 Zur Nichttoxizität und Toxizität von Siliziumdioxid-Modifikationen

Wie wir zeigen konnten hängt die positive bioaktive Wirkung von Siliziumdioxid von physikalischen, biochemischen, chemophysikalischen und oberflächenchemischen Faktoren ab. Schließlich spielen Lösungskonzentrationen, pH-Wert und Frischheitsgrad der Kieselsäure sowie seine Phasenform eine Rolle. Für die kolloidale Kieselsäure und für die Monokieselsäure möchten wir durch Merksätze folgende Charakteristik geben, wenn diese peroral appliziert wurden.

Erstens: Die tägliche Zuführung von kolloidalem Siliziumdioxid verursacht auch nach längerer Applikationszeit keine toxischen Wirkungen. Dies wurde an Hand von Blutuntersuchungen *[Voronkov et al. 1975]* und anderen Verträglichkeitsprüfungen *[Kaufmann 1997]* festgestellt.

Zweitens: Für die kolloidale Kieselsäure ist folgendes wissenswert: **Je kleiner die kolloidalen Teilchen der kolloidalen Kieselsäure, umso weniger besteht die Gefahr eines toxischen Effekts.** Der Nanometerbereich der Teilchendurchmesser ist daher der erstrebenswerte ideale Phasenzustand des Siliziumkolloids.

Drittens: Frisch zubereitete Monokieselsäure in geringer Konzentration (1 %) und/oder Feinverteilung der Teilchen in schwach saurer Lösung verbirgt keine Gefahr einer toxischen Wirkung in sich [Scholl und Letters 1959]. **Die beste Haltbarkeit und Beständigkeit der Monokieselsäure ist in 1%igen Lösungen im schwach sauren Milieu gegeben.** Dieses Milieu verschafft das CO$_2$ der Luft *[Scholl und Letters 1959]*.

Viertens: Mit Erhöhung der Konzentration und mit abnehmender Frischheit der Kieselsäure erhöht sich die Toxizität. Tierexperimente zeigten, dass eine 15%ige Kieselsäurelösung frisch zubereitet für Mäuse eine letale Dosis von 180 mg SiO$_2$/kg Körpergewicht ausweist. Beim Stehenlassen dieser Lösung ist die Toxizität nach einem Monat um das 8fache und nach 80 Tagen um das 20fache gestiegen *[Voronkov et al. 1975]*. Ursache hierfür ist die Polymerisation.

Fünftens: **Die Applikation von Suspensionen mit Quarzteilchen, der kristallinen und amorphen Kieselsäure (SiO$_2$) an Labortiere zeigte, dass die Toxizität mit der Abnahme der Durchmesser der Partikel wächst**, d. h. je kleiner die Partikel in einer Suspension, um so höher ist die Toxizität im Gegensatz zur kolloidalen Kieselsäure.

Beispiel: Bei kristallinen SiO_2-Teilchen von 0,01-0,02 Mikrometer, d. h. 10-20 nm, beträgt die LD 6,7 mg Kieselsäure/kg Körpergewicht. Bei Teilchen von 0,1 Mikrometer (= 100 nm) 16,6 mg/kg Körpergewicht. Nanopartikel von kristallinem Siliziumdioxid, z. B. aus gemahlenem Quarz, sollten im pharmazeutischen Bereich daher kritisch betrachtet werden. Kristalliner Kieselsäurestaub ist toxischer als der von amorpher Kieselsäure. Amorphe Kieselsäuren mit Teilchengrößen von 0,1-0,3 Mikrometer zeigen eine LD bei 70 mg/kg Körpergewicht, während die gleichen Teilchengrößen der kristallinen Kieselsäure spätestens bei 36,7 mg/kg dieses Kriterium erreichen *[Voronkov et al. 1975]*.

Fallbeispiel: Mir wurde ein Patient mit stark geröteten und geschwollenen Füßen und Unterschenkeln vorgestellt. Jegliche Behandlung war über Monate erfolglos. Nach Aussage des Patienten transportierte er Abfallstäube für ein Siliziumwerk. Ihm war nicht bekannt, was er transportierte. Beim Reinigen seines Lastfahrzeugs (Siloprinzip) mit Wasser kam eine mit Staubresten versetzte hoch konzentrierte dispersive Flüssigkeit in seine Stiefel. Diesem Umstand wies er zunächst keine Bedeutung zu. Als er sich abends die Füße wusch, stellte er eine Rötung und Schwellung der Füße fest, die sich in den nächsten Tagen erheblich verstärkte und auch den Unterschenkel befiel. Hausarzt, Hautarzt, Allergologen, Arbeitsmediziner usw. waren nicht in der Lage, eine Diagnose zu stellen. Sie therapierten mit verschiedensten Salben. Diese Ärzte vermochten auch keine Zusammenhänge zwischen der Staubrestedispersion in den Stiefeln und den Entzündungen mit Blasenbildung und Schwellungen an Füßen und Unterschenkeln herzustellen. Ein Gutachten eines Geologen wies aus, dass es sich bei dem Staub um amorphes SiO_2 mit mittleren Korngrößen von 6-80 Nanometer und kleineren Anteilen von 10 und 20 Nanometern handelte. Es dominierten also Nanopartikel einer amorphen Kieselsäure, die in die Haut eingedrungen waren. Die Folge war eine chronische Haut- und Bindegewebs-Silikose mit therapieresistenten Entzündungen, Blasenbildungen und Gewebeschwellungen. Dieser Fall verweist auf die Gefahr der Nanopartikel, in diesem Fall von amorphem SiO_2.

13.2 Eindringliche Warnung vor nicht kolloidalen SiO$_2$-Nanopartikelwirkstoffen in Medikamenten, Nahrungsergänzungsmitteln und Kosmetika

Der durchaus gerechtfertigte Trend einer Nanotechnologie kann bei der Verwendung von nicht kolloidalem Siliziumdioxid gesundheitlich gefährlich werden. Wie bereits erwähnt wächst mit der Abnahme der Durchmesser der Partikel von kristallinem SiO^2 dessen Toxizität *[Voronkov et al. 1975; Klosterkötter 1958]*. Nanopartikelwirkstoffe (Fe-haltige) spielen in der Krebstherapie eine Rolle *[Brigger et al. 2003]*. Kritiker der Nanopartikeltherapie befürchten mit Recht, dass die Nanopartikel unerwünschte Nebenwirkungen hervorrufen können, von denen bisher wenig bekannt ist bzw. die noch unterschätzt werden. Der britische Toxikologe Vyvyan Howard von der Universität Liverpool *[Howard 2003]* berichtete, dass Partikel von Wirkstoffen unter 1.000 Nanometern über die Haut in das Lymphgewebe eindringen können. Howard erklärte: **„Was im Lymphgewebe mit den Nanopartikeln passiert ist völlig unklar!"**

Bezüglich der als Medikamente, Nahrungsergänzungsprodukte und Kosmetika verwendeten Nanopartikelzubereitungen wurde von der britischen Europaabgeordneten Carolin Lucas, von der Kanadischen Umweltorganisation E.T.C.-Group sowie von Greenpeace ein Moratorium für die Produktion und den Einsatz von Nanopartikeln gefordert [siehe auch Süddeutsche Zeitung vom 17.06.2003: „Das Kleinste auf dem Prüfstand. Sorge um die gesundheitlichen Folgen der Nanotechnik"].

13.3 Was ist die Silikose?

Die Inhalation von größeren Mengen an SiO$_2$-Staub führt zu Erkrankungen der Atmungsorgane, die man Pneumokoniose nennt. Die Silikose ist von den drei vorkommenden Formen die gefährlichste. Sie entsteht vor allem beim Einatmen von kristallinem Siliziumdioxid *[Last und Reiser 1986; Voronkov und Kusnezov 1984; Last et al. 1983; Reiser und Last 1981; Voronkov et al. 1975; Swenson 1971; Zaidi 1969; Klosterkötter 1958; Scheel et al. 1953; Schmidt 1953]*.

Die Silikose, auch als Quarzstaublunge bezeichnet, entsteht durch Einatmen von alveolengängigem kieselsäuanhydrithaltigem Staub und äußert sich in kollagenösen Veränderungen in der extrazellulären Matrix. Die Silikose ist faktisch eine „Erkrankung des Bindegewebes". Im Bindegewebe (extrazelluläre Matrix) der Lunge bilden sich Silikoseknötchen (Granulome) und andere fibrotische Veränderungen bis zu sklerotischen Entartungen.

Silikose kann entstehen durch Stäube des kristallinen SiO$_2$, z. B. durch Quarz-, Cristobalit- oder Tridymitpartikel, aber auch durch Talkum, Asbest-, Olivin-, Nephelin-, Diatomeen-Staub, die < 5 μm groß sind. Be-

troffen sind von der Silikose vorwiegend Bergleute, Steinmetze, Porzellan- und Glasarbeiter, Sandstrahler, Gießereiarbeiter und Industrieofenmaurer. Die Entstehung der meistens chronisch verlaufenden Silikose ist nach dem heutigen Erkenntnisstand abhängig
- von der fibrogenen Potenz des inhalierten Staubs
- von der Expositionsdauer und
- von der Intensität des Wachstums der Silikosegranulome.

Silikose stellt einen Risikofaktor für Lungentuberkulose und für Bronchialkarzinom dar. Zur Entstehung der Silikose sind viele Tierexperimente durchgeführt worden, die zur Aufklärung der pathogenetischen Mechanismen beigetragen haben *[Last und Reiser 1986; Reiser und Last 1981; Last et al. 1983; Voronkov und Kuznezov 1984; Voronkov et al. 1975; Swenson 1971; Zaidi 1969; Klosterkötter 1958].*
Infolge dessen verfügen wir heute über einen relativ guten Erkenntnisstand zur Silikogenese, obgleich es auch noch manche offenen Fragen gibt.

Arbeitsmedizinisch wurde die Entwicklung der Silikose von der Konzentration des SiO_2-Staubs im Arbeitsraum abhängig gemacht. Diesbezüglich wurden entsprechende Grenzwerte festgelegt. Für Staub der mehr als 70 % freies SiO_2 in kristalliner Modifikation enthält, ist die maximale zulässige Konzentration 1 mg/m³. Für Staub der 10-70 % freies SiO_2 enthält, sind 2 mg/m³ und für den der weniger als 10 % freies SiO_2 enthält 4 mg/m³ zulässig.

13.4 Klinische Anfangssymptome der Silikose

- Taktiles Schmerzsyndrom
- trockener Husten
- trockene Raschelgeräusche der Lunge
- hypersonorer Perkussionsschall über der Lunge
- Kurzatmigkeit bei physischer Belastung
- gesteigerte Ermüdbarkeit
- Entwicklung eines Bluthochdrucks
- Abnahme des Säuregehalts im Magensaft
- Verminderung der Magen- und Darmperistaltik
- Hemmung der Verdauungsfermente

Bei der Weiterentwicklung der Erkrankung stellen sich ein:
- Absinken der Ascorbinsäure im Blut
- Zunahme des Histamins und des grobdispersen Eiweißes
- Zyanose, Atemnot
- Intensität des Lungenemphysems nimmt zu
- Verringerung der Lungenvitalkapazität

[Voronkov et al. 1975]

13.5 Stadien der Silikose

Auf der Grundlage klinischer und röntgenologischer Befunde werden drei Stadien der Silikose unterschieden.

1. Stadium:
Klinisch: Atemnot bei physischen Belastungen, Schmerzen in der Brust, trockener Husten
Röntgenologisch: Vergrößerung des Hilusschattens. Lungenzeichnungen in Form von Strängen und netzförmigen Gebilden. Neben den Lungenwurzeln Knötchen von einem Durchmesser bis 2 cm. Abzeichnung der Emphysembildung.

2. Stadium:
Klinisch und röntgenologisch: Die im ersten Stadium genannten Symptome und Befunde haben an Intensität zugenommen. Das Emphysem wird deutlich erkennbar.

3. Stadium:
Klinisch: Zunehmende funktionelle Störungen: erhöhte Atemfrequenz im Ruhezustand, intensive Abnahme der Lungenvitalkapazität, Insuffizienz des „rechten Herzens".
Röntgenologisch: In der Lunge werden größere Knötchen, die zusammenfließen bzw. schon zusammengeflossen sind, nachgewiesen. Zunahme der fibrösen Bereiche in der Lunge. Auch in Milz, Leber, Knochenmark und Speicheldrüsen können sich Knötchen bilden. Am Magen, Zwölffingerdarm und Dünndarm zeigen sich atrophische Veränderungen.
Es werden drei Formen der Silikose unterschieden
- Lymphknotensilikose
- diffus-sklerotische Silikose
- gemischte Form

13.6 Theorien zur Silikoseentstehung, insbesondere zu den fibrogenen Deformationen

Es soll mehr als 50 Theorien zur Fibrogenbildung geben. Nachfolgend sollen nur einige wenige angeführt und diskutiert werden.

13.6.1 Infektionstheorie

Quarzstaub selbst kann keinen fibrösen Lungenprozess auslösen. Durch ihn werden lediglich latente Infektionen, häufig eine Tuberkulose, aktiviert, durch die die Fibrose entwickelt wird *[Voronkov et al. 1975]*.

Gegenargument: Es sind Silikosefälle ohne Tuberkulose oder Lungeninfektion bekannt geworden. Im Tierexperiment lässt sich Silikose ohne Vor- oder Nachinfektion auslösen.

13.6.2 Theorie des radioaktiven Effekts des Siliziumdioxidstaubs

Die Fibrose soll durch natürliche Radioaktivität der Gesteine verursacht werden.

Gegenargument: Experimentelle Absicherung konnte nur ungenügend erbracht werden.

13.6.3 Mechanische Theorie

Mechanische Reizung des Lungengewebes durch den in ihr sich freisetzenden Staub.

Gegenargument: Staubarten, die keinen Quarz enthalten, führen zu keiner ausgeprägten Fibrosebildung, auch wenn die Teilchen scharfe Kanten haben wie Siliziumdioxid. Beobachtungen: Abhängigkeit der Fibroseentwicklung von der Größe der Siliziumteilchen. Am gefährlichsten sollen Teilchen von 1-2 Mikrometer sein.

13.6.4 Löslichkeitstheorie

Auflösung des festen Siliziumdioxids durch die Gewebeflüssigkeit und Entstehen von kolloidalen Kieselsäurelösungen. Diese sollen die Fibrogenbildung bewirken. Dafür spricht der erhöhte Gehalt von Silizium im Blut und im Gewebe der Silikosekranken.

Gegenargumente:
- Kein Nachweis einer Korrelation zwischen der Löslichkeit und der silikogenen Aktivität im Lungengewebe verschiedener Siliziumdioxid-Modifikationen.

- Stihovit, welches nicht silikogen ist, hat eine größere Löslichkeit als die anderen kristallinen Siliziumdioxidmodifikationen.
- Eine Anzahl von Silikaten, deren Löslichkeit den silikogenen SiO_2-Modifikationen entsprechen, lösen keine Fibrogenwirkungen aus.

13.6.5 Immunisierungstheorie

Diese geht von der Bildung von drei Antigengruppen aus.
- Antigenstrukturbildung durch Proteine, die an der Quarzoberfläche adsorbiert werden.
- Ein aus den abgestorbenen Makrophagen sich gebildeter Stoff.
- Fremde Antigene, möglicherweise von Mikroorganismen produziert.

Gegenargument: Die Isolierung eines Autoantigens, welches an der Fibrogenentwicklung beteiligt sein könnte, ist bisher nicht gelungen.

13.6.6 Phagozytosetheorie

Sie geht davon aus, dass die Silikoseentwicklung mit der Phagozytose von SiO_2-Teilchen eingeleitet wird. Die autolytischen Prozesse sollen entstehen, so dass SiO_2-Teilchen sehr schnell in Phagokome eingeschlossen werden, an deren Membran sich die primären Lysome befinden. Untersuchungen zur Wirkung von Quarz auf die Membran isolierter Lysokome sowie über die Adsorption von Cholesterin und Phospholipiden aus Stroma-Erythrozyten an SiO_2-Teilchen bestätigten diese Theorie.

Für diese Theorie spricht auch der Nachweis einer Korrelation zwischen der Stärke der Adsorptionsfähigkeit der verschiedenen SiO_2-Modifikationen und die Intensität von deren silikogener Aktivität. In diesem Zusammenhang wird auch die Art der Struktur der SiO_2-Modifikation für die silikogene Wirkung angeführt. Alle silikogenen SiO_2-Modifikationen bestehen aus SiO_4-Tetraedern, während das nichtsilikogene Stishovit seine Siliziumatome im Zentrum von SiO_6-Oktaedern hat. Des Weiteren wird angeführt, dass für eine Adsorption an SiO_2-Teilchen auch die an deren Oberfläche befindlichen Silanolgruppen (SiOH) eine Rolle spielen können, weil sie die Eigenschaft haben, mit Phosphorlipiden und Peptiden Wasserstoffbrückenbindungen auszubilden. Für diese Auffassung spricht auch der Nachweis einer Blockierung der Oberflächen von SiO_2-Modifikationen mit Trimethylsilyl- oder Dimethylsilylgruppen, durch welche die silikogene Aktivität des SiO_2-Staubs verhindert werden kann.

Die wenigen Beispiele von mehr als 50 Theorien und Hypothesen zu den möglichen pathogenen Mechanismen zeigen eine große Widersprüchlichkeit. Wenn es in der Medizin und Biologie zu einem Problemkreis zu viele widersprüchliche Theorien gibt, dann heißt das eigentlich, dass man noch nichts weiß.

Es wird auch deutlich, dass die pathogenen Prozesse der Silikose nicht allein durch chemische Vorgänge zu erklären sind. Es sind dabei auf jeden Fall chemische, physikalische, physikochemische und kolloidchemische Prozesse zu berücksichtigen. Offensichtlich spielt die unspezifische Reizung durch SiO_2-Partikel, welche die extrazelluläre Matrix erreichen, die wesentliche Rolle, wie dies von Perger [1990a und b], Schober [1953, 1951/52], Schlitter [1995, 1965], Perger [1981, 1979, 1978], Pischinger [1990] allgemein beschrieben worden ist (siehe Kapitel 5 und 6).

In diesem Zusammenhang soll auch noch erwähnt werden, dass durch SiO_2-Partikel auch Krebs verursacht werden kann *[O'Neil et al. 1986; Bhatt et al. 1984; Voronkov et al. 1975].*

Offensichtlich handelt es sich hierbei um eine Reiz-Karzinogenese, wie sie in den Arbeiten von Schlitter beschrieben wurde *[Schlitter 1995, 1994a und b, 1993, 1990].*

In diesem Zusammenhang ist auch noch die Arbeit von Last et al. [1983] interessant, die bei der Lungenfibrosebildung auch das Stress-Syndrom mit ins Gespräch bringen, und zwar in der gleichen Weise wie es Schlitter [1995] beschrieben hat. Schlitter führt das auf die hohe Empfindlichkeit der Grundsubstanz der extrazellulären Matrix gegenüber den Stresshormonen Kortisol und Adrenalin zurück, durch die die Kollagensynthese pathologisch entarten kann.

14 Ton, Bentonit, Montmorillonit: Deren Bedeutung für die Human- und Veterinärmedizin

14.1 Ton – Tonmineralien

Ton ist ein feinkörniges Lockergestein, welches aus Tonmaterialien besteht, aber auch mit Anteilen von Quarz, Feldspat, Glimmer, in seltenen Fällen auch mit Steinsalzen und Kreide oder Gips versetzt sein kann. Die Tonmineralien sind gewöhnlich wasserhaltige Aluminiumsilikate, die Wasser und Ionen anlagern können. Durch Wasseraufnahme vermag der Ton sein Volumen durch Quellung zu vergrößern. Wenn Ton mit Wasser gesättigt ist, wird er wasser- und luftundurchlässig.

Tonschichtenlager in der Natur sind daher wichtige Grundwasserträger. Ton wird daher auch für unterirdische Dichtungsschleier, z. B. für Talsperren und Deichdämme, verwendet. Wasser, welches mit Tonschichten in Verbindung steht, enthält gewöhnlich (in unterschiedlichen Mengen) Monokieselsäure und kolloidale Kieselsäure in Solform. Die Menge der kolloidalen Anteile hängt vom pH-Wert und von der Temperatur ab.

Ton als Heilmittel und Kosmetikum war schon 3.000 v. Chr. im alten Ägypten verbreitet. Die ägyptische Königin Kleopatra soll nach Überlieferungen mit Gesichtsmasken aus Bentonit ihre Schönheit erhalten haben. Ihre Haare wusch sie mit basischen Tonen und ihre Lippen färbte sie mit rotem Ton *[Nekressova 2000]*. In seinem Buch „Natürliche Geschichte" berichtet Plinius der Ältere über die heilenden Eigenschaften des Tons. Außerdem berichtet er, dass die Toten mit Ton balsamiert worden sind, um sie zu mumifizieren. Dieser Bericht aus dem Altertum stimmt mit einer Medieninformation aus dem Jahr 2003 überein, aus der hervorgeht, dass in der Schweiz auf Friedhöfen mit tonhaltiger Erde die Leichen nicht verwesten und selbst 60-80 Jahre nach dem Begräbnis noch vollständig erhalten waren.

Aus dem alten Ägypten wurde auch noch berichtet, dass Ton eine antibakterielle Wirkung hat, bei vereiterten Wunden schnell die Heilung besorgte und als ein „natürlicher Sterilisator" in der Heilkunst Verwendung fand. Dem apokryphischen Evangelium ist zu entnehmen, dass Jesus Christus von Nazareth Ton als Heilmittel verwendete und selbst Blinde damit wieder sehend gemacht haben soll.

Ibn Sina/Avicenna (980-1037) hat im Canon Medicae Bd. II (der Jahrhunderte lang die medizinische Anschauung beherrschte) die Behandlung mit grauweißem Ton ausführlich beschrieben und bei folgenden

Krankheiten angewendet: Wunden, Geschwüre, Hauterkrankungen, Durchfälle, Blasenleiden, „Bluthusten", Verbrennungen. Er beschreibt auch, dass er Blutungen während der Geburt damit stoppen konnte. In manchen Rezepturen mischte er Essig in den Ton. Avicenna wusste offensichtlich schon, dass SiO_2 (Kieselsäure) die beste Wirkung im schwach sauren Milieu entfaltet.

Bis zu unserer Gegenwart ist die essigsaure-Tonderde-Lösung = solutio aluminii acetico tartarice bekannt. Sie wird bei äußerer Anwendung als Adstringens bei Prellungen, Zerrungen, Stauchungen und Insektenstichen gebraucht. Überprüfungen von russischen Wissenschaftlern ergaben, dass der von Avicenna verwendete grauweiße Ton dem Montmorillonit entsprach *[Nekrassova 2000]*.

Auch in Indien gilt Ton seit Jahrtausenden bis heute als Heilmittel. Er wurde u. a. zur Wundheilung, Hautpflege, zur Behandlung von Hauterkrankungen, vor allem aber auch zur Behandlung von Verdauungsstörungen verwendet. Noch heute werden in Indien kleine Beutel mit Tonpulver als Heilmittel auf den Basaren verkauft. Der Ton entstammt Tagebaugruben. In Arabien und Mittelasien werden kleine Tonwürfel in Walnussblätter eingewickelt und zum Kauen verkauft. Sie sollen bei verschiedensten Krankheiten, vor allem bei Hauterkrankungen und Verdauungsstörungen wirken. Von Prof. Adolf G. von Strümpell (1853-1925) wird berichtet, dass er im Jahre 1903 in Ostpreußen mittels Tonbehandlung der asiatischen Cholera Einhalt gebot *[Kudryashova 2000a]*. Ein Prof. Schlager hat 1934 in der Medizinischen Wochenzeitschrift über die Behandlung von Magen- und Darmerkrankungen mit Ton berichtet *[Kudryashova 2000a]*.

Der bekannte deutsche Naturheiler Sebastian Kneipp (1821-1897) verordnete im Rahmen seiner Hydrotherapie auch Tonbäder und zur Behandlung von Geschwüren, Furunkeln, Krebs und Ekzemen auch Tonpackungen.

In der russischen Volksmedizin spielte und spielt heute noch die Behandlung mit Montmorillonit (grauweißer Ton) eine bedeutende Rolle, z. B. bei Osteoporose und Muskelschmerzen. Montmorillonit-(Tonerde)einreibungen (Bestreichen der Haut) werden prophylaktisch in Verbindung mit der Sauna oder der Körperpflege verbreitet angewendet. Neben der Munterkeit und Spannkraft soll dadurch die Manneskraft (Potenz) gesteigert werden *[Nekrassova 2000; Kudryashova 2000a und b]*. Nekrassova [2000] berichtet von bildenden Künstlern, die ihre Plastiken aus Ton formen. Diese sollten eine gesunde Langlebigkeit ausweisen.

Sie empfiehlt, Kindern montmorillonithaltigen Ton als Spielzeug zum Kneten von Figuren usw. lange Zeit zur Verfügung zu stellen, weil dabei das Immunsystem (durch Eindringen von Montmorillonit über die Haut in die Blutbahn) gestärkt werden kann.

Nach diesem historischen Exkurs möchten wir nachfolgend eine Zusammenfassung des jetzigen Erkenntnisstands über die bioaktive Wirkung von Montmorillonit geben.

14.2 Allgemeines zu Montmorillonit und Bentonit

Bentonit ist eine weiße bzw. grauweiße Tonart mit einem hohen Gehalt an Mineralien. Die Bezeichnung erhielt diese Tonart nach dem Fundort: Fort Benton, Montana, USA. Bentonit ist ein infolge „Verwitterung" aus siliziumhaltigem vulkanischem Tuff, durch Kieselbakterien, Flechten und Pilzen entstandenes „Schichtsilikat", dessen Hauptanteil Montmorillonit ist. Montmorillonit wurde nach der französischen Stadt Montmorillon (Vienne) bezeichnet, die auch als Fundort gilt. Reines Montmorillonit hat ebenfalls eine grauweiße Farbe und wird natürlich auch als Schichtsilikat charakterisiert. Ebenfalls aus vulkanischem Tuffstein stammend, hat Montmorillonit in seinen Wirkeigenschaften große Ähnlichkeit mit dem Klinoptilolith-Zeolith. Montmorillonit ist auch des Ionenaustausches und der Adsorption fähig. Es besitzt darüber hinaus aber noch die Eigenschaft eines großen Quellvermögens und der Thixotropie. Infolge dieser Eigenschaften: Wasserhaltigkeit (Quellfähigkeit), Kationenaustausch und Basenadsorption hat Montmorillonit große Bedeutung für die Bodenfruchtbarkeit, aber auch als pharmazeutisches Hilfsmittel, erlangt.

In der einschlägigen Literatur werden Bentonit und Montmorillonit als Synonyme gebraucht. Bei einem sehr hohen Anteil von Montmorillonit dominiert dieser Begriff und man setzt Bentonit dazu in Klammern. Da unsere nachfolgenden Ausführungen sich auf solches Bentonit beziehen, welches einen hohen Anteil von Montmorillonit hat, werden wir vorwiegend diesen Begriff allein verwenden oder in Klammern die Bezeichnung Bentonit hinzusetzen.

Seit mehreren Jahrzehnten wurde Montmorillonit in verschiedenen Ländern auf seine bioaktive Wirkung hin wissenschaftlich untersucht und als pharmazeutischer Hilfsstoff (Ionenaustausch und Adsorption) und als Detoxificans in der Humanmedizin, vor allem aber in der Veterinärmedizin verwendet *[Australien: Hoe und Wilkinson 1973; Bulgarien: Petkova et al. 1982; ehemalige DDR: Schwarz et al. 1989; Schwarz 1987; Schwarz und Werner 1987; Frankreich: Galyean und Chabot 1981; Indien: Borai et al. 1983; Japan: Matsumoto et al. 1984; Takahashi und Imai 1983; Kanada: Fisher und McKay 1983; Neuseeland: Carruthers*

1985; Polen: *Dembinski et al. 1985a und b;* Russland: *Kudryashova 2000a und b ; Nekrassova 2000; Dimitrocenko und Moroz 1972;* Tschechien: *Rotermel et al. 1964; Bartos und Habrda 1974; Slanina et al. 1973a und b;* Ukraine: *Globa et al. 1983;* Ungarn: *Rozsahogyi et al. 1982;* USA: *Dashman und Stotzky 1986, 1984; Browne et al. 1980].*

14.3 Einige Charakteristika des Montmorillonits (Bentonit)

Bentonit stellt ein grauweißes monoklines Tonmineral dar, welches durch ein Dreischichtgitter aus Magnesium-Aluminium-Eisen-Silikathydrat charakterisiert ist.

Die physikochemischen Eigenschaften des Bentonits werden durch das Montmorillonit geprägt. Neben Montmorillonit enthält das Bentonit noch Kaollinit, Illit und Chlorit. Bentonit wird den Phyllosilikaten zugeordnet. Das sind Silizium-Sauerstoff-Tetraeder.

Als Naturprodukte haben Montmorillonite in Form von Bentonit sowie das Kaollinit im Kaolin (Bulbus alba) seit Jahrzehnten Verwendung als pharmazeutische Hilfsstoffe gefunden. Aber auch bioaktive Wirkungen wurden nachgewiesen *[Schwarz et al. 1989].*

Der Gehalt an Montmorillonit im Bentonit beträgt in Abhängigkeit von dem Vorkommen 66-89 % *[Kraetsch und Schikora 1986; Hilz 1979].*

Die Variabilitäten des Montmorillonitanteils der Bentonite sind so groß, dass man keine einheitliche Charakteristik erheben kann. Es hat sich durchgesetzt, dass man gewöhnlich der Bezeichnung „Bentonit" den Ort des Vorkommens zuordnet. Mit dem Ziel, eine möglichst vergleichbare Substanz aus den verschiedensten Lagerstätten zu erhalten, wurde mittels Natriumkarbonatlösung ein Austausch der im Bentonit enthaltenen Alkalo- und Erdkali-Ionen gegen Natrium-Ionen vorgenommen. Infolgedessen bezeichnet man diese Bentonite als **natriumbeladene** oder **natriumaktivierte** oder **mono- oder homoionische Bentonite.**

14.4 Mineralische und chemische Struktur des Montmorillonits als Hauptbestandteil des Bentonits

Montmorillonit ist ein hydratisiertes dioktaedrisches Dreischicht-Silikat. Seine Kristalle haben eine Korngröße von 1-2 Mikrometer. Die Grundeinheit des Montmorillonits wird als **Schichtpaket** bezeichnet. Ein solches besteht aus jeweils zwei Tetraederschichten. Silizium bildet das Zentralatom und ist an den Ecken mit Sauerstoff-Atomen ausgestattet. Daraus ergeben sich zwei negative Ladungen *[Schwarz et al. 1989].*
Ein partieller isomorpher Ersatz von Aluminium- durch Magnesium- oder Ferrum-Ionen in der Oktaederschicht ($\underline{X}$) und von Silizium-Ionen

durch Aluminium-Ionen in der Tetraederschicht (y) hat eine negative Überschussladung (x + y) zur Folge. Bei Montmorillonit ist x > y. Wenn dieser isomere Ersatz in der Oktaederschicht (y > x) überwiegt, dann haben wir es mit einem „beidellitischen Ton" zu tun *[Schwarz et al. 1989]*.

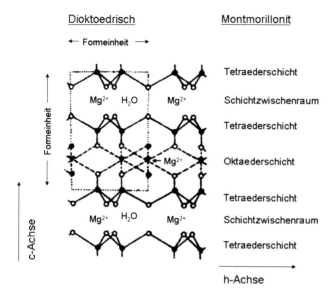

Abbildung 14-1: Montmorillonitstruktur [nach Stanislaus 1974]

Derartige sich entwickelnde elektrische Imbalancen bewegen sich bis zu den Oberflächen der Kristalle. Eine solche negative elektrische Gesamtbilanz wird zu einem gewissen Teil durch die Überbesetzung, zum größten Teil aber durch die Einfügung von Kationen (z. B. Na^+, K^+, Ca^{++}, Mg^{++}) in den Zwischenschichträumen kompensiert. Infolge dieser Zwischenlagerung von Kationen sowie von Wasser wird mittels der negativen Aufladung der jeweiligen Schichtpakete die sich daraus ergebende Abstoßung noch erleichtert *[Schwarz et al. 1989; Rösler 1991]*.

Die kristallchemische Struktur des Montmorillonits kann wie folgt formuliert werden *[nach Schwarz et al. 1989]*:

$$Me^{z+}_{\left(\frac{x+y}{z}\right)} (H_2O) \left[(Mg, Al)^{(6-x)+}_{2-3} (OH)_2 (Si_{4-y} Al_y) O_{10} \right]^{(x+y)-}$$

- Austauschfähige Kationen
- Quellflüssigkeit
- Oktaederschicht
- Tetraederschicht

- Schichtzwischenraum
- Silikatschicht

14.5 Physikochemische Eigenschaften des Montmorillonits

Ionenaustausch

Der Ionenaustausch erfolgt über die in den Zwischenräumen eingelagerten Kationen. Sie sind gegen Kationen des Umfeldmilieus frei austauschbar. Der Ionenaustausch vollzieht sich stöchiometrisch, er ist ein reversibler Prozess und unterliegt dem Massenwirkungsgesetz.

Die Kapazität des Ionenaustauschs zeigt Abhängigkeiten vom pH-Wert des Dispersionsmittels, von der Anzahl der austauschfähigen Ionengruppen sowie von ihrem Diffusionsgleichgewicht *[Rupprecht und Stanislav 1973]*. Bezüglich des Ionenaustauschs wurde von Hampel [1985] für Montmorillonit folgende Affinitätsreihe aufgestellt:

$$Li < Na < NH_4 < Mg < Ca < H < Co < Al$$

Adsorption

Die Realisierung der Adsorption des Montmorillonits erfolgt größtenteils über Nebenvalenzen, ganz besonders über die van-der-Waals-Kräfte und über Wasserstoffbrückenbindungen. Die van-der-Waals-Kräfte bewirken eine Zusammenlagerung von Schichtpaketen. Infolge dessen bilden sich Blättchenstrukturen mit einer Dicke von 5-10 mm bei 0,1-2 Mikrometer Länge bei paralleler Entstehung von Makroporen.

Diese Makroporen und die Mikroporen des Montmorillonits bewirken eine hohe spezifische Oberfläche. Diese beträgt ca. 700-800 m²/g für Natrium-Montmorillonit.

Quellung

Montmorillonit (Bentonit) verfügt über eine bemerkenswerte Quellfähigkeit. Wasser bewirkt, dass sich die Zwischenschichtkationen durch Hydrathüllen aufbauen können. Der Quellungsvorgang (der eindimensional verläuft) wird als „innerkristalline Quellung" bezeichnet. Die Wassermoleküle bilden dabei Sechsecknetze mit einer Kantenlänge von 3 Ångström.

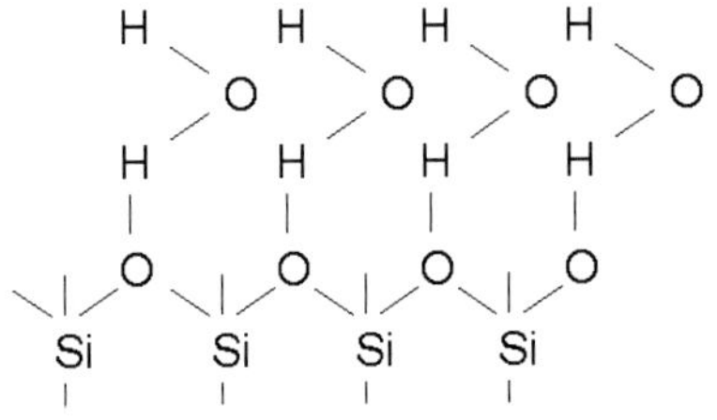

Abbildung 14-2: Wasserstoffbrücken an der Bentonitoberfläche [nach Voigt 1987]

Natrium-Montmorillonit kann das sechs- bis siebenfache seiner Trockenmasse an Flüssigkeit aufnehmen *[Schwarz et al. 1989]*. „Bei Alkali-, insbesondere Natrium-Montmorillonit, wird das Phänomen der diffusen Doppelschichtquellung beobachtet. In Gegenwart von noch geringen Mengen an Lösungsmittel (in der Regel Wasser) bleiben die Schichten gut geordnet, steigt aber das Lösungsmittelangebot, so geht der Ordnungszustand zunehmend verloren. Die Silikatschichten werden im so genannten peptisierten Kolloid frei beweglich und unabhängig voneinander. Dieser Vorgang ist durch Zusatz von Elektrolyten steuerbar. In diesem Fall nehmen die Wechselwirkungen zu und der Ordnungszustand wird wieder hergestellt, was makroskopisch zum geflockten Kolloid führt." *[Schwarz et al. 1989]*.

Thixotropie

Thixotropie ist die Eigenschaft bestimmter „Zweistoffsysteme" (Kolloide), durch mechanische Beanspruchung (Rühren, Schütteln, Einwirkung von Ultraschall) vom festen in den flüssigen Zustand überzugehen, ohne dass sich dabei der Wassergehalt ändert. In Ruhe verfestigt sich die Substanz wieder.

In stark gequollenem Zustand, d. h. wenn ausreichend Wasser vorhanden ist, sind alle Montmorillonite (Bentonite) fähig, thixotropische Wirkungen zu entfalten.

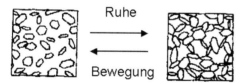

Abbildung 14-3:
Schema der thixotropischen Wirkung von Montmorillonit: Sol-Gel-Umwandlung [nach Voigt 1987]

14.6 Pharmazeutische Aspekte des Montmorillonits

Die aufgezeigten physikochemischen Eigenschaften: Ionenaustausch, Adsorption, Quellvermögen und Thixotropie haben seit Jahrzehnten Anlass gegeben, Montmorillonit als pharmazeutischen Hilfsstoff und vor allem wegen seiner Funktion als Detoxifikans auch als bioaktiven Wirkstoff mit therapeutischen Eigenschaften zu verwenden. Montmorillonit ist untoxisch und vielfältig einzusetzen, wobei durch den Siliziumanteil und das Vermögen, kolloidale Phasen (Sol-Gel) zu bilden, wichtige regulatorische Funktionen im Organismus, z. B. im Verdauungstrakt *[Hampel und Jacobi 1986; Bartos und Habrda 1974]* erfüllt werden können. **Wichtig ist dabei, dass Montmorillonitzubereitungen immer frisch sein müssen.**

14.7 Adsorptionsreaktionen von Montmorillonit

Adsorption

Folgende Wechselwirkungen der Adsorptionsreaktionen sind beobachtet worden. Adsorption ist nach Monkhouse und Lach [1972] die Tendenz einer Substanz, an der Oberfläche zu akkumulieren. Es werden eine physikalische Adsorption und eine Chemosorption unterschieden *[Snyder 1968]*.

Van-der-Waals-Kräfte

Dieses sind Bindungskräfte zwischen Molekülen in Gasen, Flüssigkeiten und Kristallen (d. h. zwischenmolekulare Kräfte), welche nicht auf einem teilweisen oder vollständigen Elektronenaustausch beruhen. Sie werden durch Wechselwirkungen zwischen permanenten elektrischen Dipolen (Dipolkräfte), induzierten elektrischen Dipolen (Dispersionskräfte) oder Induktionseffekten (Induktionskräfte) erzeugt.

Physikalische Adsorption

Physikalische Adsorption liegt dann vor, wenn die Ionen, Ladungen, die sich an der Oberfläche der Silikatschichten befinden, durch Bindung angrenzender Atome abgesättigt werden. Für diese Erscheinung sind die van-der-Waals-Kräfte verantwortlich. Diese relativ unspezifischen Kräfte entwickeln nur geringe Energien. Aufgrund dessen können Adsorption und Desorption in kurzem Zeitintervall ablaufen. Hierbei sind auch multimolekulare Schichtbildungen möglich. **Die Freisetzung der angelagerten Moleküle vollzieht sich ohne jegliche chemische Veränderung.**

Chemische Adsorption

Die chemische Adsorption (Chemosorption) ist dadurch gekennzeichnet, dass die Bindung zwischen Adsorbens und Adsorbat zu einer neuen chemischen Verbindung führen kann. Hierbei werden auch die physikochemischen Eigenschaften des adsorbierten Moleküls verändert. Chemosorption ist dann gegeben, wenn Ladungen der Oberflächenatome durch die angrenzenden Atome unvollständig abgesättigt werden.

Chemosorption läuft langsamer als die physikalische Adsorption ab, weil sie mit einem Elektronentransfer einhergeht, für den eine Aktivierungsenergie erforderlich ist. In diesem Zusammenhang ist noch zu erwähnen, dass die Ladungen der Oberfläche nur mit einer einzelnen Schicht abzusättigen sind. Daher ist auch nur eine monomolekulare Belegung möglich *[Monkhouse und Lach 1972]*. Die Bindung von organischen Wirkstoffen (Arzneimittel) an Montmorillonit vollzieht sich gewöhnlich durch mehrere Mechanismen unter Beteiligung der physikalischen Adsorption und der Chemosorption. Es besteht z. B. die Möglichkeit, dass chemosorbierte Moleküle (Arzneimittel) dann auch physikalisch adsorbiert werden. Ein Wirkstoff kann auch erst einmal physikalisch adsorbiert werden und dann anschließend wird eine monomolekulare Schicht aufgelegt.

Erwähnenswert ist noch, dass die Adsorptionsvorgänge eng mit der Ionenaustauschfunktion des Montmorillonits einhergehen. **Die vielfachen Möglichkeiten der Adsorptionskombinationen bieten einen größeren Aktionsradius für zugeführte Wirkstoffe.**

14.8 Mögliche pharmazeutische Mechanismen des Montmorillonits

Bindungsmöglichkeit zwischen kationischen Wirkstoffen und Montmorillonit
Nach McGinity und Lach [1976] vollzieht sich der Bindungsmechanismus mit kationischen Wirkstoffen in zwei Schritten.

1. Initialer Schritt: Kationenaustausch. Hierbei werden die Wirkstoffmoleküle mit positiven Ladungen gegen die Montmorillonit-gebenden Kationen ausgetauscht.
2. Chemosorption zwischen positiver Ladung des Wirkstoffs und negativer des Montmorillonits.

Diese Mechanismen sind vom pH-Wert gesteuert. Beispiel Tetrazyklin *[Porubcan et al. 1978]*: Tetrazyklin kann kationisch, anionisch und zwitterionisch auftreten. Das kationische Tetrazyklin tritt bei einem pH-Wert von 3,3 mit dem Montmorillonit in den Kationenaustausch. Als Zwitterion vermag es bei 3,3 bis 7,0 pH-Wert in die Zwischenschicht des Montmorillonits einzudringen. Dadurch entsteht ein divalenter Kationenkomplex. Wenn der pH-Wert 7,7 überschreitet, dann kann Tetrazyklin nicht mehr in den Austausch mit Montmorillonit treten. In diesem Fall entstehen externe Kalziumkomplexe.

Bindungsmöglichkeit zwischen anionischen Wirkstoffen und Montmorillonit

Anionische Wirkstoffe werden gewöhnlich an den Seitenflächen der Montmorillonit-Kristalle der Adsorption zugeführt. Folglich hängt die adsorbierte Menge der Wirkstoffe von der Kristallgröße ab, weil mit abnehmender Kristallgröße auch die Zahl der positiven Ladungsstellen abnehmende Tendenz zeigt.

Des Weiteren besteht ein pH-Wert-Einfluss auf die Menge adsorbierter anionischer Wirkstoffe. Die adsorbierte Menge ist daher häufig größer als die Anzahl der vorhandenen Ladungen.

Erwähnenswert ist noch, dass positive Ladungsträger auch aus den Hydroxylgruppen der Silikatschicht gegen Anionen ausgetauscht werden können (z. B. PO_4^{3-}, AsO_4^{3-}, BO_3^{3-}).

Wie Studien zeigen, werden anionische organische Wirkstoffe (z. B. Sulfonamide) in erster Linie durch die physikalische Adsorption gebunden. Die rasche Freisetzung des Wirkstoffs aus dem Sorbat (90 % innerhalb von 30 Minuten) spricht für die Aktivität der van-der-Waals-Kräfte *[McGinity und Lach 1976]*.

Bindungsmöglichkeit zwischen nichtionischen Wirkstoffen und Montmorillonit

Nichtionische Wirkstoffe werden häufig über Nebenvalenzen an den Montmorillonit gebunden, z. B. durch van-der-Waals-Kräfte und durch Wasserstoffbrückenbindungen, z. B. das Propanol *[McEvan 1948]*. Nach Carstensen und Su [1971] sollen nichtionische organische Wirkstoffe vorwiegend durch die physikalische Adsorption an den Montmorillonit gebunden werden. Nichtionische Wirkstoffe mit einem Dipolmoment (dazu gehören Diazepam, Benzoesäure) ausgestattet, vermögen mit Montmorillonit in nicht wässrigem Milieu eine Ion-Dipolbindung einzugehen *[Su und Carstensen 1972]*.

Nichtionische Amin-Wirkstoffe können durch Ionenaustausch an Montmorillonit gebunden werden. Hierbei spielen die Protonen aus dem Zwischenschichtwasser des Montmorillonits eine Rolle *[Laura und Cloos 1975; Furukava und Brindley 1973; Conley und Loyd 1971; Swoboda und Kunze 1968]*.

Einsatz von Montmorillonit in der Arzneimittelzubereitung

Von McGinity und Lach [1977] sowie Schwarz et al. [1989] wurde ein typischer Liberations-Kurvenverlauf der renalen Exkretionsrate mit folgenden Arzneimittelzubereitungen als Modellbeispiel in folgender Abbildung dargestellt:

14. Ton, Bentonit, Montmorillonit: Deren Bedeutung für die Human- und   253

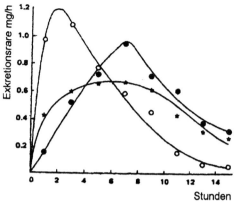

Abbildung 14-4:
Renaler Verlauf der Ausscheidung von
o   Amphetamin
•   Amphetamin und Montmorillonit
*   Amphetamin 50 % und Amphetamin-Montmorillonit 50 %
[nach Schwarz et al. 1989]

Aus diesem Exkretionskurvenverlauf kann man anhand der Maxima sehen, dass bei gleicher Bioverfügbarkeit die Freisetzung unter physiologischen Bedingungen sehr unterschiedlich verläuft.

Katalytische Effekte von Montmorillonit

Von verschiedenen Autoren *[z. B. Bastide et al. 1984; Sanchez-Martin und Sanchez-Canazano 1987, 1984]* wurden katalytische Effekte von Montmorillonit (Bentonit) beim Abbau von Herbiziden aufgezeigt. Des Weiteren wurde gefunden *[Porubean et al. 1978]*, dass in Gegenwart von Montmorillonit die Hydrolyse von Arzneimitteln in bestimmten pH-Bereichen begünstigt werden kann, wodurch ein Wirkungsverlust erreicht wird.

Nutzung der Quellung und Thixotropie von Montmorillonit: Hydrogelsalben

Die Quellungs- und Thixotropieeigenschaften von Montmorillonit bieten die Möglichkeit, Hydrogelsalben herzustellen. Montmorillonit-Hydrogelsalben verfügen über dermatologische Wirkeigenschaften. Sie sind gut streichbar und haben keine Hautreizung zur Folge. Außerdem haben sie den Vorteil, dass bei Lagerung und Temperaturveränderung keine wesentliche Viskositätsverschiebungen auftreten *[Schwarz et al. 1989]*.

14.9 Schutz der Schleimhäute des Gastrointestinaltrakts durch Montmorillonit (Verdauungssystem)

Bei peroraler Verabreichung wird die Schleimhaut von Magen und Darm mit einem dünnen Montmorillonitgel-Schutzfilm belegt, wodurch die Wirkung gegenüber Noxen (krankheitserregenden Faktoren) herabgesetzt und die Nervenendigungen des Magens und Darms ruhiggestellt werden.

Auf diese Weise wird auch die Wirkung von Gallensäure, die zu Geschwüren und Entzündungen im Darm führt, vermindert *[Vankov und Petkova 1980; Slanina 1974; Meyer-Jones 1966]*. Fioramonti et al. [1988] erklären diesen Schleimhautschutz mit einer durch Montmorillonit bewirkten Modifikation der Glycoproteinsynthese der Magen- und Darmschleimhaut.

14.10 Antivirulente Wirkung von Montmorillonit

Die Virusbindung durch Montmorillonit ist in zahlreichen Untersuchungen nachgewiesen worden *[Schwarz et al. 1989; Lund und Nissen 1986; Globa et al. 1983; Lipson und Stotzky 1983; Schaub und Sagik 1975]*. Dabei ist zu beachten, dass die Virusbindung an Montmorillonit nicht gleichzusetzen ist mit deren pathogener Inaktivierung. Es ist aber dennoch möglich, durch die Montmorillonit-Virenbindung mittels Adsorption an die Enterozyten die pathogene Wirkung zu vermindern oder zu verhindern.

14.11 Antibakterielle Effekte des Montmorillonits

Die prophylaktische Wirkung des Montmorillonits gegenüber Infektionen im Magen-Darm-Trakt ist bekannt. Hierfür gibt es einige Erklärungsmodelle:
- Bindung pathogener Bakterien an das Montmorillonit
- Eingreifen des Montmorillonits in die Populationsdynamik der Bakterien

Es konnte nachgewiesen werden, dass Montmorillonit selektiv verschiedene Bakterienpopulationen beeinflussen kann. pH-Wert und Nährstoffverfügbarkeit spielen daher eine Rolle *[Schwarz et al. 1989; Dashman und Stotzky 1986, 1984, 1982; Harter und Stotzky 1971; Stotzky und Rem 1966a und b]*.

14.12 Antimykotische Wirkung des Montmorillonits

Mit Montmorillonit wurde eine starke Wirkung auf die Pilzmyzelien im Darm nachgewiesen *[Lavie und Stotzky 1986a und b, Stotzky und Rem 1966a und b]*. Der verbreitete humanpathogene Pilz „Histomona capsulatum" wird durch Montmorillonit gehemmt *[Lavie und Stotzky 1986a]*.

Elektronenmikroskopisch wurde ein Montmorillonitfilm, der das Myzel überzieht, nachgewiesen. Infolge dessen werden die Gas- und Nährstoffaufnahme sowie die Stoffwechselproduktabgabe des Pilzmyzels eingeschränkt.

14.13 Montmorillonit als Spender und Regulator der Spuren- und Mengenelemente (Mineralien)

Die Ionenaustauschfunktion sowie die physikalische Adsorption und die Chemosorption des Montmorillonits haben großen Einfluss auf die Regulation der Spuren- und Mengenelemente *[Schwarz et al. 1989]*. Überangebote und Defizite haben bei Mensch und Tier gewöhnlich Regulationsstörungen und Krankheiten zur Folge. Schwarz et al. [1989] stellten fest, dass die Dysbalance des Mineralstoffwechsels besonders in der landwirtschaftlichen Tierzucht verhängnisvolle Folgen haben kann. Andererseits liegen noch nicht genügend Ergebnisse vor, die in solchen Fällen eine Dauerapplikation befürworten, weil man über denkbare Interaktionen noch recht wenig weiß.

Untersuchungen von Schwarz et al. [1989] zeigten aber, dass bei der Anwendung von Montmorillonit in hohen Dosen und langer Dauer bei verschiedenen Tierarten keine Toxizität und unerwünschten Nebenwirkungen beobachtet wurden.

Selbst bei längerfristigen hohen Dosierungen von Montmorillonit konnten Schwarz et al. [1989] durch Prüfung klinischer Zustände von Ziegen eine normale Adsorption von Vitaminen und Aminosäuren feststellen.

14.14 Montmorillonit als Prophylaktikum und Therapeutikum der Pansenazidose bei Wiederkäuern

Derartige Untersuchungen wurden vor allem bei Mastbullen und Kühen durchgeführt, die strukturarmes und kohlenhydratreiches Futter erhielten. Dieses Futterregime hat gewöhnlich Pansenacidose zur Folge, weil es zur gesteigerten Produktion von flüchtigen Fettsäuren kommt. Der

Zusatz von Montmorillonit (0,25-0,50 g pro Kilogramm Körpermasse) verringerte die Pansenacidose. Hierbei soll der Montmorillonit (Bentonit) überschüssige Protonen im Austausch gegen Alkali-Kationen binden *[Schwarz et al. 1989; Slanina et al. 1975, 1974, 1973a und b; Slanina 1974].*

Für die Interaktion zwischen Montmorillonit und flüchtigen Fettsäuren der Wiederkäuer stellten Schwarz et al. [1989] folgendes Schema auf.

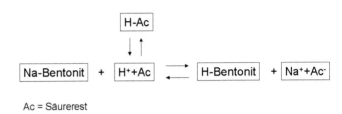

Ac = Säurerest

Durch Montmorillonit (Bentonit) erfährt das Puffersystem „flüchtige Fettsäuren – Fettsäuresalze" eine Wirkungsverstärkung *[Schwarz et al. 1989; Hampel und Jacobi 1986; Kollmann 1982; Horzetzky 1980; Fisher 1978].*
 Gleichzeitig wird Bikarbonat freigesetzt, welches an der Bentonitoberfläche adsorbiert ist und einen positiven Effekt auf das Pansenmilieu hat. Des Weiteren wird angenommen, dass die adsorptive Bedingung flüchtiger Fettsäuren an das Bentonit deren Resorption verzögert. Infolge dessen wird eine Minderung der Belastung des Säure-Basen-Haushalts bewirkt *[Schwarz et al. 1989].*

14.15 Bindung von Schadstoffen durch Montmorillonit

Montmorillonit hat die Eigenschaft, an seiner Oberfläche und in den Schichtzwischenräumen verschiedene Schadstoffe zu binden, z. B.
- Phosphorsäureester von Insektiziden [Sanchez-Martinu und Sanchez-Camazano 1986, 1984] und
- chlorierte Kohlenwasserstoffe wie DDT, Heptachlor, Dieldrin.

Bei Vergiftungen von Menschen mit dem hoch toxischen Herbizid Paragnat konnte mit oralen Bentonitgaben gut geholfen werden *[Carringer et al. 1975].*

Bentonite vermögen nach Allison et al. [1974] der intestinalen Adsorption toxischer Stoffe, wie z. B. biogene Amine, bakterielle Endotoxine, Ethanol und Methanol, entgegenzuwirken.

14.16 Bindung von radioaktiven Stoffen durch Montmorillonit

Des Weiteren konnte mittels der Adsorptions- und Ionenaustauschfunktion des Montmorillonits bei Rindern und Schafen durch Zugaben von 10 % Montmorillonit das Radioisotop Zäsium 134 drastisch gesenkt werden.

Dieser Hinweis ist deshalb wichtig, weil das bei Kernspaltungen frei werdende Zäsium 134 aufgrund seiner Verwandtschaft mit dem Kalium sehr rasch und leicht in den tierischen Organismus eindringt und sich dort „festsetzt".

Die Verabreichung von Bentonit (Montmorillonit) als Beifutter für landwirtschaftliche Nutztiere kann radioaktive kontaminierte Lebensmittel (Tierprodukte, Fleisch und Milch) verhindern und somit auch die Gesundheitsgefährdung des Menschen.

14.17 Lebendmasseentwicklung von Nutztieren durch Montmorillonit

Schwarz et al. [1989] konnten zeigen, dass Zwergziegen bei täglich verabreichter Dosis von 2.000 mg Bentonit (Montmorillonit)/kg Körpermasse über einen Zeitraum von 160 Tagen im Vergleich zu den Kontrolltieren (ohne Bentonit) ihre Lebendmasseentwicklung erheblich steigern konnten, wie aus nachfolgender Abbildung hervorgeht.

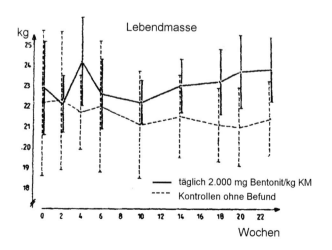

Abbildung 14-5: Entwicklung der Lebendmasse in einer Zeit von über 20 Wochen von Zwergziegen während täglich erfolgter Applikation von 2.000 mg Na-beladenem Bentonit (DDR)/kg Körpermasse [nach Schwarz et al. 1989]

Mittels nachfolgendem Datenblatt soll eine Übersicht über die wichtigsten Charakteristika von Montmorillonit gegeben werden, wie er heute z. B. in Arzneirezepturen von Heck Bio-Pharma verwendet wird.

14.18 Datenblatt Naturaktiver Montmorillonit

Naturaktiver MONTMORILLONIT

Massenanteil an Montmorillonit	> 80 %
quellfähiger Anteil	> 80 %
Körnung (bestimmt in Trockensiebung)	max. 10 % > 0,071 mm
Feuchtigkeit	< 12 %
Glühverlust	> 5,5 %

Chemische Zusammensetzung in Gew.-%

SiO_2	56,10	Al_2O_3	18,00
MgO	3,39	CaO	1,20
TiO_2	0,24	Fe_2O_3	2,78
Na_2O	4,10	FeO	0,48
P_2O_5	0,24	K_2O	1,80
SO_3	0,17		

Ionenaustausch

Na meq/100 g (aus NH_4Cl-Austausch)   74

14.19 Eigene Erfahrungen der Autoren

Wir verwendeten Na-Montmorillonit zur inneren und äußeren Anwendung in Einzelfällen. Hierbei erzielten wir positive Effekte bei Patienten mit Störungen des Verdauungstrakts und bei Hauterkrankungen (Hautpilze) sowie bei therapieresistenten Wundheilungen. Zur Hautpflege eignete sich Na-Montmorillonit besonders. Vor allem Wannenbäder mit 50-100 g Montmorillonit pro Badewanne gaben der Haut ein angenehmes Aussehen sowie Gefühl und eine angenehme Empfindung. Die prophylaktische Applikation von Na-Montmorillonit steigerte die psychische und physische Leistungsfähigkeit vor allem bei älteren Menschen (Antiagingeffekt).

Um diese Erfahrungen zu bestätigen bedarf es natürlich noch entsprechender Studien. Die von uns an Einzelfällen gesammelten Erfahrungen stimmen mit den Arbeiten von Kudryashova [2000], Nekressova [2000] und Ott [1958] überein.

15 Natur-Klinoptilolith-Zeolith: Was ist das?

15.1 Kristalline und chemische Struktur des Natur-Klinoptilolith-Zeolith

Der Zeolith ist ein natürliches mikroporöses Gestein vulkanischen Ursprungs, welches in bestimmten Gebirgen einiger Länder vorkommt. Es gibt mehr als 100 verschiedene Zeolitharten. Es gibt drei Formen: phasenartige, blättrige (schuppige) und kristalline. Der Klinoptilolith-Zeolith zählt zu den kristallinen Formen. Das Grundskelett des Klinoptilolith-Zeoliths ist ein Kristallgitter und weist Hohlräume von 4 Ångström aus (1 Ångström = 10^{-10} m = 0,1 nm). Das Kristallgitter besteht aus Silizium- (SiO_4)- und Aluminium- (AlO_4)- Tetraedern. In diesen festen SiO_4-AlO_4-Kristallgittern, die netzartig gestaltet sind, befinden sich Kationen wie Kalzium, Magnesium, Natrium, Kalium u. a. im Verbund mit Kristallwasser (nicht freies H_2O).

Bisher sollen in den Naturzeolithen (Klinoptilolith) mindestens 34 Mineralien nachgewiesen worden sein, die häufig nur in Spuren vorhanden sind, wie sie ein höher entwickelter lebender Körper benötigt *[Tsitsishvili et al 1999, 1992, 1989, 1985; Gorokhov et al. 1982]*. Es wird vermutet, dass die meisten Elemente des periodischen Systems darin erhalten sind *[Bgatov 1999]*. Die idealisierte chemische Formel für Zeolith ist

$$M_{x/n}[Al_xSi_yO_{2(x+y)}] \cdot p H_2O$$

M = Einvalenzionen: Na^+, Ka^+, Li^+ oder/und
   Zweivalenzionen: Ca^{++}, Mg^{++}, Ba^{++}, S^{++}
n = Kationenladung
y/x = 1 bis 6
p/x = 1 bis 4

Manchmal benutzt man auch folgende kürzere Formel

$$M_{2/n}O \cdot Al_2O_3 \cdot xSiO_2 \cdot yH_2O$$

Auch die sogenannte Oxidformel findet Verwendung. Die Oxidformel für den stark verbreiteten Natur-Klinoptilolith-Zeolith sieht wie folgt aus:

$$(K, Na, 1/2\,Ca)_2O \cdot Al_2O_3 \cdot 10SiO_2 \cdot 8H_2O$$

Die Zusammensetzung seines elementaren Gliedes kann durch folgende Formel ausgedrückt werden:

$$(K_2, Na_2, Ca)_3[(AlO_2)_6(SiO_2)_{30}] \cdot 24H_2O$$

In den Quadratklammern wurde das tetraedrische Skelett angeführt.

Natur-Klinoptilolith-Zeolith gehört zur Gruppe der Zeolithe mit dreidimensionalen Gittern. Seine Struktur zeichnet sich in geschichteten 4-, 5- und 6-gliedrigen Ringen aus, die in einer Ebene liegen. Parallel zu jeder Ebene befinden sich offene Kanäle mit 10- und 8-dimensionalen Fenstern. Die Kationen befinden sich in Kanälen und Hohlräumen des kristallinen Gitters und können so leicht in den Ionenaustausch eintreten.

Die Klinoptilolith-Zeolithstruktur besitzt drei verschiedene Kanaltypen.

- Ausmaße der Fenster 4,0-5,6 Ångström, parallel a-Achse in 8-Gliederringen
- Ausmaße der Fenster 4,4-7,2 Ångström, parallel c-Achse in 10-Gliederringen
- Ausmaße der Fenster 4,1-4,7 Ångström, parallel a-Achse in 8-Gliederringen

Die Kationen lokalisieren sich an drei „Orttypen", zwei an Kanalwänden und eine am Schnittpunkt der 8-Gliederringe. Wassermoleküle in Kanälen koordinieren sich mit Kationen.

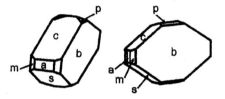

Abbildung 15-1: Morphologie des Klinoptilolith-Zeoliths mit den Achsenbezeichnungen nach Veretenina et al. [2000]

Unter gewöhnlichen Bedingungen sind Kanäle und Hohlräume der Zeolith-Kristallgitter mit Wassermolekülen gefüllt. Bei Erwärmung werden die Wassermoleküle ausgeschieden. Das ist die Voraussetzung für eine rasche Erhöhung der Adsorptionsfähigkeit des Natur-Klinoptilolith-Zeoliths.

Der Natur-Klinoptilolith-Zeolith ist durch eine hohe thermische Stabilität und Widerstandsfähigkeit gegenüber aggressiven Stoffen, besonders gegenüber Säuren und ionisierender Strahlung, ausgezeichnet [Tsitsishvili et al. 1992; Čhelitshev et al. 1988; Tsitsishvili et al. 1985; Gorokhov et al. 1982].

Im menschlichen und tierischen Organismus sind in verträglicher Dosierung bei langzeitiger Applikation keine gesundheitsschädlichen Wirkungen festgestellt worden.

Der Natur-Klinoptilolith-Zeolith wirkt im menschlichen und tierischen Organismus wie ein Auto-Bioregulator, wobei das hydratisierte SiO_2 eine Hauptrolle spielt.

15.2 Grundgerüst des Zeoliths

Es ist zweckmäßig, sich vor der Beantwortung dieser Frage den mineralisch-chemischen Aufbau der Kristallgitter zu betrachten.

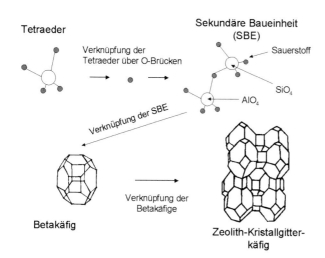

Abbildung 15-2: Struktur des Zeolith-Kristallgitters

Das Grundgerüst des Zeolith-Kristallgitters bilden AlO_4- und SiO_4-Tetraeder. Natur-Klinoptilolith-Zeolith ist sehr reich an SiO_4, so dass sein Verhältnis von AlO_4 zu SiO_4 von 1:4 bis 1:6 betragen kann. Somit befinden sich in dieser Art des Zeoliths mehr Siliziumtetraeder als die des Aluminiums. Diese Tetraeder sind über Sauerstoffbrücken verbunden und bilden die sekundäre Baueinheit (SBE). Aus diesen SBE ergeben sich die Beta- oder Sodalith-Käfige. Deren Zusammenfügung stellt dann das Zeolith-Kristallkäfiggitter-System dar.

Mit dieser Kristallgitterstruktur aus SiO_4 und AlO_4 vermag der Klinoptilolith-Zeolith folgende Funktionen auszuführen:
- Ionenaustausch (selektiv und kapazitiv)
- Adsorption
- Molekularsiebfunktion
- Katalysatorwirkung
- Detoxikation
- Aufbau von Eiweißstoffen aus Aminosäuren und Peptiden
- Ionendonator
- Donator von kolloidalem Silizium
- Selbstregulator in biologischen Systemen
- Biogene Kristallflüssigkeitsbildung

Der Anteil von Klinoptilolith-Zeolith ist ein Ausweis für die Qualität des Zeoliths! Anteile anderer Mineralien müssen bei der Verwendung für Mensch und Tier ausgesiebt werden. In den einzelnen Lagerstätten ist die mineralische Zusammensetzung unterschiedlich.

Nachfolgend wird die mineralische Zusammensetzung des Zeoliths von vier Lagerstätten im Kaukasusgebiet angeführt.

Tabelle 15-1:
Mineralische Charakteristika verschiedener Klinoptilolith-Zeolith-Lagerstätten im Kaukasus [nach Khalilov und Bagirov 2003]

Mineral	Lagerstätten (Vorkommen)			
	Aydag	**Dzegvi**	**Novy-Kokhb**	**Bad Khyz**
Klinoptilolith-Zeolith	70-80 %	80-90 %	80-90 %	70-75 %
Quarz	14-16 %	1-2 %	6-7 %	18-20 %
Kalzit	2-2,5 %	0,5 %	0,5 %	1,5-2,5 %
Biotit und Chlorit	2-3 %	3-4 %	4-5 %	2-2,5 %

Die Elementezusammensetzung von Natur-Klinoptilolith-Zeolith kann von Charge zu Charge auch unterschiedlich sein. Entscheidend dabei ist das Verhältnis von Silizium und Aluminium. Es soll mindestens 4:1, besser 6:1 sein. Nachfolgend werden einige Beispiele von Natur-Klinoptilolith-Zeolith aus verschiedenen Vorkommen angeführt.

Tabelle 15-2:
Beispiele der Elementezusammensetzung von verschiedenen Natur-Klinoptilolith-Zeolithen

Kosiče	Aidag	Megamin	Kholinsk
Slowakei	Kaukasus		Sibirien
(siehe Datenblatt)	[Khalilov und Bagirov 2002]	[Lelas 2002]	[Veretenina et al. 2003]
SiO_2 = 65,0-71,3%	SiO_2 = 64,16 %	SiO_2 = 61,69-67,17 %	SiO_2 = 64,7-72,8 %
Al_2O_3 = 11,5-13,1 %	Al_2O_3 = 10,74 %	Al_2O_3 = 12,46-15,12 %	TiO = 0,08-0,3 %
MgO = 0,6-1,2 %	Fe_2O_3 = 1,26 %	TiO_2 = 0,15-0,32 %	Al_2O_3 = 12,2-14 %
Na_2O = 0,2-1,3 %	FeO_2 = 0,27 %	Fe_2O_3 = 0,98-2,05 %	Fe_2O_3 = 1,4-2,7 %
CaO = 2,7-5,2 %	TiO_2 = 1,15 %	MnO = Spuren–0,05 %	MnO = 0,03–0,4 %
TiO_2 = 0,1-0,3 %	CaO = 3,67 %	MgO = 1,3-1,96 %	CaO = 1,5-3,8 %
K_2O = 2,2-3,4 %	MgO = 2,17 %	CaO = 3,03-4,35 %	MgO = 0,2-1,9 %
Fe_2O_3 = 0,7-1,9 %	K_2O = 1,38 %	Na_2O = 0,7-1,11 %	K_2O = 2,7-4,4 %
	Na_2O = 2,52 %	K_2O = 0,78-1,32 %	Na_2O = 0,8-3,0 %
	SO_3 = 0,02 %		H_2O = bis 8,0 %
			Plumbum = 0,0025 %
			Fluor = 0,031 %
			Kadmium = 0,0001 %
			Arsen = 0,0002 %
			Quecksilber = 0,0001 %

Das Verhältnis des $SiO_2:Al_2O_3$ im slowakischen und Kaukasus-Klinoptilolith-Zeolith ist ungefähr 6:1. Beim Megamin-Zeolith ist es kleiner als 5:1, beim Kholinsker etwas größer als 5:1.

Beim Vergleich der Daten der einzelnen Natur-Klinoptilolith-Zeolithe fällt beim Kholinsker Vorkommen auf, dass es durch mehr Daten als die anderen charakterisiert ist und dass auch solche Elemente wie Pb, F, Cd, Hg und As mit angeführt sind. Das spricht für eine sehr sensible Multielementebestimmungsmethode, die für die Datenerhebung verwendet worden ist.

"Nichtkenner" der Materie Klinoptilolith-Zeolith werden wahrscheinlich sofort „hysterisch" losschreien: „Dieser Zeolith ist schadstoffbelastet".

„Errare humanum est" pflegten in solchen Fällen die Römer, z. B. Cicero und Seneca, zu sagen. Irren ist in diesem Fall für Unwissende menschlich.

Eine derartige Behauptung ist unwissenschaftlich und auf mangelnde Kenntnisse über den Zeolith zurückzuführen. Warum?

Erstens: Wie wir bereits in Kapitel 9 beschrieben, gibt es keine nützlichen und schädlichen Elemente, sondern nur ihre nützlichen Mengen und ihre schädlichen Unmengen für den menschlichen Organismus.

Also die Dosis ist das entscheidende Merkmal.

Wer die Tabelle ansieht erkennt den geringen Anteil dieser so genannten Schadstoffelemente. Wie wir ebenfalls in Kapitel 9 angeführt haben, benötigt der Mensch in Spuren auch F, Pb, As und Hg u. a. für seinen Stoffwechsel. Der Klinoptilolith-Zeolith hält diese bereit, wenn sie benötigt werden. Wenn sie nicht benötigt werden, unterliegen sie der Ausscheidung.

Zweitens: Nach dem heutigen Erkenntnisstand enthält der Klinoptilolith-Zeolith bis zu 34 verschiedene Elemente zum Ionenaustausch bereit *[Khalilov und Bagirov 2003; Tsitsishvili et al. 1999, 1989, 1985; Gorokhov et al. 1982]* Von diesen gibt er nur die ab, die von der extrazellulären Matrix „angefordert" werden.

Drittens: Da die Affinität der Schwermetalle, wie z. B. Pb, Hg u. a., eine größere zum Kristallgitter als zu organischen Verbindungen ist, werden die im Organismus befindlichen derartigen Elemente **vom Kristallgitter angezogen** und die dort befindlichen, die nicht benötigt werden, „**festgehalten**" und mit ausgeschieden.

15.3 Ionenaustausch

Die Siliziumverbindungen in den Kristallgitterkäfigen und die darin befindliche Hydrathülle (H_2O) besitzt eine sehr hohe Adsorptionsfähigkeit, die für die im Kristallgitter befindlichen basischen Kationen, wie K^+, Na^+, Ca^{++}, Mg^{++} usw., geringer ist als für Schwermetall- und Ammonium-Ionen, z. B. Cd^{++}, Hg^{++}, Fe^{+++}, Pb^{++}, Cu^{++}, NH_4^+ und auch gegen Radioisotope (z. B. Cs^+, Sr^{++}).

Für den Ionenaustausch ist ein Lösungsmittel erforderlich. Für den Natur-Klinoptilolith-Zeolith können das natürliche (umweltbelastete) Gewässer, Abwässer, Bodenlösungen (feuchte Ackerböden) und schließlich die Flüssigkeiten (z B. Lymphe, Blut, Verdauungssäfte) im menschlichen und tierischen Organismus sein. In diesen Körperflüssigkeiten kann sich der Ionenaustausch vollziehen. Der Prozess des Ionenaustausches des

Klinoptilolith-Zeoliths hängt von einer Reihe von Faktoren ab, von denen wir nachfolgend nur einige anführen möchten *[Khalilov und Bagirov 2002; Bgatova und Novoselov 2000]*:
- von der Porengröße, weil davon die Fähigkeit bestimmt wird, Toxine „einzufangen" (siehe Tabelle 15-4)
- von der Ladung der Kationen
- von dem Ausmaß des hydratisierten Zustands der Kationen und des SiO_2 (H_4SiO_4)
- von der Natur des Anions, welches mit dem Anion der Körperflüssigkeit assoziieren soll
- von der Na^+-Ca^{++}-Balance in der Grundsubstanz der extrazellulären Matrix. Wie von Perger *[1990a und b, 1988, 1981; Schlitter 1995, 1994a und b, 1993, 1992]* gezeigt wurde, unterliegt die Regulation der Na-K-Balance in der Grundsubstanz der extrazellulären Matrix der Steuerung des vegetativen Nervensystems, wobei Ca^{++} die Sympatikus- und K^+ die Vagusfunktion reflektiert. D. h. Ca^{++} steigert den Ionenaustausch und K^+ bremst diesen.
- von dem Verhältnis Na^+ und K^+ in Bezug auf die Beziehung extra- und intrazelluläre Matrix. In dieser Beziehung steigert Na^+ den Ionenaustausch und K^+ bremst ihn ebenfalls *[Khalilov und Bagirov 2002; Morbvinova 2001]*.
- von der Affinität der Schwermetalle, Toxine, Radionukleide im Kristallgitter und somit von dem geringsten Energieaufwand zur Ausführung dieser Stoffe aus dem menschlichen Körper *[Račikov 1999; Tsitsishvili et al. 1985; Čelishev et al. 1987]*.
- von dem Vorhandensein der Mengen- und Spurenelemente und von der aktuellen, funktionell bedingten Kohärenzfähigkeit dieser *[Bildueva 2001]*
- von der aktuellen Kohärenzfunktion des SiO_2 (H_4SiO_4) zu den verschiedenen Mengen- und Spurenelementen, z. B. vermag SiO_2 Phosphor aus seinen Verbindungen zu verdrängen *[Voronkov et al. 1975]*

Aus diesen Beispielen geht die Flexibilität hervor, mit der sich der selektive und kapazitive Ionenaustausch vollziehen kann. Der große Teil des Ionenaustausches beim Klinoptilolith-Zeolith wird durch das SiO_2 eingenommen.

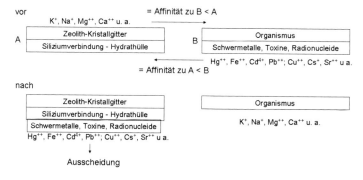

Abbildung 15-3: Vereinfachtes Schema: Mechanismus des Ionenaustausches durch Adsorbenzienfunktion des Kristallgitters

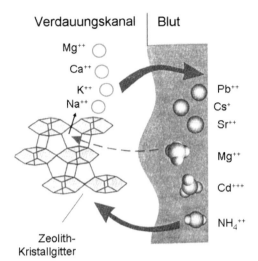

Abbildung 15-4:
Schema zum Ionenaustausch durch Klinoptilolith-Zeolith im Organismus [modifiziert nach Veretenina et al. 2003]

15.4 Selektivitätskoeffizient

Die selektive Fähigkeit des Zeolith-Kristallgitterkäfigs kann in einer mathematischen Formel zum Ausdruck gebracht werden, wodurch der Selektivitätskoeffizient „S" bestimmt wird. Das soll nachfolgend am Beispiel Na^+ dargestellt werden.

$$S = \frac{Z(K^{n+}) \cdot L(Na^+)}{Z(Na^+) \cdot L(K^{n+})}$$

Zeolith: $Z(K^{n+}) \cdot L(Na^+)$ — Z: Äquivalentanteil im Zeolith

Lösung: $Z(Na^+) \cdot L(K^{n+})$ — L: Äquivalentanteil in der Lösung

Der Selektivitätskoeffizient (S) charakterisiert die Gleichgewichtskonstante der Ionenaustauschreaktion. „S" gibt an, in welchem Umfang, in unserem Beispiel, Natriumionen durch andere Kationen, z. B. Cu^{++}, Pb^{++}, Hg^{++}, Co^{++} unter äquivalenten Verhältnissen ersetzt worden sind. Je höher der Selektivitätskoeffizient, desto größer ist der Anteil der aus den Kristallgitterkäfigen des Klinoptilolith-Zeoliths ausgetauschten Kationen, zum Beispiel Na^+.

> Vom Zeolith bevorzugte Ionen der Lösung werden schneller mit weniger Energieverbrauch und mit nicht vollständig sich vollziehendem Abbau der Hydrathülle im Käfiggitter (die die Vorbedingung für das Eintreten des Lösungskations ist) adsorbiert. Weniger von Zeolith bevorzugte Kationen benötigen mehr Energie und vollziehen sich langsamer.

15.5 Sorptionsreihe

Für ein sibirisches Klinoptilolith-Zeolith aus den Vorkommen Kholinsk geben Gorokhov et al. [1982] folgende, durch den Selektivitätskoeffizienten bestimmte, Sorptionsreihe an:

$H_3O^+ \approx Fe^{+++} \approx Pb^{++} > Co^{++} > Cu^{++} > Ag^+ > Cd^{++} > Zn^{++} > NH_4^+$.

Die Autoren verweisen darauf, dass an den ersten Stellen der Sorptionsreihe die Ionen stehen, die größere polarisierende Fähigkeiten haben und meinen, dass diese jene sind, die für biologische Objekte (Mensch und Tier) in größeren Mengen die größte Schadstoffgefahr darstellen *[Gorokhov et al. 1982]*.

Von allen Naturzeolithen führt der Klinoptilolith-Zeolith die Ionenaustauschreaktion mit der größten Geschwindigkeit aus [Vetenina et. al. 2000].

Auf Grund streng kalibrierter Poren sind dem Naturzeolith hervorragende Sorptionseigenschaften eigen. Er kann infolge dessen sehr selektiv im Organismus wirken.

Derartige Eigenschaften besitzen weder künstliche Zeolithe noch andere Sorbenten.

Vor allem kann der Zeolith-Ionenaustausch so vor sich gehen, dass Vitamine, Aminosäuren, polyungesättigte Fettsäuren nicht aus dem Körper ausgeführt werden, so genannte Schadstoffe dagegen aus dem Körper (extrazelluläre Matrix) entfernt werden.

Die Sorptionsreihen können unterschiedlich verlaufen. Die Sorption ist von verschiedenen Faktoren abhängig, z. B. vom pH-Wert, vom Ionenangebot im Darm und von den Poren im Zeolith, von der Natur des Anions, von der Temperatur, von der „Verschmutzung" der Grundsubstanz der extrazellulären Matrix u. a.

Tabelle 15-3:
Einige Beispiele von verschiedenen Sorptionsreihen

Goronkhov et al. 1982
$H_2O^+ = Fe^{+++} = Pb^{++} > Co^{++} > Cu^{++} > Ag^+ > Cd^+ > Zn^{++} > NH_4^+$
Datenblatt (in diesem Band)
$Cs^+ > Pb^{++} > NH_4^+ > Cu^{++} > Hg^{++} > Cd^{++} > Ni^{++} > Co^{++}$
Veretenina et al. 2003
$Cs^+ > Rb^+ > K^+ > NH_4^+ > Pb^{++} > Ag^+ > Ba^{++} > Na^+ > Sr^{++} > Ca^{++} > Li^{++} > Cd^+ > Cu^{++} > Zn^{++}$

Z. B. können auch verschiedene Stufungen der Selektivität der Sorbtionsreihen im Prozess des Ionenaustausches erfolgen: Schwermetalle Cs^+, Pb^+ werden vor NH_4 eingetauscht und fest in die Struktur des Zeoliths gebunden. Alkalielemente und Erdalkalien werden bevorzugt in die Lösung abgegeben und gegen NH_4 eingetauscht. Auf Grund von wissenschaftlichen Untersuchungen haben Shalmina und Novoselov [2002] sehr differenziert die Detoxikationsmechanismen des Natur-Klinoptilolith-Zeoliths beschrieben, die von der Porengröße und von der Funktion des Ionenaustausches abhängig sind, wie es folgende Tabelle zeigt.

Tabelle 15-4:
Detoxikationsmechanismen des Natur-Klinoptilolith-Zeoliths bei verschiedenen Formen von Endotoxikosen im menschlichen und tierischen Organismus [nach Shalmina und Novoselov 2002]

Endotoxikose durch	Mechanismus der Eliminierung der toxischen Stoffe durch Natur-Klinoptilolith-Zeolith
Endotoxine, z. B. Azidoseprodukte, Zytokine, bakterielle Endotoxine, freie Radikale, Stoffwechselendprodukte	Adsorption in den Makro- und Mesoporen des Natur-Klinoptilolith-Zeoliths
Exogene Toxine	Adsorption in den Makro- und Mesoporen des Natur-Klinoptilolith-Zeoliths
Niedrigmolekulare Verbindungen, z. B. NH_3, H_2O, Cd_4, Ch_4	Adsorption in den Makro- und Mesoporen des Natur-Klinoptilolith-Zeoliths
Biogene Makro- und Mikroelemente in überschüssiger Konzentration	Ionenaustausch

Die Detoxikationseigenschaft des Natur-Klinoptilolith-Zeoliths wird nicht nur durch die Adsorption- und Ionenaustauschfunktion ausgefüllt, sondern auch durch physikalische Kristalloberflächenwirkungen des Klinoptilolith-Zeoliths und SiO_2 (siehe Kapitel 15.6).

15.6 Zermahlene Zeolithteilchen haben Oberfläche mit detoxizierender Wirkung

Auf Grund von neuen Forschungsergebnissen, die sich auf den zermahlenen Zeolith beziehen, wie er zur Applikation angeboten wird, beschreiben Nikolajev und Mayanskiy [1997] noch zusätzlich folgenden Vorgang der Zeolithwirkung im menschlichen Körper. Sie gehen, wie bekannt, davon aus, dass das Kristallgittergerüst, neben den schon erwähnten alkalischen und erdalkalischen Kationen, auch eine stabile Struktur mit negativ geladenen Polyanionen besitzt, die mit Wassermolekülen umgeben sind.

Beim Zermahlen der Zeolithgesteine werden diese stabilen Ionenkristallverbindungen von alkalischen und erdalkalischen Kationen sowie von negativ geladenen Polyanionen zerrissen. Ein Teil dieser „Ionenzentren" bleibt auf der Oberfläche dieser zermahlenen Zeolithteilchen haften. Aus ihnen bildet sich eine bioaktive Oberfläche und verleiht dem Zeolith die detoxizierende Wirkung im Sinne einer Reinigung des Organismus.

Die Autoren nehmen an, dass die auf diese Weise bearbeiteten Naturzeolithe die Funktionsstruktur der flüssigen Kristalle in den Körperflüssigkeiten und im Gewebe zu regenerieren vermögen *[Nikolajev und Mayanskiy 1997]*.

In diesem Zusammenhang ist noch zu erwähnen, dass Shabalin und Shatokhina [2001] mit der „Morphologie biologischer Flüssigkeiten" über eine Methode verfügen, welche nach einem Dehydrationsvorgang die Intaktheit oder die Störung der Kristallstruktur von Körperflüssigkeiten nachweisen kann.

15.7 Siliziumdioxidfreisetzung und Dealuminierung aus der Gitterstruktur des Natur-Klinoptilolith-Zeoliths im Körper von Säugetieren und Mensch

Nun besitzt der Natur-Klinoptilolith-Zeolith wegen des hohen Gehalts an Siliziumtetraedern die Möglichkeit, in Ionenaustausch zu treten, nämlich SiO_2 abzugeben. Mit Erhöhung des sauren Milieus, z. B. Senkung des pH-Werts im Magen, können auch die im Gitter fest fixierten Kationen vom Aluminium und Silizium in den Adsorptions-Ionenaustausch-Prozess eintreten. Dabei wird der AlO_4-Tetraeder des Aluminiums beseitigt (neutralisiert) und durch H_2O^+-Ionen in die hydratisierte Form am Siliziumtetraeder ersetzt. Gorokhov et al. [1982] drücken diesen Vorgang in folgender Formel aus:

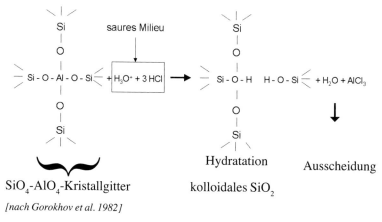

[nach Gorokhov et al. 1982]

Čhelitshev et al. [1988] bringen den gleichen Vorgang etwas ausführlicher in folgender Formel zum Ausdruck:

I: Wasserstoffform $M_x^+ [(AlO_2)_x^- (SiO_2)_{n-x}]^{x-} + x(H_2O+H^+) \rightleftarrows$
$(H_3O)_x^+ [(AlO_2)_x (SiO_2)_{n-x}]^{x-} + xM^+$
hydratisierte Form $[(AlOOH)_x^0 (SiO_2)_{n-x}]^0 + xH_2O$

II: Dealuminierung
hydratisierte Form $[(AlOOH)_x (SiO_2)_{n-x}]^0 + 3xH \rightleftarrows$
dealuminierte Form $\rightleftarrows [(H_4O_2)_x (SiO_2)_{n-x}]^0 + xAl^{3+}$

| SiO_2 kolloidale Kieselsäure | $(n - x)(SiO_2) \cdot 2xH_2O$ |

[nach Čhelitshev et al. 1988]

In dieser Form kann Silizium als hydratisiertes Siliziumdioxid, d. h. in Form der kolloidalen Phase dem Körper zugeführt werden.

Daraus erklärt sich, dass man in der Literatur bezüglich der bioaktiven Wirkung Ähnlichkeiten des Natur-Klinoptilolith-Zeoliths und des kolloidalen Siliziumdioxids findet.

Natur-Klinoptilolith-Zeolith wirkt somit als der selektive natürliche SiO_2-Donator.

15.8 Zeolith – ein wichtiger natürlicher Donator von kolloidalem SiO_2

Natur-Klinoptilolith-Zeolith ist einer der wichtigsten Donatoren von kollokdalem SiO_2 für den Menschen.

Nachfolgend soll der Vorgang der SiO_2-Zufuhr durch Klinoptilolith-Zeolith (ähnlich läuft dieser Prozess auch bei der Verarbeitung von Montmorillonit ab) auf der Grundlage der Erkenntnisse zahlreicher Autoren dargestellt werden *[Khalilov und Bagirov 2002; Agadshanyan et al. 2000; Bgatova und Novoselov 2000; Lapshin und Petrov 1997; Fedin 1994; Petrov und Filizova 1994; Fedin et al. 1993; Yakolov 1990; Matynshkin 1993, Petrov 1993].*

Der Zeolith, der durch die Einspeichelung mehr oder weniger intensiv vorbereitet ist, gelangt über den Magen in den **Dünndarm**.
Dort vollziehen sich grob dargestellt folgende biologische Prozesse:

- Kationenaustausch gegen Schwermetalle, Toxine usw.
- generelle Adsorptionssteigerung durch das im Kristallgitter befindliche hydratisierte SiO_2 (H_4SiO_4)
- generelle Detoxikation durch physikalische Oberflächenprozesse des Klinoptilolith-Zeoliths und auch des SiO_2 (siehe Kapitel 11)
- Polyanionenangebot

- durch gesteigerte Adsorptionsbereitschaft → verbesserte Resorption der im Dünndarm befindlichen Stoffe, vor allem der Mikro- und Makroelemente (Spuren- und Mengenelemente)
- Abgabe von Kristallflüssigkeit aus der Hydrathülle des Kristallgitters des Klinoptilolith-Zeoliths
- Aufspaltung der AlO_4-SiO_4-Tetraeder unter Nutzung des jeweilig herrschenden pH-Milieus
- Freiwerden von hydratisiertem SiO_2 (kolloidal = H_4SiO_4) und Überführung in die extrazelluläre Matrix
- damit verbunden weitere Freisetzung von Kationen

- Aufarbeitung des Aluminiums
  - als Salz, z. B. zur Ausscheidung
  - bei Bedarf Transfer in die extrazelluläre Matrix
  - Bildung von Aluminiumhydroxyd und Aluminium-Magnesiumsilikat zur Verwendung als Antazida zur Regulierung der Säure-Basen-Balance im Darm
- bei Bedarf wird auch das hydratisierte SiO_2 als Antazidum, vor allem im Darm, verwendet
- die Adsorbensfunktion kann auch Darmgase entfernen

- die Hauptmenge von hydratisiertem SiO_2 gelangt in die extrazelluläre Matrix zur Erfüllung derer Hauptfunktionen *[Keeting et al. 1992; Carlisle 1986a und b; Iler 1979; Voronkov et al. 1975]*:
  - Adsorption
  - Hydratation *[William 1986]*
  - Immunsystemstärkung *[Ivkovic et al. 2004; Zarkovic et al. 2003; Ivkovic et al. 2002a und b; Neshinskaya et al. 2002; Pavlic et al. 2002; Aikoh et al. 1998; Konsul et al. 1998; Ueki et al. 1994; Ryn und Shacy 1981, 1980]*
  - bakterizide Efffekte *[Müller-Alouf et al. 2001; Rodriguez-Fuentis et al. 1997; Ricke 1995; Uchida 1992; Allison et al. 1966]*
  - antifungale Wirkung *[Nikawa et al. 1997]*
  - Rhythmustakten *[Bgatov 1999]*
  - Katalysatorfunktion
  - Proteinsynthese
  - Synthese von Struktur- und Vernetzungsproteinen
  - Synthese der Fibronektine
  - Synthese der Proteoglykane
  - Synthese und Regulation der Glykosaminoglykane (GAG)
  - Kollagensynthese
  - Gewährleistung der kolloidalen Phase
  - Regulierungen in der Informations- und Kommunikationsfunktion der Glykokalyx
  - Gewährleistung der Mineralhomöostase
  - Aufrechterhaltung der Säure-Basen-Balance
  - Wachstum und Heilung
  [Carlisle 1986a und c; William 1986; Voronkov und Kuznezov 1984; Iler 1979; Carlisle und Alpenfelst 1978, Schwarz 1978, 1973; Voronkov et al. 1975]

- Zellmembran
  - SiO_2 → mineralische Stabilisierung
  - Phosphoglyzerinaldehyd-SiO_2 → Einbau in Zellwand
  - SiO_2-Aminosäure Peptide – Proteine – Glykoproteine → Aufbau → Schutz, Reparatur der Zellmembran
  - Eingehen von Si-O-C-Verbindungen
- intrazelluläre Matrix
  - Einbau von SiO_2 in die intrazelluläre Flüssigkeit unter Nutzung der Atmungskette
  - Aufnahme in die Mitochondrien über die Atmungskette
  Dieser Prozess verläuft in zwei Stufen: In der ersten Stufe wird das Substrat oxidiert, in der zweiten erfolgt eine Anreicherung des Substrats, wodurch der Austausch von Phosphor gegen Silizium begünstigt wird.
  „SiO_2 kann Phosphor aus einer Reihe von Verbindungen, z. B. aus der Ribonukleinsäure und möglicherweise auch dem ATP-ADP-Zyklus verdrängen *[Schwarz et al. 1973]*.
  Dabei kann Phosphor durch Silizium ersetzt werden und die bei der Spaltung der energiereichen Phosphate freiwerdende Energie wird unmittelbar zur Bindung des Siliziums genutzt. Wenn die Konzentration der Silizium-Zucker-Ester eine bestimmte Höhe erreicht, gelangen sie in die intrazellulären Flüssigkeiten, wobei auch der zuvor direkt aufgenommene Anteil anorganischer Siliziumverbindungen an Zucker gebunden wird." *[Schwarz et al. 1978, 1975; Voronkov et al. 1975]*
- Initiierung von Gentransaktionen und Veränderung auf Genen *[Charlton et al. 1988; Oschilewski et al. 1985]* durch Silizium
- Rezeptor-Aktivierung mit genereller Aktivierung und Deaktivierung von bestimmten Proteinkinasen durch Silizium
- Aktivierung von mitogenaktivierter Proteinkinase, Proteinkinase C und stressaktivierter Proteinkinase (SPPK) *[Morishita et al. 1995]*

Natur-Klinoptilolith-Zeolith ist ein natürlicher SiO_2-Donator und Applikator, genauso wie wir dies vom Montmorillonit bereits berichtet haben.

Um sicher den SiO_2-Bedarf im menschlichen Körper decken zu können, genügt die Einnahme von Klinoptilolith-Zeolith und Montmorillonit mit gleichzeitig ausreichender Flüssigkeitszufuhr und eine tägliche Körperbewegung. Dies gilt vor allem für Seniorinnen und Senioren, die jung bleiben möchten.

15.9 Wie verläuft der Mechanismus der Adsorption?

Wie bereits erwähnt, vermag der Zeolith im zermahlenen Zustand die Adsorptionsfläche im Organismus erheblich zu vergrößern. Die Adsorption des Zeoliths ist an die Körperflüssigkeiten gebunden. Sie stellt einen Wechselwirkungsprozess zwischen Adsorbens und Adsorbat dar, der sich an der Grenze der Körperflüssigkeit und der Oberfläche des Adsorbens darstellt. Hierbei spielen die van-der-Waals-Kräfte, die physikalische Adsorption (elektrostatische Wechselbeziehungen auf der Grundlage von Ionenladungen) und die chemische Adsorption (Herstellung von kovalenten chemischen Verbindungen, z. B. zwischen Mineralionen und Molekülen von Aminosäuren, Peptiden usw.) *[Bildujeva 2001; Schwarz et al. 1989]* eine Rolle (siehe Kapitel 14).

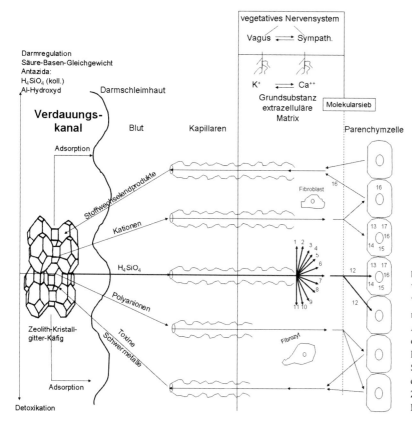

bbildung 15-5:
Vereinfachtes Schema: Vorgänge im Organismus nach der peroralen Applikation von Klinoptilolith-Zeolith und Funktion des kolloidalen Siliziums (H_4SiO_4) in der extrazellulären Matrix, Zellmembran, Zelle und Mitochondrien

1   Katalysatorfunktion
2   Hydratation
3   Adsorption
4   Rhythmustaktung
5   Proteinsynthese, Synthese von Mukopolysacchariden, Kollagen, Glukosaminoglykanen, Fibronektinen u. a.
6   Wachstum, Heilung
7   unspezifische Immunfunktion
8   elektrostatische Bindung
9   kolloidale Phase
10 Mineralhomöostase
11 Säure-Basen-Homöostase
12 Zellmembranaufbau, -stabilisierung, -schutz, -reparatur
13 Intrazelluläre Matrix: Atmungskette → Energie- und Informationsaustausch
14 Atmungskette → Mitochondrienmatrix → Informationsaustausch → ATP-Mechanismus
15 Genregulation
16 Na ⇆ K: intra- ⇆ extrazelluläre Matrix
17 Gentransaktion

Zu 4: Rhythmustaktung

Alle Prozesse der extrazellulären und intrazellulären Matrix, einschließlich der Membranen, verlaufen rhythmisch in verschiedenen Frequenzen *[Randoll et al. 1995, 1994a und b, 1992; Schweiger 1987; Hartweg et al. 1985; Rensing 1973; Adey 1970; Lehninger 1970].* Die Schwingungsfähigkeit der extra- und intrazellulären Matrix, der Zell-Mitochondrien- und Zellkernmembranen
- dient den Kommunikationen zwischen
  - vegetativem Nervensystem und extrazellulärer Matrix
  - der extrazellulären Matrix und den Zellverbänden
  - zwischen den Zellverbänden
- bewirkt die Kopplung zwischen
  - den elektrischen Potentialen
  - der Vermittlung der Proteininformationen
  - den Funktionen der Glykokalyx zur Informationsvermittlung
  - der funktionellen Ionenpermeabilität in den Membranen

Schwingungen sind Regulatoren und Informationsträger
- in den Depolarisationsprozessen
- in den osmotischen und onkologischen Druckbeziehungen
- in den Funktionen der Membranpermeabilität
- in der Säure-Basen-Balance
- RNS- und Proteinsynthese
- in der Bioelektrizität und im Bioelektromagnetismus

Als Taktgeber dieser Schwankungen kann das SiO_2 eine dominierende Rolle spielen, dessen schwingende Eigenschaften seit langem schon in der Technik genutzt werden (z. B. Quarzuhren, Halbleitertechnik u. a.).

15.10 SiO_2-Überschuss vermeidet Al-Anreicherung im Gehirn

Die partikulare Betrachtungsweise der Wirkung von einzelnen Elementen und die Missachtung der systemischen Wechselbeziehungen der Elemente untereinander veranlassen immer wieder zu falschen Schlussfolgerungen und falschen Behauptungen. Das bezieht sich auch auf das Al in den Aluminiumsilikaten, z. B. im Klinoptilolith-Zeolith.

In diesem Zusammenhang soll als erstes eine Stellungnahme zur Verbreitung falschen Wissens bezüglich Beziehungen zwischen SiO_2 Aluminiumsilikat und dem Morbus Alzheimer abgegeben werden. Zeolith ist, wie wir gezeigt haben, ein Aluminiumsilikat. Ionen von Aluminium können sich leicht mit Ionen von Silizium austauschen und in Aluminiumsilikaten ersetzen. Da man Aluminium im Zusammenhang mit dem Entstehen der Alzheimer'schen Krankheit verbindet, schlossen die USA Autoren Michael Murray und Roseph Pizzoro in ihrem Buch „Encyclopaedia of Natural Medicin" *[Murray und Pizzoro 1991]* auf den Seiten 132 und 133 ohne jegliche Beweisführung, dass Silizium möglicherweise an der Entstehung der Alzheimer Krankheit beteiligt sein könnte.

Ihre unwissenschaftliche Behauptung treiben diese Autoren noch durch die Empfehlung, der Mensch sollte Kontakte mit Silizium meiden, auf die Spitze. Es erhebt sich die Frage, wie sollte ein Mensch das Silizium, das zweithäufigstes Element auf unserem Planeten ist und in der ganzen Erdkruste verteilt, meiden?

Derartige unwissenschaftliche Behauptungen verbreiten sich leider häufig schneller als die wissenschaftliche Wahrheit. Carlisle [1986a und b] hat sich dieser Problematik in ihren Forschungsprojekten angenommen. Sie gab älteren weiblichen Ratten eine siliziumarme und eine siliziumreiche Kost. Die siliziumarme Kost führte zur Anreicherung von Aluminium im Gehirn. Dagegen wurde bei der siliziumreichen Kost keine Anhäufung von Aluminium festgestellt. Bekamen die zuerst siliziumarm versorgten Tiere danach ausreichend Silizium im Futter, dann verschwanden die Anhäufungen von Aluminium im Gehirn. Wenn wir diese Untersuchungen unter dem Aspekt der Dealuminierung des Zeoliths betrachten, so bietet dieser eine mehrfache Sicherung gegen die mögliche Anhäufung von Aluminium im Gehirn und zwar durch
- Bremsung des Ionenaustausches
- Ausscheidung von Aluminiumsalz aus dem Körper
- Schaffung von einem Überangebot an SiO_2 im Körper
- Bindung des Al^{++} im Aluminiumhydroxid oder Aluminium-Magnesiumsilikat zur Verwendung im Darm mit dem Ziel, eine Übersäuerung zu beseitigen oder zu vermeiden (Antazidumeffekt).

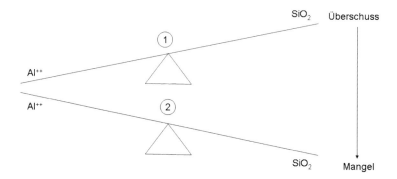

Abbildung 15-6:
Schematische Darstellung des SiO_2-Al^{+++}-Verhältnisses im Gehirn
① SiO_2-Überschuss: keine Anreicherung von Al^{+++} im Gehirn
② SiO_2-Mangel: erhöhtes Risiko zur Anreicherung von Al^{+++} im Gehirn

15.11 Eine kontroverse Diskussion zum Problem SiO_2, Al und Morbus Alzheimer

Als Zweites möchten wir Auszüge aus einer interessanten Diskussion anführen.

Auf dem Symposium 121 der Ciba Foundation [1986] entspann sich nach einem Vortrag von Edwardsen et al. [1986] eine heftige Diskussion um das Problem Hirnaluminium und Hirnsilizium bei Morbus Alzheimer. Edwardsen et al. [1986] hatten in einem Vortrag über eine Steigerung der Anreicherung von Aluminium (4-19 %) und Silizium (6-24 %) in den Plaques im extrazellulären Gehirngewebe unter dem Aspekt der biologischen Alterung berichtet und die Schlussfolgerungen daraus abgeleitet, dass dies ein Zeichen für die Pathogenese des Morbus Alzheimer sei. Nach diesem Vortrag entspann sich eine lange kontrovers geführte Diskussion. Zunächst wurden mögliche methodische Unzulänglichkeiten angesprochen sowie das Problem Referenzwerte. Da sich vor allem für Silizium sehr schwer Referenzwerte festlegen lassen, weil es funktionell eine Art „Feuerwehraufgabe" *[Voronkov et al. 1975]* in der extrazellulären Matrix erfüllt und dort vermehrt anzutreffen ist, wo es gebraucht wird, musste Edwardsen eine Antwort schuldig bleiben. Edwardsen [1986] musste auch eingestehen, dass andere Autoren, z. B. Austin [1978], Perl et al. [1986, 1982], Garuto et al. 1984] derartige Befunde nicht erheben konnten, wieder andere Autoren, z. B. Crapper et al. [1973] aber einen Anstieg des Aluminiums im Gehirngewebe bei Morbus Alzheimerpatienten gefunden hätten. Dagegen beobachteten McDermott et al. [1979] ebenfalls einen Anstieg von Aluminium bei älteren, nicht an Morbus Alzheimer erkrankten Patienten mit Plaques in der intrazellulären Matrix des Gehirngewebes. Diese Autoren hätten aber die Plaques als Zeichen eines normalen Alterungsprozesses und nicht als Zeichen eines Morbus Alzheimer interpretiert. Carlisle [1986b] verwies auf ihre Tierexperimente, aus denen hervorging, dass sich bei den Versuchstieren Plaques herausbildeten, wenn ein Al-Überschuss und ein Mangel an Si bestand. Des Weiteren wurde darauf hingewiesen, dass Gibson 1985 bei Aidspatienten Plaques im Gehirngewebe feststellte, wenn bei den Patienten Anzeichen einer senilen Demenz vorlagen. Aidspatienten wiesen häufiger eine vorzeitige Alterung des Binde- und Hirngewebes aus. Aluminium und Silizium wurden im Gehirngewebe von Aidspatienten nicht untersucht. Ob der Anstieg des Al im Gehirn durch Nahrungsaufnahme oder durch Trinkwasser bedingt sein könnte, fragte Werner [1986]. Pflanzen enthielten gewöhnlich 0,01 % Al und Kartoffeln 0,007 % Al. Man könne davon ableiten, dass mit diesen Mengen täglich eine Zufuhr von 20-25 mg Al möglich wäre. Darauf konnte Edwardsen keine Auskunft geben. Schließlich wurde mit Bezugnahme auf Garuto et al. [1984] die

Frage erörtert, ob die Plaques im Gehirn möglicherweise auf eine Kalzium-Aluminium-Imbalance zurückzuführen sei. Garuto et al. [1984] hätten bei Störung des Al-Ca-Gleichgewichts Plaques im Gehirn gefunden. Dabei wäre aber auch ein Anstieg von Mangan und ein Defizit an Magnesium festgestellt worden.

Der kurze Auszug dieser Diskussion des Symposiums 121 der Ciba-Foundation zeigt, dass von den Diskutanten die Schlussfolgerungen von Edwardson et al. [1986], eine Anreicherung von Al und Si im Gehirngewebe sei ein Zeichen für die Morbus-Alzheimerpathogenese, nicht akzeptiert werden konnten. Unser Kommentar dazu:

In dieser Diskussion kristallisierte sich heraus, dass die biologischen Alterserscheinungen im Gehirn auf der Grundlage der Dysregulation bzw. Imbalance des systemsichen Mineral- bzw. Elektrolythaushalts entstanden sein könnten.

Die typischen morphologischen Veränderungen beim Morbus Alzheimer, und abgeschwächter beim biologischen alternden Gehirn, sind offensichtlich ein Zeichen von Si-Mangel. Dafür spricht die Hirnrindenatrophie, die auch als „Austrocknung des Gehirns" bezeichnet wird, also eine Dehydratation darstellt.

Die Plaques und Fibrillenveränderungen erinnern an stressinduziertes, vorzeitiges Altern der extrazellulären Matrix *[Schlitter 1995]* (siehe Kapitel 6.5-6.6).

15.12 Welche staatlichen Testuntersuchungen sind bei der Verwendung von Klinoptilolith-Zeolith als Nahrungsergänzung erforderlich?

Untersuchungen auf:
- Toxine (z. B. Furan, Dioxin)
- Mikroben, Keime
- Radioaktivität
- Mineralische Befunde
- Chemische Zusammensetzung
- Ionenaustauschfähigkeit
- Selektivität bei Ionenaustausch
- Physikalische Eigenschaften
- Körnigkeit (Verteilung der Partikelgrößen) des gemahlenen Klinoptilolith-Zeoliths
- Feuchtigkeitsgehalt

Zur Anwendung von Natur-Klinoptilolith-Zeolith muss ein entsprechendes Datenblatt vorliegen.

DATENBLATT KLINOPTILOLITH-Zeolith

Materialbezeichnung

Materialname	Naturzeolith
Chemische Benennung	Hydratiertes Alumosilikat der alkalischen Metalle und der Metalle von alkalischen Erden
Mineralform	Klinoptilolith
Chemische Sorte	Molekularsieb
Empirische Formel	$(Ca, K_2, Na_2, Mg_4) Al_8Si_{40}O_{96} 24H_2O$

Chemische Zusammensetzung

SiO_2	65,0-71,3 %
MgO	0,6-1,2 %
Al_2O_3	11,5-13,1 %
Na_2O	0,2-1,3 %
CaO	2,7-5,2 %
TiO_2	0,1-0,3 %
K_2O	2,2-3,4 %
Fe_2O_3	0,7-1,9 %
Si/Al	4,8-5,4 %

Ionenaustauschfähige Eigenschaften

Gesamtaustausch	Ca^{2+} 0,64-0,98 mol/kg	K^+ 0,22-0,45 mol/kg
	Mg^{2+} 0,06-0,19 mol/kg	Na^+ 0,01-0,19 mol/kg

Partielle
Austauschkapazität mind. 0,70 mol/kg

Gesamte
Austauschkapazität   1,3-1,3 mol/kg

Sorption des Wasserdampfes durch dehydratisiertes Gestein
    bei relativer Feuchte 52 %   7,5-8,5 g H_2O/100 g
    bei relativer Feuchte 98 %   13,5-14,5 g H_2O/100 g

Selektivität

$Cs^+ > Pb^{++} > NH_4^+ > Cu^{++} > Hg^{++} > Cd^{++} > Ni^{++} > Co^{++}$

Physikalische und chemische Eigenschaften

Erweichungstemperatur	1.260°C	Porosität	ca. 30 %
Schmelztemperatur	1.340°C	Eff. Porendurchm.	0,4 mio.stel. mm (4 Ångström)
Schüttgewicht	nach Fraktion		
Fließtemperatur	1.420°C	Dichte	70 %
Druckfestigkeit	33 Mpa	Weißgrad	70 %
Spezif. Gewicht	2.200-2.400 kh/m^3	Härte nach Mohs	1,5-2,5
Rohwichte	1.600-1.800 kh/m^3	Veränderlichkeit	kVTI = 1,628
Aussehen	grau-grün	Geruch	ohne

Reaktivitätsdaten

Säurestabilität	79,5 %	Gefährliche Zersetzung	keine
Thermische Stabilität	bis 400°C	Gefährliche Polymerisation	kommt nicht vor
Wasserlösbarkeit	0		

Körnigkeit Zeolith

In der „Sieblinie" sind Rückstände dargestellt:

> 15 Mikrometer	> 15.000 nm	0 %
10-15 Mikrometer	10.000-15.000 nm	26,2 %
1-10 Mikrometer	1.000-10.000 nm	69,7 %
0,5-1 Mikrometer	500-1.000 nm	4,1 %

16 Natur-Klinoptilolith-Zeolith: Ein eigenartiger therapieunterstützender und prophylaktischer Wirkstoff

16.1 Biogenes Gedächtnis des Natur-Klinoptilolith-Zeoliths

Zeolith zählt mit zu den für den Menschen bedeutsamsten Naturmineralien auf der Erde. Das Tuffgestein und Aluminiumsilikat gelangten mit der Lava vor Jahrmillionen an die Oberfläche der Erdkruste. Charakteristisch sind sein hoher Siliziumgehalt, seine Ionenaustauschfunktion, seine Adsorptionseigenschaften und seine Katalysatorfunktion in biologischen Prozessen. Er soll daher bei der Entstehung der Protoorganismen auf unserem Planeten eine wesentliche Rolle gespielt haben *[Shaparina 1999]*. Die so genannte Ursuppe, die sich in Lagunen und Pfützen an den Übergängen von Ozeanen und Festland befand sowie Wasserstoff und die Wasserstoffverbindungen Wasserdampf, Ammoniak und Methan sowie Stickstoff, Sauerstoff, Kohlenstoff und SiO_2 waren die Grundelemente, die in Kontakt mit dem Zeolith, mit dem ultravioletten Licht, mit dem Geo-Magnetfeld und den elektrischen Entladungen (Blitze), Aminosäuren, oligomere Peptide, polymere Peptide und Kolonien und schließlich die Einzeller entwickelten. Hierbei sollen die Adsorption und die Funktion der Gitterstruktur des Zeoliths als Katalysator gewirkt haben. *[Shaparina 1999; Voronkov et al. 1975]*. Diese seine biogene katalysierende und regulatorische Funktion hat der Zeolith, besonders der Natur-Klinoptilolith-Zeolith, bis heute erhalten, die Ausdruck eines biogenen Gedächtnisses ist und ihm ermöglicht, im menschlichen und tierischen Organismus eine quasi Autopilotfunktion auszuüben. Diese kann man nicht allein biochemisch, sondern auch chemophysikobiologisch und geobiogen begreifen. Natur-Klinoptilolith-Zeolith ist ein vielseitiger Bioregulator.

Auf Grund dessen vermag der Natur-Klinoptilolith-Zeolith nur dann in den Mineralstoffwechsel einzugreifen, wenn Störungen vorliegen. Eine ähnliche Funktion fanden Oehme et al. [1980a-c] bei dem Peptid Substanz P.

16.2 Natur-Klinoptilolith-Zeolith wirkt nur dann im Organismus, wenn seine Hilfe notwendig ist

Mineralstrukturelemente, die sich in instabilen Verbindungen befinden, sind fähig, sich von ihrem Metallgitter zu trennen und lassen Platz für sich anbietende freie Potenziale/Valenzen (Fähigkeit zum Ionenaustausch).

Im lebenden Organismus sind Ionen der nicht organischen Stoffe (Mineralien) fester in den Stoffwechsel eingebunden, als die Kationen im Kristallgitter von Zeolith. Das bedeutet, dass bei einem optimalen Niveau und Verhältnis der Mikro- und Makroelemente im Körper es dem Klinoptilolith-Zeolith nicht möglich ist, nichtorganische Stoffe zu erfassen und auszuscheiden. Er wird ohne aktiv zu werden wieder ausgeschieden. Ein solcher Mechanismus dürfte gegenwärtig bei der Verschmutzung der Umwelt und den stark schadstoffbelasteten Nahrungsmitteln eine große Seltenheit sein *[Agadshanyan et al. 2000; Bgatova und Novoselov 2000; Blagitko und Yashina 2000; Blagitko et al. 2000; Mayanskaya und Novoselov 2000; Blagitko und Polyakevič 1999; Blagitko und Volkova 1999; Borin et al. 1999; Yakimov und Matyuhkin 1993].*

16.3 Natur-Klinoptilolith-Zeolith wird aktiv bei veränderter Mineralhomöostase

Ein Überschuss irgendwelcher Mikro- und Makroelemente im Körper oder/und das Fehlen oder eine bedeutende Veränderung der Fähigkeit der biologischen Verbindung eines Elements mit funktionellen Strukturen des Organismus vermag Klinoptilolith-Zeolith zu korrigieren. Dank dieses Umstands ist Klinoptilolith-Zeolith fähig, beim Kontakt mit dem inneren Milieu des Organismus mit der extrazellulären Matrix über die Darmwand die überflüssige Menge von nichtorganischen Stoffen, wozu vor allem Schadstoffe zählen, aus dem inneren Milieu aufzugreifen, in eigene Kristallstrukturen einzuschließen und aus dem Organismus auszuscheiden.

Beim Defizit eines nichtorganischen Elements im Organismus eines Lebewesens wird eine große Menge von freien funktionalen Strukturen (Eiweißüberträger u. a.) beobachtet, die die Wechselwirkung mit verschiedenen Mikro- und Makroelementen bestimmen. Beim Kontakt der Mineralienkomponente des Klinoptilolith-Zeoliths mit dem inneren Milieu des Organismus sorgen die freien funktionellen Strukturen der extrazellulären Matrix des Organismus dafür, dass diese über die Lymph- und Blutgefäße der Darmwand in den Mineralienstoffwechsel einbezogen werden. Auf diese Weise gibt Klinoptilolith-Zeolith die dem Körper mangelnden Mikro- und Makroelemente ab und beseitigt aus ihm organismusfeindliche oder inadäquate Elemente oder die überschüssige Menge von anorganischen Stoffen. Als Folge davon wird die Mineralienhomöostase wieder hergestellt *[Veretenina et al. 2003; Bgatova 2001; Bgatova und Bgatov 2001; Bgatov et al. 2001; Surnina 2001; Bgatova und Novoselov 2000; Mayanskaya und Novoselov 2000; Mirianova 1999a und b].*

16.4 Rhythmus und Regelmäßigkeit bei der Applikation von Klinoptilolith-Zeolith - damit die innere Uhr richtig tickt

Wie wir in Kapitel 7 ausführlich beschrieben haben, laufen alle Körperfunktionen rhythmisch ab, wobei die verschiedensten Frequenzbereiche gemessen werden können. Von besonderer Wichtigkeit sind der Tagesrhythmus und verschiedene Tageszeiten für den Effekt von Wirkstoffen.

Natur-Klinoptilolith-Zeolith ist einerseits in der Lage den gestörten Rhythmus von Körperfunktionen wieder herzustellen und andererseits kann er, zu bestimmten Tageszeiten appliziert, die Effektivität erhöhen. Wichtig ist z. B., dass Natur-Klinoptilolith-Zeolith zu Zeitpunkten der Tagesumstellung vom Vago- zum Sympathikotonus (morgens ca. 06:00-08:00 Uhr) und von der sympathiko- zur vagotonen Reaktionslage (ca. 18:00-20:00 Uhr) appliziert wird. Das sind mittlere Orientierungswerte. Am günstigsten wäre es, wenn morgens beim Hellwerden und abends beim Dunkelwerden Natur-Klinoptilolith-Zeolith eingenommen wird, weil zu diesen Zeitpunkten real exakt die Umstellung vom Vagotonus zum Sympathikotonus (morgens und abends umgekehrt) erfolgt. Der Mineralstoffwechsel hat nämlich Beziehungen zur Hell-Dunkelregulation und somit auch zum Melatoninstoffwechsel (siehe Kapitel 7).

In der Mittagszeit haben wir einen natürlichen Schlafgipfel (etwa zwischen 13:00 und 15:00 Uhr). Während dieser Zeitpunkt in den südlichen Ländern zur „Siesta" genutzt wird, ist sie in den nördlichen Ländern unphysiologischer Weise „wegrationalisiert" worden. Es ist daher zweckmäßig, mit Hilfe von Natur-Klinoptilolith-Zeolith in dieser empfindlichen Tagesphase den Mineralstoffwechsel richtig zu regulieren.

Wenn man bestimmte Organe oder Funktionssysteme unterstützen möchte, so muss man deren starke und schwache Zeitpunkte kennen. Einem Diabetiker wäre zum Beispiel zu raten, morgens gegen 05:00 Uhr die Therapieunterstützung durch Natur-Klinoptilolith-Zeolith zu geben. Da die Tagesspitze der Herzinfarkte gegen 09:00 Uhr liegt, sollten sich Kreislaufgefährdete unbedingt auf die Zeit von 06:00 bis spätestens 08:00 Uhr konzentrieren, wenn sie die Therapie mit Natur-Klinoptilolith-Zeolith unterstützen möchten. Das gleiche gilt für die Menschen mit hohem Blutdruck. Unter bestimmten Umständen sind jahreszeitliche Zeitpunkte (Frühling, Sommer, Herbst und Winter) zu berücksichtigen. Aber auch Wochenrhythmen und ultradiane Rhythmen von Körperfunktionen sind zu beachten (siehe Kapitel 7).

Für die Dauer einer Kur bewährt sich der therapeutische Zyklus von 40 Tagen (1 ½ Monatsrhythmen). Die chronotherapeutischen Gesetzmäßigkeiten gelten nicht nur für die Mineralien, sondern für alle Naturwirkstoffe und noch mehr für chemische Wirkstoffe.

Wer den Natur-Klinoptilolith-Zeolith nicht zu den chronotherapeutischen Zeitpunkten und nicht regelmäßig einnimmt verstößt gegen seine innere Uhr, die bei vielen Menschen der modernen Lebensweise schon so nicht mehr „richtig tickt" und somit den Effekt abschwächen kann. Kombinationen von Natur-Klinoptilolith-Zeolith mit Betanin (rote Bete) oder Laminaria (Nordmeeralge) sind geeignet, die innere Uhr bei regelmäßiger Einnahme wieder „richtig ticken" zu lassen *[Veretenina et al. 2003]*.

16.5 Die Anwendung von Natur-Klinoptilolith-Zeolith verlangt Disziplin und Vernunft

Wie wir gezeigt haben, ist der Natur-Klinoptilolith-Zeolith als ein **Autobioregulator** zu charakterisieren, der über die Grundsubstanz der extrazellulären Matrix und in Symbiose mit der gesamten Elemente-Regulation und dem vegetativen Nervensystem das Elektrolyt-, Energie- und Informationssystem (Grundsubstanz der extrazellulären Matrix → intrazelluläre Matrix → Mitochondrienmatrix) steuernd beeinflussen kann. Im Mittelpunkt dieses Regulationsprozesses steht die multivalente Funktion des SiO_2.

Trotz dieser hervorragenden vorzüglichen Eigenschaften des Naturgesteins ist es kein Allheilmittel, welches jeder gebrauchen will, wie er möchte.

Natur-Klinoptilolith-Zeolith kann aber optimal wirken, wenn er im Organismus bestimmte Bedingungen vorfindet, die in erster Linie durch die Lebensweise des Einnehmenden und durch die fundamentalen Kenntnisse des Verordnenden bewusst gesteuert werden können. Nachfolgend möchten wir eine Reihe von Bedingungen zur Optimierung der Natur-Klinoptilolith-Zeolith-Funktion im menschlichen Körper darlegen.

16.6 Verantwortungsvolles, wissenschaftlich fundiertes Handeln bei der Applikation von Natur-Klinoptilolith-Zeolith

- *Kenntnisse und Kenntnisvermittlung zur Wirkung von Zeolithen*

  In Russland hat man ein Modell geschaffen, welches sich auf die Ausbildung der Medizin- und Ökologiestudenten, auf die Fortbildung der Ärzte und auf die Aufklärung der Patienten (Verbraucher) bezieht:

- *Studentenausbildung*
  - Obligatorische Kapitel zum Natur-Klinoptilolith und zu Mineralien sind in der medizinischen Hochschullehrbüchern enthalten
  - Im 3. Kurs (5.-6. Semester) werden im Rahmen der obligatorischen Vorlesung „Pathophysiologie" die Themen „Ganzheitliches System Mensch", „Systemische funktionelle Beziehungen der Mineralien (Elektrolyte)", „Natursorbente als Bioregulatoren" abgehandelt
- *Ärztliche Fortbildung*
  - Zertifizierte Fortbildungskurse für praktische und Klinikärzte zur Mineralhomöostase und deren Regulierung durch Naturgesteine mit hohem Siliziumgehalt (Zeolith, Montmorillonit, Heulandit u. a.)
- *Aufklärung der Patienten und Verbraucher*
  - Zertifizierte Kurse über die „**Ökologie des Menschen**" und über die „**Menschliche ökologische Physiologie**", in deren Mittelpunkt Naturmineralien, vor allem der Klinoptilolith-Zeolith, stehen [Bgatov et al. 2000]
- *Kombination von zwei Sorbenten, möglichst Natur-Klinoptilolith-Zeolith und Na- Montmorillonit*

  Beide SiO_2-Gesteine ergänzen sich gegenseitig gut als Sorbenten und Ionenaustauscher aus folgenden Gründen.
  Natur-Klinoptilolith-Zeolith hat als Bioregulator Ionenaustausch-, Molekularsieb-, Adsorptions- und Katalysatorfunktion. Mit diesen bioaktiven Eigenschaften vermag er, wie aus wissenschaftlichen Ergebnissen hervorgeht, im menschlichen Körper homöostatisch zu regulieren, Schadstoffe und Toxine zu binden und auszuscheiden sowie die Bioverfügbarkeit und Bioäquivalenz anderer Wirkstoffe zu intensivieren.
  Na- Montmorillonit hat die Eigenschaften zum Ionenaustausch, zur Adsorption (physikalisch, chemisch, van-der-Waals-Bindungskräfte), zur Quellung und zur Thixotropie. Er ist daher ein SiO_2-Donator für den Organismus und vermag durch anionisches, kationisches und nichtionisches Bindungsvermögen Wirkstoffe zu regulieren und die mineralische elektrolytische Homöostase zu gewährleisten.
- *Hinweise zur Optimierung der Wirkung von Klinoptilolith-Zeolith durch Kombination mit anderen Wirkstoffen*
- *Naturgesteine und Vitamine*

  Möglichkeiten der Kombination
  Natur-Klinoptilolith-Zeolith + Vitamin A, C, E
  Natur-Klinoptilolith-Zeolith + Vitamin A, B, C
  Montmorillonit + Vitamin A, C, E
  Montmorillonit + Vitamin A, C, C

- *Naturgesteine und Aminosäuren*

  Aminosäuren, noch besser der Naturkomplex von Aminosäuren, die Spirulina platensis, werden in Kombination mit Natur-Klinoptilolith-Zeolith und/ oder Na- Montmorillonit besser vom Organismus verarbeitet.

- *Naturgesteine und pflanzliche Stoffe*

  Wechselseitige positive Beeinflussung von Natur-Klinoptilolith-Zeolith und/ oder Montmorillonit gibt es mit pflanzlichen Stoffen, z. B. Betanin (rote Bete), Spirulina platensis (bei Tieren Melasse) (siehe Kapitel 19)

- *Ausreichend Flüssigkeit*

  Während der Einnahme von Zeolith-Präparaten ist für reichliche Flüssigkeitszufuhr zu sorgen, sowohl im Zusammenhang mit der Einnahme als auch im Bezug auf die Tagesration (2-3 l/Tag). Keine alkoholischen und koffeinhaltigen Getränke sowie kein Grapefruitsaft.

- *Regelmäßigkeit und Rhythmus*

  Die Regelmäßigkeit der Einnahme erhöht den Effekt. Das betrifft sowohl die Regelmäßigkeit zu den angegebenen Tageszeiten als auch die Dauer. Zeitweilige Unterbrechungen einer Kur können den therapeutischen Effekt vermindern.
  Chronobiologisch empfehlen sich die Tageszeiten zur inneren Verarbeitung
  06:00 bis 08:00 Uhr
  13:00 bis 15:00 Uhr und
  18:00 bis 20:00 Uhr
  Für Hautapplikationen sind, sowohl für kosmetische als auch für Heilzwecke, die Zeiten
  05:00 bis 07:00 Uhr und
  17:00 bis 19:00 Uhr
  am effektivsten (siehe Kapitel 7)

- *Abstand von Mahlzeiten und Genussmitteleinnahme*

  Der Abstand zu den Mahlzeiten und der Einnahme von anderen Medikamenten und anderen Wirkstoffen (z. B. Coffein, Alkohol, Nikotin) sollte mindestens 30 Minuten, besser 60 Minuten, betragen.

- *Angemessene Körperbewegung erhöht den Effekt*

  Erfahrungen besagen, dass angemessene Körperbewegung die Bioverfügbarkeit von SiO_2 im Organismus erhöht. Das gilt vor allem für Menschen über 50 Jahre (siehe Kapitel 2).

16.7 Aufbewahrung von Natur-Klinoptilolith-Zeolith- bzw. Na-Montmorillonit-Arzneimittelrezepturen und -Nahrungsergänzungen

- Zeolith- und SiO_2-Präparate und -Arzneimittel sind grundsätzlich in Glasbehältern aufzubewahren. Plastikbehälter vermögen unerwünschte Stoffe an den Zeolith abzugeben.
- Bei Entnahme von Kapseln, Tabletten, Pulver usw. aus den Gläsern sind diese so schnell wie möglich wieder zu schließen. Es können mögliche Schadstoffe in der Luft vom Zeolith angezogen werden.
- Zeolith-Arzneimittel und –Nahrungsergänzungen müssen trocken aufbewahrt werden.
- Bei in Pulverform angebotenen Zeolith-Präparaten oder –Arzneimitteln ist die Einatmung von Stäuben zu vermeiden.

16.8 Warum diese strengen Regeln bei der Applikation von Zeolith?

- Eigentlich gelten diese Regeln für die Verwendung jedes Medikaments und des Nahrungsergänzungsmittels.
- Leider werden sie nicht immer eingehalten und verfehlen deshalb ihre Wirkung oder führen zu unerwünschten Nebeneffekten.
- Wir müssen nämlich davon ausgehen, dass der Mensch von den pro Kopf der Weltbevölkerung täglich von der Industrie in die Luft gegebenen 2 kg chemischen Stoffen und Abgasen mindestens zweifach getroffen wird *[Hartmann 2000]*:
  erstens durch die direkte Einatmung dieser Stoffe
  zweitens durch Tierprodukte und Pflanzen, die uns als Nahrung dienen
- **Zusätzlich** bedienen sich manche Menschen verschiedenster Genussmittel, die gleichfalls Stoffwechselbelastung sind und somit die „Schadstoffzufuhr" im Organismus erhöhen.

Dies bedeutet, dass mehr Schmutz in den Körper gelangt, als alle Bioregulatoren zusammen dies wieder abführen können. Vor allem ist es erforderlich, das Ungleichgewicht im Elektrolythaushalt zu beseitigen. Wenn dies wieder hergestellt ist, können auch neue chemische Belastungen verarbeitet werden. Das gilt nicht für Mineralien, sondern für alle Bioregulatoren.

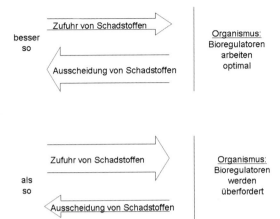

Abbildung 16-1:
Einfache schematische
Darstellung vom Verhältnis
„Schadstoffzufuhr" und Kapazität der Bioregulatoren

16.9 Zur Verträglichkeit von Natur-Klinoptilolith-Zeolith bei Gesunden

[Hecht, noch unveröffentlicht]

Auf Grund von Literatur- und anderen Informationen baten 62 Personen, Natur-Klinoptilolith-Zeolith als Nahrungsergänzungsmittel einzunehmen. Ihnen wurde gleichzeitig ein Fragebogen ausgehändigt und freigestellt, diesen auszufüllen oder nicht. Außerdem wurden sie gebeten, im Rahmen einer Gesundheitskontrolle ein Blutbild vor der Einnahme und wenn möglich nach ca. 40 Tagen Einnahme von Natur-Klinoptilolith-Zeolith anfertigen zu lassen. Insgesamt konnten von 42 Personen verwertbare Fragebögen und auch Blutbildbefunde entgegengenommen werden.

Jede dieser Personen nahm täglich 3x300 mg Natur-Klinoptilolith-Zeolith in Form von Kapseln oder als Lutschtabletten ein. Von den Personen waren 22 weiblich und 20 männlich. Das Alter erstreckte sich von 16 bis 79 Jahren (Median 64 Jahre). Es waren also mehr ältere Personen in dieser Gruppe.

Einnahmedauer

über 40 Tage   42 Personen
davon 40 Tage – 1 Jahr 26 Personen
> 1 Jahr   8 Personen

Die Ergebnisse sind in nachfolgender Tabelle dargestellt:

Befunde

Tabelle 16-1:
Leistungsfähigkeit und Verträglichkeit nach Natur-Klinoptilolith-Zeolith-Applikation

	Gesamt	Unverändert		Verbessert		Verschlechtert	
	n	n	%	n	%	n	%
Blutbild (Standard)	42	34		8		0	
Effekte (positive)							
Gedächtnis	42	31	73,8	11	24,2	0	0
Motivation	42	4	9,5	38	90,5	0	0
körperliche Leistung	42	6	14,3	36	85,7	0	0
Bewusstsein	42	29	69,0	13	31,0	0	0
Wahrnehmung	42	29	69,0	13	31,0	0	0
Stressbewältigung	42	8	19,1	34	70,9	0	0
Wachheitszustand	42	20	47,6	22	52,4	0	0
geistige Leistung	42	16	38,0	26	62,0	0	0
Leistungsausdauer	42	7	16,7	35	83,3	0	0
Schlaf	42	29	69,0	13	31,0	0	0
Entspannungsfähigkeit	42	20	47,6	22	52,4	0	0
Stimmung	42	8	19,1	34	80,9	0	0
Kritik- und Entscheidungsfähigkeit	42	30	71,4	12	28,6	0	0

Wie war das Befinden nach dem Absetzen des Zeoliths nach 40 Tagen der Einnahme?
n = 8

Unverändert gut		Weiter verbessert		Verschlechtert	
n	%	n	%	n	%
0	0	2	25	6	75

Als gelegentlich während der 40-tägigen und längeren Einnahme aufgetretene unerwünschte Nebenwirkungen wurden angegeben:

Verdauungsprobleme	6x an je einem Tag
Übelkeit	2x an je einem Tag
Schläfrigkeit	4x an je einem Tag
gesteigerte Erregung	14x davon 6x an je einem Tag und 4x an je 2 Tagen

Bei 42 Personen mit je 40 Einnahmetagen = 1680 Einnahmetage insgesamt wurde 26x = 1,5 % über abweichende Wirkungen berichtet.

Keine der Personen unterbrach die Einnahme oder brach sie ab, so dass die angegebenen Erscheinungen als nicht gravierend zu betrachten sind. Absolut keine Beschwerden wurden bezüglich Kopfschmerzen, Schwindel, Kreislaufbeschwerden, Bewusstseinsstörungen und Depressionen angegeben.

Eine gute Verträglichkeit und Nebenwirkungen nahezu Null wurde von vielen Autoren nach Untersuchungen an Menschen und Tieren festgestellt *[Khalilov und Bagirov 2002; Bgatanov 2001, 1999; Bilduyeva 2001; Blagitko und Yashina 2000; Khasnulin et al. 1999; Mirinova 1999a und b; Tsitsishvili et al. 1992 u. a.]*

16.10 Natur-Klinoptilolith-Zeolith in der Kinderheilkunde

In Russland fand Natur-Klinoptilolith-Zeolith im großen Umfang in der Kinderheilkunde Anwendung. Nachfolgende Studienergebnisse belegen die Effektivität dieser Therapie.

Tabelle 16-2:
Ergebnisse einer Studie mit Applikation des Natur-Klinoptilolith-Zeolith bei verschiedenen Kinderkrankheiten. Behandlungsdauer 10-14 Tage [Čuprova et al. 1997]

Krankheit	Anzahl	Bewertung des Effektes in %			
	n	sehr gut	gut	befriedigend	kein Effekt
Allergie	30	20	66	7	7
Parasitose	29	0	83	10	7
Bronchialasthma chronisch	15	0	0	100	0

Tabelle 16-3:
Ergebnisse einer Studie bei Applikation von Natur-Klinoptilolith-Zeolith (Litovit) bei verschiedenen Formen von Kinderkrankheiten. Behandlungsdauer 10-21 Tage [Mironova 1999]

Krankheit	Anzahl der Patienten	Ergebnisse in % Bewertungen			
		sehr gut	gut	befriedigend	kein Effekt
Allergodermatitis	48	20,8	62,6	8,3	8,3
Parasitose (z. B. Lambliose)	59	0	82,8	10,3	6,9
Bronchialasthmatisches Syndrom	38	0	0	100	0
Hypothalamisches Adipositassyndrom	17	0	0	100	0
Erkrankungen des Verdauungstrakts	90	40	50	5	5
Nierenerkrankungen	23	7,7	69,2	15,4	7,7
Erkrankungen der Schilddrüse	9	0	33,5	63	3,5
Erkrankungen des Sehapparats	58	0	60,3	34,5	5,2
Gesamt	342				

Die Autoren verweisen darauf, dass die guten Ergebnisse bei der Behandlung des Sehapparats durch die Verbesserung der Durchblutung des Auges durch Natur-Klinoptilolith-Zeolith erreicht wurden. Die Anwendung von Natur-Klinoptilolith-Zeolith zeigte keine unerwünschten Nebenwirkungen (dies führen sie vor allem auf die ökologische und pharmazeutische Reinheit des Zeolith-Präparats „Litovit" zurück), verkürzte die Aufenthaltsdauer in der Klinik, verminderte die Anwendung teurer Arzneimittel und erhöhte die Therapieeffektivität in Kombination mit anderen Arzneimitteln.

16.11 Natur-Klinoptilolith-Zeolith in der Therapie von Hauterkrankungen

In der einschlägigen russischsprachigen Fachliteratur findet man zahlreiche Arbeiten zum Einsatz von Natur-Klinoptilolith-Zeolith auf dem Gebiet der Dermatologie. Dabei wird der Akne besondere Aufmerksamkeit gewidmet *[Kotova und Syvorova 2002; Syvorova et al. 2000]*.

Nachfolgend werden die Ergebnisse einiger Studien kurz zusammengefasst dargestellt:

- Esina [1990] berichtet über die Therapie mit dem russischen Natur-Klinoptilolith-Zeolith-Präparat Litovit bei 68 Patienten mit Psoriasis, Ekzemen, Lupus Erythematodes, Rosacea, Seborrhea.
Die Applikation von Litovit erfolgte innerlich mit einer Dosierung von 1-3 g/Tag und äußerlich durch Auftragen auf die befallenen Hautstellen. Die äußerliche Anwendung wurde entweder in Form von Streupulver oder durch Kompressen mit wässriger Suspension des Klinoptilolith-Zeoliths vorgenommen. In manchen Fällen wurde die Haut dünn mit Vaseline oder Fettsalbe bestrichen und Klinoptilolith-Zeolith darauf gestäubt. Es wurden Behandlungszyklen von jeweils 10 Tagen eingelegt. Je nach Ausprägung der Erkrankung waren 2-3 Behandlungszyklen notwendig, um einen entsprechenden Therapieeffekt zu erzeugen. Der Therapieeffekt mit Natur-Klinoptilolith-Zeolith verlief bei den einzelnen Hauterkrankungen verschieden.

Gewöhnlich genügten drei Behandlungszyklen von jeweils 10 Tagen mit 7-10-tägigen dazwischen liegenden Pausen. Als erstes verschwanden Juckreiz, Hypothermie der Haut und ödematöse Schwellungen.

Schnellheilende Effekte traten bei allergischer Dermatitis auf. Die Behandlung von Psoriasis-Patienten dauerte dagegen länger: Die Autorin beobachtete, dass mit Hilfe von Natur-Klinoptilolith-Zeolith bei alleiniger Anwendung und im Rahmen einer Komplextherapie der Heilungsverlauf beschleunigt wurde. Versager gab es sehr selten.
- Über die Anwendung von Litovit bei chronischer, teilweise bisher therapieresistenter Akne bei 182 Patientinnen im Alter von 25-60 Jahren berichtet Kamakina [1999]. Auch hier wurde Litovit innerlich und äußerlich angewendet. Die innerliche Dosierung lag zwischen 3 und 5 g/Tag, verabreicht in Zyklen von je 10 Tagen, mit Pausen von ca. einer Woche. 56 Patienten wurden nur mit Litovit, 76 Patienten mit Litovit und klassischer Therapie, 46 Patienten nur mit klassischer Therapie behandelt.

Die besten Ergebnisse wurden erzielt mit nur Litovit, dann folgt die Kombinationstherapie und zuletzt die klassische Therapie. Die Litovit-Patienten waren gewöhnlich 8-10 Tage früher geheilt als die „ohne Litovit"-Patienten.

- Pesterev und Oksenov [1999] wendeten Litovit in der komplexen Therapie von Dermatosen an. Es handelt sich um Patienten, die sich bisher drei Jahre und mehr ohne große Therapieeffekte in Behandlung befanden.
  Mit innerlicher und äußerlicher Applikation des Natur-Klinoptilolith-Zeolith-Präparats Litovit wurden von Pesterev et al. [1999] 220 Patienten mit verschiedenen Dermatosen (Psoriasis, atopische Dermatitis, Ekzem, Vitiligo, Akne vulgaris, Urtikaria und Rosacea) behandelt. Es wurde Litovit M verwendet, welches aus 80 % Klinoptilolith und 15 % Montmorillonit und 5 % Wasser besteht. Die Dosierung betrug 2x 3-5 g täglich. Es wurden 10 Tageszyklen mit 5-tägigen Therapiepausen angesetzt. Gewöhnlich genügten drei Zyklen dieser Therapie. In manchen Fällen waren auch mehr als drei Behandlungszyklen notwendig.

  Die Wirkung dieser Therapie verlief bei den einzelnen Formen der Hauterkrankungen unterschiedlich ab. Im Durchschnitt war die Heilung der Hauterkrankung mit Litovit 8-10 Tage früher abgeschlossen als bei jenen Patienten, die mit herkömmlicher Komplexmethode therapiert wurden.

  (Als Kontrolle dienten Krankenunterlagen aus dem Archiv mit adäquaten Befunden und Anzahl der Patienten.)
  Bei Patienten mit atopischer Dermatitis sowie mit echten und Mikroben-Ekzemen genügten 1-2 Therapiezyklen. Bei Psoriasis-Patienten waren mindestens drei Therapiezyklen erforderlich.
  Es gab sehr selten Versager. Lediglich Vitiligo-Patienten sprachen nur selten auf die Litovit-Therapie an. Es gelang nur in wenigen Fällen nach mehreren Therapiezyklen, progressive Prozesse zu stoppen oder die Pigmentierung der Haut wieder herzustellen.

- Urbanski et al. [1999] therapierten 33 Patienten, 22 weiblich und 11 männlich, im Alter von 24-26 Jahren mit Litovit M (Klinoptilolith-Zeolith und Montmorillonit):

Ekzeme	16 Patienten
Neurodermitis	5 Patienten
Psoriasis	12 Patienten

  Diese Hauterkrankungen waren chronisch und bestanden bis zu 18 Jahre. Auf traditionelle Therapien hatten die Patienten bisher kaum oder gar nicht angesprochen. Litovit wurde nur innerlich wie folgt angewendet:

  1. Zehntage-Therapiezyklen 2x5 g/Tag (eine Stunde vor den Mahlzeiten) danach 10 Tage Pause
  2. und 3. Therapie-Zyklus 5 g Litovit/Tag (eine Stunde vor den Mahlzeiten)

  Nach drei 10-tägigen Therapiezyklen lag folgendes Ergebnis vor:

vollständige klinische Heilung	14 Patienten
bedeutende Verbesserung	16 Patienten
Verbesserung	3 Patienten
fehlender Effekt	0 Patienten

  Die Verträglichkeit wurde mit sehr gut angegeben. Nebenwirkungen traten keine auf.

- Syvorova et al. [1999] berichten über Zusammenhänge zwischen Akne-Hauterkrankungen und Erkrankungen des Gastroenteralsystems bei 19 Patienten (Alter 14-23 Jahre) mit chronischer Akne vulgaris und gleichzeitiger Erkrankung des Verdauungstraktes (Magen- und Darmentzündungen).
Nach drei Wochen vergeblicher traditioneller Aknetherapie schloss sich bei einer Gruppe eine Litovit-Therapie 3x5 g/Tag über die Dauer von drei Wochen an. Eine Kontrollgruppe erhielt weiter die traditionelle Therapie.

Ergebnis: Bei 11 Patienten trat eine klinische Heilung bei der Erkrankung ein. Eine bedeutende Besserung bei der Erkrankung wurde bei 6 Patienten erreicht. Bei 2 Patienten wird nur eine geringe Reduzierung der Hautveränderungen bewirkt.

Die Vergleichsgruppe (19 Patienten), bei der die traditionelle Therapie ohne Litovit weiter geführt wurde, zeigte folgendes Ergebnis:
klinische Heilung   4 Patienten
bedeutende Besserung   5 Patenten
keine wesentliche Besserung   10 Patienten

Litovit wurde von den Patienten gut vertragen. Es gab keine Nebenwirkungen.

Die Autoren vertreten die Auffassung, dass die günstigen Therapieerfolge der Aknepatienten mit Litovit durch die gleichzeitig mit der Litovit erreichte gesunde Wiederherstellung des erkrankten Verdauungstrakts zurückzuführen sind. Sie schießen auf mögliche pathogenetische Beziehungen zwischen Akne und Erkrankung des Verdauungstrakts.

Diese wenigen Beispiele zeigen Vorzüge der Therapie mit Natur-Klinoptilolith-Zeolith bei der Erkrankung der Haut.

16.12 Natur-Klinoptilolith-Zeolith in der Therapie von Verbrennungen schweren Grades

[Blagitko und Polyakevič 1999]

48 Patienten mit Verbrennungen III-IV. Grades mit einer verbrannten Fläche von durchschnittlich 18,5 % der gesamten Körperoberfläche; durchschnittliches Alter 46 Jahre, männliche Patienten; 26 Patienten erhielten zu der üblichen Komplexbehandlung 3x täglich 1 Teelöffel voll „Litovit".

Bei 12 Patienten wurde nur die Komplexbehandlung durchgerührt. Die „Litovit" behandelte Gruppe verzeichnete eine schnellere Heilungsdauer. Die Bestimmung von Blutwerten, Harnwerten und Blutmineralien wies am 25. Behandlungstag aus, dass durch die Natur-Klinoptilolith-Zeolith-Applikation sowohl die Bluthomöostase als auch die Elektrolythomöostase schneller wieder hergestellt wurde als bei der Gruppe, die nicht „Litovit" erhielt. Die nachfolgenden Tabellen demonstrieren dies.

Tabelle 16-4:
Prozentualer Zuwachs ↑ oder Abnahme ↓ der Blutwerte im Vergleich des 1. Behandlungstags mit dem 25. Behandlungstag bei hochgradiger Verbrennung

Blutparameter	mit „Litovit" Δ	ohne „Litovit Δ
Hb	↑ 23 %	↑ 2 %
Bluteiweiß	↑ 18 %	↑ 4 %
Leukozyten	↓ 48 %	↓ 39 %
Harnstoff	↓ 42 %	↓ 18 %
Bilirubin	↓ 32 %	↓ 26 %
Leukozyten im Urin	↓ 87 %	↓ 71 %

Tabelle 16-5:
Mittlere Konzentration einiger Mikroelemente und prozentuale Veränderung im Vergleich des 1. Behandlungstags mit dem 25. Behandlungstag bei hochgradiger Verbrennung

A: Komplexbehandlung mit „Litovit"

Behand-lungstag	Mikroelemente in mg/kg/Tag						
	Fe	Mg	Ca	Na	K	Zn	Cu
1.	385	33,5	49,2	1913	1567	5,21	0,88
25.	447	36,8	61,2	1953	1849	6,34	1,02
Δ in %	+23,9	+9,9	+24,4	+2,1	+18,0	+21,7	+13,9

B: Komplexbehandlung ohne „Litovit"

Behand-lungstag	Mikroelemente in mg/kg/Tag						
	Fe	Mg	Ca	Na	K	Zn	Cu
1.	414	33,2	50,6	1924	1565	5,69	0,89
25.	425	36,1	60,1	1859	1532	6,58	1,0
Δ in %	+2,7	+8,7	+18,7	-3,4	-2,1	+15,6	+12,4

16.13 Anwendung von Natur-Klinoptilolith-Zeolith bei Patienten mit komplizierten Knochenfrakturen der unteren Extremitäten

[Blagitko und Yashina 2000]

Untersucht wurden 50 Patienten mit komplizierten Knochenbrüchen der unteren Extremitäten, die einer üblichen adäquaten Komplextherapie unterlagen. 25 Patienten wurde zusätzlich täglich für die Dauer von 45 Tagen „Litovit" appliziert. Die Analyse der Blutmakro- und mikroelemente am 1. und 45. Behandlungstag ergab, dass die mittlere Differenz zwischen Prä- und Posttherapiewerten (Δ) bei den mit „Litovit" behandelten Menschen weitaus günstiger ausfielen, als bei denen, die „Litovit" nicht erhielten. Außerdem war die Ausscheidung der Schwermetalle aus dem Körper der Patienten bei den „Litovit"-Behandelten sehr hoch, was bei den anderen Patienten nicht der Fall war. Der Heilungsprozess vollzog sich bei den mit dem Natur-Klinoptilolith-Zeolith-Präparat „Litovit" Behandelten um ca. acht Tage schneller gegenüber den anderen Patienten. Die nachfolgende Tabelle demonstriert diese Befunde.

Tabelle 16-6:
Mineralanalysen von Patienten mit und ohne Zeolith-Therapie

Therapie	Ca	P	Fe	Mn	Mg	Cd	Pb	Al
mit Zeolith	+15,6	+18,1	+4,5	+10,5	+2,8	-25	-75	-22
ohne Zeolith	+3,6	+4,1	-1,3	+8,6	-1,2	0	-25	0

16.14 Anwendung von Natur-Klinoptilolith-Zeolith in der Therapie der obliterierenden Arteriosklerose der Blutgefäße der unteren Extremitäten

Blagitko und Volkova [1999] berichten über die Anwendung von Natur-Klinoptilolith-Zeolith in der Therapie der obliterierenden Arteriosklerose der unteren Extremitäten (Raucherbein) an mehr als 50 Patienten. Die Resultate sind in Tabelle 16-7 dargestellt. Die erzielten Befunde (die Daten wurden leider nicht statistisch bearbeitet) zeigen einen Trend zur Verbesserung der untersuchten Blutwerte.

Tabelle 16-7:
Mittelwerte der Labordaten (Blut) zu Beginn der Therapie und vom 30. Behandlungstag der obliterierenden Arteriosklerose

Parameter	1. Behandlungstag	30. Therapietag
Hb	152,6	161,9
Erythrozyten	4,8	5,18
Thrombozyten	343,3	323,8
Hämatokrit	0,44	0,46
Cholesterin	8,86	7,68
p-Lipoproteine	473,4	463,7
Triglyceride	2,25	1,88
Allg. Eiweiß	66,9	73,8

16.15 Anwendung von Natur-Klinoptilolith-Zeolith bei Alkoholintoxikationen

Von insgesamt 100 männlichen Patienten mit Alkoholintoxikationen, die mit einer üblichen Komplextherapie behandelt worden sind, erhielten 50 zusätzlich täglich 2 x 5 g Natur-Klinoptilolith-Zeolith in Form des Präparats „Litovit". Im Laufe einer 10-tägigen Therapie wurden am 4., 7. und 10. Behandlungstag die Blutserum-Transferasen GGT = Gamma-Glutamyltransferase, die ALAT = Alaninaminotransferase und die ASAT = Aspartataminotransferase bestimmt. Aus der nachfolgenden Tabelle wird ersichtlich, dass sich die infolge der Alkoholintoxikation erhöhten Transferasen unter dem Zusatz von Natur-Klinoptilolith-Zeolith erheblich schneller normalisierten als bei den Patienten, die dieses Mineral nicht erhielten. Die Therapie mit Zeolith verlief außerdem effektiver und beschleunigter *[Blagitko und Yashina 2000]*.

Tabelle 16-8:
Natur-Klinoptilolith-Zeolith bei Alkoholintoxikationen Komplextherapie mit und ohne Zeolith:

Dosierung 2x 5 g/Tag; untersucht wurden:
ALAT = Alaninaminotransferase   GGT = Gamma-Glutamyltranferase
ASAT = Aspartataminotransferase

Therapietage	Transferasen im Blutserum			
	Gruppe	ALAT E/l	ASAT E/l	GGT E/l
vor Therapie	mit Zeolith	16,5 ± 1,5	32,4 ± 4,9	42,6 ± 4,5
4. Therapietag	ohne Zeolith	17,2 ± 1,3	34,2 ± 5,1	43,2 ± 3,8
	mit Zeolith	12,2 ± 1,2	22,1 ± 2,8	20,3 ± 1,8
7. Therapietag	ohne Zeolith	15,1 ± 2,1	25,2 ± 3,6	36,7 ± 2,4
	mit Zeolith	10,1 ± 1,2	20,3 ± 3,7	21,1 ± 2,2
10. Therapietag	ohne Zeolith	14,3 ± 1,3	24,8 ± 3,4	34,3 ± 3,1
	mit Zeolith	10,0 ± 1,3	19,6 ± 2,7	19,6 ± 1,7
	ohne Zeolith	12,2 ± 1,2	23,4 ± 3,2	30,8 ± 2,4

16.16 Verbesserung des psychischen Status durch Natur-Klinoptilolith-Zeolith

An 42 Personen, die 40 Tage lang täglich 900 mg Natur-Klinoptilolith-Zeolith per oral einnahmen (16-79, Median 64 Jahre), wurden nach Befragung (Fragebogen) folgende Ergebnisse festgestellt:

Als dominant verbesserte Funktionen wurden angegeben:
- Motivation   90,5 %
- körperliche Leistungsfähigkeit   85,7 %
- Stressbewältigung   70,9 %
- geistige Leistungsfähigkeit   62,0 %
- Leistungsausdauer   83,3 %
- Stimmungsaufhellung   80,9 %

Diese Ergebnisse stehen in Übereinstimmung mit denen von Khasnulin et al. [1999], Novizkaya [1999] sowie Pavlova und Zaizev [1999], die unter verschiedenen Bedingungen und Aspekten das russische Natur-Klinoptilolith-Zeolith-Präparat Litovit applizierten.

> Diese Autoren beobachteten unabhängig voneinander nach Applikation dieses Naturminerals vor allem Stimmungsaufhellung (auch bei depressiver Reaktionslage), Erhöhung der Leistungsdauer, Steigerung der geistigen und körperlichen Leistungsfähigkeit sowie den besseren Umgang mit Stressproblemen und Konflikten.

Von den meisten dieser 42 Personen wurde uns berichtet, dass sie während der Einnahme von Natur-Klinoptilolith-Zeolith weniger infektanfällig waren. Außerdem berichtete uns ein großer Teil der Personen, dass sie während der Einnahme dieses Minerals besser mit Stress umgehen konnten.

Diese Ergebnisse sind nicht repräsentativ und auch nicht solche einer Studie. Die Sammlung der Ergebnisse erfolgte zufällig. Dennoch geben diese Ergebnisse eine Orientierung der Wirkung von Natur-Klinoptilolith-Zeolith auf das allgemeine Befinden und auf die Leistungsfähigkeit und Grundlage für eine Studie.

16.17 Litovit (Klinoptilolith-Zeolith) gegen Maladaptation an extreme Lebensbedingungen („Polarkoller")

Arbeiten und Leben unter extremen Bedingungen verursacht chronischen emotionellen Stress mit Störungen des vegetativ-hormonell-immunologischen Funktionssystems *[Lindsley 1951; Hecht und Chananaschwili 1984]* mit möglichen Erkrankungen als Folge, z. B. des Herz-Kreislauf-, des Verdauungs-, Atmungs-, hormonellen und Immunsystems. Derartige Störungen wurden auch bei Mitgliedern von Expeditionen in die Arktis und Antarktis sowie bei deutschen Soldaten, die während des Zweiten Weltkriegs in Gebieten nördlich des Polarkreises eingesetzt waren, beobachtet. Da diese emotionellen Stresserscheinungen auch psychische Veränderungen zur Folge hatten, erhielten sie die Bezeichnung „Polarkoller". Der Fachausdruck dafür ist Maladaptation oder Dysadaption an extreme Bedingungen. Während der Zeit der UdSSR wurden derartige Erscheinungen auch bei der Besiedelung und Industrialisierung von Nordsibirischen Gebieten Russlands beobachtet. Kaznatčeyev und Skorin [1981], die die Anpassung von Menschen bei der Besiedelung Nordsibiriens untersuchten, stellten fest, dass in den ersten sechs Monaten bis drei Jahre bei 70 % der Neuangesiedelten verschiedene Veränderungen psychischer, physiologischer und biochemischer Funktion chronischer Natur auftraten. Diese 70 % der Ansiedler mussten auf Grund dessen wieder ausgesiedelt werden. Damals wusste man noch wenig von der biogenen Wirkung des Zeoliths.

Khasnulin et al. [1999] untersuchten nunmehr maladaptive Zustände bei Arbeitern, die in einem nordsibirischen Gebiet einen Tunnel zu bauen hatten und stellten fest, dass nach mehrmonatigem Aufenthalt in diesem Gebiet ein großer Teil von ihnen Veränderungen ihres Gesundheitszustands aufwiesen. Daraufhin wurde diesen maladaptiven Arbeitern das Natur-Klinoptilolith-Zeolith-Präparat „Litovit" (5 g täglich) über die Dauer von mindestens vier Wochen verabreicht. „Litovit" bewirkte, dass sich

der emotionelle Stress um	64 %
Herzkreislaufbeschwerden um	10 %
Erkrankungen der Atemorgane um	44 %
Erkrankungen des Verdauungssystems um	26 %
Erkrankungen der Leber um	13 %
Erkrankungen des Urogenitalsystems um	27 %
Erkrankungen des endokrinen Systems um	25 %
Erkrankungen des Immunsystems um	58 %

verminderten. Die Autoren vertreten die Auffassung, dass der Natur-Klinoptilolith den negativen emotionellen Stress reduzieren kann und damit auch die verschiedenen Erkrankungen, die infolge stressbedingter maladaptiver Zustände auftreten.

16.18 Natur-Klinoptilolith-Zeolith-Applikationen an Patienten mit asthenoneurotischem Syndrom

22 Patienten erhielten für die Dauer von einem Monat täglich bis 2x5 g „Litovit", das russische Natur-Klinoptilolith-Zeolith-Präparat *[Pavlova und Zaizev 1999]*.

Bereits nach 5-7 Tagen traten positive Effekte ein: 20 Patienten stellten die Steigerung des allgemeinen Tonus und der Stimmung fest. Innerhalb von 10-14 Tagen erhöhte sich die Arbeitsfähigkeit und normalisierte sich der Schlaf (schnelles Einschlafen, ein tieferer Schlaf). Nach 30 Tagen vermerkten 20 Patienten (91 %) die Erhöhung der Toleranz zur physischen und emotionellen Belastung und eine verminderte Wetterempfindlichkeit. Während der Kur wurden keine anderen Präparate verabreicht. Unerwünschte Nebenwirkungen traten nicht auf.

16.19 Natur-Klinoptilolith-Zeolith fördert das Einschlafen und die Erholsamkeit des Schlafs

Shatkin et al. [1999] testeten 30 23-24-jährige Studenten während eines zweiwöchigen Abschlussexamens in einer prä-post-Vergleichsuntersuchung. Die jungen Männer erhielten vom zweiten Tag der Prüfung an täglich 2x2,5 g „Litovit" während der gesamten Prüfungszeit. Zu Beginn der Untersuchung gaben alle Studenten Einschlafprobleme und eine mangelnde Erholsamkeit des Schlafs an.

> Vier Tage nach Beginn der Einnahme von „Litovit" berichteten 73 % über ein normales Einschlafen und 66,6 % über einen erholsamen Schlaf mit frischem Erwachen. Die Leistung in der Prüfung zeichnete sich durch immer bessere Noten aus. Dieser Effekt wurde zum Teil auf einen erholsamen Schlaf zurückgeführt.

Novizkaya [1999] verabreichte 36 Jugendlichen, die an einer im Frühjahr und Herbst typischen sibirischen chronischen Erkrankung litten, die durch Tagesmüdigkeit und –erschöpfung charakterisiert ist, 1x täglich 4 g „Litovit".

> Nach zehn Tagen „Litovit"-Applikation hatte sich bei den 35 eine wesentliche Verbesserung der Schlafqualität in der Nacht und Reduzierung der Müdigkeit sowie eine Leistungssteigerung am Tage eingestellt.

85 Jugendliche, die kein „Litovit", jedoch eine klassische Therapie der Erkrankung erhielten, zeigten diese Verbesserung der Symptomatik zu diesem Zeitpunkt nicht.

Pavlova und Saizev [1999] untersuchten 22 erwachsene Patienten, die infolge sozialer Stressoren chronisch-neurotische Dysfunktion sowie somatoforme Depressionen und Schlafstörungen auswiesen. Sie applizierten diesen Patienten 2x5 g „Litovit" täglich über die Dauer eines Monats.

> Am Ende der Kur hatte sich bei 20 Patienten der Zustand verbessert, sie konnten besser mit dem sozialen Stressor umgehen und berichteten über eine erhebliche Verbesserung ihres Schlafs.

Nikolajev [1999] berichtet über die Anwendung von „Litovit" bei Alkoholikern während der Entziehungskur, die sich vor der Kur in depressiver Stimmung befanden und an Schlafstörungen litten.

> Vom vierten Tag der Therapie mit Litovit an reduzierte sich die depressive Stimmung und die Erholsamkeit des Schlaf verbesserte sich.

Die Vergleichsgruppe, die mit der üblichen Komplextherapie behandelt wurde, zeigte diese Verbesserung ihres Schlafs zu diesem frühen Zeitpunkt der Behandlung nicht. Die „Litovit" behandelten Patienten konnten bis zu acht Tage früher aus der Klinik entlassen werden als die nicht mit „Litovit" therapierten.

Diese bisher wenig beachtete Therapie der Schlafstörungen mit Naturmineralien fand aktuell durch einen Artikel von Linardakis [2004] mit der Überschrift „Vitamins and minerals can improve sleep" in der USA-Zeitschrift Sleep and Health eine Bestätigung. Als Minerale werden vor allem Magnesium und Calcium, als Vitamine besonders solche aus dem B-Komplex genannt.

Der Autor (K. Hecht) hat jahrelange Erfahrungen mit der Applikation von Magnesium bei Patienten mit stressinduzierten Schlafstörungen (noch unveröffentlicht).

Mineralien als Basistherapie sollten in Zukunft bei chronischen Schlafstörungen oder schon zur Sicherung eines erholsamen Schlafs eingesetzt werden: Natur-Klinoptilolith-Zeolith sowie Montmorillonit kombiniert mit Vitaminen und Glyzin könnten hierbei sehr hilfreich sein.

16.20 Ausleitung von Übermengen an Schadstoffen

Reihenuntersuchungen an Schülern in einer kinderärztlichen Praxis der Stadt Tshelyabinsk (Russland, Sibirien) ergab, dass bei 16 % der Untersuchten erhöhte, zum Teil hohe Werte von Cd, Cu, Cr, Ni und Pb festgestellt wurden. Eine vierwöchige Applikation von Natur-Klinoptilolith-Zeolith („Litovit"), täglich 3-5 g, bewirkte die Ausleitung der Schadstoffe. Das wurde durch zwei aufeinander folgende Kontrolluntersuchungen nach der 4-wöchigen Applikation nachgewiesen *[Shakov 1999; Roninson et al. 1999]*.

Über die Ausleitung von Pb-belasteten Bergarbeitern berichten Veretenina et al. [2003]. Einer Gruppe von diesen Bergarbeitern wurden fünf Wochen lang täglich 5 g Natur-Klinoptilolith-Zeolith auf freiwilliger Basis verabreicht, die anderen blieben zunächst unbehandelt. Die behandelten Bergarbeiter waren nach fünfwöchiger Behandlung mit Natur-Klinoptilolith-Zeolith („Litovit") „sauber" (siehe Abbildung 16-2).

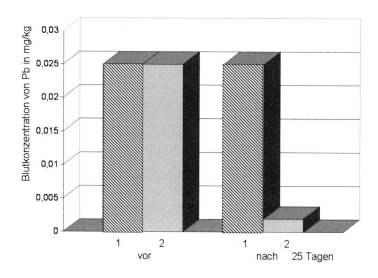

Abbildung 16-2:
Schadstoffbelastete Bergarbeiter mit erhöhtem Gehalt von Pb im Blut [nach Veretenina et al. 2003]
Gruppe 1: Ohne Natur-Klinoptilolith-Zeolith
Gruppe 2: Therapie mit Natur-Klinoptilolith-Zeolith, täglich 5 g vor der Behandlung und 25 Tage nach täglich appliziertem Natur-Klinoptilolith-Zeolith

16.21 Natur-Klinoptilolith-Zeolith bei Anämie-Patienten

Pavlova und Zaisev [1999] berichteten über Untersuchungen an Frauen mit Anämie. Die in einer Poliklinik behandelten Frauen (n=22) erhielten zusätzlich zur üblichen Therapie täglich Natur-Klinoptilolith-Zeolith. Bei den Patientinnen mit Zeolithbehandlung betrug das Ausgangsniveau von Hämoglobin 90-100 g/l – 1. Grad der Anämie. Zeolith 5,0 g zweimal pro Tag (mit Unterbrechungen) zusammen mit erhöhtem Gehalt von Eiweiß in der Ernährung. Analyse der Befunde in der Dynamik: Bedeutende Besserung der Hämoglobinwerte im Hämogramm. Bei 16 Frauen (84 %) erreichten die Werte 120-125 g/l, praktisch Normwerte, das Niveau des Serumseisens nach der Behandlung betrug 8,8-8,9 μmol/l. Hämodynamische Störungen, Blutdruck- oder EKG-Veränderungen sind aber nicht festgestellt worden *[Pavlova und Zaizev 1999]*.

Veretenina et al. [2003] berichten über ähnliche Behandlungserfolge bei anämischen Frauen, die am Anämie-Syndrom litten. Die Ergebnisse nach 25-tägiger Natur-Klinoptilolith-Zeolith-Applikation sind in Abbildung 16-3 dargestellt.

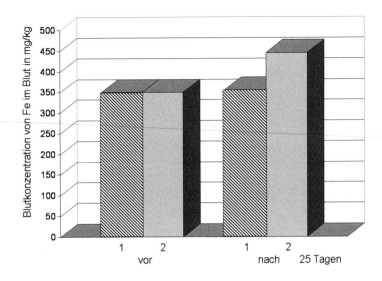

Abbildung 16-3:
Eisengehalt im Blut von anämischen Frauen [nach Veretenina et al. 2003]
Gruppe 1: Mit klassischer Therapie (n=32)
Gruppe 2: Mit klassischer und Natur-Klinoptilolith-Zeolith- („Litovit") Therapie nach 25-tägiger Applikation (n=32)

16.22 Kann Klinoptilolith-Zeolith auch an Kinder verabreicht werden?

Mirianova [1999a und b] berichtet über die Anwendung von Klinoptilolith-Zeolith bei Kindern vom 1. Lebensjahr an und zwar bei folgenden Indikationen:
- Erkrankungen des Verdauungssystems (akute und chronische)
- Zur Verhinderung der Chronifizierung bestimmter Erkrankungen bei Kindern
- Allgemeiner schlechter Gesundheitszustand des Kinds
- Erkrankungen der Atemwege
- Kinderdiabetes

Abdominale Beschwerden (Beispiel): Klinoptilolith-Zeolith bewirkte bei Erkrankungen des Verdauungssystems und abdominalem Schmerzsyndrom in 44 % der Fälle Steigerung des Appetits, Verminderung der dyspeptischen Beschwerden, wie Erbrechen, Sodbrennen, Aufstoßen, Bitterkeitsgeschmack in 68 % der Fälle, Normalisierung des Stuhls (71 %), Verminderung der asthenischen Beschwerden (84 %). (Siehe Tabelle 16-2 und Tabelle 16-3).

In diesem Zusammenhang soll erwähnt werden, dass bei der Geburt eines Kindes ein hoher Gehalt an SiO_2 in der Nabelschnur und im Gehirn vorhanden ist. Die Sicherung dieses hohen Gehalts an SiO_2 bei der Geburt kann durch Einnahme von Natur-Klinoptilolith-Zeolith und/oder Montmorillonit durch die Mutter (Schwangere) gewährleistet werden *[Mirinova 1999a und b].*

16.23 Kann Klinoptilolith-Zeolith von Schwangeren eingenommen werden?

Wenn eine Frau schwanger wird, tritt bei ihr ein Defizit an Mineralien auf, weil sie diese an den Fötus abgibt. Brüchigkeit der Haare, Zerstörung des Knochengewebes usw. treten auf, wenn die ungenügende Menge an Mineralien durch die Nahrung zugeführt wird. Außerdem werden vom Fötus an den mütterlichen Organismus Stoffwechselprodukte abgegeben, die gegebenenfalls zur Toxikose bei der Mutter führen können, besonders dann, wenn sie ein Defizit an Mineralien ausweist.

Klinoptilolith-Zeolith enthält Mikro- und Makroelemente, die den erhöhten Bedarf an Mineralien der Mutter decken. Außerdem hat Klinoptilolith-Zeolith adsorptionsfördernde und Ionaustausch-Eigenschaften und sorgt für das Ausführen der Stoffwechselendprodukte des Embryos. Klinoptilolith-Zeolith verhindert auch Spontanaborte bei der Schwangeren, indem der Tonus der glatten Muskulatur ausgeglichen wird, z. B. der der Uterusmuskulatur *[Mironova 1999].*

Wenn keine Schwangerschaftskomplikationen vorliegen, sollte die Schwangere regelmäßig Natur-Klinoptilolith-Zeolith, möglichst in Kombination mit Montmorillonit sowie mit den Vitaminen A, C und E einnehmen. Auch die Zufuhr von Aminosäuren ist notwendig. Am günstigsten ist die Einnahme von Spirulina platensis, die Blaualge, die alle Aminosäuren in natürlicher Zusammensetzung enthält. Die Spirulina platensis regeneriert sich immer evolutionär und zeigt selbst nie Degenerationserscheinungen.

16.24 Wie kann Klinoptilolith-Zeolith dem älteren Menschen helfen?

Für den älteren Menschen ist es wichtig, dass der altersbedingt ausgeprägte Siliziummangel ausgeglichen wird. 80 % der Weltbevölkerung soll am Siliziummangel leiden *[Romanov 2000]*, besonders aber der ältere Mensch.

Natur-Klinoptilolith-Zeolith vermag diesen Mangel, wenn er noch nicht zu weit fortgeschritten ist und wenn gleichzeitig auch ausreichend Flüssigkeit zugeführt wird, zu kompensieren. Über Erfahrungen des effektiven Einsatzes von Natur-Klinoptilolith-Zeolith-Präparaten bei Al-

terskrankheiten berichtet u. a. Romanov [2000]. Dabei werden folgende Krankheiten angeführt, die zumindest durch Klinoptilolith-Zeolith-Einnahme gemildert worden sind:
- Arteriosklerose
- Dysfunktionen der Verdauung
- Gelenk- und Knochenkrankheiten
- Gestörte Resistenz gegenüber Infektionskrankheiten
- Arterielle Hypertonie
- Diabetes mellitus
- Schlafstörungen
- Depressive Stimmung und chronische Müdigkeit

Natur-Klinoptilolith-Zeolith kann aber auch die Gesundheit und Lebensqualität älterer Menschen erhalten bzw. fördern. Das ist vor allem auch auf die Funktion des Natur-Klinoptilolith-Zeolith als Donator von kolloidalem SiO_2 zurückzuführen. Kombinationen mit Montmorillonit sowie mit den Vitaminen A, C und E und Spirulina platensis als Aminosäuredonator sind für eine optimale Effektivität zu empfehlen.

16.25 Was bewirkt Klinoptilolith-Zeolith als präventives Mittel?

Es können folgende Indikationen vorgeschlagen werden:
- Zur Steigerung der körperlichen und geistigen Leistung
- Zur Erhöhung der Motivation
- Zur Aufhellung der Stimmung
- Zur besseren Bewältigung von Disstress
- Zum Schutz gegen grippale Infekte (Steigerung der Aktivität des Immunsystems)
- Zur Unterstützung der Regulation der Mineralienhomöostase bei beginnenden Mineralmangelerscheinungen [Romanov 2000] (siehe auch 16.12)

16.26 Welche unerwünschten Nebenwirkungen hat Natur-Klinoptilolith-Zeolith?

Unter den Bedingungen, dass
- die Natur-Klinoptilolith-Zeolith-Präparate den vorgegebenen Rezepturen entsprechen,
- die staatlich geforderten Testuntersuchungen Ergebnisse erbringen, welche die entsprechenden Kriterien erfüllen,
- der Natur-Klinoptilolith-Zeolith von hoher Qualität ist und
- der vorgegebenen Körnigkeit entspricht,
- die empfohlene Dosierung und Applikationsform eingehalten werden,

wurden bisher, wie aus zahlreichen Untersuchungen hervorgeht, keine unerwünschten Nebenwirkungen beobachtet, so dass ohne Bedenken diese Mineralzubereitungen in adäquater Dosierung auch an Kinder und Schwangere verabreicht werden können *[Mayanskaya 2003; N.P.F. Nov 2002; Bgatova und Novoselov 2000; Blagitko und Yashina 2000; Blagitko et al. 2000; Mayanskaya und Novoselov 2000; Sherina und Novoselov 2000; Garazev et al. 2000; Nikolajev und Mayanskiy 1997]*. *Auch in der Tierzucht wurden keine unerwünschten Nebenwirkungen, selbst bei langzeitiger Applikationsdauer von Natur-Klinoptilolith-Zeolith, beobachtet [Bilduyeva 2001; Bogoljubova 2001; Gamsajev 2001; Račikov 1999; Yakimov 1998; Castro und Elias 1977; Dion und Carew 1984; Galindo et al. 1982; Willis 1982; Hooge 1981; Nakaue und Koelliker 1981; Mumpton und Fishman 1977; Han et al. 1976, 1975; Buto 1967; Morita 1967]*.

16.27 Klinoptilolith-Zeolith-Therapieeffekte bei Pilzbefall

Die Wirkung von SiO_2 bei verschiedenen Pilzkrankheiten ist seit langem bekannt. Frau Renate Bourbeck, Heilpraktikerin in 83253 Rimsting, welche Pilzbehandlung nach Prof. Dr. Enderlein durchführt und zusätzlich die Naturmineralien anwendete, untersuchte mit der Blut-Dunkelfeldmikroskopie die Wirkung der Natur-Klinoptilolith-Zeolith-Rezepturen „Sanofit" und „RelaxSan" nach K. Hecht bei Patienten mit Pilzbefall.

Frau Renate Bourbeck entsprach unserer Bitte, einige Fotos ihrer Blutuntersuchungen mit der Dunkelfeldmikroskopie zur Veröffentlichung in diesem Buch zur Verfügung zu stellen, wofür wir ihr zu großem Dank verbunden sind. Nachfolgend werden einige dieser Fotos als Fallbeschreibungen dargestellt.

16.27.1 Wirkung der Natur-Klinoptilolith-Zeolith-Rezeptur „RelaxSan" (nach K. Hecht) bei Candidabefall des Darms

Links: Typische „Geldrollenanordnung der verklumpten roten Blutkörperchen" der Candida- und Mucorracemosuspilze im Blutbild vor der Behandlung.

Rechts: Nach der Zugabe von aufgelöstem „RelaxSan" wurden die „Geldrollen" aufgelöst und die Säure wurde im Blut neutralisiert.

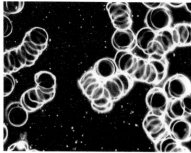
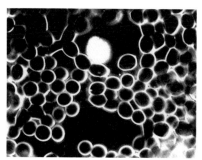

vorher   nachher mit Relaxan

16.27.2 Neurodermitis und Pilzbefall

16.27.2.1 Erste Befunderhebung am 03.06.2004

Der Patient hatte seit 47 Jahren Neurodermitis.
Links: Erste Befunderhebung bei Vorstellung des Patiente Frau Renate Bourbeck am 03.06.2004. Blutbild zeigt Verklumpung.
Rechts: Das Blutbild 20 Sekunden nach Zugabe eines Tropfens mit „RelaxSan". Die Verklumpung löst sich. Die milchigen Stellen reflektieren die Ausfällung von Säure im Darm (Neutralisierung der Übersäuerung).

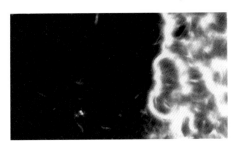
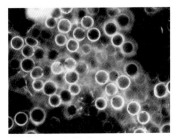

vorher   nachher mit Relaxan

16.27.2.2 25.06.2004

Nach drei Wochen Pilzbehandlung nach Prof. Dr. Enderlein, davon die letzten zwei Wochen mit 3x2 Tabletten „RelaxSan" zusätzlich.
Links: Besserung im Blutbild.
Rechts: Zwei Minuten nach Zusatz von „RelaxSan" zu dem Bluttropfen. Völlige Normalisierung des Blutbilds und Neutralisierung der Übersäuerung.

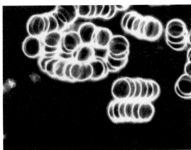
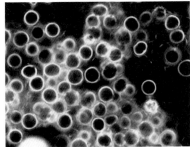

vorher   nachher mit Relaxan

16.27.3 Behandlung mit „RelaxSan N"

(Rezeptur nach K. Hecht: Montmorillonit + Natur-Klinoptilolith-Zeolith)
Links: Ausgang
Rechts: Nach der Zusetzung von einem Tropfen „RelaxSan N" zum Blut: Auflösung der „Geldrollen" und Neutralisierung der Übersäuerung

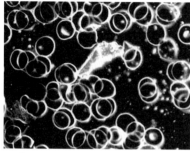 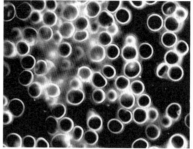

vorher   nachher mit Relaxan

16.27.4 Behandlung mir „RelaxSan N"

(Rezeptur nach K. Hecht) Montmorillonit mit Natur-Klinoptilolith-Zeolith.
Oben: Ausgang
Unten: 1,5 Minuten nach Zugabe von „Relaxsan N" zu dem Bluttropfen. Die weißen Flecken reflektieren Säureausfällungen = Neutralisierung der Übersäuerung

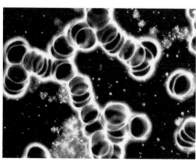 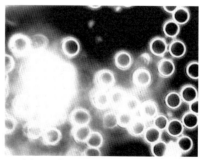

vorher   nachher mit Relaxan

16.27.5 Behandlung mit „Sanofit" (Rezeptur nach K. Hecht)

Candida-„Geldrollen"
Oben: Ausgang
Unten: 2,5 Minuten nach Sanofitzugabe. Völlige Wiederherstellung des Blutbilds und Ausfällung von Säure.

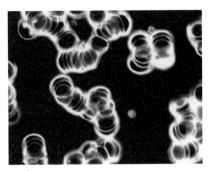 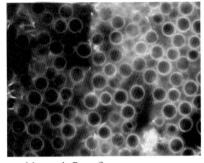

vorher　　　　　　　　　　　nachher mit Sanofit

16.28 Abschlussstellungnahme zu diesem Kapitel

Die hier vorgelegten Untersuchungsergebnisse stellen nur einen kleinen Ausschnitt (sozusagen die Spitze des Eisbergs) der bisherigen Erfahrungen mit Natur-Klinoptilolith-Zeolith und Montmorillonit in der medizinischen Praxis dar. Es liegen also noch viel mehr Befunde vor und täglich werden neue gewonnen.

> Abschließend soll noch erwähnt werden, dass gegenwärtig in 44 großen Kliniken und Instituten Russlands „Litovit", das russische Klinoptilolith-Zeolith-Präparat, erprobt bzw. angewendet wird [Veretenina et al. 2003].

17 Zur Ausleitung von Radionukliden mit Hilfe von Natur-Klinoptilolith-Zeolith

17.1 Natur-Klinoptilolith-Zeolith bei Tschernobyl-Strahlengeschädigten

Die bisher größte Atomreaktorkatastrophe 1984 in Tschernobyl (Ukraine), die sehr viele „Strahlenkrankheitsopfer" gefordert hat und im Ausmaß nahezu ähnlich ist, wie die Folgen des Atombombenabwurfs der USA-Luftstreitkräfte 1945 in den japanischen Städten Hiroshima und Nagasaki, hat zum Einsatz des Adsorbens und Ionenaustauschers Natur-Klinoptilolith-Zeolith als Therapeutikum und bei den Rettungsmannschaften als Prophylaktikum geführt. Dieses Naturgestein wurde nicht nur als unmittelbar helfendes Mittel für die Strahlenerkrankten verwendet, sondern gab auch Anregung für entsprechende Forschungsprojekte *[Veretenina et al. 2003; Bgatova und Novoselov 2000].*

Nur am Rande sei erwähnt, dass unmittelbar nach der Tschernobylkatastrophe auch japanische Ärzte und Wissenschaftler Zeolith als Therapeutikum aus ihrem Lande sowie Erfahrungen, die bei der Behandlung von Erkrankten der Folgewirkungen des Atombombenabwurfs gesammelt worden sind, in die Ukraine mitbrachten.

Umfangreiche Forschungen in jüngerer Zeit (seit der Tschernobylkatastrophe) wurden in der sibirischen Filiale der Russischen Akademie der medizinischen Wissenschaften in Novosibirsk durchgeführt *[Veretenina et al. 2003; Bgatova und Novoselov 2000].*

Strahlenkrankheit drückt sich in vielen Symptomen aus, z. B.
- in schweren psychoemotionellen und neurophysiologischen Störungen
- im asthenischen vegetativen Syndrom, oft als Schwelleneffekt bezeichnet, weil zunächst nur funktionelle Störungen wie Erschöpftsein, Motivationsarmut, Appetitlosigkeit, depressive Verstimmungen usw. auftreten
- als Strahlungsverbrennungen
- als Strahlungskatarakt
- Unfruchtbarkeit
- bösartige Geschwulste und Leukämie
- Genschädigungen *[Bgatova und Novoselov 2000; Tsherbo und Zeldin 1998; Vasilenko 1992; Kiselev 1960]*

17.2 Natur-Klinoptilolith-Zeolith wirkt am effektivsten als Prophylaktikum

Zusammenfassend lassen sich nach dem heutigen Erkenntnisstand auf der Grundlage zahlreicher wissenschaftlicher Arbeiten für die Behandlung der „Strahlenerkrankungen" mit Natur-Klinoptilolith-Zeolith *[Bgatova und Novoselov 2000; Tsherbo und Zeldin 1998; Volkova 1998; Vasilenko 1992; Moskalev 1991; Pinčnk et al. 1991; Kuzin und Kolylov 1983; Kiselev 1960]* folgende Aussagen treffen:
- Natur-Klinoptilolith-Zeolith erwies sich als ein nützliches Mittel zum vorbeugenden Schutz gegen Strahlungen, besonders dann, wenn es mit anderen Naturmitteln, z. B. Spirulina platensis und Laminaria und / oder mit Vitaminkomplexen in der Zusammenstellung Vitamin A, B, C oder A, C, E, appliziert wurde.
- Bei den Strahlungsgeschädigten Tschernobylopfern erwies sich als Therapeutikum der Natur-Klinoptilolith-Zeolith in Kombination mit dem Vitaminkomplexen A, C, E oder A, B, C als Erfolg versprechend.
- Bei der Ausleitung von radioaktivem Strontium 96 und Cäsium 137 erwies sich der Komplex Natur-Klinoptilolith-Zeolith mit Blaualgen (Spirulina platensis) oder Laminaria als effektiv (siehe Kapitel 22).

Wichtig für die Ausleitung von Cäsium 137 und Strontium 96 ist der sehr frühe Beginn des Einsatzes von Natur-Klinoptilolith-Zeolith mit den entsprechenden Kombinationsmitteln.

- Möglichst soll die Ausleitung in den ersten zehn Tagen nach dem Strahlungseinfluss erfolgen.
- Bezüglich der Effektivität der Behandlung von Strahlenkranken mit Natur-Klinoptilolith-Zeolith ist die Art der Bestrahlung zu beachten.

Leichter ließen sich primär entstandene (durch direkte Strahlung) Strahlenschäden therapeutisch mittels Zeolith bewältigen, wobei die Therapie (Ausleitung) umso effektiver war, je früher sie nach der Bestrahlung einsetzte.

Größere Therapieschwierigkeiten gibt es, wenn z. B. das Cäsium 137 über die Nahrung (z. B. Blattgemüse, Wurzelgemüse, Obst, Milch, Eier, Fleisch) in den menschlichen oder tierischen Organismus gelangte.

Wenn es nicht gelingt, innerhalb der ersten zehn Tage die Ausleitung zu besorgen, wird eine Therapie der endogenen Bestrahlung immer schwieriger *[Veretenina et al. 2003; Bgatova und Novoselov 2000; Volkova 1998; Korotaev et al. 1992; Moskalev 1991; Pinčuk et al. 1991; Baraboy et al. 1991; Popov et al. 1990; Kuzin und Kolylov 1983]*.

Von den genannten Autoren vertraten die meisten die Auffassung, dass der beste Schutz gegen Strahlenkrankheit die Dauereinnahme von Natur-Klinoptilolith-Zeolith in Kombination mit Vitaminen und anderen Naturwirkstoffen ist, weil man heute nicht weiß, wie eventuell Obst und Gemüse, aber auch Tierprodukte durch Radionuklide verseucht sind.

17.3 Warum sind Radionuklide für die Gesundheit gefährlicher, wenn sie mit der Nahrung in den Organismus gelangen?

17.3.1 Zu den Formen von Strahlungen

Zum besseren Verständnis möchten wir einige kurze Ausführungen zu den Formen der Strahlungen machen. In der Medizin unterscheidet man wegen verschiedener Energieübertragung auf das Gewebe (biologische Strahlenwirkung) in ionisierende und nichtionisierende Strahlung.

Nichtionisierende Strahlung. Das ist langwellige elektromagnetische Strahlung von 1 Hertz bis zu den Wellenlängen des sichtbaren Lichts (einschließlich). Hierzu gehören die Rundfunk-, Fernseh-, Mobilfunkwellen, aber auch jene der Thermographie, des Ultraschalls, der Kernspintomographie, der Hochspannungsleitungen und der Mikrowellentechnik.

Ionisierende Strahlung. Darunter versteht man elektromagnetische bzw. Korpuskelstrahlung, deren Energiereichtum beim Durchgang durch lebendes Gewebe eine Ionisierung der Moleküle bewirkt. Hierzu gehören z. B. die Radionuklide Cäsium 137 und Strontium 96.

17.3.2 Zur Wirkung der primären (direkten) Strahlung von Cäsium 137

Wie aus entsprechenden Untersuchungen hervorgeht *[Übersicht bei Bgatova und Novoselov 2000]*, laufen bei direkter Bestrahlung mit Cäsium 137 ganz andere pathogenetische Prozesse ab, als bei der Zuführung über Nahrungsmittel. Zunächst sollen die pathogenetischen Mechanismen und Vorgänge bei direkter Strahlungswirkung kurz skizziert werden, wobei vorwiegend auf Cäsium 137 Bezug genommen wird, weil dieses bei der Tschernobylkatastrophe die Hauptrolle gespielt hat. Cäsium 137 als chemische Analoger des Kaliums verdrängt dieses Element aus allen Stoffwechselprozessen. Strontium 90 bewirkt das gleiche mit Kalzium.

- Die Wirkung von Cäsium 137 ist abhängig
  - von der Überwindung des Molekularsiebes in der extrazellulären Matrix
  - von der Geschwindigkeit des Cäsiums in der Zelle
  - von der Geschwindigkeit des Zerfalls des Radionuklids
  - von der Geschwindigkeit, mit der das Cäsium wieder aus der Niere ausgeschieden wird
- Auch der Zustand der Grundsubstanz der extrazellulären Matrix kann für das Ausmaß der Cäsium 137-Strahlung bestimmend sein. Bei einem intakten Mineralstoffwechsel (wer hat heute noch einen solchen?) ist womöglich mit einer Abschwächung zu rechnen.

- Von großer Bedeutung ist die Sensibilität der Fibroblasten für das Ausmaß der Strahlungseffekte.

Die Fibroblasten sind für die Bildung des Kollagens, der Struktur- und Vernetzungsproteine in der extrazellulären Matrix verantwortlich. Dazu muss man wissen, dass die Peptidketten, die die Primärstruktur des Kollagens bilden, mindestens 19 Kollagenvarianten zulassen, die man im Bindegewebe finden kann. Diese Peptidketten, die reich an Glyzin, Prolin-, Glutamin-, Alanin- und Arginin-Aminosäuren sind, sind durch Hydroxilierung der Prolin- und Lysinreste und durch Glykolisierung einiger Hydroxylysinreste zu modifizieren. Auch strahlungsbedingte Dehydratation ist zur Auslösung derartiger Modifikationen fähig.

Bereits der Ausfall einer der 19 Varianten der Kollagenbildungen kann zu Verschiebungen der Funktionen der extrazellulären Matrix führen. Wie wir bereits in den Kapiteln 5 und 6 beschrieben haben, gehen noch weitaus mehr derartige Prozesse in der extrazellulären Matrix vonstatten.

Erwähnenswert sind noch die Stressproteine, die in der Abwehrreaktion innerhalb des unspezifischen Immunsystems der extrazellulären Matrix eine wichtige Rolle spielen. Sie reagieren auf plötzliche Einwirkungen und auf die damit verbundenen Milieuveränderungen der Grundsubstanz der extrazellulären Matrix, z. B. bei Temperaturerhöhung (über 40°C Fieber), bei Hitzeschock, bei Lärm, auf psychoemotionellen Stress, d. h. grundsätzlich bei allen Stressarten, die mit einer Überflutung der extrazellulären Matrix mit Cortisol, Endorphinen und Adrenalin einhergehen.

Die Stressproteine werden in Hitzeschockproteine (hsp) und glukoseregulierte Proteine (grp) unterteilt. Wie wir erwähnt haben, sind sie in der unspezifischen Immunabwehrreaktion von Bedeutung, z. B. bei der Antigenpräsentation, Zellprofileration, Proteintranslokation und bei Auslösung bei der Autoimmunkrankheit.

Die vorangegangenen Ausführungen hielten wir für notwendig, um das Verständnis für die Sklerotisierung und für die Verminderung der Immunabwehr bei Stress- und Strahlenwirkung zu wecken [Schlitter 1995; Heine und Heinrich 1980; Schnetzer 1969; Haus et al. 1968; Anderson 1965].

Die Sklerotisierung des Bindegewebes (extrazelluläre Matrix mit Grundsubstanz) entwickelt sich in erster Linie, weil eine Verschiebung im Verhältnis der Mucopolysaccharide (z. B. Hexoamin) zum Kollagen in der Grundsubstanz der extrazellulären Matrix entsteht. Diese Erscheinung wird als sklerotisches Voraltern bezeichnet [Schlitter 1995; Heine und Heinrich 1980; Haus et al. 1968].

Anderson [1965] fand diese Erscheinung auch bei Strahlenkranken der Hiroshima-Atombombenopfer (siehe Kapitel 5 und 6).

Es handelt sich dabei um Kollagenosen bzw. Sklerodermie. Hierbei werden eine auf die Haut bezogene Sklerodermie und eine systemische Sklerodermie unterschieden. Letztere befällt die Systeme im Organismus, die reich mit Bindegewebe ausgestattet sind.

Dazu gehören vor allem das respiratorische und Verdauungssystem, die Blutgefäße und die Glia des Nervengewebes.

Bezüglich der Reaktivität des Organismus auf primäre Radionuklidstrahlung klassifizieren Bgatova und Novoselov [2000] drei Stadien:

Erstens: Psychonervale Reaktionen verschiedenster Art: Neuroasthenie, neurovegetative Asthenie, neurotisches Syndrom, Verdauungsstörung, Herzschmerzen, Konzentrationsschwäche, Kopfschmerzen usw.

Zweitens: Symptome der Autoimmunerkrankung, rheumatische Beschwerden in Muskeln und Gelenken

Drittens: Starke körperliche Veränderungen im Sinne der Sklerotisierung und möglicher Tumorbildung. *[Bgatova und Novoselov 2000; Korotaev et al. 1992; Moskalev 1991; Popov et al. 1990; Vladimirov et al. 1989]*

Baraboy et al. [1991] weisen mit Nachdruck darauf hin, dass wegen dieser manchmal sehr rasant sich entwickelnden pathophysiologischen Veränderungen infolge des primären Strahlungseinflusses, eine Therapie unverzüglich einsetzen muss, wobei, wie oben schon erwähnt, der Komplex Zeolith, Vitamine, Mineral- und Aminosäuredonatoren am effektivsten sein kann.

17.3.3 Wirkung von mit Radionukliden verseuchten Nahrungsmitteln und Trinkwasser

Radioaktive Stoffe, die mit der Nahrung in den Organismus gelangen, werden im Körper völlig anders verarbeitet als bei direkter Strahlung.

Gammastrahlen, die beim Zerfall der Atome der radioaktiven Isotope entstehen, führen zu einer Ionisierung des Wassermoleküls. In diesem Fall geht der in biologischen Flüssigkeiten (Grundsubstanz der extrazellulären Matrix, Blut, Lymphe) befindliche molekulare Sauerstoff eine Reaktion mit Produkten der primären Radiolyse des Wassermoleküls ein. Es entstehen damit langlebige strahlende Verbindungen etwa in folgender Form:

$$H_2O > H^+ + OH + e + H_2 + H_2O_2 + H_3O^+$$

Es kommt also zur Bildung von oxydativen freien Radikalen (Peroxydalionen), die besonders aggressiv gegen Proteine, Biopolymere, Zellmembranen und subzelluläre Strukturen sind (z. B. gegen Chromosome, Organzellen und Mitochondrien) *[Bgatova und Novoselov 2000; Baraboy et al. 1991; Kuzin und Kolylov 1983]*. Durch diesen permanenten Strahlungsprozess bilden sich biologisch aktive Radiotoxine, die bedeutend stabiler sind als primäre Wasserradikale. Sie besitzen die Fähigkeit, einen sekundären Befall des Genoms und der biologischen Membranen zu verursachen.

Radiotoxine vermögen Kettenreaktionen der Oxidierung einzuleiten, die noch lange Zeit nach der endogenen Bestrahlung fortlaufen können [Bgatova und Novoselov 2000; Tscherbo und Zelden 1998; Korataev et al. 1992; Vladimirov et al. 1989; Kisilev 1960].

Die Strahlungen bei der peroralen Einnahme von Radionukliden mit der Nahrung verursachen
- Strahlungsendotoxikose
- aggressive Bildung von freien Radikalen
- Speicherung von primären und sekundären Radiotoxinen
- Hemmung der unspezifischen Immunreaktion in der extrazellulären Matrix *[Bgatova und Novoselov 2000]*
- Entwicklung von Kollagenosen

Infolge dessen werden
- systemische Sklerodermie und andere Kollagenosen *[Schlitter 1995, 1994a und b; Heine 1991, 1990; Perger 1990; Heine 1989; Pischinger 1990; Schober 1953]* mit besonderem Befall des Verdauungssystems verursacht. Dadurch wird die Resorption von Nahrungsstoffen und Medikamenten im Darm nahezu ausgeschlossen *[Bgatova und Novoselov 2000]*
- Dysbalance im vegetativen Nervensystem bis zur Regulationsstarre und zur Präcanzerose *[Schlitter 1995; Perger 1990a und b, Kellner 1979, 1977]*
- Autoimmunerkrankung
- wegen der herabgesetzten Abwehrkräfte sekundäre bakteriell ausgelöste Erkrankungen des Verdauungs-, respiratorischen, Nerven- und Herz-Kreislaufsystems *[Bgatova und Novoselov 2000; Karotaev et al. 1992]*.

Zusammenfassend kann festgestellt werden, dass bei der Aufnahme von Radionukliden mit der Nahrung oder mit dem Trinkwasser schwerwiegende gesundheitliche Schäden auftreten können und nur dann Hilfe therapeutisch möglich ist, wenn die Behandlung sofort nach der Verseuchung beginnt.

Erfolgt die Ausleitung der Radionuklide nicht innerhalb von 8-10 Tagen, ist es schwer, den progressiven pathologischen Prozess der Strahlenerkrankung therapeutisch zu beherrschen. Dennoch sollte man nichts unversucht lassen und mit Natur-Klinoptilolith-Zeolith und Montmorillonit in Kombination mit Mineralien-, Vitamin- und Aminosäuren- bzw. Peptiddonatoren zu therapieren.

Eine Behandlung der Strahlenerkrankten, besonders die mit der endogenen Form, soll mindestens 36 Tage betragen. Dabei soll eine Tagesdosis von 3-8 g reinen Natur-Klinoptilolith-Zeoliths (in Pulverform) oder eine Tagesdosis Natur-Klinoptilolith-Zeolith 2-4 g + 2-4 g Montmorilonit (in Pulverform) in ein Glas lauwarmes Wasser gegeben, verrührt und dann getrunken werden *[Blagitko und Yashina 2000]*. Mineralien-, Vitamin- und Aminosäurendonatoren werden dann im Laufe des Tages (verteilt auf verschiedene Tageszeiten) eingenommen.

Von Blagitko und Yashina [2000] wird folgendes chronotherapeutisch begründetes Zeitschema empfohlen.

1. Therapietag	07:00 Uhr
2. Therapietag	08:00 Uhr
3. Therapietag	09:00 Uhr
4. Therapietag	10:00 Uhr
5. Therapietag	11:00 Uhr
6. Therapietag	12:00 Uhr
7. Therapietag	13:00 Uhr
8. Therapietag	14:00 Uhr
9. Therapietag	15:00 Uhr
10. Therapietag	16:00 Uhr
11. Therapietag	17:00 Uhr
12. Therapietag	18:00 Uhr

Wiederholung dieses Zeitschemas an den 13.-24. und 25.-36. Therapietagen. Dieses Schema kann bei den meisten Strahlungsschädigungen unterschiedlichen Grades und unterschiedlichen „Strahlers" bei Erwachsenen angewendet werden.

Für das Ausführen von radioaktivem Jod aus der Schilddrüse empfehlen diese Autoren folgendes Therapieschema und zwar für Erwachsene und Kinder in gleicher Weise:

3 g reinen Natur-Klinoptilolith-Zeoliths (Pulverform) in ein Glas Wasser geben, verrühren und trinken. Die Einnahmezeit soll chronotherapeutisch an jedem Tag 21:00 Uhr sein. Eine Kur soll sich über 14 Tage erstrecken *[Blagitko und Yashina 2000]*.

17.4 Vorbeugender Gesundheitsschutz durch Natur-Klinoptilolith-Zeolith im „Atombombenzeitalter"

Da die Menschheit unseres Planeten infolge der Unvernunft der Politiker gegenwärtig permanent auf einer „Zeitbombe" bezüglich einer Atomreaktorkatastrophe oder, was noch schlimmer ist, bezüglich eines Nuklearkrieges sitzt, dann wäre die oben angeführte Komplextherapie ab sofort als eine permanente Prophylaxe zu empfehlen. Das ist auf jeden Fall den Militärs (Soldaten) im Auslandseinsatz zu empfehlen.

17.5 Nichtionisierende Strahlung

Biologische Wirkungen von elektromagnetischen Feldern bestehen unbestreitbar *[Becker 1994; Katalyse 1994; Neitzke et al. 1994; Becker und Marino 1962]*. Auch über Zusammenhänge zwischen elektromagnetischen Feldern und Krankheiten, besonders in Bezug auf Leukämie und Krebs *[Schreiber et al. 1993; Savitz et al. 1990; Coleman et al. 1989; Miham 1982; Wright et al. 1982]*, liegen Untersuchungsergebnisse vor. Gegenwärtig wird in der Öffentlichkeit die gesundheitsschädigende Wirkung der elektromagnetischen Felder des Handys und insbesondere der Mobilfunksendeanlagen diskutiert. Zahlreiche Studien in verschiedenen Ländern, die gewöhnlich nur kurze Untersuchungszeiten von wenigen Tagen und höchstens zwei Jahren ausweisen, erbrachten häufig keine überzeugenden Beweise für die gesundheitsschädigende Wirkung. So wird immer wieder behauptet, z. B. mindestens einmal jährlich im „Deutschen Ärzteblatt", dass bei nichtionisierender Strahlung (Handystrahlung), wenn keine thermischen Veränderungen ausgelöst werden, keine gesundheitsschädigende Wirkung nachgewiesen worden ist. Das Bundesinstitut für Telekommunikation (Mainz) beauftragte das von mir (K. Hecht) geleitete Pathologische Institut der Berliner Charité und danach das Institut für Stressforschung, Berlin, in dem ich die Funktion des medizinischen Direktors ausübte, eine Studie der russischsprachigen Fachliteratur vorzunehmen. Wir sahen insgesamt 1.500 Originalarbeiten durch und verwendeten bei der inhaltlichen Zusammenfassung der Studie *[Hecht und Balzer 1997]* 878 Literaturquellen. Nachfolgend soll stichwortartig ein Auszug aus dieser Studie vorgelegt werden. *[Aus Kurzfassungen dieser Studie von Balzer und Hecht 1999 sowie Hecht 2001, Hecht und Zappe 2001, Hecht 2002 können weitere Informationen entnommen werden]*. Untersucht wurde in der analysierten russischsprachigen einschlägigen Fachliteratur eine Einwirkungsdauer von >3 Jahren bis zu 20 Jahren (Mittelwert ca. 9 Jahre).

Als dominierende Symptomatik wird das hypoton ausgerichtete neurovegetativ-asthenische Syndrom Neurotizismus infolge der Langzeitwirkung der EMF-Wirkungen angegeben *[Besdoinaja 1987; Boyzow und Osinzewa 1984; Nikolajewa 1984; Lysina 1982; Owsjannikow 1973; Drogitschina und Stadtschikowa 1968, 1965, 1964; Osipow und Kaljada 1968; Kapitanenko 1964]*.

Objektive Befunde

Als wesentliche Symptome der Langzeitwirkungen, meistens ab dem 3. Einwirkungsjahr beginnen und mit den zunehmenden Einwirkungsjahren (häufig als Dienstjahre bezeichnet) an Intensität und Häufigkeit zunehmend, werden u. a. folgende angeführt:
- Neurasthenie, neurotische Symptome
- arterielle Hypotonie, Bradykardie oder Tachykardie

- vagotone Verschiebung des Herz-Kreislaufsystems
- EEG-Veränderungen (Zerfall des Alpha-Rhythmus bei Theta- und vereinzelt Delta-Rhythmus)
- Überfunktion der Schilddrüse
- Störung im hypothalamischen-hypophysären Nebennierenrindensystem
- Verdauungsfunktionsstörungen
- Schlafstörungen
- Verlangsamung der Sensormotorik
- Ruhetremor der Finger

Bei einer Reihe von Patienten wurden trophische Störungen, Haarausfall, Osteroporose und starke verzögerte Heilung von Geschwüren auf der Gesichtshaut festgestellt. Bei Männern: Herabsetzung der Potenz, bei Frauen: Störung des Menstruationszyklus. Nachweis des asthenovegetativen Syndroms, Neigung zur Hypotonie, Extrasystolen, Zeichen von Vagotonie, Neigung zu Spasmen der Kapillaren, Erhöhung der Retikulozytose auf 1,8 %, Tendenz zur Leukozytose (auf 10.500) oder instabile Leukopenie.

Subjektive Befunde

Die Patienten klagten über Kopfschmerzen, Erregbarkeit, Weinerlichkeit, Verringerung der Gedächtnisleistung und Aufmerksamkeitsschwund, Herzbeschwerden, Arm- und Beinbeschwerden, Schläfrigkeit während der Arbeit, Erhöhung der Müdigkeit, Verringerung des Wohlbefindens.

17.6 Auch nichtionisierende Strahlung ist als gesundheitsschädigender Faktor ernst zu nehmen

Zusammenfassend kann eingeschätzt werden, dass alle Formen der elektromagnetischen und elektrischen nichtionisierenden Strahlungen in Abhängigkeit von
- der Dauer der Einwirkung
- der individuellen Empfindlichkeit und
- der Dosierung

dominierend eine unspezifische Reaktion, wie sie von Hans Selye [1953,1936] u. a. beschrieben worden ist, auslösen, so dass die Wirkung von nichtionisierender Strahlung im Sinne eines permanenten Dysstresses aufgefasst werden muss. Hierbei ist der Zeitfaktor, d. h. die Einwirkungsdauer maßgeblich. Die pathologische Entwicklung vollzieht sich gewöhnlich innerhalb von 3-10 Jahren.

Vergleichen wir die hier vorgelegten Befunde mit denen der ionisierenden Strahlung, wie sie z. B. Bgatova und Novoselov [2000] beschrieben haben, so stimmen sie mit deren definierten Stadien im Wesentlichen überein. Es muss daher angenommen werden, dass die ionisierende Strahlung sehr schnell pathologische Wirkungen hervorruft, während dies bei der nichtionisierenden Strahlung sehr langsam und mit großer individueller Streuung vor sich gehen kann.

Es ist daher den Menschen, die in der Nähe von Sendeanlagen wohnen, Handys benutzen und anderweitig nichtionisierender Strahlung ausgesetzt sind, zu raten, Natur-Klinoptilolith-Zeolith (und Montmorillonit) in Kombination mit den oben angeführten Vitamin-, Mineralien- und Aminosäuredonatoren nach chronotherapeutisch begründeten Zeitschemata prophylaktisch einzunehmen. Zwischenzeitlich liegen auch Ergebnisse der prophylaktischen Wirkung der russischen Litovitpräparate gegen Elektrosmog vor *[Novoselova 2003]*.

17.7 Siliziumhaltige Gesteine sorgen für Regeneration der Funktion der extrazellulären Matrix

Es erhebt sich noch die Frage, wie man sich den Wirkungsmechanismus des Natur-Klinoptilolith-Zeoliths und Montmorillonits im bestrahlten Organismus vorstellt.

Wie wir zeigen konnten, ist der Hauptangriffspunkt der Strahlung die Grundsubstanz der extrazellulären Matrix. Wenn z. B. das Molekularsieb, welches aus Proteoglykanen, Glykoproteinen und Glykokalyx als Informationsträger besteht, durch die Strahlung zustört wird, dann sind die Parenchymzellen auf das Äußerste gefährdet. Durch die Zuführung von Natur-Klinoptilolith-Zeolith und SiO_2, welche eigenständig die Funktion ausüben können wie die Grundsubstanz der extrazellulären Matrix, erfolgt faktisch deren Erneuerung in Struktur und Funktionen (siehe auch Kapitel 5, 6, 10-16). Die Modellschemata in den Abbildungen 17//1 und 17/2 verdeutlichen dies *[siehe auch Hecht 2005a-d]*.

17. Zur Ausleitung von Radionukliden mit Hilfe von Natur-Klinoptilolith... 321

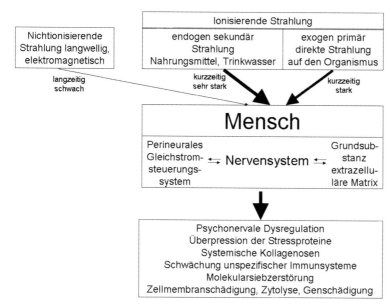

Abbildung 17-1:
Vereinfachtes Schema zur Strahlenwirkung auf den Menschen

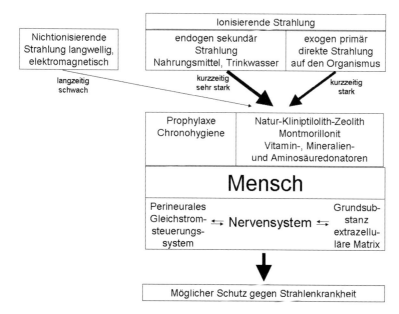

Abbildung 17-2:
Modellschema der prophylaktischen Wirkung von Naturgesteinen, Vitaminen und Aminosäuren gegen Strahlenkrankheiten

18 Onkologische Erkrankungen unter dem Aspekt der organismischen Ganzheit, der extrazellulären Matrix und der siliziumhaltigen Naturgesteine

18.1 Hat die Krebsforschung wirklich den richtigen Ansatz?

Obgleich täglich Informationen durch die Medien „geistern", dass dieses oder jenes neu entdeckte Gen geeignet ist, die onkologischen Erkrankungen erfolgreich zu bekämpfen, kann real eingeschätzt werden, dass, bis auf wenige Ausnahmen, die Medizin das Tumorgeschehen therapeutisch gegenwärtig **nicht beherrscht**. Es treten daher immer wieder Kritiker auf, die unseres Erachtens berechtigt darauf hinweisen, dass die Krebsforschung schon seit Jahrzehnten bezüglich Ätiopathogenese und Therapie einen falschen Ansatz verfolgt und daher die Bekämpfung der Tumorerkrankungen unter den derzeitigen Umständen nicht erfolgreich sein kann. Als Hauptpunkte der Kritik werden genannt:
- die Ignorierung der Ganzheitlichkeit des menschlichen Organismus
- das „Abstraktum Zelle" als Dogma
- das Dogma: „Einmal Krebszelle – immer Krebszelle"
- die partikuläre Denkweise bezüglich der Erforschung der Lebensprozesse

Bailer und Smith schrieben 1986 in ihrem Artikel „Fortschritte im Kampf gegen den Krebs", dass wir dabei sind, den Kampf zu verlieren. Sie stützten sich bei dieser Aussage auf eine gründliche statistische Analyse der Entwicklung der Häufigkeit des Auftretens von Tumorerkrankten in den USA in den Jahren 1950-1982, die zeigte, dass trotz aller Verbesserungen der Diagnostik und der Therapie der „Krebs stetig an Häufigkeit zunahm". Wenige Jahre zuvor sprach Wolsky [1978] von „der Vietnamisierung" des Kampfes gegen den Krebs.

Dabei bezog er sich auf die gigantischen Summen, die für die Krebsforschung ausgegeben worden sind, ohne dass eine spürbare Auswirkung auf die hohe Sterblichkeit durch diese Tumorkrankheit zu bemerken ist (Vergleich mit dem von den USA in Vietnam geführten und verlorenen Krieg). Diese vor ca. 20 Jahren getroffene Aussage von Wissenschaftlern hat bis zur Gegenwart an Aktualität nichts eingebüßt.

18.2 Denkanstöße seitens der Kritiker

Als Denkanstöße möchten wir nachfolgend einige Zitate von Experten, die vor allem die Ganzheitlichkeit des Menschen berechtigt verteidigen, anführen.

Friedrich Cramer [2001], ehemaliger Direktor des Max-Planck-Instituts für Experimentelle Medizin:

> „Die Wissenschaften sind heute so organisiert, dass sie das Spezialwissen fördern. Aber über Spezialwissen allein kann man keine Weisheit erlangen. Spezialwissen ist Erbsenzählerei. Natürlich muss man auch die Erbsen zählen, um etwas quantitativ erfassen zu können. Aber Weisheit kommt nur aus Gesamtschau."

> „Unsere wissenschaftliche Methodik geht auf Descartes zurück, der empfahl: Wenn ein Problem zu komplex und schwierig ist, als dass du es auf einmal erfassen und lösen kannst, so zerlege es in viele kleine Unterprobleme, die dann für sich lösbar sind. Diese Methode ist gut und richtig, solange man ein Problem oder ein System zerlegen kann, ohne seine wesentliche Eigenschaft zu zerstören. Denn man zerlegt ja in der Hoffnung, am Ende die einzelnen Teillösungen zum Mosaik des Ganzen wieder zusammensetzen zu können. Das war in der einfachen Physik von Newton bis hin zur Quantenphysik noch möglich – der Teil und das Ganze wirken zusammen. Seit wir uns dem Lebendigen als Objekt der Wissenschaft zuwenden, funktioniert das nicht mehr."

Der Radiologe und Krebsspezialist Eugen Schlitter [1995] vertritt eine ähnliche Auffassung wie Cramer:

> „Dass das Lebendige eigenen Gesetzen folgt, lehrte uns bereits vor über 200 Jahren der Naturphilosoph Kant, indem er die Summation als Ordnungskategorie für die Physik von der Organisation als Ordnungskategorie für die Biologie unterschied."

Vom Pathologen W. Sandritter [1962] stammt folgende treffende Aussage zur Ganzheitlichkeit:

> „Der Mensch ist mehr als die Summe seiner Zellen und Organe. Seine Krankheit und Tod sind mit Methoden der Naturwissenschaft nur unzulänglich zu erkennen."

Friedrich Cramer [2001] Auffassung schließt sich daran nahtlos an:

> „Denn wenn man Lebendiges zerlegt, tötet man es. Man kann dann zwar am Toten noch Anatomie betreiben, aber das Leben kann man nicht mehr studieren."

Eugen Schlitter [1995] Auffassung zum Abstraktum „Zelle":

> „Medizinhistorisch hatten im Zeitalter der bakteriologischen Entdeckungen pathogener Mikroorganismen erst die Genetiker das Gesichtsfeld der Krebsforschung in abstrakter Weise auf eine einzelne Zelle eingeengt. Hierdurch und unter dem Einfluss neuer bakteriologischer Erkenntnisse wurde das körpereigene Wachstumsprodukt „Krebszelle" wie eine neue „Zellrasse" betrachtet und durch eine bakteriologische Denkrichtung einem pathogenen Mikroorganismus gleichgestellt."

Eugen Schlitter trifft des Weiteren die Feststellung, dass

> „im Ausgang des 19. Jahrhunderts Bakteriologen und Genetiker die wissenschaftliche Sicht der Karzinogenese bis heute auf eine Hypothese von einer abstrakt zellständigen Karzinogenese einschränkten, die schon 1896 durch Beatson [1896] widerlegt worden war. Weil diese Hypothese trotz gegensätzlicher Fakten dogmatisch wie eine Wahrheit behandelt wurde, entstand ein a priori unlösbares „Krebsproblem"."

Beatson [1896] und Bauer [1963] fordern schon sehr früh für die Krebsforschung und Krebstherapie eine grundlegende Kursänderung:

> „Doch die Klinik vergaß, dass die Hypothese eine Hypothese war und machte die wissenschaftliche Annahme zu einer allgemeinen Wahrheit. Aber das klinische Wissen der alten Ärzte vom Menschen als lebendigem Wesen ging weit über das hinaus, was der an der Leiche sich orientierenden Medizin zugänglich war."
> [Schlitter 1995]

18.3 Alternativauffassungen zur Krebspathogenese

18.3.1 Regenerationstheorie

Von einer Reihe von Wissenschaftlern wurde die Regenerationstheorie vertreten *[Becker 1994; Bailer und Smith 1986; Wolsky 1978]*. Sie beziehen sich auf Arbeiten von Cohenheim [1887], der auf Grund entsprechender Forschungsergebnisse schlussfolgerte, dass sich Krebszellen bei regenerativen Wachstumsprozessen unter bestimmten Umständen wieder in normale Zellen zurückwandeln und zu Bestandteilen eines normal wachsenden Blastoms werden können.

Schon damals äußerte Cohenheim, dass Zellen nicht unwiderruflich im entarteten Zustand gebunden sind, sondern bei der Wirkung eines embryonalen Steuerungssystems wieder in den normalen Zustand zurückkehren können. Becker [1994] wies mit seinen Untersuchungen am Salamander nach, dass in der Tat diese Möglichkeit gegeben ist und machte dafür das perineurale Gleichstromsteuerungssystem verantwortlich (siehe Kapitel 4).

Becker [1994] schildert in diesem Zusammenhang Experimente seines Freundes, des Biologen S. M. Rose [1948], der mit dem Salamandermodell das von Cohenheim [1887] vermutete Steuerungssystem für die Regeneration Krebszelle mit dem Salamandermodell in Form des perineuralen Gleichstromsteuerungssystems verifizierte, wie folgt: „Rose kam auf den Gedanken, dass Krebszellen, die man in das regenerierende Glied eines Salamanders einpflanzte, vielleicht wieder normal werden könnten – wenn Cohnheim recht hatte. Da Salamander normalerweise nie Krebs entwickeln, bestand Roses erster Versuch darin, Nierentumorzellen vom Frosch in das Vorderbein von Salamandern einzupflanzen, um sich zu vergewissern, dass sie „angingen" und sich wie ein typischer Krebs verhielten. Er stellte fest, dass die Zellen tatsächlich von dem Salamander aufgenommen wurden und eine Zeitlang lokal als sichtbarer Tumor weiter wuchsen, um sich dann in der für Krebs typischen Weise auf den Rest des Körpers auszudehnen, woran der Salamander schließlich starb.

Nachdem Rose bewiesen hatte, dass Nierentumorzellen vom Frosch beim Salamander karzinogen wirkten, wiederholte er den Versuch, amputierte aber diesmal das Vorderbein des Salamanders mitten im Tumor, wobei Krebszellen im Amputationsstumpf zurückblieben. Als der Salamander anfing, den fehlenden Teil seines Vorderbeins zu regenerieren, verschwand die kanzeröse Tumormasse und verschmolz mit dem entstehenden Blastom. Als die Vorderbeine neu gebildet waren, waren sie normal – und der Tumor war weg. Es gab keinen Hinweis mehr auf Krebs, und das Tier lebte danach normal weiter.

Bei der mikroskopischen Untersuchung der neu gebildeten Teile der Vorderbeine fand Rose die Kerne der ursprünglichen Froschkrebszellen beim Salamander in den normalen Zellen für Knochen, Muskel und so weiter in der Neubildung. Er folgerte, dass Krebszellen beim Ablaufen eines regenerativen Wachstumsprozesses sich zu normalen Zellen zurückentwickeln und zu Teilen des wachsenden Blastoms werden können."

Becker [1994] bedauert, dass diese so bedeutungsvollen Untersuchungsergebnisse unbeachtet geblieben sind. Die Schlussfolgerung aus diesen Ergebnissen:

Krebszellen nicht mit Chemika abtöten, sondern durch Stimulierung des perineuralen Gleichstromsteuerungssystems so zu steuern, dass deren Regeneration erfolgen kann. Auch diagnostisch wären diese Ergebnisse dafür anregend, dass man die Gleichstrompotentiale misst, die bei Krebszellen hohe elektrische Ausschläge zeigen.

Therapeutische Anwendung von Gleichstrom hat Becker [1994] beschrieben. Nordenström [1985] gelang es mittels Vascular-Interstitial-Closed Electric Circuit (VICC) Tumorgewebe so zu verändern, dass bei den Erkrankten langzeitige (bis sechs Jahre) Remissionen erzielt worden sind. Durch unterschiedliches systemisches Herangehen wurden also dieselben Effekte erzielt.

18.3.2 Hypothese der pathogenen Reizformen der Grundsubstanz der zellulären Matrix

Zu zahlreichen Arbeiten hat Schlitter [1995, 1994a und b, 1993, 1992, 1990, 1985a und b, 1977, 1965] auf der Grundlage von Ergebnissen der Autoren Baltrusch et al. [1964], Bauer [1963], Bergsmann [1990, 1963], Büchner [1964, 1962], Fryda [1984], Haus [1992], Haus und Junge-Hülsing [1961], Haus et al. [1998], Heine [1992, 1991, 1990, 1987], Heine und Dormann [1984], Heine und Henrich [1980], Perger [1990a und b, 1988, 1981, 1979, 1978], Pischinger [1990], Schober [1955, 1951/52] u. a. sehr ausführlich herausgestellt, dass die pathogenen Reizformen der Grundsubstanz der extrazellulären Matrix der Ort der Krebsentstehung sind. Dabei kann er sich auch auf Rudolf Virchow [1858] berufen, der damals schon mit seinen Mitteln nachgewiesen hat, „dass das Krebswachstum in den extrazellulären Territorien" beginnt. (Die Medizingeschichte vergisst leider immer zu erwähnen, dass Virchow nicht nur pathologisch anatomisch, sondern auch pathophysiologisch dachte und handelte.)

„Die extrazelluläre Matrix (Grundsubstanz) bildet als ubiquitäres Zelle-Milieu-System die Grundlage organismischer Einheit eines Vielzellenorganismus. Umweltreize und endogene Faktoren, in etwa 5 % auch kongenitale Genetik, führen multifaktoriell über eine Reizaddition zu einer unspezifischen Dreiphasenreaktion und chronischer Fehlregulation der Grundsubstanz mit unspezifisch veränderter Zusammensetzung unter dem histologischen Bilde des Voralterns des Bindegewebes.

Chronische Depolarisierung der Grundsubstanz mit Verlust ihrer Differenzierungsfunktion führt in Dauerkeimgeweben zu chronischer Fehlregeneration mit Transformation der Zellen zu chronisch depolarisierten und differenzierungsgehemmten Krebszellen, extreme Herabsetzung der Reizschwelle zur Immunschwäche mit Verluststoffwechsel.

Es gibt weder krebsspezifische Reize noch in vivo eine abstrakt zellständige mutagene Karzinogenese." *[Schlitter 1995]*

„Auf Grund grenzenloser Ausdehnung der Grundsubstanz im Vielzellenorganismus und neuro-hormonaler Regulierung sind für die Karzinogenese auch beim Menschen die von mehreren Untersuchern erhobenen Befunde während der experimentellen Karzinogenese in vivo von größter Bedeutung, denn sie beweisen seit langer Zeit eindeutig, dass auch die Karzinogenese ein organismisches Gewebsproblem darstellt und entgegen der bis heute hypothetischen abstrakt zellständigen Karzinogenese nicht auf eine isolierte Zelle beschränkt sein kann." [Schlitter 1995]

Schlitter [1995] vertritt des Weiteren die Auffassung, dass durch die nervale Versorgung der extrazellulären Matrix mit dem Vegetativum die Bedeutung der psychischen Prozesse *[Baltrusch 1964]* bei der Krebsentstehung und bei der Schwächung des Immunsystems eine bedeutende Rolle spielen kann. Mit Bezugnahme auf Haus und Junge-Hülsung [1992, 1961] unterscheidet er bei den an das „Mesenchym gebundenen" Erkrankungen drei Phasen einer unspezifischen Mesenchymreaktion, die durch „Risikofaktoren", d. h. „Noxen" Stressoren, Bakterien, Viren, Toxine, Schwermetalle, Hormone, Fermente und andere Faktoren ausgelöst werden können (siehe Kapitel 5 und 6).

Mit Verweis auf die Kapitel 11, 12, 14, 15 und 16 möchten wir in diesem Zusammenhang noch einmal die übereinstimmenden Funktionen der Grundsubstanz der extrazellulären Matrix mit denen des kolloidalen SiO_2 und dem Natur-Klinoptilolith-Zeolith bzw. Montmorillonit hervorheben, die sich somit als Regulatoren für eine Therapie einer mesenchymgebundenen Erkrankung anbieten.

18.4 Unspezifische Reize und fakultative Präkanzerose

Die unspezifische Reizeinwirkung und die darauf folgenden unspezifischen Antworten der Grundsubstanz der extrazellulären Matrix sprechen dafür, dass chronische Krankheiten einschließlich Tumorkrankheiten nach dem gleichen Zeitreihenreaktionsmuster ablaufen (siehe Abbildung 6-2 bis Abbildung 6-5). Auffällig ist dabei, dass bei einer allgemeinen chronischen Arthritis die Regulationsstarre in gleicher Form und Weise auftritt wie bei einem Malingnom *[Perger 1990a und b]*.

Bezug nehmend auf die chronische unspezifische Schockreaktivität der Grundsubstanz der extrazellulären Matrix bei Stressoreneinwirkungen jeglicher Art *[Selye 1953, 1936]* und auch bei jeder Strahleneinwirkung *[Schlitter 1995, 1994; Schnetzer 1969; Anderson 1965]*, in deren Gefolge ein biochemisches nachweisbares „sklerotisches Voraltern" der extrazellulären Matrix mit Zunahme des Kollagens der Grundsubstanz, Abnahme der

Proteoglykane sowie mit einer Verdickung der aus Laminin und Fibronektin bestehenden Basalmembran, geht Schlitter [1995] davon aus, dass es sich hierbei um fakultative Präkanzerosen handelt. Zu den fakultativen Präkanzerosen werden auch hyperplasiogene Bindegewebsreaktionen (z. B. Granulome) gezählt *[Bauer 1963, 1949]*.

Schlitter [1995] schlussfolgert daraus, dass es gar keine spezifischen kanzerogenen Stoffe geben kann, aber unspezifische Reaktionen auslösende Reizstoffe, die zu fakultativen reversiblen Präkanzerosen führen, die sich nur dann als obligatorisch maligne Entartung entwickeln können, wenn sich in der Grundsubstanz der extrazellulären Matrix eine Regulationsstarre herausbildet.

Die damit verbundenen Veränderungen im Fibronektinsystem und somit auch Veränderungen im Fibrinwachstumsfaktorensystem (FGF 1-9), die an das Fibronektinsystem gebunden sind, können unter Umständen zu einem beschleunigten Wachstum der Parenchymzelle anregen. Die fakultativen Präkanzerosen stehen nach Schlitter [1995] häufig mit chronischen Entzündungen, chronischen Fisteln und narbigen Folgezuständen chronischer Erkrankungen im Zusammenhang. Schlitter [1977], der Krebswachstum als gestörte Geweberegeneration durch dysregulierte Grundsubstanz auffasst, vertritt den Standpunkt, dass nachgewiesene intrazelluläre Veränderungen wie chromosomale und mitotische Aberrationen unspezifische und am Beginn von Reizzuständen noch spontan vollständig reversible Reizfolgen und keine Ursachen maligner Poliferation sind. Er stützt sich bei dieser Auffassung auf die Tatsache, *„dass sich experimentelles Krebswachstum auch durch absolut unspezifische Sekundäreize (Crotonöl, Scarifikation, Verbrennung) fern vom Ort so genannter kanzerogener Primärreizung auslösen ließ"*. Dies ist ohne die Beteiligung der ubiquitär im Körper verteilten Grundsubstanz nicht plausibel und begründbar.

Diese wenigen Beispiele sollten demonstrieren, dass der Grundsubstanz der extrazellulären Matrix in enger Verbindung mit dem Vegetativum in der Pathophysiologie, auch der onkologischen, größere Aufmerksamkeit geschenkt werden sollte. Vielleicht findet man mit diesem plausiblen pathophysiologischen Mechanismus effektivere Therapieansätze als bei der bisher über 50 Jahre betriebenen onkologischen intrazellulären pathologischen Anatomie, die nicht gerade von großen Erfolgen gekrönt worden ist (siehe Kapitel 18.1).

18.5 Elektrophysiologische Vorgänge in der Grundsubstanz der extrazellulären Matrix bei Tumorkranken

Wie schon früher erwähnt (Kapitel 5 und 6) sind für ein normales differenziertes Wachstum eine funktionsfähige Grundsubstanz und regulationsfähige Fibrozyten sowie funktionsfähige Fibroblasten erforderlich *[Schlitter 1995]*.

Da bei der Tumorkrankheit Störungen im Fibronektinsystem auftreten [Staubesand 1985], hat das eine chronische Depolarisation des Tumorgewebes zur Folge. Somit ist ein negatives Überschusspotential im chronisch erregten Tumorgewebe gegenüber dem gesunden Gewebe zu verzeichnen.

Die gleichen Erscheinungen konnte auch Becker [1994] bei seinen Salamanderversuchen nachweisen (Kapitel 4). Er stellte fest, dass grundsätzlich schnell wachsendes Gewebe ein negatives Überschusspotential zeigt. Ursache für das negative Überschusspotential bei Tumoren ist das schnell wachsende, stark erregte Tumorgewebe, welches chronisch depolarisiert ist. *„Das negative Überschusspotential maligner Tumorgewebe verhält sich gegenüber dem Ruhepotential des umgebenden Gewebes analog der Erregungsausbreitung in einem Nerv-Muskel-Präparat. Das bedeutet, dass in Richtung Tumorgewebe ein elektrischer Energieabfluss in Form eines Niedervoltstroms erfolgt, der sich im Generalisationsstadium von Tumorgewebe nach einer Metastasierung entsprechend verstärkt."* *[Schlitter 1995]* Das Tumorgewebe wird elektrophysiologisch als eine sich stark entladende Batterie bezeichnet *[Schlitter 1995, 1992; Perger 1979, 1978]*. Diese elektrophysiologischen Erscheinungen sollten zur Frühdiagnose von Tumorkrankheiten Verwendung finden.

18.6 Mineralien in der Tumorgenese

Die vorangestellten komplexen pathophysiologischen Prozesse der Tumorkrankheit, die von Perger [1990, 1988, 1981, 1979], Fryda [1984], Büchner [1964, 1962], Bergsmann [1963], Heine [1990, 1987], Graffi [1949], Becker [1994] beschrieben worden sind, verweisen auf die Wichtigkeit des Elektrolytstoffwechsels und somit auf die Notwendigkeit des Vorhandenseins der essentiellen Mineralien und Spurenelemente. Auf die Rolle von Mineralien- bzw. Elektrolytdefiziten in der Tumorgenese haben zahlreiche Autoren verwiesen.

In den letzten Jahrzehnten sind eine Anzahl von wissenschaftlichen Arbeiten erschienen, die Mineraldefizite oder den gestörten Mineralstoffwechsel im Zusammenhang mit der Tumorgenese nachwiesen *[Chen et al. 1994; Sha et al. 1993; Marczynski 1988; Kalliomaki et al. 1987; Ohshima und Takahama 1987; Shen et al. 1987; Babenko und Maksimuchuk 1982; Delva 1973; Kvirikadze 1967; Delva 1963]*. Hierbei wurde vor allem ein Defizit an Silizium festgestellt. Es ist bekannt, dass siliziumhaltige Mineralquellen bzw. Trinkwasserquellen krebsverhindernd sein können. F. Goldstein [1932] berichtete, dass im Ort Daun in Westdeutschland, in welchem eine Mineralquelle 80 mg/l Wasser Siliziumdioxyd enthält, eine sehr niedrige Sterblichkeitsrate an Krebs gegenüber anderen Orten in Deutschland zu beobachten war. Voronkov et al. [1975] beobachteten, dass in den Gegenden, in denen das Trinkwasser wenig Silizium enthält, eine höhere Erkrankungsrate an Tumorkrankheiten zu verzeichnen war als in solchen Gebieten, in denen die Menschen mit natürlich siliziumangereichertem Wasser versorgt wurden. In jüngster Zeit widmeten Tallberg [1996] sowie Tallberg et al. [2002] den Spurenelementen in der Kanzerogenese größere Aufmerksamkeit.

Wannagat [1971] beschrieb die Wirkung von Siliziumpräparaten als Adjuvans der Chemotherapie bei Krebskranken. Zusammenhänge zwischen Siliziummangel und Krebserkrankungen haben auch Voronkov et al. [1979, 1975], Charnot und Peres [1977] und Charnot [1953] in Tierexperimenten und an Fallbeispielen beobachtet. Voronkov et al. [1975] fanden in Tierexperimenten in den Tumoren Kalkeinlagerungen bei Gegenwart erhöhter Siliziumkonzentration im Gewebe. Die beschriebenen Abkapselungen der Tumoren durch Bindegewebe oder durch Kalkeinlagerungen ließen sich durch Funktionseigenschaften des Siliziums im Organismus erklären:

- Beteiligung an der Proteinsynthese *[Davis et al. 2002; Birkhofer und Ritter 1958; Scholl und Letters 1959]*
- Fähigkeit zu Aufbau des Bindegewebes *[Carlisle 1986a und b]*
- Wirkung als Adsorbens *[Charnot und Peres 1977; Arslan et al. 1968; Kapskaya 1968]*
- Steuerung des Kalzium-Stoffwechsels durch Silizium *[Voronkov et al. 1975]*

Werner [1968] stellte fest, dass in siliziumfreier Nährlösung Zellkulturen nach kurzer Zeit die wichtigsten Synthesefunktionen, z. B. Proteinsynthese, Chlorophyllsynthese, gestoppt werden und die Stabilität der Zellwände verloren geht. Dieser Stoffwechselverlust in der Grundsubstanz der extrazellularen Matrix bei chronischen und Tumorkranken wird u. a. auch noch durch folgende Befunde bestätigt:

- Mangel an Adenosin-Tri-Phosphatasen *[Perger 1990]*
- Inhibition der Na^+-K^+-Pumpe *[Perger 1990]*
- Senkung des Oxy-Hämoglobins im venösen Blut *[Perger 1990; Bergsmann 1963]*
- erhöhter Sauerstoffverbrauch und Bedarf in der extrazellularen Matrix *[Perger 1990; Bergsmann 1963]*

Das ist bei dem heutigen Nahrungsmittelangebot mit einem Defizit oder mit einer Einseitigkeit der Mineralien mit ins Kalkül zu ziehen, besonders aber der Status des mineralstoffregulierenden Siliziums. 80 % der Menschen (weltweit) sollen an Siliziumdefizit leiden *[Romanov 2000]*. Folglich wären die siliziumhaltigen Gesteine Natur-Klinoptilolith-Zeolith und Montmorillonit als ein Mittel zur Komplementärtherapie bei Tumorkranken durchaus angezeigt.

Da wir in den Kapiteln 5, 6, 14 und 15 zeigen konnten, dass SiO_2 und Natur-Klinoptilolith-Zeolith funktionsübereinstimmend mit der Grundsubstanz der extrazellulären Matrix sind, muss angenommen werden, dass SiO_2 auf Grund seines evolutionären Gedächtnisses (Kapitel 11) steuernd an den Funktionen der Grundsubstanz der extrazellulären Matrix beteiligt ist, somit auch in das Tumorwachstumsgeschehen regulierend eingreifen könnte.

18.7 In-vitro-Untersuchungen zeigen positive Effekte

In einem Informationsmaterial zum Projekt „TMAZ-Megamin" (Zusammenfassung der Forschungsergebnisse 1997-2002 von Prof. Dr. Sc. Vesna Lelas, Zagreb/2002) wird über den Einfluss von Megamin (Zeolith-Präparat) auf Krebskrankheiten berichtet. Dabei werden Ergebnisse von In-vitro-Untersuchungen, von Tierexperimenten und von praktischen Erfahrungen bei der Anwendung dieses Zeolith-Präparats bei bösartigen Krankheiten angeführt. Die in Abbildung 18-1 dargestellten Ergebnisse überzeugen.

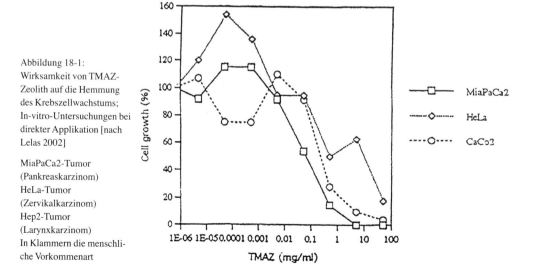

Abbildung 18-1: Wirksamkeit von TMAZ-Zeolith auf die Hemmung des Krebszellwachstums; In-vitro-Untersuchungen bei direkter Applikation [nach Lelas 2002]

MiaPaCa2-Tumor (Pankreaskarzinom)
HeLa-Tumor (Zervikalkarzinom)
Hep2-Tumor (Larynxkarzinom)
In Klammern die menschliche Vorkommenart

18.8 Eigene Fallsammlung zur komplementären Therapie von Tumorkrankheiten durch Natur-Klinoptilolith-Zeolith

In Kooperation mit Therapeuten von Tumorkranken aus Deutschland, Österreich, Russland und der Schweiz haben wir bei Tumorpatienten, die von Therapeuten aufgegeben worden sind, mit hohen Dosen Natur-Klinoptilolith-Zeolith (6-10 g/Tag) eine Therapieunterstützung gegeben. In 9 dokumentierten Fällen wurden Tumor und Metastasen völlig zum Verschwinden gebracht. Die Patienten sind heute wieder voll arbeitsfähig. In weiteren 14 Fällen hat das Tumor- und Metastasenwachstum zum Stillstand geführt und es wurde eine Einkapselung erreicht. In 28 Fällen haben wir in Einvernehmen mit den Tumortherapeuten eine bessere Verträglichkeit der Chemo- und Strahlentherapie sowie eine Lebensverlängerung bis über zwei Jahre gegenüber der medizinischen Prognose mit Natur-Klinoptilolith-Zeolith erreicht. Die Ergebnisse sind in nachfolgender Tabelle zusammengefasst dargestellt.

Beseitigung des Tumors und der Metastasen. Patienten sind wieder voll arbeitsfähig (Stand ½ bis 2 Jahre nach der Therapie)	9 Fälle
Abkapselung und Schrumpfung des Tumors + Metastasen. Patienten sind wieder voll arbeitsfähig (Stand ½ bis 2 Jahre nach der Therapie)	14 Fälle
Bessere Verträglichkeit der Chemo- und Strahlentherapie	28 Fälle
Nur kurzzeitige Effekte	9 Fälle

Natürlich ist diese Fallzusammenstellung nicht repräsentativ. Folglich müssen Forschungsprojekte angestrebt werden, die diese Ansätze positiver Effekte der Natur-Klinoptilolith-Zeolith-Applikation weiter verfolgen, aber auch jene, bei denen wir nur kurzzeitig effektive Wirkungen erzielen konnten (9 Fälle). Bei diesen Patienten wurde folgendes beobachtet: Nach Einnahme von Natur-Klinoptilolith-Zeolith trat eine zeitweilige Verbesserung des Allgemeinzustands und der Lebensqualität auf. Weil sich die paraklinischen Befunde der Patienten verschlechterten bzw. weil sich neue Metastasen oder maligne Zellbildungen an der operierten Stelle zeigten, wurde eine Chemotherapie angesetzt und die Natur-Klinoptilolith-Zeolith-Applikation abrupt abgesetzt. In allen 9 Fällen starben die Patienten innerhalb von 1-2 Wochen.

Jedenfalls bestätigt diese zufällige Fallsammlung zur komplementären Therapie mit Natur-Klinoptilolith-Zeolith die in vitro Untersuchungsergebnisse. Außerdem zeigen diese Fälle, dass die Regulierung des Mineral-Elektrolythaushalts sowie eine Detoxikation bei Krebspatienten unbedingt angebracht ist. Der SiO_2 reiche Natur-Klinoptilolith-Zeolith als ein Autobioregulator scheint dafür geeignet zu sein. Wir haben Therapieempfehlungen (beiliegend) erarbeitet, welche für eine Komplementärtherapie nicht nur für Krebspatienten, sondern auch für chronisch Kranke verschiedener Art sich als sehr hilfreich erwies. Auch bei chronisch Kranken, scheint uns, wird die Grundsubstanz der extrazellulären Matrix, ähnlich wie bei den Strahlenkranken (Kapitel 17), von Natur-Klinoptilolith-Zeolith wirksam angesprochen.

Es ist unter dem Aspekt des Mineralhaushalts in der Grundsubstanz der extrazellulären Matrix auch angezeigt, Begleiterscheinungen der Krebskranken mit in Betracht zu ziehen. So ist die Eisenmangelanämie, die vor allem bei koexistierendem Erschöpfungs-Tumorsyndrom (KETS) *[Freyer 2003]* vorhanden ist, unbedingt zu beachten. Für eine erfolgreiche Eisenmangeltherapie muss aber die Resorption im Darm gesichert und kein Blei im Körper sein, weil Blei Eisen aus dem Stoffwechsel verdrängt *[Bgatova und Novoselov 2000]*. Natur-Klinoptilolith-Zeolith könnte auf grund des derzeitigen Erkenntnisstandes das Mittel der Wahl sein.

18.9 Anämie, KETS und Natur-Klinoptilolith-Zeolith

Mironova [1999a] beschreibt, dass in Russland in den letzten Jahren die Eisenmangelanämie vor allem bei Frauen und Kindern um das 2,8fache angestiegen ist. Sie führt diese Erscheinung darauf zurück, dass das exogen zugeführte Eisen nicht im Darm resorbiert wird bzw. dass die aufgenommene Nahrung außerdem zu wenig Eisen enthält. Sie behandelte in der Kinder- und Frauenklinik Rubzow (Sibirien) eine große Anzahl (>200) von Frauen und Mädchen. Sie konnte bei den meisten Patientinnen innerhalb einer 3-4-wöchigen Behandlung mit Natur-Klinoptilolith-Zeolith, bei der die Dosierung individuell abgestimmt wurde, die Hb-Werte und Erythrozytenzahl in die Referenzbereiche zurückführen. Auch die asthenovegetativen Beschwerden (Müdigkeit, Erschöpfung, hypotone Reaktionslage) der Frauen und Kinder wurde in ca. 70 % der Fälle beseitigt. Sie führt diesen Effekt darauf zurück, dass Natur-Klinoptilolith-Zeolith eine Eisenquelle im Ionenaustauschverfahren bietet und dass durch die Sorbtionseigenschaften des Zeoliths die Resorption des Eisens und somit die Bioverfügbarkeit in der Zelle erhöht würde. Auch Pavlova und Zaisev [1999] berichten über effektive Behandlung der Eisenmangelanämie mit Natur-Klinoptilolith-Zeolith. Die Frauen (n=20) erhielten zweimal täglich 5 g „Litovit" über die Dauer von einem Monat. Nach dieser Behandlungszeit hatten sich bei 17 von den 20 Frauen die Hb-Werte, Erythrozytenzahl und der Eiweißgehalt im Blut normalisiert.

Bei drei Frauen konnten in dieser Behandlungsperiode keine sichtbaren Therapieeffekte nachgewiesen werden.

Diese Therapieerfolge bei der Eisenmangelanämie von Mirionova [1999a] sowie von Pavlova und Saizev [1999] mit Natur-Klinoptilolith-Zeolith und dessen bekannter Wirkmechanismus, lenken die Aufmerksamkeit auf das koexitstierende Erschöpfungs (Fatigue)-Tumorsyndrom (KETS) *[Freyer 2003].*

Bei diesem ist die Anämie, die durch die Tumorerkrankung [Freyer 2003] und durch die Chemotherapie *[Groopman 1999]* hervorgerufen wird, das dominierende Symptom, welches unbedingt behandlungsbedürftig ist.

Nach Freyer soll das KETS bei 60-80 % der Tumorkranken vorkommen. Es muss aber konstatiert werden, dass nur 27 % der Ärzte das KETS kennen bzw. erkennen und therapieren. Dominierendes subjektives Symptom ist eine belastende Müdigkeit und Erschöpfung, die nicht durch Ruhe und Schlaf beseitigt werden kann. Häufig ist der Schlaf dieser Patienten sowieso gestört.

Als Verursacher der genannten subjektiven Symptomatik werden
- Anämie (mit herabgesetzten Hb-Werten)
- metabolische Störungen
- Mangel- und Fehlernährung

angeführt. Aus unserer Sicht wären die Arzneimittel-Rezepturen „Spiruptilo®", „Rhythmosan®" und „RelaxSan®" als Therapeutika indiziert (siehe Therapieempfehlungen).

Diese Arzneimittel-Rezepturen sind nur bei Heck Bio-Pharma, Karlstr. 5, 73650 Winterbach erhältlich.

18.9.1 Empfehlungen
für ein Dosierungsschema zur Therapieunterstützung bei chronischen Erkrankungen

Biomolekulare Rezepturen
Kombination von RelaxSan®, RhythmoSan®, Spiruptilo Flamingo®

(z.B. Therapie von Tumoren, Ausleitungen, Umwelterkrankungen, Allergien, Darmerkrankungen von subchronischen bis chronischen Enteritiden) nach Prof. em. Prof. Dr. med. Karl Hecht, IFOGÖT Berlin

Tagesdosis:
10 Tabletten Spiruptilo Flamingo   schlucken oder kauen oder sublugual
7 Tabletten RhythmoSan   sublingual, unter die Zunge legen
3 Tabletten RelaxSan   sublingual, unter die Zunge legen

Zeitschema:
~ 06:00 Uhr   3 Tabl. **Spiruptilo Flamingo,**
~ 08:00 Uhr   2 Tabl. **RhythmoSan,**
~ 10:00 Uhr   2 Tabl. **Spiruptilo Flamingo** + 1 Tbl. **RelaxSan**
~ 13:00 Uhr   2 Tabl. **RhythmoSan,**
~ 15:00 Uhr   2 Tabl. **Spiruptilo Flamingo,**
~ 18:00 Uhr   2 Tabl. **RhythmoSan,**
~ 20:00 Uhr   3 Tabl. **Spiruptilo Flamingo,**
~ 21:00 Uhr   1 Tabl. **RelaxSan** + 1 Tbl. **RhythmoSan**
~ 22:00 Uhr   1 Tabl. **RelaxSan,**

Wichtig: Die angegebenen Tageszeiten sowie die Regelmäßigkeit der Einnahme sind für den Erfolg der Therapie ausschlaggebend und unbedingt einzuhalten. Sie erhöhen den Effekt.

Wichtig: Während der Einnahme von Zeolith-Präparaten ist für reichliche Flüssigkeitszufuhr zu sorgen. (2-3 l/Tag), keine alkoholischen und koffeinhaltigen Getränke sowie kein Grapefruitsaft. Keine Kühlschranktemperatur für die Flüssigkeiten, sondern unbedingt Körpertemperatur ca. 30-40°Grad einhalten. Menge pro Applikation ca. 250 ml. Bevorzugt Wasser, Kräuter- und Früchtetees, Mineralwasser.

Wichtig: Der Abstand zu den Mahlzeiten und der Einnahme von anderen Medikamenten und Wirkstoffen sollte mindestens 30 Minuten betragen. Eine angemessene Körperbewegung vermag die Wirkung der Zeolith-Präparate zu intensivieren.

18.9.2 Erläuterungen
zum Therapieunterstützungs-Schema

Bei der Einnahme ist zu beachten:
1. Ausreichend Flüssigkeitszufuhr in Form von warmem Wasser und warmen Tees (Kräuter, Früchte).

2. Aggressive Getränke vermeiden, z. B. Grapefruit-, Orangen-, Zitronen-, Ananassaft.
3. Alkoholische Getränke vermeiden.
4. Abstand zu den Mahlzeiten (vor und danach) mindestens 30 Minuten.

Eine Kur soll mindestens 40 Tage betragen bei täglicher Einnahme.

Was bewirkt diese Kombination von Bioregulatoren bei Patienten mit chronischen Erkrankungen, wenn die Einnahmebedingungen eingehalten werden?

1. Detoxikation, z. B. die Ausscheidung der durch den Tumor und durch Strahlen- bzw. Chemotherapie entstandenen Toxine durch den Natur-Klinoptilolith-Zeolith.
2. Ionenzufuhr durch Zeolith und Spirulina und infolge dessen: Regulation der Elektrolythomöostase.
3. Zufuhr der für den menschlichen Organismus wichtigsten Aminosäuren zur Eiweißversorgung, besonders wenn die Nahrungsaufnahme des Patienten eingeschränkt ist (Spirulina enthält ca. 20 Aminosäuren).
4. Durch das in Klinoptilolith-Zeolith enthaltene Silizium wird der Eiweißaufbau (Proteinsynthese) der zugeführten Aminosäuren gefördert.
5. Durch Klinoptilolith-Zeolith-Silizium wird die Adsorptionsfähigkeit für physiologische Wirkstoffe und auch Naturstoffe beträchtlich erhöht, womit eine günstige Bioverfügbarkeit und gute Bioäquivalenz gewährleistet wird.
6. Deckung des Bedarfs der wichtigsten Vitamine (A_1, B_1, B_2, B_3, B_5, B_6, B_{12}, E und H) durch Spirulina.
7. Reduzierung der Entzündungsprozesse durch Spirulina und Klinoptilolith-Zeolith.
8. Stimulierung der Darmflora durch Spirulina, die bei Tumorpatienten durch Chemotherapie oft reduziert ist.
9. Erhöhung der Reaktivität des Immunsystems (immunmodulierender Effekt durch Spirulina und Klinoptilolith-Zeolith).
10. Vorbeugung des Eisendefizits durch Spirulina.
11. Allgemeine probiotische Wirkung durch beide Wirkstoffe.
12. Physiologische nootrope Wirkung (durch das im RelaxSan enthaltene Glycin).
13. Sanfte stressreduzierende Wirkung.
14. Sanfte positive Wirkung auf den Schlaf (RelaxSan).

Die Rezepturen sind Bioregulatoren, haben keine Nebenwirkungen und erzeugen kein Suchtpotential. Eine Überdosierung ist nicht möglich, da die im Körper nicht benötigten Wirkstoffe dieser Präparate ausgeschieden werden.

Besonders ist es empfehlenswert, diese Bioregulatorkombination im Zusammenhang mit anderen Therapieformen anzuwenden, z. B. bei Strahlen- und Chemotherapie. Dabei sollte man 2-3 Wochen vor dieser Therapie beginnen und weiter während und nach der Therapie applizieren.

18.10 Ganzheitlichkeit des Menschen und komplexe Therapie bei Tumorkranken beachten

Die Herstellung der Mineralhomöostase und des Elektrolythaushalts sowie die Detoxikation sind wichtige Voraussetzung für eine erfolgreiche Therapie. Es darf aber dabei keinesfalls die Ganzheitlichkeit des Menschen und ein komplex-therapeutisches Herangehen vergessen werden. Neben Mineralien, Vitaminen, Aminosäuren und anderen Naturstoffen sollten der Ernährung und den Genussmitteln, Umstellung auf Gemüse und Obst (möglichst im rohen Zustand, auch als Säfte), Vermeiden von Weißzucker und Weißzuckerprodukten, von Schweinefleisch und Wurstwaren, von Bohnenkaffee und schwarzem Tee sowie von Alkohol- und Nikotinprodukten, einer angemessenen Bewegung und der Aufnahme von ausreichend Flüssigkeit Aufmerksamkeit geschenkt werden.

Entscheidender Heilungsfaktor ist aber die psychische Betreuung des Tumorkranken. Eine Psychoonkologie sollte den ersten Platz in der Tumortherapie einnehmen. Zu empfehlen sind Gesprächsgruppen und Einzelgespräche sowie die Visualisierung nach Simonton et al.[1994].

18.11 Zur Psychoneuropathogenese von chronischen und Tumorerkrankungen

Von vielen nur naturwissenschaftlich auf das Detail orientierten Medizinern wird eine Psychoneuropathogenese von chronischen und Tumorerkrankungen abgelehnt oder bestritten. Für sie bedeutet die Psyche ein „schwammiges Gebilde", welches man nicht mit naturwissenschaftlichen Methoden erfassen kann. Dies ist aber eine einseitige und zudem unwissenschaftliche dogmatische Auffassung. Die psychosomatische Medizin *[Uexküll 2003]*, die Psychoneuroimmunologie *[Schedlowski und Tewes 1996; Ader 1981]* und die Psychophysiologie *[Schandry 1996]* zeigen Wege und Methoden, wie man die **Unzulänglichkeit der naturwissenschaftlichen Methoden** in der Medizin *[Sandritter 1962]* **wissenschaftlich** durch neue Ansätze ergänzen kann.

Die im Kapitel 4, 5, 6 und 18 angeführten Beziehungen
- zwischen Zentralnervensystem, vegetativem Nervensystem und extrazellulärer Matrix *[Schlitter 1995, 1994, 1993, 1992, 1989; Heine 1991, 1990, 1987; Perger 1988, 1981, 1978; Heine 1989; Pischinger 1990; Rinpler 1968; Hoff 1957; Schober 1953, 1951/52]* und
- zwischen perineuralem Gleichstromsteuerungssystem und extrazellulärer Matrix

lassen keinen Zweifel an einer Psychoneuropathogenese chronischer und Tumorerkrankungen. Hinzu kommt, dass sich die Psychoneuroimmunologie als medizinische Disziplin immer mehr durchsetzt *[Schedlowski und Tewes 1996; Schedlowski et al. 1993; Ader 1981]*. Aber auch diese Disziplin brauchte lange Zeit, um in der Medizin eine gewisse Anerkennung zu finden. Denn schon in den Jahren 1927/28 sind drei Arbeiten von Bogendörfer [1928, 1927a und b] erschienen, die den Haupttitel „Zentralnervensystem und Immunitätsprozesse" tragen. In diesen Arbeiten wurde auch das vegetative Nervensystem mit einbezogen.

1967 veröffentlichte L. Kesztyüs ein Buch „Immunität und Nervensystem", welches sich schon damals auf 250 Literaturquellen gleichen Themas beziehen kann.

18.12 Einflüsse von belastenden Lebensereignissen, Depression und sozialer Unterstützung auf die Immunaktivität

In zahlreichen Studien konnten funktionale Immundefizite im Zusammenhang mit belastenden Lebensereignissen nachgewiesen werden. Zu diesen zählen: Eheprobleme, Trennung, Scheidung, Tod des Ehepartners, die mit Arbeitslosigkeit verbundene Unsicherheit sowie Naturkatastrophen mit Beschädigung und Verlust von Lebensgütern und Lebensbedrohung. Die funktionalen Immundefizite bestanden u. a. in einem erhöhten Antikörpertiter gegen EBV-VCA, der auf eine erniedrigte zelluläre Immunfunktion schließen lässt und einer verminderten Proliferationsfähigkeit der T-Lymphozyten nach Stimulation mit diversen mitogenen Stoffen.

Kiecolt-Glaser et al. [1987b] untersuchten Frauen und Männer, die ihre an Morbus Alzheimer erkrankten Ehepartner pflegten. Im Vergleich zu soziodemographisch abgestimmten Kontrollpersonen waren sie signifikant depressiver (nach BDI, Beck Depression Inventory) *[Beck et al. 1961]*. Außerdem zeigten sie einen geringeren prozentualen Anteil an T-Lymphozyten und T-Helferzellen. Die T-Helfer / T-Suppressor-Ratio war erniedrigt, der Antikörpertiter gegen EBV-VCA erhöht. Pflegende mit geringer sozialer Unterstützung wiesen 13 Monate nach der Eingangsuntersuchung schlechtere Immunwerte auf als Pflegende mit suffizienter sozialer Unterstützung.

Bei Patienten mit „major depression" ist im Vergleich zu gesunden Kontrollpersonen eine erniedrigte zytotoxische Aktivität der natürlichen Killerzellen zu finden. Diese Einschränkung der Immunaktivität wurde auch bei Pflegenden mit depressiven Symptomen, die im Zusammenhang mit der Pflege ihrer an Morbus Alzheimer erkrankten Angehörigen standen, gefunden *[Irwin et al. 1991]*.

Pariante et al. [1991] zeigten aber in einer Studie immunsuppressive Effekte der Pflegebelastung an Müttern von schwer geistig und körperlich behinderten Kindern auf.

Glaser et al. [1992] wiesen einen Einfluss sozialer Unterstützung auf die Immunantwort nach. Medizinstudenten und -studentinnen, die über weniger soziale Unterstützung verfügen, reagieren mit niedrigeren Antikörpertitern und geringeren T-Zellreaktionen auf eine zuvor stattgefundene Impfung mit Hepatitis-B-Antigen.

Herbert und Cohen [1993] kamen an Hand einer Metaanalyse zu folgendem Schluss: Die „Wirksamkeit" eines Lebensereignisses auf physiologische bzw. immunologische Parameter hängt von der emotionalen Reaktion auf das Lebensereignis ab. Bei belastenden Ereignissen spielt die depressive Reaktion eine mit entscheidende Rolle in der Vermittlung immunmodulierender Effekte. Diese Ergebnisse werden auch aus Erkenntnissen der Lebensereignisforschung *[Brown und Harris 1989]* bestätigt.

„Anhaltende negative Emotionen wie Angst und Ärger, Hoffnungs- und Hilflosigkeit, z. B. ausgelöst durch belastenden psychosozialen Stress (Arbeitslosigkeit) führen zu einem hormonellen und neuronalen Nonsense-Dialog, der bei immunkompetenten Zielzellen in Anergie, Zytopenie, Proliferations- und Differenzierungsinhibition, verminderter Zytotoxizität und Antikörperbildung sowie Allergie enden kann." *[Zänker 2003]*

Analog dem klassischen Konditionierungsparadigma von Ivan Pavlov [1928] ist eine Konditionierung des Immunsystems nach den Untersuchungsergebnissen von Ader und Cohen [1993, 1991, 1975] möglich. Ader und Cohen fanden bei Mäusen eine verminderte Antikörperbildung gegen verabreichte Schafserythrozyten nach intraperitonealer Injektion von Cyclophosphamid. Sie kombinierten die Cyclophosphamid-Injektion mit einem neutralen Reiz in Form einer Saccharinlösung. Bei erneuter Gabe der Saccharinlösung wurde eine Wirkung entsprechend der Cyclophosphamid-Injektion hervorgerufen.

Gauci et al. [1994] untersuchten die Immunkonditionierung am Menschen. Sie konditionierten die Auslösung einer Mastzelldegranulation bei Personen mit Hausstaubmilbenallergie. Dazu kombinierten sie das auslösende Allergen mit einem Getränk von neuartigem Geschmack. Nach einem einzigen Lerndurchgang konnte durch die alleinige Gabe des Getränks ein signifikanter Anstieg der Mastzelltryptase im Nasensekret nachgewiesen werden.

Die neuropsychischen Prozesse in der Tumorpathogenese, Therapie und Prophylaxe zu ignorieren, ist unseres Erachtens auf Grund der vorliegenden erdrückenden Fakten nicht mit einem ärztlich-ethischen Handeln vereinbar.

18.13 Prognose zur Lebensdauer von Krebspatienten

Leider hat es sich in der Medizin eingebürgert, Krebskranken eine Prognose zu geben, wie lange sie noch leben würden. Die größten diesbezüglichen Fehleinschätzungen leistete sich die Medizin bei dem an Hodenkrebs erkrankten Radrennfahrer Lance Armstrong, dem man noch vier Wochen Lebenszeit gab, der aber zwischenzeitlich sechs Mal die Tour de France gewann.

Eine derartige Prognose zu stellen ist unseres Erachtens ebenfalls mit dem ärztlichen Handeln nicht vereinbar, denn ein Arzt verfügt überhaupt nicht über die Daten, die zu einer richtigen Prognose erforderlich sind.

Um das zu verdeutlichen, sei ein Vergleich mit den Meteorologen gestattet.

Auch die Meteorologie muss als erstes Diagnosen auf der Basis von Daten stellen, um zu einer Prognose zu kommen. Gegenüber den Medizinern hat der Meteorologe den Vorteil, dass er sich nur auf 15 Freiheitsgrade zu beziehen braucht (z. B. Lufttemperatur, -druck, -feuchtigkeit). Zur Prognose kommt der Meteorologe nur durch die Information vieler Wetterstationen und Wettersatelliten. Dennoch haben die Meteorologen sehr große Mühe, das Wetter für ein umrissenes Gebiet für 1 bis 2 Tage richtig zu bestimmen.

Der Mensch, der als Patient vor dem Arzt steht, verfügt über das Steuerungssystem Gehirn mit ca. 15 Milliarden Nervenzellen, von denen jede einzelne Zelle bis zu 10.000 Verbindungsmöglichkeiten zu anderen Gehirnzellen herstellen kann. Schätzungsweise sollen auf dieser Basis beim Menschen über 10^{15} Freiheitsgrade für sein psychobiologisch-soziales Verhalten einbezogen werden können.

Eine chronische Krankheit benötigt für ihre Entwicklung bis zu 10 Jahren, das wären ca. 3650 Tage. Wenn diese Entwicklung aus einer subdisziplinären Sicht der Medizin betrachtet wird, dann ist es ein gewagtes Unterfangen, in einer sehr kurzen Zeit, die einem Arzt zur Verfügung steht, die richtige Prognose zu stellen. Da nähert man sich Dimensionen, die einem Lotteriespiel entsprechen. Es ist unseres Erachtens vermessen, wenn ein Arzt einem Krebskranken prognostiziert, dass dieser nur noch wenige Wochen oder Monate zu leben hat.

Das ist „Nozebo", obgleich in diesen Fällen „Plazebo" angebrachter wäre.

Unsere Vorfahren hatten diesbezüglich eine bessere humanistische Schule, denn Hippokrates (460-370 v. Chr.) lehrte:

„Ein Patient, der schon vom Tode gezeichnet ist, kann dennoch durch den Glauben an die Kunst des Arztes genesen."

19 Natur-Klinoptilolith-Zeolith richtig angewendet – ein unentbehrliches Beifutter für Haustiere und Nutzvieh

19.1 Nutzvieh, Haus- und Wildtiere leiden auch an Zivilisationskrankheiten

Von den 2 kg/Kopf der Erdbevölkerung (statistisch gesehen), der täglich von der Weltindustrie und dem Weltverkehr ausgestoßenen chemischen Stoffe und Abgase *[Hartmann 2000]*, bekommend die Tiere auch eine „entsprechende Portion" ab und zwar in mindestens dreifacher Weise
- direkt durch Einatmung
- über das pflanzliche Futter
- durch das Trinkwasser

Hinzu kommt, dass das Nutzvieh
- häufig eine für sie inadäquate Nahrung erhält (Pflanzenfresser z. B. Fischmehl)
- mit bestimmten Stoffen per Futter behandelt wird, z. B. durch Antibiotika und Wachstumsstimulatoren
- unter extremen Bedingungen gehalten wird (Raumvolumen sehr klein, Immobilisation) und somit einem ständigen Stress ausgesetzt ist

Die Folgen davon sind,
- dass die Tiere wie der Mensch oder noch mehr als der Mensch an „Zivilisationskrankheiten" leiden, wobei besonders das Verdauungssystem, das respiratorische und Immunsystem sowie der Bewegungsapparat (Gelenke) betroffen sind, aber auch Neurotizismus ist bei diesen Tieren bekannt *[Chananaschvili und Hecht 1984]*
- dass der Mensch minderwertige Tierprodukte (Fleisch, Eier, Milchprodukte) erhält und dadurch nicht die entsprechenden Nährstoffe, z. B. Mineralien oder sogar schädliche Stoffe in sich aufnimmt. In den Medien dominierten in den letzten Jahren Berichte über Erkrankungen großer Viehbestände, z. B. Maul- und Klauenseuche. Wegen BSE-Verdachts wurden Tausende von Rindern getötet.

Es erheben sich die Fragen: Muss das sein? Gibt es keine Abhilfen? Die Antwort ist ganz einfach: Zurück zur Natur!

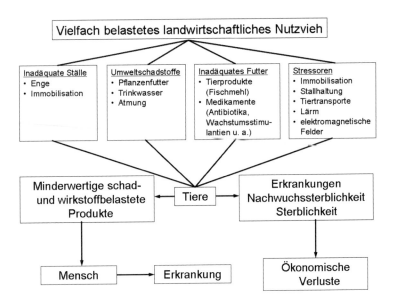

Abbildung 19-1:
Schema der Belastung der
Tierzucht und Folgen

19.2 Sind frei in der Natur lebende Tiere klüger als die Menschen?

Man erzählt: Die Bewohner des Altai-Gebirges im fernen Osten Russlands beobachteten, dass alle Arten des Gebirgswilds an bestimmten Gesteinen sich in Rudeln trafen und die Gesteine beleckten. Man glaubte zunächst, dass dies Salzgesteine (NaCl) wären, weil bekannt ist, dass Tiere sich von diesen ihren Mineralhaushalt decken können. Eine Untersuchung dieser Orte ergab aber, dass es sich um Klinoptilolith-Zeolith-Gestein handelte und keine Spur von NaCl-Salzen vorhanden war. Es wurde des Weiteren beobachtet und später wissenschaftlich untersucht und dabei festgestellt, dass die Tiere dieses siliziumreiche Zeolithgestein knabbern, um den Mineralhaushalt für das Überstehen im sibirischen Winter zu gewährleisten. Aber das ist noch nicht alles. Wissenschaftliche Untersuchungen ergaben nämlich, dass diese Tiere in der Brunstzeit besonders große Mengen Zeolith zu sich nehmen. Demnach sollen ein Bär und eine Bärin bevor sie sich zur Zeugung von Nachwuchs entschließen, mehrere Kilogramm Zeolith zu sich nehmen, um „bärenstarke" Kinder zu haben. Auch während der Trächtigkeit und Laktation nehmen diese Tiere große Mengen Zeolith zu sich.

Es ist heute Tatsache: Durch Konsumieren von Steinmaterialien decken Gras- und Allesfresser ihren Bedarf an Mineralien in der artgemäßen Zusammensetzung und mit den entsprechenden physikalischen Eigenschaften *[Bgatov und Novoselov 1999]*.

Bei Tieren Sibiriens und des fernen Ostens Russlands wurde beobachtet, dass die Tiere vor allem siliziumhaltige Mineralien der Zeolith-Gruppe, z. B. Klinoptilolith, Heilandit, Montmorillonit u. a. sowie tonartige Stoffe und kolloidales Silizium enthaltende Wasser mit milchartigem Aussehen, die sich in Flussbetten oder Bächen und Seen befinden, bevorzugen *[Bgatov und Novoselov 1999]*. Diese Lithophagie wurde bei Wildtieren und bei sich im Freien befindlichen Haustieren (Kühe, Schafe, Ziegen, Vögel, Hühner, Gänse, Enten) beobachtet. Die am Boden von Gewässern befindliche Gesteinmilch wird von den Tieren mit den Pfoten aufgerührt, damit im Wasser eine gute Mischung entsteht und dann getrunken. Besonders intensiv wird die Lithophagie in der Brunstzeit von Tieren beider Geschlechter und während der Trächtigkeit und Laktationsperiode von den weiblichen Tieren betrieben.

Alle von den Tieren instinktiv aufgenommenen Gesteine bzw. Gesteinmilch wiesen Ionenaustausch- und Sorbtionseigenschaften aus. Neben den Silikaten und dem kolloidalen Silizium enthielten sie alkalische (Na, K) und erdalkalische Elemente (Mg, Ca, Ba) sowie verschiedene Spurenelemente.

Auch die dem Zeolith eigenen aktiven hydroxylen Gruppen, die sich in den Kristallgittern befinden, spielten in den Stoffwechselprozessen der lithophagen Tiere eine Rolle *[Bgatov 1999]*. Offensichtlich hat die Zivilisation die Lithophaghie und den Gebrauch von Gesteinbodendünger abgeschafft. Denn unsere Vorfahren pflegten diese Gebräuche.

Häufig werden jedenfalls die Böden mit „Gesteinmehlausbringung" bedacht, um ihre Fruchtbarkeit zu gewährleisten und die Pflanzen mit Mineralien ausreichend zu versorgen. Im Alten Ägypten, Babylonien und Assyrien wurde der Boden mit Gesteinmehl und Tonmaterialien versorgt, wobei man die Ausbringung des Gesteinmehls vor der Regenzeit besorgte. Auch die Inkas sollen eine Kombination von Steinmehlausbringung und Bewässerung vorgenommen haben. Beim Gesteinmehl soll es sich um Tuffgesteine, also Zeolith, Bentonit, aber auch um Kreide, Kieselerde u. a. gehandelt haben *[Bgatov 1999]*. Im Bezirk Walis in der Schweiz werden vom 14. Jahrhundert bis heute Äcker und Wiesen mit „Gesteinmilch" gedüngt *[Feichtinger et al. 2002]*. Es handelt sich hierbei offensichtlich um Tonmineralien (siehe auch Kapitel 9 und 14).

19.3 Rückkehr zur Vernunft und zur Natur

Zu beginn der zweiten Hälfte des 20. Jahrhunderts orientierte man sich auf der Suche nach Natursorbentien für industrielle und landwirtschaftliche Zwecke *[Vogt 1991; Gunther 1990; England 1975; Kondo und Wagai 1968; Barrer und Makki 1964]*. Zu dieser Zeit wurden in der damaligen Sowjetunion (Russland und GUS-Staaten), in USA, in Japan und anderen Ländern große Vorkommen an Naturzeolithen entdeckt *[Marczynski 1988; Bykov et al. 1965; Barrer und Makki 1964; Butusova 1965; Mason und Sand 1960 u. a.]*. **Besonders große Vorkommen fand man in Sibirien** *[Čhelitshev et al. 1988; Gorokhov et al. 1982]* und im Kaukasus *[Khalilov und Bagirov 2002; Tsitsishvili et al. 1992, 1985]*.

In der Landwirtschaft fanden Naturzeolithe, vor allem aber Natur-Klinoptilolith-Zeolith, sehr bald breite Anwendungen:
- Geflügelzucht, Viehzucht, zur Verbesserung des Gesundheitszustands der Tiere durch die biostimulierende Wirkung
- Reinigen von Abwässern
- Verbesserung der Luftverhältnisse in den Ställen und zur Beseitigung von Geruchsbelästigungen
- hygienische Unterlage für das Groß- und Kleinvieh
- Bekämpfung von Erkrankungen, besonders die des Verdauungs- und Atmungstrakts bei Nutztieren
- Verminderung der Ferkel- und Kälbersterblichkeit
- Erreichung ökologisch reiner Tierprodukte
- zum Düngen von Böden (Ionenaustausch, Adsorption)
- Erhöhung der Bodenfruchtbarkeit in Dürregebieten
- Adsorption von Übermengen an Schadstoffen aus den Böden (z. B. As, Cd, Pb, Zn, Cu)
- Verbesserung der Fischzucht und Pelztierzucht
- Gewährleistung von sauberem Trinkwasser und Entsorgung der Abwässer einschließlich der Geruchsbelästigung

[Übersicht Yakimov 1998; Čhelitshev et al. 1988; Gorokhov et al. 1982 u. a.].

Literaturübersichten zeigen, das heute weltweit Zeolith in der Landwirtschaft angewendet wird und dass schon seit mehr als 50 Jahren dem Mineralstoffwechsel der Tiere, einschließlich der des Zeoliths, von einschlägigen Wissenschaftlern große Aufmerksamkeit geschenkt wird *[Gamsajev 2001; Romanov 2000; Moshtshewikin 2000; Račikov 1999; Yakimov 1998; Gunther 1990; Kalačuyuk 1989; Nielsen 1988; Anke und Szentmihalyi 1986; Onagi 1966; Bagiashvili et al. 1984; Hemken et al. 1984; Pond und Chen 1984; Waldroup et al. 1984; England und George 1979; Kondo und Wagai 1968]*.

Die Verfütterung von Zeolith wird unter folgenden praktischen Aspekten vorgenommen:
- Erhöhung der Qualität und Quantität der Produktion bzw. der Produkte
- Verhinderung von Krankheiten, besonders Infektions- und Stoffwechselerkrankungen
- Senkung der Kosten für Medikamente, die wegen der Beifütterung von Zeolith nicht benötigt werden; ca. 40 % Ersparnis
- Regulierung der Mineralhomöostase
- Bessere Verwertung von Kalzium- und Eiweißfutter
- Befreiung der Tiere von ökologischen Belastungen, die häufig durch das Grünfutter gegeben sind; Zeolith vermag Schwermetalle und Radionuklide aus dem Körper zu entfernen

- Verminderung bzw. Verhinderung der Jungtiersterblichkeit
- Verbesserung des Stoffwechsels der Tiere, indem z. B. bei Wiederkäuern im Pansen durch das Futter bedingte Ammoniumkonzentrationen, Schwefelwasserstoff, Mercaptan, flüchtige Amine und andere Stoffe sofort neutralisiert werden; dadurch Verbesserung der Darm-Mikroflora
- Bei Pelztieren wird die Fellqualität erhöht.

[Bogoljubova 2001; Gamsajev 2001; Shagivaleyev 2001; Yakimov 1998]

Der Gabe von Zeolith als Beifutter liegen die wissenschaftlich bewiesenen Eigenschaften des Zeoliths zugrunde:
- Ionenaustauscher
- Adsorbens
- Radikalfänger
- Immunmodulator
- Antitoxikum
- Stimulator des Eiweißmetabolismus und des Wachstums

[Waldroup et al. 1984; England und George 1983; Olver 1983 u. a.].

19.4 Bei welchen Tieren wird bisher Klinoptilolith-Zeolith als Beifutter verabreicht?

Bei:

- Pferden
- Pelztieren
- Hunden
- Katzen
- Fischen

- Rindern
- Schweinen
- Schafen
- Geflügel
- Kaninchen

[Bogoljubova 2001; Gamsajev 2001; Shagivaleyev 2001; Romanov 2000; Račikov 1999; Yakimov 1998; Vogt 1991; Gunther 1990; Kharatischvili et al. 1989; Tsitsishvili et al. 1989, 1985;; Pond und Chen 1984; Castro und Mas 1989; Waldroup et al. 1984; Olver 1983; England und George 1979; u. a.]

19.5 Wie groß müssen die Natur-Klinoptilolith-Zeolith-Partikel für das Beifutter von Tieren sein?

Nach einer Literaturanalyse von Yakimov [1998] werden Partikel des Natur-Klinoptilolith-Zeoliths mit einem Durchmesser von 0,1-1,0 mm (unabhängig von der Arte des Zeoliths) bei Großvieh und Schweinen verwendet. Es gibt aber keine konstante Größe, weil für die Wirkungen des Natur-Klinoptilolith-Zeoliths Abhängigkeiten zwischen Größe der Körnigkeit und der Art des Futters eine Rolle spielen, z. B. der Anteil der

Eiweiße und Zellulose des Futters sowie der pH-Wert und das Redoxpotential im Pansen der Rinder *[Pančov und Popov 1990; Kalačuyuk 1989].*

Andererseits wird darauf verwiesen *[Yakimov 1998],* dass zu fein zermahlenes Zeolith den Fettstoffwechsel im Sinne einer Hemmung beeinflussen kann. Eine Körnigkeit von 0,1-1,0 mm Durchmesser ist gewöhnlich eine adäquate Größe für Großtiere. Für Geflügel können die Körner einen Durchmesser bis 4 mm haben.

19.6 Wie ist die Dosierung?

Aus der Literatur geht hervor, dass bei Großvieh Klinoptilolith-Zeolith in Partikeln von durchschnittlich 0,5 mm verabreicht wird. Für alle Tiere wird eine Dosis von 3–4 % Anteil des Beifutters Zeolith am Gesamtfutter angegeben. Für trächtige Tiere und Jungtiere werden gewöhnlich 4 % Beifutter Zeolith vom Gesamtfutter empfohlen. Die prophylaktisch anzuwendende Menge von Klinoptilolith-Zeolith als Beifutter wird für:

1 Kuh/Jahr mit 95 kg	und
1 Schwein/Jahr mit 24 kg	angegeben.

So berichtet Yakimov [1998], dass 4 % Anteil Beifutter am Gesamtfuttergewicht bei Jungbullen einen Tageszuwachs an Körperzuwachs von 6,8 % und bei Masthähnen von 7,2 % bewirkte.

Untersuchungen an Hühnern zeigten des Weiteren, dass bei der angegebenen Dosis des Natur-Klinoptilolith-Zeoliths die Ausscheidung von K, Fe, Cu, Zn, Cd, Pb erhöht und jene von Ca, Mg und Si vermindert war, was als eine Nutzung der letzteren im Organismus interpretiert wird. Kusnezov et al. [1993] berichten, dass eine kurzzeitige Erhöhung der Dosis auf 5 % Futteranteil des Zeoliths bei neu laktierenden Kühen die Milchproduktion gegenüber Kontrollen erheblich steigerte.

Tages-Dosierungsempfehlung:

Pferd, Kuh (Normalgröße): 250 g/Tag Klinoptilolith-Zeolith zum Beifutter
ca. 95 kg/Jahr Klinoptilolith-Zeolith
Schwein: 66 g/Tag, ca. 24 kg/Jahr Klinoptilolith-Zeolith
Hunde, Katzen, Kleintiere: 3 g/Tag/pro kg Körpergewicht Klinoptilolith-Zeolith

Diese Dosierungen sollten als Orientierungswerte gelten. Individuelle Besonderheiten sind zu berücksichtigen.

Unter bestimmten Umständen und Anforderungen können nach Bedarf andere Zusätze, z. B. L-Carnitin, in die Wirkstoffzusammensetzung eingebracht werden.

19.7 Gibt es Erfahrungen über den ökologischen Nutzeffekt der Verabreichung von Klinoptilolith-Zeolith in der landwirtschaftlichen Tierzucht und Tiermedizin?

Ja, es gibt Angaben, nach denen Ausgaben für Zeolith von 1 Einheit einen ökonomischen Effekt von 3–10 Einheiten in der Tierzucht erbringen. Yakimov berichtet von einem ökonomischen Effekt bei Mastjungbullen von 1:6,8 *[Yakimov 1998]*.

19.8 Wird Klinoptilolith-Zeolith auch bei trächtigen Tieren verabreicht?

Ja, in diesen Fällen sogar in einer erhöhten Dosierung als im normalen Fall; ca. 4 % des Gesamtfutters mit gutem Erfolg *[Shagivaleyev 2001]*. Auch laktierende Tiere erhalten Zeolith als Beifutter (siehe Kapitel 19.14).

19.9 Warum wird ein Regulator des Mineralstoffwechsels benötigt?

Die meisten Mineralien, die mit dem Futter zugeführt werden, werden wieder ausgeschieden, weil sie im Darm nicht adsorbiert werden, d.h. weil sie nicht über das Blut in den Stoffwechsel gelangen.

Diese Erscheinung ist besonders ausgeprägt, wenn der Darm entzündet ist oder wenn Gärungs- oder Fäulnisprozesse vor sich gehen. Folglich muss die Adsorption (Anreicherung) und die Resorption (Aufsaugung), z. B. vom Darm ins Blut, gewährleistet werden.

Biochemisch wird unter Adsorption die Aktivierung, z. B. von Enzymen, oder die Aufnahme von bioaktiven Stoffen durch Oberflächen vergrößernde aktive Stoffe verstanden. Die Adsorbenzien bringen die entsprechenden Stoffe in die Nähe des Wirkungsfelds und erhöhen den positiven Effekt.

Adsorbenzien sind Stoffe, die gelöste, disperse oder gasförmige Substanzen (Stoffe) zu binden vermögen. Adsorbenzien sind Stoffe mit einer großen Oberflächenvergrößerungswirkung, z. B. Aktivkohle, Tonerde, **disperses Silizium**, Kaolin, **Klinoptilolith-Zeolith**.

Silizium und siliziumhaltiger Natur-Klinoptilolith-Zeolith vermögen die Adsorptions-Oberflächen im Darm um das 300fache zu vergrößern. Natur-Klinoptilolith-Zeolith hat auch noch zusätzlich die Eigenschaft des selektiven Ionenaustausches.

19.10 Projekt Schadstofffreie, mineralreiche, natürliche Tierprodukte der russischen Föderation

Die Erkenntnisse der Anwendung von verschiedenen Zeolithen bei landwirtschaftlichem Nutzvieh gaben Anlass, in Russland ein Projekt „schadstofffreie, mineralreiche, natürliche Naturprodukte" ins Leben zu rufen *[Yamikov 1998]*. Dieses Projekt, welches noch im Anfangsstadium ist und durch verschiedene Pilotprojekte auf Realisierbarkeit geprüft wird, wäre nachahmenswert für alle Länder und auch interessant für den deutschen Umweltminister und für die deutsche Landwirtschaftsministerin (siehe Abbildung 19-2). Unter anderem werden derartige Pilotprojekte in folgenden Institutionen durchgeführt:
- Landwirtschaftliche Staatsakademie des Ministeriums für Landwirtschaft und Lebensmittel der Russischen Föderation, Bryansk
- Ostsibirische technologische Staatsuniversität Ulan-Ude des Bildungsministeriums der Russischen Föderation
- Wissenschaftliches allrussisches Forschungsinstitut für Physiologie, Biochemie und Ernährung des landwirtschaftlichen Viehs, Dubrowizy
- Allrussisches wissenschaftliches Forschungsinstitut für Pferdezucht, Diwowa, Ryasanskaya Gebiet
- Moskauer Staatsakademie „K. I. Skryabin" für Veterinärmedizin und Biotechnologien, Dubriwizi, Moskauer Gebiet
- Fernöstliche staatliche Agraruniversität, Krasnoyarsk
- Russische Akademie der landwirtschaftlichen Wissenschaften, Wissenschaftliche Produktionsvereinigung „Niwa Tatarstona", Kasan

Uns liegen Arbeiten aus diesen Institutionen u. a. zu folgenden Themen vor:
- Veränderung des Gehalts der Spurenelemente und Ausführung der Radionuklide aus Organen und Gewebe der Rinderjungtiere bei Verfütterung von Zeolithergänzungen *[Račikov 1999]*
- Entwicklung der Futterergänzung auf Grundlage von Zeolithen und Bewertung ihrer immunomodulierenden Aktivität *[Bildujeva 2001]*
- Einfluss von Zeolith-Tuff aus dem Sikeyewer Vorkommen des Kalushskaya Gebiet auf Verdauungsprozesse des Magen-Darm-Trakts bei Mastjungbullen *[Bogoljubova 2001]*
- Einfluss von Propolis, Zeolithen, Biotrin, Bifidumbakterien und deren Kompositionsformen auf Immunstatus und Produktivität der Stuten der baschkirischen Rasse *[Shagivaleyev 2001]*
- Effektivität der Anwendung der bilanzierenden Ergänzungen mit Zeolith und Karbamid beim Mästen des Rindjungviehs *[Gamsajev 2001]*
- Ökologische Aspekte der Anwendung der Naturzeolithe des Wanginer Vorkommens in der Viehzucht *[Moshtshewikin 2000]*
- Wissenschaftliche Begründung und Perspektiven der Anwendung der Zeolith enthaltenden Nahrungsergänzungen in der Viehzucht *[Yakimov 1998]*

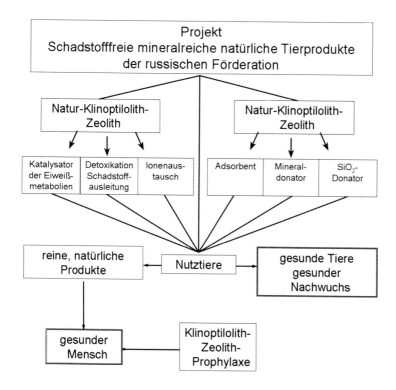

Abbildung 19-2:
Schema des russischen Projekts schadstofffreie mineralreiche natürliche Tierprodukte

19.11 Was bewirkt Zeolith im Darm von Nutztieren?

Nachfolgend möchten wir in einer kurzen Skizze die Wirkungen von Zeolithen im Verdauungstrakt der Nutztiere auflisten:
- allgemeine Stabilität der Funktionen der Darmtätigkeit
- Entfernung von Gärungs- und Fäulnisprodukten (feste und gasförmige) die vor allem im Pansen von Wiederkäuern entstehen (Ammoniakbindung)
- Ausleitung von Schadstoffen
- Verbesserung des Zustands der Schleimhäute von Dick- und Dünndarm
- ausgeglichene Darmperistaltik und Formierung eines festen Kotes
- Erhöhung der Verdaulichkeit des Futters und Aneignung der Nährstoffe, woraus eine schnelle Gewichtserhöhung (Massezunahme der Tiere) erfolgt
- bessere Resorption von Mineralien
- bessere Aneignung der Aminosäuren und des Eiweißfutters (Tabelle 19-1 und Tabelle 19-2)
- Aufrechterhaltung der Säure-Basen-Balance

[Račikov 1999; Kusnezov et al. 1993; Dawkins und Wallace 1990; Pond 1984]

Tabelle 19-1:
Zuwachs an Körpermasse durch Zeolithbeifutter. An Färsen wurde von der Geburt bis zum 18. Lebensmonat Phosphor, Schwefel, Kalium und Natrium mit und ohne Zeolith verabreicht. In verschiedenen Altersperioden wurde der durchschnittliche Zuwachs an Körpermasse in g/Tier gemessen [Lyčeva 1999]. Die Zeolithgruppe hatte einen hohen Zuwachs an Körpermasse.

Altersperiode	Gruppe (Färsen)	
Monate	Mineralien ohne Zeolith n>30	Mineralien mit Zeolith n>30
0-6	627	676
6-12	525	519
12-18	620	731
0-18	594	649 p>0,01

Tabelle 19-2:
Zuwachs an Körpermasse durch Zeolithbeifutter. Einfluss von Zeolith des Kaluskajer Gebiets (Russland) auf die Zunahme der Körpermasse von Jungrindern (Ergebnisse einer wissenschaftlichen Betriebsuntersuchung von Bogoljubova [2001]

Angaben	Gruppe (Jungrinder)	
	Mineralienzusatz ohne Zeolith n>30	Mineralienzusatz mit Zeolith n>30
Verbrauch des Futters für 60 Versuchstage pro Tier in kg		
Heu	1080	1164
Mischfutter	150	150
Zeolithgestein (gemahlen)	-	6
Lebendige Masse vor Mästung in kg	265,8 ± 20,8	267,0 ± 23,6
Lebendige Masse am Ende der Untersuchung in kg	332,5 ± 17,8	341,0 ± 20,0
Durchschnittlicher Tageszuwachs in g	1112 ± 87,5	1233 ± 136,1
Bruttozuwachs während der Versuchsperiode in kg	66,7 ± 5,2	74,0 ± 8,2
Futterverbrauch für ein kg des Zuwachses (Futtereinheiten)	7,1	6,74

Die Zugabe von Zeolith erweist sich folglich als vorteilhaft.

19.12 Wissenschaftlich fundiertes, verantwortungsvolles und differenziertes Herangehen bei der Beifuttergabe von Natur-Klinoptilolith-Zeolith an Tiere

Die Verfütterung von Zeolithen an Haus- und Nutztiere kann nicht **blindlings erfolgen** und sollte möglichst unter Beratung eines Tierarztes vorgenommen werden. Warum? Wie wir nachfolgend auf der Grundlage von Untersuchungsergebnissen zeigen werden, müssen bei der Verabreichung von Zeolith an Tiere wie auch beim Menschen Besonderheiten beachtet werden. Zeolith ist zwar ein besonderer Wirkstoff, aber kein Allheil- und Allerweltsmittel.

- Der Anteil von Klinoptilolith-Zeolith im verwendeten Gesteinmehl muss mindestens 70 % betragen *[Račikov 1999]*.
- Die Form der Zeolithkörner soll würfel- oder sphärenartige Konfiguration haben und keinesfalls länglich sein. Das ist beim Mahlen des Gesteins unbedingt zu beachten *[Račikov 1999]*.
- Die Korngröße soll im Durchschnitt für Rinder, Schafe, Pferde, Schweine, Ziegen, Hunde zwischen 0,1 und 1 mm liegen. Für Vögel können die Zeolithkörner einen Durchmesser 1,0-2,0 mm, bei Puten und Straußen sogar bis 4 mm haben.
- Der zu verabreichende Zeolith soll angefeuchtet werden oder sogar als Getränk gegeben werden (mit Ausnahme von Vögeln). Es muss verhindert werden, dass Zeolithstaub von den Tieren eingeatmet wird.
- Bei Rindern, Schweinen, Schafen usw., die für die Fleischgewinnung vorbereitet werden, ist unbedingt für ausreichend Eiweiß zu sorgen. Dessen Anteil soll mindestens 14-15 % vom Gesamtfutter (reines Eiweiß) betragen. Bei zu wenig Eiweiß hat der Zeolith nur relativ geringen Einfluss auf die Zunahme der Körpermasse. Der Zeolithanteil soll dabei 3-5 % des Gesamtfutters ausmachen *[Romanov 2000; Račikov 1999]*.
- Weidehaltung benötigt weniger Zeolith als Stallhaltung. Faustregel: Bei Weidehaltung sollen ca. 50 % der Menge, die bei Stallhaltung verabreicht wird (gewöhnlich 3-5 % Anteil des Gesamtfutters) appliziert werden. Wenn die Tiere jahreszeitlich bedingt sowohl Weide- als auch Stallhaltung unterliegen, ist eine „Umdosierung" der Zeolithbeigabe beim Wechsel der Haltung unbedingt vorzunehmen *[Račikov 1999; Bucur 1989; Vrzgula 1986]*.
- In der Winterperiode bei Stallhaltung (wenn kein Grünfutter zur Verfügung steht) muss der Zeolithanteil am Gesamttrockenfutteranteil gemessen werden.
- Es wurde nachgewiesen, dass bei Kühen in diesem Fall die Milchproduktivität um 12-18 % in unveränderter Qualität ansteigen kann. Kälber von trächtigen Tieren, die in dieser Weise „behandelt" wurden, sind widerstandsfähiger als andere und können auch 8-12 Tage früher von der Muttermilch abgesetzt werden *[Romanov 2000; Račikov 1999; Kusnezov 1993]*.
- Bei Pelztieren darf der Anteil von Zeolith am Gesamtfutteranteil nur 0,3 % betragen, um ein Fell von optimaler Qualität zu erhalten. Die Erhöhung der

Zeolithration auf 1,0-1,5 % Beifutteranteil setzt die Qualität der Felle dieser Tiere herab *[Račikov 1999; Balakirev und Snitko 1995]*.
- Chronobiologische Aspekte: Tageszeitlich abhängige Wirkungen sind zu beachten.
- Zusätzliche Mineralienapplikationen sollten unbedingt gemeinsam mit Zeolith verabreicht werden, weil dadurch die Effektivität höher ist (Tabelle 19-1).
- Eine Kombination von Zuckerrübenmelasse und Natur-Klinoptilolith-Zeolith wirkte sich besonders günstig auf die Gesundheit des Viehbestands aus *[Romanov 2000; Yamikov 1999; Račikov 1999]*.

19.13 Anwendungsbeispiele von Natur-Klinoptilolith-Zeolith im Bereich der Pferdezucht

Eine interessante wissenschaftliche Arbeit zur Anwendung von Klinoptilolith-Zeolith in der Pferdezucht hat Shagivaleyev [2001] durchgeführt, auf die nachfolgend als Beispiel detaillierter eingegangen werden soll.

Dieser Wissenschaftler untersuchte an 48 laktierenden (milchgebenden) Stuten anhand von Parametern des Immunstatus, der Mikroflora und anderer biochemischer Funktionen die Wirkung von Natur-Klinoptilolith-Zeolith in Kombination mit Propolis sowie mit anderen Naturwirkstoffen. An zehn aufeinanderfolgenden Tagen wurde den Stuten baschkirischer Rasse täglich die Kombination von 60 g/Tier Natur-Klinoptilolith-Zeolith und 250 ml/Tier/Tag Propolis-Lösung appliziert. D. h. die Tagesdosis betrug pro Tier und Tag 120 g Natur-Klinoptilolith-Zeolith und 500 ml/Tier/Tag Propolis-Lösung.

Die Zubereitung von Propolis wurde wie folgt hergestellt: 5 ml eines 20%igen Spiritusextrakts von Propolis wurde mit 1.000 ml abgekochtem, abgekühltem Trinkwasser vermischt. Die Einzeldosis von diesem Gemisch betrug 250 ml. Natur-Klinoptilolith-Zeolith und Propolis wurden dem normalen Futter beigemischt.

Die Vitalparameter untersuchte der Autor aus Proben des Bluts, der Milch und der Fäkalien der Tiere am 15., 30., 45. und 60. Tag nach Beginn der Applikation der Wirkstoffe. Vor der Applikation der Wirkstoffe sind Ausgangswerte bestimmt worden. Es wurden vier Untersuchungsgruppen gebildet: Kontrollgruppe, Natur-Klinoptilolith-Zeolith-Gruppe, Propolis-Gruppe und Kombinationsgruppe (Natur-Klinoptilolith-Zeolith + Propolis).

Einige Beispiele der Untersuchungsergebnisse sind in folgenden Tabellen bzw. Diagrammen dargestellt *[nach Shagivaleyev 2001]*.

Tabelle 19-3:
Zeitlicher Verlauf der bakterioziden Wirkung im Blutserum der Tiere (in CV %); [nach Shagivaleyev 2001]

Versuchsgruppe	statistischer Index	Ausgangswerte	Werte zu verschiedenen Untersuchungszeitpunkten in Tagen			
			15.	30.	45.	60.
Kontrolle	M	42,33	40,70	41,40	39,46	40,8
	± m	0,30	0,35	0,42	0,54	0,14
Zeolith	M	40,80	44,50	53,43	64,46	56,43
	± m	0,37	0,44	0,38	0,27	0,28
Propolis	M	38,50	47,56	58,7	74,4	71,6
	± m	0,34	0,31	0,85	0,33	0,48
Zeolith + Propolis	M	39,43	48,43	69,6	87,43	76,6
	± m	0,28	0,27	0,36	0,28	0,34

Tabelle 19-4:
Zeitlicher Verlauf des Vitamin A-Gehalts in Mikrogramm/l in der Stutenmilch nach 10-tägiger Applikation der Wirkstoffe [nach Shagivaleyev 2001]

Versuchsgruppe	statistischer Index	Ausgangswerte	Werte zu verschiedenen Untersuchungszeitpunkten in Tagen			
			15.	30.	45.	60.
Kontrolle	M	250	247	254	236	238
	± m	1,76	1,83	1,14	0,32	2,28
Zeolith	M	234	239	252	246	257
	± m	2,28	1,45	1,92	3,02	2,21
Propolis	M	232	274	300	317	296
	± m	3,59	3,48	5,28	2,42	1,67
Zeolith + Propolis	M	240	362	310	330	300
	± m	2,21	5,86	2,81	5,62	2,47

Aus der Untersuchung wird ersichtlich, dass die Funktionen nach zehntägiger Applikation der angeführten Dosierungen von Klinoptilolith-Zeolith und Propolis einen nachhaltigen ansteigenden deutlichen Effekt haben, der größtenteils am 45. Untersuchungstag seine Spitze erreicht. Zu diesem Zeitpunkt ist faktisch der Regenerations- oder Heilungsprozess beendet.

Die alleinige Applikation beider Wirkstoffe zeigte geringere Therapieeffekte als die Applikation beider gemeinsam.

Die Therapieeffekte wurden vor allem nachgewiesen am Ansteigen
- der bakterioziden Aktivität im Blut
- der Lysozymaktivität im Blut
- der phagozytären Aktivität der Leukozyten im Blut
- des Bifidobacteriums und des Lactobazillus im Darm
- des Vitamin A+C-Gehalts in der Milch der Stuten

sowie an der Senkung der Zahl der Staphylokokken im Darm, des Closridiums und der Candida (Mikropilze).

Der Autor bewertet die Befunde in der Weise, dass die verwendeten Wirkstoffe durch Verminderung der Dysbakteriose und Wiederherstellung der Mikrozöonose im Darm belegen, Bedingungen für eine normale Darmfloraentwicklung geschaffen haben und dass die angeführten Daten eine Stärkung des Immunsystems belegen. Es wird in dieser Arbeit noch vermerkt, dass die Milchproduktion der Stuten in quantitativer und qualitativer Hinsicht (z. B. Erhöhung des Vitamin A- und C-Gehalts) eine Steigerung durch die verwendeten Wirkstoffe erfuhren. Das ist vor allem für die Aufzucht von Jungtieren wichtig.

Hervorzuheben ist, dass in den Untersuchungen an den baschkirischen Stuten die immunkorrigierende Wirkung und die Normalisierung der Darmflora durch Natur-Klinoptilolith-Zeolith und Propolis bereits nach zehntägiger Applikation in Gang gesetzt wurde. Die baschkirischen Pferde stellen aber eine robuste Rasse dar. Die in Westeuropa gehaltenen Pferde dürften möglicherweise eine längere Applikationszeit bedürfen. Da der prolongierte Effekt von Klinoptilolith-Zeolith auch in anderen Anwendungen beobachtet worden ist, sollte er daher Beachtung finden.

19.14 Was ist Propolis?

Propolis, auch als Bienenharz bezeichnet, ist eine harzige Masse, die von den Honigbienen zum Befestigen der Wabenzellen verwendet wird. Propolis wird aus den klebrigen Überzügen, welche die Knospen vor allem verschiedener Pappeln und Birkenarten bedeckt, von den Bienen geerntet.

Propolis enthält folgende Wirkstoffe
- Wachs (10-20%%)
- Benzylalkohole
- Phenylalkohole
- Flavonoide (Flavone, Flavonole, Flavanone)

Wirkungen von Propolis

Antibakteriell, antimykotisch, antiphlogistisch (antientzündlich), wundheilfördernd.

<u>Anwendungsbereiche</u>

Innerlich:	Magengeschwüre
	Entzündungen von Magen- und Darmschleimhaut
Äußerlich:	Geschwüre
(Pinselungen)	Ekzem

19.15 Zeolith - wichtig und wertvoll für Tiere, aber nur bei Applikation auf der Basis von wissenschaftlichen Erkenntnissen

Diese kurzen Ausführungen zu dem Einfluss von Zeolith auf die Gesundheit der Tiere und auf die Qualität von Tierprodukten sollte als Information für diejenigen sein, die sich damit befassen möchten, und das sind aus unserer Sicht in erster Linie die Tierärzte. Sie sind verpflichtet, die Verbraucher wissenschaftlich zu beraten. Unsachgemäßer Umgang mit Zeolith in dem Bereich der Nutz- und Haustierhaltung kann unter Umständen Schaden herbeiführen. Wir möchten deshalb vor einem Missbrauch des Zeoliths eindringlich warnen!!!

Jeder Vertreiber von Zeolith sollte einen sachkundigen Berater mit zertifizierter spezieller Ausbildung ausweisen können.

20 Natur-Klinoptilolith-Zeolith – ein multivalenter Rohstoff

20.1 Eine eigenartige Entdeckung im 20. Jahrhundert

Zu den größten wissenschaftlich-technischen Errungenschaften des 20. Jahrhunderts wird die Entdeckung der eigenartigen Eigenschaft der Silizium enthaltenen Gesteine Zeolith und Bentonit eingeschätzt *[Khalilov und Bagirov 2002; Bgatov 1999; Tsitsishvili et al. 1999, 1992]*.
Die Fachleute auf diesem Gebiet sind sogar der Auffassung, dass diese Silikatgesteine eine der wichtigsten Rohstoffe auf unserem Planeten sein werden und zu einem wirtschaftlichen Aufschwung führen können, von dem man heute noch nichts ahnt *[Veretenina et al. 2003; Romanov 2000; Bgatov 1999; Agadshanyan et al. 1998]*.

Seit Ende der 60er Jahre des vergangenen Jahrhunderts wurde begonnen, die siliziumhaltigen Naturgesteine Zeolith und Montmorillonit (Bentonit) wegen ihrer sonderbaren Eigenschaften:
- Ionenaustausch
- Adsorption
- Molekularsiebfunktion
- Katalysatorfunktion

in den Bereichen Industrie, Landwirtschaft, Ökologie, Veterinärmedizin sowie Gesundheit, Medizin und Ernährung des Menschen größere Aufmerksamkeit zu schenken. So findet man in vielen Ländern wissenschaftliche Forschergruppen, die sich seit langem mit Zeolith und auch mit Bentonit im Bereich der Lebenswissenschaften beschäftigen.

Nachfolgend möchten wir einige Beispiele angeben:
Russland: Gorokhov et al. [1982]; Butusova [1965]; Bykov et al. [1965]
Grusinien: Tsitsishvili et al. [1999, 1992]
Aserbaidshan: Khalilov und Bagirov [Übersicht 2002]
Japan: Kondo und Waga [1996]
USA: Dawkins und Wallace 1990; Olver [1983]; Wilms [1982]; England [1975]
Cuba: Castro und Mas [1989]; Castro und Elias [1977]
Korea: Han et al. [1976, 1975]
China: Chen et al. [1994]
ehemalige DDR: Schwarz et al. [1989]
BRD: Gunter [1990]
Slowakei: Swoboda und Kunze [1968]

20.2 Ein breites Anwendungsspektrum des Naturzeoliths

Wenn man sich die Mühe macht, einschlägige Fachliteratur, die in umfangreichem Maße vorliegt, und Patente zu recherchieren, dann kommt man zu einer langen Liste der Anwendung von Zeolith in den verschiedensten Bereichen der heutigen Gesellschaft. Nachfolgend möchten wir einige Beispiele anführen, die keinesfalls Anspruch auf Vollständigkeit erheben.

20.2.1 Ökologie

Die Ökologie hat die Eigenschaften von Zeolith für ihre Bereiche schon sehr früh entdeckt, z. B.
- zur Herstellung von trinkfähigem Wasser in jedem Territorium
- zur Abwasserklärung
- zur Schlammkonditionierung in Klärwerken
- zur Reinigung von Industrieabgasen
- zur Adsorption ölverschmutzter Gewässer

20.2.2 Landwirtschaft

In der Landwirtschaft verschiedener Länder, vor allem auch in Russland, spielt der Zeolith schon seit Jahrzehnten eine dominierende Rolle, z. B.
- als Beifutter von Nutztieren und Geflügel zur Herstellung ökologisch sauberer Nahrungsmittel für den Menschen
- als Futter für Pelztiere (hohe Qualität der Pelze)
- als Zusatzfutter in der Fischzucht
- als Desinfektionsmittel in Ställen wegen der bakteriziden Wirkung
- zur Geruchsneutralisierung in Tierzuchtanstalten
- zur Züchtung von Rennpferden
- als veterinärmedizinisches pharmazeutisches Hilfsmittel, besonders bei Erkrankung des Magen- und Darmtrakts des Nutzviehs
- zur Verbesserung der Böden und Erhöhung ihrer Fruchtbarkeit
- als Trägermaterial für Natur- und Kunstdünger

20.2.3 Industrie

Die Industrie fand zwischenzeitlich viele Anwendungsbereiche für den Zeolith, z. B.
- als Molekularsieb beim Trennen von Lösungsmitteln
- als Deodorant in Räumen, Autos und Kühlschränken
- zum Trocknen von Gas- und Flüssigkeitsmedien
- zur Papierherstellung

- zur Herstellung säurebeständiger Betone, Straßenbelege und Hausputz
- zur Herstellung von Wasserfiltern und Wasserenthärtungssystemen
- zur Produktion von ökologisch reinen Geschirrwaschmitteln
- zur Herstellung von Bier

20.2.4 Medizin

Die Anwendung von Naturzeolith in der Medizin haben wir in den vorausgegangenen Kapiteln ausführlich beschrieben. Es soll lediglich noch erwähnt werden, dass Naturzeolith bei der Herstellung antiseptischer Verbandstoffe und ökologisch reiner Desinfektionsmittel Verwendung findet.

Zeolith-Patente überall in der Welt

Eine Patentrecherche zur Anwendung von Naturzeolith in der Humanmedizin erbrachte 39 derartige Patente im Zeitraum von 1986-2002. Diese beziehen sich in erster Linie auf die Herstellung von antibakteriellen, antimikrobiellen, antimykotischen Zubereitungen, Verbandstoffen, Badesalzen, Cremes und Pasten, zu exogenen und endogenen Detoxikationen sowie von verschiedenen Stoffen und Mitteln in der Zahnmedizin, z. B. auch als Füllmaterial für kariöse Zähne. Die Patente verteilen sich auf

Japan	13
Russland	11
USA	7
Ukraine	3
Großbritannien	2
Deutschland	2
Europa	1

In Japan spielt der Naturzeolith eine bedeutende Rolle. Wie aus der erwähnten Recherche noch hervorgeht, haben sich die Japaner für einige USA-Zeolith-Patente die Prioritätsrechte erkauft.

Eine Recherche in der Moskauer Leninbibliothek erbrachte uns für den Zeitraum 1998-2002 38 Dissertations- und 3 Habilitationsschriften zum Themenkreis „Zeolith in der landwirtschaftlichen Viehzucht". Ein Teil dieser Arbeiten ist in diesem Buch zitiert worden (siehe Kapitel 19).

20.3 Zeolithprodukte in verschiedenen Ländern

20.3.1 Russland

Russland gehört mit zu den führenden Naturzeolith-Ländern. In der Medizin und auf dem Nahrungsergänzungsmittelsektor ist die Novosibirsker Wissenschafts- und Produktionsfirma NOV führend, die ein großes

Sortiment unter der Bezeichnung „Litovit" + Natur-Klinoptilolith-Zeolith-Zubereitungen, -Präparate, -Salben und –Kosmetika herausbringt und in verschiedene Länder exportiert. Hauptabnehmer sind die USA. NOV hat zahlreiche Zeolith-Patente, die weltweit geschützt sind. Seit März 2004 sind von der zuständigen Behörde des Ministeriums für Gesundheitswesen der Russischen Föderation sämtliche Litovitpräparate als Arzneimittel zugelassen worden [persönliche Mitteilung von Dr. Tatyana Novoselova, Präsidentin des Rates der Direktoren der wissenschaftlichen Produktions GmbH NOV, Novosibirsk] *[Veretenina et al. 2003].*

In Russland gibt es ein zentrales Forschungsprojekt „Zeolith", welches unter der Schirmherrschaft des Präsidenten der Föderation Russland steht. Es umfasst vor allem die Gebiete Medizin, Gesundheit des Menschen, Ökologie, Nahrungsmittel, Landwirtschaft, Viehzucht und Veterinärmedizin.

Die Zeolith-Produktion Russland steht unter staatlicher Kontrolle

Wenn man die Zertifikate zu dem Zeolith des Kholinsker Vorkommens ansieht, die von einem Vertreter des Atomministeriums der Russischen Föderation und von einem Vertreter des Innovationsrates der Russischen Föderation unterzeichnet werden müssen, dann stellt man fest, dass dieser Zeolith für folgende Verwendungszwecke staatlich zertifiziert wird:
- Naturzeolith als Ergänzung zum Futter der landwirtschaftlichen Vieh- und Geflügelzucht
- Zeolithmehl für die Vieh- und Geflügelzucht
- Naturzeolith als Beifutter für landwirtschaftliche Tiere
- Naturzeolith für die Zementindustrie
- Naturzeolith für die Baumaterialien
- zermahlener Naturzeolith für die Papierindustrie
- Naturzeolith als Grundlage von Polymerkompositionen zur Herstellung von Kunstleder und Planen
- Naturzeolith als adsorbierender Filter zur Reinigung des Trinkwassers und zur Klärung von Abwässern

Jede dieser Verwendungszulassungen hat eine eigenständige Zertifikat-Nummer. Für medizinische Zwecke und für Nahrungsergänzungen verwendeter Zeolith unterliegt einer besonderen Zulassungsbestimmung und Zertifizierung.

Lieferungs-, Aufbewahrungs- und Umgangsbedingungen mit Zeolith zum Gebrauch für Nutztiere als Beifutter in der Russischen Föderation:

Reinheit
- Mikroorganismen (mesophile aerobe und fakultativ anaerobe): nicht mehr als 5x 10 KOE/g
- Colibakterien: nicht zulässig
- Metallbeimischungen: nicht zulässig

Warenmarkierung – Verpackung

Zeolith muss abgefüllt verpackt in hermetisch abgeschlossenen Polyäthylensäcken geliefert werden.

- Jede Packung hat eine Markierung zu tragen und muss mit einem eingelegten Beizettel versehen sein.
- Die Polyäthylensäcke müssen dem stattlichen Standard entsprechen.
- Die Abfüllung pro Sack soll nicht mehr als 30-40 kg betragen.
- Die Öffnung des Sacks muss bei Lieferung zugeschweißt sein.
- Die Markierung soll folgende Daten enthalten.
  - Namen des Produzenten
  - Bezeichnung des Produkts
  - Datum der Produktion
  - Haltbarkeitsfrist
  - Warennummer
  - Nummer und Datum der Qualitätskontrolle
  - Angabe des Nettogewichts in kg
  - TY-Nummer (siehe Zertifikat)

Sicherheitsforderungen

<u>Vermerk:</u>
- Zeolith ist für Tiere
  - nicht toxisch
  - nicht brennbar
  - nicht explosiv
- Verhinderung von Zeolithstaub
  - bei Produktion
  - bei Abpackung
  - bei Gebrauch
- Zwangsventilation erforderlich!
- Maximal zugelassene Konzentration von Zeolithstaub in der Luft der Produktionsräume darf 2 mg/m3 nicht übersteigen.
- Für Mitarbeiter, die mit Zeolith umgehen
  - ist Schutzkleidung, Schutzbrille, Atemmaske Pflicht
  - wird jährlich eine medizinische Untersuchung mit Röntgen des Brustkorbes obligatorisch
  - soll Produktionsausrüstung und Ablauf der Produktion den vorgeschriebenen hohen staatlichen Standards entsprechen.

Regeln der Qualitätsabnahme

- Jede Warencharge soll von der Betriebs- (Werks-) Aufsicht abgenommen und auf der Ware bestätigt sein.
- Zu jeder Warencharge sind die entsprechenden Dokumentationen mit zu liefern, z. B. physikalisch-chemische Werte, Produktionszyklus, Reinheit usw. (siehe Zertifikat)
- Negative Befunde müssen noch einmal mit der doppelten Probenmenge vorgenommen werden! Dies stellt dann den endgültigen Befund dar.

Deponierung von Proben für Kontrollen

- Von jeder Charge müssen zwei Proben von je 0,25 kg versiegelt mit abgedichtetem Deckel zur Aufbewahrung zurückgelegt werden.
- Die erste Probe dient einem möglichen angeforderten Qualitätsnachweis (Staatl. Kontrolle oder Kunde)
- Die zweite Probe dient zur Klärung der Beweislage bei Rechtsstreit zur Vorlage beim Gericht.

Transport und Aufbewahrung von Zeolith

- Zeolith darf mit allen geschlossenen Verkehrsmitteln transportiert werden.
- Die Aufbewahrung von Zeolith hat unter folgenden Bedingungen zu erfolgen
  - jegliche Vermeidung von Kontakten mit chemischen Stoffen, Flüssigkeiten, Gasen
  - Vermeidung von Verschmutzungen
  - Luftfeuchtigkeit ca. 40 %
  - Raumtemperatur +4 bis -4°C
  - nach Entnahme sind die Polyäthylensäcke wieder luftdicht abzuschließen

Verabreichung an die Tiere

- Die Verabreichung soll ausschließlich in Milch (für Jungtiere) und in Wasser (für erwachsene Tiere) erfolgen.
- Kein Trockenpulver an die Tiere verabreichen.

Anwendungsdosierung

Die Anwendungsdosierung muss auf dem Beizettel angegeben sein.

Garantien

Der Produzent hat eine Produktgarantie zu geben. Diese ist gewöhnlich für sechs Monate ab Abpackungstermin festgelegt.

Die Körnigkeit hat dem Zertifikat zu entsprechen.

(Übersetzung „Anhang zur Zertifizierung für Naturzeolith")

20.3.2 Japan

Aus Japan möchten wir nur einige Beispiele anführen.

- Fasern mit Zeolith versehen (Nylon, Akrylat, Polyazetat) zur Herstellung von antibakteriellen Matten, Teppichen, Papieren, Planen
- Zahnpasten und Zahnzemente für Füllungen mit Zeolith
- Zubereitungen für Mundpflege
- Pharmazeutische Verwendung für Tablettengrundlagen
- Bakterizide Zubereitungen (Lotionen und Cremes) gegen Juckreiz, zur Haarpflege, für Kosmetika (Schminke, Puder) *[Khalilov und Bagirov 2002]*

20.3.3 USA

Die gleichen Produkte wie in Japan, lediglich mit anderen Technologien hergestellt, sind in den USA zu finden. Es dominieren Zubereitungen und Kosmetika mit bakterizider Wirkung und für die Zahn- und Mundpflege *[Khalilov und Bagirov 2002]*.

20.3.4 Aserbaidschan

Unermessliche Zeolith-Vorkommen

Zu Aserbaidschan wäre zu erwähnen, dass allein das Vorkommen des Kaukasus-Klinoptilolith-Zeolith im Gebiet Andag schätzungsweise über 70 Millionen Tonnen beträgt [Khalilov und Bagirov 2002]. Schon allein aus diesem Grund ist in diesem Land die Herstellung von Zeolith-Produkten sehr vielfältig.

So werden Pasten und Cremes mit Zeolith gegen Hauterkrankungen, feuchte Exantheme, Juckreiz, Fußpilz, Quaddeln, Scheuerwunden und Schwielen an den Füßen sowie gegen Fußgeruch hergestellt. Auch zur Wundheilung und für kosmetische Zwecke gibt es Zubereitungen.

Interessant ist in diesem Zusammenhang, dass ein Hauptabnehmer dieser Produkte die Armee ist, weil durch deren Anwendung Ausfälle durch Krankheiten der angeführten Art, vor allem Fußkrankheiten, verhindert oder schnell einer Heilung zugeführt werden. Damit wird eine Schwächung der Kampfkraft der Armee durch kranke Soldaten auf ein Minimum reduziert *[Khalilov und Bagirov 2002]*.

In Aserbaidschan spielt der Zeolith auch in der Landwirtschaft eine große Rolle. Er findet als Beifutter für das Nutzvieh, zur Verhinderung von Stallgerüchen und als Bodendünger Anwendung *[Khalilov und Bagirov 2002]*.

Zeolith im Haushalt und Garten

Unter dieser Rubrik bringt der Bakuer Zeolith-Produzent, die Forschungs- und Produktionsfirma „Yeni Tech" folgende Produkte auf den Markt *[Khalilov und Bagirov 2002]*:
- Desodorator für Schuhe: absorbiert Flüssigkeit, unangenehme Gerüche, verhindert die Entwicklung von Mikroorganismen in den Schuhen
- Streupulver für Füße: hilft unangenehme Gerüche zu beseitigen, senkt überschüssige Neigung zum Schwitzen, dank der bakteriziden Eigenschaften beschleunigt es Heilung der kleinen Wunden an den Füßen und verhindert das Eindringen der krankheitserregenden Bakterien
- Desodorator für Schuhschränke: adsorbiert Feuchtigkeit und unangenehme Gerüche

- Desodorator für Wohnzimmer: beseitigt beliebige unangenehme Gerüche, macht die Luft sauberer und angenehmer
- Desodorator für Badezimmer und Toiletten: beseitigt beliebige unangenehme Gerüche einschließlich Ammoniumgeruch
- Desodorator für Kleiderschränke: wird für Beseitigung von Gerüchen von Kleidern eingesetzt, er hat auch die Fähigkeit, die Feuchtigkeit von Bekleidungen zu senken
- Desodorator für Küche: beseitigt alle Gerüche, die im Prozess der Zubereitung der Nahrung entstehen
- Kühlschrankdesodorator: beseitigt beliebige Gerüche effektiv, verhindert die Schimmelbildung, Pilzwachstum und Verbreitung der Bakterien, was die Dauer der Produkterhaltung prolongiert
- Desodorator für Gemüseaufbewahrung: beseitigt beliebige unangenehme Gerüche und Feuchtigkeit
- Desodorator für Mülleimer und Müllcontainer: hilft den unangenehmen Geruch der Abfälle zu beseitigen, entfernt Feuchtigkeit und verhindert das Erscheinen von Schaben
- Desodorator für Teppiche und Polstermöbel: entfernt total stabile Gerüche der Kunststoffbelege und Teppiche beliebiger Art, Portiere, Polstermöbel, Bezugsstoffe der Autositze
- Unterlagestoff für dekorative Tiere, z. B. Vögel, Hamster, Kaninchen, Iltisse u. a. Er entfernt alle unangenehmen Gerüche, hat die Fähigkeit, Feuchtigkeit zu sorbieren und deswegen spielt er die Rolle des Trockners
- Die Füllung für Katzentoiletten mit Zeolith wird für die Entfernung der unangenehmen Gerüche und Trocknung der Exkremente angewendet
- Zeolith als Trockenschampoo für Hunde: wird zum Waschen und zur Beseitigung des unangenehmen Geruchs der Tiere angewendet. Dank der bakteriziden Eigenschaften beschleunigt es die Heilung der kleinen Wunden auf der Haut der Tiere, verhindert das Eindringen krankheitserregender Bakterien in die Wunde, trägt zur schnellen Heilung verletzter Stellen bei
- Desodorator für Autos: entfernt beliebige unangenehme Gerüche im Autoraum, z. B. Gerüche von Benzin, Dieselöl und anderen Stoffen, die im Kofferraum des Autos entstehen können
- Reinigungs- und Waschpulver aus Zeolith: wird für Waschen des Küchengeschirrs, Fett-, Anflug- und veraltete Fleckenentfernung eingesetzt, für Wannen, Kachel-, Waschbecken-, vernickelte Flächenreinigung und gleichzeitig für Beseitigung beliebiger unangenehmer Gerüche verwendet. Er wirkt auch wohltuend auf die Handhaut, macht sie weich und gleichzeitig heilt er kleine Wunden und Spalten.
- Zeolith für Blumenbeete: verhindert Krustenbildung in Böden, verbessert den Ionenaustausch der Pflanzenwurzeln
- Zeolith gegen Tabakrauch: wird verwendet für die Beseitigung des unangenehmen Geruchs von Aschenbechern und den toxischen Stoffen von Zigarettenrauch. Er kann auch für Reinigung der Luft, der Räume verwendet werden.

- Zeolith im Zimmeraquarium: entfernt Ammoniakionen, die sich im Prozess der Lebenstätigkeit der Fische bilden, adsorbiert Mikroben, die toxische Gase ausscheiden und verbessert dadurch die Sanitärbedingungen des Bewohnmilieus der Fische. Verhindert das Entstehen verschiedener Krankheiten. Dieses Mittel verhindert auch Versauern des Wassers und beseitigt unangenehme Gerüche. Der Boden aus Zeolithgesteinen erleichtert die Pflege des Aquariums. Dies braucht nur alle 4-6 Monate gesäubert zu werden.
- Zeolith als Gartendünger: Das Düngen der Erde mit Zeolith verbessert bedeutend ihre Qualität und verschafft die Möglichkeit einer besseren Verwendung der mineralischen Elementennahrung, erhöht das Salz-Wasserregime der Pflanzen, verstärkt deren Wachstum und Entwicklung, senkt den Gehalt der toxischen Elemente in der grünen Masse der Pflanzen dank seiner bakteriziden Eigenschaften, verhindert die Erkrankung der Wurzeln, hat die Eigenschaft, die Wirkung von Düngern zu prolongieren. Außerdem enthält der Zeolith viele für die Pflanzen notwendige Mineralstoffe.
- Zeolith für Haus- und Nutztiere: Eine diätetische Ergänzung für Futter der Haustiere wird angewendet zur Steigerung der Widerstandsfähigkeit des Organismus, Vorbeugung der nicht ansteckenden Magen-Darmkrankheiten, zur Regelung des Ionenaustausches, zur Ausscheidung der Überschüsse der schädlichen Mikroelemente aus dem Organismus und Speicherung der fehlenden Mikroelemente.
- Diätetische Nahrungsergänzung für Futter der Zier- und Singvögel: vermindert die Verfettung und Vergrößerung der Muskelmasse der Vögel bei geringer Bewegung. Zeolith ist das beste Vorbeugungsmittel gegen Magen-Darmerkrankungen, gegen Aufhalten, Aufhören des Wachstums und Ausfall der Federn der Ziervögel.

Diese Beispiele sollen genügen, um die Bedeutung, die dem Zeolith international beigemessen wird, zu demonstrieren.

20.4 In Deutschland geht die Jugend voran

Weil dieser Naturrohstoff des 21. Jahrhunderts in Deutschland noch relativ wenig bekannt ist (jedenfalls in der Medizin), haben wir dieses Buch geschrieben, um mit dazu beizutragen, dass unser Land den abfahrenden Zug in die Zukunft nicht verpasst. Gegenwärtig fehlt in unserem Land in der Medizin, Veterinärmedizin und Landwirtschaft Verständnis für die Wirkungsweise des Zeoliths, weil er nicht pure Chemie verkörpert, sondern auch physikalische, chemophysikalische, geobiophysikalische Wirkmechanismen entwickeln kann. Erklärungen der Wirkmechanismen von Zeolith-Nahrungsergänzungsmittel-Anbietern sind nicht selten pseudowissenschaftlich.

Die Jugend scheint diesen Trend schon eher erkannt zu haben als mancher Erwachsene. Dafür bürgt eine interessante Schülerarbeit mit dem Titel: „Untersuchungen der Schwermetall-Ionenselektion von Zeolith am Beispiel von Cu^{++} und Co^{++}". Es handelt sich dabei um eine experimentelle Arbeit zur Ionenaustauschfunktion des Zeoliths. Sie wurde von den Schülern Swetlana Chitschenko, Elena Leonhardt, Alaxandra Dudzik und Oleg Klems unter Leitung von Studienrat Schickar [1999] durchgeführt. Diese Arbeit erhielt im Wettbewerb „Wasser macht Schule" den dritten Preis in der Kategorie Sekundarstufe II, 1999 durch die Ministerin für Umwelt und Forschung, Frau Martini, in Mainz. Mehr Angaben dazu haben wir leider nicht gefunden. Bemerkenswert ist aber, dass diese Schüler an der Zeolithforschung Freude gefunden haben, denn im Ausblick dieser 18 Seiten umfassenden wissenschaftlichen Arbeit formulieren sie:

„Wir schlagen folgende weitere Untersuchungen vor:
- Ermittlung der optimalen Zeolithmenge, um alle Schwermetallionen zu binden
- weitere Untersuchungen zur Regeneration des Zeoliths (Schwermetallbeseitigung)
- Entwicklung eines Laborgeräts zur Schwermetallionenbindung
- Untersuchung mit weiteren Metallionen und Aufstellen von Selektivitätsreihen
- weitere Einflussfaktoren, insbesondere Reaktionsbedingungen zur Förderung der Schwermetallabsorption am Zeolith, z. B. Temperatursteigerung, Erhöhung der Kontaktzeit (Rührdauer)
- Test anderer Zeolitharten ..."

Diese Jugendinitiative stimmt hoffnungsvoll für die Zukunft.

Es wäre begrüßenswert, wenn sich alle Bundes- und Länderminister für Gesundheit, Umwelt und Landwirtschaft, wie auch manche Wirtschaftszweige mit dem Wert des Zeoliths für ihre Bereiche einmal beschäftigen würden. Das könnte für unser Land von Nutzen sein. Die Jugend scheint dafür ein gutes Gespür zu haben.

21 Zu einigen organismusrelevanten Naturwirkstoffen

Ausgehend von den Funktionen der siliziumhaltigen Naturgesteine Klinoptilolith-Zeolith und Montmorillonit im menschlichen Organismus, wie z. B. Adsorption, Ionenaustausch, Detoxikation, haben wir nach Naturstoffen gesucht, die mit diesen Naturgesteinen eine effektive Wirkkombination ergeben können. Dabei erwiesen sich als besonders günstig: Glyzin, Spirulina platensis, Laminaria (Nordmeeralge) und Betanin (Beta vulgaris). Diese Wirkstoffe möchten wir nachfolgend kurz charakterisieren.

21.1 Glyzin – ein natürliches sanftes Nootropikum

21.1.1 Was ist Glyzin?

Das Glyzin ist eine kristalline, süß-schmeckende Alpha-Aminoessigsäure. Es ist mit folgender chemischer Formel ausgewiesen: NH_2-CH_2-COOH. Als Alpha-Aminoessigsäure ist Glyzin ein Abkömmling der in der Natur vorkommenden Hippursäure.

Entwicklungsgeschichtlich zählt Glyzin zu den ältesten Aminosäuren, die bei der Entstehung des Lebens auf der Erde, z. B. bei der Entstehung von Protoorganismen, eine Rolle gespielt haben sollen. Nach P. Berg [1959] und Hauser [1965] waren bei der Entstehung von Aminosäuren Tonmaterialien maßgeblich beteiligt. Untersuchungen von Akabori [1959, 1955] demonstrierten, dass sich an Tonmaterialien-Oberflächen aus Formaldehyd, Ammoniak und Zyanwasserstoff Protoeiweiße bilden lassen. Polymerisierungsvorgänge vollzogen sich an den Tonoberflächen, wodurch Polyglyzin entstand. Hauser [1965] gelang es mittels der katalytischen und Adsorptionseigenschaften von SiO_2 aus einem Gemisch von NH_2, CH_4, H_2O und C Glyzin, Alanin und andere Aminosäuren herzustellen.

21.1.2 Besondere Eigenschaften von Glyzin

Glyzin weist auf Grund seiner Struktur verschiedene Besonderheiten gegenüber anderen Aminosäuren aus.

- Glyzin zählt zu den Hauptbausteinen des Eiweißes.
- Aus dem Glyzin leitet sich durch Ersatz eines H-Atoms der CH_2-Gruppe die Entwicklung einer Reihe anderer Aminosäuren ab.
- Während 19 der 20 proteinogenen Aminosäuren der L-Konfigurationen angehören, weist das Glyzin diese Eigenschaft **nicht aus** und nimmt auch dies-

bezüglich eine Ausnahmestellung ein. (Auf Packungen von Nahrungsergänzungen findet man häufig die Bezeichnung „L-Glyzin". Das ist eine falsche Angabe und zeugt von mangelnden chemischen Kenntnissen der Hersteller solcher Nahrungsergänzungen.)
- Glyzin spielt als metabolischer Regulator in der extrazellulären Matrix eine dominierende Rolle und trägt zur Gewährleistung derer Homöostase bei.
- Im Zusammenspiel mit SiO_2 (z. B. Bentonit) ist Glyzin an der Kollagensynthese und an der Elastizitätsbildung des Bindegewebes maßgeblich beteiligt. Der Kombination von Bentonit (Montmorillonit) und Glyzin wird die Verhinderung der schnellen Alterung des Bindegewebes zugesprochen, besonders des der Haut *[Bgatov et al. 2000]*.
- Glyzin hat auch die Funktion eines Neurotransmitters. Es reguliert die Membrandurchlässigkeit von Chloridionen und Hydrogencarbonat-Ionen an den Neuronen des Stammhirns und des Rückenmarks.

Glyzin wird als ein inhibierender Neurotransmitter charakterisiert, der
- an der Ausbildung des Atemrhythmus im respiratoischen Zentrum des Hirnstamms beteiligt ist
- für die neuronale Regulation des Muskeltonus über Hirnstamm und Rückenmark sorgt
- in Wechselwirkung mit glyzinergischen Rezeptoren des Rückenmarks und des Gehirns steht und dadurch zur Normalisierung der Bilanz zwischen erregenden und hemmenden Neurotransmittersystemen beiträgt
- die Fähigkeit besitzt, verschiedene endogene toxische Stoffe zu binden (neutralisiert: Phenole; Aldehyde, Barbiturate u. a.)
- die Rhythmustaktung der Nervenzellen mitbewirkt *[Gusev et al. 2000; Mashkova et al. 1996]*

21.1.3 Welche pharmakologischen Eigenschaften hat Glyzin?

Das Glyzin ist ein Regulator des Stoffwechsels; es normalisiert Prozesse der Erregung und der Hemmung im ZNS und verfügt über einen Antistresseffekt; es erhöht aufgrund bisheriger wissenschaftlicher Erkenntnisse und praktischer Erfahrungen die intellektuelle Arbeitsfähigkeit. Hervorzuheben ist die physiologische nootrope Wirkung ohne Nebenwirkungen.

Glyzin kann gesunden Kindern mit einem Alter von einem Jahr, Jugendlichen und Erwachsenen zur Erhöhung der intellektuellen Arbeitsfähigkeit, bei Stress-Situationen, bei psychoemotioneller Anspannung (Prüfungen, Konflikten usw.) verabreicht werden. Als Antistressmittel und sanftes nootropes Mittel kann es an Kinder, die älter als ein Jahr sind, an Jugendliche (auch an solche mit Veränderungen des Verhaltens), an Erwachsene bei verschiedenen funktionellen und organischen Erkrankungen des Nervensystems (Neurosen, neurotische Zustände und vegetative

Dystonie, bei funktionellen und organischen Folgen von Hirntraumen, bei verschiedenen Formen von Enzephalopathien, darunter auch die der Alkoholpathogenese), die von erhöhter Erregbarkeit, emotioneller Labilität, Einschränkung der intellektuellen Arbeitsfähigkeit und von Schlafstörungen begleitet werden, appliziert werden *[Gusev et al. 2000; File et al. 1999; Zaslavskaja et al. 1999; Mashkova et al. 1996; Sheveleva et al. 1996].*

Mashkova et al. [1996] berichteten, dass bei Opiumsucht Glyzin die Beseitigung der Desorganisation der Hirnrindenrhythmik bewirkt, neurologische Symptomatik verringert und Opiumsuchtsymptome des Gehirns, einschließlich Bewusstsein, abschwächt.

Die Autoren unterstreichen besonders die rhythmustaktende Wirkung des Glyzins, weil die Hirnrhythmik bei Opiumsucht und Opiumintoxikation verloren geht und Glyzin in diesen Fällen eine rhythmuskorrigierende Rolle ausübt.

Des Weiteren vermag Glyzin bei Alkoholikern, die einem beschleunigten Alterungsprozess unterliegen, diesen aufzuhalten. Bei Frauen wurde Glyzin zur Minderung von Klimaxbeschwerden, die vor allem, nach ihrer Auffassung, negativ-emotionell-vegetativer Natur sind, erfolgreich eingesetzt. Wurde Glyzin in früheren Stadien des Klimakteriums appliziert, dann wurde der Menstruationszyklus wieder reproduziert. Über die effektive Therapie mit Glyzin bei der Herzmuskelischämie berichten Zaslavskaja et al. [1999]. Die gedächtnis- und aufmerksamkeitsfördernde Wirkung des Glyzins wurde von File et al. [1999] beschrieben.

21.1.4 Welche Applikationsform ist erforderlich?

Glyzin wird mit vielen Nahrungsstoffen in den Verdauungstrakt gebracht. Es kann dort pharmakologisch nicht immer wirksam werden, weil die Verdauungssäfte das Glyzin unwirksam machen können. Glyzin wird deshalb sublingual appliziert (unter die Zunge gelegt) oder durch Lutschtabletten von der Mundschleimhaut resorbiert.

21.1.5 Was ist von Glyzin noch bekannt?

- In seinem Wirkungsmechanismus und pharmakologischen Effekt hat Glyzin keine Analoge (vereinigt in sich Antistress-, Stressprotektions- und nootrope Wirkungen).
- Der Effekt wird erreicht durch physiologische Aktivierung von Hemmungsprozessen im ZNS.
- Glyzin hat einen schnellen pharmakologischen Effekt (das Präparat wirkt bereits innerhalb von 5-10 Minuten).
- Glyzin wird in 10fach kleineren Dosierungen als andere nootrope Präparate verabreicht.
- Kontraindikationen und unerwünschte Nebeneffekte wurden nicht nachgewiesen.

- Eine Überdosierung des Präparats ist nicht möglich.
- Zum Unterschied von Tranquilizern werden bei einer dauerhaften Einnahme von Glyzin keine Abhängigkeits- und keine Entzugssyndrome beobachtet.
- Glyzin kann in beliebigem Alter eingenommen werden („Familienpräparat") *[Komissarova 2002]*.

21.1.6 Dosierung

Empfehlungen der Wissenschafts- und Produktionsgesellschaft Biotiki Moskau: Glyzin wird aufgrund von klinischen Studien und empirischen Erfahrungen in der medizinischen Praxis sublingual (unter die Zunge gelegt) in Tablettenform von je 0,1 g appliziert. Bei ansonsten gesunden Kindern, Jugendlichen und Erwachsenen soll Glyzin bei Gedächtnisschwäche, bei Einschränkung der Aufmerksamkeit und Konzentration, bei Einschränkung der intellektuellen Arbeitsfähigkeit sowie bei kindlicher und jugendlicher Entwicklungshemmung der intellektuellen Arbeitsfähigkeit und bei veränderten Verhaltensformen in Dosierungen von 2-3 mal 0,1 g pro Tag für die Dauer von 14-30 Tagen verabreicht werden. Tagesdosierung 0,3 g.

Bei psychoemotionalen Anspannungen verwendet man Glyzin in Dosierungen von 2-3 mal 0,1 g pro Tag über die Dauer von 14-30 Tagen.

Bei funktionellen und organischen Folgen von Traumen des Nervensystems, die mit erhöhter Erregbarkeit, mit emotioneller Labilität und Schlafstörungen begleitet werden, soll wie folgt dosiert werden: Kinder bis zu drei Jahren 0,05 g 2-3 mal täglich für die Dauer von 7-14 Tagen und weiter soll für die Dauer von 7-10 Tagen einmal täglich 0,05 g verabreicht werden. Tagesdosis 0,1-0,15 g. Therapiezyklusdosierung: 2,0-2,5 g Glyzin.

Kindern älter als 3 Jahre und Erwachsenen sollen 2-3 mal 0,1 g pro Tag für die Dauer von 7-14 Tagen appliziert werden. Bei Bedarf kann der Therapiezyklus wiederholt werden.

Bei Schlafstörungen soll Glyzin 20 Minuten vor dem Zubettgehen oder unmittelbar davor in einer Dosierung von 0,05 g (in Abhängigkeit vom Alter) verabreicht werden.

In der Narkologie (= Suchtlehre) wird das Glyzin als Mittel, welches die intellektuelle Arbeitsfähigkeit erhöht und als Mittel gegen psychoemotionale Anspannung während der Remission der enzephalopathologischen Erscheinungen sowie bei organischen Veränderungen des zentralen und peripheren Nervensystems wie folgt dosiert: 0,1 g 2-3 mal täglich für die Dauer von 14-30 Tagen. Bei Bedarf kann ein solcher Behandlungszyklus 4-6 mal im Jahr wiederholt werden *[Gusev et al 2000; File et al. 1999; Mashkova et al. 1996]*.

Zertifikat über Glyzin

Produktname	Glyzin
Los	201107
Man. Datum	01/2002
Exp. Datum	01/2005

Test	Anforderung	Ergebnis
Beschreibung	weißes, kristallines Pulver, in Wasser frei löslich, in Ethanol (96 %) sehr leicht löslich, in Ether praktisch nicht löslich	erfüllt
Identifikation	Test entsprechend dem Monografen	erfüllt
Säure	pH 5,9-6,4	6,2
Aussehen der Lösung	klar und nicht stärker gefärbt als Referenzlösung Y7	erfüllt
Chloride	max. 75 ppm	erfüllt
Schwermetalle	max. 10 ppm	erfüllt
Sulfate	max. 65 ppm	erfüllt
Trocknungsverlust	nicht mehr als 0,5 %	0,01 %
Sulfatasche	nicht mehr als 0,1 %	0,01 %
Assay	Titration: nicht weniger als 98,5 % und nicht mehr als 101,5 % $C_2H_5NO_2$ berechnet auf Trockenbasis	99,8 %
OVI	trifft Anforderungen	erfüllt
Hydrolisierbare Substanz	trifft Anforderungen	erfüllt

21.1.7 Zur Rhythmisierung des elektrophysiologischen Schlafprofils durch Glyzin in Kombination mit Natur-Klinoptilolith-Zeolith/Montmorillonit

Wie wir in vorausgegangenen Kapiteln zeigen konnten, wird sowohl dem SiO2 als auch dem Glyzin die Fähigkeit der Rhythmisierung bzw. Taktung von Lebensprozessen zugesprochen. Es erhebt sich die Frage, ob eine derartige Rhythmisierung sich auch im elektrophysiologischen Schlafprofil widerzuspiegeln vermag. Bei der Idee diese Untersuchung zu planen, wurde Bezug auf Ergebnisse von Hecht et al. [1989] genommen, die nachweisen konnten, dass das Neuropeptid Substanz P, aus 11 Aminosäuren bestehend, darunter auch Glyzin, den Rhythmus von Schlafgestör-ten wieder herzustellen vermochte.

Als Beispiele stellen wir Ergebnisse von zwei Freiwilligen vor, denen Glyzin (Biotiki) in Tablettenform sublingual und Natur-Klinoptilolith-Zeolith/Montmorillonitpräparate verabreicht wurden. Die Untersuchung wurde mit dem ambulanten automatischen elektrophysiologischen Schlafanalysator durchgeführt.

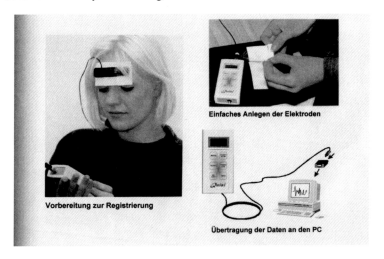

Abbildung 21/1:
Automatischer ambulanter elektrophysiologischer Schlafanalysator

Mit ihm lassen sich über drei Stirnelektroden die elektrophysiologischen Schlafprofile zu Hause im eigenen Schlafzimmer registrieren, d. h. ohne Störfaktoren, die einem Schlaflabor anhängen. Die Analyse der Daten benötigt mit einem Computer nicht mehr als drei Minuten, um den Daten- und Diagrammbogen (s. Abbildung 1 2) aus-gedruckt vorliegen zu haben. Dem Schlafprofil eines Gesunden liegt stets die Rhythmik der so genannten REM-Zyklen zugrunde.

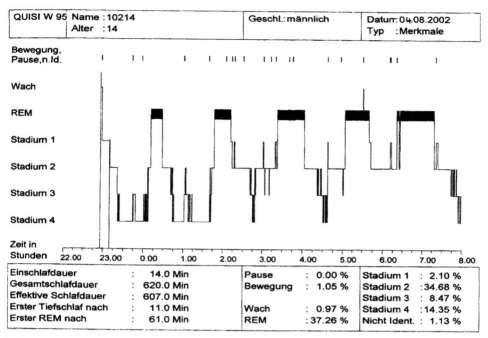

Abbildung 21/2:
Hypnogramm eines Gesunden registriert mit einem ambulanten automatischen Schlafanalysator. Die Rhythmik der REM-Zyklen ist das entscheidende Kriterium für die Schlafqualität

Stadien

Wach-, Einschlafdauer, nächtliches Erwachen, REM-Schlaf (von Rapid Eye Move-ment = schnelle Augenbewegung abgeleitet)
NONREM-Schlaf = nicht REM-Schlaf
Stadium:
1 Halbschlaf
2 oberflächlicher Schlaf
3 mitteltiefer Schlaf   } Deltaschlaf
4 Tiefschlaf

21.1.7.1 Zur Beurteilung von Schlafprofilen elektrophysiologischer Aufzeichnung mit dem ambulanten, automatischen Schlafanalysator

Der ambulante, automatische Schlafanalysator hat gegenüber dem Schlaflabor den Vorteil, dass er in gewohnter Schlafumgebung des Untersuchten die elektrophysiologischen Aufzeichnungen vornimmt und somit im Gegensatz zum Schlaflabor keine zusätzlichen Störfaktoren (fremde Umgebung, Verkabelung, ungewohntes Bett, Beobachtung durch die

Videokamera, Ab- und Ankabeln u. a.) ausgesetzt ist. Außerdem kann mit diesem Gerät beliebig lange und zu jeder beliebigen (erforderlichen) Zeit gemessen werden.

Für den Wirkungsnachweis von Wirkstoffen (Mineralien, Pharmaka, Vitaminen, Aminosäuren, Peptiden usw.) bietet der ambulante, automatische Schlafanalysator die einzigartigen, in keinem Schlaflabor zu gewährleistenden Bedingungen, reale Daten zu liefern, die dem alltäglichen Leben und nicht einem künstlichen Milieu entsprechen. Damit wird auch der derzeitige Widerspruch des im Schlaflabor gefundenen Wirkungsnachweises eines Stoffs und die Wirkungen mit denen der Allgemeinarzt konfrontiert wird, aufgehoben. Diesen Vorteil sollte sich jede Pharmafirma, wenn sie real denkt, nutzbar machen.

Bei der Analyse eines Schlafprofils sollte der erste Schritt stets die Beurteilung der Rhythmizität der REM-NONREM-Zyklen sein, welche ein wichtiges Kriterium für die Qualität des Schlafs darstellen. Erst die fehlende oder verminderte (reduzierte) Rhythmizität ist mit gestörtem, nicht erholsamem, minderwertigem Schlaf gleichzu-setzen.

Die Wiederherstellung bzw. Verbesserung der Rhythmizität eines Schlafprofils kann und muss der einzige Maßstab für den therapeutischen (oder prophylaktischen) Effekt eines Wirkstoffs sein. Erreicht ein Wirkstoff diesen Effekt nicht oder stört er gar die Rhythmizität, dann ist er als unphysiologisch für therapeutische bzw. prophylaktische Zwecke zu verwerfen.

Nach der Beurteilung der Rhythmizität können die weiteren Parameter des Schlafprofils herangezogen werden.
- Einschlaflatenz
- Schlafdauereffizienz
- Schlafdauer
- Stadienwechsel
- Kurze Aufwachepisoden
- Gesamtwachzeit während einer Schlafnacht
- REM Schlafanteil %
- NREM 1 = Halbschlaf
- NREM 2 = Oberflächenschlaf
- NREM 3 und 4 = Deltaschlaf = Tiefschlaf

21.1.7.2 Proband 1

VP weiblich, 22 Jahre, Leistungssportlerin/Studentin

Steht seit ca. 6 Monaten unter Leistungsdruck und Konflikten (Langstreckenläuferin), infolgedessen Schlafprobleme

Kombination von Sanofit® (Heck Biopharma) und Glyzin (Biotiki)

Tagesdosis
Sanofit®
1 x 6   –   8:00 Uhr
1 x 13   –   15:00 Uhr
1 x 18   –   20:00 Uhr

Glyzin (Biotiki)	Tabl. 0,1 mg sublingual	
6 – 8:00 Uhr	0,1 g morgens	
13 – 15:00 Uhr	0,1 g mittags	
abends ca.	3 h vor dem Schlafen gehen	0,1 g
	2 h vor dem Schlafen gehen	0,1 g
	1 h vor dem Schlafen gehen	0,1 g
	unmittelbar vor dem Schlafen gehen	0,1 g

Magnesium Diasporal 300 mg/Tag   6 – 8:00 h 300 mg

Es wurden 9 Nachtaufzeichnungen mit dem automatischen Schlafanalysator vorgenommen.

Aus den Diagrammen (Schlafprofilen) geht hervor, dass mit zunehmender Applikationsdauer das Schlafprofil wieder aufgebaut wird. Zunächst wird die Rhythmik der REM-Zyklen und dann der Deltaschlafanteil in der ersten Nachthälfte repariert. Abbildung 21/3 zeigt im Großformat die Schlafprofile vor der Applikation und am Ende einer 10-tägigen Applikation:

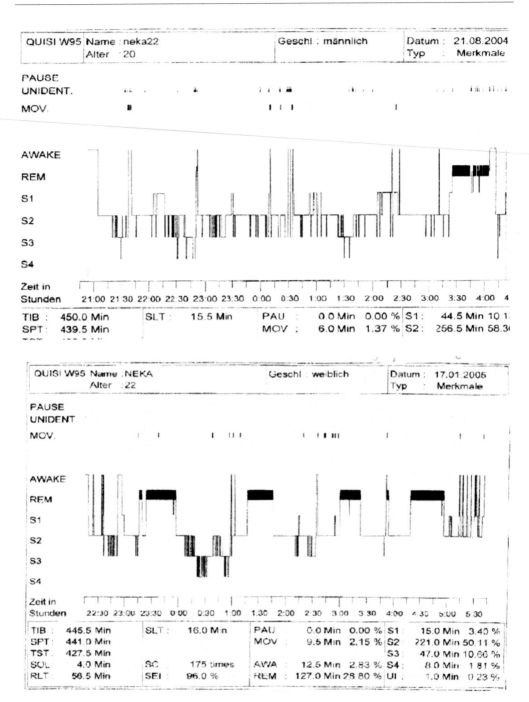

Abbildung 21/3: Vergleich der Schlafprofile im Großformat vor und nach einer 10-tägigen Applikation

21.1.7.3 Proband 2

VP männlich, 80 Jahre, aktiver Wissenschaftler, 2003 Hüftgelenksimplantation, Schlafproblem wegen Schmerzen.

Durch regelmäßige Wanderungen (Tägl. 1 - 2 Stunden) Reduzierung der Schmerzen-Schlafprobleme wegen Lagerung der Beine.

Kombination von Montilo® Pulver (Heck Biopharma) und Glyzin (Biotiki)

Tagesdosis

6:00 Uhr Montilo®	aufgelöst in 1 Glas schwach saurem H2O	
	2 g / Tag Glyzin (Biotiki) 0,1 Tabl. Sublingual	
6 – 8:00 Uhr	0,1 g morgens	
13 – 15:00 Uhr	0,1 g mittags	
abends ca.	3 h vor dem Schlafen gehen	0,1 g
	2 h vor dem Schlafen gehen	0,1 g
	1 h vor dem Schlafen gehen	0,1 g
	unmittelbar vor dem Schlafen gehen	0,1 g

Es wurden 10 Nachtaufzeichnungen mit dem automatischen ambulanten Schlafanalysator vorgenommen.

Aus den Diagrammen (Schlafprofilen) geht hervor, dass mit zunehmender Applikationsdauer das Schlafprofil wieder aufgebaut wird. Auffallend ist in dieser Serie von Schlafprofilen, dass sich bei einem 80-jährigen nach der Mineralien-Glyzin-Applikation das Schlafprofil insgesamt wie bei einem jungen Menschen präsentiert. Gewöhnlich werden von der Schlafmedizin die Schlafprofile von älteren Menschen deformiert mit Rhythmus- und Deltaschlafverlust charakterisiert.

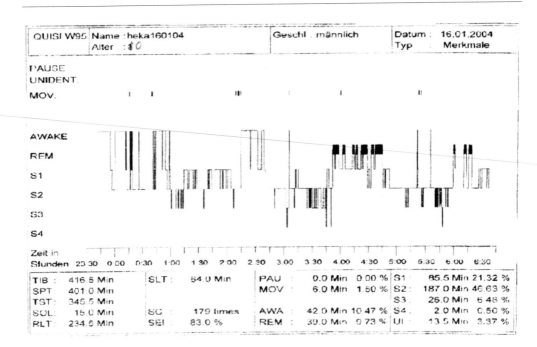

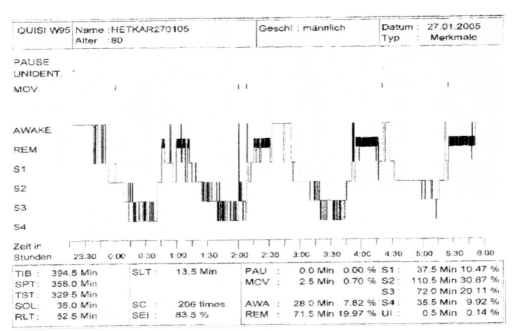

Abbildung 21/4: Vergleich der Schlafprofile im Großformat vor und nach einer 13-tägigen Applikation

Die Abbildung 21/4, in welcher das Schlafprofil im Großformat vorgestellt wird und die den Zustand vor und nach der Applikation der genannten Naturstoffe demonstriert, belegt die juvenile Struktur (vergleiche mit Abbildung 21/2).

Weitere Untersuchungen zeigten, dass Glyzin und Mineralien immer substituiert wer-den müssen. Wenn diese Wirkstoffe abgesetzt wurden, trat nach kurzer Zeit wieder der Zustand des gestörten Schlafs ein. Während der Applikation der Wirkstoffe zeigte sich eine außerordentliche Leistungssteigerung, die bei den Leistungssportlern sogar gemessen werden konnte.

Um den deutschen Leser eine Vorstellung über die Möglichkeit der Anwendung von Glyzin in der Therapie zu geben, haben wir eine wahllose Literaturzusammenstellung zu diesem Problem an das Literaturverzeichnis des Kapitels 21 angehängt.

21.2 Spirulina platensis – ein natürlicher Aminosäurenlieferant

21.2.1 Was ist Spirulina platensis?

Die Spirulina platensis gehört zu der Familie der Grünalgen. Wegen ihrer blaugrünen Spiralform wird sie auch als Schraubenalge oder Blaualge bezeichnet. Sie enthält 60-70 % Protein, darunter befinden sich alle Aminosäuren. Acht davon sind für den menschlichen Körper essenziell, d. h. sie müssen zugeführt werden, weil sie im menschlichen Körper nicht synthetisiert werden können. Die Spirulina platensis ist reich an Vitaminen und Mikroelementen. Sie enthält Linolensäure, welche den Fettstoffwechsel im Körper reguliert, in erster Linie den Stoffwechsel des Cholesterins und der Triglyzeride. Spirulina platensis vermag große Mengen von Vitamin B12 zu produzieren, und zwar die vierfache Menge der Kalbsleber. Sie enthält des Weiteren ungesättigte Fettsäuren und Chlorophyll.

Diese Schraubenalge besitzt die sonderbare Eigenschaft, dass sie sich durch Regenerationsprozesse in ihrem ursprünglichen Zustand „ewig" erhalten kann, d. h. sie besitzt eine besondere „Art der Langlebigkeit". Bei der Suche nach der Ursache dieser Langlebigkeit der Spirulina platensis stellte man fest, dass sie alle die Stoffe enthält, welche die Natur selbst bilanziert und die der Mensch zur Regulation seines Stoffwechsels unbedingt benötigt. Wichtig ist noch zu vermerken, dass die Spirulina platensis sich in einer guten Bioverfügbarkeit anbietet und frei von jeglichen toxischen oder pathogenen Wirkungen ist. Sie stellt ein echtes Naturprodukt dar. Deshalb wurde sie schon vor mehreren tausend Jahren in der chinesischen Medizin als ein primäres Heil- und prophylaktisches Mittel bevorzugt und von den Azteken in Mexiko als eine gesundheitsfördernde Grundnahrung verwendet. Heute sind große Anbauflächen der Spirulina platensis in China und am Ufer des Tschadsees bekannt *[SAONPO 2003; Tianshi 2000; Hansen 1982].*

21.2.2 Applikation und Dosierung

Mit einer Tagesdosis von 4-5 g 100%ige Spirulina platensis werden dem menschlichen Körper ausreichend Stoffe zugeführt, vor allem Proteine höchster Qualität. Infolge dessen ist es möglich, herkömmliche Nahrungsmittel zu reduzieren *[SAONPO 2003; Tianshi 2000; Hansen 1982].*

Spirulina platensis vermag auch das Sättigungsgefühl zu erhöhen. Besonders Vegetariern wird Spirulina platensis empfohlen, weil sie mit diesen Algen einen Teil ihres Proteinbedarfs decken können. Spirulina platensis ist gewöhnlich in Tabletten zu je 0,5 g verfügbar. Der Tagesbedarf kann also mit 3x2 Tabletten gedeckt werden.

Dabei sollen von der Einnahme der Tagesmahlzeiten mindestens 60 Minuten und von der Einnahme von Medikamenten mindestens 30 Minuten Zeitabstände eingehalten werden. Unter diesen Bedingungen sind optimale Wirkungen von Spirulina platensis zu erwarten.

Es wird empfohlen, die Tabletten erst zu zerkauen und mit einem Glas warmem bzw. lauwarmem Wasser nachzuspülen. Man kann die Tablette auch in einem Glas Wasser auflösen, verrühren und dann innerhalb von 5-10 Minuten schluckweise trinken. Die Spirulina platensis hat einen eigenartigen Geschmack und Geruch, an den man sich ohne weiteres gewöhnen kann, besonders wenn man weiß, welche wertvolle Wirkungen sie hat. Es können Kuren von 40 Tagen durchgeführt werden. Nach einer Pause von 10-20 Tagen kann eine neue Kur begonnen werden.

Kontraindikationen sind bei Personen mit Nierenerkrankungen angezeigt, weil gewöhnlich der Eiweißreichtum (Proteine) der Spirulina von kranken Nieren nicht bewältigt werden kann.

21.2.3 Wirkungen der Spirulina platensis

- Supplementierung (Ergänzung) der im Körper fehlenden lebenswichtigen Stoffe
- Förderung der Regulierung der Stoffwechselprozesse
- Erhöhung der Reaktivität des Immunsystems (immunmodulierender Effekt)
- Stimuliert die Darmflora
- fördert das Ausscheiden von Stoffwechselendprodukten
- wirkt regulierend auf den Blutzucker
- vermag chronische Entzündungsprozesse zu beeinflussen

- kann den Cholesterinspiegel regulieren
- erhöht die Widerstandsfähigkeit gegenüber Infektionserregern
- ist in der Lage, geistige und körperliche Leistungsfähigkeit zu stimulieren

21.2.4 Empfohlene Anwendungsbereiche der Spirulina platensis zur Therapieunterstützung

1. Personen mit Ernährungsstörungen bzw. die sich nicht real ernähren, z. B. Anorexia nervosa, Fettsucht oder die sich sehr einseitig ernähren bzw. überernähren
2. Unterstützung bei der Abdeckung des Eiweißbedarfs bei Vegetariern
3. Therapieunterstützung bei Diabetes mellitus
4. zur Prophylaxe gegen Blutgefäßarteriosklerose, ischämische Herzkrankheiten und so genannte Erkältungskrankheiten (grippale Infekte)
5. Prophylaxe des Eisendefizits
6. bei Verlust des Sehvermögens in der Dunkelheit *[SAONPO 2003; Tianshi 2000]*
7. bei Hautpathologien, z. B. bei trockener und rauher Haut, bei Akne und Furunkulose

21.2.5 Für Gesichts- und allgemeine Hautpflege

Bei Hautpathologien und zur Gesichtspflege sowie zur allgemeinen Hautpflege wird empfohlen, einige Spirulinatabletten zu zerkleinern und mit warmem Wasser zu übergießen, so dass eine breiartige Masse entsteht. Dann auf die Haut auftragen, 20 Minuten wirken lassen und anschließend mit warmem Wasser abspülen *[Tianshi 2000]*.

Spirulina platensis hat auch seitens der Weltraummedizin großes Interesse gefunden. Sie wird als Grundnahrungsmittel für bemannte interplanetare Raumflüge diskutiert, vor allem deshalb, weil sie sehr ertragreich auch in Raumschiffen gezüchtet werden kann, weil sie unveränderte und uneingeschränkte Langlebigkeit besitzt und den Eiweißgehalt des Menschen weitestgehend decken kann. Auf der Erde wird ein Jahreserntertrag von 40-50 Tonnen getrocknete Spirulina platensis pro Hektar angegeben (= 30 Tonnen Protein).

In verschiedenen Forschungsprojekten wurden hierzu bedeutungsvolle Erkenntnisse gewonnen. Für die geplante bemannte Marsexpedition könnte das Raumschiff einen Spirulinagarten haben, aus welchem die täglichen Mahlzeiten frisch geerntet werden können.

Die Spirulina platensis bietet sich als Kombinationspartner für Natur-Klinoptilolith-Zeolith an, weil sich in diesem Fall zwei wertvolle Wirkeigenschaften ergänzen. Die Verbindung Spirulina platensis und Natur-Klinoptilolith-Zeolith hat sich bei der Ausleitung von Caesium 137 und Strontium 96 im Rahmen von Strahlungskrankheiten als ein gutes Therapeutikum bewährt *[Bgatova und Novoselov 2000]*.

21.2.6 Legende von Spirulina

Vor ca. 3.000 Jahren lebte in Zentralamerika ein Indianerstamm. Die Mitglieder dieses Stammes litten an Krankheiten und starben häufig schon in jungen Jahren. Als sie sich wieder einmal versammelt hatten und Gott um Hilfe baten, sahen sie am Himmel eine farbige Wolke. Als diese Wolke sich näherte, entpuppte sie sich als ein Schwarm von Flamingos. Sie ließen sich auf einem See nieder und fraßen die blaugrünen Pflanzen, die sich auf der Oberfläche befanden. Die Indianer entschieden, als sie dieses Bild der fressenden Flamingos bewunderten: *„Die Nahrung der göttlichen Flamingos soll nun immerzu unsere Nahrung sein."* Diese Nahrung war Spirulina platensis. Von dieser Zeit an verschwanden alle Krankheiten und Leiden.

Seit dieser Zeit bezeichneten die Indianer diesen Ort "Astlan" (dort wo die Flamingos leben) und sie selbst bezeichneten sich als Azteken. Von nun an hatten sie
- die gesündesten, lustigsten und schönsten Kinder,
- die fähigsten Frauen,
- die stärksten Männer und
- die weisesten Greise.

Ihre Macht und Ihr Reichtum vermehrten sich von Jahr zu Jahr.

Die Fama über die unermesslichen Schätze des Volks der Azteken erreichte auch das Abendland. Die von Begehren an Reichtum besessenen spanischen Eroberer unter Führung von Cortés betraten diesen gesegneten Boden der Azteken. Der Aztekenführer Montesuma übergab beim Empfang dem Spanier Cortés Goldschmuck und einen Spirulinafladen. Empört wandte sich Cortés an Montesuma, ohne den Spirulinafladen zu beachten: *„Ich brauche Gold, viel Gold."* Lächelnd antwortete Montesuma: *„Viel Gold gibt es in Eldorado, aber wozu brauchst du Gold, ich habe dir Spirulina angeboten, die größte Gottesgabe"*. Die Spanier verboten den Azteken die Ernährung mit Spirulina Platensis.

Über 400 Jahre benötigten die Westeuropäer, um die Legende der Azteken und den Fehler von Cortés zu verstehen *[SAONPO 2003; Hansen 1982]*.

Spirulina platensis und Kombinationen mit Natur-Klinoptilolith-Zeolith und Montmorillonit eignen sich besonders zur Ausleitung bei chronischen Erkrankungen.

21.2.7 Datenblatt Spirulina

Bei den untenstehenden Angaben handelt es sich um Durchschnittswerte aus zahlreichen Analysen.

Physikalische Eigenschaften

Aussehen	feines Pulver
Farbe	dunkelgrün
Geschmack	mild, ähnlich Steinpilz
Schüttdichte	0,5 kg/dm^3
Teilchengröße	9-25 mikron

Analyse	Min.	Max.
Feuchtigkeit %	4,0	7,0
Asche %	6,4	9,0
Protein %	60,0	71,0
Rohfaser %	0,1	0,9
Kohlenhydrate %	13,0	16,5
Lipide	6,0	7,0

davon u. a.

Proteine

	Min.	Max.
Gesamt N organisch %	10,85	13,35
Aminosäuren, essentiell %		
Isoleucin	3,69	4,13
Leucin	5,56	5,80
Lysin	2,96	4,00
Methionin	1,59	2,17
Phenylalanin	2,77	3,95
Threonin	3,18	4,17
Tryptophan	0,82	1,13
Valin	4,20	6,00

Aminosäuren, nicht essentiell

Alanin	4,97	5,82
Arginin		
Asparaginsäure		
Cystin		
Glutamin-säure		
Glycin		
Histidin		
Prolin		
Serin		

Carotionoide	Durchschnitt mg/kg
α-Carotin	Spuren
β-Carotin	1.700

Vitamine

Biotion (H)	0,4
Cyancobalamin (B$_{12}$)	2,0
Ca-Pantothenat	11,0
Folsäure	0,5
Inosit	350,0
Nicontinsäure	118,0
Pyridoxin (B$_6$)	3,0
Riboflavin (B$_2$)	40,0
Thiamin (B$_1$)	55,0
Tocopherol (E)	190,0

21.3 Betanin – Beta vulgaris

Die Rote Bete ist ein Wurzelgemüse, welches im Mittel- und Osteuropa weit verbreitet ist. Die Rote Bete wird in verschiedenen Zubereitungen als Beilage der Mahlzeiten, meistens in gekochtem Zustand, verwendet.

Für prophylaktische und therapeutische Zwecke wird in erster Linie der rohe Rote-Bete-Saft empfohlen. Die heilsame Wirkung der Roten Bete war schon im Altertum bekannt. Als Naturheilmittel findet sie vor allem in Osteuropa, ganz besonders in Russland, Anwendung.

Die Rote Bete (Beta vulgaris) enthält im rohen Saft Betanin, Vitamin B und Vitamin C sowie Aminosäuren, natürliche Wirkstoffe sowie Spurenelemente und Mengenelemente, z. B. Eisen, Phosphor, K, Na. Allgemein wird das Betanin der Roten Bete als ein spezielles Aufbau- und Stärkungsmittel charakterisiert. Empfohlen wird, den rohen Saft zu trinken oder Trockensubstanz zu verwenden.

Bei Applikation von Saft wird folgende Dosierung vorgeschlagen: Der Saft der Roten Bete sollte kurmäßig über Wochen und Monate angewendet werden. Dosierung: in den ersten zwei Wochen ½ Liter über den ganzen Tag verteilt trinken. Ab der dritten Woche auf einen viertel Liter reduzieren und ebenfalls auf den Tag verteilt einnehmen.

Es ist zu beachten, dass nach einiger Zeit eine Abneigung gegenüber Roter Bete wegen des Geschmacks auftreten kann. Die Pharmazie stellt daher Rote-Bete-Granulat aus getrockneter Roter Bete her. Dies muss aber zertifiziert sein.

Der Roten Bete wird eine Rolle in der Krebstherapie zugeordnet. Tierexperimente an Labortieren, die mit Krebszellen infiziert waren, zeigten, dass das Tumorwachstum verzögert und die Lebenserwartung dieser Tiere gegenüber unbehandelten Kontrollen verlängert war. Diese Antikrebswirkung stellte sich erst dann ein, wenn eine kontinuierliche Applikation über längere Dauer und ohne Unterbrechungen durchgeführt wurde *[Ferenczi et al. 1984, 1981]*.

Der theoretische Ansatz für den Einsatz der Roten Bete bei Krebstherapie geht auf die Anoxie-Hypothese von Nobelpreisträger Otto Warburg zurück. Diese geht davon aus, dass eine defekte Atmungskette der Zelle bei der Verursachung von Krebs eine Rolle spielt. Die Applikation von Roter Bete soll helfen, die Atmung geschädigter Zellen wieder herzustellen. Hierbei soll der Farbstoff der Roten Bete, das Betanin, „Reparaturdienste" an der gestörten Zellatmung leisten. Ferenczi [1981] verabreichte die Rote Bete in hohen Dosen und für längere Dauer an Tumorpatienten. Bei einem großen Teil der Patienten trat Verbesserung des

Allgemeinbefindens, Gewichtszunahme und Zurückbildung des Tumors ein. Gleichzeitig soll sie als Basistherapeutikum Nebenwirkungen der Strahlen- und Chemotherapie abgeschwächt haben.

Wegen der nur teilweise erzielten Therapieerfolge und dem Fehlen größerer Studien gibt es auch Zweifler an der Wirkung der Roten Bete.

Eine Kombination mit Klinoptilolith-Zeolith bietet die Möglichkeit eines besseren Therapieerfolgs der roten Bete bei Tumorerkrankungen. Hierbei werden die Eigenschaften des Naturgesteins besonders aktiv: Detoxikation, Ionenaustausch, Adsorption.

Standardspezifikation

Produkt	Rote Bete, getrocknet
Rohmaterial	feldfrische Ware, gereinigt und gewaschen
Schnittgröße	Pulver
Trocknungsmethode	Warmluft
Chemische Behandlung	Zugabe von Tricalciumphosphat als Fließmittel – E341 (max. 2 %)
Qualitätskriterien des Fertigprodukts	
Farbe	wie frische Rote Bete
Geruch	typisch nach Roter Bete
Geschmack	typisch, nicht nach Erde
Chemische Prüfung	
Sand (HCL unlöslich)	max. 0,2 %
SO2	negativ
Feuchtigkeit	max. 5 %
Bakteriologische Prüfung	
Gesamtkeimzahl	< 800.000/g
E-Coli	negativ in 10/g
Hefe und Schimmel	< 2.000/g
Coliforme	< 500/g
Salmonellen	negativ in 25 g
Chemische Zusammensetzung	
Kcal / KJoule	33,0 / 1.401,0
Wasser	5,0 %
Fett	1,07 %
Proteine	11,3 %
Carbohydrate	76,1 %
Mineralien	8,07 %
Trocknungsverhältnis	1 : 4
Lagerung und Haltbarkeit	kühl und dunkel, ca. 24 Monate im ungeöffneten Zustand

21.4 Laminaria (Nordmeeralge)

Die Laminaria kommt in den Nordmeeren vor. Sie enthält alle für den Menschen wichtigen Mikro- und Makroelemente und gilt als ein wichtiger Mineraliendonator. In Russland wird diese Naturalge zur Therapieunterstützung bei allen chronischen Erkrankungen empfohlen. Sie wird in getrockneter Form in den Apotheken vertrieben. In vielen russischen Familien bereichert sie den Speiseplan. Laminaria findet auch Verwendung
- als „Würze" der Speisen anstelle von Kochsalz in getrockneter Form und
- mariniert als Fertiggericht in Dosen, erhältlich als „Gemüsebeilage".

Die Nordmeeralge Laminaria erwies sich in Kombination mit Natur-Klinoptilolith-Zeolith als ein effektives Therapeutikum bei Strahlenerkrankten, insbesondere zur Ausleitung bei Patienten, die Cäsium 137 und Strontium 96 Strahlungen ausgesetzt waren *[Bgatova und Novoselov 2000]*.

22 Epilog

Das Trägheitsgesetz der Materie schuf offensichtlich ein menschliches Phlegma, welches allem Neuen mit Skepsis, Misstrauen, Ablehnung und Feindlichkeit begegnet, während am Alten, bereits Überholten und sogar am Falschen wie an einer Klette festgehalten wird. Wer neue wissenschaftliche Erkenntnisse verbreitet, die den herrschenden dogmatischen Auffassungen und Denkweisen entgegenstehen, der begibt sich in die Gefahr der Bestrafung, Verleumdung und Verachtung. Das jedenfalls lehrt uns die Wissenschafts- und medizinische Historik.

Giordano Bruno (1548-1600) wurde auf dem Scheiterhaufen verbrannt, weil er die Lehren von der Unendlichkeit der Welt und der Weltsysteme verbreitete. Galileo Galilei (1564-1642) wurde, weil er das heliozentrische Weltsystem verbreitete, in Haft genommen. Gedemütigt und zur Abschwörung gezwungen, soll er dennoch ausgerufen haben: „Und sie bewegt sich doch" (nämlich die Erde). Nicht anders war die Situation in der Medizingeschichte. Die Verbrennung von so genannten „Kräuterhexen", die eigentlich eine Phytotherapie betrieben, ist vielfach beschrieben worden. Auch der sich gegen die unwissenschaftliche Medizin seiner Zeit auflehnende Paracelsius (Philip Theophratus Bombastus von Hohenheim, 1493-1541), der Naturwissenschaft, Naturheilkunde und das Naturselbstheilungsprinzip vertrat, starb mit 48 Jahren unter mysteriösen Umständen. Er postulierte übrigens die heute noch gültige, auch von uns vertretene, Regel „Nur die Dosis macht einen Stoff zum Gift".

Werner Forstmann, der 1929 in einer kleinen Klinik in Eberswalde im Selbstversuch als erster einen Herzkatheder in sein Herz führte und röntgenologisch bestätigen lassen konnte, erhielt anstatt Anerkennung einen Verweis wegen nicht angemeldeter Selbstversuche von seinen Vorgesetzten. Seine weiteren Arbeiten auf diesem Gebiet wurden als die eines „Verrückten" proklamiert und Forstmann musste sich in den Schwarzwald (quasi wie ein Verbannter) zurückziehen, wo er mit seiner Ehefrau eine urologische Praxis betrieb. Zwischenzeitlich wurden aber seine wissenschaftlichen Ergebnisse von USA-Ärzten als Innovation aufgegriffen und zu einen Standardverfahren der Herzmedizin entwickelt, welches heute aus der Medizin nicht mehr wegzudenken ist. Was mögen wohl seine Widersacher für Gefühle gehabt haben, als er (Forstmann) gemeinsam mit zwei amerikanischen Ärzten für diese Innovation den Nobelpreis erhielt?

Angesichts derartiger Verdammungen von innovativen Ärzten, die heute in keinem geringeren Ausmaß erfolgen, muss man die Frage stellen, wie sich das mit der ärztlichen Ethik verträgt, wenn man, auf einen

Nenner gebracht, lieber Menschen sterben lässt, als Neuem zum Durchbruch zu verhelfen. Die Krebskranken und Krebstoten nehmen laufend zu und die Aidskranken und die Aidstoten nehmen sogar weltweit rasant zu, nur weil man nicht die richtigen Therapien findet *[Kremer 2001]*. An überholten Theorien und Denkweisen haftend, wird das von Gesundheitsbehörden, Forschern und Ärzten ohne Gewissensbisse als Selbstverständlichkeit wahrgenommen.

Mit unserem Buch beabsichtigen wir neue Erkenntnisse über Naturmittel und systemische Regulation zu verbreiten, mit dem Ziel, dem Wohle und der Gesundheit von Menschen dienen zu können und vielleicht auch manchen Menschen das Leben in guter Lebensqualität zu verlängern.

Literaturverzeichnis

Prolog

Anke, M.; S. Szentmihalyi (1986): Prinzipien der Spurenelementeversorgung und des Spurenelementestoffwechsels beim Wiederkäuer. In: M. Anke; Chr. Brückner; H. Gürtler; M. Grün: Arbeitstagung Mengen- und Spurenelemente. Leipzig, S. 87-107
Avzyn, A. P.; A. A. Shavaronkov; M. A. Rish; L. S. Strockova (1991): Mikroelemente des Menschen. Medizina, Moskau, S. 1-496
Becker, R. O. (1994): Heilkraft und Gefahren der Elektrizität. Scherz Verlag - Neue Wissenschaft, Berlin, München, Wien (Übersetzung aus dem Englischen)
Bernal, J. D. (1951): The Physical Basis of Life. London
Bernal, J. D. (1952): J. Amer. Chem. Sci. 74, S. 4946. In: Voronkov, M. G.; G. L. Zelchan; E. Lukevitz (1975): Silizium und Leben. Akademie-Verlag, Berlin
Bgatova, N. P.; Ya. B. Novoselov (2000): Anwendung der biologisch-aktiven Nahrungsergänzungmittel in Form von Naturmineralien zur Detoxikation des Organismus (russisch). Ekor, Novosibirsk, S. 1-238
Böker, W. (2003): Der fragmentierte Patient. Deutsches Ärzteblatt 100/1-2, S. C22-C25
Carlisle, E. M. (1986a): Silicon. In: W. Mertz (ed): Trace Elements in Human and Animal Nutrition. 5th edn. Academic Press, Orlando, Florida
Carlisle, E. M. (1986c): Silicon as an essential trace element in animal nutrition. In: Ciba Foundation Symp. 121: Silicon biochemistry., John Wiley u. Sons, Chichester u. a., S. 123-139
Cramer F. (2001): Interview: Wir haben in der Genforschung einen falschen Ansatz. Psychologie Heute 9/2000, S. 28-32
Gröber, U. (2002): Orthomolekulare Medizin. Wissenschaftlichere Verlagsgesellschaft, Stuttgart
Haldane, J. B. S. (1929): The Origin of life.Rationalist Annual. In: Voronkov, M. G.; G. L. Zelchan; E. Lukevitz (1975): Silizium und Leben. Akademie-Verlag, Berlin
Haldane, J. B. S. (1954): New biology. 16, 12. In: Voronkov, M. G.; G. L. Zelchan; E. Lukevitz (1975): Silizium und Leben. Akademie-Verlag, Berlin
Hartmann, Th. (2000): Unser ausgebrannter Planet. Riemann Verlag, München
Hauser, A. E. D. S. LeBeau; P. P. Pevear (1951): The surface structure and composition of colloidal siliceous matter. J. Phys. Colloid. Chem. 55, S. 68-79
Iler, R. K. (1955): The Colloidal Chemistry of Silica and Silicaten. New York
Kaufmann, K. (1997): Silizium – Heilung durch Ursubstanz. Helfer-Verlag E. Schwabe GmbH, Bad Hamburg
Köppel, C. (2003): Pharmakotherapie im Alter. Berliner Ärzte 11/2003, S. 15-16
Kozlov, V. I.; O. D. Komorova (1982): Geografie der Langlebigkeit in der UdSSR. (Phänomen der langlebigkeit) Moskau, Nauka
Kremer, H. (2001): Die stille Revolution der Krebs- und Aidsmedizin. Ehlers-Verlag, Wolfrathshausen
Nefiodov, L. A. (1996): Der sechste Kondratieff. Rhein-Sieg Verlag, St. Augustin, S. 102ff
Oparin, A. M. (1966): Möglichkeiten und Entwicklungsanfänge des Lebens. (russisch) ANSSR, Moskua
Oparin, A. M. (1968): Das Leben, dessen Natur, Entstehung und Entwicklung. (russisch) ANSSR, Moskau
Scholl, O.; K. Letters (1959): Über die Kieselsäure und ihre physiologische Wirkung in der Geriatrie. München, Medizinische Wochenschrift 101/5, S. 2321-2325
Shakov, Y. I. (1999): In: O. A. Veretenina; N. V. Kostina; T. Novoselova; Y. B. Novoselov; A. G. Ronnisonn (2003): Litovit. Novosibirsk, S. 38-39
Shaparina, M. N. (1999): Zeolithe und Entstehung des Lebens auf der Erde. Gegenwärtige Biochemische Modelle der bioorganischen Evolution und die Rolle von organophilen Mineralien mit hohem Siliziumgehalt in der stereokatalytischen Reaktion bei der Bildung von Protobiopolymeren. Proceedings der wissenschaftlich-praktischen Konferenz „Naturmineralien im Dienste der Menschheit". Novosibirsk, Verlag Ekor, S. 83-85 (russisch)
Voronkov, M. G.; G. L. Zelchan; E. Lukevitz (1975): Silizium und Leben. Akademie-Verlag, Berlin
William, R. J. P. (1986): Introduction to silicon chemistry and biochemistry. In Ciba Foundation Symposium 121: Silicon biochemistry. Wiley and Sons, Chichester u. a., S. 24-39
Ziskoven, R. (1997a): Rationeller Einsatz eines lebenswichtigen Mineralstoffs. In: Magnesium als Therapieprinzip. TW Taschenbuch - Medizin. G. Braun, Karlsruhe, Band 25, S. 7-20
Ziskoven, R. (1997b): Einsatzgebiet eines natürlichen Basistherapeutikums. In: Magnesium als Therapieprinzip. TW Taschenbuch - Medizin. G. Braun, Karlsruhe, Band 25, S. 21-32

Kapitel 1

Anske, U. (2003): Chronopsychobiologische Pilotstudie zur objektiven Bestimmung funktioneller Gesundheitszustände. Dissertation, Med. Fak. Charité der Humboldt-Universität zu Berlin
Baevski, R. M (2002): Analysis of heart rate variability in space medicin. Humanphysiology 28/2, S. 202-213
Flach, J. (1997): Resilience. Hather Leight Press, New York
Hartenbach, W. (2002): Die große Cholesterinlüge. Herbig-Gesundheitsratgeber. 6. Auflage. Herbig Verlagsbuchhandlung, München, S. 1-157

Hecht, K.; R. Baumann (1974): Stresssensibilität und Adaptation. Belr. Ges. Inn. Med. 8, S. 673
Hecht, K. (1984): Dynamik der Wechselbeziehungen zwischen Gesundheit und Krankheit. In: M. M. Chananaschwili; K. Hecht: Neurosen. Akademie Verlag Berlin, S. 93-99
Hecht, K. (2001): Chronospychobiologische Regulationsdiagnostik zur Verifizierung von funktionellen Zuständen und Dysregulationen. In: K. Hecht; H.-P. Scherf; O. König (Hrsg.): Emotioneller Stress durch Überforderung und Unterforderung. Schibri Verlag, Berlin, Milow
Hecht, K.; H.-P. Scherf; O. König (Hrsg.) (2001): Emotioneller Stress durch Überforderung und Unterforderung. Schibri Verlag, Berlin, Milow
Jordan, H. (1984): Zur funktionellen Normalität des Menschen. Akademie-Verlag, Berlin
Klosterkötter (1974a): Kritische Anmerkungen zu einer „Zumutbarkeitsgrenze" für Beeinträchtigung durch Straßenverkehrslärm. Kampf dem Lärm 21, S. 29-39
Klosterkötter (1974b): Neuere Erkenntnisse über Lärmwirkungen. Kampf dem Lärm 21, S. 103-111
Nachtnebel, J. (1997): Normwerte unseres Körpers. Weltbild Verlag, Augsburg, S. 1-192
Ornish, D. (1992): Revolution in der Herztherapie. Kreuz Verlag, Die neue Gesundheit, Stuttgart, S. 1-496
Ornish, D. (1999): Die revolutionäre Therapie: Heilen durch Liebe. Mosaik Verlag, München, S. 1-315
Pawlenko, S. M. (1973): Diskussionsbeitrag in: Der emotionelle Stress und die arterielle Hypertonie. Materialien der 1. Tagung des wissenschaftlichen Rates des 1. Moskauer Medizinischen Instituts, Moskau (russisch)
Pawlow, I. P. (1885): In: Zukowveresnikow, I. M. (1952): Zurn vyss. nerv. dejatl. 2/1, S. 10-19
Reimer, C.; L. Dahme (1979): Iatrone Chronofizierung in der Vorbehandlung psychogener Erkrankungen. Praxis Psychother. Psychosom. 24, S. 123-133
Seligman, M. E. P. (1999): Kinder brauchen Optimismus. Rowohlt-Verlag. Vers. 1994: The Optimistic Child Harper Perennial. A. Division of Harper collins Publisher
Virchow. R. (1869a): Rede auf der Naturforscherversammlung 1869 in Innsbruck. In: K. Sudhoff (Hrsg.): Rudolf Virchow und die deutschen Naturforscherversammlungen. (1922) Akademische Verlagsgesellschaft, Leipzig, S. 93
Weiner, H. (1990): Anwendung psychosomatischer Konzepte in der Psychiatrie. In: Th. von Uexküll: Psychosomatische Medizin. Urban Schwarzberg, München, Wien, Baltimore, S. 920
WHO (1948): Preamble to the Constitution of world health organization as adopt by the international health conference New York 19. - 22. Juni 1946. Official report of WHO N. 2 1948 p 2
WHO (1987): Charta zur Gesundheitsförderung, Ottawa. In: T. Abelin; Z. J. Brezezinski (Hrsg.): Measurement in health promotion and protection. Kopenhagen, WHO Regional Publication European Series, No. 22, S. 653-658
Wright, N. H. (1997): Resilience. Servant Publications, Then Arbor Michigan

Kapitel 2

Anke, M.; S. Szentmihalyi (1986): Prinzipien der Spurenelementeversorgung und des Spurenelementestoffwechsels beim Wiederkäuer. In: M. Anke; Chr. Brückner; H. Gürtler; M. Grün: Arbeitstagung Mengen- und Spurenelemente. Leipzig, S. 87-107
Carlisle, E. M. (1986a): Silicon in Animal Tissues and Fluids. Academic Press. Inc. New York
Carlisle, E. M. (1986b): Silicon as an essential trace element in animal nutrition. In: Ciba Foundation Symp. 121: Silicon biochemistry., John Wiley u. Sons, Chichester u. a., S. 123-139
Carlisle, E. M. (1986c): Silicon. In: W. Mertz (ed): Trace Elements in Human and Animal Nutrition. 5th edn. Academic Press, Orlando, Florida
Carlisle, E. M. (1986d): Effect of dietary silicon and aluminium on silicon and aluminium levels in rat brain. Alzheimer Dis. Assoc. Dis 1
Flintrop, J. (2002): Die Selbstmedikation boomt. Allensbachstudie „Naturheilmittel 2002". Deutsches Ärzteblatt 99/17, S. C881
Huber, A. (1999): Mental health: Europa ist krank - psychisch. Psychologie Heute 10, S. 52-53
Hüther, G. (1999): Die Liebe ist ein Naturgesetz, das Gehirn ein Sozialorgan. Publik-Forum Nr. 18, S. 19-20
Nefiodov, L. A. (1996): Der sechste Kondratieff. Rhein-Sieg Verlag, St. Augustin
Nefiodov, L. A. (2000): An der Schwelle zum sechsten Kondratieff. Zukunftskonferenz „Meeting the best" der Volkswagen Coaching GmbH, Berlin, 30.03.-01.04.2000, Thesen zum Vortrag, S. 1-6
Wolf, G. (1996): Gesundheitsvorsorge im Betrieb erfordert Beteiligung von Führungskräften und Mitarbeitern. Maschienenmarkt (Würzburg) 102/30, S. 32-35
Zehentbauer, J. (2000): Körpereigene Drogen. Artemis und Winkler, München, Zürich

Kapitel 3

Basler, H. D. (2003): Komorbidität, Multimedikation und Beschwerden geriatrischer Schmerzpatienten. Med. Report 36/27, S. 2
Brune, K. (2004): In der Evidenz-Falle. Deutsches Ärzteblatt 101/12, S. C625
Hecht, K. (1963): The importance of individual excitability of the central nervous system in the investigation of centrally acting drugs. In: Votava, Z.; M. V. Horvath, O. Vinar (ed): Psychopharmakological Methods, S. 219-230
Hecht, K. (1964): Die Bedeutung der individuellen Erregbarkeit des ZNS für die Wirkung des Benactizyns. Dt. Gesundheitswesen 19, S. 793-808
Hecht, K.; K. Treptow; T. Hecht; M. Poppei; S. Choinovski (1968): Aspekte der Organismus-Umwelt-Beziehung in der Pharmakotherapie. Dtsch. Ges. Wesen 23, S. 1777-1785

Hesselbarth, S. (2003): Arzneimittelinteraktionen in der Schmerztherapie von Alterspatienten. Med. Report 36/27, S. 19
Hiemke, C. (2003): Gibt es ein „therapeutisches Fenster" für Psychopharmaka? Med. Report 41/27, S. 6
Köppel, C. (2003): Pharmakotherapie im Alter. Berliner Ärzte 11/2003, S. 15-16
Mallmann, P. (2003): Wie viel Toxizität ist akzeptabel für wie viel Benefit? Med. Review 10 (2002), S. 13-15
Sohn, W.; M. Sohn, F. Öri (2003): Komorbidität und Multimedikation. Med. Report 36/27, S. 13
Wiedmann, D. (2003): Einfluss des Geschlechts auf die Pharmakotherapie psychiatrischer Störungen. Med. Report 41/37, S. 2

Kapitel 4

Anochin, P. K. (1935): Das Problem des Zentrums und der Peripherie in der modernen Physiologie der Nerventätigkeit. Sammelband von Arbeiten unter der Redaktion von P. K. Anochin, Gorki, S. 7-12 (russ.)
Anochin, P. K. (1967): Das funktionelle System als Grundlage der physiologischen Architektur des Verhaltensaktes. Abh. aus dem Gebiet der Hirnforschung und Verhaltensphysiologie. VEB G. Fischer Verlag, Jena, Bd. 1, S. 56
Arendt, J. (1988): Melatonin and the Human Circadian System. Melatonin Clinical Perspectives. Oxford University Press
Aschoff, J. (1954): Zeitgeber der tierischen Tagesperiodik. Naturwiss. 41, S. 49-56
Aschoff, J. (1955): Zeitgeber der 24-Stunden-Periodik. Acta Scand. 306-309, S. 50-52
Aschoff, J. (1959): Zeitliche Strukturen biologischer Vorgänge. Nova Acta Leopoldiana 21, S. 147
Aschoff, J. (1960): Exogenous and endogenous components in circadian rhythms. Cold Spring Habour Symp.Quant. Biology 25, S. 11-28
Aschoff, F., R. Wever (1962): Spontanrhythmik des Menschen bei Ausschluss aller Zeitgeber. Naturwissenschaften 49, 337-342
Baker, R. R. (1988): Human magnetoreception for navigation. In: M. E. O'Conner; R. H. Loveleg (ed.): Electromagnetic Fields and Neurobehavioral Funkction. Alan R. Lis, New York
Barnwell, F. H. (1960): A day-today relationship between oxidative metabolism and world-wide geomagnetic activity. Biol. Bull. 119, S. 303
Becker, R. O.; A. M Marino (1962): Electromagnetism and Life. State University of New York Press, Albany
Becker, R. O. (1994): Heilkraft und Gefahren der Elektrizität. Scherz Verlag - Neue Wissenschaft, Berlin, München, Wien (Übersetzung aus dem Englischen)
Blask, D. E. (1984): The pineal: An oncostatic gland? Extremly low frequency electromagnetic fields. The Question of a Cancer. Eds Columbus OH, Batelle, Paris
Breus, R. K.; F. J. Komarov; M. M. Musin; I. V. Naburow; S. J. Rapoport (1989): Heliogeographical factors and their influence on cyclical process in biosphäre. Itogi, Nauki i Technik; Medicinskuya Geografia 18, S. 138-174
Breus, R.; G. Cornélissen; F. Halberg; A. E. Levitin (1995): Temporal associations of life with solar and geophysical activity. Anales geophysica 13, 18-28
Brown, F. A.; H. M. Webb; M. F. Bennett; M. J. Sandeen (1955): Evidence for an exogenous contribution to persistent diurnal and lunar rhythmicity under so called constant conditions. Biol. Bull. 109, S. 238-254
Brown, F. A.; H. M. Webb; M. F. Bennett (1958):Comparisons of some fluctuations in cosmic radiation and organismic activity during 1954, 1955 and 1956. Am. J. Physiol. 195, S. 237-242
Brown, F. A. (1960): Response to prevasive geophysical factors and the biological clock problem. Cold 5pr Harb Symp quant Biol 25, S. 57-71
Carlisle, E. M. (1986a): Silicon in Animal Tissues and Fluids. Academic Press. Inc. New York
Carlisle, E. M. (1986b): Silicon as an essential trace element in animal nutrition. In: Ciba Foundation Symp. 121: Silicon biochemistry., John Wiley u. Sons, Chichester u. a., S. 123-139
Chizhevsky, A. L. (1940): Cosmobiologie et Rythme du Milieu extérieur. Verhandlungen, Zweite Konferenz der Internationalen Gesellschaft für Biologische Rhythmusforschung am 25.-26. August 1939, Utrecht, Holland, Holmgren Hj. editor. Acta Med. Scand. 108, S. 211-226
Cornélissen, G.; F. Halberg (1994): Introduction to Chronobiology-Medtronic Chronobiology Seminar #7, April, S 52ff (Library of Congress Catalog Card #94-060580, http://revilla.mac.lie.uva.es/chrono).
Cornélissen, G.; F. Halberg; T. Brens; E. V. Syutkina; R. Baevski; A. Weydahl; Y. Watanabe; K. Otsuka; J. Siegelova; F. Fiber; E. E. Bakken (2002): Non photic solar association of heart rate variability and myocardinfaction. J. Atoms Solar-Terr. Phys. 64, S. 707-720
Dubrow, A. P. (1978): The geomagnetic field on life: Geomagnetobiology. Plenum Press, New York, S. 318ff
Düll, T.; B. Düll (1934): Über die Abhängigkeit des Gesundheitszustandes von plötzlichen Erruptionen auf der Sonne und die Existenz einer 27-tägigen Periode in Sterbefällen. Virchow Archiv 293, S. 272-319
Düll, T.; B. Düll (1935): Zusammenhänge zwischen Störungen des Erdmagnetismus und Häufungen von Todesfällen. Deutsch. med. Wschr. 61, S. 95-97
Feigin, V. L.; Yu, P. Nikitin; T. E. Vinogradova (1997): Solar and geomagnetic activities: are there associations with stroke occurence? Cerebrovasc. Dis. 7, S. 345-348
Feinleib, M.; E. Rogot; P. A. Sturrock (1975): Solaractivity and mortality in the United States. Int. J. Epidemiol. 4, S. 227-229
Ferrier, I. N.; J. Arend; E. C. Johnstone; T. J. Craw (1982): Reduced nocturnal melatonin secretion in chronic schizophrenia. Relationship to body weight. Clin. Endocrinol. 17, S. 181-186
Friedman, H.; R. O. Becker; C. H. Bachmann (1963): Statistisch signifikanter Zusammenhang zwischen Magnetstürmen und Aufnahmezahlen in psychiatrische Klilniken der USA. Nature 200, S. 626

Friedman, H.; R. O. Becker; C. H. Bachmann (1965): Beziehungen zwischen kosmischer Strahlung und Verhalten von psychiatrischen Patienten. Nature 205, S. 1050

Gnevyshev, M. N.;K. F. Novikova (1972): The influenca of solar activity on the Earth's biosphere (Part I). Interdiscipl. Cycle Res. 3:99

Halberg, F. (1960): The 24-hour scale: A time dimension of adaptive functional organization. Perspect Biol. Med. 3, S. 491

Halberg, F. (1962): Physiologie 24-hour Rhythms: A determinant of response to environmental agents. In: E. Schaefer (Hrsg.): Man's Dependence on the Earthly Atmosphere 48. The MacMillan Company, New York

Halberg, F.; T. K. Breus; G. Cornélissen; C. Bingham; D. C. Hillman; J. Rigatuso; P. Dalmore; E. Bakken; International Womb.to-Tomb Chronome Initiative Group (1991): Chronobiology in space. Keynote, 37th Ann Mtg japan Soc for Aerospace and Environmental Medicine, Nagoya, Japan, Nov 08-09, University of Minnesota/Medtronic Chronobiology Seminar Series #01, December

Halberg, F. (2000): Historical encounters between geophysics and biomedicine leading to the Cornélissen-series and chronoastrobiology. In: W. Schröder (ed.): Long- and Short-Tern Variability in Sun's History and Global Change. Science Edition, Bremen, S. 271-301

Halberg, F.; G. Cornélissen; K. Otsuka; Y. Watanabe; G. S. Kalinus; N. Burioka; A. Delyukova; B. Fiser; J. Dusek; E. V. Syutkina; F. Perfetto; R. Tarquini; R. B. Singh; B. Rhees; D. Lofstrom; P. Lofstrom; P. W. C. Johnson; O. Schwartzkopff (2001a): Cross-spectrally coherent ~10,5 and 21 year biological and physical cycles, magnet storms and myocardial infarctions. Neuroendocrinology Letters 21, S. 233-258

Halberg, F.; G. Conrélissen, D. Otsuka; G. Katinas; O. Schwartzkopff (2001b): Essay on chronomics in space by transdisciplinary chronobiology. Wittness in time: Earl Elmers Bakken. Neuroendocrinology Letters 22, S. 359-384

Heine, H. (1989): Aufbau und Funktion der Grundsubstanz. In: A. Pischinger (Hrsg.): Das System der Grundregulation. Haug Verlag, Heidelberg, S. 13-87

Heine, H. (1991): Lehrbuch der biologischen Medizin. Hippokrates, Stuttgart

Hildebrandt, G. (1962a): Zur Frage der rhythmischen Funktionsordnung beim Menschen. In L. Delius; H. Koepchen; E. Witzleb (Hrsg.): Probleme der zentralnervösen Regulation. Berlin, Göttingen, Heidelberg, S. 22-28

Hildebrandt, G. (1962b): Biologische Rhythmen und ihre Bedeutung für die Bäder- und Klimaheilkunde. In: W. Amelung; A. Evers (Hrsg.): Handbuch der Böden- und Klimaheilkunde. Schattauer, Stuttgart, S. 730-785

Hildebrandt, G. (1962c): Reaktive Perioden und Spontanrhythmik. Reports 7. Conference of the Society for Biological Rhythm. Siena 1960, Panminerva Medica, Torino, S. 75-82

Hildebrandt, G.; E. M. Lowes (1972): Tagesrhythmische Schwankungen der vegetativen Lichtreaktionen beim Menschen. J. Interdiscipl. Cycle Res. 3, S. 289-301

Hildebrandt, G., M. Moser, M. Kehofer (1998): Chronobiologie und Chronomedizin. Hippokrates, Stuttgart

Kirschvink, Ch. (1991): Ferromagnetic crystals (magnelite) in human tissue. J. Exp. Biol. 92, S. 333-335

Lipa, B. J.; P. A. Sturrock; E. Rogot (1976): Search for correlation between geomagnetic disturbance and mortality. Natur 259, S. 302-304

Maestroni, G. J. M.; A. Conti; W. Pierpoli (1986): Role of the pineal gland immunity. Circadian synthesis and relcase of melatonin modulates the antibody responses and autogonizer immunsuppressive effect of corticosterone. J. Neuroimmunnology 13, S. 19-30

Marino, A. A. (1988): Modern Bioelectricity. New York

Mendoza, B.; R. Diaz-Sandoval (2000): The relationship between solar activity and myocardial infarctions in Mesxico City. Geofisica Internationals 39(1), S. 53-56

Mikulecky, M. (ed.) (1997): Chronobiology and its Roots in the Cosmos. High Tatras, Slovakia, September 02-06, Slovak Medical Society, Bratislava

Novikova, K. F.; N. N. Gnevyshev; N. V. Tokareva (1968): The effect of solar activity on development of myocardial infarction morbidity and mortality. Cardiology (Moscow) 4, S. 109ff

Persinger, M. A. (1974): ELF and VLF electromagnetic fields effects. (ed) Plenum Press New York, London

Pischinger, A. (1989): Das System der Grundregulation. Haug Verlag, Heidelberg

Plattner, J.; R. Werner (2004): Energie – Quelle des Lebens und Maßstab der Gesundheit. Verleger Everfield Holding, Salter Point, Western Australie

Presman A. S. (1970): Electromagnetic fields and life. New York, London. Plenum Press

Randoll, R. G.; K. S. Zänker et al. (1992): Ultrastrukturelle zelluläre Membranprozesse online im Vitalmikroskop. Dtsch. Zschr. Onkol. 24, S. 120-126

Randoll, U. G. (1993): Die Bedeutung von Regulation und Rhythmus für ärztliche Diagnostik und Therapie. In: H. Albrecht (Hrsg.): Gesundheit und Krankheit aus der Sicht der Wissenschaften. Hippokrates Verlag, Stuttgart

Randoll, U. G.; K. Olbrich et al. (1994a): Ultrastrukturtomographische Beobachtung von Lebensprozessen in Abhängigkeit von schwachen elektromagnetischen Feldern. Telekom, U.R.S.I.-Landesausschuss u. ITG-Fachausschuss. Tagungsband Kleinheubach

Randoll, U. G.; R. Dehmlow; G. Regling; K. Olbrich (1994b): Ultrastructure tomographical observations of life processes as dependent on weak elektromagnetic fields. Dtsch. Zschr. Onkol. 26,1, S. 12-14

Randoll, U. G.; F. F. Hennig (1995): Hochauflösende Vitalmikroskopie und deren Bedeutung für die Zelldiagnostik. Internationales wehrtechnisches Symposium 1995 - Elektromagnetische Verträglichkeit. Bundesakademie für Wehrverwaltung und Wehrtechnik, Mannheim, 04.-06.10.1995, Tagungsband

Reiter, R. J. (1988): Pineal gland, cellular proliferation and neoplastic growth: A historical account. In: D. Gupta; A. Attenasio; R. J. Reiter (eds): The Pineal Gland and Cancer. Brain Researdch Promotion, Tübingen, S. 41-64

Roederer, O. G. (1995): Are magnetic storms hazardous to your health? Eos, Transactions, American Geophysical Union 76, S. 441, 444-445

Schlitter, H. E. (1985a): Was bedeutet die unspezifische biphasisch-biorhythmische Reaktion für die Metastasierung maligner Geschwulstkrankheiten? Krebsgeschehen, Dtsch. Zschr. Onkol. 17, S. 42-46 und 71-76

Schlitter, H. E. (1985b): Die Krebskrankheit aus ganzheitlicher Sicht eines biologisch unteilbaren Organismus. Der Deutsche Apotheker 47/4/5, S. 1-14

Schlitter, E. (1995): Die Krebskrankheit aus ganzheitlicher Sicht eines biologisch unteilbaren Organismus. Der Deutsche Apotheker 47/4, S. 1-14

Shabalin, V. N.; S. N. Shatokhina (2001): Morphology of biological fluids. /Morphologie der biologischen Flüssigkeiten. (russisch) ISBN 5-87372-102-5

Stoupel, E.; E. Abramson; J. Sulkes (1999): The effect of environmental physical enfluence on suicide: How long is the delay? Arch. suicide Res. 5, S. 241-244

Strestik, O.; A. Prigancova (1986):On the possible effect of environmental factors on the occurrence of traffic accidents. Acta Geodaetica, Geophysica et Montanistica Hungarica 23, S. 155-165

Strestik, O.; I. Sitar (1996): The influence of heliogeophysical and meteorological factors on sudden cardiovascular mortality. Internationals Society of Biometeorology, Sydney. Proceedings of the 14th Internationals Congress of Biometeorology, September 1996, Ljubljana, Slovenia, Part. 2 vol. 3, S. 166-173

Vernadski, v. J. (1926): Die Biosphäre (russ.) Naukno tehh. Leningrad

Villaresi, G.; Y.A. Kopytenko; N. G. Pritsyne; M. T. Tyasto; E. A. Kopytenko; N. Iucci; P. M. Voiony (1994): The influence of geiomagnetic storms and man-made magnetic field disturbances on the incidence of myocardial infarction in St. Petersburg (Russia). Physica Medica 19, S. 197-117

Vladimirskil B. M.; V. Ya. Narmanskii; N. A. Temuriantz (1995): Global rhythmics of the solar system in the terrestrial habitat. Biophysics 40, S. 731-736

Warnke, U. (1997): Der Mensch und die 3. Kraft. Elektromagnetische Wechselwirkungen zwischen Stress und Therapie. Popular Academic Verlagsgesellschaft, Saarbrücken

Warnke, U. (2003): Warum können kleinste Leistungsflussdichten elektromagnetischer Energie große Effekte am Menschen auslösen. Manuskript der Fakultät 8 der Universität des Saarlandes, Saarbrücken, S. 1-11, www.hese-project

Wever, R. (1966): Das Schwingungsgesetz der biologischen Tagesperiodik. Umschau H. 14, S. 462-469

Wever, R. (1968): Einfluss schwacher elektromagnetischer Felder auf die circadiane Periodik des Menschen. Naturwissenschaften 55/1. S. 29-32

Wever, R. (1971): Die circadiane Periodik des Menschen als Indikator für die biologische Wirkung elektromagnetischer Felder. Z. Physik. Med. 2, S. 439-471

Wever, R.; M. A. Persinger (1974): ELF and VLF Electromagnetic Field Effects. Plenum-Press, New York

Wever, R. (1979): The Circadian System of Man: Results of experiments under temporal isolation. Springer Verlag, New York, Heidelberg, Berlin

Wiener, N. (1948): Cybernetics or Control and Communication in the Animal and the Machine. Institute of Technology, Massachusetts

Zulley, J. (1994): Schlaf und Schlafstörungen aus chronobiologischer Sicht. Der Allgemeinarzt 13; S. 1028- 1040

Zulley, J.; B. Knab (2000): Unsere innere Uhr. Herder, Freiburg

Kapitel 5

Anochin, P. K. (1967): Das funktionelle System als Grundlage der physiologischen Architektur des Verhaltensaktes. Abh. aus dem Gebiet der Hirnforschung und Verhaltensphysiologie. VEB G. Fischer Verlag, Jena, Bd. 1, S. 56

Ask-Upmark (1938): On periodic fever. Sevenska Lakartidingen 35, S. 683

Becker, R. E.; A. A. Marino (1962): Elektromagnetism and Life. Albany New York, State University of New York Press

Becker, R. O. (1994): Heilkraft und Gefahren der Elektrizität. Scherz Verlag - Neue Wissenschaft, Bern, München, Wien (Übersetzung aus dem Englischen)

Becket, A. H.; P. J. Anderson (1960): In: Voronkov, M. G.; G. L. Zelchan; E. Lukevitz (1975): Silizium und Leben. Akademie-Verlag, Berlin, S. 12-52, J. Pharm. Pharmacol. 12, S. 228

Berg, J. M.; J. L. Tymoczko, L. Stryer (2003): Biochemie. (5. Auflage) Spektrum, Akademischer Verlag, Heidelberg, Berlin

Cannon, W. B. (1914): The emergency function of the adrenal medulla in pain and major emotions. American Journal of Physiology 33, S. 356-372

Davis, D. H.; C. S. Giannoulis; R. W. Johnson; T. A. Desai (2002): Immobilization of RGD to (111) silicon surfaces for enhanced cell adhesion and proliferation. Biomaterials 23/19, S. 4019-4027

Derer, L. (1956): Concealed macroperiodicity in the reaction of the human organism. Rev. Czechoslovak Med. 2, S. 277

Derer, L. (1960): Rhythm and proliferation with special reference to the six-day rhythms of blood leukocyte. Count Anns VII, S. 117-134

Finkelstein, H. (1936): Überzeitliche Gesetzmäßigkeiten im Ablauf akuter fieberhafter Krankheiten. Wiener Medizinische Wochenschrift 86, S. 92-106

Fischer, M. H. (1951a): The Formation of Living Substance. Steinkopff, Darmstadt

Halberg, E.; F. Halberg; J. Halberg; F. Halberg (1985): Circaseptan (about 7-day) and circasemiseptan about (3,5-day) rhythms and contributions. In: L. Derer (ed.): I. General methodical approach and biological aspects. Biologia (Bratislava) 40, S. 1119-1141

Halberg, F.; E. Halberg; F. Halberg; J. Halberg (1986a): Circaseptan (about 7-day) and circasemiseptan about (3,5-day) rhythms and contributions. In: L. Derer (ed.): II. Examples from botany, zoology and medicine. Biologia (Bratislava) 41, S. 233-252

Halberg, F.; F. Barnwell; W. Hrushesky; D. Lakatua (1986b): Chronobiology. A science in tune with the rhythms of life. Earl Bakken, Minneapolis, S. 1-20

Halberg, F.; E. Halberg; F. Carandente et al. (1986c): Dynamic indices from blood pressure monitoring for prevention, diagnosis and therapy. In: ISAM (1985): Prov. Int. Symps. Ambulatory Monitoring, Pudua, ELEUP Editore

Haldeman, R. G.; P. H. Emmett (1955): J. Phys. Chem. 59, S. 1039

Hauss, W. H.; G. Junge-Hülsing; G. Gerlach (1968): Die unspezifische Mesenchymreaktion. G. Thieme Verlag, Stuttgart

Hecht, A.; K. Lunzenauer, E. Schubert (1973): Allgemeine Pathologie. VEB-Verlag Volk und Gesundheit, Berlin, S. 226-249

Hecht, K.; P. Oehme; M. Poppei (1979): Action of substance on neurotic hypertensive rats. Pharmazie Berlin 34/10, S. 635-657

Heine, H. (1989): Aufbau und Funktion der Grundsubstanz. In: A. Pischinger (Hrsg.): Das System der Grundregulation. Haugverlag, Heidelberg, S. 13-87

Heine, H. (1990): In A. Pischinger (Hrsg.): Das Sysgtem der Grundregulation. 8. erw. Aufl. 1. Teil: Aufbau und Funktion der Grundsubstanz, Haug Verlag, Heidelberg, S. 13-87

Heine, H. (1991): Lehrbuch der biologischen Medizin. Hippokrates, Stuttgart

Hildebrandt, G. (1962): Reaktive Perioden und Spontanrhythmik. Reports 7. Conference of the Society for Biological Rhythm. Siena 1960, Panminerva Medica, Torino, S. 75-82

Hildebrandt, G. (1982): Zur Zeitstruktur adaptiver Reaktionen. 2. Physiotherapie 34, S. 23-34

Hildebrandt, G. (1985a): Biologische Rhythmen und Umwelt des Menschen (Circadiane und andere Biorhythmen und deren Beeinflussung durch Umweltfaktoren). In E. H. Graul (Hrsg.); S. Püttner; D. Loew: Medicinale XV. Iserlohn, S. 451-493

Hildebrandt, G. (1985b): Therapeutische Physiologie. Grundlagen der Kurortbehandlung. In: W. Amelung; G. Hildebrandt (Hrsg.): Balneologie und medizinische Klimatologie. Springer, Berlin etc.

Hildebrandt, G. (1990): Circaseptane Reaktionsperiodik beim Menschen. - Eine Zeitstruktur von Krankheit und Heilung. Therapeutikon 4, 7/8, S. 402-413

Hildebrandt, G.; M. Moser; M. Lehofer (1998a): Chronobiologie und Chronomedizin. Hippokrates, Stuttgart

Hoff, F. (1952): Probleme der vegetativen Regulation und der Neuralpathologie. Georg Thieme Verlag, Stuttgart

Hoff, F. (1957): Fieber, unspezifische Abwehrvorgänge, unspezifische Therapie. G. Thieme Verlag, Stuttgart

Höring, F. O. (1953): Fieberbehandlung als Regulationstherapie. Hippokrates 24, S. 193-195

Kroll, W. (1958): Der oxydative Abbau von Huminsäuren in Gegenwart von Kieselsäure. Dissertation Landwirtschaftliche Fak. Göttingen vom 26.06.1958

Laborit, H.; F. Bruce; J. M. Jowany; J. Gerard; B. Weber (1961): Presse med. 69, S. 717. In: H. E. Schlitter (1977): Krebswachstum – gestörte Gewebsregunaeration durch dysregulierte Mesenchymfunktion. Verlag für Medizin, Heidelberg

Marino, A. A. (1988): Modern Bioelectricity. Marcel Dekker, New York

Marishita, M.; M. Miyagi; Y. Yamasaki; K. Tsuruda; K. Kawahara; Y. Ivanosoto (1998): Pilot study on the effect of a mouthrinse containing silver zeolite on plaque formation. Clin. Dent. 9, S. 994-996

Oehme, P.; K. Hecht; L. Piesche; M. Milse; M. Poppei (1980a): Substance P as a modulator of physiological and pathological processes. In: A. Marsan (ed.); W. Z. Traczyk: Neuropeptides and Neural Transmission. IBRO Series Vol. 7, Raven Press, New York, S. 73-84

Oehme, P.; K. Hecht; L. Piesche; M. Milse; M. Poppei, E. Morgenstern; E. Göres (1980b): Substance P – new aspects to its modulatory function. Actarbiol. med. germ. 39, S. 465-477

Oehme, P.; M. Bienert; K. Hecht; J. Bergmann (1981): Substanz P. Beiträge zur Wirkstoffforschung. Arzneimittelforschung Akademie-Industrie-Komplex 12, S. 1-185

Oehme, P.; K. Hecht; W. Krause (1996): Stressforschung zwischen molekularer und supramolekularer Betrachtung. Medizinische Monatszeitschrift für Pharmazeuten 19/9, S. 270-274

Ochilewski, U.; U. Kiesel; H. Kolb (1985): Administration of silica prevents diabetes in BB-rats. Diabetes 34, S. 197-199

Plonsker (1939): Tides and Fiver. Anales Pädiatric. Jahrbuch der Kinderheilkunde 153/1

Randoll, R. G.; K. S. Zänker et al. (1992): Ultrastrukturelle zelluläre Membranprozesse online im Vitalmikroskop. Dtsch. Zschr. Onkol. 24, S. 120-126

Randoll, U. G. (1993): Die Bedeutung von Regulation und Rhythmus für ärztliche Diagnostik und Therapie. In: H. Albrecht (Hrsg.): Gesundheit und Krankheit aus der Sicht der Wissenschaften. Hippokrates Verlag, Stuttgart

Randoll, U. G.; K. Olbrich et al. (1994a): Ultrastrukturtomographische Beobachtung von Lebensprozessen in Abhängigkeit von schwachen elektromagnetischen Feldern. Telekom, U.R.S.I.-Landesausschuss u. ITG-Fachausschuss. Tagungsband Kleinheubach

Randoll, U. G.; R. Dehmlow; G. Regling; K. Olbrich (1994b): Ultrastructure tomographical observations of life processes as dependent on weak electromagnetic fields. Dtsch. Zschr. Onkol. 26, S. 12-14

Randoll, U. G.; F. F. Hennig (1995): Hochauflösende Vitalmikroskopie und deren Bedeutung für die Zelldiagnostik. Internationales wehrtechnisches Symposium 1995 - Elektromagnetische Verträglichkeit. Bundesakademie für Wehrverwaltung und Wehrtechnik, Mannheim, 04.-06.10.1995, Tagungsband

Randoll, U. G.; F. F. Hennig (2001a): A new approach for the treatment of low back pain: Matrixrhythm-therapy. Osteologie, Bd. 10, suppl. 1, S. 66

Randoll, U. G.; F. F. Hennig (2001b): Preoperative und postoperative matrix-rhythm-therapy to optimize hip surgery. Osteologie Bd. 10, Suppl. 1, S 149

Rappoport, S. M. (2002): Biochemie. S. 86

Schedlowski, M.; U. Tewes (1996b): Psychoneuroimmunologie. Spektrum Akademischer Verlag, Heidelberg, Berlin, Oxford

Schlitter, H. E. (1977): Krebswachstum, gestörte Gewebsregeneration durch dysregulierte Mesenchymfunktion. Bd. 13, Schriftenreihe Krebsgeschehen, Verlag für Medizin Dr. Ewald Fischer, Heidelberg

Schlitter, H. E. (1985): Was bedeutet die unspezifische biphasisch-biorhythmische Reaktion für die Metastasierung maligner Geschwulstkrankheiten? Krebsgeschehen, Dtsch. Zschr. Onkol. 17, S. 42-46 und 71-76

Schlitter, H. E. (1993): Die Bedeutung der Matrix für den zellularen DNS-Stoffwechsel am Beispiel der Reizkarzinogenese. N. g. m 6, S. 95-101

Schlitter, H. E. (1995): Die Krebskrankheit aus ganzheitlicher Sicht eines biologisch unteilbaren Organismus. Der Deutsche Apotheker 47/4, S. 1-13

Schober, R. (1951/52): Die Beteiligung des Mesenchyms bei der experimentellen Erzeugung von Hautkarzinomen der Maus durch Benzpyren. Z. Krebsforsch. 58, S. 36-55

Schober, R. (1955): Mesenchymale Gewebsreaktionen am vorbetrahlten Mamma-Carcinom. Strahlentherapie 98, S. 366-381

Scholl, O.; K. Letters (1959): Über die Kieselsäure und ihre physiologische Wirkung in der Geriatrie. München, Medizinische Wochenschrift 101/5, S. 2321-2325

Selye, H. (1936): A syndrome produced by diverse noceus agents. Nature London 138, S. 32

Selye, H. (1953): Einführung in die Lehre vom Adaptationssyndrom. Thieme, Stuttgart

Shaparina, M. N. (1999): Zeolithe und Entstehung des Lebens auf der Erde. Gegenwärtige Biochemische Modelle der bioorganischen Evolution und die Rolle von organophilen Mineralien mit hohem Siliziumgehalt in der Stereokatalytischen Reaktion bei der Bildung von Protobiopolymeren. Proceedings der wissenschaftlich-praktischen Konferenz (mit internationaler Beteiligung) „Naturmineralien im Dienste der Menschheit". Novosibirsk, Verlag Ekor, S. 83-85 (russisch)

Siedeck (1955): Über das zeitliche Verhalten der phasenförmigen Reizbeantwortung nach Pyrogeninjektion. Acta Neuroveg. Wien, 11, S. 94ff

Smith, C. W. et al. (1989): The diagnosis and therapy of electrohypersensitivities. Clinical Ecology 6,S. 4

Ueki, A.; M. Yamaguchi; H. Ueki et al. (1994): Polyclonal human T-cell activation by silicate in vitro. Immunology 82, S. 332-335

Vester, F. (1976): Phänomen Stress. Dva Öffentliche Wissenschaft. Dt. Verlagsgesellschaft, Stuttgart

Volcani, B. E. (1986): Diskussionsbeitrag Ciba Foundation Symposium 121: Silicon biochemistry. John Wiley u. Sons, Chichester, New York, Sydney, Toronto, Singapore, S. 110

von Eiff, A. W. (1978): Stress: Unser Schicksal. Stuttgart, New York

Voronkov, M. G. (1979): Biological activity of silatrans. Top. Cur. Chem. 84, S. 77-135

Yakimov, A. V. (1998): Wissenschaftliche Begründung und Perspektiven der Anwendung der Zeolith-enthaltenden Ergänzungen in der Viehzucht. Dissertation, Dasan. Russische Akademie der landwirtschaftlichen Wissenschaften. Wissenschaftliche Produktionsvereinigung „Niwa Tatarstana"

Yakolev, V. V. (1990): Biologische Grundlagen des Bedarfs an Silizium bei Jungtieren. Dissertation Universität Saransk, Russland

Zehentbauer, J. (2000): Körpereigene Drogen. 8. Auflage, Artenis und Winkler, München, Zürich

Zwiener, U.; P. Langhorst (1993): Vegetatives Nervensystem. In: U. Zwiener (Hrsg.): Allgemeine und klinische Pathophysiologie. Gustav Fischer, Jena, Stuttgart, S. 996

Kapitel 6

Anderson, R. E. (1965): Aging in Hiroshima Atomic Bomb Survivors. Arch. Path. Anat. 79, S. 1

Bauer, K. H. (1963): Das Krebsproblem, 2. Auflage Springer-Verlag Berlin, Heidelberg, Göttingen

Birkhofer, L.; H. Ritter (1958): In: Kaufmann, K. (1997): Silizium – Heilung durch Ursubstanz. Helfer-Verlag E. Schwabe GmbH, Bad Hamburg, Liebig's Annals of Chem. 612, 22

Büchner, R. (1962): Allgemeine Pathologie. 4. Aufl., Urban & Schwarzenberg Verlag, München, Berlin

Büchner, R. (1964): Struktur, Stoffwechsel und Funktion in der modernen Pathologie. Urban & Schwarzenberg Verlag, München, Berlin

Bürger, M. (1958): Biomorphose - Biorheuse. Zt. Altersforschung 10, S. 240

Carlisle, E. M. (1986a): Silicon in Animal Tissues and Fluids. Academic Press. Inc. New York

Carlisle, E. M. (1986b): Silicon as an essential trace element in animal nutrition. In: Ciba Foundation Symp. 121: Silicon biochemistry., John Wiley u. Sons, Chichester u. a., S. 123-139

Davis, D. H.; C. S. Giannoulis; R. W. Johnson; T. A. Desai (2002): Immobilization of RGD to (111) silicon surfaces for enhanced cell adhesion and proliferation. Biomaterials 23/19, S. 4019-4027

Derer, L. (1956): Concealed macroperiodicity in the reaction of the human organism. Rev. Czechoslovak Med. 2, S. 277

Derer, L. (1960): Rhythm and proliferation with special reference to the six-day rhythms of blood leukocyte. Count Anns VII, S. 117-134

Finkelstein, H. (1936): Über zeitliche Gesetzmäßigkeiten im Ablauf akuter fieberhafter Krankheiten. Wiener Medizinische Wochenschrift 86, S. 92-106

Fischer, M. H. (1951): Der Aufbau der lebenden Substanz. (englisch) Steinkopff, Darmstadt

Fryda, W. (1989): Adrenalinmangel als Ursache der Krebsentstehung. Schriftenreihe Krebsgeschehen. Bd. 27, Verlag für Medizin Dr. Ewald Fischer, Heidelberg (1984) und Dtsch. Zschr. Onkol. (DZO) (1989)

Garnick, J.; B. Singh; G. Winkley (1998): Effectiveness of a medicament containing silicon dioxide, aloe and allantoin on aphthous stomatitis. Oral surgery, oral medicine, oral pathology, oral radiology, and endodontics 86(5), S. 550-556

Hauss, W. H.; G. Junge-Hülsing; G. Gerlach (1968): Die unspezifische Mesenchymreaktion. G. Thieme Verlag, Stuttgart

Hecht, A.; K. Lunzenauer, E. Schubert (1973): Allgemeine Pathologie. VEB-Verlag Volk und Gesundheit, Berlin, S. 226-249

Heine, H.; H. Heinrich (1980): Reactive behaviour of myocytes during long-term sympathetic stimulation as compared of spontaneous hypertension. Fol. Angiol. 28, S. 22-27
Heine, H. (1987): Regulationsphänomene der Tumorgrundsubstanz. Dtsch. Zschr. Onkol (DZO), Krebsgeschehen 19, S. 67-72
Heine, H. (1989): Aufbau und Funktion der Grundsubstanz. In: A. Pischinger (Hrsg.): Das System der Grundregulation. Haug Verlag, Heidelberg, S. 13-87
Heine, H. (1990): Aufbau und Funktion der Grundsubstanz. In A. Pischinger (Hrsg.): Das System der Grundregulation. 1. Teil: , Haug Verlag, Heidelberg, S. 13-87
Heine, H. (1991): Lehrbuch der biologischen Medizin. Hippokrates, Stuttgart
Hildebrandt, G. (1990): Circaseptane Reaktionsperiodik beim Menschen. - Eine Zeitstruktur von Krankheit und Heilung. Therapeutikon 4, 7/8, S. 402-413
Hildebrandt, G.; I. Brand; L. Reges (1992): Chronobiologie in der Naturheilkunde. Grundlage der Circaseptanperiodik. Karl E. Haug, Heidelberg
Hildebrandt, G.; M. Moser; M. Lehofer (1998): Chronobiologie und Chronomedizin. Hippokrates, Stuttgart
Hoff, F. (1957): Fieber, unspezifische Abwehrvorgänge, unspezifische Therapie. G. Thieme Verlag, Stuttgart
Kaufmann, K. (1997): Silizium – Heilung durch Ursubstanz. Helfer-Verlag E. Schwabe GmbH, Bad Hamburg
Kellner, G. (1977): Die chronische Entzündung. Wiener med. Wochenschr. 127, S. 301-306
Kober, B. (1955): Die Anwendung der Kieselsäure in der Heilkunde. Münchener Medizinische Woche 23, S. 767-770
Perger, F. (1978): Chronische Entzündung und Karzinom aus der Sicht des Grundsystems. Wien. med. Wschr. 128, S. 31-37
Perger, F. (1979): Das Grundsystem nach Pischinger. Phys. Med. u. Reh. 20, S. 275-287
Perger, F. (1981): Regulationsstörungen im Vorfeld der Malignomentwicklung. Wien. med. Wschr. 131, S. 189-196
Perger, F. (1988): Fragen der Herderkrankung. Deutscher Zahnärztekalender, Carl Hanser Verlag, München, Wien, S. 23-38
Perger, F.(1990a): In: A. Pischinger (Hrsg.): Das System der Grundregulation. 8. Aufl. 3. Teil: Die therapeutischen Konsequenzen aus der Grundregulationsforschung. Haug Verlag, Heidelberg, S. 140-231
Perger, F. (1990b): Die Revision des Herdbegriffs. Der praktische Arzt. Österreichische Zeitschrift für Allgemeinmedizin 44, S. 923-931
Pischinger, A. (1976): Das System der Grundregulation, Haug-Verlag Heidelberg
Pischinger, A. (1990) Hrsg.: Das System der Grundregulation 8. erw. Auflage, Haug-Verlag Heidelberg
Plonsker (1939): Tides and Fiver. Anales Pädiatric. Jahrbuch der Kinderheilkunde 153/1
Rimpler, M. (1987): Der extrazellulärraum – eine untersächtzte Größe. Ein neuer Ansatz der Zellpathologie. Therapie Woche 37, S. 37-40
Schlitter, H. E. (1965): Über die modifizierende Rolle des vegetativen Nervensystems bei der Krebsentstehung und Krebsausbreitung. Mitteilungsdienst GBK 3, S. 844-1011
Schlitter, H. E. (1992): Die unspezifische Rolle des vegetaiven Nervensystems und der Matrix bei Gewebswachstum und Differenzierung am Beispiel der Krebsengtstehung und Krebsausbreitung. In: H. Heine; P. Anastasiadis (eds): Normal Matrix and Pathological Conditions. Gustav Fischer Verlag, Stuttgart, Jena, New York, S. 29-42
Schlitter, H. E. (1993): Die Bedeutung der Matrix für den zellularen DNS-Stoffwechsel am Beispiel der Reizkarzinogenese. N. g. m 6, S. 95-101
Schlitter, H. E. (1994a): Mesenchymale extrazelluläre Matrisx für die Krebstherapie. Therapeutikon (tpk) 8, S. 292-300
Schlitter, H. E. (1994b): Extrazelluläre Matrix, unspezifische Beziehungen zu Umweltschäden und Karzinogenese. Berliner Ärzteblatt 107, S. 586-590
Schlitter, H. E. (1995): Die Krebskrankheit aus ganzheitlicher Sicht eines biologisch unteilbaren Organismus. Der Deutsche Apotheker 47/4, S. 1-13
Schober, R. (1951/52): Die Beteiligung des Mesenchyms bei der experimentellen Erzeugung von Hautkarzinomen der Maus durch Benzpyren. Z. Krebsforsch. 58, S. 36-55
Schober, R. (1955): Mesenchymale Gewebsreaktionen am vorbetrahlten Mamma-Carcinom. Strahlentherapie 98, S. 366-381
Scholl, O.; K. Letters (1959): Über die Kieselsäure und ihre physiologische Wirkung in der Geriatrie. München, Medizinische Wochenschrift 101/5, S. 2321-2325
Selye, H. (1936): A syndrome produced by diverse nocous agents. Nature London 138, S. 32
Selye, H. (1953): Einführung in die Lehre vom Adaptationssyndrom. Thieme, Stuttgart
Siedeck (1955): Über das zeitliche Verhalten der phasenförmigen Reizbeantwortung nach Pyrogeninjektion. Acta Neuroveg. Wien, 11, S. 94ff
Trepel, F. (1968): Tumorproliferation. Theorie und Ergebnisse. Med. Klin. 63, S. 656
Vakil, N.; M. Sparberg (1990): Steorid-related osteonecrosis in inflammatory bowel disease. Dtsch. Ärzteblatt 87, S. C900
Veretenina, O. A.; N. V. Kostina; T. I. Novosolova; Ya B. Novoselov; A. G. Roninson (2003): Litovit. Ekor-Verlag, Novosibirsk, S. 1-104 (russisch)
Voronkov, M. G.; G. L. Zelchan; E. Lukevitz (1975): Silizium und Leben. Akademie-Verlag, Berlin

Kapitel 7

Alke, H. (1989): Gesunder Schlaf. Falken-Verlag, Niederhausen Ts., S. 54-55
Aschoff, J. (1963): Gesetzmäßigkeiten der biologischen Tagesperiodik. Dtsch. med. Wschr. 88, S. 1930-1937
Aschoff, J.; K. Klotter; R. Wever (1965): Circadianer Wortschatz. In: J. Aschoff: Circadian Clocks. North Holland Publ. Co, Amsterdam
Aschoff, J. (1966): Physiologische biologische Rhythmen. Ärztl. Praxis 18, S. 1569-1593

Aschoff, J. (1971a): Eigenschaften der menschlichen Tagesperiodik. Schriftenreihe Arbeitsmedizin - Sozialmedizin - Arbeitshygiene: Aktuelle Probleme der Arbeitswelt 38, A. W. Genter Verlag, Stuttgart, S. 21-43

Aschoff, J. (1971b): Circadiane Periodik als Grundlage des Schlaf-Wach-Rhythmus. In: W. Baust (Hrsg.): Ermüdung, Schlaf und Traum. Fischer Taschenbuch Verlag, Frankfurt a. M., S. 76-111

Aschoff, J. (1973): Das circadiane System. Grundlagen der Tagesperiodik und ihre Bedeutung für angewandte Physiologie und Klinik. Dts. Ges. Inn. Med. 79, S. 19-31

Aserinsky, E.; N. Kleitmann (1953): Regularly occurring periods of eye motility and concomitant phenomena during sleep. Science 118, S. 273-274

Atwood, C. S.; I. R. James; R. Keil; N. K. Roberts; P. E. Hartmann (1991): Circadian changes in salivary constituents and conductivity in women and men. Chronobiologia 18, S. 1125-1140

Babloyantz, A. (1986): Molecules, Dynamics and Life. Wiley, New York

Balzer, H.-U.; K. Hecht; R. Siems; S. Walter; A. Ramhold; C. Kirsten; H. Müller; P. Oehme (1987): Zirkaseptaner Rhythmus des Schlafverhaltens. In: J. Schuh; R. Gattermann; J. A. Romanow: Chronobiologie - Chronomedizin. Wissenschaftliche Beiträge 36(P30), Martin-Luther-Universität Halle/Saale, Wittenberg, S. 211-214

Balzer, H.-U.; K. Hecht (1989a): Ist Stress noninvasiv zu messen? Wissenschaftliche Zeitschrift der Humboldt-Universität zu Berlin, Reihe Medizin 38/4, S. 456 460

Balzer, H.-U.; K. Hecht (1989b): Konzeption zur Entwicklung eines diagnostischen Stufenprogramms zur objektiven Beurteilung der Schlafqualität in Beziehung zur Leistungsfähigkeit und Stress am Tage. Wissenschaftliche Zeitschrift der Humboldt-Universität zu Berlin, Reihe Medizin 38/4, S. 441 445

Balzer, H.-U., K. Hecht (1993): Chronobiologische Aspekte des Schlafverhaltens. In: K. Hecht (Hrsg.); A. Engfer; J. H. Peter; M. Poppei: Schlaf, Gesundheit, Leistungsfähigkeit. Springer Verlag, Ber-lin u. a., S. 49 50

Becker, R. O. (1990): Cross currents. J. P. Tarcher Inc. Deutsche Ausgabe (1994): Heilkraft und Gefahren der Elektrizität. Scherz-Verlag, Bern, München, Wien

Born, J.; H. L. Fehm (2000): The neuroendocrine recovery function of sleep. Noise & Health 7, S. 25-37

Brockhaus, Der in 15 Bänden (1997): Bertelsmann

Broen, R. von (1988): Computergestützte Pilotstudie zur Bedeutung des zirkadianen Biorhythmus des Schlafverhaltens in der medizinischen Grundbetreuung im Vergleich von Gesunden, Schlafgestörten und Neurotikern. Dissertation Med. Fak. Humboldt-Universität

Buck, G. (1984): Vegetative Reagibilität und circadiane Phasenlage. Spektralanalytische Untersuchungen über die reaktiv-periodische Überlagerung der Tagesgänge von Puls- und Atemfrequenz. Med. Inaug.-Diss., Marburg/Lahn

Chance, B.; A. K. Ghosh; E. K. Pye; B. Hess (1973): Biological and Biochemical Oszilators. Academic Press, New York

Cornélissen, G.; T. K. Breus; C. Bingham; R. Zaslavskaja; M. Varshitsky; B. Mirsky; M. Teibloom; B. Tarquini; E. Bakken; F. Halberg (1993): International Womb-to-Tomb Chronome Initiative Group: Beyond circadian chronorisk: worldwide circaseptan-circasemiseptan patterns of myo-cardial infarctions, other vascular events, and emergencies. Chronobiologia 20, S. 87-115

Coveney, P.; R. Highfield (1994): Anti-Chaos - Der Pfeil in der Zeit der Selbstorganisation des Lebens. Rowohlt, Reinbeck bei Hamburg

Cramer, F. (1998): Symphonie des Lebendigen. Versuche einer allgemeinen Resonanztheorie. Insel-taschenbuch 2188, Frankfurt/Main, Leipzig

Davies, N. T. (1981): An appraisal of newer trace elements. Philos. Trans. R. Soc. B. Biol. Sci. Aug. 14. Vol.

de Witt, B. S.; N. Graham (1973): The Many-Worlds Interpretation of Quantum Mechanics. Princeton University Press

Derer, L. (1956): Concealed macroperiodicity in the reaction of the human organism. Rev. Czechoslovak Med. 2, S. 277

Derer, L. (1960): Rhythm and proliferation with special reference to the six-day rhythms of blood leukocyte. Count Anns VII, S. 117-134

Diedrich, A.; K. Hecht; H.-U. Balzer; R. Siems (1989a): Psychotest – ein computergestützter medizinisch-psychologischer Messplatz. Wissenschaftliche Zeitschrift der Humboldt-Universität zu Berlin, R. Med. 38/4, S. 463-465

Diedrich, A.; R. Siems; K. Hecht (1989b): Adaptationsprozesse in der Schlafpolygraphie bei Langzeituntersuchungen. Wissenschaftliche Zeitschrift der Humboldt-Universität zu Berlin, Reihe Medizin 38/4, S. 478 482

Diedrich, A. (1991): Pilotstudie zur Beziehung zwischen Schlaf und Leistung unter chronobiologischen Aspekten. Modell der chronphysiologischen Leistungsfähigkeit, Diss. Med. Fak. (Charité) Humboldt-Universität zu Berlin

Diedrich, A., R. Siems, K. Hecht (1993): Wochenrhythmus und Adaptation des Schlafverhaltnes während einer Langzeitschlafpolygraphie. In: K. Hecht (Hrsg.), A. Engfer; J. H. Peter; M. Poppei: Schlaf, Gesundheit, Leistungsfähigkeit. Springer Verlag Berlin u. a., S. 69-86

Ehlenz, K., J. H. Peter, H. Kaffarnik, P. v. Wichert (1993): Kardiovaskuläre Hormone und Schlafbedeutung für Hypertonie. In: K. Hecht, A. Angfer, J. H. Peter, M. Poppei: Schlaf, Gesundheit, Leistungsfähigkeit. Springer Verlag, Berlin u. a.; S. 243-261

Engel, P. (1986): Experimentelle Ergebnisse zur Mechanotherapie. Therapiewoche 36, S. 2139-2152

Gazda, E.; I. Tammer (1997): Langzeitpilotstudie zur Untersuchung des Schlafverhaltens und der Schlafregulation von Depressionen und Neurotikern mittels Schlafprotokoll zur Überprüfung der Definition chronischer Schlafstörungen nach dem Internationalen Diagnostik- und Code-Manual. Dissertation Med. Fak. Humboldt-Universität Berlin

Golenhofen, K.; G. Hildebrandt (1958): Die Beziehungen des Blutdruckrhythmus zur Atmung und peripheren Durchblutung. Pflügers Arch. ges. Physiol. 267, S. 27-45

Golenhofen, K. (1962): Physiologie des menschlichen Muskelkreislaufs. Sitzungsberichte der Gesellschaft zur Beförderung der gesamten Naturwissenschaften zu Marburg 83/84, S. 167-254

Gutenbrunner, C.; G. Hildebrandt (1994): Handbuch der Heilwasser-Trinkkuren - Theorie und Praxis. Sonntag-Verlag, Stuttgart

Halberg, F. (1959/60): Physiology 24 hours periodicity, general and procedural considerations with reference to the adrenal cycle. Ztschr. Vitamin-, Hormon- und Fermentforschung 10, S. 225

Halberg, F. (1960): The 24-hour scale: A time dimension of adaptive functional organization. Perspect. Biol. Med. 3, S. 491

Halberg, F. (1962): Physiologic 24-hour Rhythms: A determinant of response to environmental agents. In: E. Schaefer (Hrsg.): Man's Dependence on the Earthly Atmosphere 48. The MacMillan Company, New York

Halberg, F.; M. Engeli; C. Hamburger; D. Hillmann (1965): Spectral resolution of low-frequency, smal-amplitude rhythms in excreted 17-Ketosteroid: probable androgen induced circaseptan desyn-chronisation. Acta endocrin. 103, S. 5-54

Halberg, F. (1980a): Klinische Aspekte der Chronobiologie. WiFo 30, S. 218-220

Halberg, R. (1980b): Chronobiology: methodological problems. Acta med. rom. 18, S. 399-440

Halberg, E.; F. Halberg; J. Halberg; F. Halberg (1985): Circaseptan (about 7-day) and circasemiseptan about (3,5-day) rhythms and contributions. In: L. Derer (ed.): I. General methodical approach and biological aspects. Biologia (Bratislava) 40, S. 1119-1141

Halberg, F.; E. Halberg; F. Halberg; J. Halberg (1986a): Circaseptan (about 7-day) and circasemiseptan about (3,5-day) rhythms and contributions. In: L. Derer (ed.): II. Examples from botany, zoology and medicine. Biologia (Bratislava) 41, S. 233-252

Halberg, F.; F. Barnwell; W. Hrushesky; D. Lakatua (1986b): Chronobiology. A science in tune with the rhythms of life. Earl Bakken, Minneapolis, S. 1-20

Halberg, F.; E. Halberg; F. Carandente et al. (1986c): Dynamic indices from blood pressure monitoring for prevention, diagnosis and therapy. In: ISAM (1985): Prov. Int. Symps. Ambulatory Monitoring, Pudua, ELEUP Editore

Halberg, F.; N. Marques; G. Cornélissen; C. Bingham; S. Sànchez de la Peña; J. Halberg; M. Marques; J. Wu; E. Halberg (1990a): Circaseptan biologic time structure reviewed in the light of contributions by Laurence K. Cutkomp and Ladislav Dérer. Acta entomol. bohemoslov. 87, S. 1-29

Halberg, F.; B. Bakken; G. Connélissen; J. Halberg; E. Halberg; J. Wu; S. Sánchez de la Peña; P. Delmore; B. Tarquini (1990b): Chronobiologic blood pressure assessment with a cardiovascular summary, the sphygmochron. In: W. Meyer-Sabellek; M. Anlauf; R. Gotzer; L. Steinfeld (ed.):Blood Pressure Measurements. Steinkopff Verlag, Darmstadt, S. 297-326

Halberg, F.; H. Watanabe (1992): Chronobiology and chronomedicine: Medical Review, Tokyo, S. 69-130

Halberg, F.; G. Cornélissen; S. Sánchez de la Peña; O. Schwartzkopff; D. G. Wall; J. Kysylyczyn; S. Sarkozy; P. Delmore; K. Borer; K. Otsuka; J. Siegelova; P. Homolka; J. Dusek; B. Fiser (2002): Why and how to implement 7-day/24-hour blood pressure monitoring.

Halberg, F.; Zh. Wang; O. Schwartzkopff; G. Cornélissen (2003): Chronomik in der Öffentlichkeit. Neuroendokrinology Letters 24 (Suppl. 1), S. 74-83

Haus, E. (1964): Periodicity in response and susceptibility to environmental stimuli. Ann. N. Y. Acad. Sci. 117, S. 292-315

Haus, E.; D. J. Lakatu; L. Sackett-Lundeen; L. Dumitriu; G. Niclan; E. Petrescu; L. Plinga; C. Bogdan (1998): Interaction of circadian ultradian and infrandian rhythmus. In: Y. Touitou (Hrsg.): Biological Clocks. Mechanism and Applications. Elsever Science B. V, S. 141-150

Hecht, K.; M. Peschel (1964): Zur Periodizität der Latenzzeiten des „nichterlöschbaren" bedingten Fluchtreflexes und der Versuch einer kybernetischen Deutung. Acta biol. med. germ. 13, S. 504-512

Hecht, K.; M. Peschel (1965): Periodizitäten im Verlaufe der Reaktionszeiten des „unauslöschbaren" bedingten Fluchtreflexes der Ratte bei halbminütiger Reizung und „backward conditioning". Acta biol. med. germ. 14, S. 511-518

Hecht, K.; K. Treptow; S. Choinowski; M. Peschel (1972): Die raumzeitliche Organisation der Reiz-Reaktions-Beziehungen bedingt-reflektorischer Prozesse. Brain and Behaviour Research, Monograph Series 5, VEB Verlag Gustav Fischer, Jena

Hecht, K.; K. Treptow; M. Poppei; T. Hecht; S. Choinowski, M. Peschel (1976): Über die Rolle zyklischer Verläufe von Körperfunktionen im Organismus-Umwelt-Kommunikationsprozess. Umweltbiophysik. Abhandlungen der Akademie der Wissenschaften der DDR Jahrgang 1974, Akademie-Verlag, Berlin, S. 247-261

Hecht, K.; M. M. Chananaschwili (1984): Zur Psychologie, Physiologie und Pathologie der Emotionen. In: M. M. Chananaschwili; K. Hecht: Neurosen. Akademie Verlag, Berlin, S. 167-222

Hecht, K. (1993): Schlaf und die Gesundheits-Krankheits-Beziehung unter dem Aspekt des Regulationsbegriffes von Virchow. In: K. Hecht (Hrsg.); A. Engfer; J. H. Peter; M. Poppei: Schlaf, Gesundheit, Leistungsfähigkeit. Springer Verlag, Berlin u. a., S. 3-12

Hecht, K. (1999): Blutdruckentspannungstest. Gesundheitsinformation der Gesellschaft für Stressmedizin 5, Berlin, S. 1-5

Hecht, K.; C. Maschke; H.-U. Balzer; S. Bärndal; C. Czolbe; A. Dahmen; M. Greusing; J. Harder; A. Knack; T. Leitmann; P. Wagner; I. Wappler (1999): Lärmmedizinisches Gutachten. DA-Erweiterung Hamburg. Institut für Stressforschung (ISF), Berlin

Hecht, K. (2001): Chronopsychobiologische Regulationsdiagnostik zur Verifizierung von funktionellen Zuständen und Dysregulationen. In: K. Hecht; H.-P. Scherf; O. König (Hrsg.): Emotioneller Stress durch Überforderung und Unterforderung. Schibri Verlag, Berlin, Milow

Hecht, K.; G. Cornélissen; I. Fietze; G. Katinas; M. Herold; F. Halberg (2002c): Circaseptan aspects of self-assessed sleep protocols covering 70 nights on 33 clinically healthy persons. Perceptual and Motor Skills 95, S. 258-266

Heisenberg, W. (1973): Der Teil und das Ganze. dtv Verlag, München

Hess; B. (1977): Oscillation reaktions. Trends in Biochemical Science 2, S. 193

Hildebrandt, G.; M. Moser; M. Lehofer (1998): Chronobiologie und Chronomedizin. Hippokrates, Stuttgart

Hildebrandt, G. (1967): Die Koordination rhythmischer Funktionen beim Menschen. Verh. Dtsch. Ges. Inn. Med. 73, S. 922-941

Hildebrandt, G. (1990): Circaseptane Reaktionsperiodik beim Menschen. - Eine Zeitstruktur von Krankheit und Heilung. Therapeutikon 4, 7/8, S. 402-413

Hildebrandt, G.; I. Brand; L. Reges (1992): Chronobiologie in der Naturheilkunde. Grundlage der Circaseptanperiodik. Karl E. Haug, Heidelberg

Hildebrandt, G.; M. Moser; M. Lehofer (1998): Chronobiologie und Chronomedizin. Hippokrates, Stuttgart
von Holst, E. (1939): Die relative Koordination als Phänomen und als Methode zentralnervöser Funktionsanalyse. Ergebn. Physiol. 42, S. 228-306
Hufeland, C. W. (1796): Makrobiotik, oder die Kunst, das menschliche Leben zu verlängern. Neu herausgegeben und eingeleitet von F. Löhr (2000). Ariadne, Aachen
Hufeland, Ch. W. (1860): Makrobiotik, oder die Kunst, das menschliche Leben zu verlängern. Verlag von Georg Reimer Berlin
Iranmanesh, A.; G. Lizarradle; M. Johnson; J. Veldhuis (1989): Circadian, ultradian, and episodic release of B-endophin in men and its temporal coupling with cortisol. The Journal of Clinical Endocrinology and Metabolism, 68 (6), S. 1019-1025
Iter, R. K. (1955): The Colloid Chemistry of Silica and Silicates. Conrell University Press
Jäger, R. I. (1970): Untersuchungen über den Seitenwechsel der Nasenatmung. Med. Inaug. Dissert. Univ. Marburg/Lahn
Janofske, F.; K. Hecht; H.-U. Balzer (2000): Objektiver Nachweis des Effektes chronobiologischen Energietrainings (C.O.P.E.) mittels chrono-psychobiologischer Regulationsdiagnostik (CRD). In: K. Hecht, H.-U. Balzer: Stressmanagement, Katastrophenmedizin, Regulationsmedizin, Prävention. Pabst Science Publishers, Lengerich, Berlin u. a., S. 169-172
Janofske, F.; St. Andler; K. Hecht (2001): Ein Modell zur Qualitätssicherung in der Psychotherapie. Objektiver Nachweis der Effektivität mittels chronopsychobiologischer Regulationsdiagnostik. In: K. Hecht; H.-P. Scherf; O. König (Hrsg.): Emotioneller Stress durch Überforderung und Unterforderung. Schibri Verlag, Berlin, Milow, S. 403-420
Jarrett, R. J. (1974): Diurnal variation in glucose tolerance; associated changes in plasma insulin, growth hormone and non-esterified fatty acids and insulin sensivity. In: J. Aschoff; F. Ceresa; F. Halberg (Hrsg.): Chronobiological Aspects of Endocrinology. Schattauer, Stuttgart, New York, S. 229-238
Jovanovič U. J. (1978): Schlaf und vegetatives Nervensystem. In: A. Trurm; W. Burkenayer (Hrsg.): Klinische Pathologie des Nervensystems. Bd. 1. Gustav-Fischer Verlag Jena; S. 377 ff
Kandel, E (1989): Genes, nerve cells and the remembrance of things past. Journal of Neuropsychiatry 1 (2), S. 103-125
Kleitman, N. (1970): Implications of the rest-activity cycle: Implications for organizing activity. In: E. Hartmann (ed.): Sleep and Dreaming. Little, Brown, Boston
Knoerchen, H. P. (1974): Tagesrhythmische Untersuchungen zum Mechanismus der Bronchodilatation bei Arbeit (bronchomotorische Arbeitsreaktion). Med. Inaug.-Diss., Marburg/Lahn
Lehninger, A. L. (1970): In: L. Rensing (1973): Biologische Rhythmen und Regulation. Gustav Fischer Verlag, Jena
Lloyd, D.; E. Rossi (ed.) (1992): High frequency biological rhythms: Function of the Ultradians. Springer Verlag, New York
Maschke, Ch., K. Hecht, H. U. Balzer, S. Bärndal, D. Erdmann, M. Greusing, H. Hartmann, F. Pleines, T. Renner (1996): Lärmmedizinisches Gutachten für den Flughafen Hamburg Vorfeld II, TU-Berlin
Mejan, L.; A. Bickova-Rocher; M. Kolopp; C. Villaume; F. Levi; G. Debry; A. Rheinberg; P. Droin (1988): Circadian and ultradian rhythms in blood glucose and plasma insulin of healthy adults. Chronobioogy International 5 (3), S. 227-236
Moore-Ede, M. (1993): Die Nonstopgesellschaft. Risikofaktoren und Grenzen menschlicher Leistungsfähigkeit in der 24-Stunden-Welt. W. Heyne, München
Morath (1977): Endogener Rhythmus des Nahrungsverlangens beim Säugling im 4-h-Bereich. In: J. H. Scharf, H. v. Mayersbach (Hrsg.): Nova Acta Leopoldina; S. 397-406
Nicolai, G. Y.; E. Haus; M. Popescu (1991): L. Sackett-Lundeen; E. Petrescu: Circadian, weekly and seasonal variations in cardiac mortality, blood pressure and catecholamine excretion. Chrono-biological International 8/2, S. 149-159
Nieschlag, E. (1974): Circadian rhythm of plasma testosteron. In: J. Aschoff; F. Ceresa; F. halberg (ed.) Chronobiological Aspects of Endocrinology. Schattauer, Stuttgart, New York, S. 117-128
Pauling, L. (1948): The Nature of Chemical Bond. Ithaka, New York, S. 811
Prigogine, I. (1947): Etude thermodynamique des phénoménes irreversibles. Desoer Verlag, Lüttich
Prigogine, I. (1979): Vom Sein zum Werden. Piper Verlag, München
Rae, A. (1986): Quantum Physics: Illusion or Reality. Campbrdge University Press
Reinberg, A.; C. Koulbanis; E. Soudan; A. Nicolai; M. Mechkouri; M. Smolesky (1989): Day-night differences in effects of cosmetic treatment on facial skin. Efffect on facial skin appearance. Chronobiology International Vol. 6, S. 160-164
Reinberg, A. (1990): La Chrono-Cosmethologie. Chronobioology International, Vol. 7, 111-119
Rensing, L. (1973): Biologische Rhythmen und Regulation. VEB Gustav Fischer Verlag, Jena, S. 217-229
Rossi, E. (1987): From mind to molecule: a state-dependent memory, learning and behaviour theory of mind-body-healing. Advances 4, S. 46-60
Rossi, E. L. (1990a): From mind to molecule: More than a metaphor. In: J. Zeig; S. Gilligan (Hrsg.): Brief Therapy: Myths, Methods and Metaphors. Brunner/Mazel, New York
Rossi, E. L.(1990b): The new yoga of the west: Natural rhythms of mindbody healing. Psychological Perspektives, 22, S. 146-161
Rossi, E. L. (1990c): The eternal quest: Hidden rhythms of stress and healing in everyday life. Psychological Perspectives 22, S. 6-23
Rossi, E. L. (1990d): Mind-molecular communication: Can we really talk to our genes? Hypnos 17 (I), S. 3-14
Rossi, E. L. (1993): 20 Minuten Pause. Jungfermann, Paderborn
Scheppach, J. (1996): Sex um acht - und was Sie sonst noch über die inneren Uhren wissen sollten. Kösel Verlag, München
Schneider, H. (1985): Morphology of Urinary Tract Concretions. In: H. J. Schneider (ed.): Urolithiases, Etiology - Diagnosis. Springer, Berlin u. a., S. 1-184
Schulz, H.; P. Lavie (Hrsg.) (1985): Ultradian Rhythms in Physiology and Behaviour. Springer Verlag, New York

Shabalin, V. N.; S. N. Shatokhina (2001): Morphology of biological fluids. /Morphologie der biologischen Flüssigkeiten. Moskau. (russisch)

Sinz, R.; G. Isenberg (1972): Minutenrhythmische Spontandepolarisation des Ruhe-Membran-Potentials von Skelettmuskelfasern. Acta biol. med. germ. 29, S. 247-257

Sinz, R.; G. Goldhahn, A. Hendel; P. Oehler-Beckert (1975): Quantitative Bewertung von neuro-vegetativen Systemänderungen anhand des minutenrhythmischen Kopplungsgrades und der Regelgüte während akuter und chronischer Diazepamtherapie bei neurotischen Patienten. Acta biol. med. germ. 34, S. 289

Sinz, R. (1980): Chronopsychophysiologie, Chronobiologie und Chronomedizin. Akademieverlag Berlin

Undt; W. (1976): Wochenperioden der Arbeitsunfallhäufigkeit im Vergleich mit Wochenperioden von Herzmuskelinfarkt, Selbstmord und täglicher Sterbeziffer. In: G. Hildebrandt (Hrsg.): Biologische Rhythmen und Arbeit. Springer, Wien etc., S. 73-79

Vauti, F.; M. Moser; H. Pinter; T. Kenner (1985): Day course of blood and plasma density in relation to other hematological parameters. Physiologist 28, 6, S. 171-172

Veretenina, O. A.; N. V. Kostina; T. I. Novosolova; Ya B. Novoselov; A. G. Roninson (2003): Litovit. Ekor-Verlag, Novosibirsk, S. 1-104 (russisch)

Wagner, Chr. (1998): Verifizierung von ein- und mehrwöchigen biologischen Rhythmen des Schlafverhaltens von schlafgestörten Patienten mittels Schlafprotokoll. Dissertation Med. Fak. Hum-boldt-Universität zu Berlin

Walter, S.; H.-U. Balzer; K. Hecht (1989): Computergestützte Analyse des Schlafprotokolls zur Verifizierung von zirkaseptanen Rhythmen und zum Nachweis von stabilen und unstabilen Zuständen des Schlafverhaltens. Wiss. Ztschr. der Humboldt-Universität zu Berlin. Reihe Medizin 38/4, S. 446-450

Waterhouse, J. M.; D. S. Minors; M. E. Waterhouse (1992): Die innere Uhr. Hans Huber, Bern

Weckenmann, M. (1973): Über die regulative Wirkung eines Pflanzenextraktes auf die Orthostase. Ärztl. Praxis 25, S. 1453-1456

Wever, R.; M. A. Persinger (1974): ELF and VLF Electromagnetic Field Effects. Plenum-Press, New York

Zaigmondy, R. (1925): Kolloidchemie. Leipzig

Zehentbauer, J. (1996): Körpereigene Drogen. Die ungenutzten Fähigkeiten des Gehirns. 5. Auflage. Artemis und Winkler, München, Zürich

Zulley, J., M. Berger, J. H. Peter, P. Clarenback (1995a): Chronobiologische Grundlagen der Schlafmedizin. Wiener Medizin Wochenschrift 145; Heft 17/18

Zulley, J.,(1995b): Chronobiologische Grundlagen der Schlaf-Wach Regulation. In: C. Becker-Carus (Hrsg.): Aktuelle psychophysiologische Schlafforschung. LIT- Verlag Münster; S. 55-65

Zulley, J.; B. Knab (2000): Unsere innere Uhr. Herder, Freiburg

Kapitel 8

Bagiashvili, M. G.; B. V. Kazitadse; G. S. Charatishvili (1984): Anwendung der Naturzeolithe in der Mischfutterindustrie. (russisch) Tbilisi: Mezniereba, S. 14-16

Barrer, R. M.; M. B. Makki (1964): Molecularsieve sorbents from clinoptilolite. Canad. J. Chem. 42, S. 1481-1487

Cannon, W. B. (1929): Bodily Changes in Pain, Hunger, Fear and Rage. Appelton, New York

Carlisle, E. M. (1986a): Silicon in Animal Tissues and Fluids. Academic Press. Inc. New York

Carlisle, E. M. (1986b): Silicon as an essential trace element in animal nutrition. In: Ciba Foundation Symp. 121: Silicon biochemistry., John Wiley u. Sons, Chichester u. a., S. 123-139

Carlisle, E. M. (1986c): Silicon. In: W. Mertz (ed): Trace Elements in Human and Animal Nutrition. 5th edn. Academic Press, Orlando, Florida

Carlisle, E. M. (1986d): Effect of dietary silicon and aluminium on silicon and aluminium levels in rat brain. Alzheimer Dis. Assoc. Dis 1

Davis, D. H.; C. S. Giannoulis; R. W. Johnson; T. A. Desai (2002): Immobilization of RGD to (111) silicon surfaces for enhanced cell adhesion and proliferation. Biomaterials 23/19, S. 4019-4027

Gorokhov, W. K.; V. M. Duničev; O. A. Melnikov (1982): Zeolithe aus Sakhalin. (russisch) Vladivostok, Dalnevostočnoe Knishnoe isdatelstvo, S. 1-105

Gröber, U. (2002): Orthomolekulare Medizin. Wissenschaftlichere Verlagsgesellschaft, Stuttgart

Gunther, K. D. (1990): Zum Einsatz von Zeolithmineralien in der Schweine- und Geflügelnahrung. Schweinewelt 15/5, S. 15-19

Hansen, M. (1982): Spirulina. Thorsons Publischers Limited. Wellingborough, Nothamptonshire

Hemken, R. W.; R. F. Harmon; L. M. Mann (1984): Effect of clinoptilolite on lactating cows feed diet containing yrea as source of protein. Geo-agricultur: Use of natural zeolites in agriculture and aqualculture. New York, S. 171-176

Mironova, G. F. (1999a): Anwendung des Nahrungsergänzungsmittels vom Typ Litovit in der Pädiatrie. (russisch) Nowosibirsk, Nov. S. 1-21

Mironova, G. F. (1999b): Dreijährige Erfahrungen der Anwendung von Litovit in der klinischen Pädiatrie (russisch). Abstraktband: Materialien der wissenschaftlich-praktischen Konferenz „Naturmineralien im Dienste des Menschen: Mineralien in Umwelt und Leben". Ekor, Novosibirsk, S. 133-134

Oehme, P.; K. Hecht; M. Airapetjanz (1980a): Substanz P als ein Regulid: Stand und Entwicklungen. In: K. Seidel; K. Hecht: Neurosen. Berichte der Humboldt-Universität zu Berlin 3/80, S. 84-94

Oehme, P.; K. Hecht; L. Piesche; M. Milse; M. Poppei (1980b): Substance P as a modulator of physiological and pathological processes. In: A. Marsan (ed.); W. Z. Traczyk: Neuropeptides and Neural Transmission. IBRO Series Vol. 7, Raven Press, New York, S. 73-84

Oehme, P.; K. Hecht; L. Piesche; M. Milse; M. Poppei, E. Morgenstern; E. Göres (1980c): Substance P – new aspects to its modulatory function. Actarbiol. med. germ. 39, S. 465-477

Oehme, P.; M. Bienert; K. Hecht; J. Bergmann (1981): Substanz P. Beiträge zur Wirkstoffforschung. Arzneimittelforschung Akademie-Industrie-Komplex 12, S. 1-185

Oehme, P.; K. Hecht; W. Krause (1996): Stressforschung zwischen molekularer und supramolekularer Betrachtung. Medizinische Monatszeitschrift für Pharmazeuten 19/9, S. 270-274

Onagi, T. (1966): Experimental use of zeolite tuffs as dietary supplements of chickens. Report of Imagata Itok Raising Institute, S. 7-18

Romanov, G. A. (2000): Zeolithe: Effizienz und Anwendung in der Landwirtschaft. Sammelband der russ. Akademie der Landwirtschaftswissenschaften Band II, russisch, Moskva

Selye, H. (1971): Supramolekulare Biologie, die Wissenschaft vom Lebendigen. Schattauer Verlag, Stuttgart, New York

Yakimov, A. V. (1998): Wissenschaftliche Begründung und Perspektiven der Anwendung der Zeolith-enthaltenden Ergänzungen in der Viehzucht. Dissertation, Dasan. Russische Akademie der landwirtschaftlichen Wissenschaften. Wissenschaftliche Produktionsvereinigung „Niwa Tatarstana"

Ziskoven, R. (1997a): Rationeller Einsatz eines lebenswichtigen Mineralstoffs. In: Magnesium als Therapieprinzip. TW Taschenbuch - Medizin. G. Braun, Karlsruhe, Band 25, S. 7-20

Ziskoven, R. (1997b): Einsatzgebiet eines natürlichen Basistherapeutikums. In: Magnesium als Therapieprinzip. TW Taschenbuch - Medizin. G. Braun, Karlsruhe, Band 25, S. 21-32

Kapitel 9

Akabori, S. (1959): Entstehung des Lebens auf der Erde. Berichte des internationalen Symposiums über die Entstehung des Lebens auf der Erde. (russisch) Moskau, S. 197ff

Anke, M.; J. Szentmihalyi (1986): Prinzipien der Spurenelementeversorgung und des Spurenelementestoffwechsels beim Wiederkäuer. In: M. Anke; Chr. Brückner; H. Gürtler; M. Grün: Arbeitstagung Mengen- und Spurenelemente. Leipzig, S. 87-107

Avzyn, A. P.; V. A. Shakhlamov; M. A. Rish; L. S. Stročkova (1991): Mikroelemente des Menschen. Medizina, Moskau, S. 1-496

Bernal, J. D. (1952): J. Amer. Chem. Sci. 74, S. 4946. In: Voronkov, M. G.; G. L. Zelchan; E. Lukevitz (1975): Silizium und Leben. Akademie-Verlag, Berlin, S. 12-52

Bgatova, N. P.; Ya. B. Novoselov (2000): Anwendung der biologisch-aktiven Nahrungsergänzungsmittel in Form von Naturmineralien zur Detoxikation des Organismus (russisch). Ekor, Novosibirsk, S. 1-238.

Bildujeva, D. G. (2001): Entwicklung der Futterergänzung auf der Grundlage von Zeolithen und Bewertung ihrer immunomodulierenden Aktivität. Dissertation, Ulan-Ude. Ostsibirische technologische Staatsuniversität des Bildungsministeriums der Russischen Föderation

Blagitko, E. M.; F. T. Yashina (2000): Prophylaktische und therapeutische Eigenschaften des Naturzeoliths. Ekor, Novosibirsk, S. 1-158 ISBN 5-85618-115-8

Bürgerstein (2002): Handbuch Nährstoffe. Verlag Haug, Stuttgart

Butenandt (1958): In: E. Manegold: General and Applied Colloid Science. Heidelberg, 2 Charnot, cp. Monceaux. 17 Dohrowolsky: The Role of Silica with Lung Tuberculosis. Polish Gazette Lek 7, S. 29

Carlisle, E. M. (1986a): Silicon in Animal Tissues and Fluids. Academic Press. Inc. New York

Carlisle, E. M. (1986b): Silicon as an essential trace element in animal nutrition. In: Ciba Foundation Symp. 121: Silicon biochemistry., John Wiley u. Sons, Chichester u. a., S. 123-139

Enslinger (1986): In: Shalmina, G. G.; Ya B. Novoselov (2002): Sicherheit der Lebenstätigkeit. Ökologisch-geochemische und ökologisch-biochemische Grundlagen. Novosibirsk, S. 1-433 (russisch)

Fehlinger, R.; E. Mande; K. Seidel (1978): Zur Pathobiochemie der sogenannten Atemneurose. Medizin Aktuell 4/6, 267

Feichtinger, Th.; E. Mande;); S. Niedan (2002): Handbuch der Biochemie nach Schüßler. Karl F. Haug Verlag, Heidelberg

Filov, V. A. (1988): Schädliche chemische Stoffe. Lenningrad, Khimiya

Gröber, U. (2002): Orthomolekulare Medizin. Wissenschaftlichere Verlagsgesellschaft, Stuttgart

Haldane, J. B. S. (1954): New biology. 16, 12. In: Voronkov, M. G.; G. L. Zelchan; E. Lukevitz (1975): Silizium und Leben. Akademie-Verlag, Berlin

Kaussner, E. (2001): Kristallines Salz. Elixier der Jugend. Evia-Verlag, Siegsdorf

Khalilov, E. N.; R. A. Bagirov (2002): Natural Zeolites, their Properties, Production and Application. International Academy of Science Baku, ISBN 5 –8066.1006-4, S. 1-347

Laptev, V. Ya (2000): Systemstörungen bei akuter Alkoholintoxikation. Dissertation, Novosibirsk, S. 1-169 (russisch)

Mayanskaya, N. N.; Ya B. Novoselov (2000): Naturmineralien in den sanogenetischen Mechanismen des Organismus. Ekor-Verlag, Novosibirsk, S. 1-89 (russisch)

Novoselov, Ya B. (2001): Störungen des Stoffwechsels von Biometallen bei der akuten Alkoholintoxikation und Korrektur der Störungen durch Litovit. Dissertation, Novosibirsk, S. 1-121 (russisch)

Onishenko, G. G. (2002): Informationsbrief zu Massenmedien Nr. 251/8034-02-32 vom 02.08.2002 Minzdrav. Russische Föderation (russisch)

Oparin, A. M. (1966): Möglichkeiten und Entwicklungsanfänge des Lebens. Moskau (russisch) ANSSR, Moskau

Račikov, S. V. (1999): Veränderung des Gehalts der Spurenelemente und Ausführung der Radionuklide aus Organen und Gewebe der Rinderjungtiere bei Verfütterung von Zeolithergänzungen. Dissertation, Brjansk. Landwirtschaftliche Staatsakademie des Ministeriums für Landwirtschaft und Lebensmittel der Russischen Föderation. S. 1-122

Schaenzler, N.; D. Burkhardt (1996): Das Immunsystem natürlich stärken mit Vitaminen und Mineralien. Süd-West Verlag, München

Sedlak, W. (1967): Die Rolle des Siliziums in der Evolution des biochemischen Lebens. Warschau (polnisch)

Shalmina, G. G.; Ya B. Novoselov (2002): Sicherheit der Lebenstätigkeit. Ökologisch-geochemische und ökologisch-biochemische Grundlagen. Novosibirsk, S. 1-433 (russisch)

Veretenina, O. A.; N. V. Kostina; T. I. Novosolova; Ya B. Novoselov; A. G. Roninson (2003): Litovit. Ekor-Verlag, Novosibirsk, S. 1-104 (russisch)

Vernardski, V. I. (1927): Grundriss der Geochemie. (russisch) Moskau, Leningrad

Voronkov, M. G.; G. L. Zelchan; E. Lukevitz (1975): Silizium und Leben. Akademie-Verlag, Berlin

Yershov, J. A. (1981): Rolle der Spurenelemente im Leben des Menschen. Moskwa

Kapitel 10

Alexandrov, V. G.; M. I. Ternovskaya (1968): Silikatbakterien als effektives Bodendüngemittel. Moskau (russisch)

Alexandrov, V. G.; M. I. Ternovskaya; V. A. Batieva (1962): Erfahrungen der Anwendung von flüssigen Mitteln aus Silikatbakterien als Bodendünger im Wolgograder Gebiet. Moskau (russisch)

Alexandrov, V. G. (1950): Sovietische Akronomie. (russisch) N. 1, S. 33. In: Voronkov, M. G.; G. L. Zelchan; E. Lukevitz (1975): Silizium und Leben. Akademie-Verlag, Berlin, S. 1-11

Amos, G. L.; H. E. Dadwell (1949): Div. Forest. Prod. Co, Melbourne, Australia, Progress Report No. 1, Subproject WS-16-3

Aston, S. R. (ed) (1983): Silicon Geochemistry and Biochemistry. Academic Press, London

Balley, C. B. (1970): Renal function in cows with particular reference to the clearance of silicic acid. Res. Vet. Sce. 11, S. 533-539

Bogomolov, G. V.; G. N. Plotnikova; E. A. Titova (1967): Silizium in Thermal- und kalten Quellen. Moskau (russisch)

Buchanan, R. E.; E. J. Fulmer (1928-1930): Physiology and Biochemistry of Bacteria I-III. Baltimore

Czapek, F. (1925): Biochemie der Pflanzen. Bd. II, Jena

Dixon, J. B.; S. B. Weed (eds) (1977): Minerals in Soil Environments. Soil Science Society of America, Dadison, Wisconsin

Egunov, M. (1897): Jahrbuch für geologische Mineralien Russlands 8-9, SAb (russsich), S. 157

Engel, W. (1953): Untersuchungen über die Kieselsäureverbindungen im Roggenhalm. Planta (Berl) 41, S. 358-390

Farmer, V. C.; A. R. Fraser; J. M. Tait (1979): Characterization of the chemical structures of natural and synthetic aluminosilicate gels and sols by infrared spectroscopy. Geochim Cosmochim Acta 43, S. 1417-1420

Frey-Wyssling, A. (1930): Über die Ausseidung der Kieselsäre in der Pflanze. Berichte der detuschen Gesellschaft für Botanik, Stuttgart 48, S. 179-183

Fulmer, E. I.; V. E. Nelson; F. F. Sherwood (1921): Am. Chem. Soc. 43, S. 161. In: M. G. Voronkov; G. L. Zelchan; E. Lukevitz (1975): Silizium und Leben. Akademie-Verlag, Berlin, S. 12-51

Goldstein, F. (1932): In: K. Kaufmann (1997): Silizium, Heilung durch Ursubstanz. Helfer Verlag, E. Schwabe GmbH, Bad Homburg

Gonzales, Guerro, P. (1964): Bol. Real. Soc. esp. hist. mat. Sec. biol. 62, S. 425. In: G. M. Voronkov; G. L. Zelchan; E. Lukevitz (1975): Silizium und Leben. Akademie-Verlag, Berlin, S. 12-51

Gusarova, A. N.; V. A. Konnov; V. V. Saposhnikov (1966): Chemische Prozesse in den Meeren und Ozeanen. (russisch) Moskau S. 119ff

Harris, R. C. (1966): Natur 212, S. 275. In: M. G. Voronkov; G. L. Zelchan; E. Lukevitz (1975): Silizium und Leben. Akademie-Verlag, Berlin, S. 12-51

Hodson, M. J.; Sangster, A. G.; Parry D. W. (1985): An ultrastructural study on the developmental phases and silicification of the glumes of Phalaris canariensis L. Ann. Bot. (Lond) 55, S. 649-665

Hollemann, A. F.; E. Wieberg (1985): Lehrbuch der anorganischen Chemie. Überarbeitete Auflage, Verlag Walter de Gruyter, Berlin

Iler, R. K. (1979): The Chemistry of Silica. Wiley, New York

Jones, L. H. P.; Handreck, K. A. (1967): Silica in soils, plants and animals. Adv. Agron 19, S. 107-149

Kaufmann, K. (1997): Silizium – Heilung durch Ursubstanz. Helfer-Verlag E. Schwabe GmbH, Bad Hamburg

Lanning, F. C.; L. N. Elenterius (1983): Silica and ash in tissues of some costal plants. Ann. Bot. (Lond.) 51, S. 835-850

Lewin, J. C. (1955a): Silicon metabolsim in diatoms. II. Sources of silicon for growth of Navicula pelliculosa. Plant Physiol. (Bethesda) 30, S. 129-134

Lewin, J. C. (1955b): Silicon metabolsim in diatoms. III. Respiration and silicon uptake in Navicula pelliculosa. J Gen Physiol. 39, S. 1-10

Li, C.-W.; B. E. Volcani (1985): Studies on the biochemistry and fine structure of silica shell formation in diatoms. VIII. Morphogenesis of teh cell wall in a centric diatom, Ditylum brightwellii. Protoplasma 124, S. 10-29

Livingstone, D. A. (1963): Data of Geochemistry. 6th ed. chapt. G, US Geol. Surv. Profess. Paper, S. 440 G

Lukashev, K. I. (1964): Geochemisches Verhalten der Elemente in dem hypergenen Zyklus der Migrationen. (russisch) Minsk

Mann, S.; S. B. Parker; C. C. Perry; M. D. Ross; A. J. Skarnulis; R. J. P. William (1983a): Problems in the understanding of biominerals. In: P. Westbrock; E. W. de Jong (eds): Biomineralization and biological metal accumulation. Reidel, Dordrecht, S. 171-183

Mann, S.; C. C. Perry; R. J. P. William; C. A. Fyle; G. C. Gobbi; G. J. Kennedy (1983b): The characterization of the nature of silica in biological systems. J. Chem. Soc. Chem. Commun., S. 168-170

Mann, S.; C. C. Perry (1986): Structural aspects of biogenic silica. In: Ciba Foundation Symposium 121: Silicon biochemistry. John Wiley and Sons, Chickester u. a., S. 40-58

Mason, B.; W. G. Nelson (1970): The Lunar Rocks. New York
Mohn, G. (1968): Metabolism of silicic acid. Beiträge Silikoseforschung 91, S. 11-24
Mohn, G. (1971): Zum Stoffwechsel der Kieselsäure. Die Resorption definierter SiO_2-Arten bei der Ratte in vivo. Beiträge Silikoseforschung (Pneumokoniose) 23, S. 226-278
Nadson, G. A. (1903): Berichte der Kommission zur Untersuchung der Mineralseen. (russisch) Moskau, S. 114. In: M. G. Voronkov; G. L. Zelchan; E. Lukevitz (1975): Silizium und Leben. Akademie-Verlag, Berlin, S. 26-32
Peggs, A.; H. Bowen (1984): Inability to detect organosilicon compounds in Equisetum and Thuja. Phytochemistry (Oxf) 23, S. 1788-1799
Perry, C. C. (1985): Silification in biological systems. Diss. Phil. Thesis University of Oxford
Randhawa, G. M. (1994): Untersuchungen zu Vorkommen und Löslichkeit von Kieselsäure in ausgewählten Futterpflanzen, zur Rolle der pflanzlichen Kieselsäure in der Verdauung swoie zu räcalen und reualen Ausscheidung bei Hammeln der Merino-Rasse. Dissertation Unversität Leipzig
Raven, J. A. (1983): The transport and function of silicon in plants. Biol. Rev. 58, S. 179-207
Rösler, H. J. (1991): Lehrbuch der Mineralien. Deutscher Verlag für Grundstoffindustrie. Leipzig, S. 428-619
Rouf, M. A. (1964): In: dM. G. Voronkov; G. L. Zelchan; E. Lukevitz (1975): Silizium und Leben. Akademie-Verlag, Berlin, S. 12-51, Bacteriol. 88, S. 1548
Sadave, D.; B. E. Volcani (1977): Studies on the fine structure of silica shell formations in diatoms. Formation of hydroxyproline and dihydroxyproline in Nitzschia angularis. Planta (Berlin) 135, S. 7-11
Sangster, A. G.; M. J. Hodson (1986): Silica in higher plants. In: Ciba Foundation Symposium 121: Silicon biochemistry. John Wiley and Sons, Chickester u. a., S. 90-111
Saukov, A. A. (1966): Geochemie. Moskau (russisch)
Schmid A. M. (1980): Valve morphogenesis in diatoms: a pattern-related filamentous system in pennates and the effect of APM, colchicine and osmotic pressure. Nova Hedwigia 33
Sullivan, C. W. (1976): Diatom mineralization of silicic acid. I. $Si(OH)_4$ transport characteristics in Navicula pelliculosa. J. Phycol. 12, S. 390-396
Sullivan, C. W. (1986): Silicification by diatoms. In: Ciba Foundation Symposium 121: Silicon biochemistry. John Wiley and Sons, Chickester u. a., S. 59-89
Svedrup, H. U.; M. W. Johnson; R. M. Fleming (1942): The Oceans. New York
van der Vorm, P. D. J. (1980): Uptake of Si by five plant species as influenced by variations in Si-supply. Plant Soil 56, S. 153-156
Vernadski, A. I. (1922): Chemische Zusammensetzung der lebendigen Materie im Zusammenhang mit der Chemie der Erdkruste. (russisch) Sankt Petersburg
Vernadski, A. I. (1938): . Grundlage der komplexen Verarbeitung der Alge Laminaria des Weißen Meeres. Vodorsl, Betogo Moryo. Arkangelsk (russisch)
Vernadski, A. I. (1965): Chemischer Aufbau der Biosphäre der Erde und deren Umfeld. Moskva (russisch)
Vernadski, V. J. (1923): Lebensstoffe und die Chemie des Meeres. Islat. soc. Tom 5, Moskva str. 160 (russisch)
Vernadski, V. J. (1926): Biosphäre. Erster und zweiter Abriss. Nauko-tech. Izd. Leningrad (russisch)
Vinogradov, A. P. (1957): Geochemie der seltenen und zerstreuten chemischen Elemente in Böden. Moskva (russisch)
Vinogradov, A. P. (1959): Chemische Evolution der Erde. Zemli, Moskva (russisch)
Vinogradov A. P. (1967): Einführung in die Geochemie der Ozeane. Moskva (russisch)
Voronkov, M. G.; G. L. Zelchan; E. Lukevitz (1975): Silizium und Leben. Akademie-Verlag, Berlin
Weiss, A.; A. Herzog (1978): Isolation and characterization of a silicon-organic complex from plants. In: G. Bendz; I. Lindqvist (eds): Biochemisgtry of Silicon and Related Problems. Plenum Press, New York, S. 109-127
Werner, D. (1977): Silicate metabolism. In: D. Werner (ed): The biology of diatoms. Blackwell, Oxford, S. 110-149
Wilding, L. P.; N. E. Smeck; L. R. Drees (1977): Minerals in Soil Environments. Soil Science Society of America, Madison, Wi, S. 471-552
William, R. J. P. (1986): Introduction to silicon chemistry and biochemistry. In Ciba Foundation Symposium 121: Silicon biochemistry. Wiley and Sons, Chichester u. a., S. 24-39

Kapitel 11

Agronomov, A. E.; B. B. Patrikeev; A. P. Rudenko (1958): Vestinik MGU (ser. Mal, Mex., Fiz., Khim) No 3, S. 197. In: M. G. Voronkov; G. L. Zelchan; E. Lukevitz (1975): Silizium und Leben. Akademie-Verlag, Berlin
Akabori, S. (1955): Tokyo 25, S. 4. In: M. G. Voronkov; G. L. Zelchan; E. Lukevitz (1975): Silizium und Leben. Akademie-Verlag, Berlin
Akabori, S. (1959): Entstehung des Lebens auf der Erde. Proceedings des internationalen Symposiums, Moskau, S. 197
Balley, C. B. (1970): Renal function in cows with particular reference to the clearance of silicic acid. Res. Vet. Sce. 11, S. 533-539
Barshad, L. (1952): Proc. Soil. Sci. Soc. Am. 16, S. 176. In: Voronkov, M. G.; G. L. Zelchan; E. Lukevitz (1975): Silizium und Leben. Akademie-Verlag, Berlin
Becket, A. H.; P. J. Anderson (1960): In: Voronkov, M. G.; G. L. Zelchan; E. Lukevitz (1975): Silizium und Leben. Akademie-Verlag, Berlin, S. 12-52, J. Pharm. Pharmacol. 12, S. 228
Berg, L. S. (1949): Prioda No. 2, S. 43. In: Voronkov, M. G.; G. L. Zelchan; E. Lukevitz (1975): Silizium und Leben. Akademie-Verlag, Berlin
Berg, L. S. (1959): Entstehung des Lebens auf der Erde. Proceedings des internationalen Symposiums, Moskau, S. 178. In: M. G. Voronkov; G. L. Zelchan; E. Lukevitz (1975): Silizium und Leben. Akademie-Verlag, Berlin

Bernal, J. D. (1951): The Physical Basis of Life. London
Bernal, J. D. (1952): J. Amer. Chem. Sci. 74, S. 4946. In: Voronkov, M. G.; G. L. Zelchan; E. Lukevitz (1975): Silizium und Leben. Akademic-Verlag, Berlin, S. 12-52
Cairns-Smith A. G. (1985): Bestanden die ersten Lebensformen aus Ton? Spektrum der Wissenschaft 8, S. 82-91
Carlisle, E. M. (1970): Silicon: a possible factor in bone calcification. Science 167, S. 179-280
Carlisle, E. M. (1974): Silicon al an essential element. Fed. Proc. 33, S. 1758-1766
Carlisle, E. M. (1979): A silicon-molybdenum interrelationship in vivo. Fed. Proc. 38, S. 533
Carlisle, E. M.; W. F. Alpenfels (1980a): A silicon requirement for normal growth in cartilage in culture. Fed. Proc. 37, S. 1123
Carlisle, E. M. (1980b): A silicon requirement for normal skull formation. J. Nutr. 10, S. 352-359
Carlisle, E. M. (1981a): Silicon: a requirement in bone formation independent of Vitamin D. Calc. Tiss. Int. 33, S. 27-34
Carlisle, E. M. (1981b): Silicon in bone formation. In: B. L. Simpson; B. E. Volcani (ed): Silicon and Siliceous Structures in Biological Systems. Springer-Verlag, New York, S. 123-139
Carlisle, E. M. (1982a): The nutritional essentiality of silicon. Nutr. Rev. 40, S. 193-198
Carlisle, E. M.; D. L. Garvey (1982b): The effect of silicon on formation of extra cellular matrix components by chondrocytes in culture. Fed. Proc. 41, S. 461
Carlisle, E. M. (1986a): Silicon in Animal Tissues and Fluids. Academic Press. Inc. New York
Carlisle, E. M. (1986b): Silicon as an essential trace element in animal nutrition. In: Ciba Foundation Symp. 121: Silicon biochemistry., John Wiley u. Sons, Chichester u. a., S. 123-139
Carlisle, E. M. (1986c): Silicon. In: W. Mertz (ed): Trace Elements in Human and Animal Nutrition. 5th edn. Academic Press, Orlando, Florida
Cayeux, L. (1894): Bull. Soc. geol. France 22, S. 197, In: Voronkov, M. G.; G. L. Zelchan; E. Lukevitz (1975): Silizium und Leben. Akademie-Verlag, Berlin
Conveney, P.; R. Highfield (1992): Anti-Chaos. Rowohlt-Verlag Reinbek/Hamburg
Emélins, H. J.; J. S. Anderson (1954): Ergebnisse und Probleme der modernen organischen Chemie. 2. Aufl. Springer, Berlin
Estermann, E. F.; A. D. McLaren (1959): J. Soil. Sci. 10, S. 64
Estermann, E. F.; G. H. Peterson (1959): Proc. Soil. Sci. Soc. Am. 23, S. 31
Fajans, K. (1931): Chemical Forces and Optical Properties of Substances. New York
Glansdorff, P.; I. Prigogine (1971): Thermodynamic, Theory, Stability and Fluctuations. Wiley, New York
Haldane, J. B. S. (1929): The origin of life. Rationalist Annual. In: Voronkov, M. G.; G. L. Zelchan; E. Lukevitz (1975): Silizium und Leben. Akademie-Verlag, Berlin
Haldane, J. B. S. (1954): New biology. 16, S. 12. In: Voronkov, M. G.; G. L. Zelchan; E. Lukevitz (1975): Silizium und Leben. Akademie-Verlag, Berlin
Haldeman, R. G.; P. H. Emmett (1955): J. Phys. Chem. 59, S. 1039
Hauser, E. (1955): Silicic Science. D. van Nostrand Co. Inc. Princeton, New Jersey, Toronto, London, New York
Hendricks, S. B. (1941): Phys. Chem. 45, S. 65
Herrera, L. A. (1928): Att. Acad. naz. Lincer 7/6, S. 544. In: Voronkov, M. G.; G. L. Zelchan; E. Lukevitz (1975): Silizium und Leben. Akademie-Verlag, Berlin
Iler, R. K. (1955): The Colloidal Chemistry of Silica and Silicaten. New York
Yakovlev B. B. (1990): Biologische Begründung des Bedürfnisses der Jungtiere des Rindviehs. Avtoreferat dis. Saransk. S. 1-21
Khalilov, E. N. (2004): Gravitationswellen und Geodynamik. ELM, MSNR-MAN, Baku, Berlin, Moskau
Kholodny, N. G. (1940): Sov. Nauka No 11, S. 17. In: M. G. Voronkov; G. L. Zelchan; E. Lukevitz (1975): Silizium und Leben. Akademie-Verlag, Berlin
Kholodny, N. G. (1945): Uspekhi Sov. biol. 19, S. 65. In: Voronkov, M. G.; G. L. Zelchan; E. Lukevitz (1975): Silizium und Leben. Akademie-Verlag, Berlin
Kroll, W. (1958): Der oxydative Abbau von Huminsäuren in Gegenwart von Kieselsäure. Dissertation Landwirtschaftliche Fak. Göttingen vom 26.06.1958
Mandelbrot, B. (1991): Die fraktale Geobetrie der Natur. Birkhäuser, Basel
Oschilewski, U.; U. Kiesel; H. Kolb (1985): Administration of silica prevents diabetes in BB-rats. Diabetes 34, S. 197-199
Oparin, A. I. (1936): Möglichkeiten der Entstehung des Lebens auf der Erde. Moskau, Leningrad (russisch)
Oparin, A. M. (1957): Möglichkeiten der Entstehung des Lebens auf der Erde. (russisch)
Oparin, A. M. (1966): Möglichkeiten und Entwicklungsanfänge des Lebens. (russisch) ANSSR, Moskau
Panda, A. (1962): Indian Pulp and Paper 16, S. 470. In: Voronkov, M. G.; G. L. Zelchan; E. Lukevitz (1975): Silizium und Leben. Akademie-Verlag, Berlin
Patrikeev, B. B. (1958): Spezifische Formierung der Oberfläche und katalytische Przesse. Doktordissertation MGU, Moskau, (russisch)
Pavlovskaya, T. E.; A. G. Pavaluvkiy; A. I. Grebennikova (1960): Dokl. Akadem. Nauk. SSSR 185, S. 743. In: Voronkov, M. G.; G. L. Zelchan; E. Lukevitz (1975): Silizium und Leben. Akademie-Verlag, Berlin
Pirie, N. W. (1956): Brit. J. Philos. Sci. 6, S. 341. In: Voronkov, M. G.; G. L. Zelchan; E. Lukevitz (1975): Silizium und Leben. Akademie-Verlag, Berlin
Polynov, B. B. (1948): Verhalten. S. 594. Wilyams. In: Voronkov, M. G.; G. L. Zelchan; E. Lukevitz (1975): Silizium und Leben. Akademie-Verlag, Berlin (russisch)
Prigogine, I. (1947): Etude thermodynamique des phénoménes irreversibles. Desoer Verlag, Lüttich

Prigogine, I. (1992): Vorwort zu: P. Coveney; R. Highfield: Anti-Chaos: Der Pfeil der Zeit in der Selbstorganisation des Lebens. Rowohlt Verlag, Rumbeck bei Hamburg
Samoulov, I. I. (1957): Die Rolle der Mikroorganismen in der Ernährung der Pflanzen und deren Wachstumseffektivität durch siliziumbakterielle Düngemittel. Moskau (russisch)
Schwarz, R.; E. Baronetzki (1956): Naturwiss. 43, S. 68. In: Voronkov, M. G.; G. L. Zelchan; E. Lukevitz (1975): Silizium und Leben. Akademie-Verlag, Berlin
Sedlak, W. (1961): Zerz naukowe (Lublin) Nr. 3, S. 95. In: Voronkov, M. G.; G. L. Zelchan; E. Lukevitz (1975): Silizium und Leben. Akademie-Verlag, Berlin
Sedlak, W. (1965): Kosmos (Warszawa) Ser. A 14, S. 23. In: Voronkov, M. G.; G. L. Zelchan; E. Lukevitz (1975): Silizium und Leben. Akademie-Verlag, Berlin
Sedlak, W. (1967):. Die Rolle des Siliziums in der Evolution des biochemischen Lebens. (polnisch) Warschau
Shaparina, M. N. (1999): Zeolithe und Entstehung des Lebens auf der Erde. Gegenwärtige Biochemishce Modelle der bioorganischen Evolution und die Rolle von organophilen Mineralien mit hohem Siliziumgehalt in der Stereokatalytischen Reaktion bei der Bildung von Protobiopolymeren. Proceedings der wissenschaftlich-praktischen Konferenz „Naturmineralien im Dienste der Menschheit". Novosibirsk, Verlag Ekor, S. 83-85 (russisch)
Stöber, W. (1956a): Über die Löslichkeit und das Lösungsgleichgewicht von Kieselsäuren. Kolloid-Z. 147, S. 131
Stöber, W. (1956b): Adsorptionseigenschaften und Oberflächenstruktur von Quarzpulvern. Kolloid-Z. 145, S. 17
Stöber, W. (1957): Zur Berechnung des Polykondensationsgleichgewichts der Kieselsäuren. Kolloid-Z. 151, S. 42-47
Verworn, M. (1922): Allgemeine Physiologie. 7. Auflage, Jena, S. 397
Volcani, B. E. (1986): Diskussionsbeitrag Ciba Foundation Symposium 121: Silicon biochemistry. John Wiley u. Sons, Chichester, New York, Sydney, Toronto, Singapore, S. 110
Voronkov, M. G.; G. L. Zelchan; E. Lukevitz (1975): Silizium und Leben. Akademie-Verlag, Berlin
Weyl, W. A. (1950a): Die Bildung der elektrischen Doppelschicht als das Ergebnis der Polarisation von Oberflächenionen. 24. nationales Kolloidsymposium der Amerik. chem. Ges., St. Louis, Miss, USA, ref: Kolloid-Z. 119, S. 53
Weyl, W. A. (1950b): Crystalchemical considerations of silica. Research 3, S. 230-235
Weyl, W. A.; E. A. Hauser (1951): Bildung und Struktur von Silicagesl. Kolloid-Z. 124, S. 72-76
Wilyams, V. R. (1958): Ausgewählte Werke. Isbranye soc. T1. Moskau. S. 80. In: Voronkov, M. G.; G. L. Zelchan; E. Lukevitz (1975): Silizium und Leben. Akademie-Verlag, Berlin
Yakimov, A. V. (1998): Wissenschaftliche Begründung und Perspektiven der Anwendung der Zeolith-enthaltenden Ergänzungen in der Viehzucht. Dissertation, Dasan. Russische Akademie der landwirtschaftlichen Wissenschaften. Wissenschaftliche Produktionsvereinigung „Niwa Tatarstana"

Kapitel 12

Avzyn, A. P.; V. A. Shakhlamov; M. A. Rish; L. S. Stročkova (1991): Mikroelementosen des Menschen. Medizina, Moskau, S. 1-496 (russisch)
Baek, H. S.; J. W. Yoon (1990): Role of macrophages in the pathogenesis of encephalomyocarditis virus induced diabetes in mice. J. Virology 64/12, S. 5708-5715
Becker, R. O. (1994): Heilkraft und Gefahren der Elektrizität. Scherz Verlag - Neue Wissenschaft, Bern, München, Wien (Übersetzung aus dem Englischen)
Bergner, P. (1998): Heilkraft der Mineralien, besonderer Nahrungsstoffe und Spurenelemente. (russisch) Moskau, Kron-Press., S. 1-288
Bgatova, N. P.; Ya. B. Novoselov (2000): Anwendung der biologisch-aktiven Nahrungsergänzungsmittel in Form von Naturmineralien zur Detoxikation des Organismus (russisch). Ekor, Novosibirsk, S. 1-238
Bürger, M. (1958): Biomorphose - Biorheuse. Zt. Altersforschung 10, S. 240
Carlisle, E. M. (1970): Silicon: a possible factor in bone calcification. Science 167, S. 179-780
Carlisle, E. M. (1972): Silicon an essential element for the chick. Science 178, S. 619-621
Carlisle, E. M. (1974): Silicon al an essential element. Fed. Proc. 33, S. 1758-1766
Carlisle, E. M. (1976): In vivo requirement for silicon in articular cartilage and connective tissue formation in the chick. J. Nutr. 106, S. 478-484
Carlisle, E. M.; W. F. Alpenfels (1978): A requirement for silicon for bone growth in culture. Fed. Proc. 37, S. 1123
Carlisle, E. M. (1979): A silicon-molybdenum interrelationship in vivo. Fed. Proc. 38, S. 533
Carlisle, E. M.; W. F. Alpenfels (1980): A silicon requirement for normal growth in cartilage in culture. Fed. Proc. 37, S. 1123
Carlisle, E. M. (1980a): A silicon requirement for normal skull formation. J. Nutr. 10, S. 352-359
Carlisle, E. M. (1980b): Biochemical and morphological changes associated with long bone abnormatities in silicon deficiency. J. Nutr. 10, S. 1046-1056
Carlisle, E. M. (1981a): Silicon: a requirement in bone formation independent of Vitamin D. Calc. Tiss. Int. 33, S. 27-34
Carlisle, E. M. (1981b): Silicon in bone formation. In: B. L. Simpson; B. E. Volcani (ed): Silicon and Siliceous Structures in Biological Systems. Springer-Verlag, New York, S. 68-94
Carlisle, E. M.; J. W. Berger; W. F. Alpenfels (1981): A silicon requirement for prolyl hydroxylase activity. Fed. Proc. 40, S. 866
Carlisle, E. M. (1982): The nutritional essentiality of silicon. Nutr. Rev. 40, S. 193-198
Carlisle, E. M.; D. L. Garvey (1982): The effect of silicon on formation of extracellular matrix components by chondrocytes in culture. Fed. Proc. 41, S. 461

Literaturverzeichnis

Carlisle, E. M.; C. Suchil (1983): Silicon and ascorbate interaction in cartilage formation in culture. Fed. Proc. 42, S. 398
Carlisle, E. M. (1986a): Silicon in Animal Tissues and Fluids. Academic Press. Inc. New York
Carlisle, E. M. (1986b): Silicon as an essential trace element in animal nutrition. In: Ciba Foundation Symp. 121: Silicon biochemistry., John Wiley u. Sons, Chichester u. a., S. 123-139
Carlisle, E. M. (1986c): Silicon. In: W. Mertz (ed): Trace Elements in Human and Animal Nutrition. 5th edn. Academic Press, Orlando, Florida
Charlton, B.; A. Bacelj; T. E. Mandel (1988): Administration of silica particles or anti-Lyt2 antibody prevents beta-cell destruction in NOD mice given Cyclophosphamide. Diabetes 37, S. 930-935
Charnot, A. (1953): Maroc. med. 32, S. 589-597
Charnot, A. (1959): Prod. pharm. No 3, 126. In: M. G. Voronkov; G. I. Zelchan; E. Lukevitz (1975): Silizium und Leben. Akademie-Verlag, Berlin
Delva, V. A. (1963): Trace elements in malignant tumors of man. Trudy Donetsk Gos Med. Inst. 23, S. 17-21
Fedin, A. S.; V. A. Kokorev; A. P. Matremin; V. G. Matushkin (1993): Biologische Begründung des Siliziumbedarfs für landwitschaftliche Nutztiere. Saransk Isd. Mordov-Universität, S. 1-92 (russisch)
Fedin, A. S. (1994): Anwendung von Hirse zur Optimierung des Siliziumgehalts in der Tierfütterung. Saransk Isd. Mordov-Universität, S. 1-64 (russisch)
Fischer, M. H. (1951): The Formation of Living Substance. Steinkopff, Darmstadt
Garnick, J. J.; B. Singh; G. Winkley (1998): Effectiveness of a medicament containing silicon dioxide, aloe and allantoin on aphthous stomatitis. Oral surgery, oral medicine, oral pathology, oral radiology, and endodontics 86(5), S. 550-556
Gohr, H.; O. Scholl (1949): Beitr. Klin. Tuberkul. 102, S. 29. In: O. Scholl; O. K. Letters (1959): Über die Kieselsäure und ihre physiologische Wirkung. Münchener Med. Wochenschrift 50, S. 2321-2325
Gorokhov, W. K.; V. M. Duničev; O. A. Melnikov (1982): Zeolithe aus Sakhalin. Vladivostok, Dalnevostočnoe Knishnoe isdatelstovo, S. 1-105 (russisch)
Hauser, E. (1955): Silicic Science. D. van Nostrand Co. Inc. Princeton, New Jersey, Toronto, London, New York
Hesse (1937): Die Bedeutung der Kieselsäure in der Therapie. Fortschr. Ther. 13. In: B. Kober (1955): Die Anwendung der Kieselsäure in der Heilkunde. Münch. Med. Woche 23, S. 767-770
Iler, R. K. (1979): The Chemistry of Silica. Wiley, New York
Kanehiro, H.; H. Nakano; Y. Nakajima; N. Segewa; Y. Murao; K. Nakagawa; K. Schiratori (1984): Triple-combination therapy with cyclosporine, antithymosyte, serum and silica in pancreatic. Islet xenografting transplantation proceedings 19, S. 1276-1278
Kaufmann, K. (1997): Silizium – Heilung durch Ursubstanz. Helfer-Verlag E. Schwabe GmbH, Bad Hamburg
Khalilov, E. N.; R. A. Bagirov (2002): Natural Zeolites, their Properties, Production and Application. International Academy of Science Baku, ISBN 5 –8066.1006-4, S. 1-347
Klosterkötter, W. (1955): Untersuchungen über die eiweißfällende Wirkung der kolloidalen Kieselsäure. I. Mittg. Arch. Hyg. Bakt. 138, S. 522
Kober, B. (1955): Die Anwendung der Kieselsäure in der Heilkunde. Münchener Medizinische Woche 23, S. 767-770
Kokkers, D.; K.-Th. Kramer; M. Wilhelm (2002): Transdermal therapeutic system with highly disposed silicon dioxide. 28pp, Patent PCT Int. Appl. PIXXD2 W00203969 A220020117
Kudryashova, N. I. (2000a): Siliziumgesundheit (russisch). Moskwa, Obras-Kompani
Kudryashova, I. (2000b): Behandlung mit Ton. (russisch) Moskau Opraz Kompanisdat., S. 1-94
Lee, K. G.; C. Y. Pak; K. Amono; I. W. Yoon (1988): Prevention of lymphocytic thyroiditis and insulitis in diabetes-prone BB rats by the depletion of macrophages. Diabetologie 31/6, S. 400-402
Nasolodin, V. V.; V. Ya Rusin; V. A. Vorobev (1987): Zinc and silicon metabolism in highly trained athletes under hard physical stress (russisch). Vaprosy pitaniya 4, S. 37-39
Nkiliza, J.; Fr. Demande (2000): Bioactive product containing silicon and bioflavonoids, ist preparation method, and ist pharmacentical dietic and cosmetic use. 23 pp. Patent FRXXBh FR2781675 AL 20000204, Application FR.98-9836 19980731
Oschilewski, U.; U. Kiesel; H. Kolb (1985): Administration of silica prevents diabetes in BB-rats. Diabetes 34, S. 197-199
Paras (1929): Zur Kieselsäuretherapie der Tbc. Tuberkulose 9. In: B. Kober (1955): Die Anwendung der Kieselsäure in der Heilkunde. Münch. Med. Woche 23, S. 767-770
Pirie, N. W. (1956): Brit. J. Philos. Sci. 6, S. 341. In: Voronkov, M. G.; G. L. Zelchan; E. Lukevitz (1975): Silizium und Leben. Akademie-Verlag, Berlin
Randhawa, G. M. (1994): Untersuchungen zu Vorkommen und Löslichkeit von Kieselsäure in ausgewählten Futterpflanzen, zur Rolle der pflanzlichen Kieselsäure in der Verdauung swoie zu räcalen und reualen Ausscheidung bei Hammeln der Merino-Rasse. Dissertation Unversität Leipzig
Roth, R. (1980): Untersuchungen zur Beziehung von Kieselsäure und Kaliumaufnahme bei Lyclotella cryptica Inaugural. Diss. Universität Marburg, FB. Biologie
Scholl, O.; K. Letters (1959): Über die Kieselsäure und ihre physiologische Wirkung in der Geriatrie. München, Medizinische Wochenschrift 101/5, S. 2321-2325
Schulz, H. (1903): Deutsche med. Wochenschrift 29, S. 678
Schwarz, K. D. B. Milne (1972): Growth-promoting effects of silicon in rats. Nature (Lond.) 239, S. 333-334
Schwarz, K. (1973): A bound form of silicon in glycosaminoglycans and polyuronicies. Proc. Nati. Acad. Sci USA 70, S. 1608-1612

Schwarz, K. (1978): Significance and functions of silicon in warm-bloodes animals. In: G. Bendz; I. Lindqvist (ed): Biochemistry of Silicon and Related Problems. Plenum Press, New Your, S. 207-230

Seeger, P. G. (1937): Arch of Exp Cell Research 20, S. 280. In: K. Kaufmann (1997): Silicium - Heilung durch Ursubstanz. Helfer Verlag. Bad Homburg

Seguin, M.-C.; J. Gueyne; J.-F. Nicolay; A. Franco (1996): Pharmacentical and and cosmetic compositions containing silicon comounds. 36pp, Patent PCT Int. Appl. PIXXD2 W09610575, Al 19960411 Application W095-7FR 1266, 19950929, Classification JPC C07F007

Shalmina, G. G.; Ya B. Novoselov (2002): Sicherheit der Lebenstätigkeit. Ökologisch-geochemische und ökologisch-biochemische Grundlagen. Novosibirsk, S. 1-433 (russisch)

Tan, K. H. (1984): Single dose antacid therapy before caesarian section. Medical J. of. Malaysia 38/3, S. 246-249

Ueke, A.; Yamaguchi; H. Ueki et al. (1994): Polyclonal human T-cell activation by silicate in vitro. Immunology 82, S. 332-335

Veretenina, O. A.; N. V. Kostina; T. I. Novoselova; Ja. B. Novoselov; A. G. Roninson (2003): Litovit. Novosibirsk, Izdar (Verlag) Ekor, S. 1-103 ISBN 5-85618-107-7

Villanova, R.; P. Canalis (1935): Contribution à l'étude du rôle que silicium semble jouer dans l'immunite contro la tbc. Bull. Acad. Med. II, Paris

Voronkov, M. G.; G. L. Zelchan; E. Lukevitz (1975): Silizium und Leben. Akademie-Verlag, Berlin

Voronkov, M. G. (1979): Biological activity of silatrans. Top. Cur. Chem. 84, S. 77-135

Voronkov, M. G. (1983): Wunderelement des Lebens. Asimut, Irkutsk, S. 1-107 (russisch)

Voronkov, M. G.; I. G. Kusnezov (1984): Silizium in der lebendigen Natur. Nowosibirsk, Nauke, S. 1-157

Wauschkuhn, J. (1964): Versuche über die hämolytische Wirkung kolloidaler Kieselsäure. Diss. Med. Fak. Universität München

Werner, H. (1968): Botanical Society Report 81/9, S. 425. In: K. Kaufmann (1997): Silizium – Heilung durch Ursubstanz. Helfer-Verlag E. Schwabe GmbH, Bad Hamburg

William, R. J. P. (1986): Introduction to silicon chemistry and biochemistry. In Ciba Foundation Symposium 121: Silicon biochemistry. Wiley and Sons, Chichester u. a., S. 24-39

Willstätter, R. E.; H. Kraut; K. Lobinger (1925): Bet. Dtsch. Chem. Ges. 59, S. 2462

Willstätter, R. (1931): Über Kieselsäurewanderung und Verkieselung der Natur. Natur und Museum. Senkenbergische Naturforschende Gesellschaft, S. 322

Wolferseder, E. (1965): Untersuchungen über Adsorption und Abgabe verschiedener Antiseptika in Suspensionen und Hydrogelen von kolloidaler Kieselsäure (Aerosil®)= und von Silikaten. Dissert. Univers. München, Naturwiss. Fak. 01.12.1965

Wright, J. R. jr.; P. E. Lacy (1989) : Silica prevents the induction of diabetes with complete Freund's adjuvant and low-dose streptotocin in rats. Diabetes research 11/2, S. 51-52

Yershov, J. A. (1981): Rolle der Spurenelemente im Leben des Menschen. Moskau (russisch)

Kapitel 13

Bhatt, T.; M. Coombs; C. O'Neill (1984): Biogenic silica fibri promotes carcinogenesis in mouse skin. Int. Cancer 34, S. 519-528

Brigger, J.; C. Dubernet; P. Courvreur (2003): Nanoparticles in canacer therapy and diagnosis. Adv. Drug. Deliv. Rev. 5415, S. 631-651

Howard, V. (2003): Interview mit Süddeutscher Zeitung (17.06.2003): Das Kleinste auf dem Prüfstand – Sorge um gesundheitliche Folgen der Nanotechnik.

Kaufmann, K. (1997): Silizium – Heilung durch Ursubstanz. Helfer-Verlag E. Schwabe GmbH, Bad Hamburg

Klosterkötter, W. (1958): Zur Wirkung der Kieselsäure bei der Entstehung der Silikose. Westdeutscher Verlag Köln u. Oplanden. Schriftenreihe: Forschungsberichte des Wirtschafts- und Verkehrsministeriums Nordrhein-Westfalen 571

Last, J. A.; A. D. Stiefkin; K. M. Reiser (1983): Typ I collagen in increased in lungs of patients with adult respiratory disstress-syndrom. Thorax 38, S. 364-368

Last, J. A.; K. M. Reiser (1986): Effects of silica on lung collagen. Silica biochemistry. In: Ciba Foundation Symposium 121: Silicon biochemistry. John Wiley and Sons, Chickester u. a., S. 180-193

O'Neill, C.; P. Jordan; T. Bhatt; R. Newmann (1986): Silica and oesophageal cancer. In: Ciba Foundation Symposium 121: Silicon biochemistry. John Wiley and Sons, Chickester u. a., S. 214-243

Perger, F. (1978): Chronische Entzündung und Karzinom aus der Sicht des Grundsystems. Wien. med. Wschr. 128, S. 31-37

Perger, F. (1979): Das Grundsystem nach Pischinger. Phys. Med. u. Reh. 20, S. 275-287

Perger, F. (1981): Regulationsstörungen im Vorfeld der Malignomentwicklung. Wien. med. Wschr. 131, S. 189-196

Perger, F.(1990a): In: A. Pischinger (Hrsg.): Das System der Grundregulation. 8. Aufl. 3. Teil: Die therapeutischen Konsequenzen aus der Grundregulationsforschung. Haug Verlag, Heidelberg, S. 140-231

Perger, F. (1990b): Die Revision des Herdbegriffs. Der praktische Arzt. Österreichische Zeitschrift für Allgemeinmedizin 44, S. 923-931

Pischinger,-A. (1990): Das System der Grundregulation. 1. Aufl. (1975) und 8. Aufl. (1990), Haug Verlag, Heidelberg

Reiser, K. M.; J. A. Laster (1981): Silicosis and fiberogenesis: fact and artefact. Toxicology 13, S. 51-72

Scheel, L. D.; E. Fleisher; F. W. Klemperer (1953): Toxicity of silica. Silica solutions. A. M. A. Arch. Ind. Hyg. 8, S. 567

Schlitter, H. E. (1990): Krebs als Folge unspezifischer Funktionslähmung vegetativ regulierter Matrix. Natur- und Ganzheitsmedizin (ngm) 3, S. 36-44

Schlitter, H. E. (1994a): Mesenchymale extrazelluläre Matrisx für die Krebstherapie. Therapeutikon (tpk) 8, S. 292-300

Schlitter, H. E. (1994b): Extrazelluläre Matrix, unspezifische Beziehungen zu Umweltschäden und Karzinogenese. Berliner Ärzteblatt 107, S. 586-590

Schlitter, H. E. (1995): Die Krebskrankheit aus ganzheitlicher Sicht eines biologisch unteilbaren Organismus. Der Deutsche Apotheker 47/4, S. 1-13

Schmidt, H. (1953): Über die Bedeutung siliciumhaltiger Präparate für die Autoantikörperbildung. Zbl. Bakt. I. Orig. 160

Schober, R. (1951/52): Die Beteiligung des Mesenchyms bei der experimentellen Erzeugung von Hautkarzinomen der Maus durch Benzpyren. Z. Krebsforsch. 58, S. 36-55

Schober, R. (1955): Mesenchymale Gewebsreaktionen am vorbetrahlten Mamma-Carcinom. Strahlentherapie 98, S. 366-381

Scholl, O.; K. Letters (1959): Über die Kieselsäure und ihre physiologische Wirkung in der Geriatrie. München, Medizinische Wochenschrift 101/5, S. 2321-2325

Swenson, A. (1971): Experimental evaluation of the fibrogenic power of minerals dust. In: A. Allmark; B. Franberg (eds): Swedish Yugoslavian Symposium on Pneumoconiosis. National Board of Health and Welfare, Stockholm, S. 86-97

Voronkov, M. G.; G. L. Zelchan; E. Lukevitz (1975): Silizium und Leben. Akademie-Verlag, Berlin

Voronkov, M. G.; I. G. Kusnezov (1984): Silizium in der lebendigen Natur. Nowosibirsk, Nauka, S. 1-157

Zaidi, S. H. (1969): Experimental Pneumonoconiosis. John Hopkins University Press, Baltimor, S. 65-93

Kapitel 14

Allison, D. G.; R. W. Dougherty; E. F. Bucklin; E. E. Snyder (1974): Grain overload in cattle and sheep. Chance in microbial populatios. Amerik. J. Vet. Res. 36, S. 181

Bartos, J.; J. Habrda (1974): Bentonit in der Prävenz und Therapie von Durchfallerkrankungen neugeborener Kälber. Vet. Med. (Praha) 19, 12 S. 707-716

Bastide, J.; C. M. Costa; J. Sabadie (1984): The surface catalyzed degradiation of propyramide on bentonite. Weed. Res. 24/1, S. 1-8

Borai, N. A.; V. F. Naggar; S. S. Elgamol (1983): Dissolotion rate studies of some oral hypoglycemic agents from drug-montmorillonits adsorbates. Pharm. Ind. 45, S. 1014-1016

Browne, J. E.; J. R. Feldkamp; J. L. White; S. L. Hem (1980): Potential of organic cationsatured montmorillonite as treatment for poisoning by weak bases. J. Pharmacent. Sei. 69 12, S. 1393-1395

Carringer, R. D.; B. J. Weber; T. J. Monaco (1975): Adsorption-Desorption of selected pesticides by organic matter and montmorillonit. J. Agri. Food Chem. 23

Carruthers, v. R. (1985): Effect of Bentonite on Incidence of Bloat, Milk Production, and Mineral Status in Dairy Cows. New Zealand. J. Agric. Res 28, 221-223

Carstensen, J. T.; K. S. E. Su (1971): Nature of bonding in montmorillonite adsorbates I: surface adsorption. J. Pharm. Sci 60, S. 733-735

Conley, R. F.; M. K. Lloyd (1971): Adsorption studies on kaolinite - II: adsorption of amines. Clays Clay Minerals 19, S. 273-282

Dashman, T.; G. Stotzky (1982): Adsorption and binding of acids on homoionic montmorillonite and koalinite. Soil. Biol. Biochem. 14, S. 447-456

Dashman, T.; G. Stotzky (1984): Adsorption and binding of peptides on homoionic montmorillonite and koalinite. Soil. Biol. Biochem. 16, S. 51-55

Dashman, T.; G. Stotzky (1986): Microbial utilization of amino acids and a peptide bound on homoioic montmorillonits and koalinite. Soil. Biol. Biochem. 18, S. 5-14

Dembinski, Z.; W. Wieckowski; A. Kulinska (1985a): The influence of bentonite of polish production on chosen parameters of a healthy state and productivity in dairy cattle. Med. Weter. 47, 4, s. 220-223

Dembinski, Z.; B. Kosicki; S. Mroz-Dembinsi; L. Szozesnjak; W. Wieckwoaki (1985b): Influence of bentonite of polish production on the acid-alkaline balance of dairy kettle in the perinatal period. Med. Weter. 41, S. 377-314

Dimitrocenko, V.; Z. M. Moroz (1972): Primobenic bentonitoy, prirodnych obogascennychziream, rezionsch zivotnych i ptizy. Vestnik Salakochez, Nauki 9, S. 12-18

Fioramonti, J.; H. Navetet; M. Droy-Lefaix; J. More; L. Busno (1988): Antidiarrheal properties of clay minerals: pharmacological and clinical data. 4th Congress of the Eropean Association for Veterinary Pharmacology and Toxicology. Budapest, 28.08.-02.09.1988

Fisher, L. K.; V. G. MacKay (1983): The investigation of sodium bicarbonate or bentonite as supplements in silages fed to lactating cows. Can. J. Anim. Sci. 63, S. 939-947

Furukava, T.; G. W. Brindley (1973): Adsorption and oxidation of benzidine and analine by montmorillonite and hactorits. Clays Clay Minerals 21, S. 279-288

Galyean, M. L.; R. C. Chabot (1981):Effects of sodium bentonite, buffer salts, cement kiln dust and clinoptilolite on ruman characteristics of beef steers fed a higt roughahe diet. J. Anim. Sci. 52, 5, S. 1197.1294

Globa, L. J.; G. N. Nikovskaya; M. N. Rotmistov (1983): Kinetics of the interaction between bacteriophages T2 and MS2 and montmorillonits. Dokt. Akad. Nauki Ukr. Ser. Geol. 01, S. 52-54

Hampel, I. (1985): Orientierende Untersuchungen zu Wirkungsmechanismen und veterinärmedizinischen Indikationsgebieten von einheimischem Bentonit bei oraler Applikation. Dissertation, Humboldt-Universität zu Berlin

Hampel, I.; U. Jacobi (1986): Zur Bedeutung der natürlichen Ionenaustauscher Bentonit und Zeolith. Mn. Vet. Med. 41, S. 238-243

Harter, R. D.; G. Stotzky (1971): Formation of clay-protein complexes. Soil. Sci. Soc. Amer. Proc. 36, S. 383-389

Hilz, M.(1979): Die Spurenelemente im Kaolinen, kaolinitischen Tonen und Bentoniten - ihr Verhalten bei Ionenaustauschreaktionen und gegen Säuren. Diss. Univers. München

Hoe, C. M.; J. S. Wilkinson (1973): Liver function: a review. Austr. Vet. J. 49, S. 163-169

Horzetzky, A. (1980): Untersuchungen zur Minderug der azidogenen Belastung bei Milchkühen durch prophylaktischen Einsatz von Bentonit bzw. Änderung der Fütterungssequenz unter besonderer Berücksichtigung von Strohpellet-Konzentrat-Rationstypen. Vet. Med. Dipl. Arbeit, Humboldt-Universität zu Berlin

Kollmann, P. (1982): Prüfung verschiedener Möglichkeiten der Metaphylaxe der azidotischen Belastung in Bullenmastbeständen. Vet. Med. Dipl. Arbeit Humboldt Universität Berlin

Kraetsch, D.; Th. Schikora (1986): Erweiterung der Einsatzpallete dür den einheimischen Bentonit für nichttradiotionelle Verwendungszwecke in der DDR. Forschungsbericht: Institut für mineralische Rohstoff- und Lagerstättenwirtschaft. Dresden

Kudryashova, N. I. (2000a): Gesund durch Silizium. Moskau, Obras-Kompani, S. 1-112 (russisch)

Kudryashova, I. (2000b): Behandlung mit Ton. Moskau Opraz Kompanisdat., S. 1-94 (russisch)

Laura, R. P.; P. Cloos (1975): Adsorption of ethylendiamin (EDA) on montmorillonite saturated with different cations-III Na-, K- and Li-montmorillonite: ion-exchange, protonation, co-ordination and hydrogenbonding. Clays Clay Minerals 23, S. 61-69

Lavie, S.; G. Stotzky (1986a): Adhesion of the clay minerals montmorillonite, kaolinite and attapulgite reduces respiration of histoplasma capsulatum. Appl. Environm. Microbiol. 51, 1, S. 65-73

Lavie, S.; G. Stotzky (1986b): Interaction between clay minerals and sidarophores affect the respiration of histoplasma capsulatum. Appl. Environm. Microbiol. 51, 1, S. 74-79

Lipson, M. S.; G. Strotzky (1983): Adsorption of reovirus to clay minerals: effect of cation exchange capacity, cation saturation and surface area. Appl. Environm. Microbiol. 46, 3; S. 673-682

Lund, E.; B. Nissen (1986): Low technology water purification by bentonite clay flocculation asl performed in Sudanese villages. Virological examinations. Water res. 20, 1, S. 37-43

Matsumoto, M.; S. Shinoda; H. Takahashi; Y. Saito (1984): Carbon-13 nuclear magnetic relaxation studies of benzene molecules adsorbed on the pillar interlayered montmorillonite. Bull. Chem. Soc. Jpn. 57, S. 1795-1800

McEvan, D. M. C. (1948): Complexes of clays with organic compounds I. complex formation between montmorillonite and halloysite and certain organic liquids. Trans. Faraday Soc. 44, S. 349. In: Voronkov, M. G.; G. L. Zelchan; E. Lukevitz (1975): Silizium und Leben. Akademie-Verlag, Berlin

McGinity, J. W.; T. L. Lach (1976): In vitro adsorption of various pharmaceuticals to montmorillonite. J. Pharm. Sci. 65, S. 896

Meyer-Jones, L. (1966): Veterinary Pharmacology and Therapeutics. 3. Aufl. Ames.

Monkhouse, D. C.; J. L. Lach (1972): Drug-excipient-interactions. Can. J. Pharm. Sci. 7, S. 29-46

Nekrassova, A. (2000): Die Heilung durch Ton. (russisch) Poliservis-M. Moskau S., S. 1-118

Ott, H. (1958): Anwendung von Kieselsäure in der Therapie. Dissertation Univ. München Med. Fak. 21.03.1958

Petkova, E.; t. Venkov; P. Choushkov; Yu Enchere; T. Stefanov (1982): Study on the prophylactic effect of the bulgarien preparation in degestive troubles with calves. Vet. Med. Nauk. (Sofia) 19, 1, S. 52-56

Porubean, C. S.; C. J. Cajserna; J. L. White; S. L. Hem (1978): Mechanism of adsorption of clindamycin and tetracyclin by montmorillonite. J. Pharm. Sci 67, S. 1081

Rösler, H. J. (1991): Lehrbuch der Mineralien. Deutscher Verlag für Grundstoffindustrie. Leipzig, S. 428-619

Rotermel, Z. A.; N. V. Kirsanov; R. N. Zalezujak (1964): Bentonitovya gliny povyschajut privasy sviney. Svinevodstve 12, S. 26-32

Rozsahogyi T.; P. Euvi; L. Timar (1982): Über den Einfluss von Bentonit N-100 auf den Erfolg der intensiven Bratenlämmermast. II Pansensaft- und Harnuntersuchungsbefunde. III Blutuntersuchungsbefunde. Magyar Allat. Lap. 37, S. 115-119, 459-463

Rupprecht, H.; F. Stanislaw (1973): Einlagerungsverbindungen gebräuchlicher Schichtsilikate. Pham. Ind. 53, S. 497

Sanchez-Martin, M. J.; M. Sanchez-Camazano (1984): Aspects of the adsorption of azinophos-methyl by smectites. J. Agri. Food Chem. 32, 4, S. 720-724

Sanchez-Martin, M. J.; M. Sanchez-Camazano (1987): Adsorption of chloridazone by montmorillonits. Chemosphere 16, S. 937-944

Schaub, S. A.; B. P. Sagik (1975): Association of enteroviruses with natural and artificially induced colloidal solids in water and infactivity to solids associated virions. Appl. Microbiol. 30, S. 212-222

Schwarz, Th. (1987): Toxikologische Untersuchungen des DDR-Bentonits unter besonderer Beachtung der Bentonitwirkung auf den Mengen- und Spurenelementestatus von Versuchstieren und landwirtschaftlichen Nutztieren. Diss. A., Humboldt-Universität zu Berlin

Schwarz, Th.; E. Werner (1987): Die Wirkungen längerfristiger Bentonit-Applikationen auf den Stoffwechsel ausgewählter Spurenelemente bei der Zwergziege. In: M. Anke (Hrsg.); Chr. Brückner; H. Gürtler; M. Grün: Arbeitstagung Mengen- und Spurenelemente. S. 99-106

Schwarz, Th.; B. Seifert; G. Wunsch (1989): Bentonit - mehr als ein inerter pharmazeutischer Hilfsstoff. Beiträge zur Wirkstofforschung. Heft 34. Akademie-Industriekomplex Berlin, S. 1-27

Slanina, L.; J. Sokol; J. Rosival; O. Bordora (1973a): Pufferung der Futterration mit Montmorillonit (Bentonit) bei Wiederkäuern unter Versuchsbedingungen. Vet. Med. (Praha) 18, S. 465-474

Slanina, L.; J. Sokol; J. Lehocky; J. Rosival; A. Zurek (1973b): Kurzfristige Pufferung des Pansens mit Montmorillonit (Bentonit) bei Mastvieh unter Terrainbedingungen. Vet. Med. (Praha) 18, S. 724-734

Slanina, L. (1974): Pufferung des Panseninhalts mit Montmorillonit bei industriemäßiger Rinderhaltung. Dt. tierärztl. Wschr. 81, 23, S. 552-555

Slanina, L.; J. Sokol; J. Aehocky; J. Rosival (1974): Ganzjährige Pufferung der Futterration mit Montmorillonit (Bentonit) bei Kühen und deren Einfluss auf den Gesundheitszustand und die hämatologischen sowie biochemischen Kennwerte. Vet. Med. (Praha) 19, 8, S. 463-472

Slanina, L.; J. Lehocky; J. Sokol; J. Rosival (1975): Ganzjährige Pufferung er Mastrinderfutterration mit Bentonit und dessen Einfluss auf Metabolismus und Nutzleistung. Vet. Med. (Praha) 20, 2, S. 65-73

Snyder, L. R. (1968): Principles of Adsorption Chromatography. New York

Stanislaus, F. (1974): Arzneistoffliberation aus Einlagerungsverbindungen mit pharmazeutisch gebräuchlichen Schichtsilikaten. Diss. Universität München

Stotzky, G.; L. T. Rem (1966a): Influence of clay minerals on microorganisms. I. Montmorillonite an kaolinite on bacteria. Can. J. Microbiol. 12, S. 547-563

Stotzky, G.; L. T. Rem (1966b): Influence of clay minerals on microorganisms. IV. Montmorillonite an kaolinite on fungi. Can. J. Microbiol. 13, S. 1535-1550

Su, K. S. E.; J. T. Carstensen (1972): Nature of bonding in montmorillonite adsorbates II bonding as an ion-dipol-interaction. J. Pharm. Sci 61, S. 420-424

Swoboda, A. R.; G. W. Kunze (1968): Reactivity of montmorillonite surfaces with weak organic bases. Beil. Sce. Boc. Am. Proc. 32, S. 806

Takahashi, Y.; H. Imai (1983): Adsorption of heavy metal cations in montmorillonite. Soil. Sci Plant Nutr. 29, 2, S. 111-122

Vankov, T.; E. Petkova (1980): Bulgarban B-Neues prophylaktisches und therapeutisches Präparat in der Viehzucht. Klinisches Gutachten Pharmachim, Sofia

Voigt, R. (1987): Lehrbuch der pharmazeutischen Technologie. Verlag Volk und Gesundheit, Berlin

Kapitel 15

Adey, W. R.; F. O. Schmidt (eds) (1970): The Neurosciences II. Rockefeller University Press, New York

Agadshanyan, N. A.; A. G. Maračev, G. A. Bobkov (1998): Ökologische Physiologie. Moskau

Aikoh, T.; A. Tomokuni; T. matsukii et al. (1998): Activation-induced cell death in human peripheral blood lymphocytes after stimulation with silicate in vitro. Int. J. Oncol. 12, S. 1355-1359

Allison, A. C.; J. S. Harington; M. Birbeck (1966): An examination of the cytotoxic effects of silica on macrophages. J. Exp. Med. 124, S. 141-154

Austin, J. H. (1978): Silicon levels in human tissues. In: G. Bendz; I. Lindqvist (eds): Biochemistry of Silicon and Related Problems. Plenum Press, New York, S. 255-268

Bgatov, V. I. (1999): Naturmineralien im Leben der Menschen und der Tiere. Proceedings der wissenschaftlich-praktischen Konferenz „Mineralien im Dienste der Gesundheit des Menschen", Ekor, Novosibirsk,, S. 8-11

Bgatova, N. P.; Ya. B. Novoselov (2000): Anwendung der biologisch-aktiven Nahrungsergänzungsmittel in Form von Naturmineralien zur Detoxikation des Organismus (russisch). Ekor, Novosibirsk, S. 1-238 (russisch)

Bildujeva, D. G. (2001): Entwicklung der Futterergänzung auf der Grundlage von Zeolithen und Bewertung ihrer immunomodulierenden Aktivität. Dissertation, Ulan-Ude. Ostsibirische technologische Staatsuniversität des Bildungsministeriums der Russischen Föderation (russisch)

Carlisle, E. M.; W. F. Alpenfels (1978): A requirement for normal growth of cartilage in culture. Fed. Proc. 37, S. 1123

Carlisle, E. M. (1986a): Silicon in Animal Tissues and Fluids. Academic Press. Inc. New York

Carlisle, E. M. (1986b): Silicon as an essential trace element in animal nutrition. In: Ciba Foundation Symp. 121: Silicon biochemistry., John Wiley u. Sons, Chichester u. a., S. 123-139

Carlisle, E. M. (1986c): Silicon. In: W. Mertz (ed): Trace Elements in Human and Animal Nutrition. 5th edn. Academic Press, Orlando, Florida

Charlton, B.; A. Bacelj; T. E. Mandel (1988): Administration of silica particles or anti-Lyt2 antibody prevents beta-cell destruction in NOD mice given Cyclophosphamide. Diabetes 37, S. 930-935

Čhelitshev, N. F.; W. E. Volodin; V. L. Kyukov (1988): Ionenaustauscher der Natur - das hochsiliziumenthaltene Zeolith. Moskau, Nanka, S. 1-128 (russ.)

Crapper, D. R.; S. S. Krishnan;A. J. Dalton (1973): Brain aluminium distribution in Alzheimer's desease and experimental neurofibrillary degeneration. Science (Wash DC) 180, S. 511-513

Edwardson, J. A.; J. Klinowski; A. E. Oakley; R. H. Perry; J. M. Candy (1986): Aluminiumsilicates and the agein brain: implication for pathogenesis of Alzheimer disease. In: Ciba Foundation Symposium 121: Silicon biochemistry. John Wiley and Sons, Chickester u. a., S. 160-173

Fedin, A. S.; V. A. Kokorev; A. P. Matremin; V. G. Matushkin (1993): Biologische Begründung des Siliziumbedarfs für landwitschaftliche Nutztiere. Saransk Isd. Mordov-Universität, S. 1-92 (russisch)

Fedin, A. S. (1994): Anwendung von Hirse zur Optimierung des Siliziumgehalts in der Tierfütterung. Saransk Isd. Mordov-Universität, S. 1-64 (russisch)

Garuto, R. M.; R. Fukatsu; R. Yanagihara, D. C. Gajdusek; G. Hook; C. E. Fiori (1984): Imaging of calcium and aluminium in neurofibrillary tangle-bearing neurons in Parkensonian dementia of Gum. Proc. Natl Acad Sci. USA 81, S. 1875-1879

Gibson, P. H. (1985): Scrapie-associated fibrils and AIDS encephalopathy. Lancet 2, S. 612-613

Gorokhov, W. K.; V. M. Duničev; O. A. Melnikov (1982): Zeolithe aus Sakhalin. Vladivostok, Dalnevostočnoe Knishnoe isdatelstovo, S. 1-105 (russisch)

Hartweg, R.; M. Schweiger; R. Schweiger; H. G. Schweiger (1985): Cell and rhythms. proc. Nat. Acad. Iler, R. K. (1979): The Chemistry of Silica. Wiley, New York

Iler, R. K. (1979): The Chemistry of Silica. Wiley, New York

Ivkovič, S; D. Zabcic (2002a): The effect of tribomechanically activated zeolite (TMAZ) on total antioxidant status of healthy individuals ad patients with malignant disease. Free Radic Biol. Med. 33, Suppl. 1, S. 172

Ivkovič, S; D. Zabcic (2002b): Antioxidative Therapy: nanotechnology product TMA-Zeolite reduces oxidative stress in cancer and diabetic patients. Free Radic. Biol. Med. 33 (suppl. 2), S. 331

Ivkovič, S; V. Deutsch, A. Silberbach, E. Walraph, M. Mannel (2004): Dietary supplementation with the tribomechanically activated zeolite clinoptilolite in immunodeficience: effects on the cellular immune system. Advences in Therapy 21/2, S. 1-14

Keeting, P. E.; M. J. Oursler; K. E. Wiegand; S. K. Bonde; T. C. Spelsberg; B. L. Riggs (1992): Zeolite A increases poliferation, differentiation, and transforming growth factor beta production in normal adult human osteoblast-like cells in vitro. J. Bone. miner. Res. 7, S. 1281-1289

Khalilov, E. N.; R. A. Bagirov (2002): Natural Zeolites, their Properties, Production and Application. International Academy of Science Baku, ISBN 5 –8066.1006-4, S. 1-347

Lapshin, S. A.; O. Y. Petrov (1997): Der Einfluss des unterschiedlichen Aluminiumgehalts in Silo-Futterrationen auf hämatologische Parameter von Rinderjungtieren. Physiologische und biologische Grundlagen der Produktivität der Tiere. Sammelband der wissenschaftlichne Arbeiten der Universität Saransk, S. 32-34 (russisch)

Lehninger, A. L. (1970): In: W. R. Adey; F. O. Schmidt (eds): The Neurosciences II. Rockefeller University Press, New York. Zitiert bei Rensing, L. (1973): Biologische Rhythmen und Regulation. Gustav Fischer Verlag, Jena

Lelas, T. (2002): Projekt TMAZ-Megamin. Zusammenfassung der Forschungsergebnisse 1997-2002. Informationsmaterial nur für Wissenschaftler, Ärzte, Heilpraktiker und Therapeuten

Matyshkin, V. G. (1993): Die biologische Rolle von Silizium (Optimierung der Fütterung von landwirtschaftlichen Nutztieren. Sammelband der wissenaschaftlichen Arbeiten der Universität Saransk, S. 114-118 (russisch)

McDermott, J. R.; A. I. Smith; K. Iqbal; H. M. Wisniewski (1979): Brain aluminium in aging and Alzheimer desease. Neurology 29, S. 809-814

Morbvinova, N. I. (2001): Die Behandlung der ischämischen Krankheit des Herzens unter Anwendung von Nahrungsergänzung Litovit. Proceeding der wissenschaftlich-praktischen Konferenz „Naturmineralien im Dienste der Gesundheit des Menschen" Ekor, Novosibirsk, S. 32-34 (russisch)

Morishita, M.; M. Miyagi; Y. Yamasaki; K. Tsuruda; K. Kawahara; Y. Ivanosoto (1998): Pilot study on the effect of a mouthrinse containing silver zeolite on plaque formation. Clin. Dent. 9, S. 994-996

Müller-Alouf, H.; C. Carnoy; M. Simonet; J. E. Alouf (2001): Superantigen bacterial toxins: state of the art. Toxicon 39, S. 1691-1709

Murray und Pizzoro (1991): Encyclopaedia of Natural Medicin. Prima-Verlag CA, S. 132-133

Neshinskaia, G. I.; N. S. Sapronov (2002): Assessment of the rhythm of lymphocyte stimulation and suppression as a criterion of prognosis of the effects of immmunomodulatory drugs (russisch). Patol. Fiziol Eksp Ter. 3, S. 22-25

Nikawa, H.; T. Yamamoto; T. Hamada; M. B. Rahardjo; H. Murata; S. Nakanoda (1997): Antifungal effedct of zeolite-incorporated tissue conditioner against Candida albicans growth and/or acid production. J. Oral. Rehabil. 24, S. 350-357

Nikolajev, W.; D. Mayanskiy (1997): Zur Effektivität der neuen Nahrungsergänzungsmittel. Sibirische Gesundheit heute 6, S. 1-3

Oschilewski, U.; U. Kiesel; H. Kolb (1985): Administration of silica prevents diabetes in BB-rats. Diabetes 34, S. 197-199

Pavlic, K.; M. Katic; V. Sverko et al. (2002): Immunostimulatory effect of natural clinoptilolite as a possible mechanism of its antimetastatic ability. J. Cancer Res. Clin. Oncol. 128, S. 37-44

Perger, F. (1981): Regulationsstörungen im Vorfeld der Malignomentwicklung. Wien. med. Wschr. 131, S. 189-196

Perger, F. (1988): Fragen der Herderkrankung. Deutscher Zahnärztekalender, Carl Hanser Verlag, München, Wien, S. 23-38

Perger, F. (1990a): In: A. Pischinger (Hrsg.): Das System der Grundregulation. 8. Aufl. 3. Teil: Die therapeutischen Konsequenzen aus der Grundregulationsforschung. Haug Verlag, Heidelberg, S. 140-231

Perger, F. (1990b): Die Revision des Herdbegriffs. Der praktische Arzt. Österreichische Zeitschrift für Allgemeinmedizin 44, S. 923-931

Perl, D. P.; D. C. Gajdusek; R. M. Garruto; R. T. Yanagihara; C. J. Gibbs (1982): Intraneuronal aluminium accumulation of amyotrophic lateral sclerosis and Parkinsonismdementia of Guam. Science (Wash DC) 217, S. 1053-1055

Perl, D. P.; D. Munoz-Garcia; W. W. Pendleburg (1986): Aluminium and Alzheimer's disease: use of laser microprobe mass spectrometry analysis (LAMMA). In: A. Fisher et al. (eds): Alzheimer's and Parkinson's Disease: Strategies in Research and Development. Plenum Press, New York

Petrov, O. Y.; L. Filizova (1986): Quantitative Untersuchungen des Ionenaustauschprozesses von Klinoptilolith nach den Parametern der Pulverdisfraktrometrie. Proceedings des 4. Bulgarosoyetischen Symposiums über Naturzeolithe. Burgas/Sofia, S. 66-70 (russisch)

Petrov, V. P. (1992): Rohstoffbasis des siliziumhaltigen Gesteins der UdSSR und dessen Anwendung in der Volkswirtschaft. Nedra, Moskau, S. 1-104 (russisch)

Petrov, O. Y. (1993): Aluminiumstoffwechsel im Organismus von Rinderjungtieren und der physiologische Bedarf an diesem Element. Dissertation Universität Saransk, S. 1-123 (russisch)

Randoll, R. G.; K. S. Zänker et al. (1992): Ultrastrukturelle zelluläre Membranprozesse online im Vitalmikroskop. Dtsch. Zschr. Onkol. 24, S. 120-126

Randoll, U. G.; K. Olbrich et al. (1994a): Ultratrukturtomographische Beobachtung von Lebensprozessen in Abhängigkeit von schwachen elektromagnetischen Feldern. Telekom, U.R.S.I.-Landesausschuss u. ITG-Fachausschuss. Tagungsband Kleinheubach

Randoll, U. G.; R. Dehmlow; G. Regling; K. Olbrich (1994b): Ultrastructure tomographical observations of life processes as dependent on weak elektromagnetic fields. Dtsch. Zschr. Onkol. 26,1, S. 12-14

Randoll, U. G.; F. F. Hennig (1995): Hochauflösende Vitalmikroskopie und deren Bedeutung für die Zelldiagnostik. Internationales wehrtechnisches Symposium 1995 - Elektromagnetische Verträglichkeit. Bundesakademie für Wehrverwaltung und Wehrtechnik, Mannheim, 04.-06.10.1995, Tagungsband

Račikov, S. V. (1999): Veränderung des Gehalts der Spurenelemente und Ausführung der Radionuklide aus Organen und Gewebe der Rinderjungtiere bei Verfütterung von Zeolithergänzungen. Dissertation, Brjansk. Landwirtschaftliche Staatsakademie des Ministeriums für Landwirtschaft und Lebensmittel der Russischen Föderation. S. 1-122

Rensing, L. (1973): Biologische Rhythmen und Regulation. VEB Gustav Fischer Verlag, Jena, S. 217-229

Ricke, S. C. (1995): Das Überleben von Salomonellen im Erdreich. Bioresource Technology 53, S. 1-6

Rodriguez-Fuentes, G.; M. A. Barrios; A. Iraizoz; I. Perdomo; B. Cedre (1997): Entereyx-anti-diarrheic drug based on purified natural clinoptilolite. Zeolites 19, S. 441-448

Ryn, E. K. C. Shaey (1980): Schützender Effekt von Zeolithen. Int. J. Zoonoses 7, S. 101-106

Ryn, E.; K. C. Shaey (1981): Immunisierung von Hasen mit Zeolithen. Int. J. Zoonoses 8, S. 91.96

Schlitter, H. E. (1992): Die unspezifische Rolle des vegetaiven Nervensystems und der Matrix bei Gewebswachstum und Differenzierung am Beispiel der Krebsengtstehung und Krebsausbreitung. In: H. Heine; P. Anastasiadis (eds): Normal Matrix and Pathological Conditions. Gustav Fischer Verlag, Stuttgart, Jena, New York, S. 29-42

Schlitter, H. E. (1993): Die Bedeutung der Matrix für den zellularen DNS-Stoffwechsel am Beispiel der Reizkarzinogenese. N. g. m 6, S. 95-101

Schlitter, H. E. (1994a): Mesenchymale extrazelluläre Matrix für die Krebstherapie. Therapeutikon (tpk) 8, S. 292-300

Schlitter, H. E. (1994b): Extrazelluläre Matrix, unspezifische Beziehungen zu Umweltschäden und Karzinogenese. Berliner Ärzteblatt 107, S. 586-590

Schlitter, H. E. (1995): Die Krebskrankheit aus ganzheitlicher Sicht eines biologisch unteilbaren Organismus. Der Deutsche Apotheker 47/4, S. 1-13

Schwarz, K. (1973): A bound form of silicon in glycosaminoglycans and polyuronicies. Proc. Nati. Acad. Sci USA 70, S. 1608-1612

Schwarz, K. (1978): Significance and functions of silicon in warm-bloodes animals. In: G. Bendz; I. Lindqvist (ed): Biochemistry of Silicon and Related Problems. Plenum Press, New Your, S. 207-230

Schwarz, Th.; B. Seifert; G. Wunsch (1989): Bentonit - mehr als ein inerter pharmazeutischer Hilfsstoff. Beiträge zur Wirkstoffforschung. Heft 34. Akademie-Industriekomplex Berlin, S. 1-27

Schweiger, H. G. (1987): Die Zelle und ihre Rhythmen. In: J. Schulz; R. Gattermann; J. A. Romanow: Chronobiologie - Chronomedizin. Martin-Luther-Universität, Wissenschaftliche Beiträge 36(P30), Halle/Saale, Wittenberg, S. 170-177

Shabalin, V. N.; S. N. Shatokhina (2001): Morphology of biological fluids. /Morphologie der biologischen Flüssigkeiten. Moskau. (russisch) ISBN 5-87372-102-5

Shalmina, G. G.; Ya B. Novoselov (2002): Sicherheit der Lebenstätigkeit. Ökologisch-geochemische und ökologisch-biochemische Grundlagen. Novosibirsk, S. 1-433 (russisch)

Tsitsishvili G. V; T. G. Andronikasvili; G. N. Kirov; L. D. Filizova (1985): Natürliche Zeolithe. (Chemie). Moskau, Isdatedstvo Khimiya, S. 1-224 (russisch)

Tsitsishvili G. V.; N. Sch. Tskhakaia; T. G. Andronikashvili; N. F. Kvasshali; E. .J. Kordidse (1989): Extaction, processing and utilization of naturolites. In: Sakartvelo, Tbilisi Chonka, J. A.; A L. Omelshenko (1989): Utilization of transcarption zeolites for prophylaxis and treatment of gastrointestinal disease of agricultural animal. In Tsisihvili et al. S. 412-414, 407-411

Tsitsishvili G. V; T. G. Andronikasvili; G. N. Kirov; L. D. Filizova (1992): Natur Zeolites. Ellis Horwood Chi-chester

Tsitsishvili G. V; N. S. Skhirtladze; T. G. Andronikasvili; V. G. Tsitsishvili; A. V. Dolidze (1999): Natural zeolites of Georgia, occurences properties and applicatione. Stud. Surf. Scie. Catal. S. 715-722

Uchida, V.; N. maru; M. Furuhata et al. (1992): Anti-bacterial zeolite balloon catheter and its potential for urinary tract infection control. (japanisch) Hinyokika Kiyo 38, S. 973-978

Ueki, A.; M. Yamaguchi; H. Ueki et al. (1994): Polyclonal human T-cell activation by silicate in vitro. Immunology 82, S. 332-335

Veretenina, O. A.; N. V. Kostina; T. I. Novosolova; Ya B. Novoselov; A. G. Roninson (2003): Litovit. Ekor-Verlag, Novosibirsk, S. 1-104 (russisch)

Voronkov, M. G.; G. L. Zelchan; E. Lukevitz (1975): Silizium und Leben. Akademie-Verlag, Berlin

Voronkov, M. G.; I. G. Kusnezov (1984): Silizium in der lebendigen Natur. Nowosibirsk, Nauka, S. 1-157

Werner, H. (1968): Botanical Society Report 81/9, S. 425. In: K. Kaufmann (1997): Silizium – Heilung durch Ursubstanz. Helfer-Verlag E. Schwabe GmbH, Bad Hamburg

William, R. J. P. (1986): Introduction to silicon chemistry and biochemistry. In Ciba Foundation Symposium 121: Silicon biochemistry. Wiley and Sons, Chichester u. a., S. 24-39

Yakolev, V. V. (1990): Der Bedarf an Silizium bei der Aufzucht von landwirtschaftlichen Jungtieren. Dissertation Universität Saransk, Russland, S. 1-211 (russisch)

Zarkovic, N.; K. Zarkovic; M. Kralj et al. (2003): Anticancer and antioxidative effects of micronized zeolite clinoptilolite. Anticancer Res. 23, S. 1589-1595

Kapitel 16

Agadshanyan, N. A.; A. G. Maračev, G. A. Bobkov (1998): Ökologische Physiologie. Moskau, Nauka

Bgatov, V. I. (1999): Naturmineralien im Leben der Menschen und der Tiere. Proceedings der wissenschaftlich-praktischen Konferenz „Mineralien im Dienste der Gesundheit des Menschen", Ekor, Novosibirsk,, S. 8-11

Bgatov, A. B.; V. I. Bgatov (2001): Einführung zum Litovit-Präparat. Proceedings der wissenschaftlich-praktischen Konferenz „Mineralien im Dienste der Gesundheit des Menschen", Ekor, Novosibirsk, S. 6-8 (russisch)

Bgatov, V. I.; V. N. Kostina; V. L. Kuznezov; N. N. Mayanskaya; T. I. Novoselova; Ya. B. Novoselov; O. V. Tikhonova (2000): Schönheit aus dem Herzen der Mineralien. Ekor, Novosibirsk, S. 1-94 (russisch) ISBN 5-85618-106-9

Bgatov, V. I.; T. I. Novoselova; B. Ya. Novoselov (2001): Die Welt der Mineralien und die Gesundheit des Menschen. Proceedings der wissenschaftlich-praktischen Konferenz „Mineralien im Dienste der Gesundheit des Menschen", Ekor, Novosibirsk, S. 8-11 (russisch)

Bgatova, N. P.; Ya. B. Novoselov (2000): Anwendung der biologisch-aktiven Nahrungsergänzungsmittel in Form von Naturmineralien zur Detoxikation des Organismus. Ekor, Novosibirsk, S. 1-238 (russisch)

Bgatova, N. P. (2001): Subzellulare Aspekte bei der Anwendung der Naturmineralien zur Detoxikation des Organismus. Proceedings der wissenschaftlich-praktischen Konferenz „Mineralien im Dienste der Gesundheit des Menschen", Ekor, Novosibirsk, S. 12-13 (russisch)

Bilduyeva, D. G. (2001): Entwicklung der Futterergänzung auf der Grundlage von Zeolithen und Bewertung ihrer immunomodulierenden Aktivität. Dissertation, Ulan-Ude. Ostsibirische technologische Staatsuniversität des Bildungsministeriums der Russischen Föderation (russisch)

Blagitko, E. M.; A. S. Polyakevič (1999): Litovit in der Komplextherapie bei Patienten mit hochgradigen Verbrennungen (russisch). Abstraktband: Materialien der wissenschaftlich-praktischen Konferenz „Naturmineralien im Dienste des Menschen: Mineralien, Umwelt und Leben". Ekor-Verlag, Novosibirsk, S. 98-99

Blagitko, E. M.; I. A. Volkova (1999): Litovit als Komponente einer komplexen Therapie bei obliterarender Arteriosklerose der Gefäße der unteren Extremitäten. Abstraktband: Materialien der wissenschaftlich-praktischen Konferenz „Naturmineralien im Dienste des Menschen: Mineralien, Umwelt und Leben". Ekor-Verlag, Novosibirsk, S. 93-94

Blagitko, E. M.; V. I. Bgatov; A. V. Efremov; T. I. Novoselova; A. G. Tshelrina; Ya. B. Novoselov (2000): Die prophylaktischen und therapeutischen Eigenschaften des Naturzeoliths. Biologisch aktive Nahrungsergänzung vom Typ „Litovit". Ekor, Novosibirsk, S. 1-158, ISBN 5-85618-115-8

Blagitko, E. M.; F. T. Yashina (2000): Prophylaktische und therapeutische Eigenschaften des Naturzeoliths. Ekor, Novosibirsk, S. 1-158 (russisch)

Bogoljubova, N. V. (2001): Einfluss von Zeolithtuff aus dem Sikeyewer Vorkommen des Kalushskaya Gebiet auf Verdauungsprozesse des Magendarmtrakts bei Mastjungbullen. Dissertation Dubrowizy. Wissenschaftliches Allrusslandsforschungsinstitut für Physiologie, Biochemie und Ernäh-rung des landwirtschaftlichen Viehs

Borin, Y. I.; V. N. Gorčakov; N. P. Vgamova; V. V. Asmashov; T. A. Asmashova; L. A. Obykhova; A. V. Shyrlygna; N. J. Gryazeva; O. V. Kazokov; L. V. Verbizkaya; A. I. Fedoreva (1999): Morphofunktionelle Bewertung der Wirkung der biologisch-aktiven Ergänzung „Litovit" auf Organe und Systeme des Organismus (russisch). Izda (Verlag) Ekor, Novosibirsk, S. 1-75 ISBN 5-85618-117-4

Buto, S. (1967): Experimental use of zeolite in pregnant sows. Intern. Rept., Ichikawa livestock Exp. Sta. Vol. 4, S. 3-4

Castro, M.; A. Elias (1977): Effects of the inclusion of zeolithe in final melasses - based diets on the performance of growing fattening pigs. Cuban. Agricult. Sce. Vol. 12, N 1, S. 69-75

Čuprova, A. V.; G. F. Mironova; Suhobeva (1997): Anwendung des Litovits in der Behandlung der älteren Kinder. Proceedings der internationalen wissenschaftlichen Konferenz „Naturmineralien im Dienste der Menschheit". Novosibirsk, S. 135-137 (russisch)

Dion, J.; L. Carew (1984): Dietary dilution with clinoptilolite in a low protein broiler die. Nutrit. Rep. Intern. 29, S. 1419-1425

Esina, L. V. (1999): Erste Erfahrungen bei der Anwendung von Litovit in einer dermatologischen Pra-xis. Proceedings der Konferenz „Naturmineralien im Dienste der Menschheit". Ekor-Verlag, No-vosibirsk, S. 197-108

Galindo, J.; A. Elias; J. Gardero (1982): The addition of zeolite to silage diests: Effect of the zeolite level on the rumen cellusolises of couvs feel silage. J. Agr. Sce. 16, N 3, S. 288-283

Gamsajev, R. A. (2001): Effektivität der Anwendung der bilanzierenden Ergänzungen mit Zeolith und Karbamid beim Mästen des Rindjungviehs. Dissertation, Dubriwizi, Moskauer Gebiet. Moskauer Staatsakademie „K. I. Skryabin" für Veterinärmedizin und Biotechnologien

Garazev, A. D.; T. I. Rjabtschenko; R. J. Aizman; W.-D. Peterson; L. E. Tainin; G. A. Swjatasch; S. N. Lukschina; T. G. Kasjanova; A. N. Bopzov (2001): Anwendung von Naturzeolith bei der Be-handlung von Kindern mit der Darmdisbakteriose. Rambler: Vosstanovitelnblu Tekst do-kumenta. Resume 5 do vypuska (2001) (russisch)

Hartmann, Th. (2000): Unser ausgebrannter Planet. Riemann-Verlag München

Han, I. K.; K. H. Jong; S. Chun (1975): Studies on the nutritive value of zeolites: Substitution levels of zeolite for wheat bran in the rations of growing-finishing swine. Korean J. Anim. Sci. 17, S. 595-580

Han. I. K.; H. K. Park; S. Chun (1976): Studies on the nutritive value of zeolites. 2. Effects of zeolite rich hull mixture on the performance of growing-finishing swine. Korean J. Anim. Soi 18, S. 225-230

Hecht, K.; M. M. Chananaschwili (1984): Zur Psychologie, Physiologie und Pathologie der Emotionen. In: M. M. Chananaschwili; K. Hecht: Neurosen. Akademie Verlag, Berlin, S. 167-222

Hooge, D. N. (1981): Zeolites in poultry nutrition. California poultry lett., Sept., S. 4-7

Kamakina, M. V. (1999): Anwendung von Litovit bei chronischer Akne. Proceedings der Konferenz „Naturmineralien im Dienste der Menschheit. Ekor-Verlag, Novosibirsk, S. 116-117 (russisch)

Kaznatčeyev, V. P.; Ya. P. Skorin (1981): Langzeitrhythmen (Vitalitätsrhythmen) bei der Adaptation an extreme Bedingungen. In: J. Schuh; K. Hecht; J. A. Romov: Chronobiologie und Chronomedizin. Akademie-Verlag, Berlin, S. 575-587

Khalilov, E. N.; R. A. Bagirov (2002): Natural Zeolites, their Properties, Production and Application. International Academy of Science Baku, ISBN 5 –8066.1006-4, S. 1-347

Khasnulin, V. I.; V. G. Selyatizkaya; P. V. Khasnulin (1999): Anwendung von Litovit bei der Maladaption von Tunnelbauarbeitern der Stadt Seveso-Minsk. Proceed. Konferenz „Naturmineralien im Dienste der Menschheit", Ekor-Verlag, Novosibirsk, S. 161-163 (russisch)

Kotova, N. V.; K. N. Syvorova (2002): Juvenile Akne. Ekor-Verlag, Moskau, Novosibirsk (russisch)

Linardakis, N. M. (2004): Vitamins and minerals can improve sleep.Sleep and Health, 03, S. 4, ISSN 1547-1586

Lindsley, D. B. (1951): Emotion. In: S. S. Stevens (ed.): Handbook of Experimental Psychology. Wiley, New York

Mayanskaya, N. N.; Ya B. Novoselov (2000): Naturmineralien in den sanogenetischen Mechanismen des Organismus. Ekor-Verlag, Novosibirsk, S. 1-89 (russisch) ISBN 5-8518-092-5

Mayanskaya, N. N. (2003): Nahrungsergänzung „Litovit" und seine Bedeutung in der gesunden Ernährung. Arbeiten der Novosibirischen Staatlichen Medizinischen Akademie. Nov NPF Vovosibirek, S. 1-4 (russisch)

Mironova, G. F. (1999a): Anwendung des Nahrungsergänzungsmittels vom Typ Litovit in der Pädiatrie. Nowosibirsk, Nov. S. 1-21 (russisch)

Mironova, G. F. (1999b): Dreijährige Erfahrungen der Anwendung von Litovit in der klinischen Pädiatrie (russisch). Abstraktband: Materialien der wissenschaftlich-praktischen Konferenz „Naturmineralien im Dienste des Menschen: Mineralien in Umwelt und Leben". Ekor, Novosibirsk, S. 133-134 (russisch)

Morita, I. (1967): Efficiency of zeolite-SS in underdeveloped pigs affected with diarrhea. Intern. Rep. Gifu-City Animal Husbandry Center, S. 3-8

Mumpton, F. A.; P. H. Fishman (1977): The application of natural zeolites in animal science and aquaculture. J. Anim. Sci. 45, S. 1188-1203

N.P.F. Nov (2001): Proceedings der wissenschaftlich-praktischen Konferenz mit internationaler Beteiligung „Naturmineralien im Dienste der Gesundheit des Menschen (Sicherheit des Menschen durch Naturmineralien). Ekor, S. 1-236 (russisch)

Nakaue, N. S.; J. K. Koelliker (1981): Studies with clinoptilolite in poultry. Poultry Sce. 60, N. 45, S. 944-949

Nikolayev, W.; D. Mayanskiy (1997): Zur Effektivität der neuen Nahrungsergänzungsmittel. Sibirische Gesundheit heute 6, S. 1-3

Novizkaya, Z. T. (1999): Anwendung des Litovits in der therapeutischen Praxis des Arztes. Proceedings der wissenschaftlich-praktischen Konferenz „Naturminera-lien im Dienste der Menschheit". Novosibirsk, Verlag Ekor, S. 135-136 (russisch)

Oehme, P.; K. Hecht; M. Airapetjanz (1980a): Substanz P als ein Regulid: Stand und Entwicklungen. In: K. Seidel; K. Hecht: Neurosen. Berichte der Humboldt-Universität zu Berlin 3/80, S. 84-94

Oehme, P.; K. Hecht; L. Piesche; M. Hilse; M. Poppei (1980b): Substance P as a modulator of physio-logical and pathologial processes. In: A. Marsan (ed.); W. Z. Traczyk: Neuropeptides and Neu-ral Transmission. IBRO Series Vol. 7, Raven Press, New York, S. 73-84

Oehme, P.; K. Hecht; M. Hilse; M. Poppei, E. Morgenstern; E. Göres (1980c): Substance P – new aspects to its modulatory function. Actarbiol. med. germ. 39, S. 465-477

Pavlova, N. T.; O. B. Zaizev (1999): Analyse der Erfahrungen bei der Anwendung von Litovit unter den Bedingungen einer Poliklinik. Proceedings der wissenschaftlich-praktischen Konferenz (mit in-ternationaler Beteiligung) „Naturmineralien im Dienste der Menschheit". Novosibirsk, Verlag E-kor, S. 140-142 (russisch)

Pesterev, L. N.; B. S. Oksenkov; N. P. Labzovskaya; L. D. Mikhaylenko; R. A. Motova, I. G. Belyalova (1999): Litovit in der komplexen Behandlung der Dermatosen. Proceedings der internationalen wissenschaftlichen Konferenz „Naturmineralien im Dienste der Menschheit". Ekor-Verlag, No-vosibirsk, S. 145-146 (russisch)

Račikov, S. V. (1999): Veränderung des Gehalts der Spurenelemente und Ausführung der Radionukli-de aus Organen und Gewebe der Rinderjungtiere bei Verfütterung von Zeolithergänzungen. Dissertation, Brjansk. Landwirtschaftliche Staatsakademie des Ministeriums für Landwirtschaft und Lebensmittel der Russischen Föderation. S. 1-122 (russisch)

Romanov, G. A. (2000): Zeolithe: Effizienz und Anwendung in der Landwirtschaft. Sammelband der russ. Akademie der Landwirtschaftswissenschaften Band II, russisch, Moskva

Roninson, A. G.; Y. B. Novoselov; N. N. Kostina (1999): Die Perspektive der Anwendung der Mittel mit selektiven Ionenaustausch- und Sorbenteigenschaften zur Erreichung des immunomodulieren-den Effekts. Proceeding der wissenschaftlich-praktischen Konferenz „Naturmineralien im Diens-te des Menschen", Ekor, Novosibirsk, s. 147-149 (russisch)

Shakov, Y. I. (1999): In: O. A. Veretenina; N. V. Kostina; T. Novoselova; Y. B. Vovoselov; A. G. Ron-nisonn (2003): Litovit. Novosibirsk, S. 38-39 (russisch)

Shaparina, M. N. (1999): Zeolithe und Entstehung des Lebens auf der Erde. Gegenwärtige Biochemische Modelle der bioorganischen Evolution und die Rolle von organophilen Mineralien mit hohem Siliziumgehalt in der Stereokatalytischen Reaktion bei der Bildung von Protobiopolymeren. Proceedings der wissenschaftlich-praktischen Konferenz „Naturmineralien im Dienste der Menschheit". Novosibirsk, Verlag Ekor, S. 83-85 (russisch)

Shatkin, O. A.; V. N. Sivačenko; A. F. Tkač; Ya. B. Novoselov (1999): Einwirkung von Litovit auf einige physiologische Funktionen gesunder Männer im Examensstress. Proceedings der wissenschaftlich-praktischen Konferenz „Naturmineralien im Dienste der Menschheit". Novosibirsk, Verlag Ekor, S. 109-113 (russisch)

Sherina, A. G.; Ya. B. Novoselov (Hrsg.) (2000): Naturmineralien im Dienste des Menschen (russisch). Mit wissenschaftlichen Beitgrägen von 25 Autoren. Ekor, Novosibirsk, S. 1-148

Surnina, V. I. (2001): Ausarbeitung des Staatsstandards für Naturzeolithe. Proceedings der wissenschaftlich-praktischen Konferenz „Mineralien im Dienste der Gesundheit des Menschen". Ekor, Novosibirsk, S. 3-4 (russisch)

Syvorova, K. N.; N. V. Kotova; M. V. Kamakina (1999): Komplexe Behandlung von Pat. mit Akne unter Einbeziehung von Sorbentien. Proceedings der internationalen wissenschaftlichen Konferenz „Naturmineralien im Dienste der Menschheit". Ekor-Verlag, Novosibirsk, S. 154-155 (russisch)

Syvorova, K. N.; S. L. Gombolovskaya; ; M. V. Kamakina (2000): Hyperandrogene Akne bei Frauen. Ekor, Moskau, Novosibirsk, S. 1-72 (russisch)

Tsitsishvili G. V; T. G. Andronikasvili; G. N. Kirov; L. D. Filizova (1992): Natur Zeolites. Ellis Horwood Chi-chester

Urbanski, A. S.; Ov. V. Glazunov; N. V. Sutyrina (1999): Erfahrungen bei der Anwendung von Litovit M bei Kombinationstherapie chronischer Dermatosen. Proceedings der internationalen wissenschaftlichen Konferenz „Naturmineralien im Dienste der Menschheit". Ekor-Verlag, Novosibirsk, S. 159-160 (russisch)

Veretenina, O. A.; N. V. Kostina; T. I. Novosolova; Ya B. Novoselov; A. G. Roninson (2003): Litovit. Ekor-Verlag, Novosibirsk, S. 1-104 (russisch)

Voronkov, M. G.; G. L. Zelchan; E. Lukevitz (1975): Silizium und Leben. Akademie-Verlag, Berlin

Willis, W. (1982): Evaluation of zeolites fed to male broiler chickens. Foultry Sci. 61, N 3, S. 438-442

Yakimov, A. V. (1998): Wissenschaftliche Begründung und Perspektiven der Anwendung der Zeolith-enthaltenden Ergänzungen in der Viehzucht. Dissertation, Dasan. Russische Akademie der landwirtschaftlichen Wissenschaften. Wissenschaftliche Produktionsvereinigung „Niva Tatarstana" (russisch)

Kapitel 17

Anderson, R. E. (1965): Aging in Hiroshima Atomic Bomb Survivors. Arch. Path. Anat. 79, S. 1

Balzer, H.-U.; K. Hecht (1999): Biological effects on humans of electromagnetic fields in the frequence range 0 to 3 GHz. Results of al study of Russian medical literature from 1960-1996. 10th International Montreux Congress on stress (28.02.-05.03.1999). Abstracts 1-2

Baraboy, V. A.; E. V. Orel; I. M. Karnaykh (1991): Azidose und Strahlung. (russisch) Naykova dumka, Kiev, S. 1-255

Becker, R. O.; A. M Marino (1962): Electromagnetism and Life. State University of New York Press, Albany, New York

Becker, R. O. (1994): Heilkraft und Gefahren der Elektrizität. Scherz Verlag - Neue Wissenschaft, Bern, München, Wien (Übersetzung aus dem Englischen)

Besdoinaja, I. S. (1987): Die biologische Wirkung und Bewertungskriterien des funktionellen Zustands des ZNS eines Menschen bei hygienischem Standard des elektrischen Felds mit einer Industriefrequenz von 50 Hz. Simposium Mechanismy biologitscheskogo dejstwija elektromagnitnych Istutschenij Tesisy dokladow, Puschtschino, S. 169 (russisch)

Bgatova, N. P.; Ya. B. Novoselov (2000): Anwendung der biologisch-aktiven Nahrungsergänzungsmittel in Form von Naturmineralien zur Detoxikation des Organismus (russisch). Ekor, Novosibirsk, S. 1-238

Blagitko, E. M.; F. T. Yashina (2000): Prophylaktische und therapeutische Eigenschaften des Naturzeoliths. Ekor, Novosibirsk, S. 1-158 (russisch)
ISBN 5-85618-115-8

Boyzow, W. W.; T. P. Osinzewa (1984): Erregbareitsindex der Bewegungszentren von Personen mit verschiedener Dauer der Berufstätigkeit. In: EMFIF-Einwirkungsbedingungen (EMFIF- elektromagnetisches Feld der Industriefrequenz). Biologische Mechanismen und Wirkungsphänomene von Niederfrequenz- und statistischen EMF auf die lebenden Systeme. TGU: Tomsk, S. 98 (russisch)

Coleman, M. P.; C. M. J. Bell; H.-L. Taylor; J. M. Primic-Zakel (1989): Leukämia and residence near electricity transmission equipment: A case control study. Br. J. Cancer 60, S. 793-798

Drogitschina, E. A.; M. N. Sadtschikowa (1964): Klinische Syndrome bei der Wirkung von unterschiedlichen Radiofrequenzbereichen. O biologitscheskom wosdejstwii biologitscheskich polej radiotschastot 2, S. 105 (russisch)

Drogitschina, E. A.; M. N. Sadtschikowa (1965): Klinische Syndrome bei Einwirkung verschiedener Bereiche von Radiowellen. Gigiena truda i professionalnye sabolewanija 1, S. 17 (russisch)

Drogitschina, E. A., M. N. Sadtschikowa (1968): Zur Klassifizierung der klinischen Syndrome bei chronischer Einwirkung von elektromagnetischen Feldern im Radiofrequenzbereich. Arbeitshygiene und biologische Wirkung von elektromagnetischen Radiowellen. 2. S. 42 (russisch)

Hecht, K.; H.-U. Balzer (1997): Biologische Wirkungen elektromagnetischer Felder im Frequenzbereich 0 bis 3 GHz auf den Menschen. Auftrag des Bundesinstituts für Telekommunikation. Auftrag Nr. 4231/630402. Inhaltliche Zusammenfassung einer Studie der russischsprachigen Literatur von 1960 - 1996

Hecht, K.; D. Zappe (2001): Zur bioaktiven Wirkung von EMF (elektromagnetischen Feldern). Strahlenschutzpraxis 3, S. 36-40

Hecht, K. (2001): Ein stiller Stressor: Die elektromagnetischen Felder. In: Hecht, K.; H.-P. Scherf; O. König (Hrsg.): Emotioneller Stress durch Überforderung und Unterforderung. Schibri Verlag, Berlin, Milow, S. 79-100

Hecht, K. (2002): Gut Schlafen. Ullstein-Bild, Berlin

Hecht, K. (2005a): Zum Einfluss und zur Wirkung von athernischer nichtionisierender EMF-Strahlung als Stressoreffekt auf das Regulationssystem und den Schlaf des Menschen. Patho-Physiologische Aspekte. 1. Bamberger-Ärzte-Mobilfunk-Konferenz 29.01.2005. Vortrag

Hecht, K. (2005b): Gesundheitliche Wirkungen von EMF aus der Sicht der ehemaligen GUS-Staaten. In: M.H. Virnickel/Berufsverband Deutscher Baubiologen (Hrsg.: elekromagnetische Verträglichkeit, Energieversorgung und Mobilfunk. Proceedings 4. EMV-Tagung des VDB. 14.-15.04.2005, S. 135-183

Hecht, K. (2005c): Umweltverschmutzung durch strahlende Energie und die Folgen für die Gesundheit der Menschen. Im Druck

Hecht, K. (2005d):Gutachterliche Stellungnahme zur Zusammenstellung (Synopse) des Standes der Wissenschaft zur Auswirkung von Hochfrequenzstrahlung auf den menschlichen Körper des Bundesministeriums der Verteidigung vom 10.01.2005. Im Auftrage des Bundes zur Unterstützung Radargeschädigter e. V. Berlin, April 2005, S. 1-160

Heine, H.; H. Heinrich (1980): Reactive behaviour of myocytes during long-term sympathetic stimulation as compared of spontaneous hypertension. Fol. Angiol. 28, S. 22-27

Heine, H. (1989): Aufbau und Funktion der Grundsubstanz. In: A. Pischinger (Hrsg.): Das System der Grundregulation. Haug Verlag, Heidelberg, S. 13-87

Heine, H. (1990): In A. Pischinger (Hrsg.): Das Sysgtem der Grundregulation. 8. erw. Aufl. 1. Teil: Aufbau und Funktion der Grundsubstanz, Haug Verlag, Heidelberg, S. 13-87

Heine, H. (1991): Lehrbuch der biologischen Medizin. Hippokrates, Stuttgart

Haus, W. H.; G. Junge-Hülsing; G. Gerlach (1968): Die unspsifische Mesenchymreaktion. G. Thieme Verlag, Stuttgart

Haus, W. H. (1992): Unspezifische Mesenchymreaktion und die primär chronischen Mesenchymerkrankungen (Übersicht). Dt. Ärztebl. 89, S. B-521-534

Kapitanenko, A. M. (1964): Klinische Erscheinungen der Erkrankung und heilende Maßnahmen bei chronischer Wirkung eines SHF-Feldes. Wojenno-medizinskij Shurnal 10, S. 19

Katalyse e.V. (1994): Elektrosmog: Gesundheitsrisiken, Grenzwerte, Verbraucherschutz. Verlag C. F. Müller, Heidelberg

Kellner, G. (1977): Die chronische Entzündung. Wiener med. Wochenschr. 127, S. 301-306

Kellner, G. (1979): Die Bedeutung der unspezifischen Regulation für die Immunleitung. Krebsgeschehen 11, S. 17-30

Korotaev, T. K.; M. A. Členov; A. V. Kiryanov; G. A. Ivanikov; A. I. Azarshvili; E. K. Kuznezova; I. M. Altykhova; I. M. Papfenova (1992): Modifiziertes Kalziumalginat – ein hocheffektives Mittel zur Ausleitung von radioaktivem Stronzium.(russisch) Radiobiologiya 1, S. 126-129

Kiselev, P. N.; E. S. Nakhilnizkaya (1960): Einige Fazite der Erforschung der Wirkung der ionisierenden Strahlung auf die Permeabilität des Gewebes. (russisch) Med. radiologiya 5/9, S. 73-82

Korotaev, T. K.; M. A. Členov; A. V. Kiryanov; G. A. Ivanikov; A. I. Azarshvili; E. K. Kuznezova; I. M. Altykhova; I. M. Papfenova (1992): Modifiziertes Kalziumalginat – ein hocheffektives Mittel zur Ausleitung von radioaktivem Stronzium.(russisch) Radiobiologiya 1, S. 126-129

Kuzin, A. M.; V. A. Kolylov (1983): Radiotoxinc. (russisch) Nauka, Moskau, S. 1-174

Lysina, G. G.; E. P. Krasnjuk; A. O. Nawakatikjan u. a. (1982): Über präklinische Erscheinungen des Zusammenwirkens von elektromagnetischer SHF-Energie und Blei unter Produktionsbedingungen. Wsesojusnyj simposium Biologitscheskoje dejstwie elektromagnitnych polej Teslsy doktadow, Puschtschino, S. 134 (russisch)

Miham, S. (1985): Mortality from leukaemia in workers exposed to electrical and magnetic fields. N. Engl. J. Med. 307, S. 249

Moskalev; Yu, J. (1992): Funktional-strukturelle Störungen in der Leber der wilden Nagetiere aus den Havariegebieten des AKWs von Tschernobyl. Radiobiol. 1, S. 19-22 (russisch)

Neitzke, H.-P.; J. van Capelle; K. Depner; K. Edeler; T. Hanisch (1994): Risiko Elektrosmog? Birkhauser Verlag, Basel, Boston, Berlin

Nikolajewa, L. A. (1982): Veränderungen des Spektrums der Bluthormone unter dem Einfluss von Mikrowellen im Zentimeterbereich. Biologitscheskoe dejstwie elektromagnitnych polej Wsesojusnyj simposium Tesisy dokladow, Puschtschino, S. 23

Novoselova, T. I. (2003): Persönliche Mitteilung an die Autoren in Moskau

Osipow, J. A.; T. W. Kaljada (1968): UHF-EMF-Einwirkung (UHF – Ultrahochfrequenz; EMF – elektromagnetisches Feld) von nichtthermischen Intensität auf den funktionellen Zustand des Organismus bei den arbeitenden Menschen. Fragen der Arbeitshygiene und EMF-Einwirkung auf den menschlichen Organismus. Veröffentlichungssammlung L., S. 56 (russisch)

Owsyannikow, W. A. (1973): Einige hygienische Fragen der Wirkung von elektromagnetischen Feldern auf den Organismus des Menschen. Wlijanie elektromagnitnych polej na biologitscheskie objekty 53, S. 63 (russisch)

Perger, F.(1990a): In: A. Pischinger (Hrsg.): Das System der Grundregulation. 8. Aufl. 3. Teil: Die therapeutische Konsequenzen aus der Grundregulationsforschung. Haug Verlag, Heidelberg, S. 140-231

Perger, F. (1990b): Die Revision des Herdbegriffs. Der praktische Arzt. Österreichische Zeitschrift für Allgemeinmedizin 44, S. 923-931

Pinčuk, V. G.; V. V. Nikitčenko; B. Ya Goldshmidt; L. I. Andrutshak; Ya. I. Serkiz (1991): Biologische Effekte bei Tieren im Zusammenhang mit der Havarie des AKWs von Tschernobyl. (russisch) Radiobiologiya 4, S. 648-653 (russisch)

Pischinger, A. (1990): Das System der Grundregulation. 1. Aufl. (1975) und 8. Aufl. (1990), Haug Verlag, Heidelberg

Popov, A. N.; M. M. Minnebayev (1997): Endotoxemie bei experimenteller Acholie. (russisch) Biol. eksperim. biolmed. 123/1, S. 101-102

Savitz, D. A.; E. M. John; R. C. Klechner (1990): Meaget field exposure from electric applicanses and childhood cancer. Am. J. Epidemiol 131/5, S. 763-773

Schlitter, H. E. (1994a): Mesenchymale extrazelluläre Matrsx für die Krebstherapie. Therapeutikon (tpk) 8, S. 292-300

Schlitter, H. E. (1994b): Extrazelluläre Matrix, unspezifische Beziehungen zu Umweltschäden und Karzinogenese. Berliner Ärzteblatt 107, S. 586-590

Schlitter, H. E. (1995): Die Krebskrankheit aus ganzheitlicher Sicht eines biologisch unteilbaren Organismus. Der Deutsche Apotheker 47/4, S. 1-13
Schnetzer, J. (1969): Inoperables Bronchialkarzinom nicht kritiklos bestrahlen. Med. Klin. 64, S. 634-637
Schober, R. (1951/52): Die Beteiligung des Mesenchyms bei der experimentellen Erzeugung von Hautkarzinomen der Maus durch Benzpyren. Z. Krebsforsch. 58, S. 36-55
Schober, R. (1953): Beziehungen der Nebennierenrindenhormone zum experimentellen Geschwulstwachstum. 2. Krebsforschung 59, S. 28.43
Schober, R. (1955): Mesenchymale Gewebsreaktionen am vorbestrahlten Mamma-Carcinom. Strahlentherapie 98, S. 366-381
Schreiber, G. H.; G. M. H. Swaen; J. M. M. Meijers; J. J. M Slangen; F. Sturmans (1993): Cancer mortality and residence near electricity transmission eyuipment. Retrospective cohort study. Internat. J. F.Epidemiol. 22/1, S. 9-10
Selye, H. (1936): A syndrome produced by diverse nocous agents. Nature London 138, S. 32
Selye, H. (1953): Einführung in die Lehre vom Adaptationssyndrom. Thieme, Stuttgart
Tsherbo, A. P.; A. L. Zeldin; N. A. Belyakov (1998): Mediko-ökologische Aspekte des Strahlenschutzes der Bevölkerung. (russisch) Efferentnaya terapiya 4/1, S. 57-62
Vasilenko, I. Ya. (1992): Biologische Wirkung der Produkte der Kernteilung. (russisch) Radiobiologiya 1, S. 60-68
Veretenina, O. A.; N. V. Kostina; T. I. Novosolova; Ya B. Novoselov; A. G. Roninson (2003): Litovit. Ekor-Verlag, Novosibirsk, S. 1-104 (russisch)
Vladimirov, V. G.; J. I. Kracilnikov; O. V. Arapov (1989): Radioprotektoren; Struktur und Funktionen. (russisch) Nayka dumka, Kiev, S. 1-128
Volkova, E. M. (1998): Immunsystemzustand bei Bergungsleuten der Tschernobylhavarie auf AKW mit neuropsychischen Störungen in der entfernten Periode nach der Havarie. Autoreferat der Doktordissertation Sgmutoursk (russisch)
Wright, W. E.; J. M. Peters; T. M. Mack (1982): Leukaemia in Workers exposen to electrical and magnetic fields. Lancet, S. 1160/1

Kapitel 18

Ader, R.; N. Cohen (1975): Behaviourally conditioned immunosuppressions. Psychosomatic Medicine 37, S. 333-340
Ader, R. (1991): Psychoneuroimmunology. Acad. Press. New York 1981
Ader, R.; N. Cohen (1991): The influence of conditioning on immune response. In: R. Ader; D. L. Felten; N. Cohen (eds): Psychoneuroimmunology. 2nd ed., Academic Press, San Diego, S. 611-646
Ader, R.; N. Cohen (1993): Psychoneuroimmunology: conditioning and stress. Ann. Rev. Psychol. 44, S. 53-85
Anderson, R. E. (1965): Aging in Hiroshima Atomic Bomb Survivors. Arch. Path. Anat. 79, S. 1
Arslan, S.; Yo Carnot; G. Perres (1968): Intestinal absorption and blood transport of Silicon. C. R. Soc. Biol. 162/8-9, S. 1513-1516
Babenko, G. A.; T. P. Maksimuchuk (1982): Effect of trace element deficiencies on the activity of metalloenzymes and growth of Guerin carcinoma. Ukrainskie Biokhimicheskii Zhurnal 54/1, S. 55-60
Bailer, J. C.; E. M. Smith (1986): Progress against cancer? New England Journal of Medicine 314, S. 1226
Baltrush, H. J.; K. Austerheim; E. Baltrusch (1964): Nervensystem – neoplastischer Prozess: ein altes Problem. Z. Psychosomat. Med. 10, S. 157
Bauer, K. H. (1963): Das Krebsproblem. 1. u. 2. Aufl., Springer Verlag, Berlin, Göttingen, Heidelberg (1949 und 1963)
Beatson, G. T. (1896): On treatment of inoperable cases of carcinoma of mamma; suggestion for a new method of treatment with illustrative cases. Lancet 2, 104, S. 162
Beck, A. T.; C. H. Ward; M. Mendelson; J. E. Mock; J. K. Erbaugh (1961): An inventory for measuring depression. Arch. Gen. Psychiat. 4, S. 561-571
Becker, R. O. (1994): Heilkraft und Gefahren der Elektrizität. Scherz Verlag - Neue Wissenschaft, Bern, München, Wien (Übersetzung aus dem Englischen)
Bergsmann, O. (1963): Begünstigen banale extrapulmonale Herde homolateralen Beginn der Lungentuberkulose? Beitr. klin. Tbk. 125, S. 506
Bergsmann, O. (1990): In: A. Pischinger (Hrsg.): Das System der Grundregulation. 8. Aufl. 2. Teil: Grundsystem, Regulation und Regulationsstörung in der Praxis der Rehabilitation. S. 89-139
Bgatova, N. P.; Ya. B. Novoselov (2000): Anwendung der biologisch-aktiven Nahrungsergänzungsmittel in Form von Naturmineralien zur Detoxikation des Organismus (russisch). Ekor, Novosibirsk, S. 1-238
Birkhofer, L.; H. Ritter (1958): In: Kaufmann, K. (1997): Silizium – Heilung durch Ursubstanz. Helfer-Verlag E. Schwabe GmbH, Bad Hamburg, Liebig's Annals of Chem. 612, 21
Bogendörfer, L. (1927a): Über den Einfluss des Zentralnervensystems auf Immunitätsvorgänge. Arch. Exp. Path. Pharmakol. 124, S. 65
Bogendörfer, L. (1927b):Über den Einfluss des Zentralnervensystems auf Immunitätsvorgänge der zeitlichen Verhältnisse. Arch. Exp. Path. Pharmakol. 126, S. 378
Bogendörfer, L. (1928): Über den Einfluss des Zentralnervensystems auf Immunitätsvorgänge. Beziehungen des Sympathikus zum Zustandekommen der Agglutination. Arch. Exp. Path. Pharmak. 133, S. 107
Brown, G. W.; T. O. Harris (1989): Life Events and Illness. Guilford Press, New York, S. 3-45
Büchner, R. (1962): Allgemeine Pathologie. 4. Aufl., Urban & Schwarzenberg Verlag, München, Berlin
Büchner, R. (1964): Struktur, Stoffwechsel und Funktion in der modernen Pathologie. Urban & Schwarzenberg Verlag, München, Berlin
Carlisle, E. M. (1986a): Silicon in Animal Tissues and Fluids. Academic Press. Inc. New York

Carlisle, E. M. (1986b): Silicon as an essential trace element in animal nutrition. In: Ciba Foundation Symp. 121: Silicon biochemistry., John Wiley u. Sons, Chichester u. a., S. 123-139

Charnot, A. (1953): Maroc. med. 32, S. 589-597. In: M. G. Voronkov; G. L. Zelchan; E. Lukevitz (1975): Silizium und Leben. Akademie-Verlag, Berlin

Charnot, Y; G. Peres (1977): Silicon, endocrine balance and mineral metabolism (calcium and magnesium). Nobel-Symp. 1978. Volume Date 1977 40. Biochem. Silicon Reat. Probl. S. 269-280

Chen, F.; P. Cole; L. Wen; Z. Mi; E. J. Trapido (1994): Estimates of trace elements in Chinese farmers. Journal of Nutrition 124/2, S. 196-201

Cohenheim, J. F. (1877): Vorlesungen über die allgemeine Pathologie. A. Hirschwals Verlag, Berlin

Cramer F. (2001): Interview: Wir haben in der Genforschung einen falschen Ansatz. Psychologie Heute 9/2000, S. 28-32

Davis, D. H.; C. S. Giannoulis; R. W. Johnson; T. A. Desai (2002): Immobilization of RGD to (111) silicon surfaces for enhanced cell adhesion and proliferation. Biomaterials 23/19, S. 4019-4027

Delva, V. A. (1963): Trace elements in malignant tumors of man. Trudy Donetsk Gos Med. Inst. 23, S. 17-21

Delva, V. A. (1973): Level of some trace elements in brain tumors in relation to the histostructures and phases of it's biological evolution. Mikroelement Med. 4, S. 64-69

Freyer, P. (2003): Fatigue als koexistierendes Tumorsyndrom ernst nehmen. Med. Rev. 12, S. 29

Fryda, W. (1984): Adrenalinmangel als Ursache der Krebsentstehung. Schriftenreihe Krebsgeschehen. Bd. 27, Verlag für Medizin Dr. Ewald Fischer, Heidelberg (1984) und Dtsch. Zschr. Onkol. (DZO) (1989)

Ganci, M.; AJ. Hasband; H. Saxarra, M. G. King (1994): Pavlovian conditioning of nasal tryptase release in human subjects with allergic rhinitis. Physiol. Behav. 55, 823-825

Glaser, R.; J. K. Kiecolt-Glaser; R. H. Bonneau; W. Malarkey; S. Kennedy; J. Hughes (1992): Stress-induced modulation of the immune response to reconbinant hepatitis B vaccine. Pschosom. Med. 54, S. 22-29

Goldstein, F. (1932): In: K. Kaufmann (1997): Silizium, Heilung durch Ursubstanz. Helfer Verlag, E. Schwabe GmbH, Bad Homburg

Graffi, A. (1949): Beitrag zur Wirkungsweise der kanzerogenen Reize und zum chemischen Aufbau normaler und maligner Zellen. Z. ärztl. Fortbild. 43, S. 156-159

Groopman, J. E. (1999): Chemotherapie induzierte Anämien bei Tumorkranken. J. Nat. Cancer Insl. 91/19, S. 1616-1634

Haus, W. H.; G. Junge-Hülsing (1961): Über die universelle Mesenchymreaktion. Dtsch. med. Wschr. 86, S. 763-768

Haus, W. H. (1992): Unspezifische Mesenchymreaktion und die primär chronischen Mesenchymerkrankungen (Übersicht). Dt. Ärztebl. 89, S. B-521-534

Heine, H.; H. Heinrich (1980): Reactive behaviour of myocytes during long-term sympathetic stimulation as compared of spontaneous hypertension. Fol. Angiol. 28, S. 22-27

Heine, H.; M. Dormann (1984): Fibronectin-plasmin-sensitive glykoprotein of the trqansit zone. Protection by aprotinin. Arzneim.-Forsch./Drug Res 34, S. 696-698

Heine, H. (1987): Regulationsphänomene der Tumorgrundsubstanz. Dtsch. Zschr. Onkol (DZO), Krebsgeschehen 19, S. 67-72

Heine, H. (1989): Aufbau und Funktion der Grundsubstanz. In: A. Pischinger (Hrsg.): Das System der Grundregulation. Haug Verlag, Heidelberg, S. 13-87

Heine, H. (1990): In A. Pischinger (Hrsg.): Das System der Grundregulation. 8. erw. Aufl. 1. Teil: Aufbau und Funktion der Grundsubstanz, Haug Verlag, Heidelberg, S. 13-87

Heine, H. (1991): Lehrbuch der biologischen Medizin. Hippokrates, Stuttgart

Heine, H. (1992): Biorhythmus und Struktur der Grundsubstanz (Matrix) unter normelen und pathologischen Verhältnissen. In: H. Heine; P. Anastasiadis (eds): Normal Matrix und Pathological Conditions. Gustav Fischer Verlag, Stuttgart, Jena, New York, S. 1-10

Herbert, T. B.; S. Cohen (1993): Depression and immunity: a meta-analytic review. Psychol. Bull. 113, S. 472-486

Hoff, F. (1957): Fieber, unspezifische Abwehrvorgänge, unspezifische Therapie. G. Thieme Verlag, Stuttgart

Irwin, M.; M. Brown; T. Patterson; R. Hauger; A. Mascovich; I. Grant (1991): Neuropeptide Y and natural killer cell activity: findings in depression and Alzheimer caregiver stress. FASEB 5, S. 3100-3107

Kalliomaki, P. L.; P. Paakko; K. Malmqvist; J. Pallon; S. Antila; H. Vainio; K. Kalliomaki; S. Sutinen (1987): Multielement analysis in human long tissue correlatet with smoking, pulmonary emphysema and lung cancer. Journal of Aerosol Science 18/6, S. 711-715

Kapskaya, E. I. (1968): Data on silicon metabolism in an animal. Mikroelem. sel Khoz Med. 4, S. 214-218

Kiecolt-Glaser, J. K.; R. Glaser; E. C. Shuttleworth; C. S. Dyer; P. Ogrocki; C. E. Speicher (1987): Chronic stress and immunity infamily caregivers of Alzheimer's disease victims. Psychosom. Med. 49, S. 523-535

Kvirikadze, N. A. (1967): Content of trace elements in the urine of patients with bladder tumors. Soobsch. Akad. Aauk Grus. SSR 45/1, S. 241-245

Lelas, T. (2002): Projekt TMAZ-Megamin. Zusammenfassung der Forschungsergebnisse 1997-2002. Informationsmaterial nur für Wissenschaftler, Ärzte, Heilpraktiker und Therapeuten

Marczynski, B. (1988): Carcinogenesis as the result of the deficiency of some essential trace elements. Medical Hypotheses 26/4, S. 239-249

Mironova, G. F. (1999a): Anwendung des Nahrungsergänzungsmittels vom Typ Litovit in der Pädiatrie. Nowosibirsk, Nov. S. 1-21

Mironova, G. F. (1999b): Dreijährige Erfahrungen der Anwendung von Litovit in der klinischen Pädiatrie (russisch). Abstraktband: Materialien der wissenschaftlich-praktischen Konferenz „Naturmineralien im Dienste des Menschen: Mineralien in Umwelt und Leben". Ekor-Verlag, Nowosibirsk, S. 133-134

Nordenström, B. E. W. (1985): Biocinetic impacts on structure and imaging of the lung: The concept biologically closed electric circuits. Amer. J. Roentg. 145, S. 447-457

Ohshima, S.; M. Takahama (1987): Elemental analysis of particulate pollutants in the human lung, lung cancer cases in four residential areas. Igaka no Ayumi 140/3, S. 169-170

Pariante, C. M.; B. Carpiniello; M. G. Orru; R. Sitzia; A. Piras; A. M. G. Farci; G. S. Del Giacco; G. Piludu; A. H. Miller (1997): Chronic caregiving stress alters peripheral blood immune parameters: the role of age and severity of stress. Psychother. Psychosom. 66, S. 199-207

Pavlov, I. P. (1928): Lectures on conditioned reflexes. Liveright, New York

Pavlova, N. T.; O. B. Zaizev (1999): Analyse der Erfahrungen bei der Anwendung von Litovit unter den Bedingungen einer Poliklinik. Proceedings der wissenschaftlich-praktischen Konferenz (mit internationaler Beteiligung) „Naturmineralien im Dienste der Menschheit". Novosibirsk, Verlag Ekor, S. 140-142 (russisch)

Perger, F. (1978): Chronische Entzündung und Karzinom aus der Sicht des Grundsystems. Wien. med. Wschr. 128, S. 31-37

Perger, F. (1979): Das Grundsystem nach Pischinger. Phys. Med. u. Reh. 20, S. 275-287

Perger, F. (1981): Regulationsstörungen im Vorfeld der Malignomentwicklung. Wien. med. Wschr. 131, S. 189-196

Perger, F. (1988): Fragen der Herderkrankung. Deutscher Zahnärztekalender, Carl Hauser-Verlag, München, Wien, S. 23-38

Perger, F.(1990a): In: A. Pischinger (Hrsg.): Das System der Grundregulation. 8. Aufl. 3. Teil: Die therapeutischen Konsequenzen aus der Grundregulationsforschung. Haug Verlag, Heidelberg, S. 140-231

Perger, F. (1990b): Die Revision des Herdbegriffs. Der praktische Arzt. Österreichische Zeitschrift für Allgemeinmedizin 44, S. 923-931

Pischinger, A. (1990): Das System der Grundregulation. 1. Aufl. (1975) und 8. Aufl. (1990), Haug Verlag, Heidelberg

Rimpler, M. (1987): Der extrazellulärraum – eine unterschätzte Größe. Ein neuer Ansatz der Zellpathologie. Therapie Woche 37, S. 37-40

Romanov, G. A. (2000): Zeolithe: Effizienz und Anwendung in der Landwirtschaft. Sammelband der russ. Akademie der Landwirtschaftswissenschaften Band II, (russisch), Moskau

Rose, S. M.; H. M. Wallingford (1948): Science 107. In: R. O. Becker (1994): Heilkraft und Gefahren der Elektrizität. Schwerz Verlag, Bern, München, Wien

Sandritter, W. (1962): Der heutige Stand der Krebsforschung. Strahlentherapie 118, S. 161

Schandry, R. (1998): Lehrbuch Psychophysiologie. Beltz, Psychologie Verlags Union, Weinheim

Schedlowski, M.; R. Jacobs; G. Stratmann; St. Richter; A. Hädicke; U. Tewes; Th. O. F. Wagner; E. Reinhold (1993): Changes of natural killer cells during acute psychological stress. J. of Clin. Immunology 13/2, S. 119-126

Schedlowski, M.; U. Tewes (1996): Psychoneuroimmunologie. Spektrum Akademischer Verlag, Heidelberg, Berlin, Oxford

Schlitter, H. E. (1965): Über die modifizierende Rolle des vegetativen Nervensystems bei der Krebsentstehung und Krebsausbreitung. Mitteilungsdienst GBK 3, S. 844-1011

Schlitter, H. E. (1977): Krebswachstum, gestörte Gewebsregeneration durch dysregulierte Mesenchymfunktion. Bd. 13, Schriftenreihe Krebsgeschehen, Verlag für Medizin Dr. Ewald Fischer, Heidelberg

Schlitter, H. E. (1985a): Was bedeutet die unspezifische biphasisch-biorhythmische Reaktion für die Metastasierung maligner Geschwulstkrankheiten? Krebsgeschehen, Dtsch. Zschr. Onkol. 17, S. 42-46 und 71-76

Schlitter, H. E. (1985b): Die Krebskrankheit aus ganzheitlicher Sicht eines biologisch unteilbaren Organismus. Der Deutsche Apotheker 47/4/5, S. 1-14

Schlitter, H. E. (1990): Krebs als Folge unspezifischer Funktionslähmung vegetativ regulierter Matrix. Natur- und Ganzheitsmedizin (ngm) 3, S. 36-44

Schlitter, H. E. (1992): Die unspezifische Rolle des vegetaiven Nervensystems und der Matrix bei Gewebswachstum und Differenzierung am Beispiel der Krebsengtstehung und Krebsausbreitung. In: H. Heine; P. Anastasiadis (eds): Normal Matrix and Pathological Conditions. Gustav Fischer Verlag, Stuttgart, Jena, New York, S. 29-42

Schlitter, H. E. (1993): Die Bedeutung der Matrix für den zellularen DNS-Stoffwechsel am Beispiel der Reizkarzinogenese. N. g. m 6, S. 95-101

Schlitter, H. E. (1994a): Mesenchymale extrazelluläre Matrix für die Krebstherapie. Therapeutikon (tpk) 8, S. 292-300

Schlitter, H. E. (1994b): Extrazelluläre Matrix, unspezifische Beziehungen zu Umweltschäden und Karzinogenese. Berliner Ärzteblatt 107, S. 586-590

Schlitter, H. E. (1995): Die Krebskrankheit aus ganzheitlicher Sicht eines biologisch unteilbaren Organismus. Der Deutsche Apotheker 47/4, S. 1-13

Schnetzer, J. (1969): Inoperables Bronchialkarzinom nicht kritiklos bestrahlen. Med. Klin. 64, S. 634-637

Schober, R. (1951/52): Die Beteiligung des Mesenchyms bei der experimentellen Erzeugung von Hautkarzinomen der Maus durch Benzpyren. Z. Krebsforsch. 58, S. 36-55

Schober, R. (1955): Mesenchymale Gewebsreaktionen am vorbestrahlten Mamma-Carcinom. Strahlentherapie 98, S. 366-381

Scholl, O.; K. Letters (1959): Über die Kieselsäure und ihre physiologische Wirkung in der Geriatrie. München, Medizinische Wochenschrift 101/5, S. 2321-2325

Selye, H. (1936): A syndrome produced by diverse nocous agents. Nature London 138, S. 32

Selye, H. (1953): Einführung in die Lehre vom Adaptationssyndrom. Thieme, Stuttgart

Sha, Y; P- Liu; Dong Y; P. Zhang; Z. Yang; Y. Wu; J. Li; D. Lin; Y, Wang; D. Zhang (1993): Study on the collelation of trace elements in human scalp hair with esophageal cancer by PIXE. Nuclear Instruments and Methods in Physics, Research Section B. Baem Interaction with Materials and Atoms, B75 (1-4), S. 177-179

Shen, G.; J. Lin; P. Li; F. Chen (1987): Quantitative analysis of biochemical components and inorganic elements of coal miners' lung carcinoma tissue. Zhonghua Yufang Yexue Zazhi 21/3, S. 133-136

Simonton, O. C.; St. M. Simonton; J. Creighton (1994): Wieder gesund werden. Rowohlt-Sachbuch, Rembeck bei Hamburg

Staubesand, H. (Hrsg.) (1985): Benninghoff – Anatomie Bd. 1. 14. Aufl., Urban & Schwarzenberg Verlag, München, Wien, Baltimore

Tallberg, Th. (1996): Biologisch-immunologische Krebstherapie mit besonderer Berücksichtigung der Rolle von Mitochondrien, Chalonen, Aminosäuren und Spurenelementen. 2. Internationales Wiener Endobiose Symposium, 1-3. Nov., Abstracts

Tallberg, Th; H. Stenbäck; R. Hallama; J. Dabek; E. Johansson; E. Kallio (2002): Deutsche Zeitschrift für Onkologie 34, S. 128-139

Virchow, R. (1858): Die Cellularpathologie in ihrer Begründung auf physiologische und pathologische Gewebelehre. Hirschwald-Verlag, Berlin

von Uexküll, Th. (2003): Psychosomatische Medizin. Urban und Fischer, München, Jena

Voronkov, M. G.; G. L. Zelchan; E. Lukevitz (1975): Silizium und Leben. Akademie-Verlag, Berlin

Voronkov, M. G. (1979): Biological activity of silatrans. Top. Cur. Chem. 84, S. 77-135

Wannagat, W. (1971): Mitt. Techn. Univers. Carolo-Wilhemina, Braunschweig 6/2-3, S. 11

Werner, H. (1968): Botanical Society Report 81/9, S. 425. In: K. Kaufmann (1997): Silizium – Heilung durch Ursubstanz. Helfer-Verlag E. Schwabe GmbH, Bad Hamburg

Wolsky, A. (1978): Regeneration und Krebs. Columnen Aufsatz. Growth 42, S. 425

Zänker, K. S. (2003): Psychoneuroimmunologie – II. Grundlagen. In: Uexküll: Psychosomatische Medizin. Urban und Fischer, München, Jena, S. 161-173

Kapitel 19

Anke, M.; S. Szentmihalyi (1986): Prinzipien der Spurenelementeversorgung und des Spurenelementestoffwechsels beim Wiederkäuer. In: M. Anke; Chr. Brückner; H. Gürtler; M. Grün: Arbeitstagung Mengen- und Spurenelemente. Leipzig, S. 87-107

Bagiashvili, M. G.; B. V. Kazitadse; G. S. Charatishvili (1984): Anwendung der Naturzeolithe in der Mischfutterindustrie. Tbilisi: Mezniereba, S. 14-16 (russisch)

Balakirev, N. A.; V. S. Snitko (1995): Naturadsorbente in den Futterration von Pelztieren. Zootechnika 2, S. 22-23 (russisch)

Barrer, R. M.; M. B. Makki (1964): Molecularsieve sorbents from clinoptilolite. Canad. J. Chem. 42, S. 1481-1487

Bgatov, V. I. (1999): Naturmineralien im Leben der Menschen und der Tiere. Proceedings der wissenschaftlich-praktischen Konferenz „Mineralien im Dienste der Gesundheit des Menschen", Ekor, Novosibirsk,, S. 8-11 (russisch)

Bgatova, N. P.; Ya. B. Novoselov (2000): Anwendung der biologisch-aktiven Nahrungsergänzungsmittel in Form von Naturmineralien zur Detoxikation des Organismus. Ekor, Novosibirsk, S. 1-238 (russisch)

Bildujeva, D. G. (2001): Entwicklung der Futterergänzung auf der Grundlage von Zeolithen und Bewertung ihrer immunomodulierenden Aktivität. Dissertation, Ulan-Ude. Ostsibirische technologische Staatsuniversität bei dem Bildungsministeriums der Russischen Föderation (russisch)

Bogoljubova, N. V. (2001): Einfluss von Zeolithtuff aus dem Sikejewer Vorkommen des Kalushskaja Gebiet auf Verdauungsprozesse des Magendarmtrakts bei Mastjungbullen. Dissertation Dubrowizy. Wissenschaftliches Allrusslandsforschungsinstitut für Physiologie, Biochemie und Ernährung des landwirtschaftlichen Viehs (russisch)

Bucur, N. (1989): Zeolitu naturali si unplicatile lor in biologia. Mine Petrol si gase 40/3, S. 131-133

Butusova, G. J. (1965): Zur Erkenntnis der Zeolithe aus Heulanditgruppe. Zeolith aus paläogener Ablagerung im Süden der UdSSR „Litologija i polesnyje iskopajemyje", S. 66-79 (russisch)

Bykov, W. T.M A. N. Kirginzev; A. V. Lukjanov; N. J. Scherbatjuk (1965): Erforschen der Adsorption des Wasserdampfes durch Naturzeolithe. In: M. L. Nauka: Zeolith. S. 360-369 (russisch)

Castro, M.; E. Mas (1989): Effect of different levels of zeolite on balance of some nutrients for pre-fattening pig feeds. Cub. vetagrar Science 23/1, S. 55-59

Chananaschwili, M. M.; K. Hecht (1984): Neurosen. Akademie Verlag Berlin

Čhelitshev, N. F.; W. E. Volodin; V. L. Kyukov (1988): Ionenaustauscher der Natur - das hochsiliziumenthaltene Zeolith. Moskau, Nanka, S. 1-128 (russ.)

Chonka, J. A.; A L. Omelshenko (1989): Utilization of transcarption zeolites for prophylaxis and treatment of gastrointestinal disease of agricultural animal. In Tsisihvili et al. S. 412-414, 407-411

Dawkins, T.; J. A. Wallace (1990): A natural mineral for the feed industry. Feed Compouder 10/1, S. 56-59

England, D. C. (1975): Effect of zeolite on inoidence and severity of scouring and level of performance of pigs furing suckling and early postweaning. Rep. 17th Swine Day. Spec Rep., Agr. Exp. Sta., Oregon State Univ., S. 30-33

England, D. C.; C. B. George (1979): Effect of zeolite on incidence and severity of scourney and level of performance of pigs and early postweanny oregon. Agr. St. Spec. Rpt. 447, S. 39 (17th annual Sineday)

Feichtinger, Th.; E. Mande; S. Niedan (2002): Handbuch der Biochemie nach Schüßler. Karl F. Haug Verlag, Heidelberg

Gamsajev, R. A. (2001): Effektivität der Anwendung der bilanzierenden Ergänzungen mit Zeolith und Karbamid beim Mästen des Rindjungviehs. Dissertation, Dubriwizi, Moskauer Gebiet. Moskauer Staatsakademie „K. I. Skryabin" für Veterinärmedizin und Biotechnologien (russisch)

Gorokhov, W. K.; V. M. Duničev; O. A. Melnikov (1982): Zeolithe aus Sakhalin. Vladivostok, Dalnevostočnoe Knishnoe isdatelstovo, S. 1-105 (russisch)

Gunther, K. D. (1990): Zum Einsatz von Zeolithmineralien in der Schweine- und Geflügelnahrung. Schweinewelt 15/5, S. 15-19

Hartmann, Th. (2000): Unser ausgebrannter Planet. Riemann Verlag, München
Hemken, R. W.; R. F. Harmon; L. M. Mann (1984): Effect of clinoptilolite on lactating cows feed diet containing yrea as source of protein. Geo-agricultur: Use of natural zeolites in agriculture and aqualculture. New York, S. 171-176
Kalačuyuk, G. I. (1989): Biologische und praktische Grundlagen der Verfütterung der Zeolithe. Tesisy dokl. na resp. konf. Primenenije prirodnych zeolitov v narodnom chosjaistve. Moskva, S. 110-135 (russisch)
Khalilov, E. N.; R. A. Bagirov (2002): Natural Zeolites, their Properties, Production and Application. International Academy of Science Baku, ISBN 5 –8066.1006-4, S. 1-347
Kharatishvili, G. Z.; G. D. Japaridze; D. N. Kvinskoshvili; G. G. Beglumjan; L. A. Lolashvili (1989): Efficiency of utilization of natural zeolites in mixed feeds for agricultural cattle and poultry. Tsitsishvili et al. (eds) Extaction, processing and utilization of naturzeolites. Sakartvelo, Tbilisi
Kondo, N.; G. Wagai (1968): Experimental use of clinoptilolitetuffs in dietary supplements for pigs. Jotou Kai (Japan) Nr. 5, S. 14
Kusnezov, S. G.; A. P. Batayeva; I. I. Stezenko; O. V. Kharitonova; A. G. Ovcarenko et al. (1993): Naturzeolithe in der Ernährung der Tiere. Zootechnika N9, S. 13-15 (russisch)
Lyčeva, T. V. (1999): Aneignung der Mineralstoffe mit Zeolith-Beifutter (des Pegasskiy-Vorkommens) durch Färsen. Proceeding wissenschaftlich-praktische Konferenz „Naturmineralien im Dienste der Menschheit", EKOR, Novosibirsk, S. 166-186 (russisch)
Marczynski, B. (1988): Carcinogenesis as the result of the deficiency of some essential trace elements. Medical Hypotheses 26/4, S. 239-249
Mason, B. H.; L. Sand (1960): Clinoptilolite from Palagonia - the relationship between clinoptilolite and heulandite. Amer. Mineral. 45, S. 341-350
Moshtshewikin, T. V. (2000): Ökologische Aspekte der Anwendung der Naturzeolithe des Wanginer Vorkommens in der Viehzucht. Dissertation, Krasnojarsk, Fernöstliche staatliche Agraruniversität (russisch)
Nielsen, F. H. (1988): The yltratrace elements. In: K. T. Smith (ed.): Trace Minerals in Food. Marcel Dekker, New York, S. 357-428
Olver, M. D. (1983): The effect feeding clinoptilolite (zeolite) to laying hens. South African Journ. of Animal Science 13/2, S. 107-110
Onagi, T. (1966): Experimental use of zeolite tuffs as dietary supplements of chickens. Report of Imagata Itok Raising Institute, S. 7-18
Pančov, A. M.; A. P. Popov (1990): Wechselwirkung der Naturaustauscher mit künstlichen Elektrolyten - Analoge der biologischen Sekrete. Novosibirsk, S. 52-58 (russisch)
Pond, W. G. (1984): Response of growing lamb to clinoptilolite or zeolite addition to fishmeal and corn-soybean meal diets. J. Anim. Science 59/5, S. 1320-1328
Pond, W. G.; J. Chen (1984): Physiological effects of clinoptilolite and syntetic zeolite in animals. Zeo Agriculture Use of Natural Zeolite in Agriculture and Aquaculture. S. 127-142
Račikov, S. V. (1999): Veränderung des Gehalts der Spurenelemente und Ausführung der Radionuklide aus Organen und Gewebe der Rinderjungtiere bei Verfütterung von Zeolithergänzungen. Dissertation, Brjansk. Landwirtschaftliche Staatsakademie des Ministeriums für Landwirtschaft und Lebensmittel der Russischen Föderation. S. 1-122 (russisch)
Romanov, G. A. (2000): Zeolithe: Effizienz und Anwendung in der Landwirtschaft. Sammelband der russ. Akademie der Landwirtschaftswissenschaften Band II, russisch, Moskau (russisch)
Shagivaleyev, A. D. (2001): Einfluss von Propolis, Zeolithen, Biotrin, Bifidumbakterien und deren Kompositionsformen auf Immunstatus und Produktivität der Stuten der baschkirischen Rasse. Dissertation, Ufa. Allrussisches wissenschaftliches Forschungsinstitut für Pferdezucht, Diwowa, Rjasanskaja Gebiet (russisch)
Tsitsishvili G. V; T. G. Andronikasvili; G. N. Kirov; L. D. Filizova (1985): Natürliche Zeolithe. (Chemie). Moskau, Isdatedstvo Khimiya, S. 1-224 (russisch)
Tsitsishvili G. V.; N. Sch. Tskhakaia; T. G. Andronikashvili; N. F. Kvasshali; E. .J. Kordidse (1989): Extaction, processing and utilization of naturzeolites. Sakartvelo, Tbilisi
Tsitsishvili G. V; T. G. Andronikasvili; G. N. Kirov; L. D. Filizova (1992): Natur Zeolites. Ellis Horwood Chi-chester
Vogt, H. (1991): Einfluss von Klinoptilolith in Legehenenfutter. Landbauforschung Volkerode 41/3, S. 146-150
Vrzgula, L. (1986): Natural zeolite (clinoptilolite) in the prevention and therapy of calf diarrhoea of alimentary etiology. New Develop. Zeolite Sci Techn. (Tokyo), S. 365-366
Waldroup, P. W.; G. K. Spenser; N. K. Smith (1984): Evaluation of zeolite in the diet of broiler. Chicken-Poultry Science 63/9, S. 1833-1836
Yakimov, A. V. (1998): Wissenschaftliche Begründung und Perspektiven der Anwendung der Zeolith-enthaltenden Ergänzungen in der Viehzucht. Dissertation, Dasan. Russische Akademie der landwirtschaftlichen Wissenschaften. Wissenschaftliche Produktionsvereinigung „Niwa Tatarstana" (russisch)

Kapitel 20

Agadshanyan, N. A.; A. G. Maračev, G. A. Bobkov (1998): Ökologische Physiologie. Moskau
Bgatov, V. I. (1999): Naturmineralien im Leben der Menschen und der Tiere. Proceedings der wissenschaftlich-praktischen Konferenz „Mineralien im Dienste der Gesundheit des Menschen", Ekor, Novosibirsk,, S. 8-11 (russisch)
Butusova, G. J. (1965): Zur Erkenntnis der Zeolithe aus Heulanditgruppe. Zeolith aus paläogener Ablagerung im Süden der UdSSR „Litologija i polesnyje iskopajemyje", S. 66-79 (russisch)
Bykov, W. T.M A. N. Kirginzev; A. V. Lukjanov; N. J. Scherbatjuk (1965): Erforschen der Adsorption des Wasserdampfes durch Naturzeolithe. In: M. L. Nauka: Zeolith. S. 360-369

Castro, M.; A. Elias (1977): Effects of the inclusion of zeolithe in final molasses - based diets on the performance of growing fattening pigs. Cuban. Agricult. Sce. Vol. 12, N 1, S. 69-75

Castro, M.; E. Mas (1989): Effect of different levels of zeolite on balance of some nutrients for pre-fattening pig feeds. Cub. vetagrar Science 23/1, S. 55-59

Chen, F.; P. Cole; L. Wen; Z. Mi; E. J. Trapido (1994): Estimates of trace elements in Chinese farmers. Journal of Nutrition 124/2, S. 196-201

Dawkins, T.; J. A. Wallace (1990): A natural mineral for the feed industry. Feed Compouder 10/1, S. 56-59

England, D. C. (1975): Effect of zeolite on inoidence and severity of scouring and level of performance of pigs furing suckling and early postweaning. Rep. 17th Swine Day. Spec Rep., Agr. Exp. Sta., Oregon State Univ., S. 30-33

Gorokhov, W. K.; V. M. Duničev; O. A. Melnikov (1982): Zeolithe aus Sakhalin. Vladivostok, Dalnevostočnoe Knishnoe isdatelstovo, S. 1-105 (russisch)

Gunther, K. D. (1990): Zum Einsatz von Zeolithmineralien in der Schweine- und Geflügelnahrung. Schweinewelt 15/5, S. 15-19

Han, I. K.; K. H. Jong; S. Chun (1975): Studies on the nutritive value of zeolites: Substitution levels of zeolite for wheat bran in the rations of growing-finishing swine. Korean J. Anim. Sci. 17, S. 595-580

Han. I. K.; H. K. Park; S. Chun (1976): Studies of the nutritive value of zeolites. 2. Effects of zeolite rich hull mixture on the performance of growing-finishing swine. Korean J. Anim. Soi 18, S. 225-230

Khalilov, E. N.; R. A. Bagirov (2002): Natural Zeolites, their Properties, Production and Application. International Academy of Science Baku, ISBN 5 –8066.1006-4, S. 1-347

Kondo, N.; G. Wagai (1968): Experimental use of clinoptilolitetuffs in dietary supplements for pigs. Jotou Kai (Japan) Nr. 5, S. 14

Olver, M. D. (1983): The effect feeding clinoptilolite (zeolite) to laying hens. South African Journ. of Animal Science 13/2, S. 107-110

Romanov, G. A. (2000): Zeolithe: Effizienz und Anwendung in der Landwirtschaft. Sammelband der russ. Akademie der Landwirtschaftswissenschaften Band II, russisch, Moskva

Schwarz, Th.; B. Seifert; G. Wunsch (1989): Bentonit - mehr als ein inerter pharmazeutischer Hilfsstoff. Beiträge zur Wirkstoffforschung. Heft 34. Akademie-Industriekomplex Berlin, S. 1-27

Swoboda, A. R.; G. W. Kunze (1968): Reactivity of montmorillonite surfaces with weak organic bases. Beil. Sce. Boc. Am. Proc. 32, S. 806

Tsitsishvili G. V; T. G. Andronikasvili; G. N. Kirov; L. D. Filizova (1992): Natur Zeolites. Ellis Horwood Chi-chester

Tsitsishvili G. V; N. S. Skhirtladze; T. G. Andronikasvili; V. G. Tsitsishvili; A. V. Dolidze (1999): Natural zeolites of Georgia, occurences properties and applicatione. Stud. Surf. Scie. Catal. S. 715-722

Veretenina, O. A.; N. V. Kostina; T. I. Novoselova; Ja. B. Novoselov; A. G. Roninson (2003): Litovit. Novosibirsk, Ekor, S. 1-103 (russisch)
ISBN 5-85618-107-7

Wilms, W. (1982): Evaluation of zeolites fed to male broiler chickens. Foultry Sci. 61, N 3, S. 438-442

Kapitel 21

Akabori, S. (1955): Kagaku (Tokyo) 25, S. 4. In: Voronkov, M. G.; G. L. Zelchan; E. Lukevitz (1975): Silizium und Leben. Akademie-Verlag, Berlin

Akabori, S. (1959): Entstehung des Lebens auf der Erde. Berichte des internationalen Symposiums. Moskau, S. 197 (russisch)

Berg, L. S. (1959): Entstehung des Lebens auf der Erde. Berichte des internationalen Symposiums. Moskau, S. 178. In: Voronkov, M. G.; G. L. Zelchan; E. Lukevitz (1975): Silizium und Leben. Akademie-Verlag, Berlin (russisch)

Bgatov, V. I.; V. N. Kostina; V. L. Kuznezov; N. N. Mayanskaya; T. I. Novoselova; Ya. B. Novoselov; O. V. Tikhonova (2000): Schönheit aus dem Herzen der Mineralien. (russisch) Ekor, Novosibirsk, S. 1-94 (russisch)
ISBN 5-85618-106-9

Bgatova, N. P.; Ya. B. Novoselov (2000): Anwendung der biologisch-aktiven Nahrungsergänzungsmittel in Form von Naturmineralien zur Detoxikation des Organismus. Ekor, Novosibirsk, S. 1-238 (russisch)

Ferenczi, A. (1981): Ztschr. ges. inn. Med. 10, S. 437

File, E. S.; F. Fluck; C. Fernandes (1999): Benefical effects of glycine (bioglycin) on memory and attention in young and middle aged adults. Journ. of clin. Psychopharmacology 19/6, S. 506-512

Gusev, E. I.; V. I. Skvortsova; S. A. Dambinova; K. S. Raevskiy; A. A. Alekseev; V. G. Bashkatova; A. V. Kovalenko; V. S. Kudrin; E. V. Yakoleva (2000): Neuroprotective effects of glycine for therapy of acute ishaemic stroke. Cerebrovasc Disease 10, S. 49-60

Hansen, M. (1982): Spirulina. Thorsons Publischers Limited. Wellingborough, Nothamptonshire

Hauser, E. (1955): Silicic Science. D. van Nostrand Co. Inc. Princeton, New Jersey, Toronto, London, New York

Komissarova, I. A. (2002): Persönliche Mitteilung in Moskau

Mashkova, V. M.; V. G. Volkov; M. A. Kulikov; I. A. Kommisarova (1996): Glyzin als Mittel zur Korrektur des gestörten funktionellen Zustands bei opiumnarkomanischer Krankheit. Fiziologiya Čeloveka 22/4, S. 50-57 (russisch)

SAONPO (2003): Ökologische Produkte: Spirulina vel, Moskau (russisch)

Sheveleva, G. A.; V. G. Fillimonov; L. A. Uroshleva; I. A. Komissarova; E. M. Chirkova; M. A. Koppel; A. A. Komeev (1996): Corrective action of glycine in alcohol intoxication in the fetus period of pregnancy. Eksperimentalnaya i kliničeskaya farmakologiya 59/1, S. 27-29

Tianshi (2000): Biologisch aktive Nahrungsergänzungsmittel der Kooperation Tianshi. Moskau. Tianjin Tianshi group Tianshi Bioengineering Cooporation, S. 1-40 (russisch)

Zaslavskaja, R. M.; E. S. Kelimberdieva, M. M. Teyblyum; I. A. Kommissarova; E. V. Kalinina (1999): Bewertung der Effektivität einer metabolischen, komplexen Aminosäuretherapie bei älteren menschen mit ischämischer Herzerkrankung. Kliničeskaya Medizina (Moskau) 4, S. 39-42 (russisch)

Epilog

Kremer, H. (2001): Die stille Revolution der Krebs- und Aidsmedizin. Ehlers-Verlag, Wolfrathshausen, S. 1-534